Günter Scheuermann

Inventor 2014

Günter Scheuermann

Inventor 2014

Grundlagen und Methodik in zahlreichen Konstruktionsbeispielen

4., überarbeitete Auflage

HANSER

Der Autor: Günter Scheuermann, Nürnberg

MIX
Papier aus verantwortungsvollen Quellen
FSC
www.fsc.org
FSC® C013736

Bibliografische Information der deutschen Nationalbibliothek:

Die Deutsche Nationalbibliothek verzeichnet diese Publikation in der Deutschen Nationalbibliografie; detaillierte bibliografische Daten sind im Internet unter http://dnb.d-nb.de abrufbar.

Gesamtlektorat: Julia Stepp
Sprachlektorat: Sandra Gottmann, Münster-Nienberge
Herstellung: Andrea Stolz
Umschlagkonzept: Marc Müller-Bremer, www.rebranding.de, München
Umschlagrealisation: Stephan Rönigk
Satz: Kösel, Krugzell
Druck und Bindung: Kösel, Krugzell
Printed in Germany
ISBN 978-3-446-43633-6
E-Book-ISBN 978-3-446-43731-9
www.hanser-fachbuch.de

Inhalt

TEIL I
Die ersten Schritte

Allgemeine Einführung in 3D-CAD-Systeme, Neuigkeiten in der Version Inventor 2014 und 2013 und eine sehr detaillierte, in kleinen Arbeitsschritten aufgeteilte und trotzdem umfassende Einstiegs-Übung: Die Probefahrt mit dem Inventor.

- Einführung, Vorwort
- Was ist neu?
- Probefahrt: Ein Rollenständer

1 Einführung

Der Traum eines jeden Entwicklers und Konstrukteurs ist es, die Funktionsweise einer komplexen Konstruktion unter realistischen Bedingungen visualisieren und simulieren zu können, ohne dass hierfür ein kostspieliger Prototyp gebaut werden muss. Seit einigen Jahren heißt das Stichwort hierfür **Digital Prototyping**. Mit dem Einsatz dieser Technik werden die Entwicklungszeiten verkürzt, die Kosten gesenkt und die Qualität der Produkte verbessert.

Die Grundlage stellt dabei ein virtuelles 3D-CAD-Modell dar, an dem mit rechnerischen Methoden, wie kinematische und dynamische Simulation, Finite-Elemente-Methode, Visualisierung, Funktions- und Montagesimulation, sowohl die Werkstoff- und Festigkeitseigenschaften als auch die fertigungs- und die montageseitigen Bedingungen optimiert werden können.

Es existieren weltweit nur noch eine Handvoll Computerprogramme, die annähernd in der Lage sind, solch virtuelle Modelle zu erzeugen und die o.g. Schritte des Digital Prototypings umzusetzen. Die Software **Autodesk Inventor** ist eines davon, und in die Arbeit mit diesem Programmpaket soll dieses Buch eine grundlegende und umfassende Einführung geben.

1.1 Die Inventor-Story

Die Geschichte der 3D-CAD-Software Inventor beginnt bereits in den frühen 80er-Jahren. Damals, in einer Zeit, in der 2D-CAD-Systeme den Markt dominierten, übernahm die Firma Autodesk mit dem Programm AutoCAD die weltweite Marktführerschaft.

Ebenfalls zu dieser Zeit brachte Autodesk das heute unter dem Namen 3ds Max, früher auch unter 3D Studio Max, bekannte Multimediaprogramm auf den Markt und begab sich damit erstmals in den 3D-Bereich.

Seit dieser Zeit baute die Firma Autodesk ihr 3D-Programmangebot ständig aus, ging wichtige Kooperationen mit leistungsfähigen Softwareherstellern ein und übernahm die eine oder andere Entwicklungsabteilung verwandter Softwarehersteller.

Heute ist die Firma Autodesk einer der Programmhersteller, der im 3D-Bereich so gut wie alle Branchen abdeckt und mit einem Jahresumsatz von über 2 Mrd. US-Dollar die Mitbewerber um 10er-Potenzen übertrifft. Mittlerweile, im Jahr 2013, nutzen mehr als 10 Millionen professionelle Anwender in 185 Ländern tagtäglich Autodesk-Produkte.

Das Maschinenbau-/Metallbau-CAD-Programm Inventor ist eines der leistungsfähigsten Programme, sowohl im Rahmen der Autodesk-Produkte als auch im Vergleich zu anderen auf dem Markt befindlichen 3D-CAD-Programmen.

Inventor profitiert immer noch von der Kompatibilität zum AutoCAD-DWG-Format, mit der es früheren und heutigen AutoCAD-Anwendern möglich ist, ihren 2D-Zeichnungsbestand problemlos und ohne Datenverlust in 3D-Modelle zu überführen oder 3D-Gebilde aus AutoCAD bzw. aus Mechanical Desktop direkt in den Inventor zu importieren.

Gerade die aktuelle Version Inventor 2014 legt in diesem Bereich weiter zu und baut diese Kompatibilität immer noch weiter aus.

1.2 3D-CAD-Begriffe

Im Folgenden sollen in aller Kürze einige wenige Begriffe aus der 3D-CAD-Welt, die in der Fachliteratur immer wieder in Erscheinung treten, erläutert werden, da ein besseres Verständnis der Arbeitsweise eines CAD-Programms manches Problem im Umgang mit dem Programm verständlicher macht. Denn wer weiß schon, was beispielsweise die Inventor-Online-Hilfe damit meint, wenn bei der Funktion »Glätten« (Smooth) von einem »G2«-Übergang die Rede ist!

1.2.1 3D-Kernel

Ein 3D-CAD-Programmpaket besteht aus mehreren Komponenten. Im Innersten wirkt das eigentliche 3D-Modellierpaket, im Inventor ist dies ein von Autodesk weiterentwickelter ACIS-Kernel, der Shapemanager.

Mit ACIS[1] bezeichnet man einen sehr leistungsfähigen Modellierkern (Programmbibliothek, die CAD-Modellierfunktionalität zur Verfügung stellt), der zum Quasistandard bei vielen CAD-Programmen geworden ist. Es ist also ein Programmteil des CAD-Systems, mit dem die konstruierten 3D-Komponenten verarbeitet werden. Mit ACIS können auch Draht-, Flächen- und Volumenmodelle erzeugt, verwaltet und manipuliert werden.

1 ACIS ist ein Kunstwort und steht für Alan, Charles, Ian (die Vornamen der früheren Entwickler) und Spatial Technology Inc. (STI), der Firma, die diesen Programmteil vertreibt (*http://www.spatial.com/products/acis.html*). Ebenfalls von Spatial begründet wurde das zum ACIS-Kern passende Dateiformat »*.SAT«, mit dem 3D-Daten gespeichert und zwischen Systemen ausgetauscht werden können.

Der auf der ACIS-Version 7 basierende Shapemanager wurde ab 2003 von Autodesk zu einem eigenen, sehr leistungsfähigen 3D-Kernel ausgebaut, der seitdem immer weiterentwickelt wird und in den Inventor-Versionen seinen Dienst tut.

1.2.2 3D-Modellverwaltung

Zur 3D-Modellierung gehören außerdem die unterschiedlichen Arten und Weisen, mit denen 3D-CAD-Systeme die 3D-Arbeitsschritte, aus denen die 3D-Modelle entstehen, verwalten.

Die am häufigsten eingesetzten und hier kurz genannten Arten sind:

- CSG (Constructive Solid Geometry)
  CSG repräsentiert einen Modellbaum, d.h. eine strukturierte Auflistung von Volumenelementen und ihre booleschen Verknüpfungen: Vereinigung, Differenz und Schnittmenge.

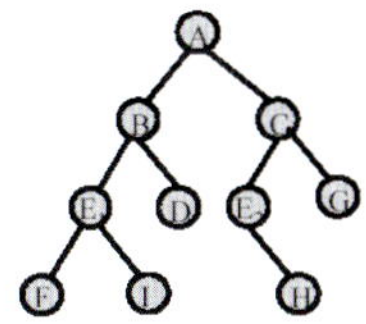

- B-Rep (Boundary Representation)
  Die B-Rep-Methode baut ein 3D-Modell aus seinen Flächenbestandteilen auf. Flächenbestandteile sind Flächen, Kanten und Punkte. Jede Fläche wird durch Kanten und jede Kante durch Punkte gebildet. Insofern können über die Definitionen Punkt (x, y, z) → Kante → Fläche → Körper beliebige 3D-Modelle dargestellt werden.

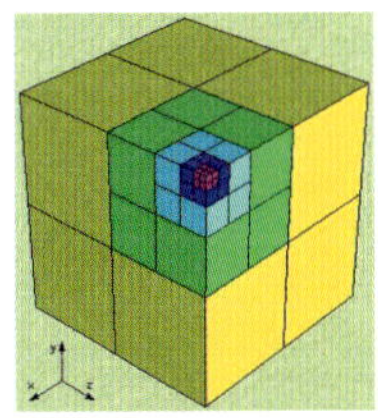

- Voxel- und Octree-Darstellung
  In der Voxel-Darstellung besteht der Aufbau eines 3D-Körpers aus würfelförmigen »Volumen-Pixeln« = Voxel. Jedes »Voxel« wird durch die Koordinaten seines Mittelpunktes repräsentiert. Diese Methode ist sehr speicher- und rechenintensiv.
- BSP (Binary Space Partition)
  In der BSP-Struktur wird die Lage der Polygone, aus denen ein 3D-Objekt besteht, aufeinander aufbauend beschrieben. Ein BSP-Baum (Binary Space Partition Tree) ist ein binärer Baum, der den Gesamtraum auf jeder Ebene in zwei Teilräume unterteilt. Im Gegensatz zum Octree, dessen Begrenzungsebenen immer parallel zu den drei Dimensionen liegen, können die Teilräume eines BSP-Baums beliebig orientiert und platziert sein.

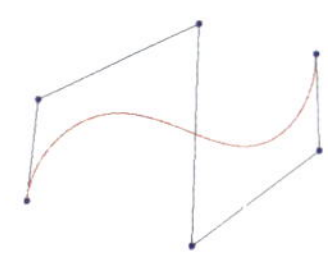

- Sweep-Repräsentation
  Im Darstellungsmodell der Sweep-Repräsentation wird ein 3D-Gebilde über die Definition einer 2D-Kontur und einer Transformation der Kontur entlang eines Pfades erstellt. Gespeichert werden dabei die Kontur- und die Pfadgeometrie.

Moderne CAD-Systeme wie der Inventor benutzen nicht nur eine dieser Methoden, sondern speichern die 3D-Modelle als hybride Datenmodelle. Hybride Datenmodelle beschreiben die jeweilige 3D-Form in der für sie günstigsten oder in der durch die Erzeugung vorbestimmten Variante.

1.2.3 Geometrieelemente

CAD-Programme arbeiten mit verschiedenen Geometrieelementen, um damit 3D-Modelle darstellen bzw. erzeugen zu können.

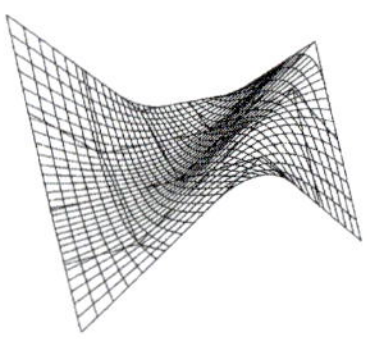

Im Wesentlichen kann unterschieden werden zwischen:

- analytisch definierbaren Geometrieelementen
  Linie, Bogen, Kreis, Parabel, Ellipse usw., und alle Kurven, die mithilfe von analytischen Funktionen beschrieben werden können
- parametrisch definierbaren Geometrieelementen
  Freiformgeometrien (Kurven, Flächen, Körper), Splines, Bézier-Kurven, Basis-Splines und NURBS (Non Uniform Rational Basis Spline)
  Diese Kurvenformen werden durch die Definition von Kontrollpunkten und einen Kurvenverlauf, der mithilfe der Kontrollpunkte interpoliert wird, bestimmt. Die Standard-Freiformkurve im Inventor ist NURBS, wobei jeder einzelne Kontrollpunkt einen bestimmten Kurvenabschnitt formt und über seine Gewichtung einen stärkeren oder schwächeren Einfluss auf diese Kurvenform in diesem Abschnitt nehmen kann.

1.2.4 Kurvenübergänge, Stetigkeiten

Die geometrische Stetigkeit wird als Begriff überall dort verwendet, wo zwei geometrische Elemente zusammentreffen und ein harmonischer Übergang von einem zum anderen Element hergestellt werden soll.

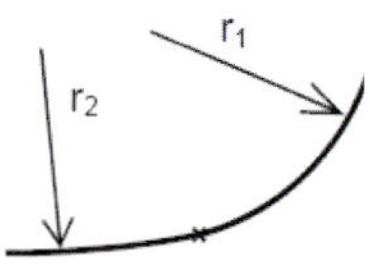

Man unterscheidet drei definierte geometrische Stetigkeiten, die mit G0, G1 und G2 bezeichnet werden.

- G0 = Stetigkeit der Lage
- G1 = Stetigkeit der Tangenten
- G2 = Stetigkeit der Krümmungen
- Die Stetigkeit der Lage (G0) bedingt lediglich, dass der Anfangspunkt eines Elementes und der Endpunkt eines anderen dieselben X-, Y- und Z-Koordinaten haben, die Richtungen können unterschiedlich sein (Ecken).
- Die Stetigkeit der Tangenten (G1) bedingt, dass die Stetigkeit G0 vorliegt und dass die beiden Tangenten, die an den Endpunkten der Elemente zusammentreffen, richtungsgleich sind.
- Die Stetigkeit der Krümmung (G2) bedingt, dass die Stetigkeit G1 vorliegt und dass die beiden Krümmungsradien an den Endpunkten der Elemente, die zusammentreffen, gleich groß sind.

Im Inventor gibt es beispielsweise bei den 2D-Abhängigkeiten die Funktion **STETIG MACHEN G2** (früher Glätten, engl. *Smooth*), die beim Skizzieren vergeben werden kann. Diese Funktion fügt einem *Spline*-Übergang oder einer *Abrundung* automatisch eine G2-Stetigkeit hinzu.

1.3 Einsatzgebiete und Funktionsbereiche

Schwerpunkt der Inventor-Funktionalität ist zweifellos der Maschinenbau mit seinen angrenzenden Gebieten. Wobei nicht zuletzt auch aufgrund der fast unüberschaubar umfangreichen Normteilbibliothek die Bandbreite der Einsatzmöglichkeiten von der Feinwerktechnik bis in den Schwermaschinenbau reicht.

1.3.1 Einsatzgebiete im Überblick

Alle möglichen Einsatzgebiete aufzuzählen wäre eine müßige Aufgabe, die auch nie vollständig sein kann. Es gibt immer wieder Berichte von Inventor-Einsatzbereichen, die einen das Staunen lehren. Etwa wenn ein Häuslebauer eine mehrfach gewundene Treppe in sein Dachgeschoss mit schrägen Wänden einbauen möchte und von der 2D-Konstruktion einfach überfordert ist.

Die Standardanwendungen eines so leistungsfähigen 3D-CAD-Programms liegen neben den Nischenanwendungen vor allem in:

- der mechanischen Konstruktion,
- in der Entwicklungskonstruktion des Maschinen- und Gerätebaus,
- im Werkzeug-, Vorrichtungs-, Formen- und Modellbau,
- in der blechverarbeitenden Konstruktion und
- im Anlagenbau.

In diesen Konstruktionsbereichen fällt naturgemäß eine Vielzahl sehr unterschiedlicher Aufgaben an, für die der Inventor Module zur Verfügung stellt, mit deren Hilfe auch diese Probleme zu lösen sind.

1.3.2 Inventor-Module

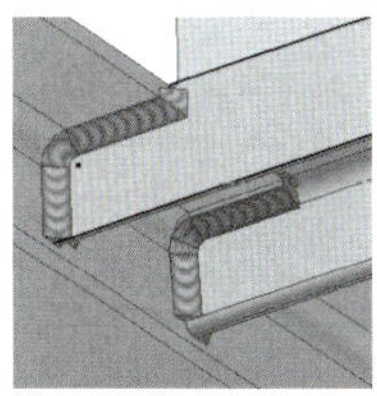

Module sind Inventor-Erweiterungen, die zum Teil fest in das Grundprogramm eingegliedert, zum Teil in den unterschiedlichen Versionen branchenspezifisch zugeordnet oder, in der Version *Inventor Professional*, alle integriert sind.

Die Inventor-Module sind in der Regel Arbeitsbereiche, die mit eigenen Funktionen und Befehlen ausgestattet sind und mitunter auch in separaten Arbeitsumgebungen angewendet werden:

- Blechmodul: mit vielen speziellen Blechbearbeitungsbefehlen
- Schweißmodul: mit Nahtvorbereitung, Nahterzeugung und -nachbereitung
- Inventor Studio: ein Renderer, um fotorealistische Bilder und Filme erstellen zu können
- FEM: ein Finite-Elemente-Modul für Festigkeits- und Verformungsberechnungen

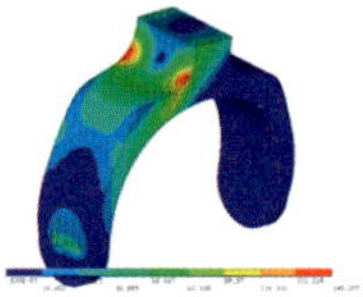

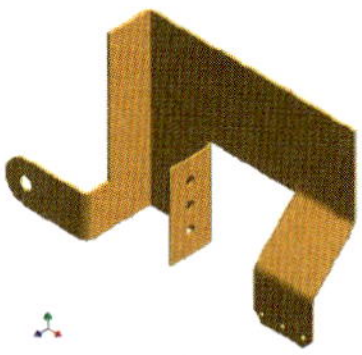

- **Kabel-, Leitungs- und Rohrverlegungs-Modul** für das Konstruieren und Installieren elektrischer Anschlussleitungen und hydraulischer und/oder pneumatischer Rohrleitungen
- **Dynamische Simulation:** ein Programmteil, mit dem die physikalischen Gesetze (Masse, Schwerkraft, Kraft, Moment, Geschwindigkeit, Beschleunigung, Massenträgheit, Schwingungen etc.) auf Baugruppen angewendet werden können, die sich dabei relativ realitätsnah verhalten
- Der **Moldflow**-Bereich, in dem sowohl Kunststoff-Spritzguss-Teile als auch vollständige Spritzguss-Werkzeuge konstruiert werden können. Darüber hinaus bietet diese Arbeitsumgebung eine Prozessoptimierung, eine Form-Füllungs-Simulation, eine Fehlerdiagnose usw.
- **Autodesk Vault**, ein PDM-System (Dokumenten- und Versionsverwaltung)
- u. v. a. m.

1.3.3 Inventor-Versionen und Product Suites

Inventor 2014 wird in drei unterschiedlichen Ausstattungen ausgeliefert, der Light-Version, der Standard-Version ohne Zusatzmodule und der Professional-Version mit allen Zusatzmodulen. Eine Übersicht über die verschiedenen Ausstattungen zeigt die folgende Tabelle.

Funktionen	Autodesk Inventor LT 2014	Autodesk Inventor 2014	Autodesk Inventor Professional 2014
DWG[2] Kompatibilität	X	X	X
BIM[3] Kompatibilität	X	X	X
Kompatibilität mit Inventor Fusion	X	X	X
Integriertes Datenmanagement	X	X	X
Digital Prototyping	X	X	X
Mechanische Konstruktion in 3D	X	X	X
Direktmodellierung	X	X	X
Visualisierungswerkzeuge	X	X	X
Native Datenkonvertierung	X	X	X
Konstruktion großer Baugruppen		X	X
Eco Materials Adviser		X	X
Automatische Stücklisten		X	X
Mehr als 1 Mio. Normteile		X	X
Werkzeuge für automatisierte 3D-Konstruktion		X	X
Regelbasierte Konstruktion		X	X

2 DWG: AutoCAD Drawing, das Dateiformat einer AutoCAD-Zeichnung
3 BIM: Building Information Modeling ermöglicht die gemeinsame Nutzung von Daten im Inventor sowie in Autodesk Revit und in AutoCAD Architecture.

Funktionen	Autodesk Inventor LT 2014	Autodesk Inventor 2014	Autodesk Inventor Professional 2014
Blechkonstruktion	X (eingeschränkt)	X	X
Konstruktion von Kunststoffteilen		X	X
Vollständige Formteil- und Werkzeugkonstruktion			X
Rohrleitungskonstruktion			X
Kabel und Kabelbäume			X
Dynamische Simulation			X
FEM-Analyse			X

Zusätzlich fasst die Firma Autodesk ihre Engineering-Produkte zu einer Vielzahl branchenorientierter Produktgruppen, den Suites, zusammen, die immer in drei Ausbaustufen (Standard, Premium und Ultimate) angeboten werden.

Für Inventor-Anwender sind vor allem die beiden Produktgruppen **Product Design Suite** und **Factory Design Suite** interessant, für die in der folgenden Tabelle die Programm-Zugehörigkeiten aufgezeigt sind.

Programme	Product Design Suite			Factory Design Suite		
	Standard	Premium	Ultimate	Standard	Premium	Ultimate
AutoCAD	X	X	X	X	X	X
AutoCAD Mechanical	X	X	X	X	X	X
AutoCAD Architecture				X	X	X
AutoCAD Vault Basic	X	X	X	X	X	X
AutoCAD Raster Design	X	X	X	X	X	X
AutoCAD ReCap	X	X	X	X	X	X
Autodesk Showcase	X	X	X	X	X	X
Autodesk SketchBook Designer	X	X	X			
Autodesk Factory Design Utilities				X	X	X
Autodesk Mudbox	X	X	X			
Autodesk Electrical		X	X			
Autodesk 3ds Max Design		X	X		X	X
Autodesk Navisworks Simulate		X	X		X	
Autodesk Navisworks Manage			X			X
Autodesk Alias® Design			X			
Autodesk Inventor	X				X	X
Autodesk Inventor Professional		X	X		X	X

1.3.4 Inventor-Schnittstellen

Neben der Möglichkeit des Datenaustausches zwischen den verschiedenen Autodesk-Programmen (AutoCAD, Mechanical Desktop, 3ds Max, Multiphysics, Showcase etc.) kann das Programm mit den meisten 3D-CAD Mitbewerber-Programmen kommunizieren.

In den Inventor können fast alle Dateiformate der marktüblichen »großen« 3D-CAD-Programme, wie CATIA, NX, Pro/Engineer, Solid Works etc. geladen und bearbeitet werden.

Natürlich kann das Programm mit allen standardisierten Austauschformaten, wie ACIS, STEP, IGES, DXF, STL etc., umgehen und hat ebenso die gängigsten Bild- und Vektorformate, wie BMP, JPG, GIF, PNG etc., integriert.

Ich belasse es bei diesen Ausführungen, denn es würde zu weit führen, alle Import- und Exportmöglichkeiten aufzuführen, die der Inventor beherrscht.

1.3.5 Inventor für Schulen, Schüler und Studenten

Für Schulen, Lehrer, Schüler und Studenten bietet Autodesk die Version Inventor Professional (AIP) sehr günstig an. Eine Klassenraumlizenz für Schulen gibt es beispielsweise schon für 385 €, und für 72 € kann eine Einzelplatzlizenz für Schüler, Studenten oder Lehrer beim Inventor-Fachhändler bezogen werden. Diese Versionen sind Vollversionen, mit denen uneingeschränkt gearbeitet werden kann, die jedoch nicht für gewerbliche Zwecke verwendet werden dürfen.

1.3.6 Inventor kostenlos?

Die günstigste, weil kostenlose Möglichkeit, als Schüler/Student mit dem Inventor arbeiten und lernen zu können, finden Sie unter der Internetadresse

http://students.Autodesk.com

Ist das unterrichtende Institut dort als Schule/Hochschule eingetragen, können dessen Schüler/Studenten kostenlos eine Inventor-Version beziehen und registrieren lassen. In diesen Schüler- und Studenten-Versionen werden die Dokumente an den Rändern mit Wasserzeichen versehen, damit kein Missbrauch zu gewerblichen Zwecken geschehen kann.

1.4 Hinweise zur Installation

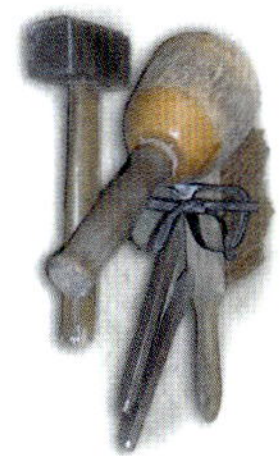

Die Installation für die Übungen dieses Buches wurde mit der Option »vollständige Installation« durchgeführt.

Während der Installation wird die Frage nach der Möglichkeit der zu installierenden Bauteilbearbeitung gestellt. Die Installation für die Übungen dieses Buches wurde mit der Option »Bauteilbearbeitung in Zeichnungen aktivieren« durchgeführt. Die Wahl der Bauteilbearbeitung bei der Installation ist insofern von Bedeutung, als sie nachträglich nicht mehr geändert werden kann.

Sollten Sie Inventor mit anderen Optionen als den hier genannten installiert haben, so kann es bei verschiedenen Beispielen im Buch möglich sein, dass Sie diese auf Ihrem System nicht in jedem Detail eins zu eins nachvollziehen können. Auf die zentralen Aspekte, die mit den Beispielen vermittelt werden sollen, hat dies jedoch keinen Einfluss.

1.5 Systemvoraussetzungen

Autodesk gibt folgende Hinweise für die Systemvoraussetzungen.

1.5.1 Hardware

Für die Konstruktion von Bauteilen und Zusammenbauten mit weniger als 1000 Teilen:

- Prozessor 32 oder 64 Bit, 2 GHz oder mehr, Inventor kann nicht auf Computern installiert werden, deren CPU die erweiterten Befehlssätze nach SSE2 nicht unterstützt.
- 2 GB Arbeitsspeicher (Minimum), für umfangreiche Baugruppen mit mehr als 25 000 Komponenten bis zu 20 GB
- Je nach Installationsumfang und Betriebssystem zwischen 8 und 10 GB freier Festplattenspeicher für die Programmdateien, grundsätzlich sollte immer mindestens das Doppelte des RAM-Speichers als freier Festplattenspeicher vorhanden sein.
- Für temporäre und Inhaltscenter-Dateien bis 16 GB freier Festplattenspeicher
- DirectX-Grafikkarte, kompatibel mit Direct3D 9 oder Direct3D 10, Bildschirmauflösung 1280 x 1024
- Inventor 2014 beinhaltet einige erweiterte Visualisierungsarten, die je nach Leistung der Grafikkarte mehr oder weniger vollständig ausgeführt werden können.

1.5.2 Betriebssysteme

- Windows XP 32 Bit SP3
- Windows XP 64 Bit SP2
- Windows 7 32/64 Bit
- Windows 8 64 Bit
- Unterstützte Systemversionen: Home Basic, Home Premium, Business, Enterprise, Ultimate
- Mac OS X 10.5x mit einer Windows-Partition und Boot Camp

1.5.3 Sonstige Anforderungen

- DVD-ROM-Laufwerk; Autodesk Inventor ist nur auf DVD erhältlich.
- Internet-Anschluss für Downloads und direkten Zugriff auf Serviceleistungen
- Microsoft Excel 2003 oder höher für Konstruktionen mit iParts, iFeatures, Gewinde und Tabellen
- Internet Explorer 6.x oder höher
- Adobe Flash Player 10 oder höher
- Adobe Reader

1.6 Die DVD zum Buch

Im Buch taucht an wichtigen Stellen das Icon **AVI** auf. Immer wenn Sie es sehen, gibt es zu diesem Abschnitt, der Arbeitssequenz, der Übung oder zu Demonstrationszwecken einen Film auf der DVD, der das Vorgehen, die Arbeitstechnik oder die Funktion in einer Animation erläutert.

Darüber hinaus befinden sich natürlich alle Übungsdateien auf der beiliegenden DVD, in der Regel auch für ältere Inventor-Versionen (ab Version 2012). Lediglich bei den Übungsbeispielen, bei denen neue Funktionen der aktuellen Version integriert sind, kann es sein, dass die Dateien nur ab Version auf der DVD sind, ab der die Funktion zur Verfügung steht.

Auf den folgenden Autodesk-Internetseiten können Sie kostenlose Zusatz- und Serviceprogramme für die Arbeit mit dem Inventor bzw. mit Inventor-Dokumenten herunterladen:

http://www.autodesk.com/inventorview

http://www.autodesk.com/dwgtrueview

http://www.autodesk.com/designreview

http://usa.autodesk.com/support/downloads (Updates & Service Packs)

1.7 Resümee

Treppauf, Treppab (M. Escher)

Inventor ist eines der leistungsfähigsten 3D-CAD-Systeme. Das sollte Sie nicht verunsichern, sondern eher dazu motivieren, das Programm zu Ihrem Nutzen einsetzen zu können. Es ist nicht schwer!

Nicht das Lesen des Buches steht im Vordergrund, sondern das Machen, das Selbsttun. Dafür ist es nötig, das hier behandelte CAD-Programm zur Verfügung zu haben und damit arbeiten zu können.

Es ist für das grundsätzliche Kennenlernen des Programms auch nicht unbedingt nötig, die aktuellste Inventor-Version zur Verfügung zu haben. Es sind nur ganz wenige Stellen in den Übungen, welche die Version Inventor 2014 erfordern. Fast alles in diesem Buch kann auch mit den Inventor-Versionen 2013, 2012 und 2011 erarbeitet werden.

Zu Beginn ist vor allem die Vielfalt der gebotenen Möglichkeiten erschreckend groß; aber es ist hier wie so häufig der Fall, dass ca. 80 % der zu lösenden Aufgaben mit maximal 20 % der zur Verfügung stehenden Möglichkeiten gelöst werden können.

Dies zu erkennen und damit rationell arbeiten zu können, dabei soll Ihnen dieses Buch die richtige Unterstützung bieten und eine Hilfe sein.

Ich wünsche Ihnen viel Freude dabei!

Günter Scheuermann

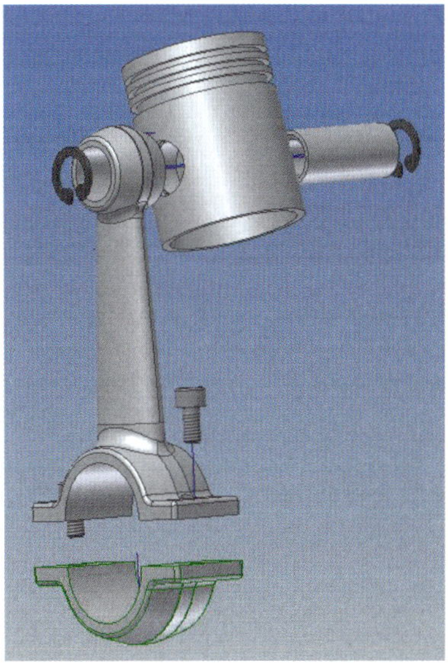

2 Was ist neu?

Nachdem in der letzten Auflage dieses Werkes noch die Inventor-Version 2012 aktuell war, möchte ich im Folgenden sowohl die Neuerungen der Version 2013 als auch die der jetzt aktuellen Version 2014 vorstellen. Der Übersicht und der Kontinuität wegen werden die Weiterentwicklungen dieser beiden Versionen getrennt behandelt.

Dieses Kapitel erhebt keinen Anspruch auf Vollständigkeit, im Gegenteil, es sollen nur die wichtigsten Modifikationen vorgestellt werden, die für das grundlegende Arbeiten mit dem Inventor von herausragender Bedeutung sind.

2.1 Neu in Version 2014

Die spektakulären Neuerungen in der Inventor-Version 2014 halten sich in Grenzen. Der Schwerpunkt der Programmüberarbeitung lag eher auf der Programm-Performance, auf der Bearbeitung von großen Baugruppen und auf dem derzeit sehr aktuellen Bereich der Internet-Funktionen, d. h., in der Cloud.

Die grundlegenden Funktionen, etwa in der Skizzen- und der Bauteilerstellung, wurden nur sparsam erweitert. Diese Bereiche kamen dafür aber in Version 2013 besser weg.

2.1.1 Neue Skizzierfunktion, Langlöcher

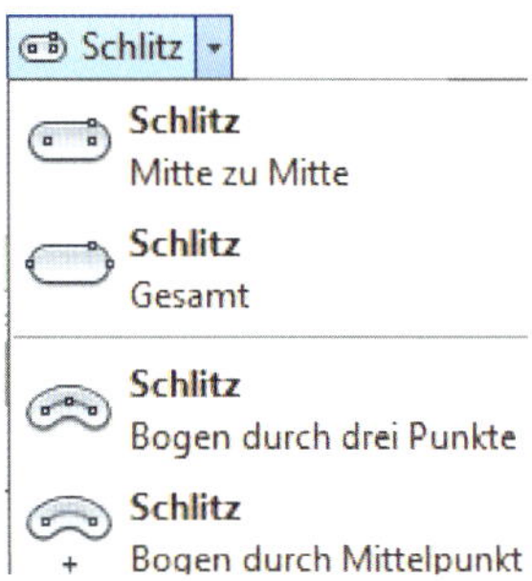

Der neue Inventor wartet mit nur einer einzigen neuen Funktion in der Skizzenumgebung auf.

Auch wenn die Übersetzung von Slot als **SCHLITZ** linguistisch korrekt ist, für ein Langloch, gerade oder gebogen, klingt sie eher ungewöhnlich. Trotzdem ist sie eine für den Alltagsgebrauch sinnvolle Funktion, mit der gerade und gebogene Langlöcher in einem Rutsch skizziert werden können.

TEIL I

2.1.2 Bauteilbereich

Auch im Bauteilbereich wurden in der 2013er-Version deutlich mehr neue Funktionen realisiert als im aktuellen Inventor, in dem eigentlich nur Verbesserungen zu bereits bestehenden Befehlen durchgeführt wurden. Trotzdem bringen die wenigen Modifikationen in der neuen Version deutliche Verbesserungen bei den betroffenen Funktionen.

2.1.2.1 Sweeping

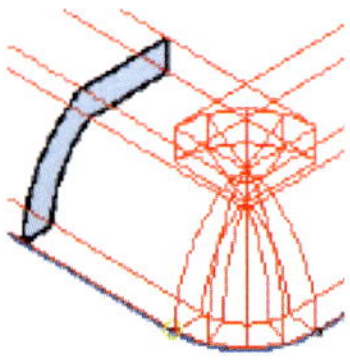

Sweeping mit überschneidender Kontur

Das SWEEPING, die Pfadextrusion, wurde überarbeitet und kann jetzt teilweise mit sich selbst überschneidenden Extrusionen umgehen. Bei zu extrudierenden Profilen kann damit der Extrusionspfad sehr viel flexibler bestimmt werden.

2.1.2.2 Abrunden

Auch beim ABRUNDEN wurde eine wichtige Verbesserung eingebaut. Wollte man bisher sehr viele Kanten eines Bauteils in einem Zug abrunden und konnte die Abrundung bei einer Kante nicht ausgeführt werden, dann brach der Befehl ab und man musste noch einmal neu beginnen. Ab Inventor 2014 können die funktionierenden Abrundungen trotzdem durchgeführt und die fehlerhaften wiederholt werden.

2.1.2.3 Kugel mit Arbeitspunkt

Ein weiterer eher schlichter Fortschritt besteht darin, dass man jetzt den Mittelpunkt einer Kugel als ARBEITSPUNKT definieren kann.

2.1.3 Baugruppenbereich

Im Baugruppenbereich sind die 2014er-Neuerungen am offensichtlichsten und betreffen vor allem die Positionierung, die 3D-Abhängigkeiten und die Manipulation der Komponenten einer Baugruppe.

2.1.3.1 Komponente platzieren

Auf den ersten Blick fällt beim Platzieren der ersten Komponente einer Baugruppe auf, dass diese nicht mehr automatisch fixiert wird. Das FIXIEREN eines Bauteils muss jetzt entweder über das Kontextmenü oder aber über die neue Funktion im Markierungsmenü AM URSPRUNG FIXIERT PLATZIEREN erfolgen.

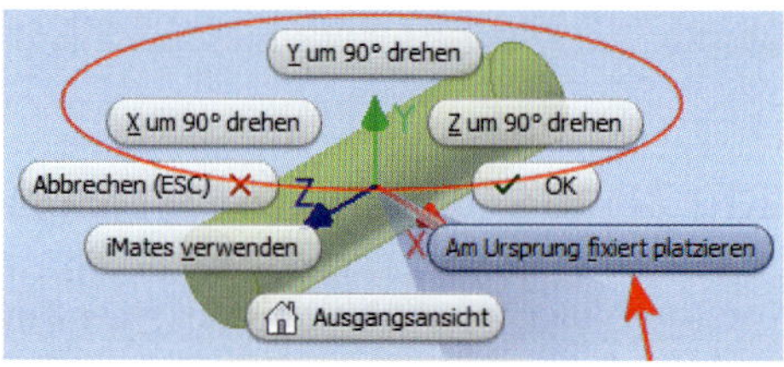

Des Weiteren enthält das Markierungsmenü drei neue Funktionen, mit denen das Bauteil noch während des Einfügens um seine drei Koordinatenachsen in 90°-Schritten gedreht werden kann.

2.1.3.2 Verbinden

Nachdem das Definieren von 3D-Abhängigkeiten mit der alten Funktion **ABHÄNGIG MACHEN** schon vor einigen Jahren durch die Funktion **ZUSAMMENFÜGEN** erweitert wurde, kam jetzt noch eine dritte Funktion mit der Bezeichnung **VERBINDEN** dazu, mit der ebenfalls 3D-Abhängigkeiten vergeben werden.

Meine persönlichen Vorlieben hingen bislang immer noch an der ursprünglichen Funktion **ABHÄNGIG MACHEN**, weil ich mit dem **ZUSAMMENFÜGEN** nie so richtig warm werden konnte.

Die neue Funktion **VERBINDEN**, mit der die Verbindungsart klar und eindeutig nach technischen Eigenschaften ausgewählt werden kann, verblüfft nicht nur durch ihre Leistungsfähigkeit, sondern auch durch die Visualisierung, durch die optische Darstellung, mit der sich die Teile miteinander verbinden. Sie hat allerdings auch ihre funktionalen Grenzen, welche die klassische Funktion **ABHÄNGIG MACHEN** noch lange am Leben erhalten werden.

Nebenbei wurde damit auch eine Brücke zur dynamischen Simulation geschlagen, in der die aus den Abhängigkeiten erzeugten Gelenke schon immer so benannt waren.

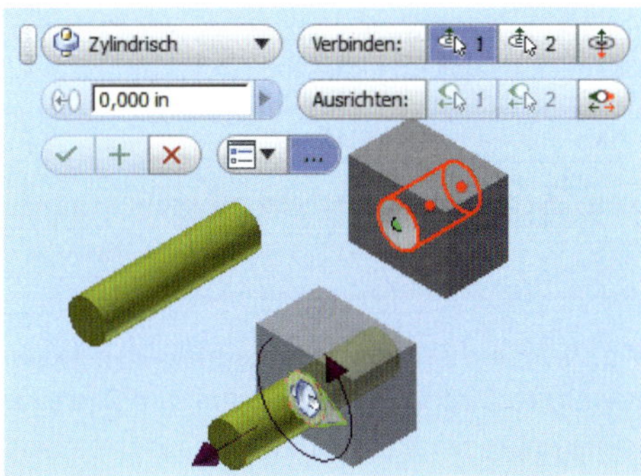

Wird beispielsweise eine zylindrische Verbindungsart gewählt, werden, wie bisher auch, die zylindrischen Flächen der zu verbindenden Bauteile selektiert. Ist das geschehen, fliegt das zuerst gewählte Bauteil in Zeitlupe zum anderen, verbindet sich wie gewünscht mit diesem und bewegt sich danach automatisch für eine kurze Zeit in allen verbliebenen Freiheitsgraden. Auch nach dieser Bewegungsdemonstration werden die noch existierenden Freiheitsgrade dieser Verbindung so lange angezeigt, bis der Befehl beendet wird.

Im Objektbrowser werden diese Verbindungen mit dem entsprechenden Symbol angezeigt.

Diese neue Arbeitstechnik des Verbindens bietet noch weitere interessante Funktionen, auf die in Kapitel 9, »Baugruppen«, näher eingegangen wird.

TEIL I

2.1.3.3 Freies Verschieben

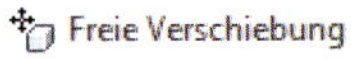

Die bisherige Funktion Verschieben, mit der Baugruppenkomponenten in der Baugruppe neu positioniert werden konnten, wurde in FREIE VERSCHIEBUNG umbenannt und mit einer wichtigen Zusatzfunktion ausgestattet.

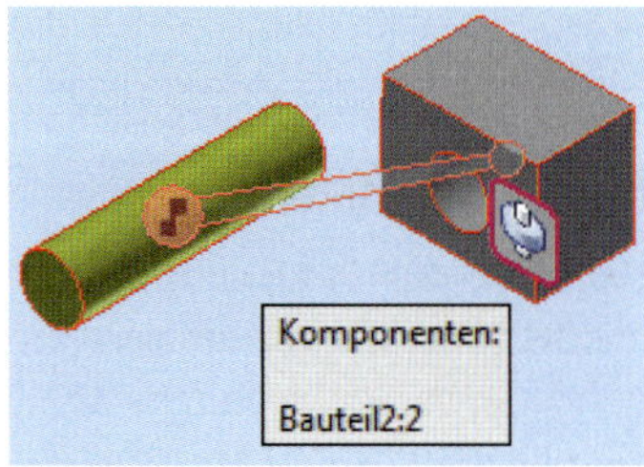

Das Verschieben eines Bauteils, das mit einem anderen verbunden ist, bewirkt einerseits das sofortige Einblenden des Verbindungssymbols, andererseits ist das Bauteil über ein Gummiband mit dem anderen Bauteil weiterhin verbunden. In einer Meldungsbox wird die verbundene Komponente mit Namen angezeigt.

2.1.3.4 Bewegen

Auch die bisherige Funktion Bewegen nach Abhängigkeit wurde in BEWEGEN umbenannt und ist leistungsfähiger geworden.

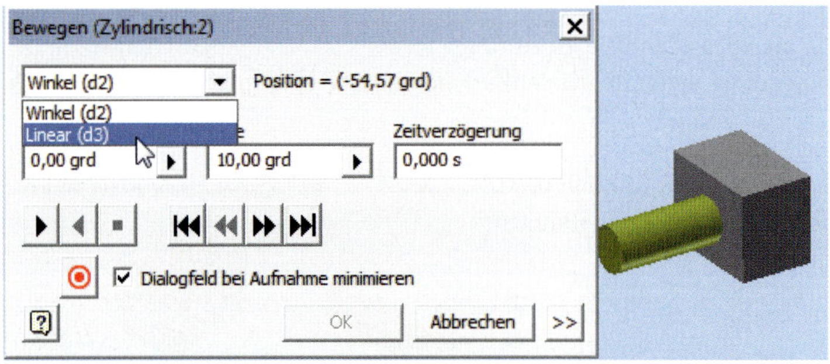

Wählt man die Funktion aus dem Kontextmenü im Objektbrowser, erscheint zwar das gewohnte Dialogfenster, die Art der Bewegung kann aber nach den vorhandenen Freiheitsgraden selektiert und bestimmt werden. Im Beispiel der zylindrischen Verbindung sind das die Bewegungsmöglichkeiten Winkel (Rotation) und Linear (Translation), die zusammen mit ihren Parametern (d2, d3) angezeigt werden.

2.1.3.5 Baugruppen kopieren

Beim Kopieren von Baugruppen werden jetzt alle Verbindungen und die Bauteilorientierung beibehalten.

2.1.3.6 Expressmodus für große Baugruppen

Die letzte hier vorgestellte Neuigkeit im Baugruppenbereich ist der Expressmodus, der dafür sorgt, dass große Baugruppen vier- bis sechsmal schneller geladen und während der Arbeit an ihnen dargestellt werden.

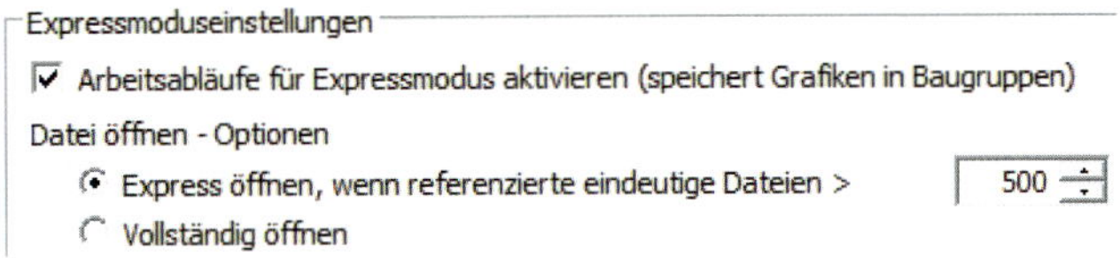

Einstellbar ist dieses Verfahren in den **ANWENDUNGSOPTIONEN** auf der Registerkarte **BAUGRUPPE**. Dort ist dieser Modus voreingestellt eingeschaltet und wirksam ab einer Komponentenanzahl größer 500. Die größten Bauteile werden dabei zuerst dargestellt und gleichartige Objekte werden als Einheit behandelt.

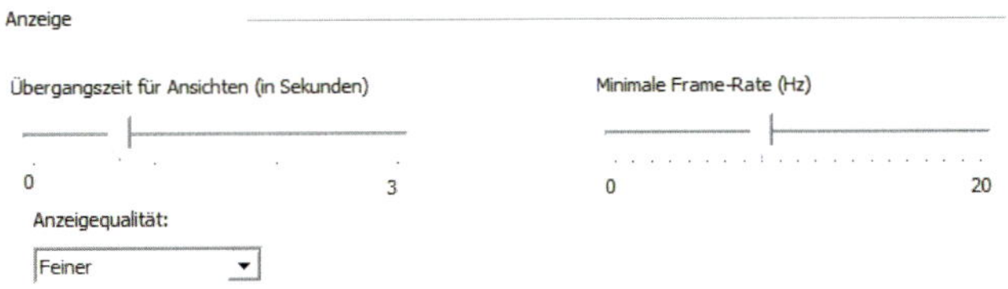

Im selben Dialogfenster auf der Registerkarte **ANZEIGE** kann die Qualität bzw. die Geschwindigkeit der Anzeige bei großen Baugruppen zusätzlich verbessert werden.

2.1.3.7 Vereinfachung

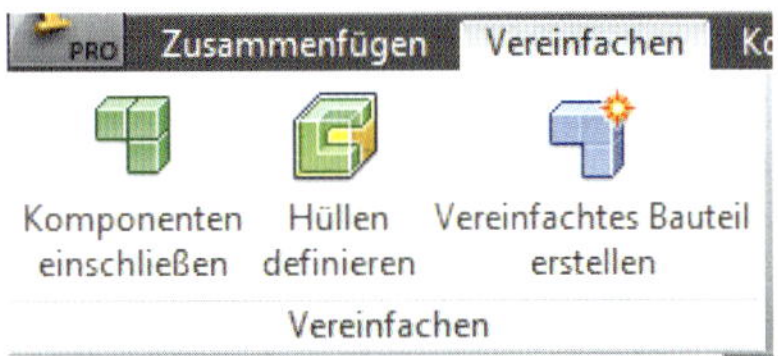

Für die Vereinfachung bzw. die vereinfachte Darstellung von Baugruppen existiert jetzt die eigenständige Registerkarte **VEREINFACHEN** mit drei Funktionen, die in Kapitel 9, »Baugruppen«, näher beschrieben werden.

Im Telegrammstil: **KOMPONENTEN EINSCHLIESSEN** blendet ausgewählte Bauteile aus und erzeugt mit den sichtbaren Elementen eine neue, vereinfachte Ansicht. **VEREINFACHTES BAUTEIL ERSTELLEN** erzeugt aus einer vereinfachten Ansicht einer Baugruppe ein eigenständiges Bauteil. **HÜLLEN DEFINIEREN** ersetzt Bauteile durch einfache Quader oder Zylinder.

2.1.4 Zeichnungsbereich

In diesem Bereich sind es drei nennenswerte Ergänzungen, die neu hinzugekommen sind:

- Eine längere Stückliste kann jetzt in mehrere kleine Listen, die beliebig angeordnet werden können, zerlegt werden.
- Zusätzlich zum Material eines Bauteils kann jetzt auch die Darstellung (Oberfläche/Farbe) als eigene Spalte mit in die Stückliste übernommen werden.
- Zeichnungsansichten können als präzise Ansicht oder als Rasteransicht definiert werden. Im Objektbrowser ist eine Rasteransicht durch eine rote Diagonallinie im Symbol zu erkennen, auf dem Zeichnungsblatt sind Rasteransichten mit grünen Ecken eingerahmt. Rasteransichten beschleunigen den Zeichnungsaufbau bei großen Baugruppen.

2.2 Neu in Version 2013

Die in der Inventor-Version 2013 neu hinzugekommenen Funktionen dürften manchen Anwendern schon bekannt sein. Wie schon erwähnt, werden sie hier aufgeführt, um die Kontinuität des Buches zu wahren, das in seiner letzten Auflage die Inventor-Version 2012 zum Inhalt hatte. Die Beschreibung der 2013er-Funktionen wird entsprechend kurz gefasst sein.

2.2.1 Benutzeroberfläche

An der Benutzeroberfläche und der grundsätzlichen Bedienung des Programms hat sich auch in dieser Version nichts Wesentliches geändert. Neben dem Begrüßungsbildschirm und umfassenderen Markierungsmenüs sind es z. B. verbesserte Fehlermeldungen, die neue Wiki-Hilfefunktion per Internet, die **AUTODESK EXCHANGE**-Funktion, mit der freie und kostenpflichtige Apps (Zusatz-Applikationen) eingebaut werden können, und **AUTODESK 360**, womit die Teamarbeit in der Autodesk-Cloud optimiert werden kann.

2.2.1.1 Begrüßungsbildschirm

Die auf den ersten Blick auffälligste Modifizierung wurde bereits mit Version 2013 eingeführt und in der aktuellen Version 2014 optimiert. Der Begrüßungsbildschirm räumt gerade für Anfänger alle Zweifel (»Wie fange ich an?«) aus dem Weg und erlaubt das sofortige Durchstarten.

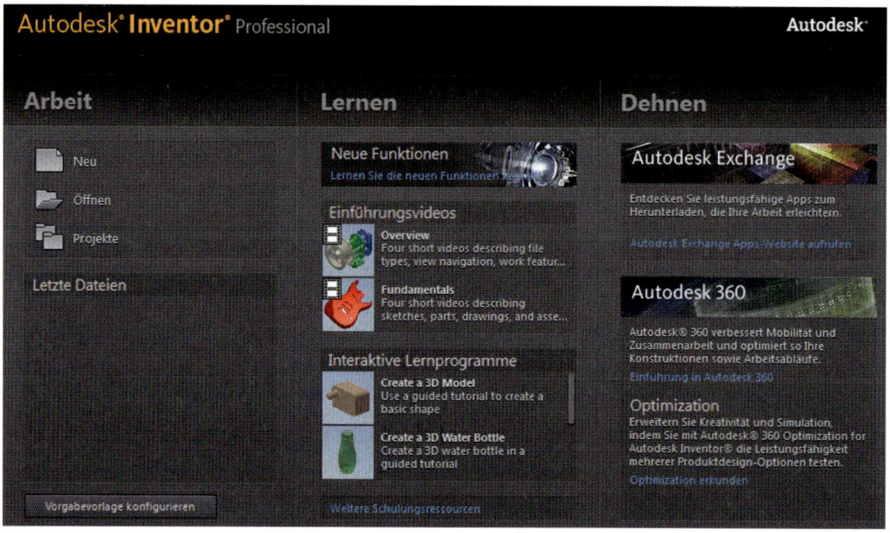

2.2.1.2 Markierungsmenüs

Die Markierungsmenüs wurden weiter ausgebaut und mit vielen neuen kontextsensitiven Funktionen versehen. Die Arbeit mit den alten Dialogfenstern rückt immer mehr in den Hintergrund.

Im Dialogfenster **ANPASSEN** kann die Länge der Überlaufmenüs auf die wichtigsten Befehle reduziert werden.

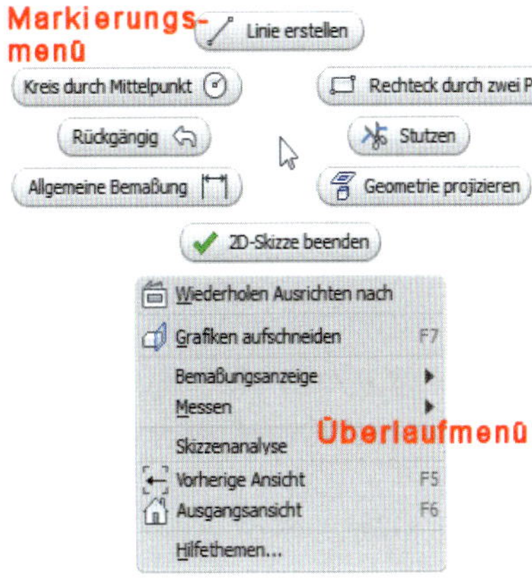

2.2.2 Skizzenbereich

Im Skizzenbereich hat sich relativ viel getan. Es kamen einige völlig neue Funktionen hinzu und andere wurden um wesentliche Merkmale ergänzt.

2.2.2.1 Skizze erzeugen

Wer beispielsweise noch von älteren Inventor-Versionen gewohnt ist, dass ein neues Bauteil grundsätzlich mit einer Skizze beginnt, muss umdenken, denn nach dem Start für ein neues Bauteil erscheint nur noch die leere Bauteilumgebung. Eine neue Skizze muss erst erzeugt werden. Dazu blendet der Inventor die Ursprungsebenen für die Ebenenauswahl ein.

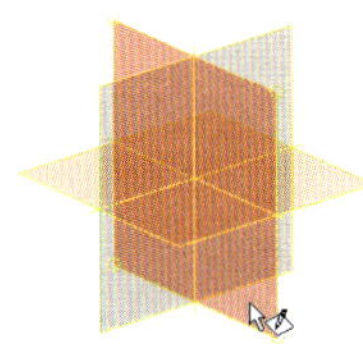

Skizzierebenen, Ursprungsebenen

2.2.2.2 Rechteckfunktion

Die Funktion **RECHTECK** wurde erweitert. Rechtecke können jetzt über deren Mittelpunkte gezeichnet werden, was Anwendern mehrere Arbeitsschritte erspart.

2.2.2.3 Kurven durch Gleichungen erzeugen

Die völlig neue Funktion **GLEICHUNG KURVE** ermöglicht das einfache Zeichnen mathematischer Graphen.

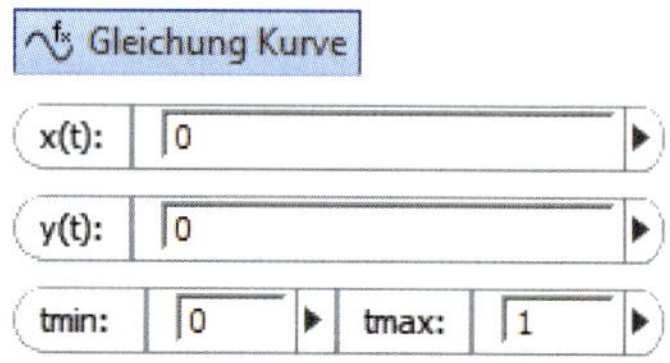

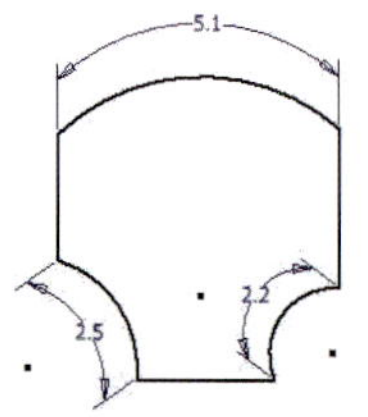

Bogenlänge bemaßen

2.2.2.4 Bogenlängen bemaßen

Im Skizzenbereich kann der neue Bemaßungstyp **BOGENLÄNGE** selektiert werden, mit dem die wahre Länge eines Bogens bemaßt werden kann.

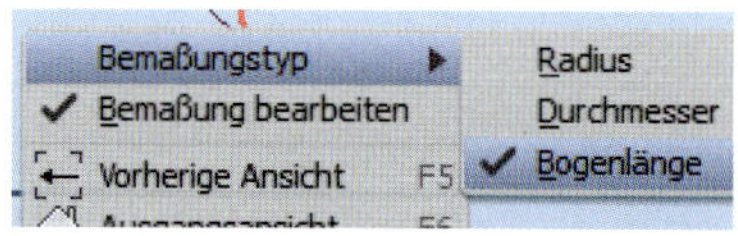

2.2.2.5 Weitere neue Skizzierfunktionen

- Dynamisches **STUTZEN** und **DEHNEN**, womit durch eine einfache Cursorbewegung beliebig viele Elemente in einem Zug gestutzt oder gedehnt werden können
- 3D-Skizzen können mit der Funktion **3D-VERSCHIEBEN/-DREHEN** bearbeitet werden und auch **3D-SPIEGELN** ist möglich.

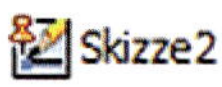

- Durch die erste Bemaßung einer Skizze kann deren Maßstab, d. h. ihre gesamte Darstellung, an diese Bemaßung angepasst werden, wodurch unter Umständen das »Auseinanderbrechen« einer Skizze beim Bemaßen verhindert werden kann.
- Vollbestimmte Skizzen werden jetzt im Objektbrowser durch eine Pin-Nadel gekennzeichnet.

2.2.3 Bauteilbereich

2.2.3.1 Neuer Material-Editor

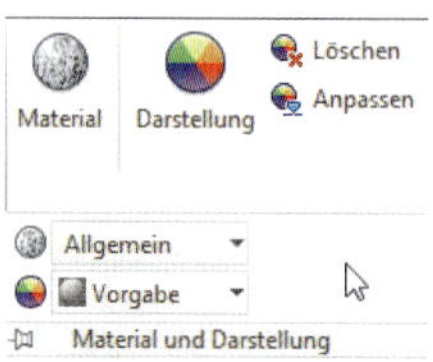

Der **MATERIALIEN-BROWSER** und -Editor wurden in der Inventor-Version 2013 völlig neu gestaltet. Die Materialverwaltung wurde aus dem Stil-Editor der früheren Versionen ausgegliedert und ist jetzt ein eigenständiger Programmteil, der mit einigen neuen Funktionen sehr viel übersichtlicher und intuitiv bedienbarer geworden ist.

Neu ist vor allem die Integration und Verwaltung verschiedener Bibliotheken. So gibt es neben der Inventor-Materialbibliothek die Autodesk-Materialbibliothek sowie Favoriten und die Möglichkeit, eigene Materialbibliotheken zu erstellen.

Im ersten Moment erscheint die Vielzahl der Buttons etwas verwirrend, bei genauerer Betrachtung erweist sie sich jedoch als recht sinnvoll.

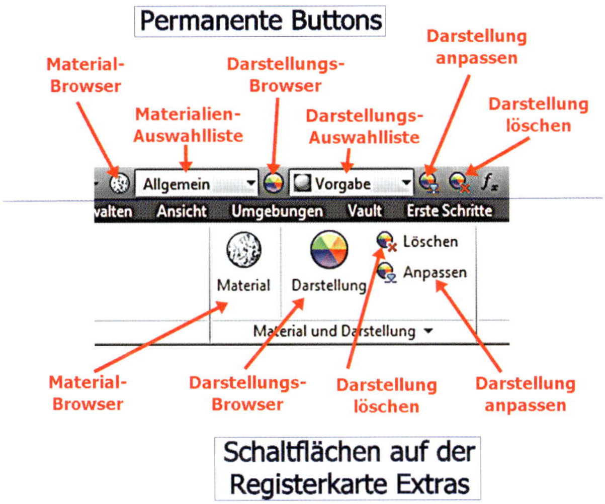

In der oberen schmalen Menüleiste befinden sich die häufig benötigten Auswahllisten für die Materialien und deren Aussehen. Davor, dazwischen und dahinter sind die kleinen Schaltflächen für die nicht so häufig benötigten Funktionen der Browser und der Änderungs- bzw. Löschfunktion angebracht.

Diese Menüleiste ist in allen Arbeitsbereichen sichtbar, egal welche Registerkarte aktiv ist.

Mit der Funktion **DARSTELLUNG ANPASSEN** erscheint eine komfortable Farbauswahl, in der Sie Farbwerte nach **RGB** oder **HSL** (Farbton | Hue, Sättigung | Saturation, Intensität | Luminanz) einstellen oder auch Darstellungsvarianten aus der Liste auswählen können. RGB- oder HSL-Werte können Sie auch direkt eingeben.

2.2.3.2 Grundkörper erstellen

Geometrische Grundkörper können mit den entsprechenden Funktionen in einem Schritt vollständig erstellt werden.

Die Arbeitsschritte: Ebene wählen, Skizze erzeugen, Skizze beenden, Extrusion erzeugen wurden in jeweils einer Befehlskombination zusammengefasst, mit der man wahlweise **QUADER**, **ZYLINDER**, eine **KUGEL** oder einen **TORUS** erzeugen kann.

Die so konstruierten Elemente sind mit händisch konstruierten völlig gleichwertig. Änderungen an ihren Skizzen oder den Extrusionen können durchgeführt werden.

2.2.3.3 Bearbeiten von Arbeitsebenen

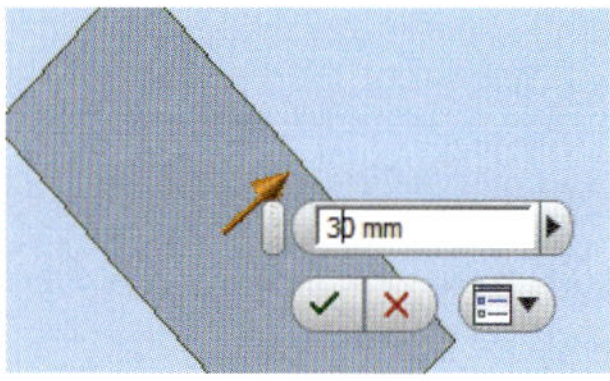

Arbeitsebenen, die durch Versatz- und/oder Winkeldefinitionen erzeugt wurden, können mit der Funktion **BEMASSUNG BEARBEITEN** in einem Mini-Werkzeugkasten direkt bearbeitet werden.

2.2.4 Zeichnungsbereich

Nur wenige nennenswerte Neuerungen wurden im Zeichnungsbereich eingeführt, u. a. sind dies:

- Eine Zeichnungsansicht kann jetzt auf dasselbe Blatt kopiert werden.
- In Schriftfeldern können Bilder, z. B. ein Firmenlogo, eingefügt werden.

2.2.5 Punktwolke

- Eine völlig neue Technik, die sich in keinen Arbeitsbereich direkt eingliedern lässt, ist die **PUNKTWOLKE**.

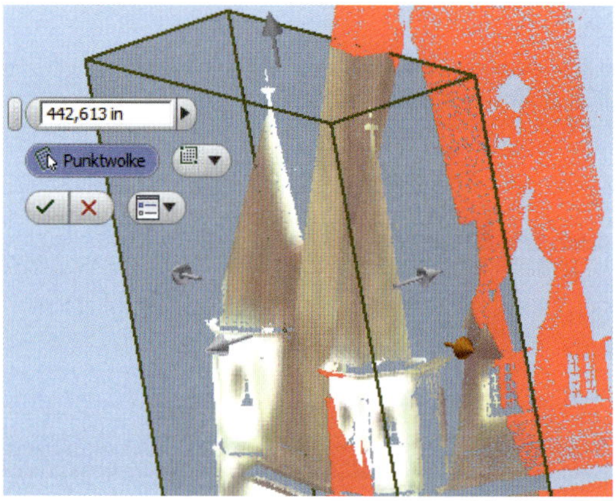

- Punktwolken werden mithilfe von 3D-Scangeräten erstellt, die eine große Anzahl von Punkten auf der Oberfläche eines Objekts erfassen. Die eigentliche Punktwolke ist eine Menge von Scheitelpunkten in einem dreidimensionalen Koordinatensystem, das in der Regel durch die X-, Y- und Z-Koordinaten definiert wird.
- Aus einer importierten Punktwolke lassen sich mithilfe der Funktion **QUADER ZUSCHNEIDEN** nur bestimmte Bereiche zur weiteren Bearbeitung oder auch einzelne Punkte mit der Funktion **PUNKT AUS WOLKE** selektieren und als Arbeitspunkte markieren.

2.2.6 Autodesk 360

Ebenfalls völlig neu ist die Registerkarte ONLINE-DOKUMENTE mit den beiden Funktionen AUTODESK 360 und SPEICHERN UND AN CLOUD SENDEN.

AUTODESK 360 stellt Internet-Dienste zur Verfügung, die vom einfachen Online-Speicher über Webbrowser- und Mobil-Applikationen zum Anzeigen von Bauteilen und Baugruppen bis hin zu Teamwork-Funktionen wie Dateifreigaben etc. reichen. Weitere Dienste betreffen Simulationsberechnungen, Rendering usw. und stellen damit Rechenleistung zur Verfügung.

Mit SPEICHERN UND AN CLOUD SENDEN können Konstruktionsdokumente, Bibliotheken und Konstruktionsdaten online gespeichert werden, um sie für den Zugriff von einem anderen Standort aus oder für Mitglieder eines Teams freizugeben. Der Vorgang ist vergleichbar mit Pack and Go im Internet.

3 Inventor-Probefahrt – ein Rollenständer

In diesem Kapitel kommen vor allem Programmneulinge und -umsteiger auf ihre Kosten.

3.1 Für wen und warum

Bücher dieser Art haben immer das Problem, dass sie sowohl von Anwendern, die das Programm schon kennen, als auch von absoluten Anfängern gelesen werden. Der Kompromiss in diesem Buch sieht so aus: Noch bevor wir mit Erklärungen über die Programmbedienung und unverzichtbaren Theoriekapiteln beginnen, soll hier ein komplettes Beispiel mit dem Inventor »durchfahren« werden.

AVI

Alle Konstruktionsschritte befinden sich als Videos auf der DVD.

Dieses Kapitel ist insbesondere für Neulinge ohne jede Inventor-Erfahrung und für Umsteiger von anderen CAD-Systemen gedacht. Es werden wortwörtlich die ersten Schritte im Inventor 2014 beschrieben. Der Anwender wird »an die Hand genommen« und durch einführende Beispiele geführt. Die »alten Hasen« kommen später und nicht zu gering auf ihre Kosten.

3.2 Die Inventor-Probefahrt beginnt

Um loslegen zu können, sollten Sie die Übungsdateien der beiliegenden DVD in ein Verzeichnis auf Ihrem Rechner kopieren.

Insbesondere diese erste Übung ist so aufgebaut, dass Sie mit vielen vorgefertigten Dateien bzw. Inventor-Dokumenten arbeiten und diese jeweils ergänzen können. Genauso gut können Sie die Übung aber auch bei null beginnen und vollständig selbst erstellen.

3.3 Der Rollenständer

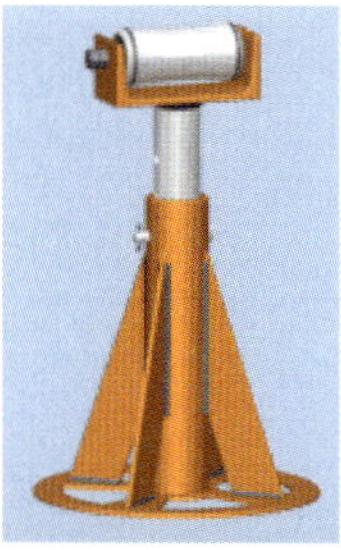

Die Konstruktion des abgebildeten Rollenständers soll Gegenstand dieser Probefahrt sein. Kennenlernen werden Sie dabei u. a.:

- die Programmbedienung
- das Skizzieren
- das Vergeben von 2D-Abhängigkeiten in Skizzen
- das Erzeugen und Bearbeiten von Bauteilen
- das Erzeugen von Baugruppen
- das Erzeugen von adaptiven Bauteilen in Baugruppen
- die Schweißumgebung und das Erzeugen von Schweißverbindungen
- das Erstellen des Zusammenbaus aus einzelnen Bauteilen und Baugruppen
- das Vergeben von 3D-Abhängigkeiten

Der Rollenständer besteht, wie man in der Abbildung des Objektbrowsers erkennen kann, aus zwei Baugruppen - dem **Ständer** und dem **Schiebeteil**. Beide Baugruppen werden durch den Bolzen **(DIN EN 22341 ...)**, der mit einem Splint (**DIN EN ISO 1234 ...**) gesichert ist, zusammengehalten.

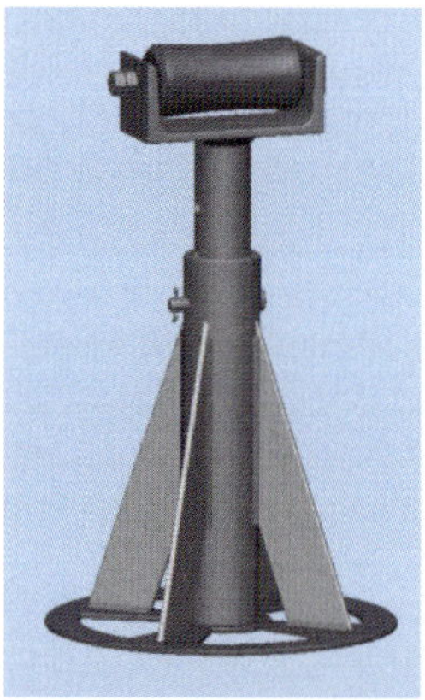

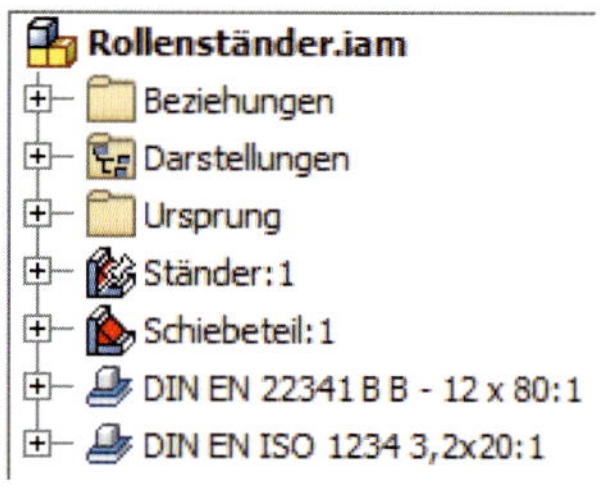

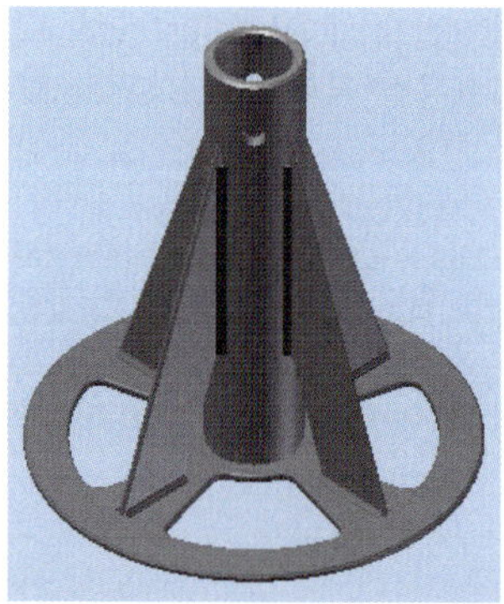

Jede der beiden Unterbaugruppen ist eine Schweißbaugruppe, was man am dazugehörigen Icon erkennen kann, und besteht aus mehreren Einzelteilen.

Die Erstellung der Unterbaugruppe »Ständer« wird im Folgenden detailliert erklärt und kann Schritt für Schritt nachvollzogen werden.

Die Konstruktion der Unterbaugruppe »Schiebeteil« wird dagegen nur in groben Schritten beschrieben. Es sollte nach der ersten »Probefahrt« bereits möglich sein, diese Baugruppe weitgehend selbstständig zu erstellen.

3.4 Das Projekt: Rollenständer

Jede etwas umfangreichere Arbeit mit dem Inventor sollte innerhalb einer Projektdefinition geschehen. Die Vorteile dieser Arbeitsweise sind:

- Alle Dateien und Dokumente einer Konstruktion befinden sich in einem Arbeitsordner.
- In der Projektverwaltung behält man die Übersicht und kann schnell zwischen einzelnen Projekten wechseln.
- Zur Weitergabe der Konstruktionen ist die Zusammenfassung zu Projekten sinnvoll.
- In der Teamarbeit, vor allem mit der Dokumentverwaltung Vault oder mit PDM-Systemen, ist eine Arbeit ohne Projekte nicht denkbar.

Klicken Sie auf die **PROGRAMM-SCHALTFLÄCHE** → **VERWALTEN** → **PROJEKTE** oder direkt auf das entsprechende Icon in der Befehlsgruppe **STARTEN**. Im folgenden Dialogfenster klicken Sie auf **NEU** und erzeugen ein **NEUES EINZELBENUTZER-PROJEKT** mit dem Namen **ROLLENSTÄNDER**. Als Projektordner wählen Sie den Ordner, in den Sie die Übungsdateien von der DVD kopiert haben.

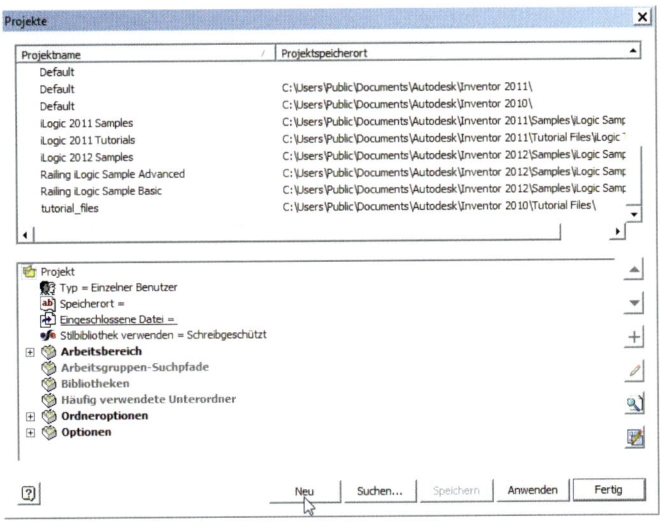

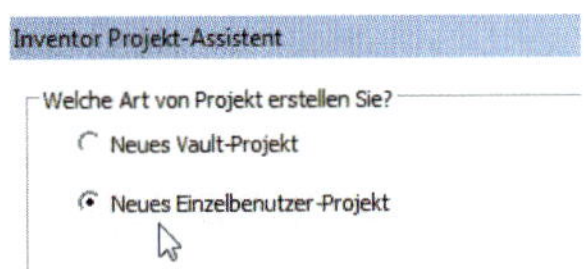

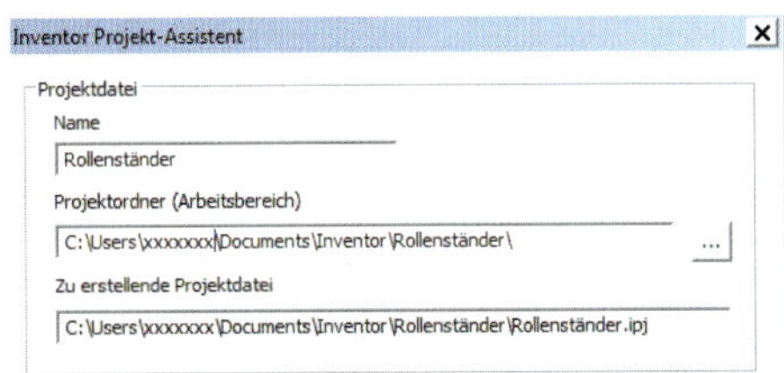

3.5 Die Baugruppe Ständer

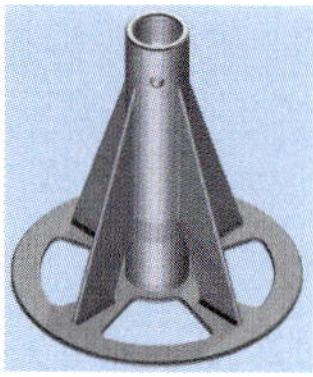

Der Ständer besteht aus drei zu konstruierenden Bauteilen, der **Grundplatte**, dem **Ständerrohr** und einer **Rippe**, die viermal eingefügt wird.

Eine kleine Besonderheit bei dieser Konstruktion wird sein, dass nach der Erstellung der Grundplatte sofort in die Baugruppenumgebung gewechselt und alle anderen Teile adaptiv, das heißt voneinander abhängig, in der Baugruppe konstruiert werden. Näheres dazu wird an den entsprechenden Stellen beschrieben.

3.6 Das erste Bauteil – die Grundplatte

Die Grundplatte soll als erstes Teil konstruiert werden. Die fertige Skizze finden Sie im Projektordner unter dem Dateinamen **Grundplatte01_Skizze1.ipt**. Diese Vorgabe soll Sie jedoch nicht davon abhalten, die Skizze selbst zu erstellen, weswegen auch diese Schritte nachfolgend detailliert erklärt werden.

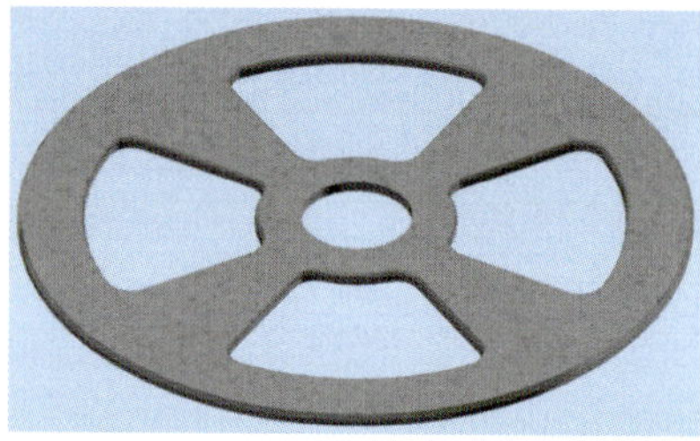

3.6.1 Ein neues Bauteil beginnen

Rufen Sie also entweder über das Inventor-Hauptmenü und die Auswahl der Schaltfläche NEU oder direkt über die Schaltfläche NEU in der Befehlsgruppe STARTEN das Dialogfenster **Neue Datei** zur Selektion der zu verwendenden Vorlage auf. Auf der Registerkarte **Metrisch** finden Sie die Vorlage STANDARD (MM).IPT[1], mit der wir unsere Arbeit beginnen wollen.

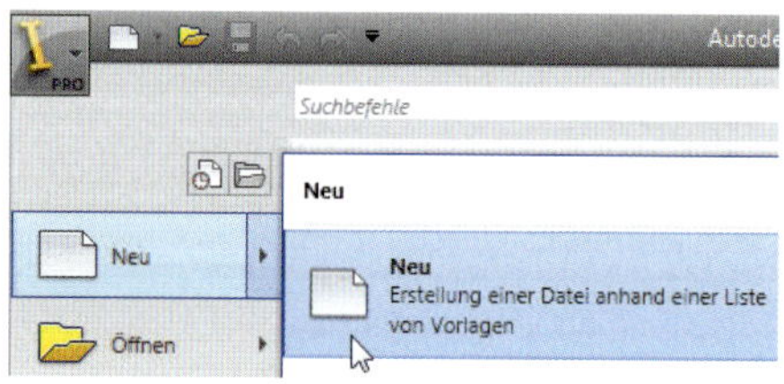

1 In älteren Inventor-Versionen sieht das Dialogfenster etwas anders aus und die entsprechende Vorlagendatei ist als Norm(mm).ipt benannt.

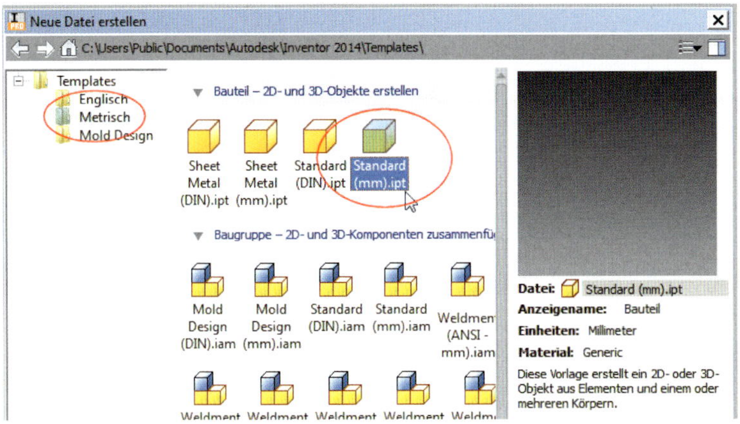

Nach einem Doppelklick auf das Symbol im Dialogfenster bzw. der Betätigung der Schaltfläche **OK** startet der Inventor ein neues Bauteil.

Die Arbeitsumgebung eines neuen Bauteils besteht aus einer leeren Arbeitsfläche und einer sehr rudimentären Auflistung im Objektbrowser.

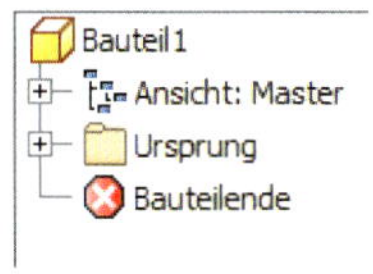

Um ein neues Bauteil erzeugen zu können, ist in den meisten Fällen zuerst eine 2D-Skizze zu erstellen, aus der im nächsten Schritt ein 3D-Körper geschaffen werden kann.

3.6.2 Skizze erstellen

In der leeren Arbeitsfläche öffnen wir mit einem MAUS-RECHTSKLICK (RMT = rechte Maustaste) das Markierungsmenü und wählen die Funktion NEUE SKIZZE.

HINWEIS: Da die Erwähnung der rechten Maustaste sehr häufig im Text vorkommt, wird dieser Begriff mit **RMT** abgekürzt.

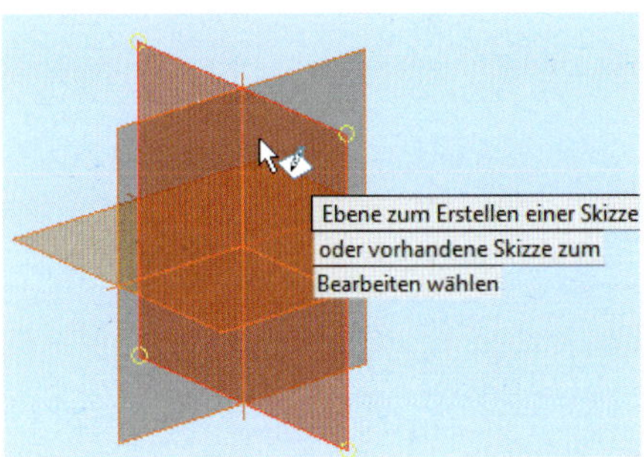

Der Inventor blendet an dieser Stelle die drei Ursprungsebenen (X-Y, X-Z und Y-Z) ein und verlangt die Auswahl der Ebene, auf der die neue Skizze erstellt werden soll.

HINWEIS: Jede 2D-Skizze benötigt eine Ebene, auf der sie definiert werden kann. Ebenen können die Ursprungsebenen oder beliebige ebene Oberflächen von bereits existierenden Bauteilen sein, sie können aber auch als neue Arbeitsebenen frei im Koordinatensystem erzeugt werden.

Für die erste Skizze dieses Bauteils wählen wir die X-Y-URSPRUNGSEBENE.

3.6.2.1 Konzentrische Kreise

Rollenständer Grundplatte: *.avi auf der DVD

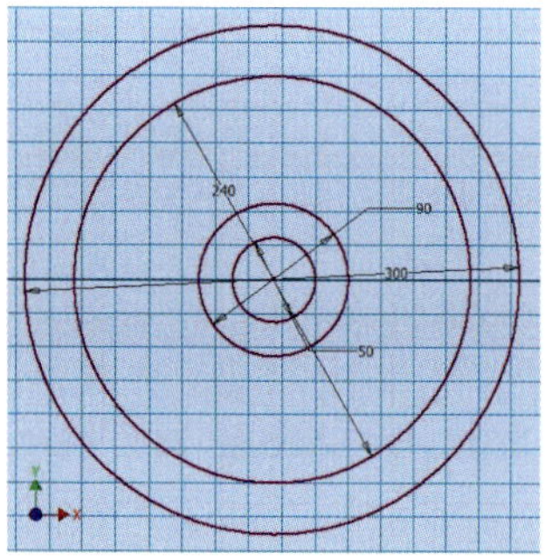

Die vollständige Sequenz zum Erstellen der Grundplatte befindet sich als Film (**Rollenständer_Grundplatte.avi**) auf der beiliegenden DVD.

Um die Grundplatte erstellen zu können, benötigen wir zunächst einige Kreise, deren Mittelpunkte am besten im KOORDINATENURSPRUNG (0,0), mindestens aber auf der X-Achse liegen sollen. Wir benötigen vier Kreise, die direkt nacheinander, in einem Rutsch, erzeugt werden können. Die Durchmesser der Kreise betragen: **50, 90, 240 und 300 mm**.

1. Im Skizzierbereich die RECHTE MAUSTASTE (RMT) betätigen
2. Den Cursor nach oben links bewegen (KREIS DURCH MITTELPUNKT) und die LINKE MAUSTASTE drücken
3. Den Kreismittelpunkt auf die **Koordinaten 0,0** setzen
4. Den Kreisdurchmesser **300** per Tastatur eingeben und die ENTER-Taste betätigen

TIPP: Es ist bei der Skizzenerstellung häufig sinnvoll, mit dem größten Element (hier mit dem Kreis 300 mm) zu beginnen und dieses Element in den Ansichtsbereich zu zoomen. Die Übersicht für die folgenden kleineren Skizzenelemente ist dann besser.

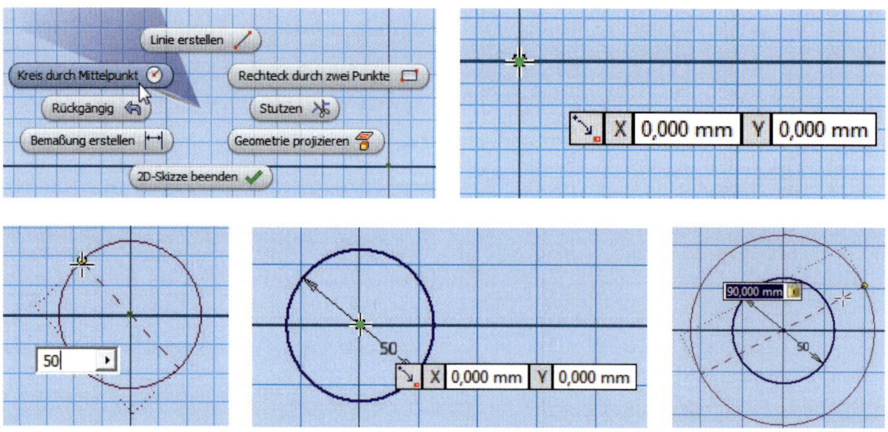

5. Die Schritte 3 und 4 sind für jeden Kreis zu wiederholen, wobei nacheinander die Durchmesser **300, 240, 90 und 50 mm** einzugeben sind.

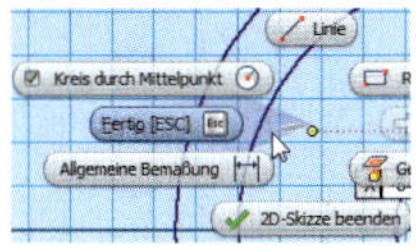

Wurden alle vier Kreise erstellt, drückt man am besten die **ESC-TASTE**. Alternativ kann man die **RMT** betätigen, bewegt die Maus kurz nach links und klickt, um den **FERTIG [ESC]** (**FERTIG**)-Button auszulösen und damit die Kreis-Funktion zu beenden.

3.6.2.2 Strahlenförmige Linien

Im nächsten Schritt sind drei Linien zu erstellen, die alle im Zentrum der Kreise ihren Anfangspunkt haben.

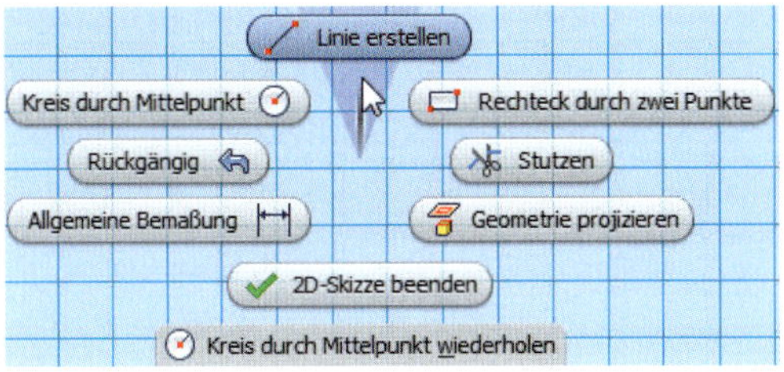

RMT → Maus nach oben → **LINIE ERSTELLEN** → **ANFANGSPUNKT** (0,0) wählen

TIPP: Profis wissen, dass im Markierungsmenü für Skizzen der Befehl **LINIE ERSTELLEN** immer oben steht, und benötigen einen Mausklick weniger, wenn sie mit Mausgesten arbeiten, d. h. in diesem Fall die Maus mit gedrückter **RMT** nach oben bewegen. Die Funktionsbezeichnung **LINIE ERSTELLEN** erscheint kurz und der Befehl ist sofort aktiv.

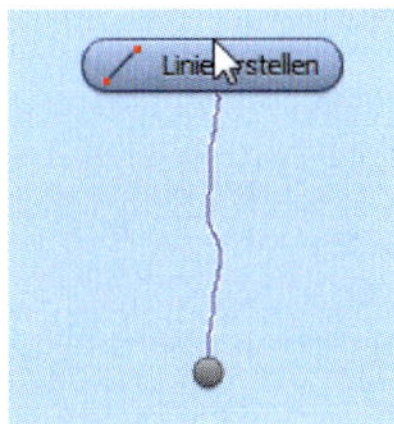

Die erste Linie ist horizontal nach links zu ziehen, und außerhalb des größten Kreises ist irgendwo der **ENDPUNKT** zu setzen. Auf die Länge der Linie kommt es nicht an.

TIPP: Die Linienfunktion im Inventor geht grundsätzlich davon aus, dass man eine aus mehreren Elementen bestehende Kontur zeichnen möchte, weswegen der Linienzeichenmodus nach dem Setzen eines Endpunktes aktiv bleibt. Eine Ausnahme besteht, wenn der Endpunkt auf einen anderen markanten Punkt (anderer Endpunkt, Mittelpunkt etc.) fällt. Möchte man jedoch mehrere einzelne Linienelemente unabhängig voneinander zeichnen, so ist nach jedem Endpunkt das **KONTEXTMENÜ** der Linienfunktion aufzurufen (**RMT**) und der Eintrag **NEUSTART** zu selektieren.

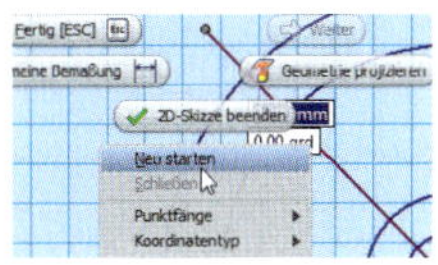

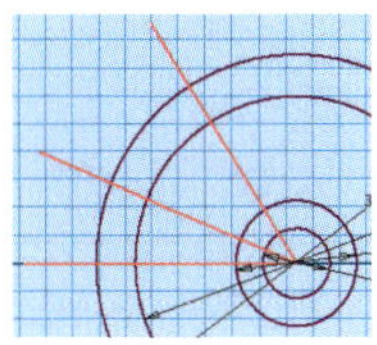

Nach der horizontalen Linie sind so in gleicher Art und Weise die beiden schrägen Linien zu zeichnen. Auch deren Länge ist unerheblich, sie sollten lediglich über die Kreise hinausreichen. Der Linienzeichenmodus ist mit **ESC** zu beenden.

3.6.2.3 Konstruktionslinie definieren

Die horizontale Linie soll später nur die Funktion einer Hilfslinie für die Bemaßung und nicht Gegenstand der Bauteilkontur sein, weswegen diese Linie als Konstruktionslinie definiert werden soll.

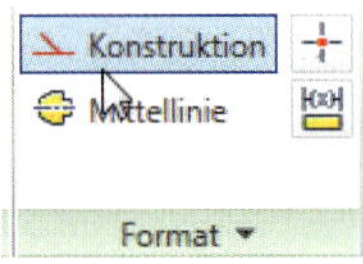

Um ein gezeichnetes Element nachträglich als Konstruktionslinie zu definieren, ist es zunächst zu markieren (Mausklick auf das Element). In der Befehlsgruppe **FORMAT** befindet sich der Button **KONSTRUKTION**, mit dem diese Umwidmung anschließend durchgeführt werden kann.

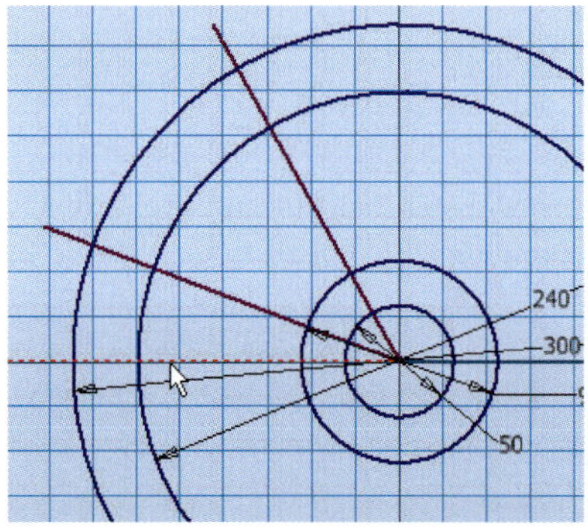

TIPP: Der Unterschied zwischen normal gezeichneten Elementen und Konstruktions- bzw. Mittelliniengeometrien besteht darin, dass nur normal gezeichnete Elemente als Skizzenkonturen für Extrusionen etc. erkannt werden.

3.6.2.4 Überflüssiges abschneiden

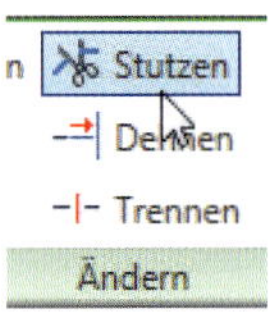

Um die gewünschte Kontur für die Grundplatte zu bekommen, ist jetzt alles Überflüssige abzuschneiden. Die Funktion **STUTZEN**, die dazu eingesetzt wird, erreicht man entweder mit der **RMT** im Markierungsmenü oder in der Befehlsgruppe **ÄNDERN**.

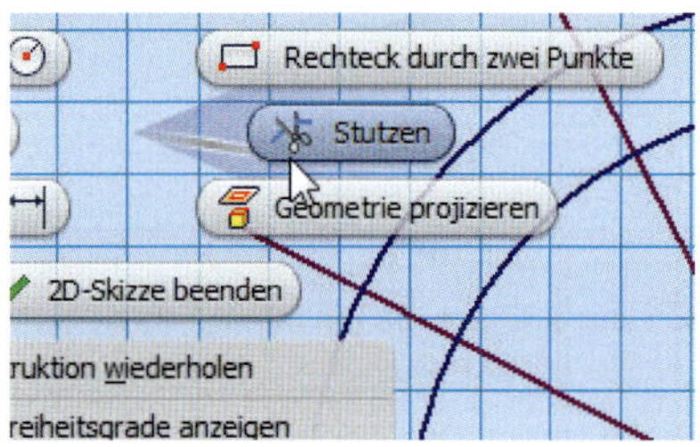

Stutzen Sie die schrägen Linien und die inneren Kreise so, dass nur noch ein segmentförmiger Ausschnitt zwischen dem innersten und dem äußersten Kreis stehen bleibt. Die horizontale Konstruktionslinie bleibt dabei unberührt.

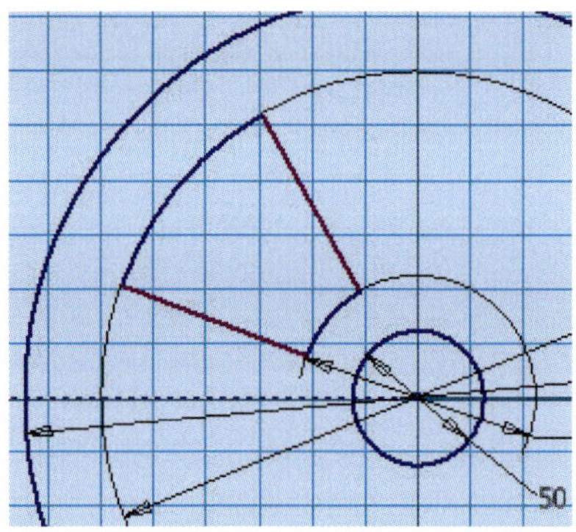

3.6.2.5 Abhängigkeiten kontrollieren und neu vergeben

Ein Problem kann beim Ändern von Elementen immer wieder auftreten: Durch die Veränderungen können auch Abhängigkeiten verloren gehen.

TIPP: Abhängigkeiten bestimmen einerseits die Lage und andererseits die Zusammengehörigkeit der gezeichneten Elemente. Sind gezeichnete Elemente vollständig abhängig, d. h. voll bestimmt, zeigt der Inventor dies mit einem Farbumschlag für diese Elemente an. Die Kreise unserer Skizze sind durch ihren Mittelpunkt und die Durchmesserbemaßung vollständig festgelegt und werden deswegen dunkler dargestellt.

Die Linienelemente waren ohnehin nur mit ihrem Anfangspunkt im Kreiszentrum bestimmt, und diese Festlegung haben sie nun durch das Stutzen wieder verloren. Eine Winkelbemaßung mit 15° und 60°, die hier nur beispielhaft eingefügt wurde, würde das entsprechend der Abbildung auch zutage bringen.

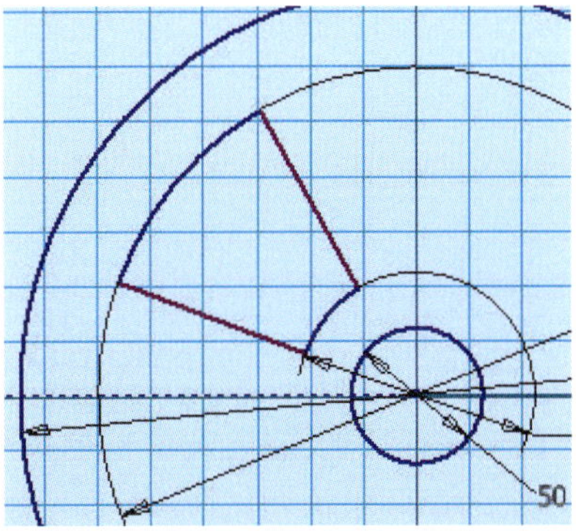

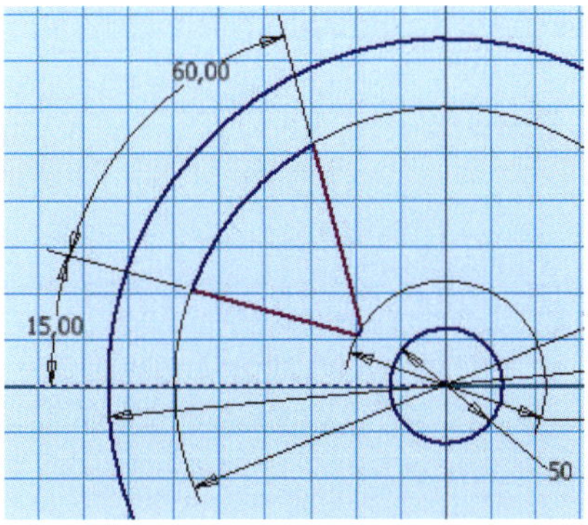

Auch an der Farbe der gestutzten Linien ist erkennbar, dass diese nicht mehr bestimmt sind.

In der Befehlsgruppe ABHÄNGIG MACHEN und im KONTEXTMENÜ der Skizzierumgebung befinden sich alle Möglichkeiten, mit denen Elemente versehen werden können.

Um die schrägen Linien wieder zum Kreiszentrum hin auszurichten, wählen Sie die Abhängigkeit KOINZIDENT und führen die Schritte gemäß der folgenden Abbildungen durch.

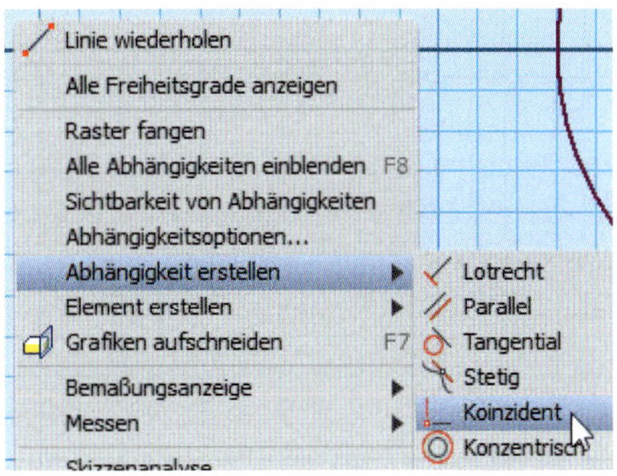

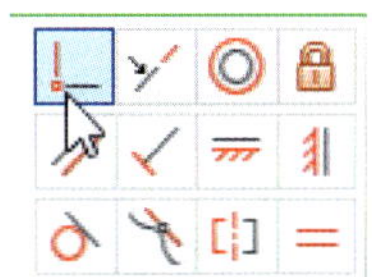

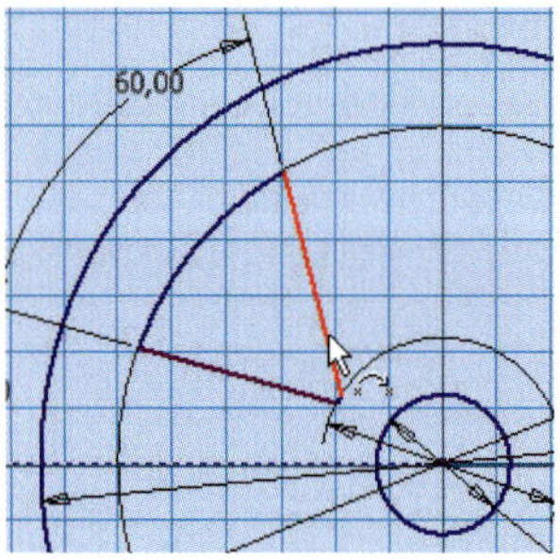

Mit dem aktiven Befehl **KOINZIDENT** zuerst die gewünschte **LINIE MARKIEREN**

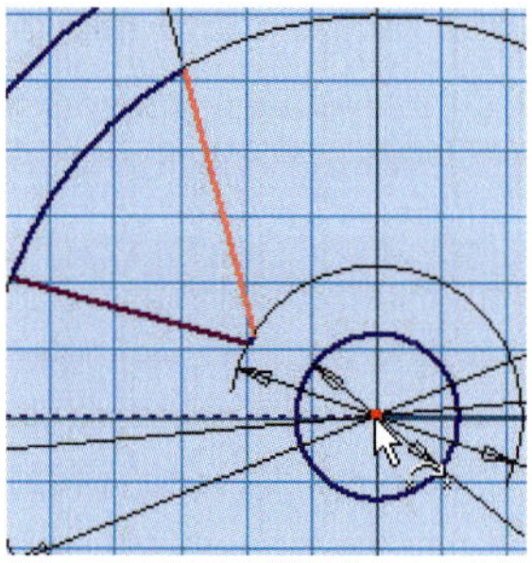

Anschließend als zweites Element den **ZENTRUMSPUNKT** der Kreise auswählen

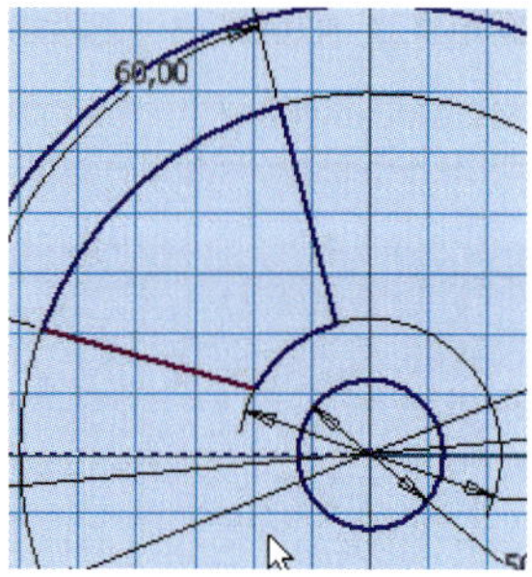

Bei einer bereits bestehenden Bemaßung ist das Linienelement jetzt vollständig festgelegt, was am Farbumschlag zu erkennen ist.

Für die zweite schräge Linie ist dasselbe Procedere durchzuführen.

Ohne die Winkelbemaßung werden die Linien ebenfalls ausgerichtet, nur der Farbumschlag findet noch nicht statt.

3.6.2.6 Bemaßen

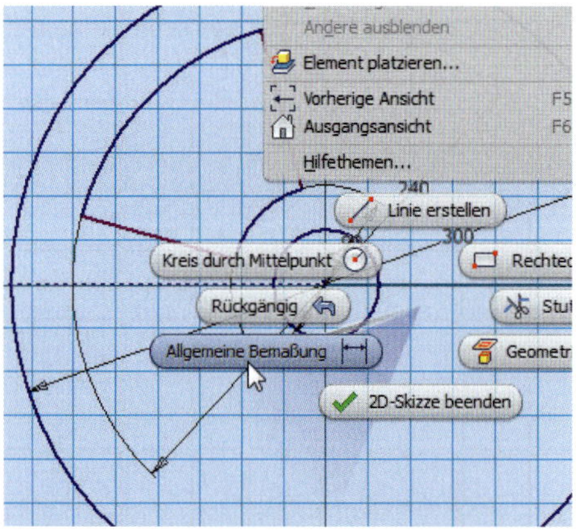

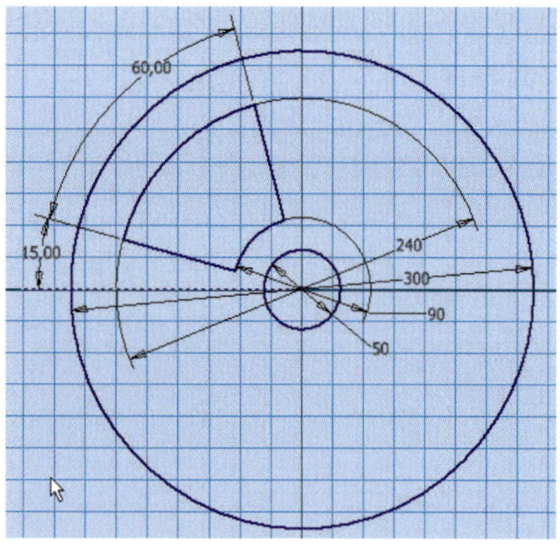

Zur Funktion **ALLGEMEINE BEMASSUNG** ist an dieser Stelle nicht viel zu sagen. Später, in Kapitel 6, »Die Skizzenerstellung«, wird dieser Punkt sehr viel ausführlicher behandelt.

Der Inventor erkennt bei aktiver Bemaßungsfunktion aufgrund der angeklickten Elemente selbsttätig, welche Bemaßungsart anzuwenden ist, und fügt das entsprechende Maß automatisch ein. Ein nochmaliger Klick auf die Maßzahl ermöglicht die Eingabe eines gewünschten Wertes, der dann geometrisch realisiert wird.

Spätestens jetzt müssen alle Elemente der Skizze in dunkler Farbe (vollständig festgelegt, alle Abhängigkeiten vergeben) dargestellt sein.

3.6.2.7 Runde Anordnung

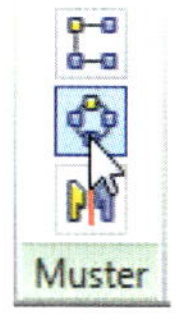

Die nächste Funktion erspart viel Zeichenarbeit: Mit ihr können wir die segmentförmige Kontur mehrfach kreisförmig anordnen. Die Funktion **RUNDE ANORDNUNG** befindet sich in der Befehlsgruppe **MUSTER** und ruft das Dialogfeld auf, in dem die entsprechenden Einstellungen vorgenommen werden können.

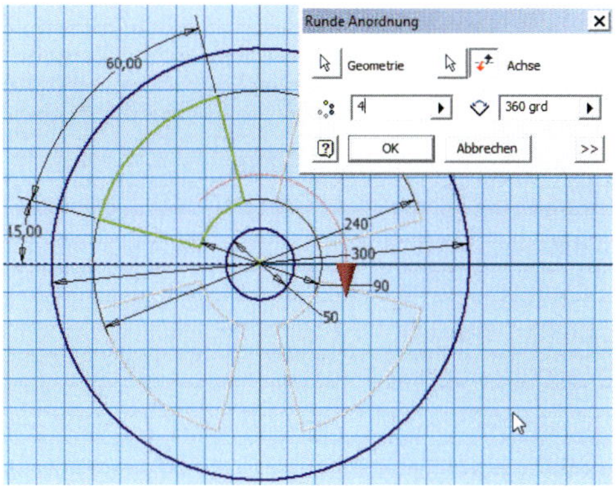

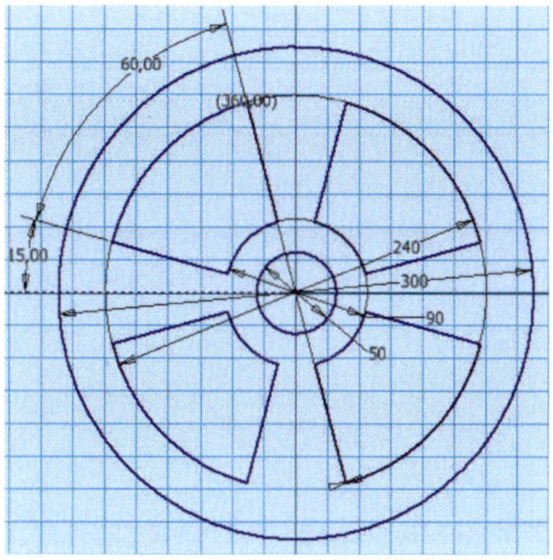

Die zu selektierende **GEOMETRIE** besteht aus den schrägen Linien und den beiden Kreisbögen, der Mittelpunkt der Anordnung stellt die **ACHSE** dar. Die **ANZAHL** der Elemente wird mit **4** eingetragen, und der **DREHWINKEL** beträgt **360°**.

Mit dem **OK**-Button entsteht die fertige Skizze der Grundplatte.

3.6.2.8 Skizze beenden

Mit der Auswahl **RMT → 2D-SKIZZE BEENDEN** verlassen wir jetzt die Skizzierumgebung und kommen in einen neuen Arbeitsbereich, in dem aus der Skizze ein Bauteil entsteht.

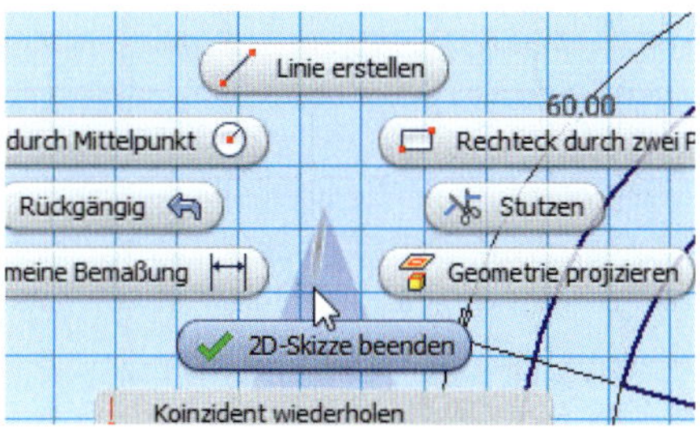

3.6.3 Bauteil aus Skizze erzeugen

Aus einer guten Skizze ein Bauteil zu erstellen, ist eine der leichtesten Übungen. Im Markierungsmenü **RMT** oben rechts oder in der Befehlsgruppe **ERSTELLEN** ist die Funktion **EXTRUSION** auszuwählen. Die Kontur der Skizze, die extrudiert werden soll, ist als **PROFIL** anzugeben.

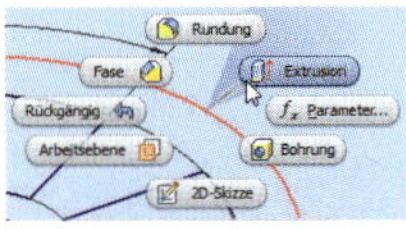

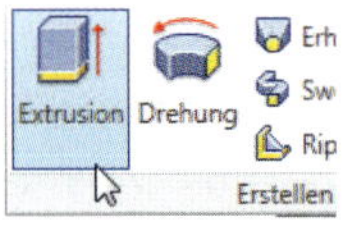

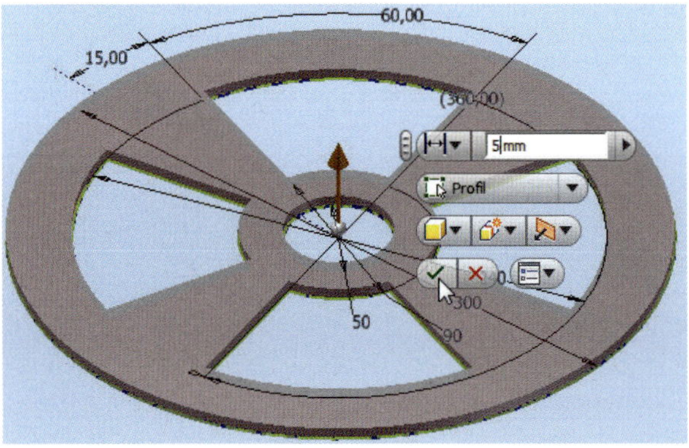

Der **ABSTAND**, die Extrusionshöhe, beträgt **5 MM**, und mit dem **GRÜNEN HAKEN** bzw. dem **OK**-Button wird das rohe Bauteil erstellt, das im Folgenden weiter bearbeitet wird.

3.6.4 Abrunden und anfasen

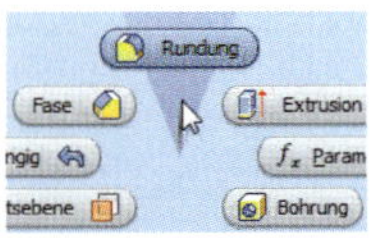

Das Abrunden geschieht in zwei Schritten. Zuerst sind die Innenradien der ausgesparten Segmente, danach die Konturen derselben mit unterschiedlichen Radien zu bearbeiten. Die Funktion **ABRUNDEN** wird entweder im Markierungsmenü **RMT** oben oder in der Befehlsgruppe **ÄNDERN** aufgerufen.

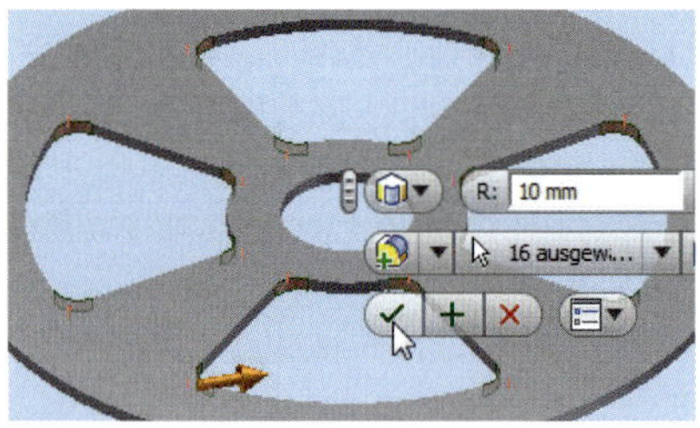

Für die Innenradien der Segmente ist der **RADIUS 10 MM** einzustellen, und alle **16 VERTIKALEN ECKKANTEN** können in einem Zug ausgewählt werden.

Nach der Abrundung der Konturen kann sofort weiter verfahren werden, indem das **GRÜNE PLUSZEICHEN** oder alternativ im Dialogfenster der Button **ANWENDEN** geklickt wird.

Der **RADIUS** beträgt jetzt **2 MM** und als **AUSWAHLMODUS** wird **KONTUR** eingestellt.

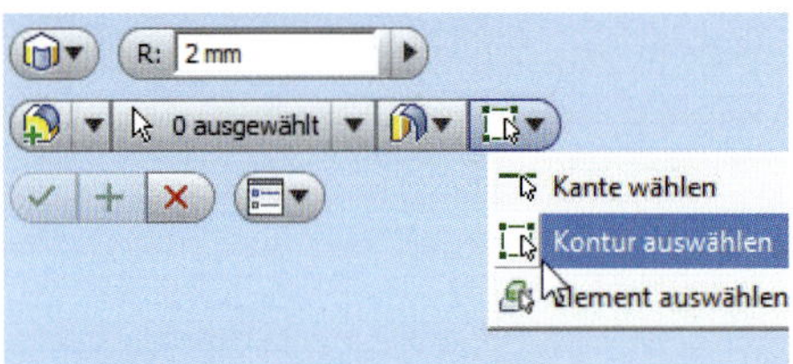

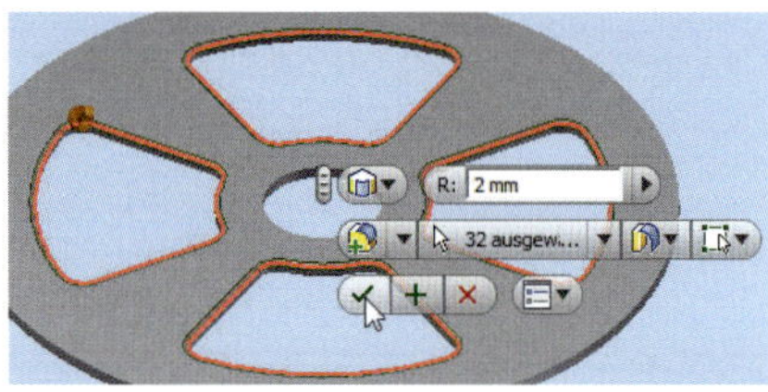

Auch hier können alle vier Segmentkonturen in einem Zug ausgewählt werden. Der **GRÜNE HAKEN** oder der **OK**-Button führen die Abrundung aus und beenden den Befehl.

Die Funktion **FASEN** befindet sich ebenfalls in der Befehlsgruppe **ÄNDERN**. Die obere Außenkante des Durchmessers soll mit einer Fase von 2 mm versehen werden.

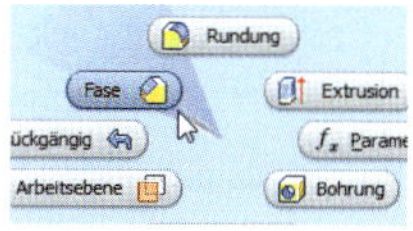

3.6.5 Die fertige Grundplatte

Mit den letzten Aktionen wurde die Grundplatte fertiggestellt und sollte nun das dargestellte Aussehen haben.

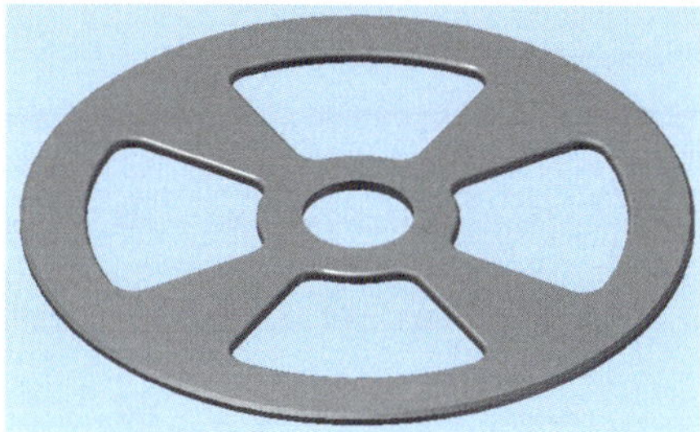

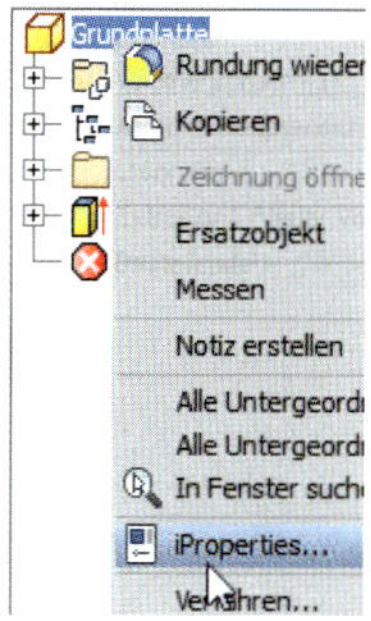

Für diese Übung ist die Definition eines »echten« Materials nicht so wichtig, da die Bauteildaten nicht weiter verwendet werden. In der Praxis sollte man jedoch jedem Bauteil immer auch ein passendes Material zuweisen, damit Stücklisten richtig erzeugt und FEM-Analysen und/oder eine dynamische Simulation durchgeführt werden können.

Über die Material-Auswahlliste in der obersten Befehlsleiste können vorgegebene Materialien sehr schnell ausgewählt und zugewiesen werden.[2]

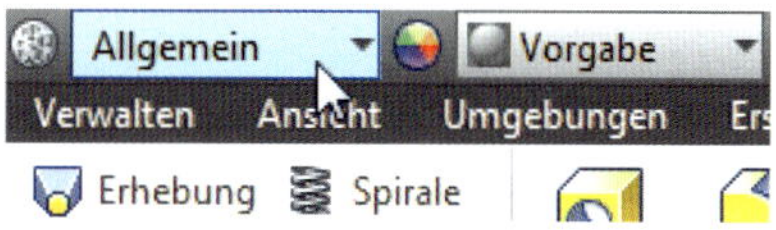

Für unsere Grundplatte wird aus der Liste der Werkstoff **STAHL, WEICH** ausgewählt. Mit dieser Auswahl werden den Bauteileigenschaften auch die Kennwerte dieses Werkstoffes zugewiesen.

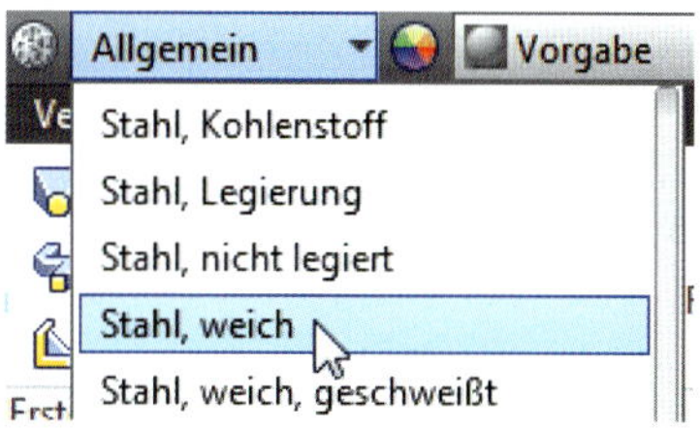

Ruft man jetzt zur Kontrolle im Objektbrowser-Kontextmenü des Bauteils die **IPROPERTIES** auf, kann man beispielsweise ablesen, dass die Grundplatte 1,67 kg wiegt.

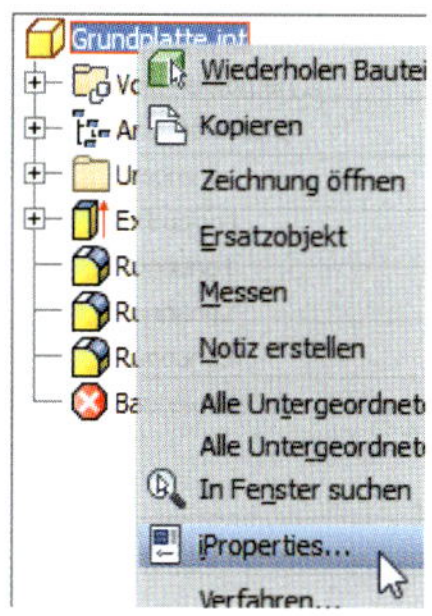

2 In älteren Inventor-Versionen erfolgt die Materialzuordnung über die Bauteileigenschaften iProperties im Kontextmenü des Objektbrowsers.

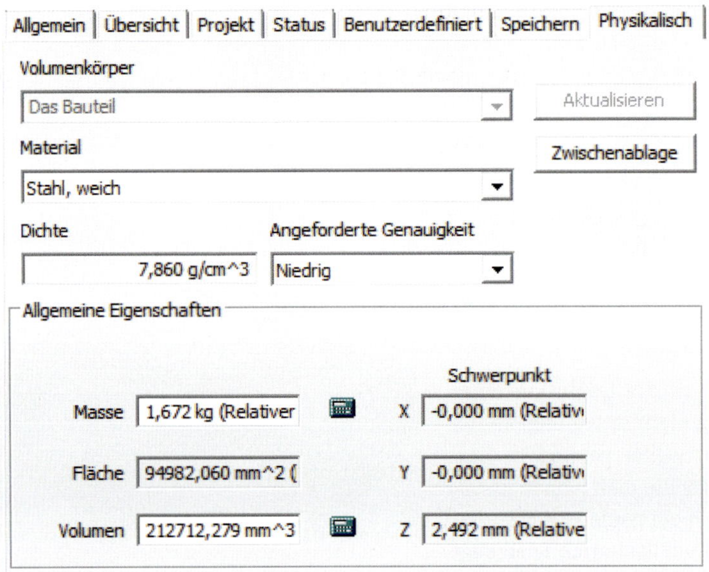

Unter dem hier nicht mehr abgebildeten Eintrag **ALLGEMEINE EIGENSCHAFTEN** können jetzt sofort z. B. die Masse, Fläche, Volumen etc. des Bauteils abgelesen werden.

Im allerletzten Schritt sollte natürlich das abschließende **SPEICHERN** nicht vergessen werden. Speichern Sie das Bauteil unter dem Namen **Grundplatte**, und schließen Sie ggf. die Bauteildatei.

3.7 Die Baugruppe Ständer entsteht

Rollenständer, neue Baugruppe: *.avi auf der DVD

Die Sequenz zum Erstellen einer neuen Baugruppe und das Platzieren der Grundplatte befinden sich als Film (**Rollenständer_neueBaugruppe.avi**) auf der beiliegenden DVD.

Der Ständer, das konnten wir am Anfang dieser Übung sehen, besteht aus der Grundplatte, dem Ständerrohr und Versteifungsrippen.

Man könnte nun alle weiteren Bauteile einzeln erstellen und dann erst die Baugruppe erzeugen. Das folgende Verfahren bietet demgegenüber jedoch einige gravierende Vorteile, weswegen jetzt sofort eine Baugruppe »Ständer« erzeugt wird, obwohl erst ein einziges Bauteil davon existiert.

3.7.1 Eine neue Baugruppe erstellen

Über den Button **NEU** und die Registerkarte **METRISCH** ist jetzt die Vorlage **STANDARD (MM).IAM**[3] auszuwählen.

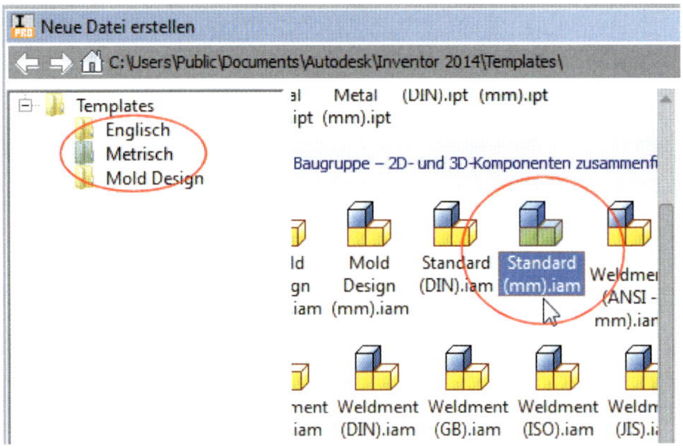

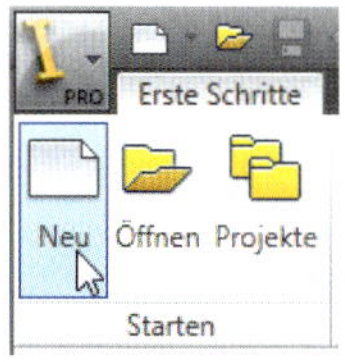

In die leere Arbeitsumgebung der Baugruppe wird mittels der **RMT** die Funktion **KOMPONENTE PLATZIEREN ...** aufgerufen, die auch in der Befehlsgruppe **ERSTELLEN** mit der Schaltfläche **PLATZIEREN** erreichbar ist.

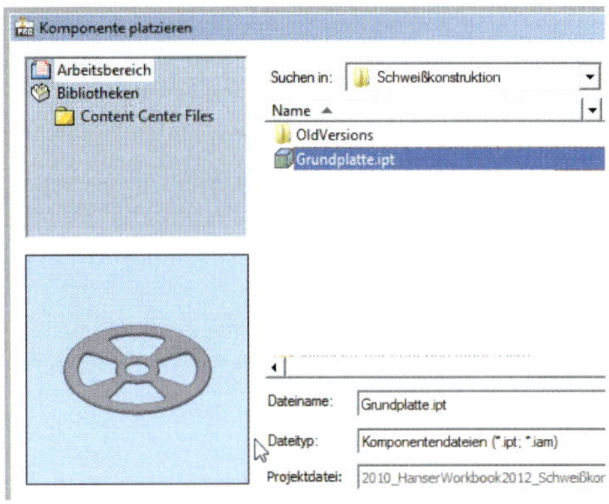

Da wir uns weiterhin im Projekt »Rollenständer« befinden, wurde die Grundplatte in diesen Ordner gespeichert und erscheint jetzt als in die Baugruppe einzufügendes Bauteil.

Wählen Sie diese Datei aus, und bestätigen Sie die Auswahl mit **ÖFFNEN**.

3 In älteren Inventor-Versionen sieht das Dialogfenster etwas anders aus und die entsprechende Vorlagendatei ist als Norm(mm).iam benannt.

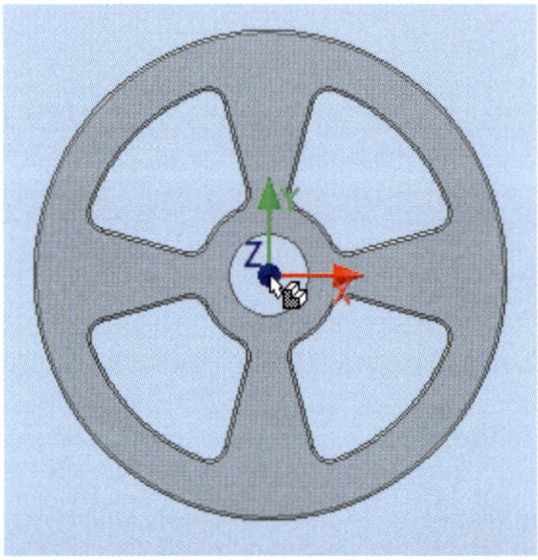

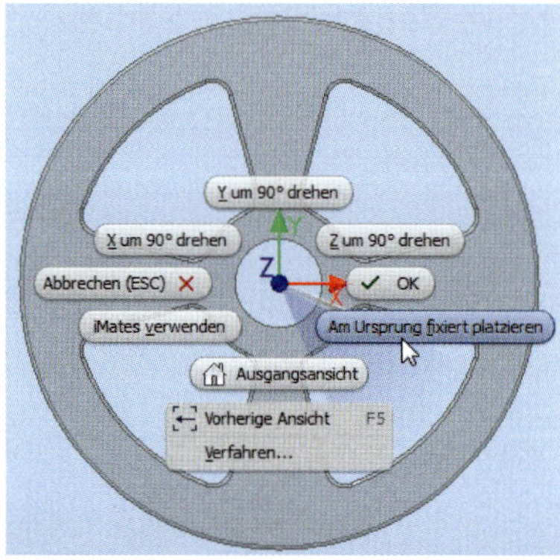

Mit dem Inventor 2014 hat sich die Platzierungsfunktion geringfügig geändert. Das Bauteil hängt nach wie vor am Cursor, ist jedoch mit dem Koordinatensymbol versehen. Mit einem Rechtsklick erscheint das Markierungsmenü, in dem weitere Manipulationen noch vor dem eigentlichen Platzieren vorgenommen werden können.

Mit der Auswahl **AM URSPRUNG FIXIERT PLATZIEREN** fügen Sie die Grundplatte als fixiertes erstes Bauteil in die Baugruppe ein.

HINWEIS: Inventor bleibt beim Platzieren von Bauteilen im Einfügemodus und fügt eine Komponente beim Klicken so oft und so lange ein, bis im Kontextmenü fertig gewählt wird.

SPEICHERN Sie die Baugruppe im Anschluss als **STÄNDER**. Im Objektbrowser ist jetzt die Baugruppe **Ständer** zu sehen, die unter den Darstellungsdefinitionen, die nur die Hauptansicht beinhaltet, und den Ursprungsdefinitionen das einzige Bauteil **Grundplatte:1** enthält.

Auffallend ist am Bauteil-Icon der Grundplatte die Pin-Nadel, deren Darstellung aussagt, dass dieses Bauteil in der Baugruppe **fixiert** ist.

HINWEIS: In älteren Inventor-Versionen wurde das erste eingefügte Bauteil in einer Baugruppe immer als fixiert platziert. Ab der Version 2014 ist das nicht mehr der Fall und die Fixierung muss vom Anwender beim Platzieren ausgewählt oder später von Hand hinzugefügt werden.

Ein fixiertes Bauteil, in der Regel das Basisteil, ist im Koordinatensystem fest verankert und kann nicht verschoben oder bewegt werden. Alle anderen Bauteile werden als beweglich eingefügt und können, über 3D-Abhängigkeiten mit dem fixierten Bauteil verbunden, funktionell werden. Fixierungen können im Kontextmenü des Objektbrowsers aufgehoben oder vergeben werden.

Wie angekündigt soll jetzt in der Baugruppe das neue Bauteil »Ständerrohr« erzeugt werden.

3.8 Das Ständerrohr als neue Baugruppenkomponente erstellen

Die folgende Sequenz, das Erstellen des Ständerrohres, befindet sich als Film (**Rollenständer_Ständerrohr.avi**) auf der beiliegenden DVD.

Ständerrohr erstellen: *.avi auf der DVD

Drei Schritte sind notwendig, um ein neues Bauteil in der Baugruppe zu beginnen.

1. Mit der **RMT** im Markierungsmenü unten **KOMPONENTE ERSTELLEN** oder in der Befehlsgruppe **KOMPONENTE** den Button **ERSTELLEN** wählen
2. Den Namen des neuen Bauteils als **NEUER BAUTEILNAME** ins Dialogfenster eintragen. In unserem Fall wird der Name **Ständerrohr** vergeben, unter dem dieses Bauteil gespeichert wird.
3. Die Skizzierebene für das neue Bauteil auf der vorhandenen Grundplatte auswählen. Die Voraussetzung dafür ist die Vorgabe im Dialogfenster: Das Auswahlfeld **SKIZZIEREBENE VON GEWÄHLTER FLÄCHE ODER EBENE ABHÄNGIG MACHEN** muss aktiviert sein.

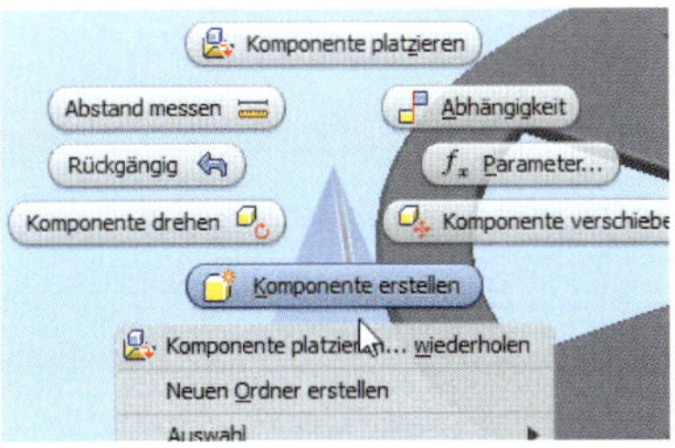

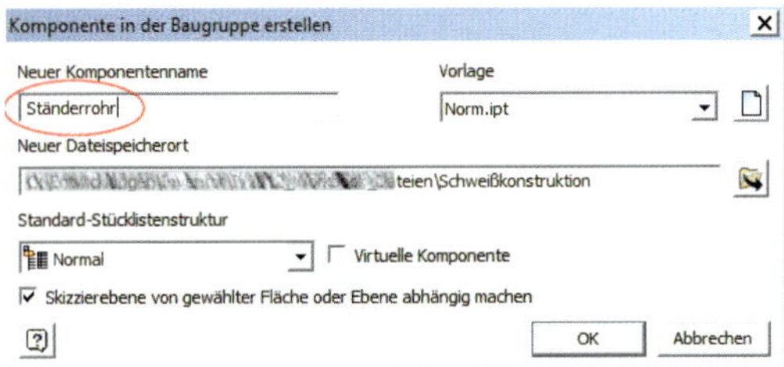

Als Ausrichtungsebene für das Bauteil »Ständerrohr« wird die obere Fläche der Grundplatte angeklickt.

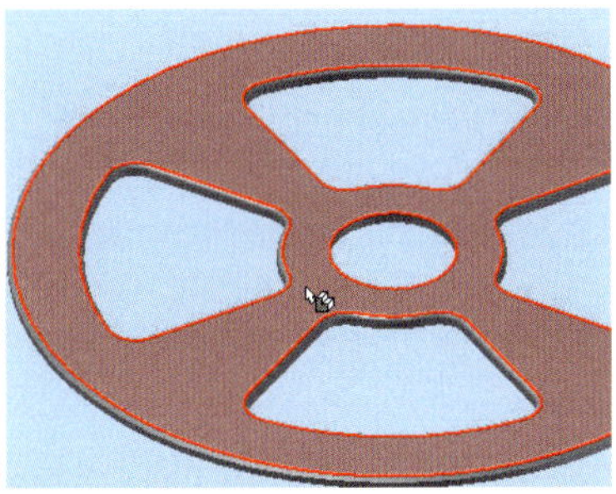

HINWEIS: Der Inventor startet nach diesem Vorgang die neue leere Bauteil-Arbeitsumgebung innerhalb der Baugruppen-Arbeitsumgebung, genau so, wie wenn ein neues Bauteil erstellt werden soll. Im ersten Schritt muss also eine neue Skizze für das neue Bauteil erstellt werden.[4]

4 In älteren Inventor-Versionen wurde nach dem Starten einer Bauteilerstellung sofort eine neue Skizze erstellt und in die Skizzen-Arbeitsumgebung gewechselt.

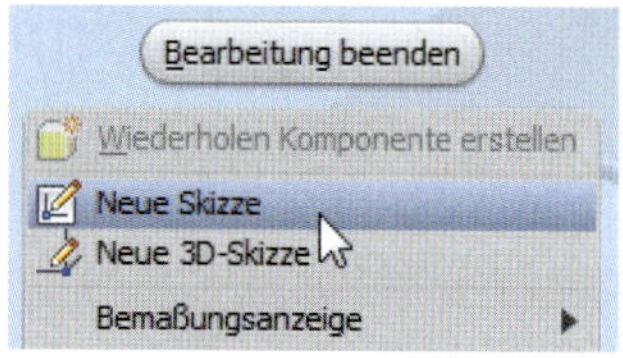

Über das Ribbon-Icon oder das Kontextmenü in der Arbeitsfläche wird der Befehl **NEUE SKIZZE** aufgerufen und als Skizzenebene die Oberfläche der Grundplatte angegeben.

Der Inventor schaltet jetzt automatisch in die Skizzierumgebung um, in der die Grundplatte nur noch schemenhaft zu erkennen ist. Die Skizzierebene befindet sich nun direkt auf der Oberfläche der Grundplatte, und deren Elemente können für die Konstruktion des Ständerrohres mit verwendet werden.

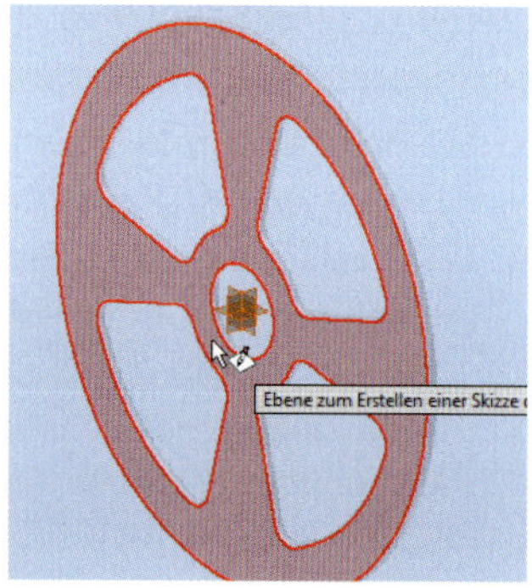

In der Befehlsgruppe **ZEICHNEN** befindet sich die Funktion **GEOMETRIE PROJIZIEREN**, die jetzt zum Einsatz kommen soll.

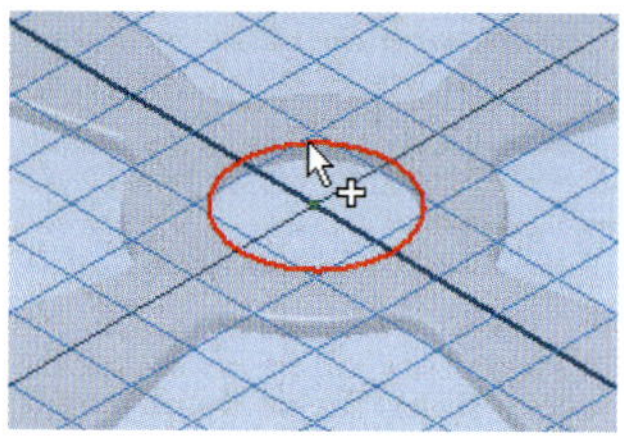

Der Innendurchmesser des Rohres soll gleich dem innersten Durchmesser der Grundplatte entsprechen, weswegen dieser Durchmesser der Grundplatte in der Skizzierebene des Ständerrohres projiziert wird.

Durch dieses Verfahren müssen wir uns nicht mehr um irgendwelche Maße kümmern, sondern der Innendurchmesser des Rohres wird **adaptiv** (abhängig) mit dem gewählten Durchmesser der Grundplatte verbunden.

HINWEIS: Diese **Adaption** bewirkt, dass, wenn später der Innendurchmesser der Grundplatte geändert wird, sich der Innen- und ggf. der Außendurchmesser des Rohres ebenfalls ändern. Sind alle Bauteile einer Baugruppe adaptiv miteinander verbunden, genügen oft nur wenige Maßänderungen, um neue Varianten aus einer bestehenden Grundkonstruktion zu erstellen.

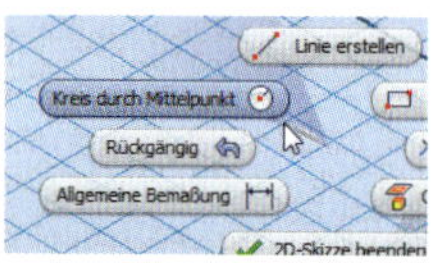

Der Außendurchmesser des Rohres wird konzentrisch zum Innendurchmesser mit der Funktion **KREIS DURCH MITTELPUNKT** gezeichnet.

Die Bemaßung erfolgt nicht über den Durchmesser, sondern über die Wandstärke = **8 MM**. Dies hat im Zusammenhang mit der Adaptivität den Vorteil, dass die Wandstärke erhalten bleibt, auch wenn sich der Innendurchmesser ändern würde.

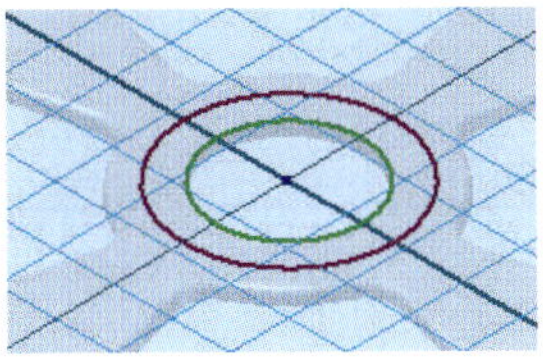
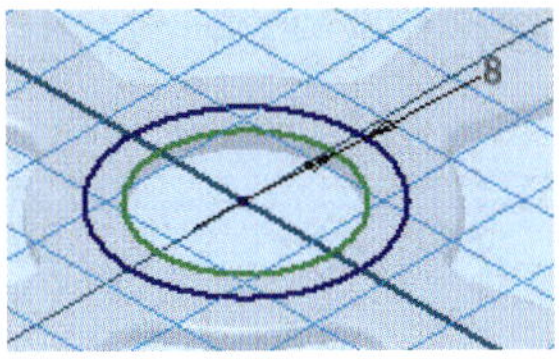

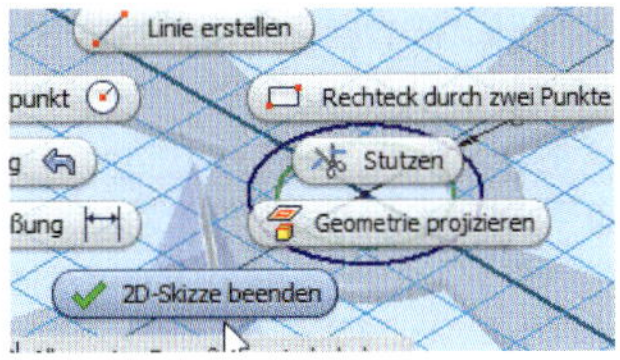

Ist dies geschehen, dann ist die Skizze bereits fertig und wird mit **2D-SKIZZE BEENDEN** geschlossen.

TIPP: Alternativ könnte man den Außendurchmesser entweder durch eine Formel mit dem Innendurchmesser verknüpfen, etwa Da = Di * 1,2, oder es könnte eine iLogic-Regel erstellt werden, in der tabellenartig je ein Außendurchmesser einem bestimmten Innendurchmesserbereich zugeordnet wird. Sowohl die Formeln als auch iLogic werden in Kapitel 8 noch eigene Themen sein.

3.8.1 Das Rohr entsteht

Nachdem die Skizze beendet wurde, erfolgt die **EXTRUSION** auf eine Länge von **300 MM**.

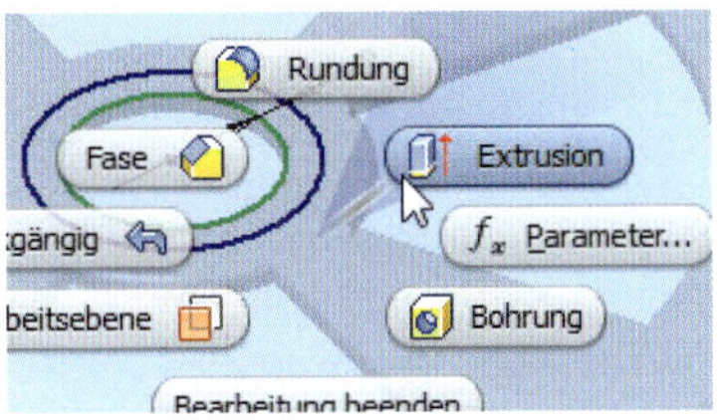

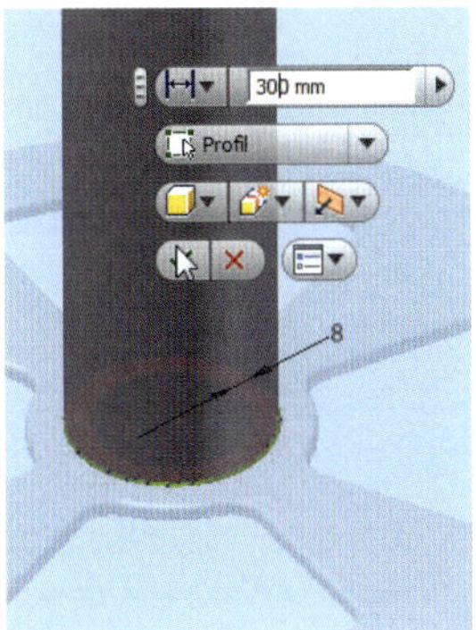

3.8.2 Fase und Radius anbringen

Mithilfe der Funktionen **FASE** und **RUNDUNG** wird die obere Innenkante des Rohres mit einer **2-MM-FASE** und die obere Außenkante des Rohres mit **2 MM ABRUNDUNG** versehen.

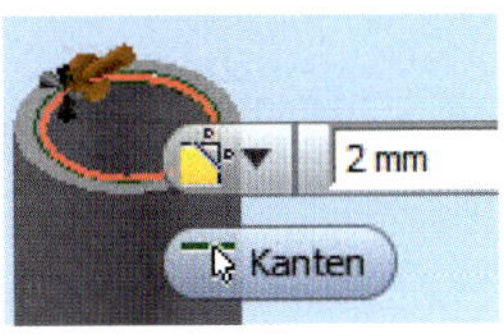

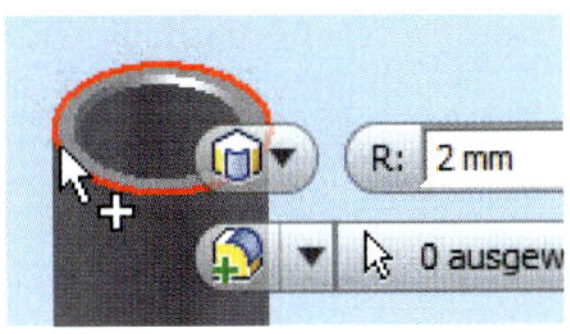

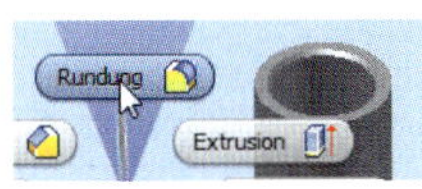

3.8.3 Material zuweisen

Wie schon bei der Grundplatte, so wird auch dem Ständerrohr das Material **STAHL, WEICH** zugewiesen.

3.8.4 Bearbeitung des Rohres beenden

Das Ständerrohr ist nun erstellt. Im **RMT**-Menü ist **BEARBEITUNG BEENDEN** zu wählen. Der Inventor schaltet daraufhin in die normale Baugruppenumgebung zurück.

Bei der nächsten Speicherung der Baugruppe wird automatisch das Bauteil »Ständerrohr« als Bauteildatei erzeugt und gespeichert.

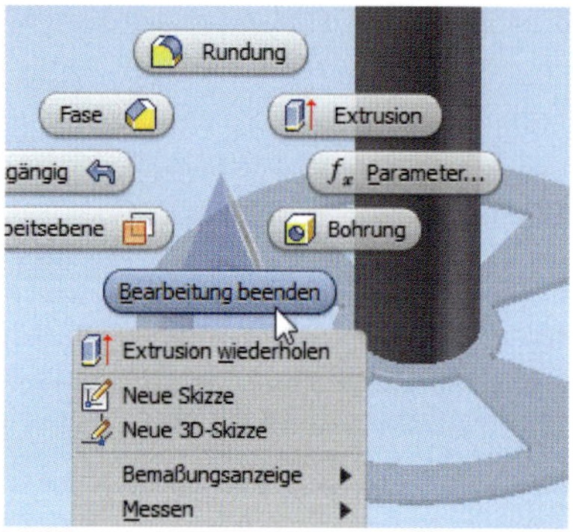

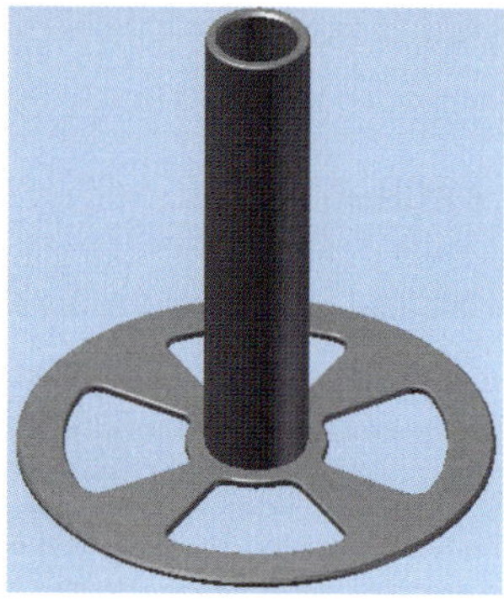

3.9 Rippe in der Baugruppe erstellen

Rippen erstellen: *.avi auf der DVD

Die folgende Sequenz, das Erstellen der vier Rippen, befindet sich als Film (**Rollenständer_Rippen.avi**) auf der beiliegenden DVD.

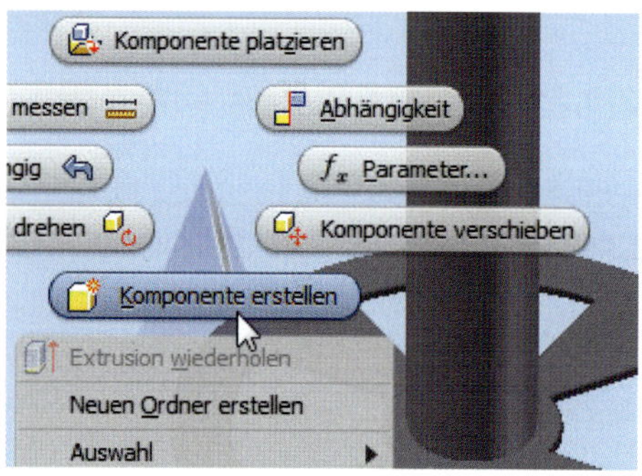

In fast derselben Art und Weise wie eben wird nun eine Versteifungsrippe erzeugt.

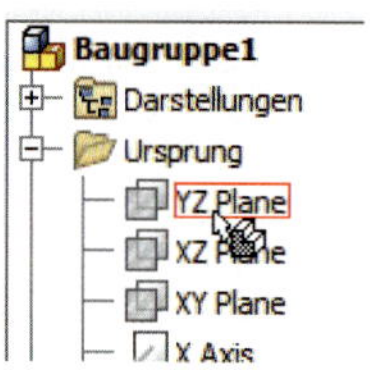

Die Funktion **KOMPONENTE ERSTELLEN** wird aufgerufen, und der Komponentenname wird im Dialogfenster mit **RIPPE** eingetragen. Allerdings wird die

Skizzierebene jetzt nicht eine Bauteilfläche sein, sondern aus den Ursprungsebenen der Baugruppe abgeleitet.

Die YZ-Ebene in der Ursprungsdefinition schneidet die Baugruppe vertikal genau mittig und ist deshalb als Skizzierebene gut geeignet.

Wurde die Bauteil-Arbeitsumgebung für die Rippe gestartet, so ist, wie auch schon beim Rohr, zuerst eine **NEUE SKIZZE** anzulegen. Die Skizzierebene dieser Skizze soll sich ebenfalls in der YZ-Ebene der Ursprungsdefinition, jetzt allerdings der Rippe, befinden.

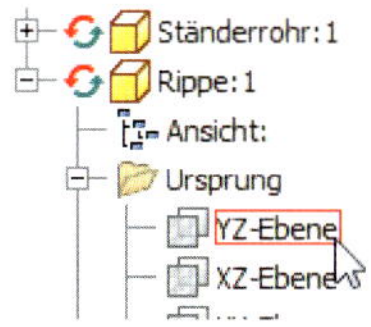

3.9.1 Skizze der Rippe zeichnen

Liegt die Skizzierebene schräg im Raum, so kann mit dem Icon **AUSRICHTEN**, das sich am rechten Bildschirmrand befindet, und einem Klick auf die Skizze im Objektbrowser die Skizzierebene nach der XY-Ebene ausgerichtet werden.

Auch die Rippe soll adaptiv mit dem Rohr und der Grundplatte verbunden sein, weswegen wieder die Funktion **GEOMETRIE PROJIZIEREN** aufgerufen wird.

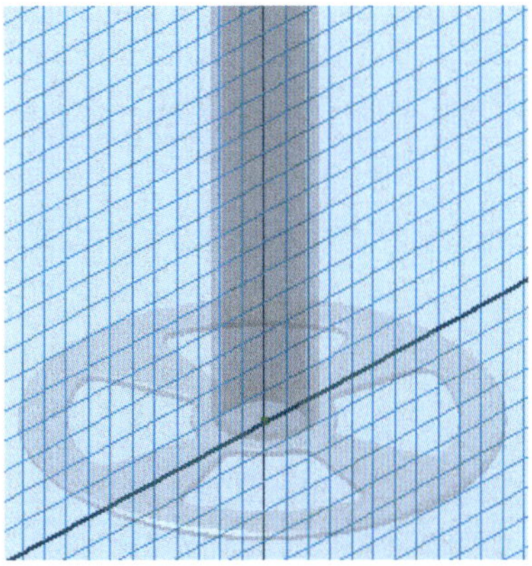

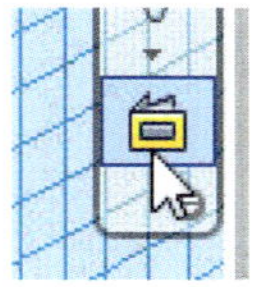

Nach Ebene ausrichten

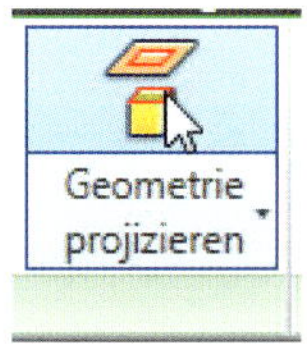

Projiziert werden jetzt die Oberfläche der Grundplatte und die vertikale Kante des Außendurchmessers des Rohres, da die zu konstruierende Rippe diese beiden Elemente miteinander verbinden soll.

Die Skizze wird jetzt mittels einer Linienkontur gezeichnet, die eine koinzidente Verbindung zu den projizierten Kanten der beiden anderen Bauteile hat.

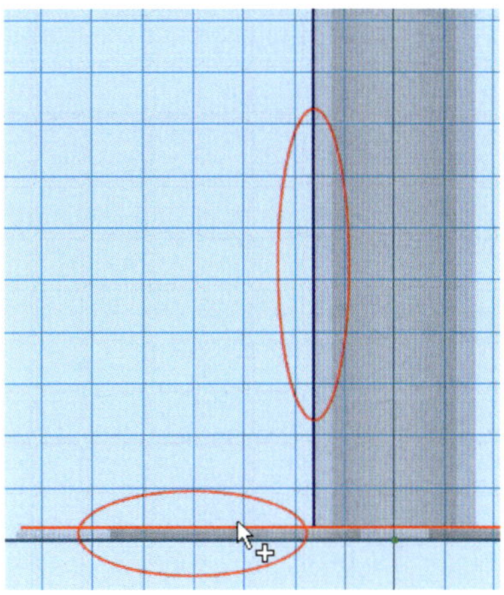

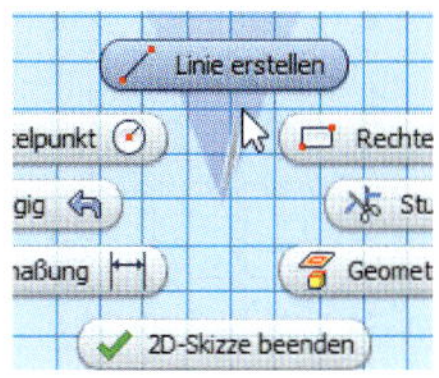

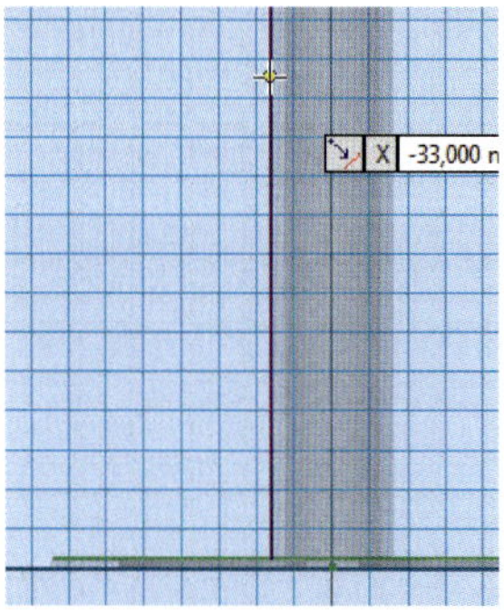

Linienanfangspunkt koinzident auf die vertikale Kante setzen

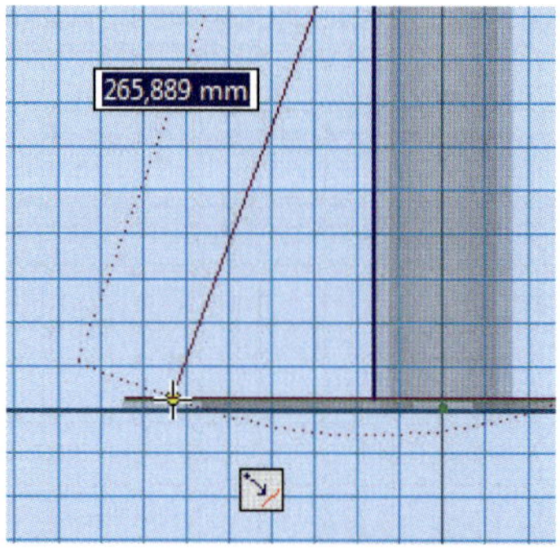

Eine schräge Linie nach links unten, mit dem Endpunkt koinzident auf der horizontalen Kante platzieren

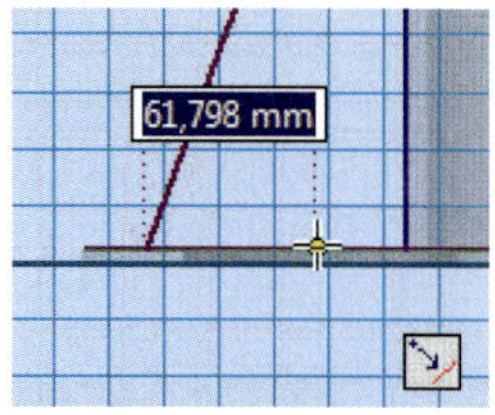

Im Linienzug weiter nach links auf der horizontal projizierten Kante verfahren

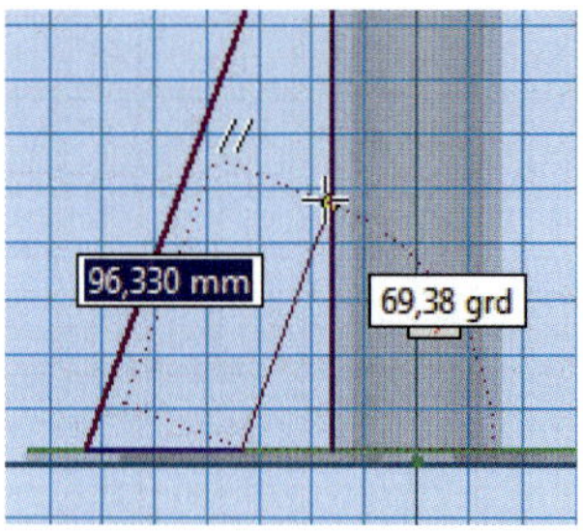

Der Linienzug wird jetzt nach rechts oben so fortgeführt, dass der Endpunkt koinzident auf der Vertikalen liegt und die beiden Schrägen parallel sind.

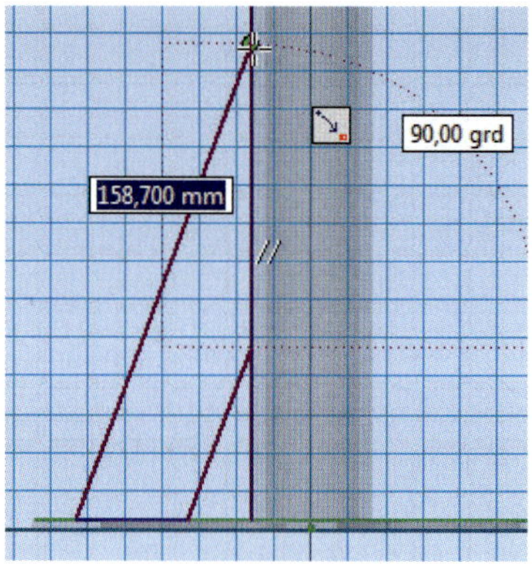

Die Rippenkontur muss jetzt geschlossen werden, d. h., die letzte Linie geht vertikal nach oben bis zum Anfangspunkt (grüner Punkt).

HINWEIS: Sollte der Linienzug beim Erstellen unterbrochen werden, so kann er jederzeit mit der schon beschriebenen Funktion **NEUSTART** oder mit dem erneuten Aufruf der Funktion **LINIE** wieder begonnen (weitergeführt) werden. In diesen Fällen ist jedoch darauf zu achten, dass der Anfangspunkt der neuen Linie immer genau am Endpunkt der bestehenden Linie angefügt werden muss. Zu sehen ist dies daran, dass der sonst kleine gelbe Punkt in diesen Fällen zu einem größeren grünen Punkt wird.

Die Bemaßung der Skizze fällt spartanisch aus, da durch die Projizierung schon viele Parameter festgelegt sind. Die Schräge soll unter 20° **ZUR VERTIKALEN** verlaufen und einen Innenabstand von **30 MM** haben. Die Rippenbreite beträgt **55 MM**.

Die vollständige Abhängigkeit der Skizze, d.h. die Vollbestimmung, ist wieder daran zu erkennen, dass alle Elemente dunkel gefärbt dargestellt werden.

Ist alles fertiggestellt, dann kann die Skizze mit der RMT-Funktion **2D-SKIZZE BEENDEN** geschlossen werden.

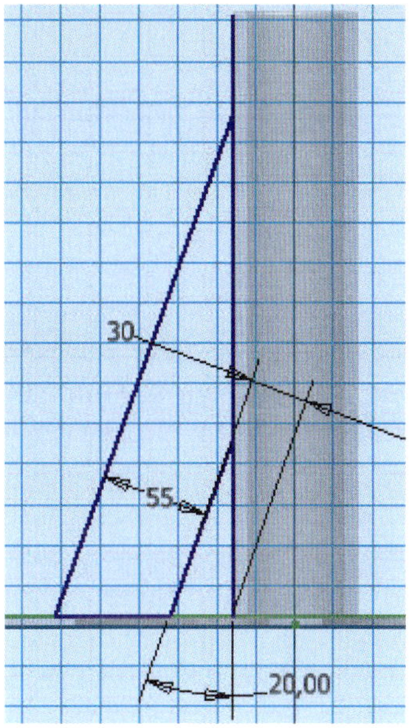

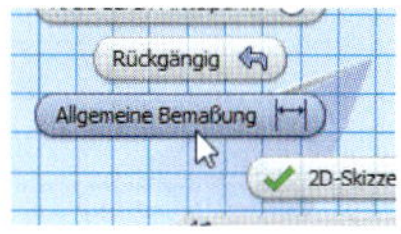

3.9.2 Die Extrusion der Rippe

Die **EXTRUSION** stellt keine besonderen Anforderungen. Da die Skizzierebene die Baugruppe genau in der Mitte schneidet, ist lediglich zu beachten, dass die Extrusion nach beiden Seiten, also mittig – **SYMMETRISCH** – erfolgt, weil die Rippe sonst einseitig eingefügt werden würde. Die Dicke der Rippe soll **5 MM** betragen.

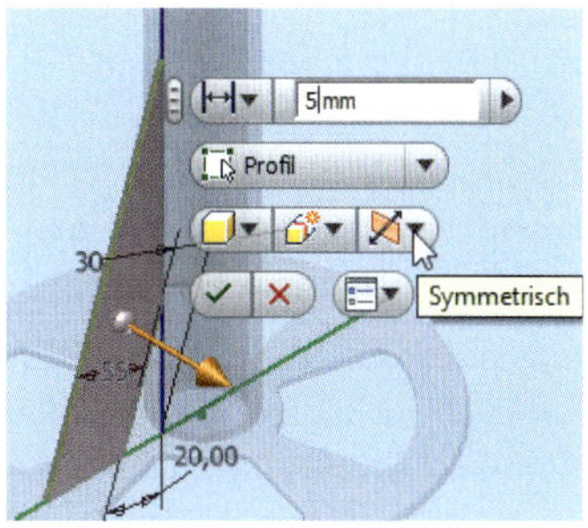

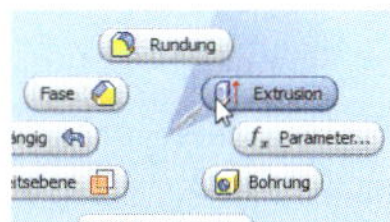

3.9.3 Kanten brechen

Mit der Funktion **FASEN** sollen abschließend alle vier schrägen Kanten gebrochen werden. Dazu wird das Maß **2 MM** eingestellt und die Kanten werden in einem Zug selektiert.

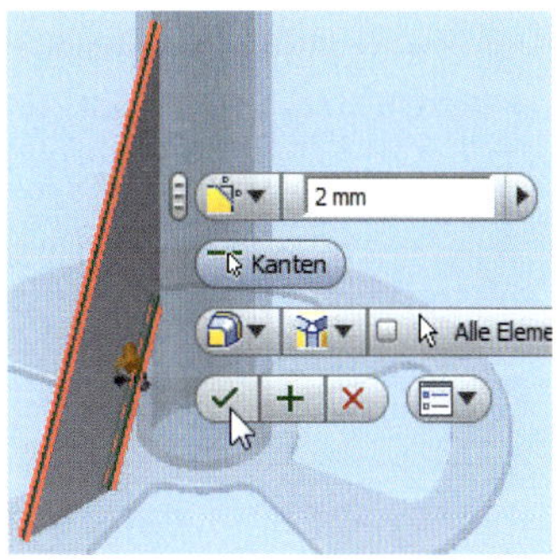

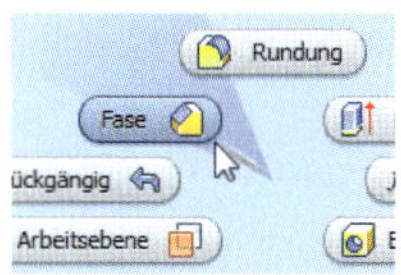

3.9.4 Material zuweisen

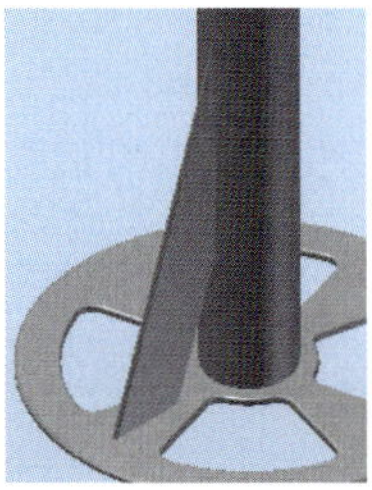

Wie schon bei der Grundplatte und dem Rohr, so wird auch der Rippe das Material **STAHL, WEICH** zugewiesen.

Damit ist eine Rippe fertig.

Die nächsten Schritte, die Vervielfältigung der Rippe, werden wieder in der Baugruppenumgebung vollzogen, weswegen jetzt die Erstellung der Rippe mit der RMT-Funktion **BEARBEITUNG BEENDEN** abgeschlossen wird.

Das Speichern der Baugruppe im Anschluss erzeugt und speichert wieder gleichzeitig das neue Bauteil Rippe im Projektordner.

3.9.5 Aus eins mach vier

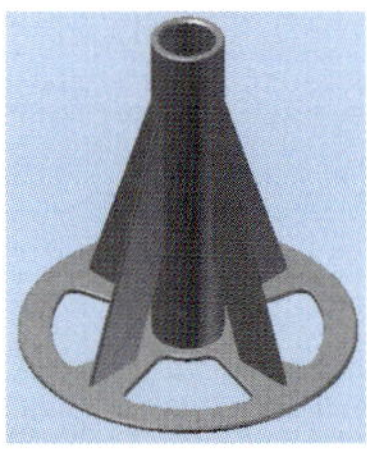

In der Befehlsgruppe **KOMPONENTE** existiert die Schaltfläche **MUSTER**, mit der das Mehrfachkopieren von Bauteilen in Baugruppen in rechteckiger oder runder Anordnung möglich ist.

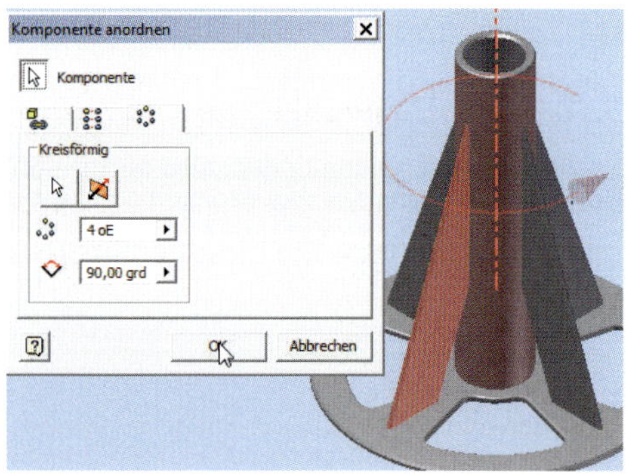

Die zu kopierende **KOMPONENTE** ist natürlich die **RIPPE**, als **DREHACHSE** kann z. B. die **ACHSE DES ROHRES** selektiert werden, die Anzahl der Elemente ist 4, und der Drehwinkel zwischen den Elementen beträgt 90°.

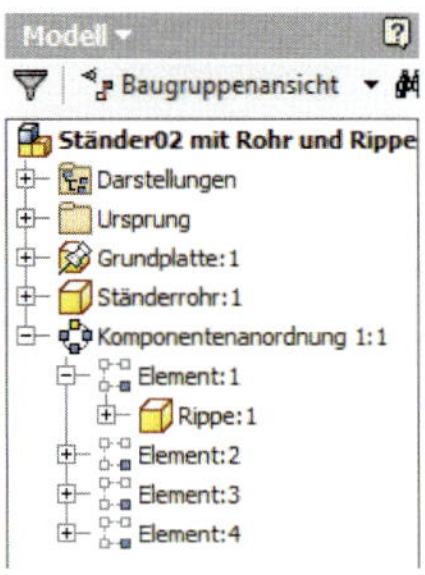

Ist alles eingegeben, wird die Anordnung bereits temporär angezeigt und mit Klick auf **OK** auch so in die Baugruppe übernommen.

Im Objektbrowser ist die Rippe im ersten Blick nicht zu sehen, sie versteckt sich hinter dem Eintrag »Komponentenanordnung«, dem alle vier Rippen untergeordnet sind, wobei der erste Eintrag der Originalrippe entspricht.

3.10 Bauteile verschweißen

Die folgende Sequenz, das Erstellen einer Schweißbaugruppe und das Verschweißen der Bauteile mit Kehlnähten, befindet sich als Film (**Rollenständer_Schweißen.avi**) auf der beiliegenden DVD.

Bauteile schweißen: *.avi auf der DVD

In diesem Abschnitt kommt bereits ein Verfahren zum Einsatz, das man zu den anspruchsvolleren CAD-Techniken zählen kann, das Schweißen als Verbindungstechnik.

Unser Ständer ist eigentlich komplett, jedoch sind die Einzelteile noch nicht miteinander verbunden. Sie sollen verschweißt werden. Natürlich könnte man auch auf diesen Vorgang verzichten und die Einzelteile durch die Vergabe von 3D-Abhängigkeiten fest miteinander verbinden, für die Praxis gibt es jedoch gute Gründe, die für realistische Verfahren sprechen.

- Für spätere Simulationsverfahren, wie z. B. Festigkeitsberechnungen mit FEM, sind die Schweißnähte ein wichtiger Bestandteil.
- Genaue Gewichtsberechnungen können nur erfolgen, wenn auch die Schweißnähte berücksichtigt werden.
- Nicht zuletzt haben Schweißnähte auch einen Einfluss auf die optische Gestaltung, das Design von Produkten.

3.10.1 Die Schweißkonstruktion

Um eine Baugruppe als Schweißbaugruppe definieren zu können, muss sie in eine Schweißkonstruktion konvertiert werden. Die entsprechende Schaltfläche IN SCHWEISSKONSTRUKTION KONVERTIEREN befindet sich auf der Registerkarte UMGEBUNG ganz rechts in der Befehlsgruppe KONVERTIEREN.

Soll eine Baugruppe in eine Schweißkonstruktion überführt werden, erscheint ein Meldungsfenster mit einem Hinweistext und der Frage, ob man fortfahren möchte.

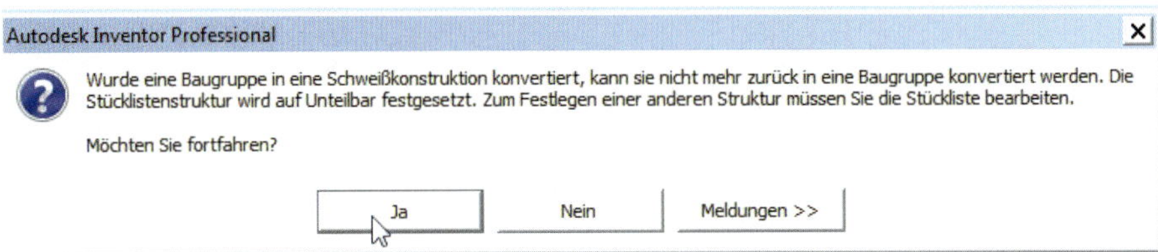

HINWEIS: Wurde eine Baugruppe in eine Schweißkonstruktion überführt, so kann dies zwar nicht mehr rückgängig gemacht werden, ein Nachteil für die weitere Bearbeitung der Baugruppe entsteht dadurch jedoch nicht, da alle weiteren Bearbeitungsmöglichkeiten weiterhin bestehen.

Die Frage kann also getrost mit **JA** beantwortet werden. Im nachfolgenden Dialogfenster sind sowohl die Norm als auch das Material für die Schweißnaht festzulegen.

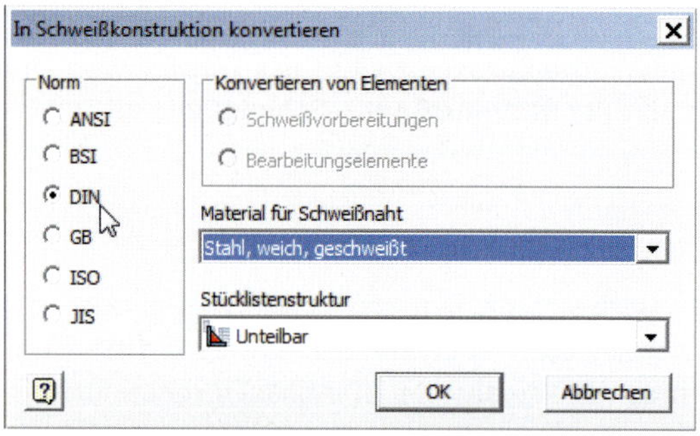

In unserem Fall wird nach **DIN** geschweißt, und die Schweißnähte sollen aus dem Material **STAHL, WEICH, GESCHWEISST** bestehen.

Als Ergebnis der Konvertierung erhalten wir eine zusätzliche Ribbon-Leiste **SCHWEISSEN** und im Objektbrowser zusätzliche Einträge für die Vorbereitung, die Schweißnähte und die Bearbeitung der Schweißverbindungen.

3.10.2 Schweißnähte erzeugen

Die Schweißnähte sind schnell erzeugt. Mit einem Doppelklick im Objektbrowser auf den Eintrag **SCHWEISSNÄHTE** wird die Schweißumgebung aktiv, und mittels der **RMT** oben kann die Funktion **KEHLNAHTELEMENT** bzw. in der Befehlsgruppe **SCHWEISSEN** die gleiche Funktion **KEHLNAHT** selektiert werden.

Der Schweißvorgang für durchgehende Kehlnähte selbst erfordert lediglich drei Schritte:

1. Die Eingabe der Nahtgröße
2. Die Selektion der Flächen, an denen die erste Seite der Kehlnähte angeschlossen werden soll
3. Die Selektion der Flächen, an denen die zweite Seite der Kehlnähte angeschlossen werden soll

Im Dialogfenster **KEHLNAHT** wird die Größe der Schweißnähte mit 4 mm eingetragen.

Die **SCHALTFLÄCHE 1** wird aktiviert, und alle Flächen der Rippen, Vorder- und Rückseiten, die mit einer Schweißnaht versehen werden sollen, werden angewählt. Alle Elemente der Flächengruppe 1 werden rot dargestellt.

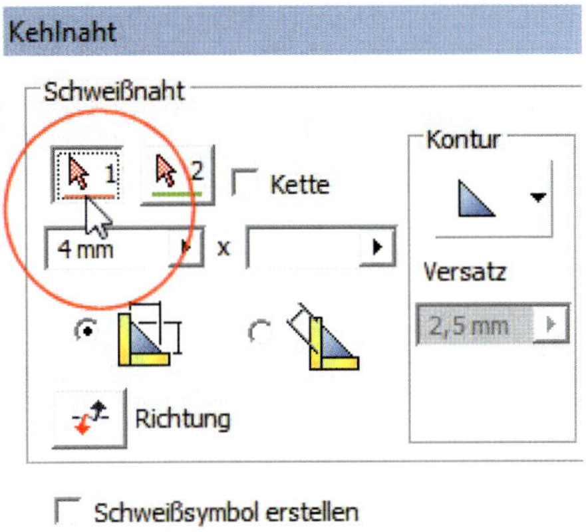

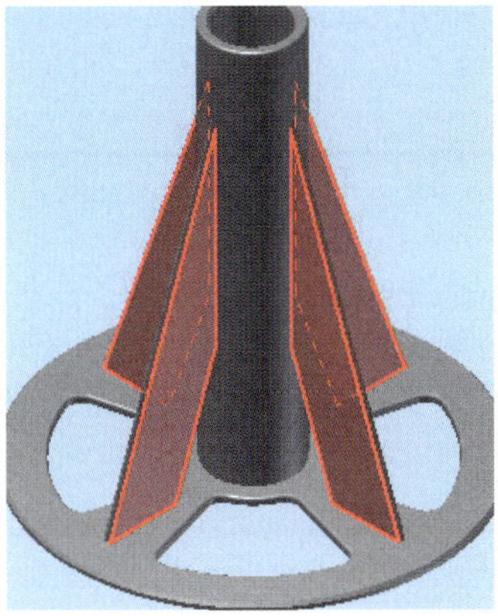

Die **SCHALTFLÄCHE 2** wird aktiviert, und die obere Fläche der Grundplatte und die äußere Zylinderfläche des Rohres werden angewählt. Alle Elemente der Flächengruppe 2 werden grün dargestellt.

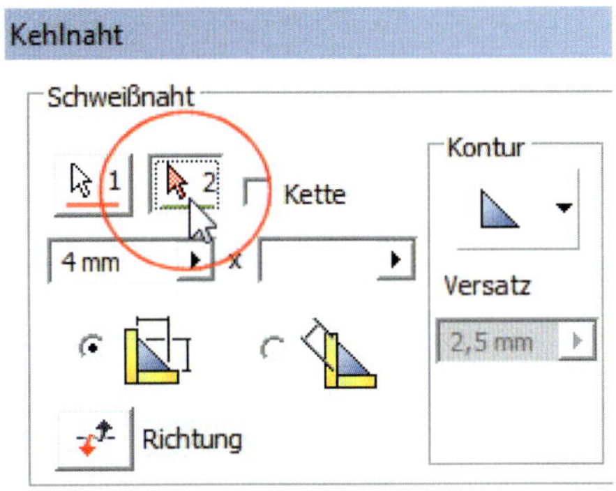

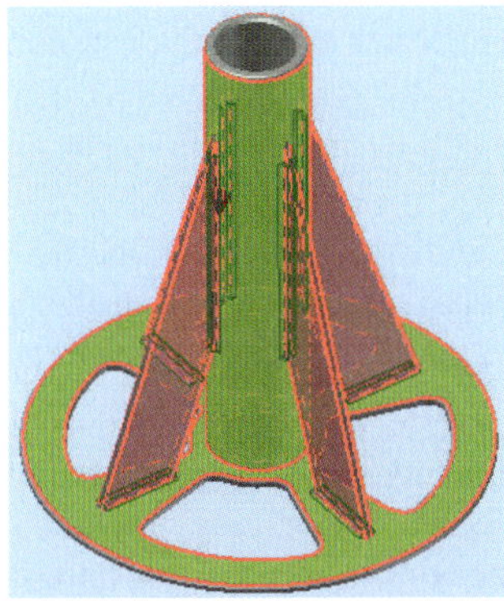

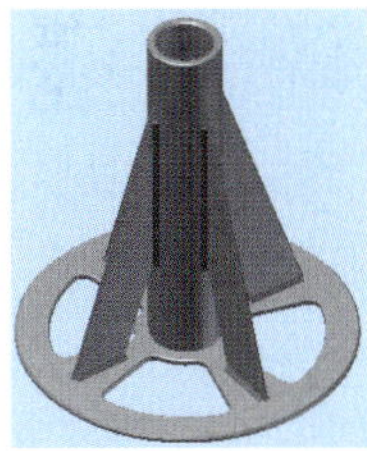

Ein beherzter Klick auf **OK** erzeugt insgesamt 16 Schweißnähte genau an den Kanten, an denen die gewählten Flächen aneinanderstoßen. In derselben Art und Weise wird jetzt das Ständerrohr mit der Grundplatte verschweißt. Die Nahtgröße beträgt auch hier **4 MM**.

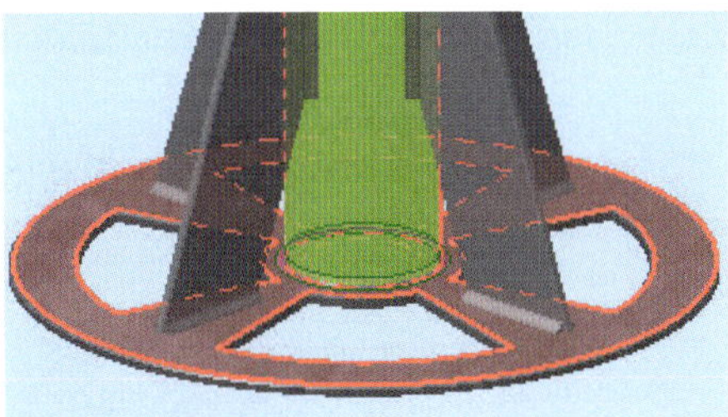

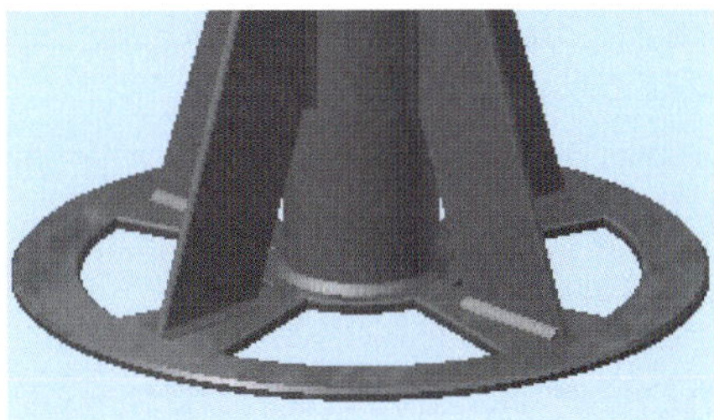

Mit einem **DOPPELKLICK** auf den obersten Eintrag im Objektbrowser **STÄNDER.IAM** verlassen wir die Schweißumgebung und kehren in die normale Baugruppenumgebung zurück.

3.11 Arretierbohrung im Ständerrohr

Arretierbohrung erzeugen: *.avi auf der DVD

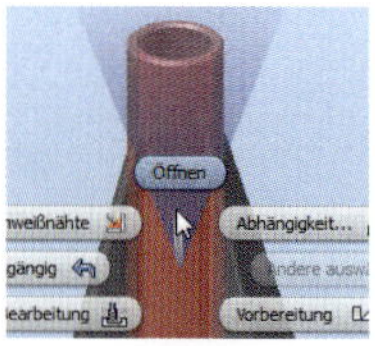

Die folgende Sequenz, das Erzeugen der Arretierbohrung im Ständerrohr, befindet sich als Film (*Rollenständer_Arretierbohrung.avi*) auf der beiliegenden DVD.

In das Ständerrohr soll in späteren Schritten ein verschiebbares Rohr mit der Rolle eingebracht werden. Das Schieberohr soll außerdem in verschiedenen Höhen arretiert werden können, wozu im Ständerrohr eine Bohrung für den Arretierstift eingebracht werden muss.

Um die Bohrung am Ständerrohr erzeugen zu können, muss dasselbe als Bauteil bearbeitet werden. Für diesen Vorgang gibt es in der Baugruppe zwei Möglichkeiten:

1. Das Ständerrohr markieren und mit der **RMT** oben **ÖFFNEN** anklicken. Dieser Vorgang öffnet das Ständerrohr in einem eigenen Dokumentfenster als Bauteil. **Vorteil:** übersichtlicheres Bauteil, **Nachteil:** Man sieht nicht sofort, wo sich die Bohrung im Zusammenbau befindet.
2. Das Ständerrohr markieren und mit der **RMT** unten **BEARBEITEN** anklicken. Dieser Vorgang blendet in der Baugruppenumgebung die anderen Bauteile ab, und nur das Ständerrohr bleibt aktiv und kann jetzt, ebenfalls in der Bauteilumgebung, bearbeitet werden. **Vorteil:** Man sieht sofort die Auswirkung in der Baugruppe, **Nachteil:** Bei komplexen Baugruppen kann es etwas unübersichtlich werden.

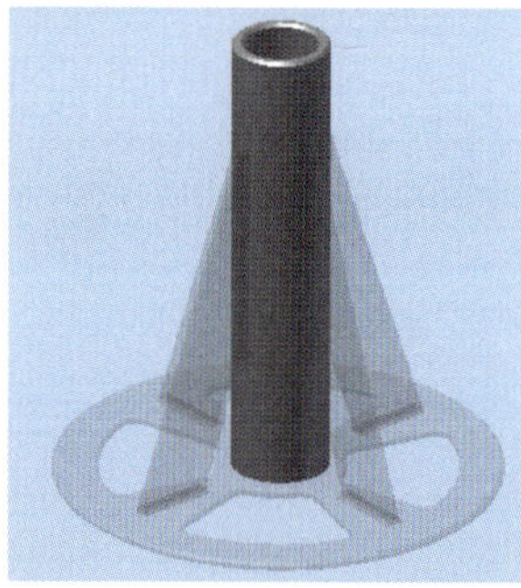

Wir wenden die zweite Methode **KOMPONENTE BEARBEITEN** an und müssen im nächsten Schritt eine Arbeitsebene am Ständerrohr für Arretierbohrung erstellen, die für Bohrungen quer durch Zylinder nötig ist.

Da die Bohrung im oberen Bereich des Rohres mittig zwischen zwei Rippen liegen muss, gestaltet sich die Erzeugung der Arbeitsebene, die vertikal unter 45° verdreht zu den Rippen liegen muss, etwas schwieriger.

Um eine Ebene definieren zu können, auf der der Bohrungsmittelpunkt platziert werden kann, benötigen wir eine vorhandene Ebene, die kopiert werden kann, und eine Achse, um die kopierte Ebene um 45° drehen zu können. Für diese Vorgänge verwenden wir die Ursprungsdefinition des Ständerrohres.

In zwei Schritten schalten wir über das jeweilige Kontextmenü sowohl für die **XZ-EBENE** als auch für die **Z-ACHSE** des Rohres die **SICHTBARKEIT** ein.

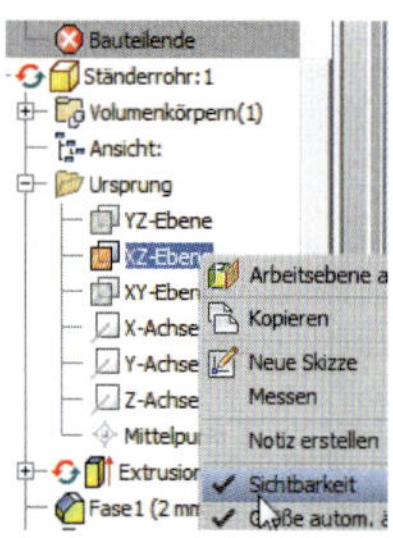

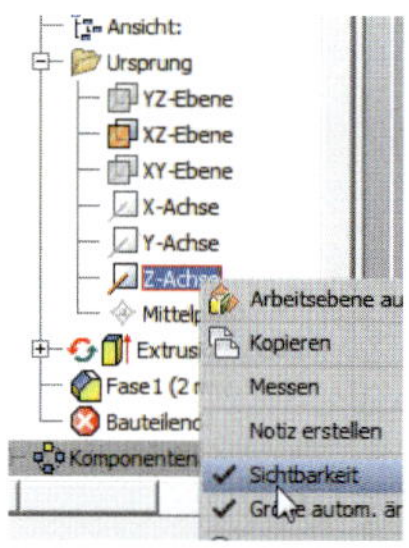

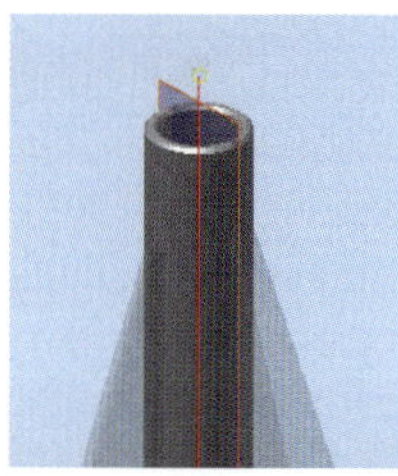

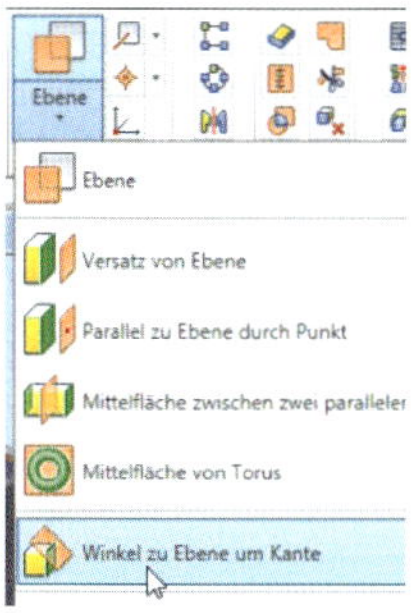

In der Befehlsgruppe **ARBEITSELEMENTE** finden wir unter der Schaltfläche **EBENE** den Eintrag **WINKEL ZU EBENE UM KANTE**, der uns den Hinweis zur Erzeugung der gewünschten Ebene gibt. Als Hilfselemente benötigen wir also zunächst eine Ebene und eine Kante – beides haben wir bereits.

Jetzt kann mit der Funktion **WINKEL ZU EBENE UM KANTE** eine neue Arbeitsebene unter 45° zur **XZ-EBENE**, die um die **Z-ACHSE** gedreht wird, erstellt werden.

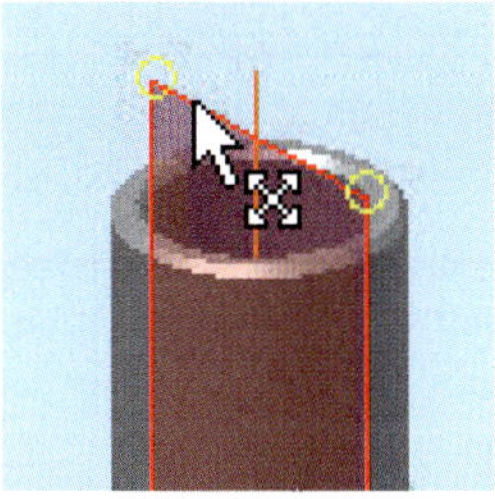

XZ-Ebene auswählen

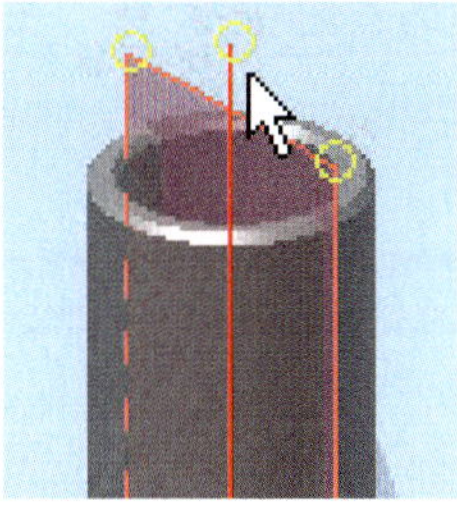

Z-Achse auswählen

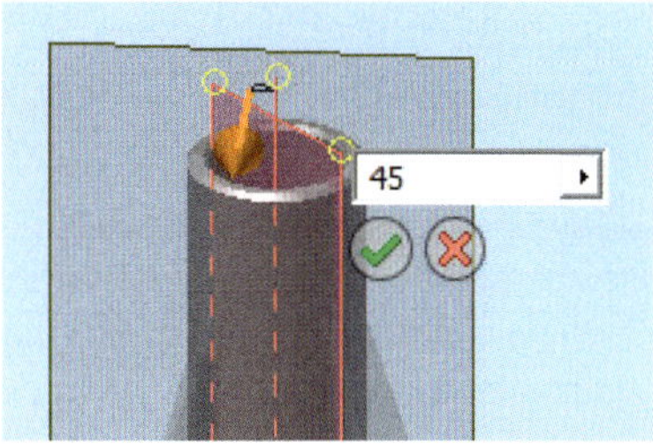

Winkel 45° eingeben, die neue Hilfsebene entsteht

TIPP: Nach der erfolgreichen Erzeugung der 45°-Ebene ist wegen der Übersichtlichkeit die Sichtbarkeit der Hilfsebene und der -achse wieder auszuschalten.

HINWEIS: Der Einfachheit halber könnten wir den Bohrungsmittelpunkt auf dieser Ebene platzieren und die Bohrung symmetrisch nach vorne und hinten extrudieren. So einfach wollen wir es uns aber nicht machen. Einerseits ist das nicht praxiskonform, ein Bohrer bohrt schließlich nur in eine Richtung, andererseits ist es eine gute Übung, möglichst viele Arbeitsebenen zu erzeugen, die immer und überall in 3D-Modellierungen benötigt werden.

Wir möchten also die Ebene, die den Bohrungsmittelpunkt aufnehmen soll, außen, tangential am Rohr haben und nicht in dessen Mitte. Um eine Arbeitsebene zu erzeugen, die parallel zu einer anderen und gleichzeitig tangential an einem Zylinder liegt, gibt es in der Befehlsgruppe der Arbeitselemente → Ebene genau den passenden Befehl.

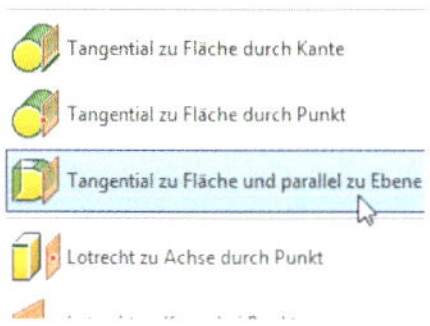

Im nächsten Schritt ist mit der Arbeitsebenen-Funktion **TANGENTIAL ZU FLÄCHE UND PARALLEL ZU EBENE** die gewünschte Arbeitsebene zu erstellen, die parallel zu der gerade erzeugten und tangential zum Außendurchmesser des Rohres liegt.

Nach dem Aufruf der Funktion sind lediglich diese beiden Elemente, die bereits erstellte schräge Ebene und die äußere Mantelfläche des Rohres zu selektieren, damit die jetzt endgültige Ebene entsteht.

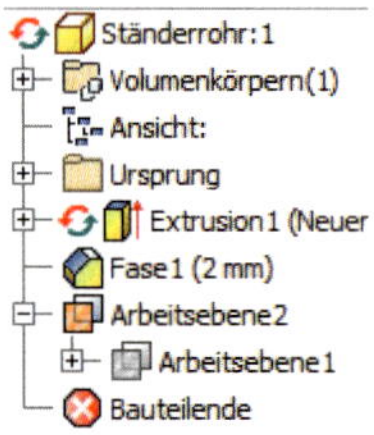

45°-Hilfsebene auswählen

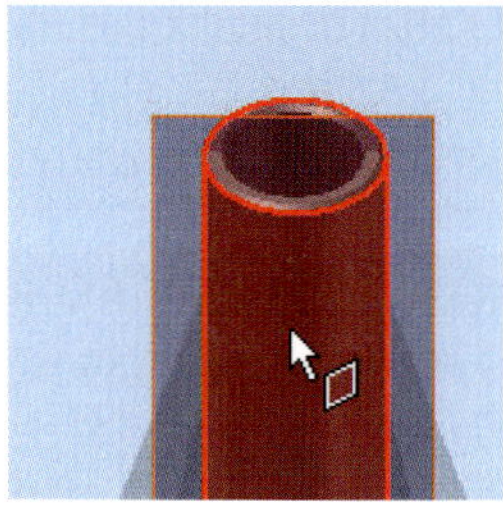
Außenzylinder des Rohres auswählen

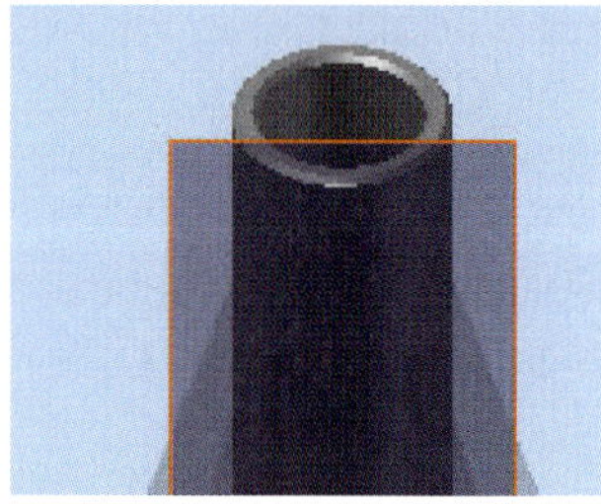
Die neue tangentiale Ebene wurde erzeugt.

TIPP: Aus Gründen der Übersichtlichkeit wird die Sichtbarkeit der ursprünglichen 45°-Ebene wieder ausgeschaltet.

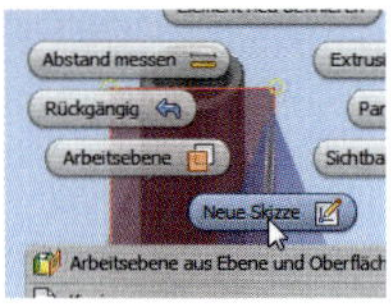

Auf der neuen tangentialen Arbeitsebene ist eine **NEUE SKIZZE** zu erstellen. Die Funktion **SCHNITTKANTEN PROJIZIEREN** ist aufzurufen und erfordert keine weiteren Eingaben. Alle Kanten, die in der Arbeitsebene bzw. der Skizzierebene liegen, werden automatisch als Referenz in die Skizze übernommen.

Da die Skizze tangential am Außenzylinder des Rohres anliegt, entsteht an der Berührungsstelle eine senkrechte Linie, auf der mit dem Befehl **PUNKT** der Bohrungsmittelpunkt platziert wird. Die Abhängigkeit **KOINZIDENT** zur Linie wird dabei automatisch vergeben und beim Platzieren angezeigt.

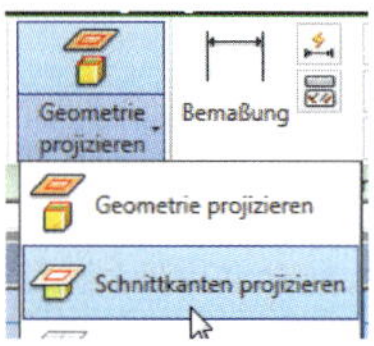

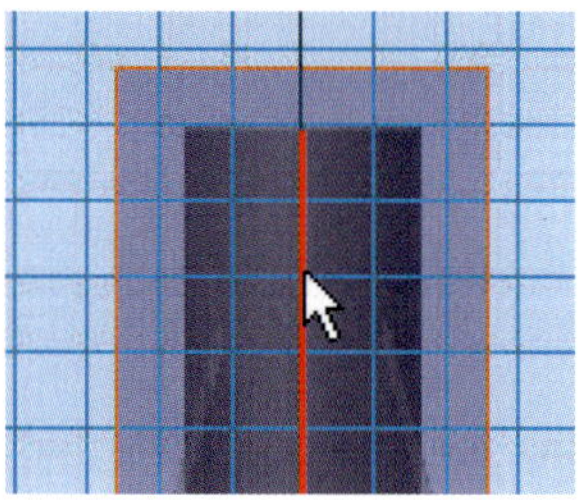

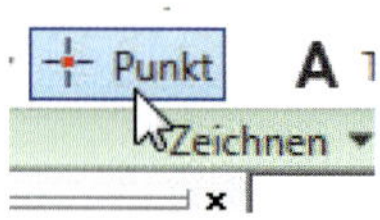

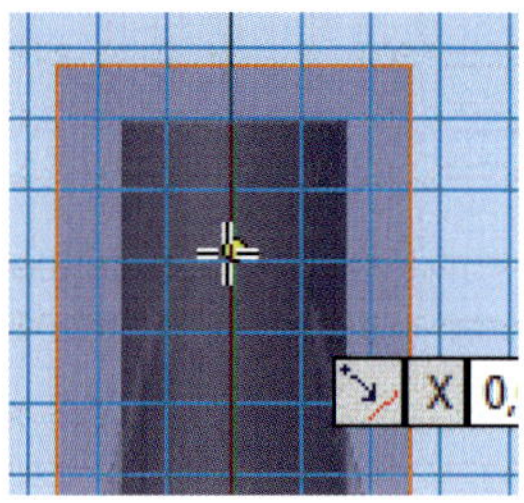

Mit der RMT und der Links-unten-Funktion **BEMASSUNG ERSTELLEN** ist das Maß **40 MM** von der oberen Stirnfläche aus einzutragen.

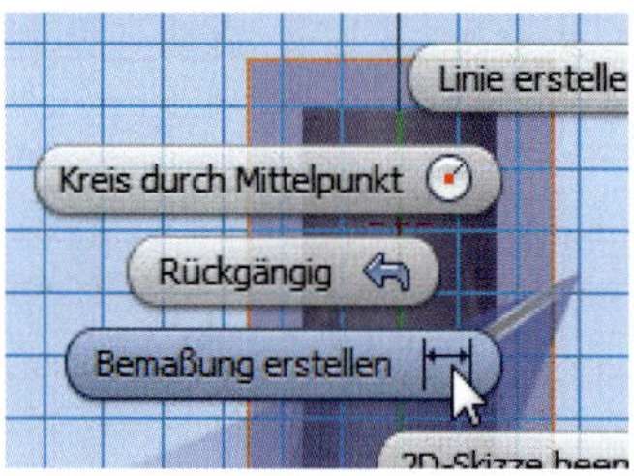

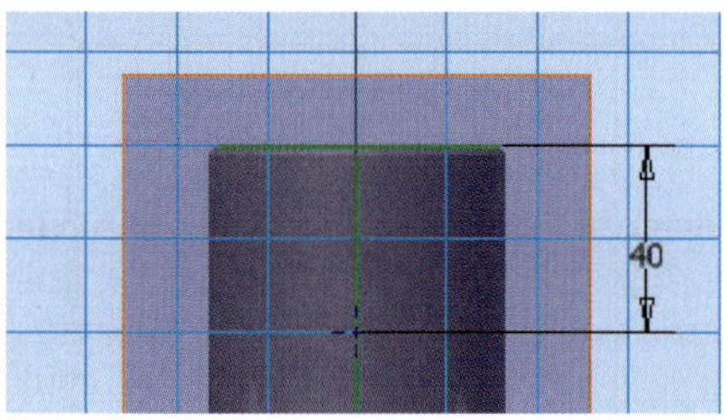

Die nächsten beiden Schritte sind **2D-SKIZZE BEENDEN** und **BOHRUNG** erstellen.

Der Bohrungsmittelpunkt wird automatisch erkannt, der Durchmesser **13 MM** und die Bohrungstiefe **DURCH ALLE** sind einzustellen. Gegebenenfalls ist die Bohrungsrichtung umzudrehen.

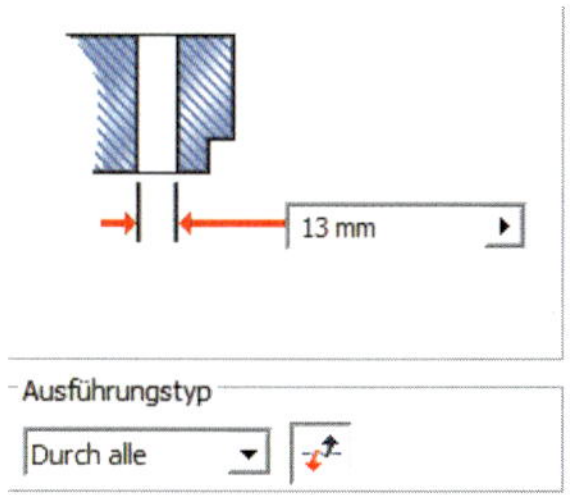

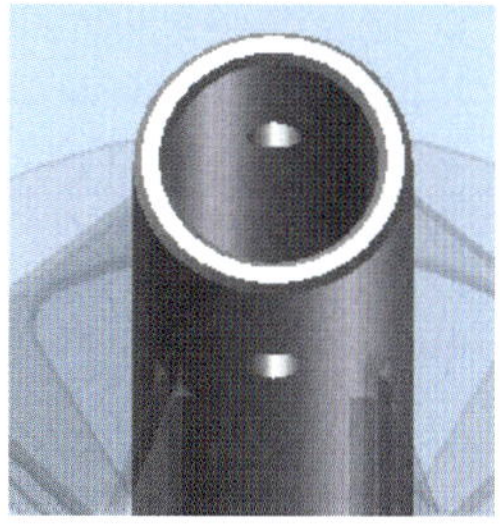

Die Außenkanten der Bohrung sind mit der Funktion **FASEN** um 1 mm zu brechen.

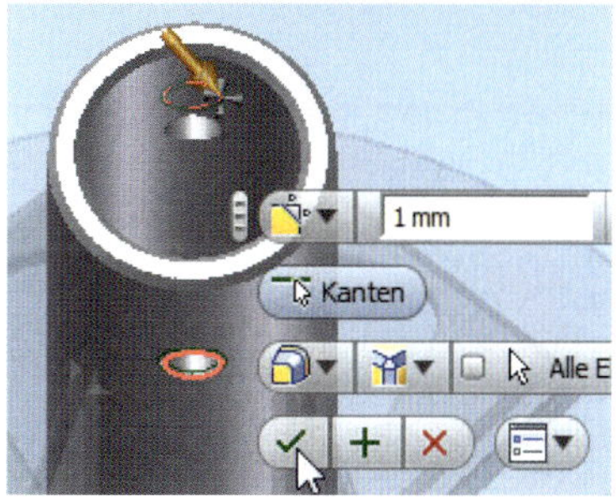

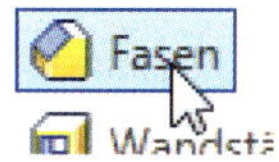

3.12 Ständerrohr und Ständer sind fertig

Jetzt, nachdem das Ständerrohr fertig bearbeitet ist, wird mit der **RMT** und der Funktion **BEARBEITEN BEENDEN** die Bauteilumgebung wieder verlassen und in die Baugruppe »Ständer« zurückgekehrt. Der Objektbrowser zeigt alle Elemente der Baugruppe.

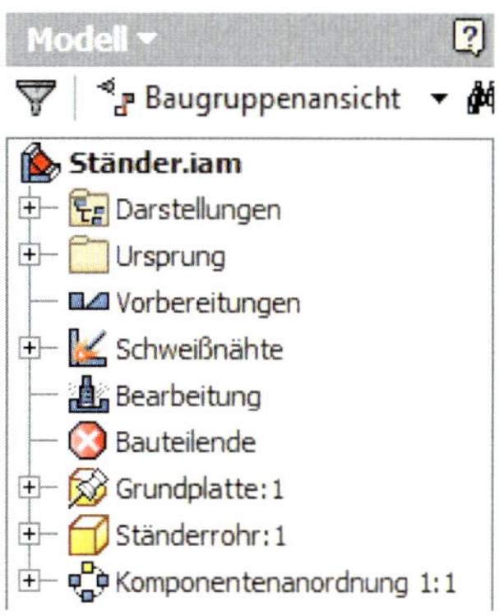

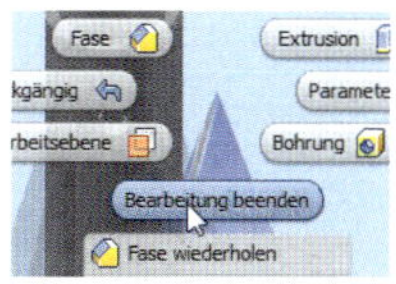

3.12.1 Fotorealistische Ansicht mit Inventor Studio erstellen

Auf der Registerkarte **UMGEBUNG** in der Befehlsgruppe **BEGINNEN** befindet sich das Symbol zum Aufruf des **INVENTOR STUDIO**.

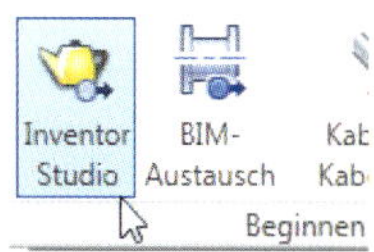

Ein Klick darauf fördert die Ribbon-Leiste des Inventor Studios zutage, auf der sich in der Befehlsgruppe **RENDERN** das Icon **BILD RENDERN** befindet, mit dem sich wiederum das Dialogfenster **BILD RENDERN** aufrufen lässt. Ohne weitere Einstellungen ergibt die Schaltfläche **RENDERN** dieses Dialogfensters bereits ein recht ansprechendes Ergebnis.

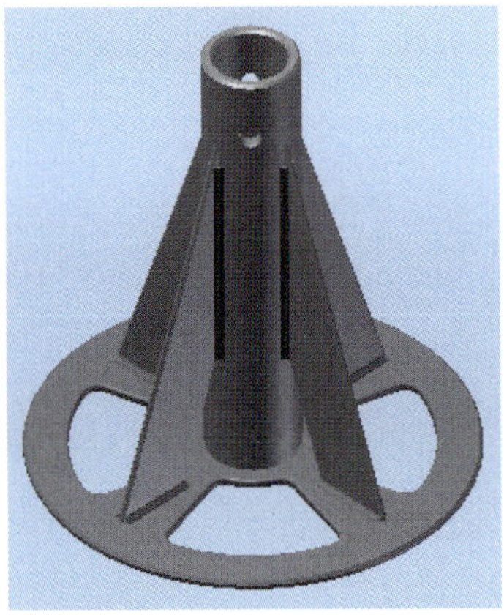

Schattierte Darstellung in der Inventor-Baugruppe

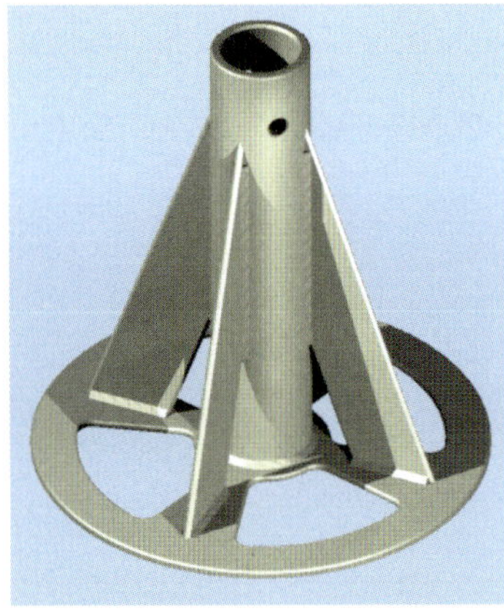

Gerenderte Darstellung im Inventor Studio mit den Voreinstellungen im Beleuchtungsstil Schreibtisch

Mit **INVENTOR STUDIO BEENDEN** kehrt man in die Baugruppe zurück, in der sich auf der Registerkarte **ANSICHT**, in der Befehlsgruppe **DARSTELLUNG**, ebenfalls viele interessante Funktionen für realistische Darstellungen verbergen.

3.13 Die Baugruppe Schiebeteil

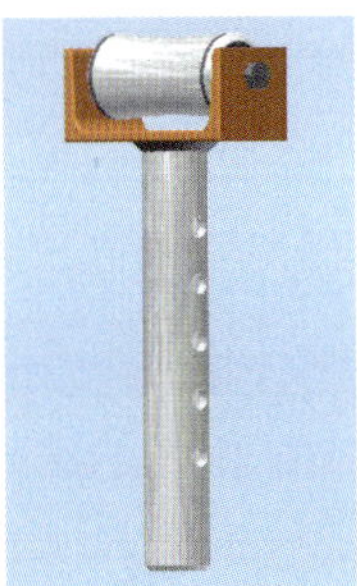

Diese Baugruppe wird ganz ähnlich erstellt wie der Ständer, weswegen sich die Anleitungen dazu und zur Erstellung der Bauteile etwas kürzer gestalten. Sie sollten jetzt in bestimmten Bereichen bereits dazu in der Lage sein, mit kurzen Hinweisen weitgehend eigenständig zu arbeiten.

Im Wesentlichen besteht die Baugruppe aus drei Hauptteilen, dem Schieberohr, der Traverse (DIN 1026 U160 x 70) und der Rolle. Die Sechskantschraube (DIN 960) und zwei Muttern (DIN 934) wurden aus dem Inhaltscenter eingefügt.

Wie bei der Ständerbaugruppe beginnen wir mit einem Bauteil, das dann als vorerst einziges Teil in die Baugruppe »Schiebeteil« eingefügt wird.

3.14 Das Bauteil Schieberohr

Die folgende Sequenz, das Bauteil »Schieberohr« konstruieren, befindet sich als Film (**Rollenständer_Schieberohr.avi**) auf der beiliegenden DVD.

Schieberohr erzeugen: *.avi auf der DVD

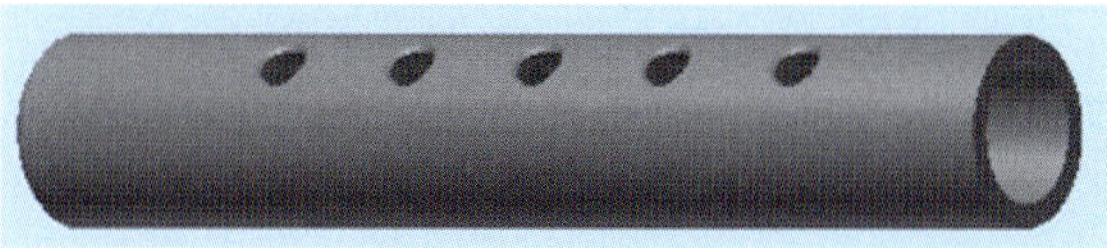

Das eigentliche Rohr ist sehr einfach zu konstruieren. Die Skizze dazu besteht aus zwei konzentrischen Kreisen mit dem Außendurchmesser **48 MM** und dem Innendurchmesser 36 mm. Das Kreiszentrum liegt im Koordinatenursprung (0,0). Der Innendurchmesser wird allerdings über die Wandstärke **6 MM** bemaßt, was den Vorteil hat, dass bei Varianten, die im Außendurchmesser variieren, die Wandstärke erhalten bleibt und es z. B. nicht passieren kann, dass der Außendurchmesser kleiner als der Innendurchmesser wird. Die Länge des Rohres beträgt **300 MM**. Am unteren Ende wird das Rohr, damit es leicht in das Ständerrohr eingeführt werden kann, mit einer 4-mm-Fase ausgestattet.

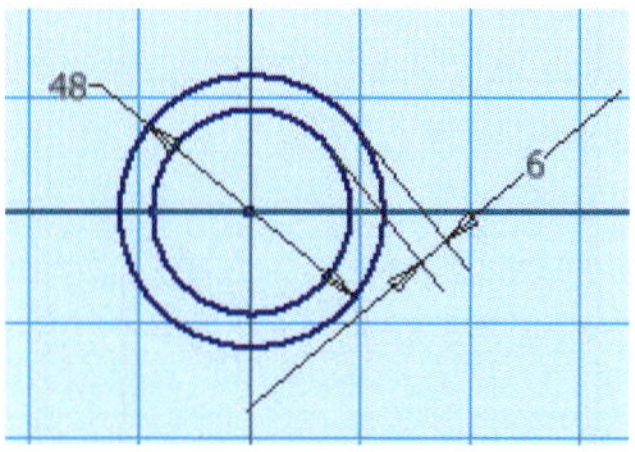

Die Skizze des Schieberohres

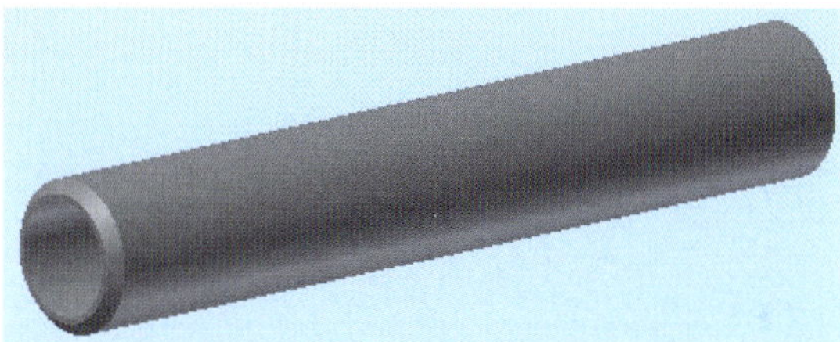

Das auf **300 MM** extrudierte Rohr, das am unteren Ende mit einer **4-MM**-Fase am Außendurchmesser versehen wurde

3.14.1 Arretierbohrungen herstellen

Von den fünf Arretierbohrungen (Durchmesser **12,5 MM**, beidseitig mit **1-MM**-Fase) wird zunächst nur eine erstellt. Dazu ist wie beim Ständerrohr zunächst eine **TANGENTIALE ARBEITSEBENE**, abgeleitet von der **XZ-URSPRUNGSEBENE**, am Außendurchmesser nötig, welche die Bohrungsskizze (**PUNKT**) aufnehmen kann. Die Bohrungstiefe wird mit **DURCH ALLE** eingestellt.

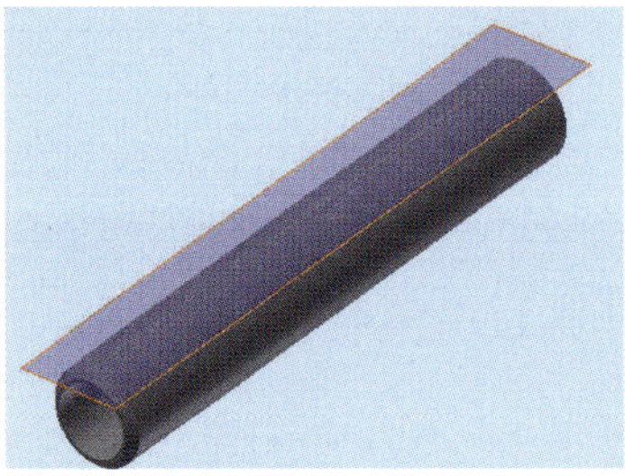

Tangentiale Arbeitsebene mit der Funktion **TANGENTIAL ZU FLÄCHE UND PARALLEL ZU EBENE** am Außendurchmesser erzeugen

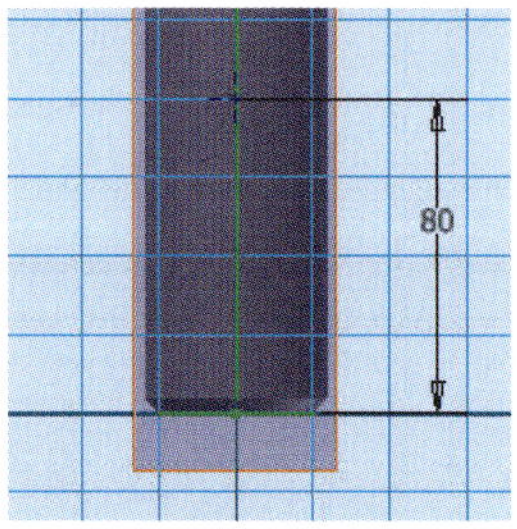

Mit **SCHNITTKANTEN PROJIZIEREN** die Mittellinie referenzieren und einen **PUNKT** im Abstand **80 MM** von unten platzieren

Die **BOHRUNG DURCH ALLE** mit dem **DURCHMESSER 12,5 MM** ausführen und beidseitig mit einer **1-MM-FASE** versehen

Im Objektbrowser werden die Bohrung und die Fase mit den wichtigsten Parametern angezeigt.

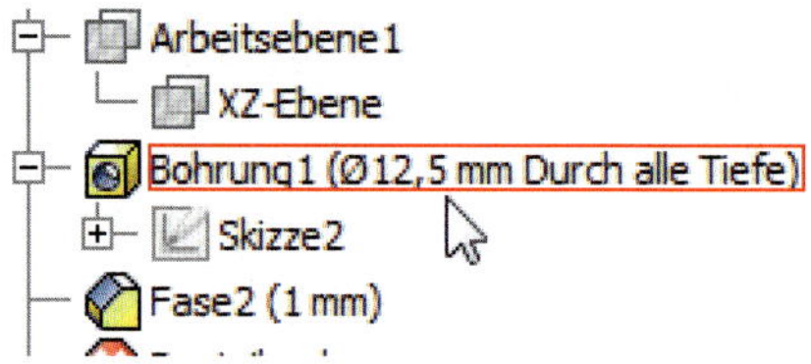

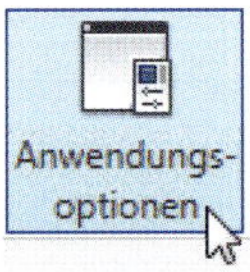

HINWEIS: Sollten die erweiterten Element-Parameter bei Ihnen nicht angezeigt werden, dann arbeiten Sie entweder mit einer älteren Inventor-Version, in der dieses Feature noch nicht integriert war, oder Sie müssen auf der Registerkarte **EXTRAS** in der Befehlsgruppe **OPTIONEN** die Anwendungsoptionen aufrufen und im entsprechenden Dialogfenster auf der Registerkarte **BAUTEIL** die Option »Erweiterte Informationen nach Elementknotennamen im Browser anzeigen« aktivieren.

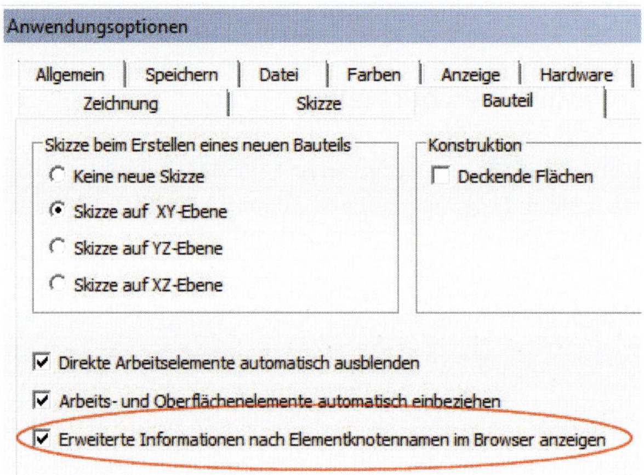

Die Vervielfältigung der Bohrung geschieht zusammen mit der Fase über die Funktion **RECHTECKIGE ANORDNUNG**, die sich in der Befehlsgruppe **MUSTER** befindet.

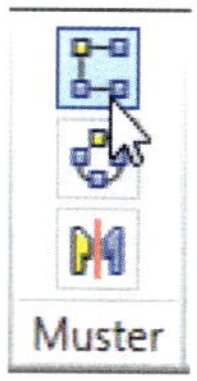

Die Richtungen der Anordnungen, **RICHTUNG 1** und **RICHTUNG 2**, können über die Ursprungsachsen **X-ACHSE** und **Z-ACHSE** bestimmt werden. In X-Richtung darf es nur eine Reihe geben (**1 OE**/1 ohne Einheit), in Z-Richtung werden fünf Elemente (**5 OE**) eingetragen, die einen Abstand von **40 MM** zueinander (**INTERVALL**) haben sollen.

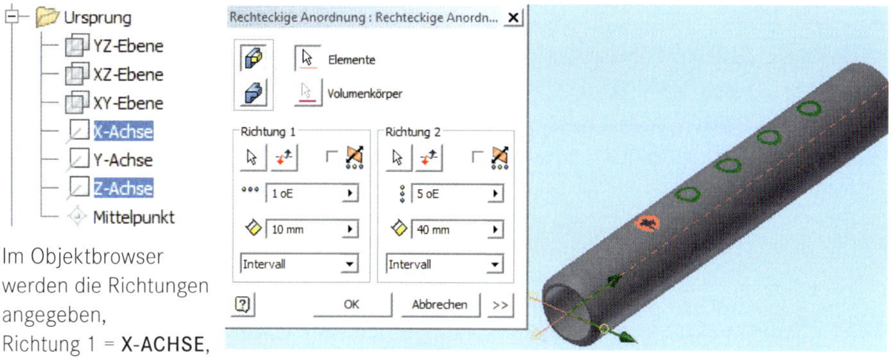

Im Objektbrowser werden die Richtungen angegeben, Richtung 1 = **X-ACHSE**, Richtung 2 = **Z-ACHSE**

Als Elemente werden sowohl die **BOHRUNG** als auch die **FASEN** ausgewählt. In **RICHTUNG 1** wird ein Element (**1 OE**), in **RICHTUNG 2** werden fünf Elemente (**5 OE**) mit einem **INTERVALL** von **40 MM** eingetragen.

TIPP: Die Auswahl der zu kopierenden Elemente kann auch im Objektbrowser erfolgen, in dem die Einträge oft viel leichter selektiert werden können, ohne das Bauteil bewegen zu müssen.

Damit ist das Schieberohr bereits fertig erstellt.

3.15 Die Baugruppe Schiebeteil wird erstellt

Die folgende Sequenz, das Bauteil »Schieberohr« konstruieren, befindet sich als Film (**Rollenständer_Schieberohr.avi**) auf der beiliegenden DVD.

BG Schiebeteil und Traverse: *.avi auf DVD

Da, wie bereits erwähnt, die anderen Bauteile, bis auf die Rolle, in der Baugruppe erzeugt werden, ist im nächsten Schritt, wie beim Ständer, eine neue Baugruppe mit dem Namen **SCHIEBETEIL** zu erstellen.

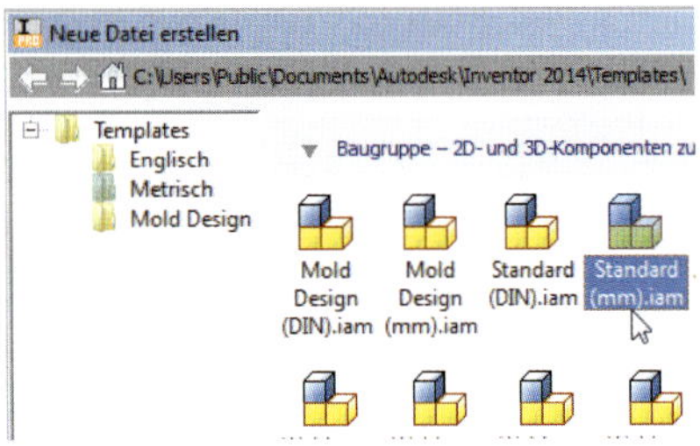

Eine neue Baugruppe aus der Vorlage **STANDARD (MM).IAM**[5] wird erstellt.

In der Baugruppe wird **KOMPONENTE PLATZIEREN** aufgerufen.

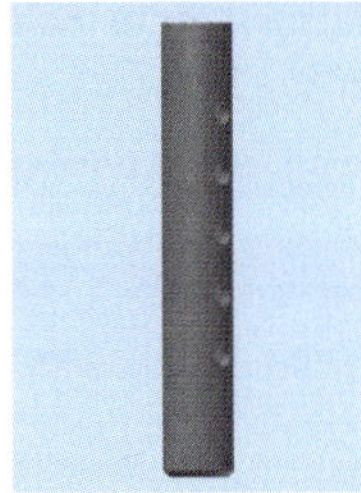

Das **SCHIEBEROHR** wird mit der Option **AM URSPRUNG FIXIERT PLATZIEREN** in die Baugruppe eingefügt.

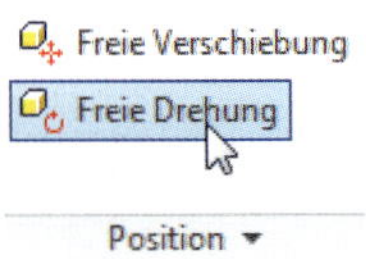

HINWEIS: In einer Baugruppe sollten alle Komponenten in ihrer Einbaulage platziert werden, das Schieberohr also vertikal mit Fase am unteren Rohrende. Je nach Konstruktionsart könnte das Rohr beim Einfügen »auf dem Kopf« stehen. In diesem Fall sollte die Fixierung aufgehoben, das Rohr mit der Funktion **FREIE DREHUNG** in die richtige Position gebracht und wieder fixiert werden.

3.15.1 Traverse aus dem Inhaltscenter einfügen

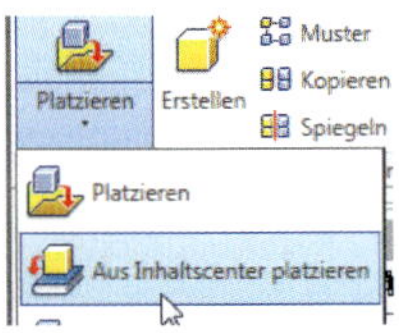

Als Traverse, den Halter und die Lagerung für die Rolle, wird ein **70 MM** langes Stück **U-PROFIL U 160 NACH DIN 1026 U** eingesetzt. Dieses Teil muss nicht konstruiert werden, da sich im Inhaltscenter die verschiedensten Profilstähle befinden.

In der Befehlsgruppe **KOMPONENTE** befindet sich unter der Schaltfläche **PLATZIEREN** das Icon **AUS INHALTSCENTER PLATZIEREN**, mit dem die Datenbank für Normteile und Halbzeuge geöffnet wird.

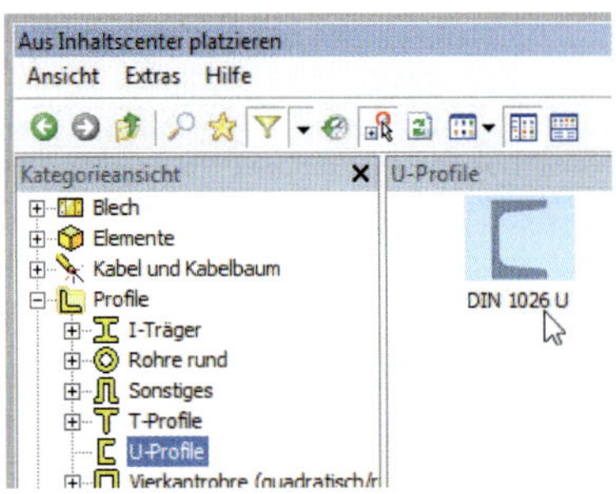

Das Inhaltscenter wurde geöffnet und das Profil **DIN 1026 U** selektiert.

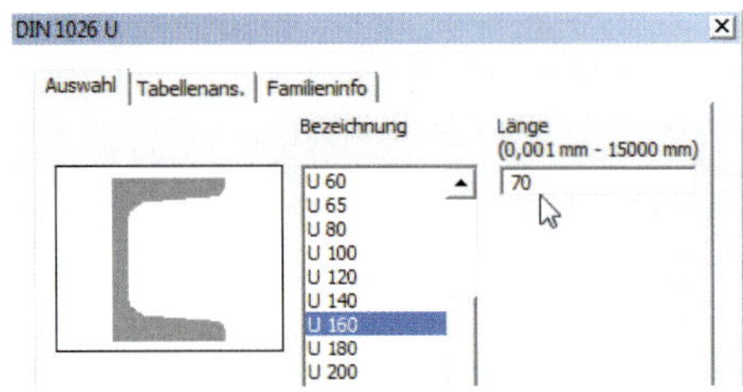

Die Profilgröße **U 160** wird mit einer **LÄNGE** von **70 MM** eingetragen und mit **OK** in die Baugruppe eingefügt.

5 In älteren Inventor-Versionen sieht das Dialogfenster etwas anders aus und die entsprechende Vorlagendatei ist als Norm(mm).iam benannt.

Verschieben und drehen Sie das Profilstück so, dass es sich in der Nähe der oberen Stirnfläche des Rohres befindet und ungefähr in seiner Einbaulage positioniert ist.

TIPP: Die Befehle zum **DREHEN** und **VERSCHIEBEN** eines einzelnen Bauteils in einer Baugruppe befinden sich in der Befehlsgruppe **POSITION**.

3.15.2 Traverse bohren

Im Unterschied zu vorher, aber ohne weiteren Grund, **ÖFFNEN** wir diesmal die Traverse zur weiteren Bearbeitung in einem eigenen Fenster. Es soll eine Bohrung eingebracht werden, in der später eine lange Schraube die Lagerung für die Rolle darstellt. Zu diesem Zweck ist auf einer Seitenfläche der Traverse eine **NEUE SKIZZE** zu erstellen.

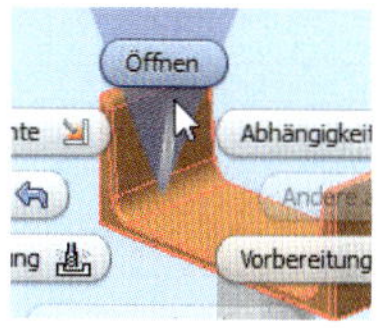

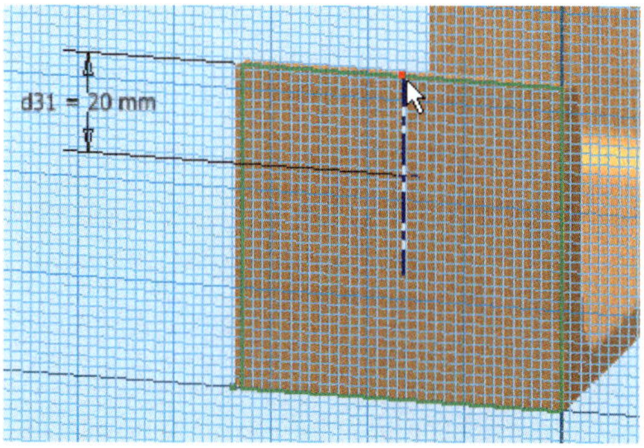

Die Skizze enthält nur zwei Elemente, eine **LINIE** und einen **PUNKT**. Die Linie beginnt genau in der Mitte der oberen Traversenkante, und der Punkt wird auf der Linie im Abstand **20 MM** platziert.

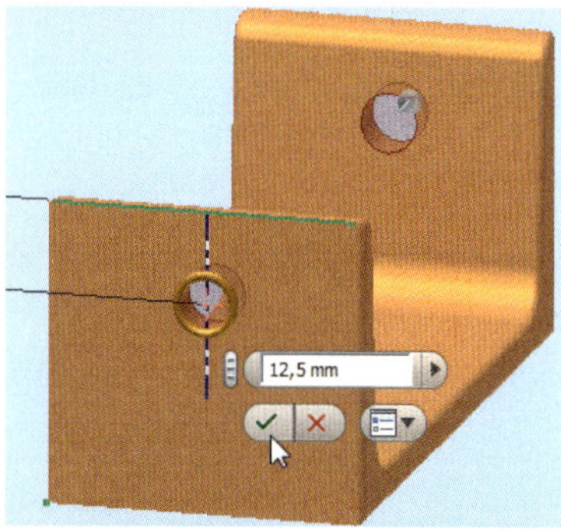

Mit der Funktion **BOHRUNG** und der Einstellung **DURCH ALLE** wird eine Bohrung mit dem Durchmesser **12,5 MM** durch die Traverse gebohrt.

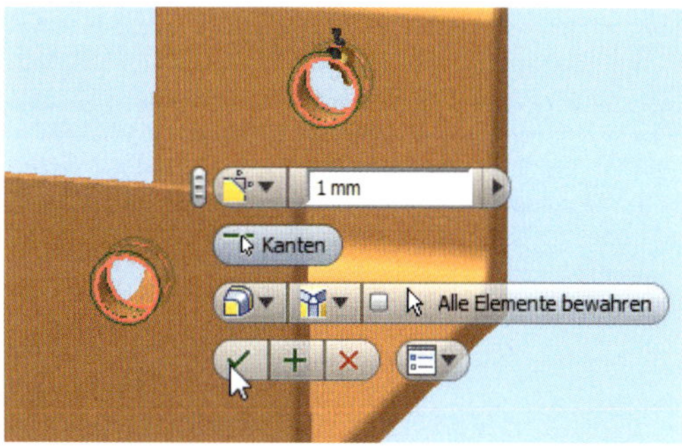

Die beiden Bohrungen bekommen innen und außen jeweils eine **FASE** von **1 MM**.

Die fertige Traverse

Nachdem die Bearbeitung vorgenommen wurde, wird die Traverse gespeichert und das Dokument geschlossen.

3.15.3 Die Traverse genau platzieren

Verbinden

Um die Traverse mit dem Schieberohr zu verbinden, ist die neue Verbindungstechnik des Inventor 2014 wie geschaffen.

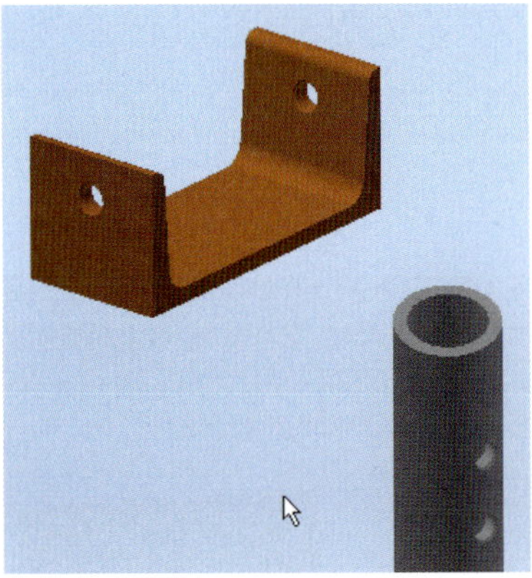

Die beiden Bauteile befinden sich in ihrer ungefähren Einbaulage nebeneinander.

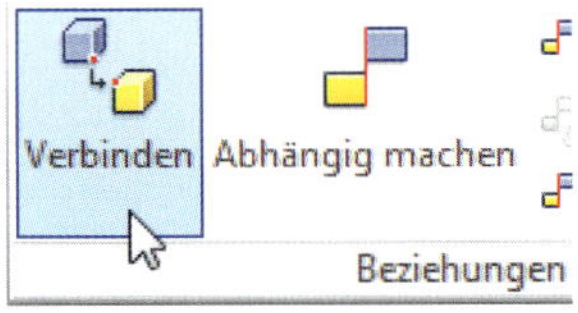

Die Funktion **VERBINDEN** wird aufgerufen und als Verbindungsart wird **STARR** eingestellt.

In den nächsten beiden Schritten werden die Teile miteinander verbunden, indem ihre jeweiligen Mittelpunkte selektiert werden. Die Reihenfolge der Selektion ist unerheblich.

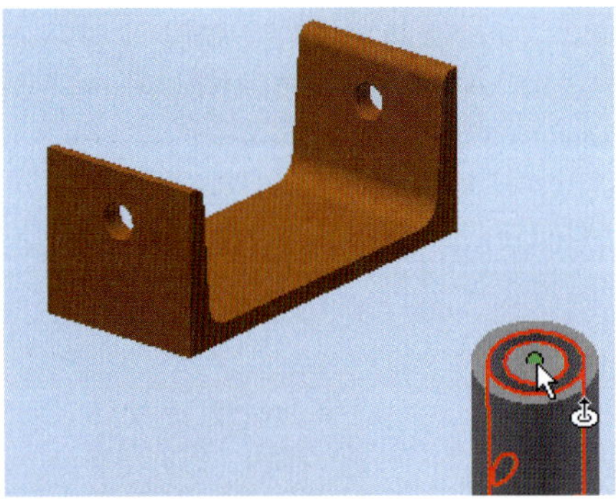

An der oberen Stirnfläche des Rohres erkennt der Inventor automatisch den Zentrumspunkt, der für eine Verbindung geeignet ist. Dieser Punkt wird ausgewählt.

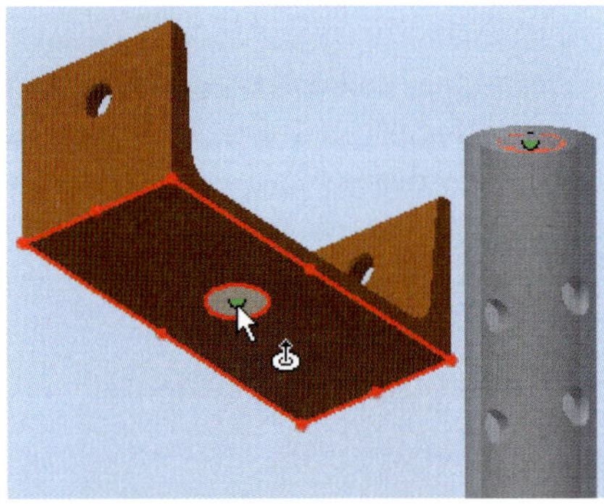

An der Unterseite der Traverse erkennt das Programm ebenfalls den Mittelpunkt dieser Fläche automatisch. Dieser Punkt wird im zweiten Schritt ausgewählt.

Das war's schon fast, denn die beiden Teile vereinigen sich sofort nach der Auswahl temporär.

Das abschließende Klicken des **OK**-Buttons besiegelt die Verbindung und fügt die beiden Teile wie gewünscht und unzertrennlich zusammen. Im Objektbrowser wird die Verbindung bei beiden Teilen mit der Kennzeichnung Starr:1 angezeigt.

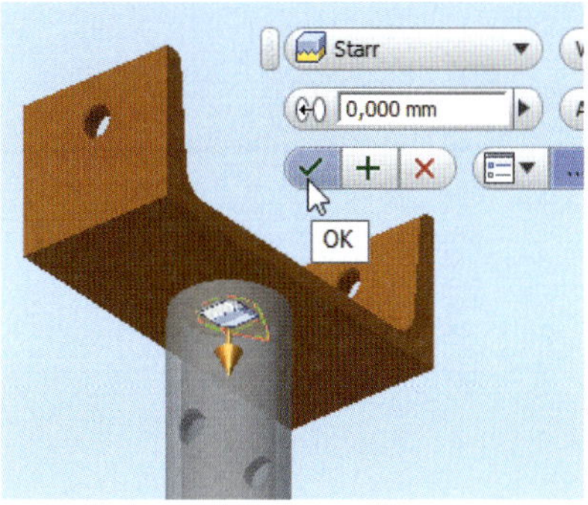

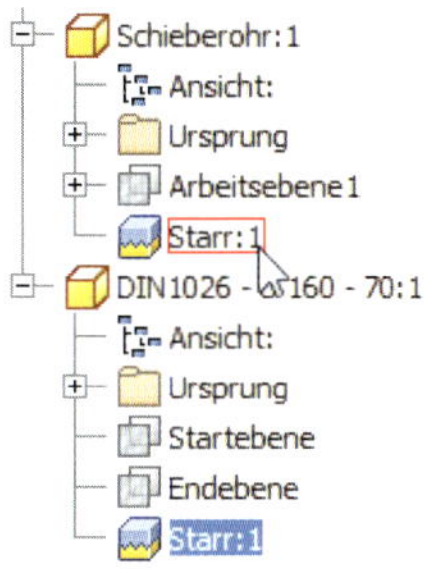

Abhängigkeiten mit älteren Versionen

Aus zwei Gründen erfolgt hier die Beschreibung desselben Vorgangs noch einmal, jetzt aber mit der »alten« Methode des Vergebens von Abhängigkeiten:

- So schön die neue Verbindungsfunktion auch ist, sie wird nicht in allen Fällen ohne Weiteres anwendbar sein, und dort, wo sie nicht funktioniert, muss man auf die ursprüngliche Vergabe von Abhängigkeiten zurückgreifen.
- Nicht alle Leser dieses Buches werden schon im Besitz der Inventor-Version 2014 sein und somit notgedrungen Abhängigkeiten traditionell vergeben müssen.

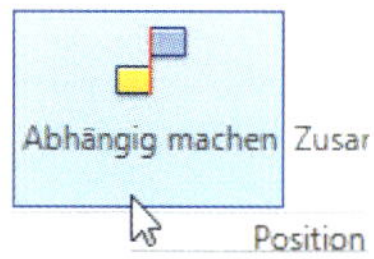

Für die Vergabe von 3D-Abhängigkeiten befindet sich in der Befehlsgruppe **POSITION** die Schaltfläche **ABHÄNGIG MACHEN**, die das dazugehörende Dialogfenster öffnet.

3D-Abhängigkeiten können zwischen Flächen, Kanten und Punkten vergeben werden und betreffen immer zwei Bauteile, deren selektierte Elemente einander zugeordnet werden. In Kapitel 9 dieses Buches wird detailliert auf diese Arbeitstechnik eingegangen.

Um die Traverse auf dem Rohr anzubringen, sind drei Abhängigkeiten nötig:

1. Die Grundfläche der Traverse sitzt auf der Stirnfläche des Rohres.
2. Eine Seitenfläche der Traverse wird parallel und mittig zu den Bohrungen im Rohr ausgerichtet.
3. Die Mittenebene der Traverse wird der Mittenebene des Rohres zugeordnet.

Die Abbildungen zeigen diese drei Schritte, die alle im Modus **PASSEND** ausgeführt werden. Die **AUSWAHL 1** betrifft dabei immer eine **FLÄCHE** oder **EBENE** des einen, die **AUSWAHL 2** immer eine **FLÄCHE** oder **EBENE** des anderen Bauteils.

Im zweiten Schritt, der Ausrichtung der Seitenfläche zur Mittenebene des Rohres, ist ein **ABSTAND** der halben Profillänge (**35 MM**) einzugeben.

TIPP: Als abhängige Flächen können nicht nur Bauteilflächen, sondern auch Arbeits- und Ursprungsebenen eines Bauteils ausgewählt werden. In den Schritten 2 und 3 wird davon Gebrauch gemacht, indem die jeweiligen Ursprungsebenen der Bauteile im Objektbrowser ausgewählt werden.

Die mit 3D-Abhängigkeiten fertig positionierte Traverse

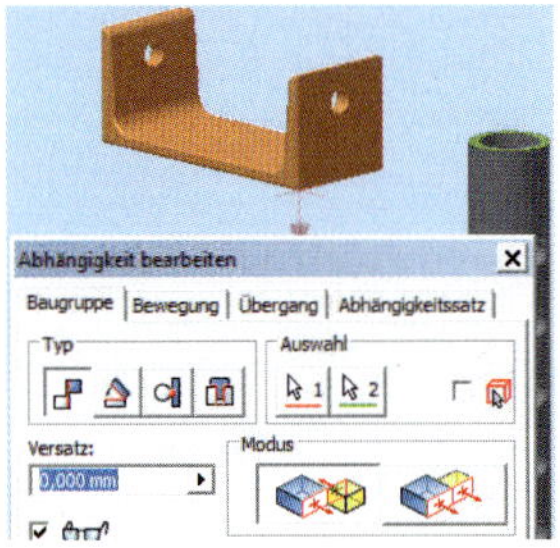

1. Schritt: Die **GRUNDFLÄCHE** der Traverse (rot) wird mit der **STIRNFLÄCHE** des Rohres (grün) verbunden.

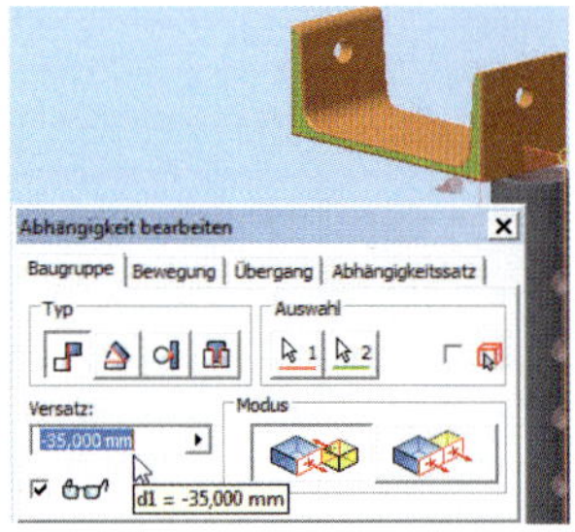

2. Schritt: Die **SEITENFLÄCHE** der Traverse wird mit der Mittenebene des Rohres (**URSPRUNG → YZ-EBENE**) über einen Abstand (**VERSATZ**) von **−35 MM** verbunden.

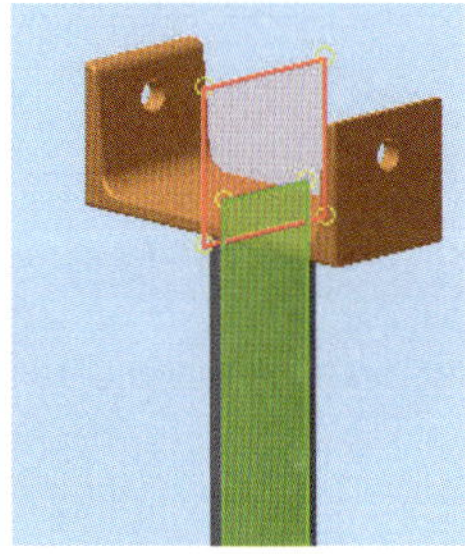

3. Schritt: Die Mittenebene der Traverse (**URSPRUNG → XZ-EBENE**) wird mit der Mittenebene des Rohres (**URSPRUNG → XZ-EBENE**) verbunden.

3.15.4 Traverse und Rohr verschweißen

Traverse und Rohr schweißen: *.avi auf DVD

Die folgende Sequenz, das Verschweißen des Rohrs mit der Traverse, befindet sich als Film (**Rollenständer_SchiebeteilSchweißen.avi**) auf der beiliegenden DVD.

Der Vorgang des Schweißens ist aus der Baugruppe »Ständer« bereits bekannt, und an dieser Stelle kommen keine neuen Aspekte dieser Technik hinzu.

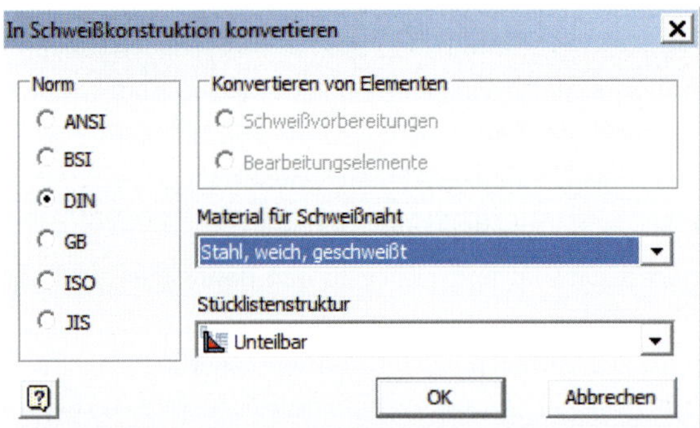

Die Baugruppe wird in eine Schweißkonstruktion konvertiert, die Schweißnorm **DIN** und das Material **STAHL, WEICH, GESCHWEISST** werden ausgewählt. Nach dem Funktionsaufruf **KEHLNAHT** bzw. **KEHLNAHTELEMENT** werden die beiden zu verschweißenden Bauteile selektiert und diesmal mit einer Kehlnaht der Größe **8 MM** verschweißt.

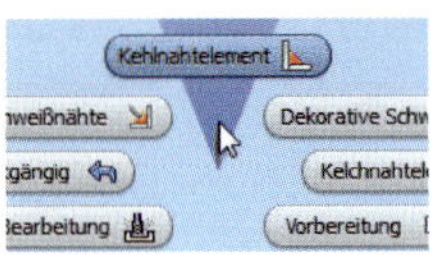

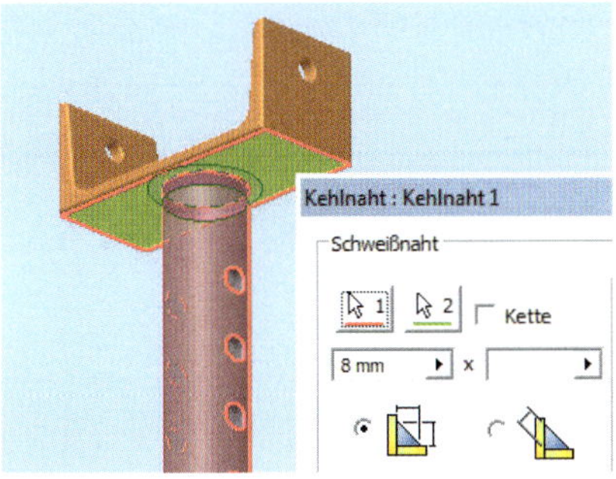

BAUTEIL 1 (Rohr, rot) und **BAUTEIL 2** (Traverse, grün) sind selektiert und die Schweißnahtgröße **8 MM** ist eingestellt.

Die fertig ausgeführte Schweißnaht passt sich automatisch der Kontur der übereinstimmenden Kanten an.

3.15.5 Schraube und Muttern einfügen und platzieren

Die folgende Sequenz, das Einfügen von Schraube und Muttern, befindet sich als Film (**Rollenständer_SchiebeteilSchraubeMuttern.avi**) auf der beiliegenden DVD.

Schiebeteil, Schraube und Muttern: *.avi auf DVD

Auch dieses Vorgehen, Teile aus dem Inhaltscenter einzufügen, hatten wir schon bei der Traverse als U-Profil, wobei sich Normteile ein wenig anders verhalten als Halbzeuge.

Die ersten Schritte sind jedoch dieselben. Mit **AUS INHALTSCENTER PLATZIEREN** wird unter der Kategorie **VERBINDUNGSELEMENTE → SCHRAUBEN → SECHSKANTKOPF** die Schraube **DIN 960 – ERSETZT DURCH DIN EN 28765** ausgewählt.

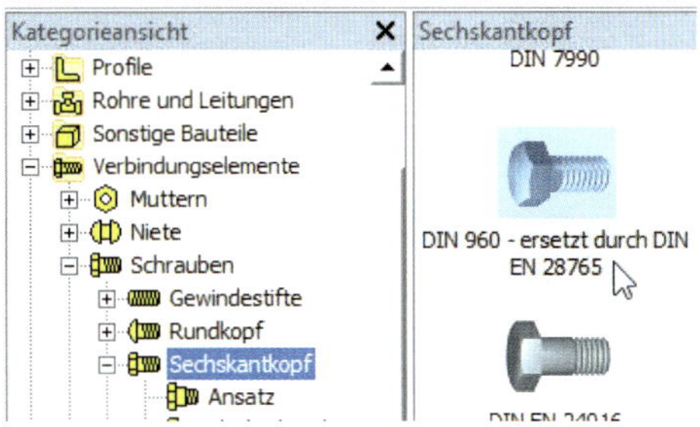

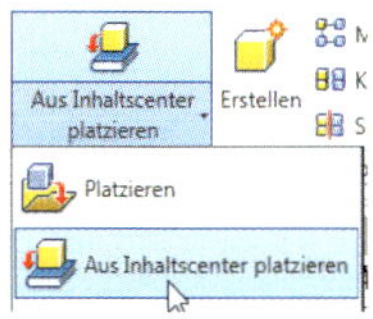

Mit der Auswahl verschwindet das Dialogfenster, und die Schraube hängt ganz klein am Cursor. Bewegt man jetzt den Cursor an einen Bohrungsrand, versucht der Inventor, die richtige Schraubengröße selbst zu ermitteln – was jedoch meistens schiefgeht.

Der Inventor schlägt eigenmächtig eine Schraube M12 x 1,25 x 45 vor.

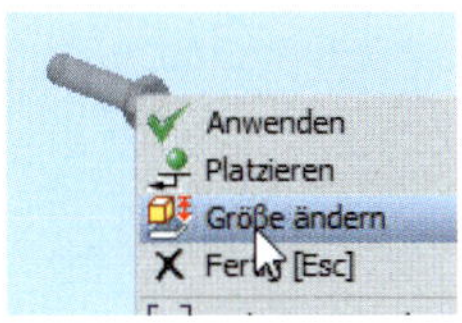

Im Kontextmenü muss jetzt **GRÖSSE ÄNDERN** gewählt werden.

TEIL I

Nachdem im Kontextmenü **GRÖSSE ÄNDERN** gewählt wurde, erscheint das Dialogfenster der Schraube DIN 960 mit allen genormten und verfügbaren Größen. Da die Traverse 160 mm lang ist, wird eine Schraube **M12** x **1,5** mit einer Länge von **180 MM** ausgewählt.

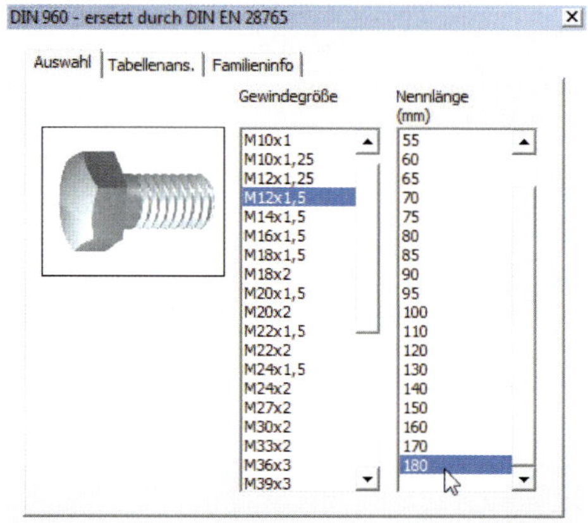

Mit **ANWENDEN** wird die Schraube in die Baugruppe eingefügt, und das Dialogfenster zur Auswahl weiterer Normteile bleibt offen.

Die Schraube wird mit zwei Muttern, die gekontert werden, befestigt. Es sind also im nächsten Schritt in gleicher Art und Weise **zwei** Muttern **DIN 934 – ERSETZT DURCH DIN EN 24032/28673/28674** in der Größe **M12** x **1,5** in die Baugruppe einzufügen.

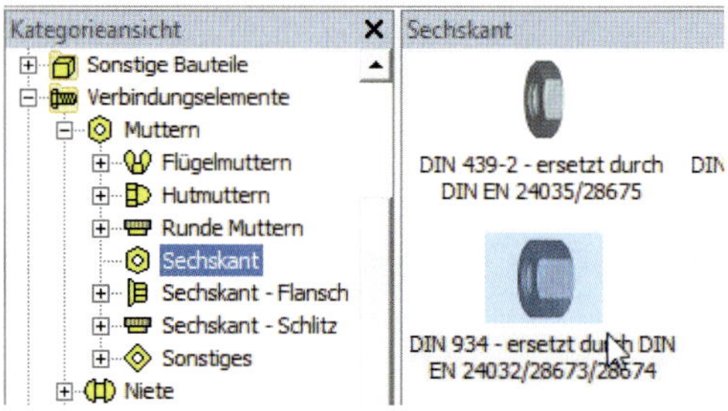

Die Mutter DIN 934 wird ausgewählt.

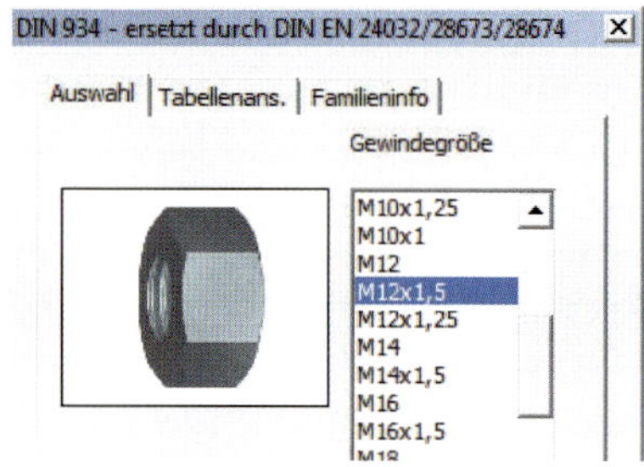

Die Größe M12 x 1,5 wird eingestellt.

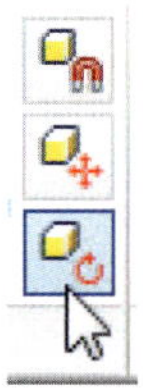

HINWEIS: Mit etwas Geschick lassen sich die Schraube und die Muttern bereits bei der Auswahl aus dem Inhaltscenter richtig positionieren. Mitunter lässt einen jedoch die dafür notwendige Feinmotorik im Stich. In diesem Falle setzt man sie einfach irgendwohin, schiebt und dreht sie in eine ungefähre Einbaulage und versieht sie von Hand mit Abhängigkeiten.

Verbinden

Gelang das automatische Positionieren nicht, werden die Schraube und die Muttern mit der Funktion **VERBINDEN** in die Traverse eingefügt.

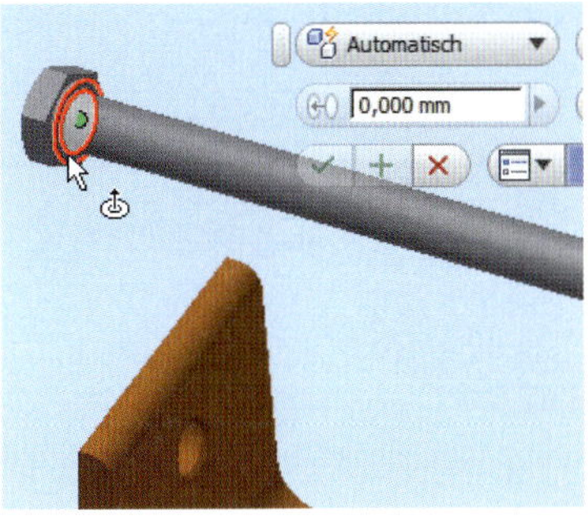

Die Verbindungsart bleibt auf Automatisch stehen und im ersten Schritt wird die Schraubenkopfauflage selektiert.

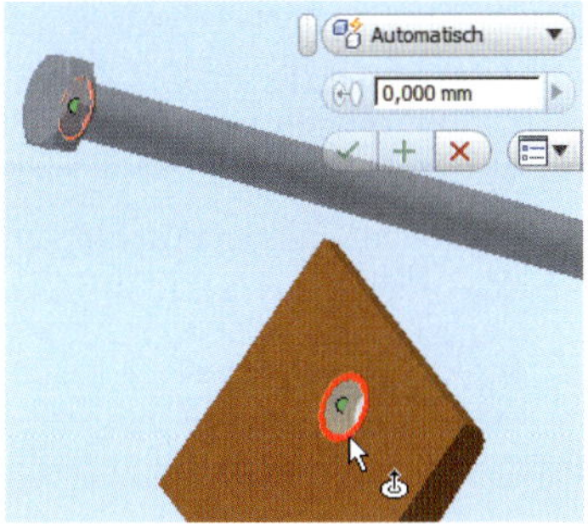

Im zweiten Schritt wird der Außendurchmesser der angefasten Bohrung in der Traverse selektiert.

Der Rest geht wieder automatisch und muss nur noch mit OK bestätigt werden. Zur Kontrolle kann man nach der Ausführung der Verbindung und vor dem OK-Klick die realisierte Verbindungseinstellung Drehen sehen, die jetzt anstelle der vorher eingestellten Automatik angezeigt wird.

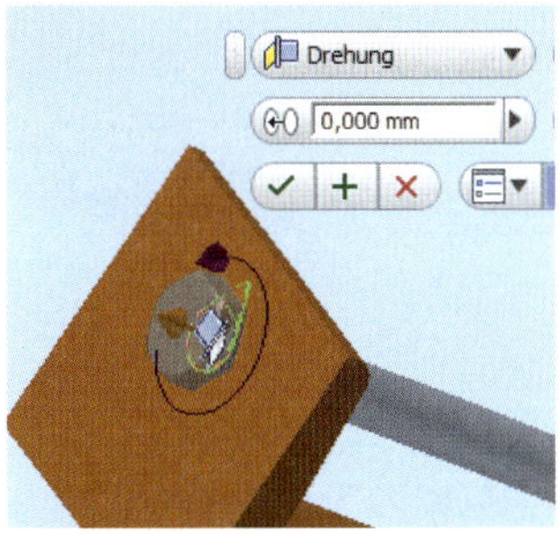

Derselbe Vorgang wird für die beiden Muttern wiederholt.

Abhängigkeiten mit älteren Versionen

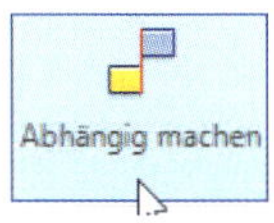

Auch hier erfolgt die Beschreibung desselben Vorgangs noch einmal mit der »alten« Methode des Vergebens von Abhängigkeiten mit der Funktion **ABHÄNGIG MACHEN**, die zumindest an dieser Stelle weder umständlicher noch langwieriger ist.

Speziell für Schrauben gibt es im Dialogfenster **ABHÄNGIGKEIT PLATZIEREN**, das über die Funktion **ABHÄNGIG MACHEN** aufgerufen wird, den Abhängigkeitstyp **EINFÜGEN**, mit dem das Platzieren von Schrauben in einem Rutsch vonstatten geht.

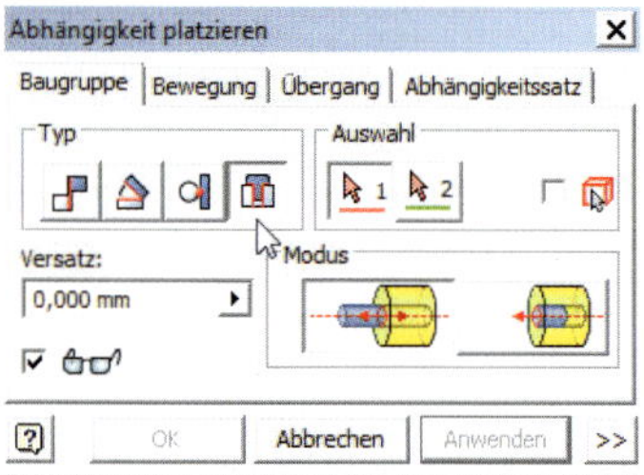

Typ **EINFÜGEN** aktiviert

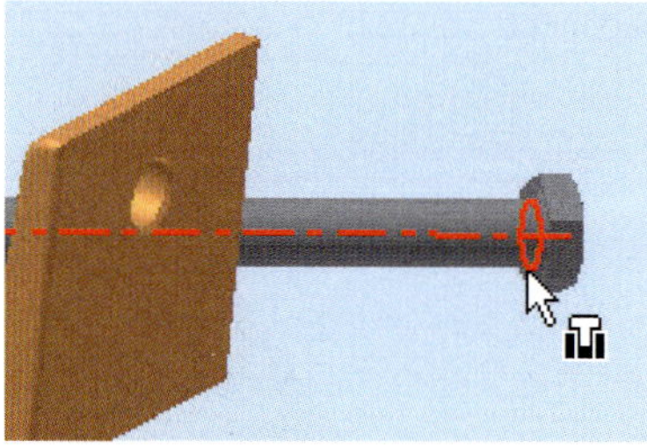
Absatz, mit dem die Schraube an der Traverse anliegen soll, wird gewählt

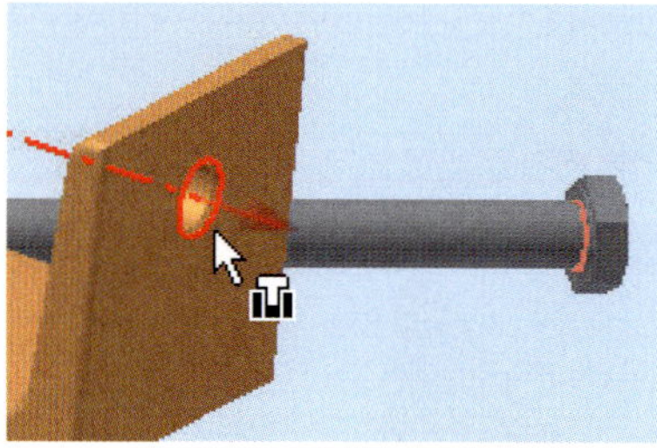
Bohrung, bzw. Außendurchmesser der Fase, an dem der Schraubenkopf anliegen soll, wird gewählt

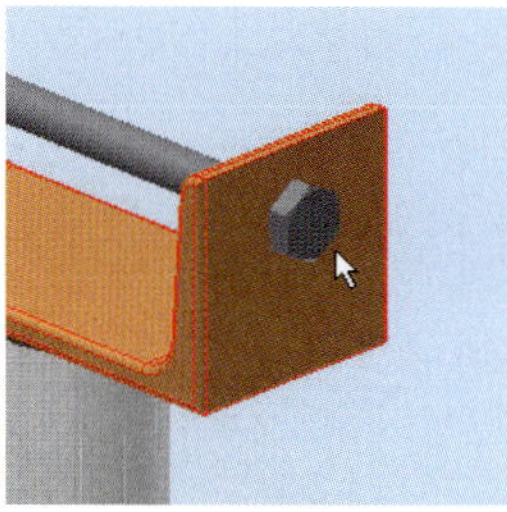
Die Schraube ist eingefügt.

Die beiden Muttern werden in gleicher Art und Weise eingefügt.

In derselben Art, mit dem Typ **EINFÜGEN**, werden auch die beiden Muttern nacheinander platziert.

3.16 Das Bauteil Rolle

Rolle konstruieren: *.avi auf DVD

Die folgende Sequenz, die Konstruktion der Rolle, befindet sich als Film (**Rollenständer_Rolle.avi**) auf der beiliegenden DVD.

Die Rolle ist das nächste Bauteil, das erstellt werden soll. Da sie in keiner direkten geometrischen Abhängigkeit zum Schiebeteil steht, vom Bohrungsdurchmesser abgesehen, wird sie als Bauteil in einer neuen Bauteilumgebung konstruiert.

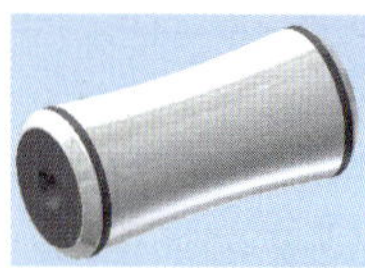

Beginnen Sie mit **NEU** und der Vorlage **STANDARD (MM).IPT**[6] ein neues Bauteil und erzeugen Sie auf der XY-Ebene eine **NEUE SKIZZE**.

6 In älteren Inventor-Versionen ist die entsprechende Vorlagendatei als Norm(mm).ipt benannt.

Die Skizze besteht wieder aus nur zwei konzentrischen Kreisen, deren Zentrum im Ursprung (0,0) liegt und deren Durchmesser **12,3 MM** für die Bohrung und **60 MM** betragen.

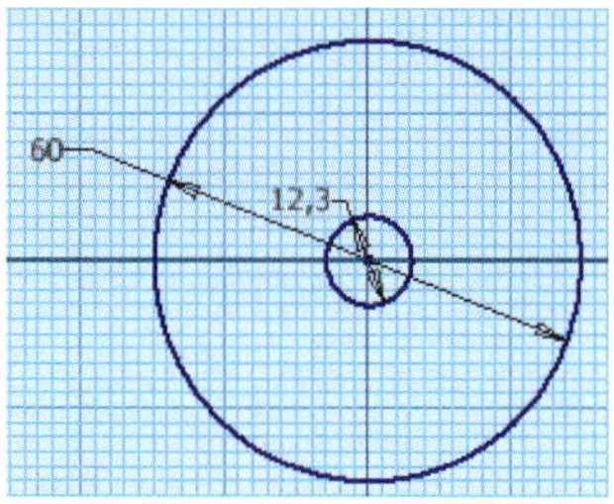

Um die Länge der Rolle, d. h. die Extrusion, zu ermitteln, messen wir den Innenabstand im U-Profil. Die Funktion **ABSTAND** in der Befehlsgruppe **MESSEN** auf der Registerkarte **EXTRAS** gibt uns die Möglichkeit, den Abstand zwischen zwei Punkten zu ermitteln.

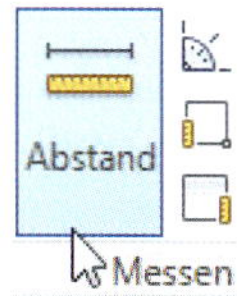

Das Innenmaß wird mit etwas mehr als 136 mm gemessen, d. h., eine Extrusion der Rolle auf 130 mm ist passend.

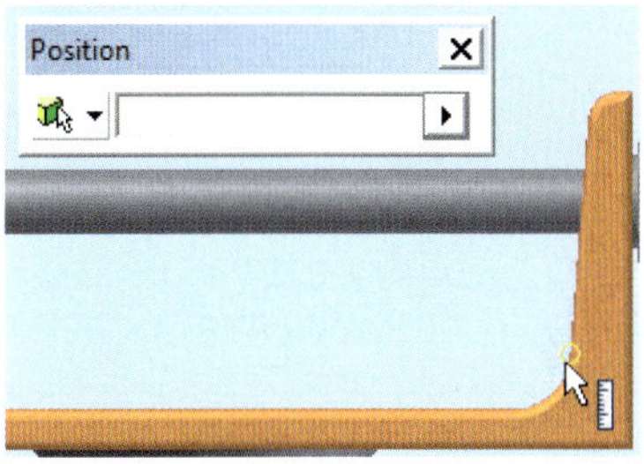

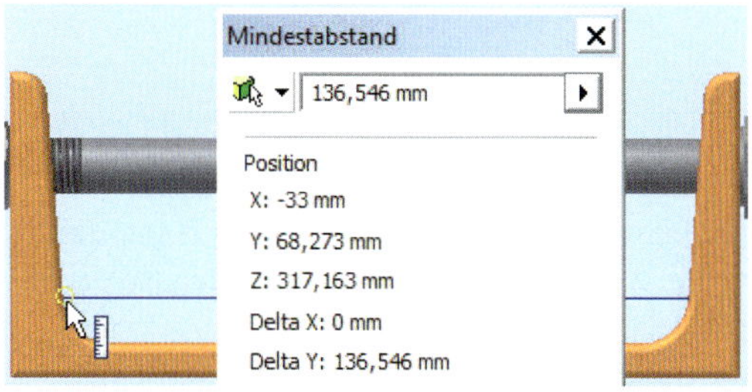

Die **EXTRUSION** der Skizze wird also auf **130 MM** ausgeführt. Im nächsten Schritt bekommen die beiden Stirnflächen des Zylinders außen eine **FASE** von je **5 MM** und an den Bohrungsrändern von je **2 MM**.

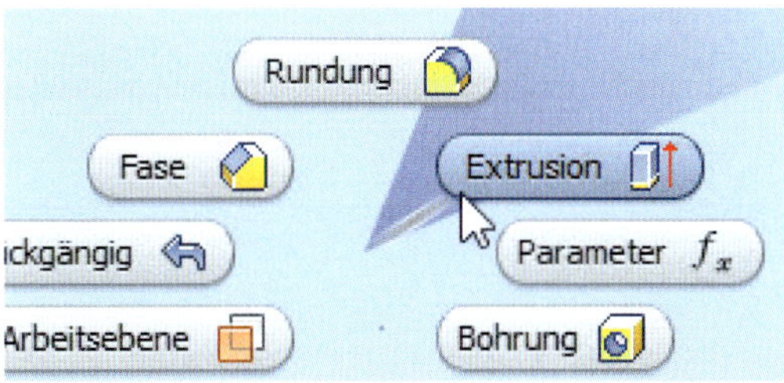

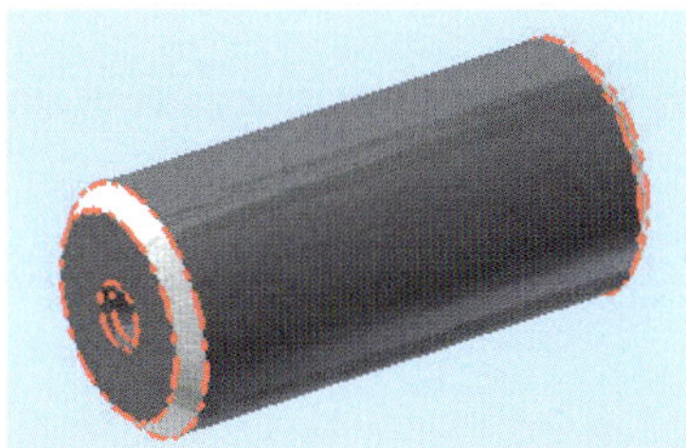

Im letzten Schritt soll die Rolle eine konkave Oberfläche bekommen, d. h., von der Zylinderfläche muss per Differenz-Extrusion Material abgetragen werden.

Für diese Aktion ist eine neue **2D-SKIZZE** nötig, die sich auf der Ursprungsebene **YZ-EBENE** befinden muss. Da sich die Skizzenkontur auf dieser Ebene jedoch mitten im Material der Rolle befindet, schalten wir die Ansicht (**VISUELLER STIL**) auf **DRAHTMODELL** um und projizieren die obere Kante mit **GEOMETRIE PROJIZIEREN** in die Skizze.

Umschaltung auf Drahtmodell-Ansicht

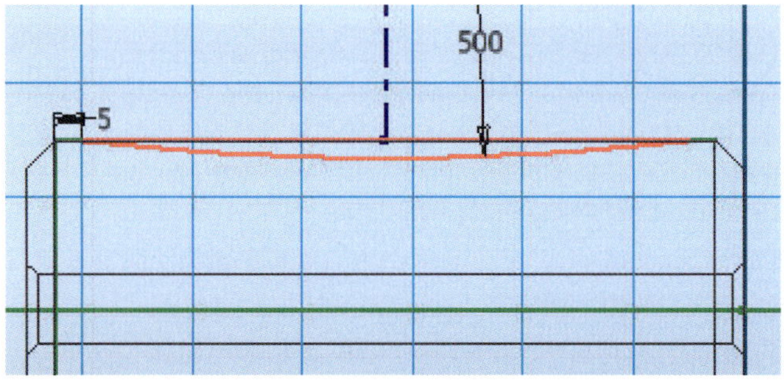

Vertikale Hilfslinie von der Mitte der oberen Kante nach oben, **BOGEN** zeichnen mit Zentrum auf der Hilfslinie (Radius **500 MM**, Seitenabstand **5 MM**), Bogen mit **LINIE** zum Kreisabschnitt schließen

Nachdem die Skizze beendet wurde, kann die **DREHUNG** als **DIFFERENZ** um die Längsachse ausgeführt werden. Anschließend wird wieder auf **SCHATTIERTE ANSICHT** geschaltet.

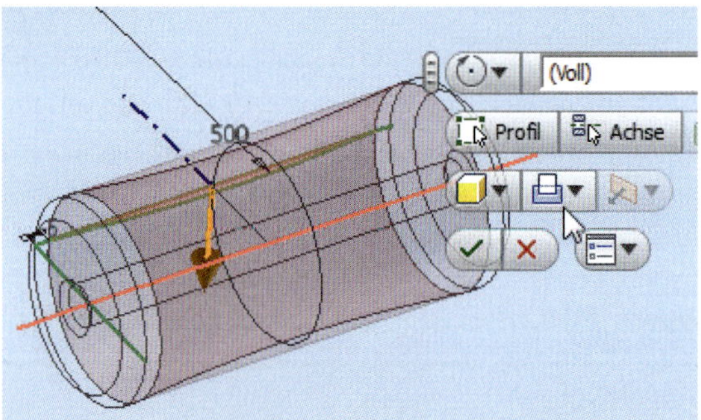

Im letzten Schritt werden alle Kanten der Rolle auf beiden Stirnseiten mit einer **2-MM-ABRUNDUNG** versehen.

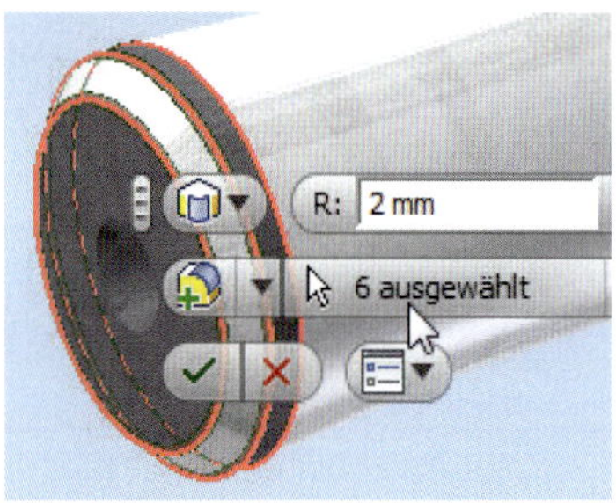

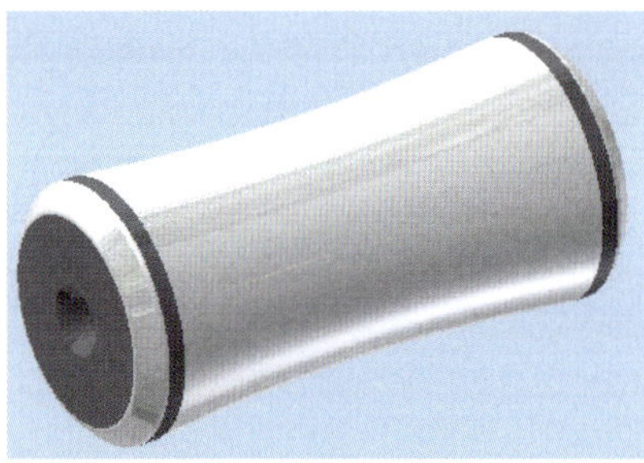

Damit ist die Rolle fertiggestellt und kann in die Baugruppe eingefügt werden.

TIPP: Die Farben der Oberflächen lassen sich über eine Mehrfachauswahl der Flächen und der Liste **VORGABE** jeweils in einem Schritt in **SCHWARZ** bzw. **ALUMINIUM POLIERT** einstellen.

3.17 Rolle in die Baugruppe einfügen

Das Procedere ist schon bekannt: **KOMPONENTE PLATZIEREN** → Rolle auswählen → in ungefähre Einbaulage bringen → 3D-Abhängigkeiten einfügen.

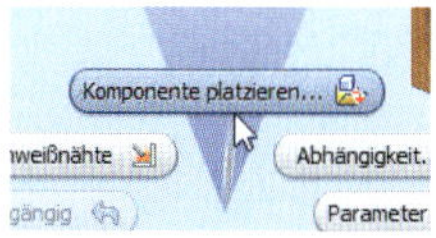

Die beiden Teile werden funktionsgemäß mit der Einstellung **DREHUNG** über die Mitte der Schraube und die Mitte der Rolle miteinander verbunden. Damit sich die Rolle in etwa in der Mitte der Traverse befindet, wird ein Seitenabstand von **–9,5 MM** eingegeben.

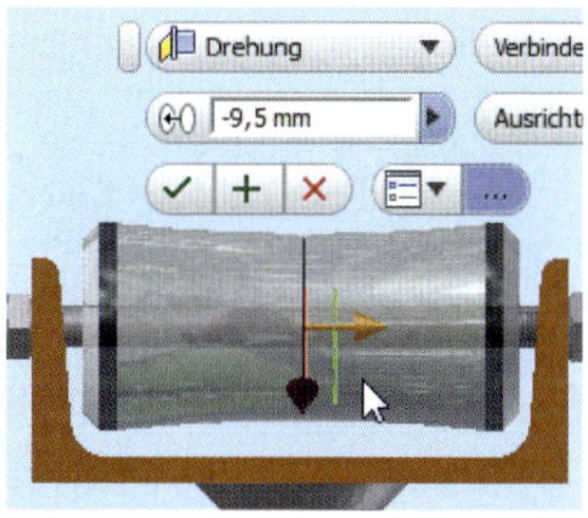

Das Schiebeteil ist fertig.

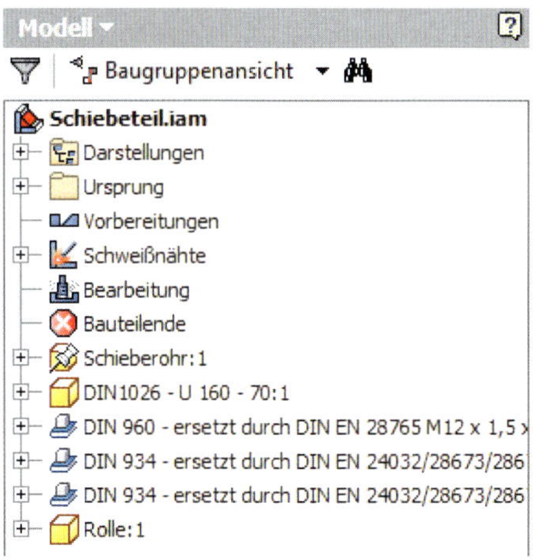

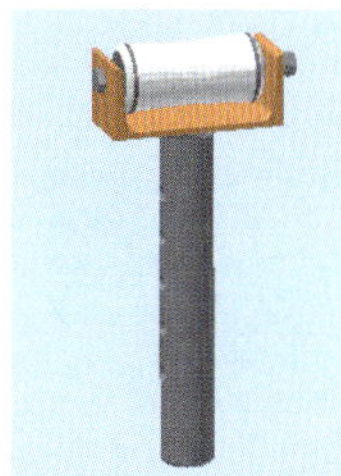

3.18 Die Baugruppe Rollenständer entsteht

Baugruppe Rollenständer erstellen: *.avi auf DVD

Die folgende Sequenz, das Erstellen der Baugruppe »Rollenständer«, befindet sich als Film (**Rollenständer_Baugruppe.avi**) auf der beiliegenden DVD.

Der Schlussakt dieser langen Probefahrt beginnt noch einmal mit dem Erstellen einer neuen Baugruppe mit der Vorlage **STANDARD (MM).IAM** und der Platzierung (**KOMPONENTE PLATZIEREN**) der beiden Baugruppen **STÄNDER.IAM** und **SCHIEBETEIL.IAM**.

HINWEIS: Da das Schiebeteil beweglich bleiben soll, der Ständer aber fest steht, sollte zuerst der Ständer mit der Funktion **AM URSPRUNG FIXIERT PLATZIEREN** in die Baugruppe eingefügt werden. Andernfalls muss die Fixierung von Hand erfolgen bzw. aufgehoben werden.

Die beiden Unterbaugruppen müssen natürlich auch wieder voneinander abhängig gemacht werden.

Ohne weitere Anleitung fügen Sie jetzt die Abhängigkeiten zwischen den beiden vertikalen Achsen sowie zwischen den Arretierbohrungen ein.

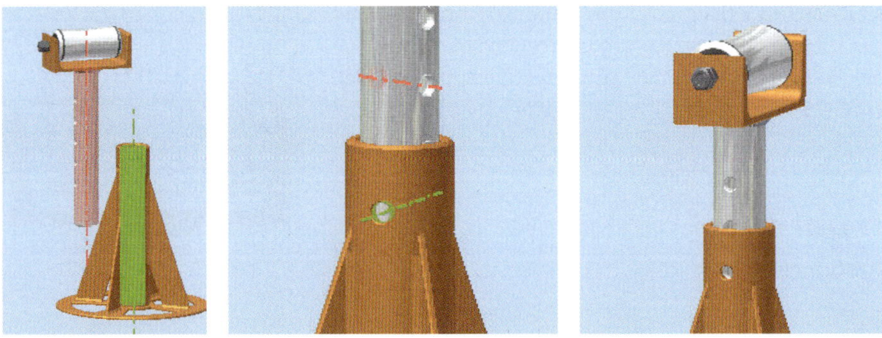

Bolzen und Splint: *.avi auf DVD

Die folgende Sequenz, das Einfügen des Arretierstiftes und eines Splints, befindet sich als Film (**Rollenständer_BolzenSplint.avi**) auf der beiliegenden DVD.

Jetzt wäre der Rollenständer fast fertig, wenn nicht noch der Arretierstift fehlen würde und, für die Sicherung desselben, ein Splint. Beide Teile werden als Normteile eingefügt und mit entsprechenden Abhängigkeiten versehen.

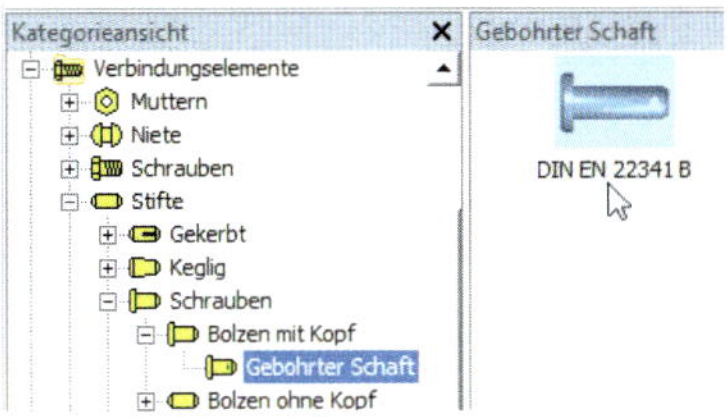

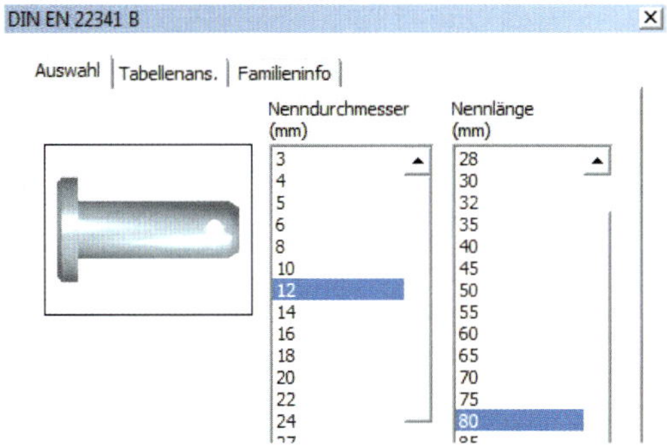

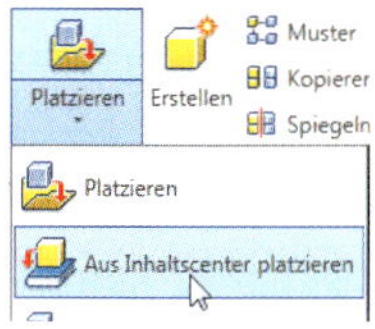

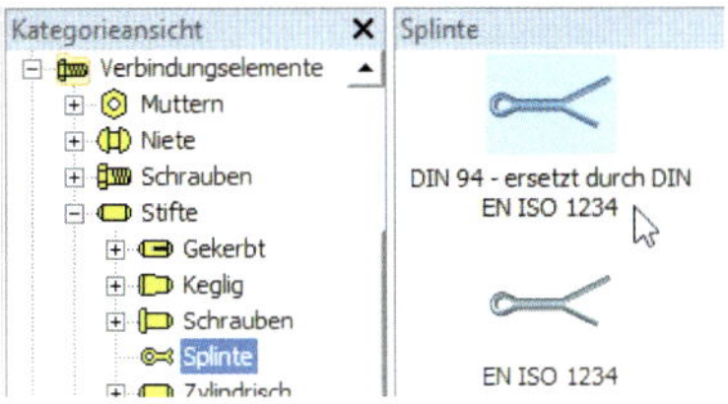

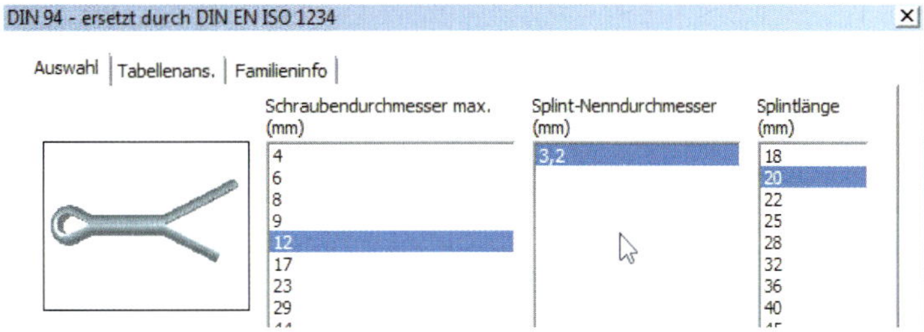

Der Arretierstift und der Splint werden beide mit der **VERBINDUNG DREHUNG** oder der **ABHÄNGIGKEIT PASSEND** in die jeweiligen Bohrungen eingebracht.

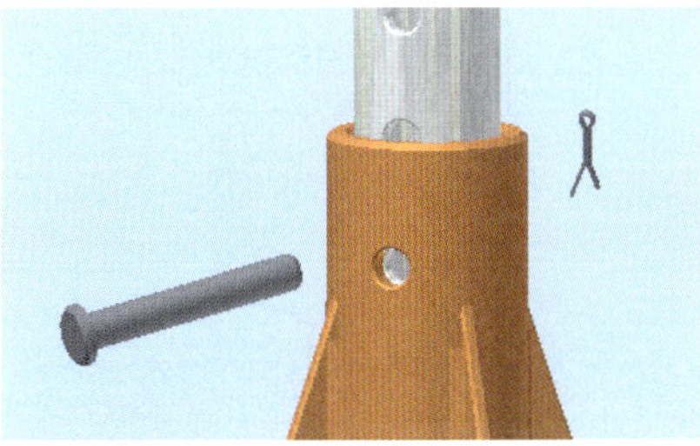

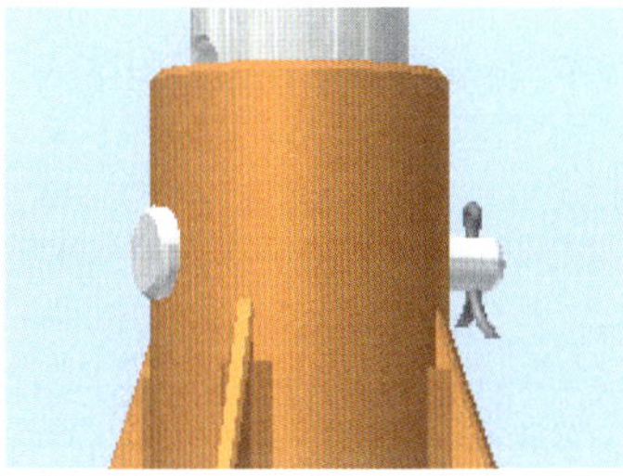

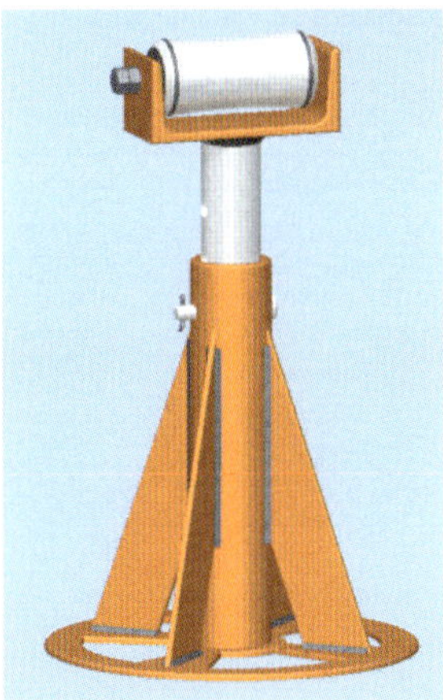

Fertig! Das ist das Ende einer langen Probefahrt – ich hoffe, es hat etwas Spaß gemacht!

Die folgenden Abschnitte sind als Zugabe für diejenigen gedacht, die so viel Freude an der Arbeit mit dem Inventor hatten und haben, dass sie sich nicht davon losreißen können.

3.19 Präsentation und Explosion

Rollenständer, Explosion erzeugen: *.avi auf DVD

Die folgende Sequenz, in der aus der Baugruppe eine Explosionsdarstellung gemacht und animiert wird, befindet sich als Film (**Rollenständer_Explosion.avi**) auf der beiliegenden DVD.

Die Präsentation ist ein Bereich, der im Alltag der CAD-Übungen oft zu kurz kommt. Dabei spielt gerade die Möglichkeit in bestimmten Bereichen der Konstruktion eine ganz wichtige Rolle. Die Präsentationsumgebung dient der Erstellung von Dokumentationen mit statischen Explosionsansichten und für Visualisierungen von Animationen, die z. B. für animierte Montageanleitungen Verwendung finden können.

Jede statische Präsentationsansicht kann auch in einer Zeichnungsableitung verwendet werden.

Präsentationsansichten werden in einer separaten Datei, einer Präsentationsdatei (*.IPN), gespeichert. Wenn an der Baugruppe bzw. an den einzelnen Modellen Änderungen vorgenommen werden, so werden die Präsentationsansichten automatisch aktualisiert.

Die Präsentationsumgebung ist eine der Baugruppenumgebung ähnliche Arbeitsumgebung. Es können jedoch in dieser Umgebung keine Änderungen an Teilen oder der Baugruppe vorgenommen werden.

3.19.1 Eine Präsentation beginnen

Eine neue Präsentation wird als NEUE DATEI mit der Vorlage STANDARD (MM).IPN erstellt.

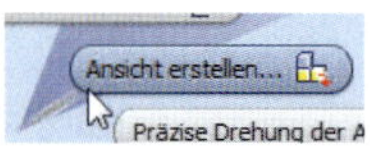

Mit dem Markierungsmenü-Befehl ANSICHT ERSTELLEN ... oder einem Klick auf das entsprechende Icon in der Multifunktionsleiste muss im nächsten Schritt eine bestehende Zusammenbaudefinition (Baugruppe, *.IAM) eingefügt werden.

Das sich öffnende Dialogfenster BAUGRUPPE AUSWÄHLEN bietet im oberen Bereich die Möglichkeit, eine geöffnete Baugruppe direkt oder eine beliebige Baugruppe über den Dialog DATEI ÖFFNEN auszuwählen.

Im unteren Bereich befinden sich die beiden Optionsschaltflächen, mit denen die Art der Erzeugung der Explosionsansicht vorbestimmt werden muss:

- MANUELL und
- AUTOMATISCH.

HINWEIS: Beim automatischen Verfahren kommen nicht immer sinnvolle Gebilde zustande. Die Gestaltung ist zum einen von den vorgegebenen Abhängigkeiten, zum anderen aber auch von deren Richtung (gegeneinander/zueinander) abhängig. In vielen Fällen wird es rationeller sein, die manuelle Methode, die per Default ohnehin eingestellt ist, zu benutzen.

Unser Rollenständer soll also manuell explodiert werden.

3.19.2 Komponentenposition ändern

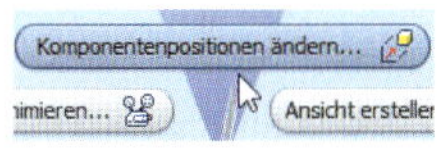

Wurde über die vorher beschriebene Funktion **ANSICHT ERSTELLEN** die Baugruppe **ROLLENSTÄNDER.IAM** in den Arbeitsbereich geladen, kann es jetzt mit der Auswahl **KOMPONENTENPOSITION ÄNDERN** losgehen.

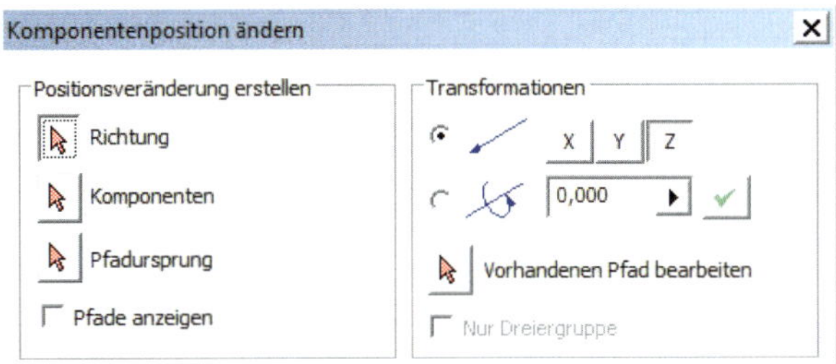

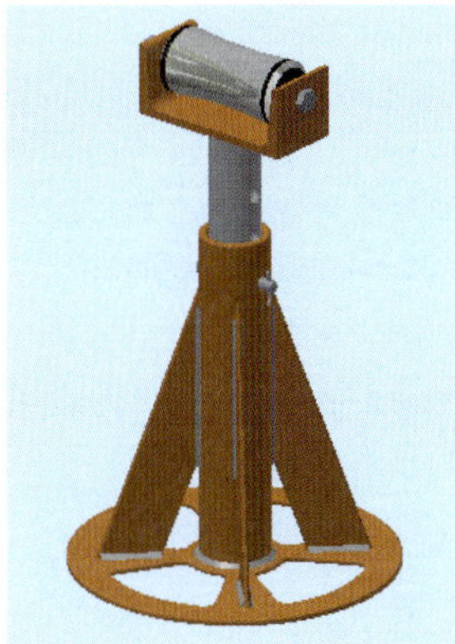

Dialogfenster zum Verändern einer Komponentenposition

Das mit dieser Funktion aufgerufene Dialogfenster ist schnell erklärt: Im linken Bereich wird mithilfe eines Koordinatensymbols die **RICHTUNG** der Verschiebung bestimmt. Mit dem zweiten Button (**KOMPONENTEN**) werden die zu verschiebenden Bauteile ausgewählt. Der **PFADURSPRUNG** ist nicht so sehr von Bedeutung, gemäß der Vorgabe liegt der Pfadursprung im Schwerpunkt des Bauteils oder der Bauteilgruppe. Zuletzt kann man noch auswählen, ob man die Verschiebepfade in Form von dünnen Linien angezeigt haben möchte.

3.19.3 Den Splint herausziehen

Um die kleinen Teile der Baugruppe besser sichtbar zu machen, wurden sie eingefärbt. Der Vorgang ist für alle Teile derselbe und kann in jeweils vier Schritten dargestellt werden.

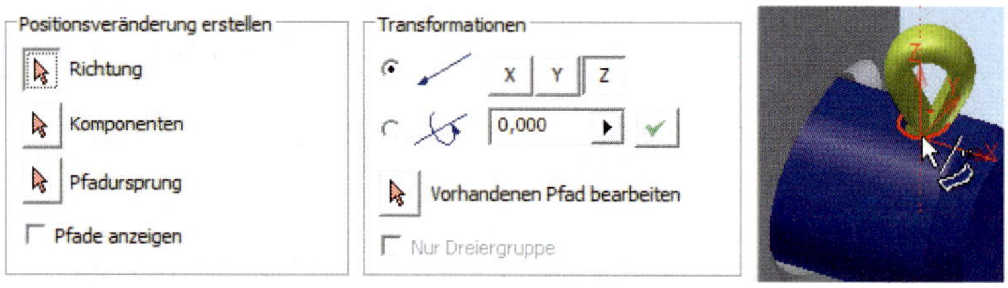

Schritt 1: Die **RICHTUNG** gibt eigentlich nicht die Verschieberichtung an, sondern ruft lediglich an beliebigen Elementen das jeweilige Koordinatensystem und -symbol auf und gibt somit nur die Möglichkeiten der Verschiebe- oder Verdrehrichtungen vor.

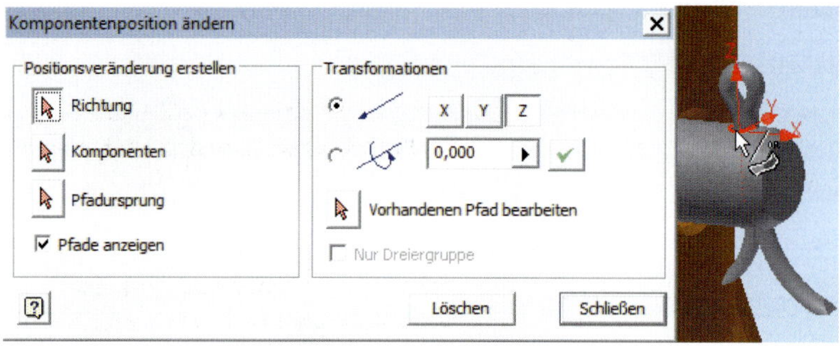

Schritt 2: Nach der Bestimmung des Koordinatensystems wird automatisch der Button **KOMPONENTEN** aktiv. Das zu verschiebende Bauteil, der **SPLINT**, wird selektiert.

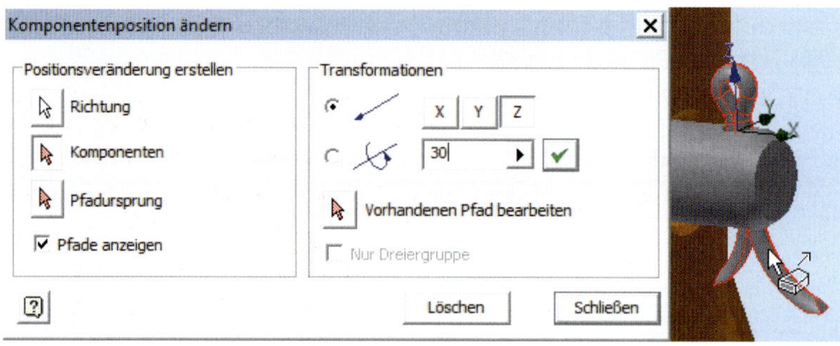

Schritt 3: Im Bereich **TRANSFORMATIONEN** werden gemäß dem angezeigten Achsenkreuz die Transformationsart (Verschiebung, Drehung) und die entsprechende Achse angeklickt und der Verschiebungswert (bei Drehung die Gradzahl) eingegeben. Für den Splint ist die **Z-RICHTUNG** ausgewählt, und als positiver Wert sind **30 MM** angegeben.

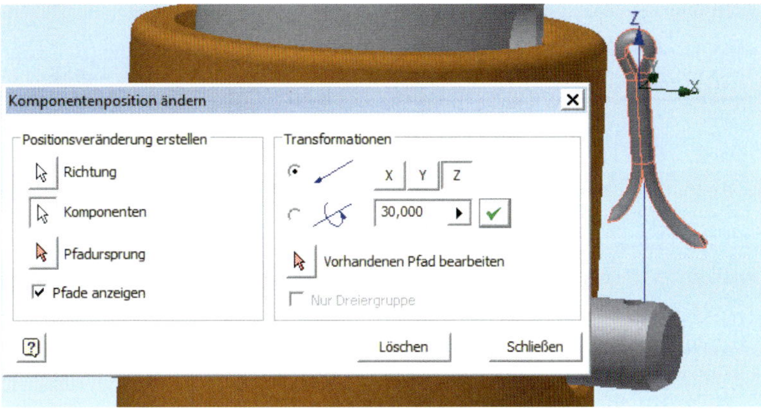

Schritt 4: Nach Klick auf den grünen Haken wird die eingestellte Verschiebung ausgeführt.

Nach dieser Aktion bleibt das Dialogfenster aktiv, und es können weitere Verschiebungen desselben Bauteils oder anderer Bauteile durchgeführt werden. Sollen andere Bauteile verschoben werden, muss das aktive Bauteil aus der Auswahl entfernt werden. Mit **SHIFT-KLICK** oder **STRG-KLICK** auf ein aktives Bauteil wird dieses deaktiviert.

Mit der Schaltfläche **RICHTUNG** können jederzeit auch andere Element-Koordinatensysteme aktiviert werden.

3.19.4 Den Bolzen verschieben

Die vorangegangenen vier Schritte wiederholen sich für jedes Bauteil.

Die **RICHTUNG** muss für den Bolzen nicht neu bestimmt werden, da mit dem aktiven Koordinatensystem weiter gearbeitet werden kann.

Als **KOMPONENTEN** muss zuerst der Splint deaktiviert und dann der Bolzen aktiviert werden.

Die **TRANSFORMATION** soll jetzt in Richtung der **Z-ACHSE** mit einem Wert von **100 MM** vollzogen werden.

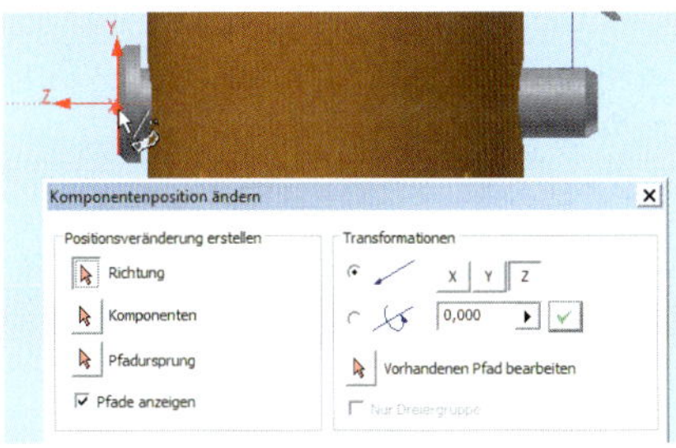

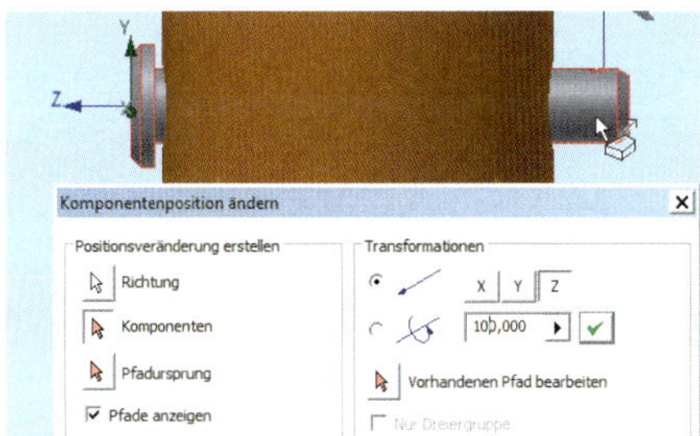

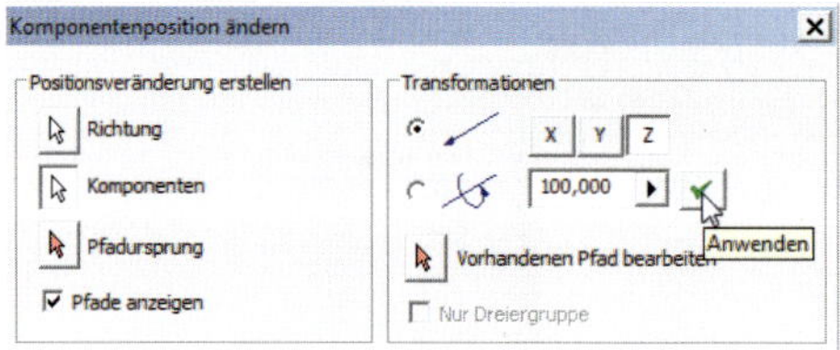

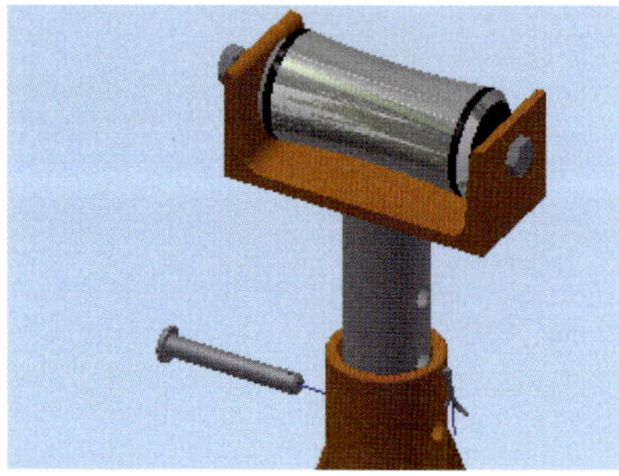

3.19.5 Das Schiebeteil nach oben ziehen

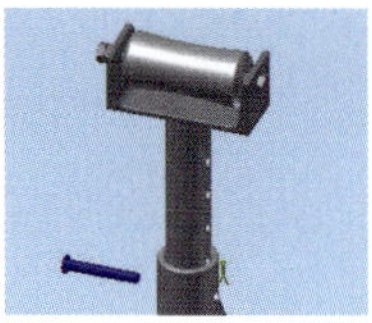

Für das Schiebeteil gilt natürlich das eben beschriebene Verfahren weiterhin. Als Besonderheit kommt hier allerdings dazu, dass es sich beim Schiebeteil um eine ganze Baugruppe handelt und sich die Präsentationsumgebung nicht um 3D-Abhängigkeiten kümmert. Demnach müssen alle Einzelteile dieser Baugruppe zusammen als zu verschiebende **KOMPONENTEN** ausgewählt werden.

Dass jetzt ein neues Koordinatensystem bestimmt wurde, ist ohne Bedeutung.

Die Verschiebung fand in **Z-RICHTUNG** mit dem Wert von drei Bohrungsabständen (3 x 40 = **120 MM**) statt.

3.19.6 Animation des Rollenständers

Rollenständer, Animation: *.avi auf DVD

Animieren

Die vollständige Animation des Rollenständers befindet sich als Film (**Rollenständer_ Animation.avi**) auf der beiliegenden DVD.

Eine Animation, d.h. der Ablauf eines vollständigen Bewegungsablaufes, kann mit der Schaltfläche **ANIMIEREN** erzeugt werden.

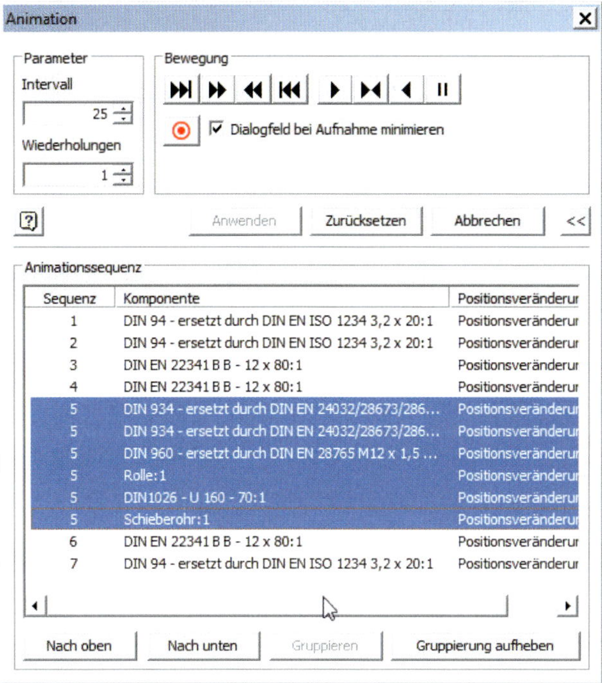

Neben den weitgehend selbsterklärenden Schaltflächen ist in diesem Dialogfenster vor allem der untere, erweiterte Bereich interessant.

In der Liste **ANIMATIONSSEQUENZ** befindet sich jeder einzelne Bewegungsschritt mit den Komponenten- und Positionsveränderungsdaten.

Baugruppen, die als ein Teil verschoben werden sollen, sind als **GRUPPIERT** mit derselben **SEQUENZ**-Nummer eingetragen. Die Reihenfolge des Ablaufes kann mit den **NACH OBEN**- und **NACH UNTEN**-Schaltflächen verändert werden.

Die abgebildete Liste entspricht der Animation, die sich als Film auf der DVD befindet.

HINWEIS: Möchten Sie herausfinden, wie es in dieser Animation dazu kam, dass sich der Bolzen und der Splint in der neuen Lage des Schiebeteils wieder in ihre Ausgangslage zurückbewegen, dann untersuchen Sie die Liste in der Beispieldatei **Rollenständer.ipn** auf der DVD, oder versuchen Sie es selbst.

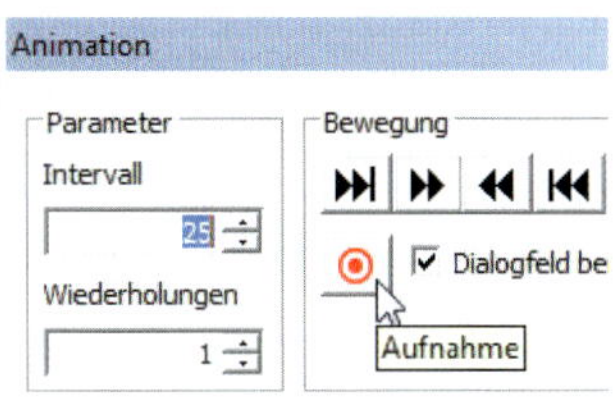

Die Aufnahme und die Speicherung einer Animation erfolgen, wenn der Button **AUFNAHME** im Dialogfenster gedrückt wurde und danach die Animation gestartet wird.

3.20 Ende einer Probefahrt

Dieses Kapitel hatte nicht die Aufgabe, einen Laien zum CAD-Fachmann zu machen, es sollte lediglich einen kleinen Eindruck von der Arbeitsweise und den Möglichkeiten im Inventor wiedergeben. Die Arbeitstechniken und viele Funktionen, die während dieser Probefahrt nur kurz angesprochen und kaum erklärt wurden, werden in den folgenden Kapiteln detailliert erklärt und an weiteren Übungen vertieft.

TEIL II

Programmfunktionen und Bedienung

Beschreibung aller grundlegenden Arbeitsbereiche und Funktionen für die Skizzen-, Bauteil-, Baugruppen- und Zeichnungserstellung

- Arbeitsbereiche
- Programmbedienung
- Skizzenerstellung
- Arbeitselemente und Koordinatensysteme
- Bauteilkonstruktion
- Baugruppenerstellung
- Zeichnungsableitung und -kommentare

4 Inventor-Arbeitsbereiche

Dieses Kapitels richtet sich sowohl an »Greenhorns«, die das erste Mal mit einem 3D-CAD-System arbeiten, als auch an Umsteiger, die jetzt mit dem Inventor arbeiten und sich einen schnellen Überblick über die grundlegenden und möglichen Arbeitsbereiche des Programms verschaffen möchten.

Vorausgeschickt werden muss, dass es zum einen nicht die Aufgabe des Buches sein kann, alle Funktionen des Programms bis ins letzte Detail zu beschreiben, zum anderen gibt das der Umfang des Buches auch nicht her, und zum Dritten ist das aufgrund der unzähligen Möglichkeiten eines 3D-Systems ohnehin nicht möglich.

Dieses Kapitel gibt deswegen eine möglichst umfassende, aber im Telegrammstil gehaltene Beschreibung der Arbeitsbereiche des Inventors wieder. Zu den meisten Arbeitsbereichen befinden sich umfangreiche Beispiele und Übungen im Buch.

Die Quintessenz der Arbeit mit einem 3D-CAD-System, wie es der Autodesk Inventor darstellt, ist das immerwährende Kennenlernen der Bereiche, in denen man das System praktisch einsetzt, und das ständige Entdecken neuer Arbeitstechniken, die effektiver oder/und qualitativer zum Ziel führen.

4.1 Volumenmodellierer

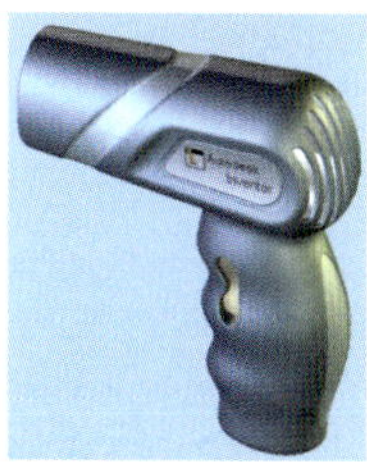

Das Programm arbeitet, wie viele der »großen« 3D-CAD-Systeme, mit einem vom ACIS-Kernel abgeleiteten und von Autodesk weiterentwickelten 3D-Kernel, der ein schnelles und hochgenau berechnetes Volumenmodell erzeugt.

In der Bauteilumgebung erfolgt das Erstellen von Bauteilen in der Regel über verschiedene Möglichkeiten der Skizzenerstellung, alternativ können über zahlreiche Schnittstellen Bauteile aus anderen Programmen importiert werden. Das Ergebnis in diesem Arbeitsbereich ist ein einzelner Volumenkörper, also ein Bauteil.

4.2 Flächenerstellung

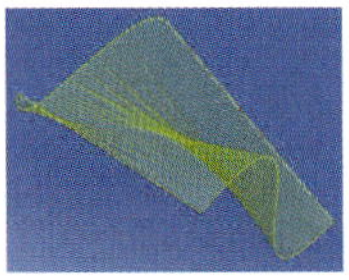

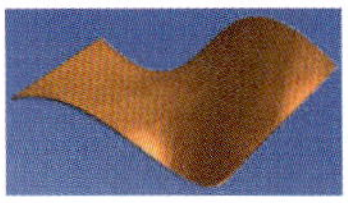

Innerhalb der Bauteilumgebung können mit den Extrusionsverfahren **DREHUNG**, **ERHEBUNG**, **EXTRUSION**, **SWEEPING** und **VERDICKUNG** auch Flächen erzeugt werden. Flächen sind Geometrien, die zwar eine flächenmäßige Ausdehnung, aber keine Dicke haben. Sie sind also keine Körper, sondern eher virtuelle 2D-Gebilde. Die Flächenfunktionen können jedoch vielfach für die Erstellung komplexer Oberflächen von Körpern genutzt werden.

Im 3D-Skizzenbereich ist es außerdem möglich, Freiformflächen durch die Eingabe bzw. den Import von 3D-Koordinaten zu erstellen.

4.3 Baugruppen

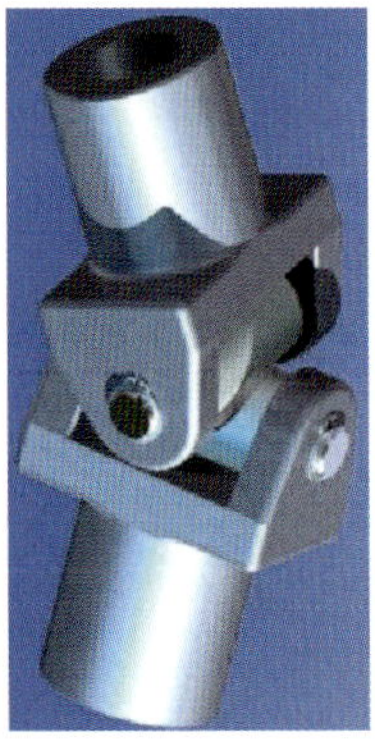

In Baugruppen werden mehrere Bauteile, ggf. ergänzt durch Bibliotheksteile, zusammengefügt. Das Fügen der Einzelteile erfolgt entweder durch 3D-Abhängigkeiten, welche die Freiheitsgrade der Bauteile zueinander kontrollieren und einschränken, oder in anderen Arbeitsumgebungen, z. B. in der Schweißumgebung.

In Baugruppen sind Kollisionsuntersuchungen möglich.

4.4 Zeichnungsableitung

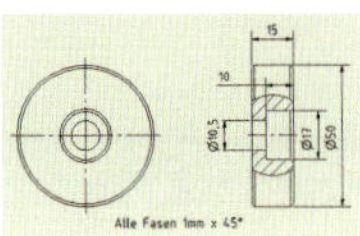

Die Umgebung der Zeichnungserstellung setzt mindestens ein erstelltes und gespeichertes Bauteil oder eine Baugruppe voraus. Zeichnungen werden von erstellten Bauteilen oder Baugruppen abgeleitet und mit Kommentaren wie Bemaßung, Toleranzen, Texten etc. versehen.

4.5 Blechmodul

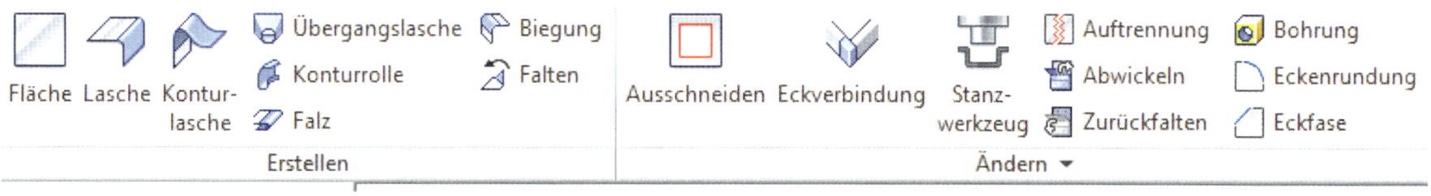

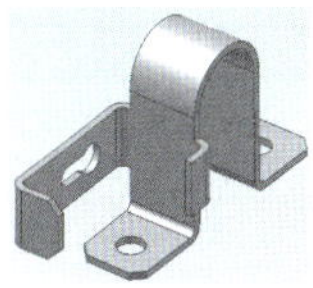

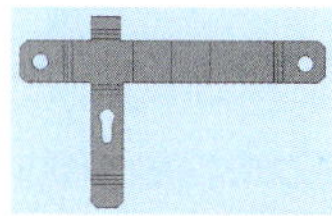

Das Blechmodul ist eine eigene und speziell auf die Erzeugung und Bearbeitung von Blechteilen ausgerichtete Bauteilumgebung. Die Besonderheit dieses Moduls liegt in seinen Definitions- und Bearbeitungsbefehlen, mit denen sehr praxisnah Bleche z. B. gebogen, gefalzt, gestanzt usw. werden können.

Bleche sind Bauteile (Volumenkörper) und haben eine Wandstärke.

4.6 Schweißumgebung

Die Schweißumgebung stellt einen Sonderfall der Baugruppenumgebung dar. Die einzelnen Bauteile werden normal erzeugt und in die Schweißbaugruppe eingefügt.

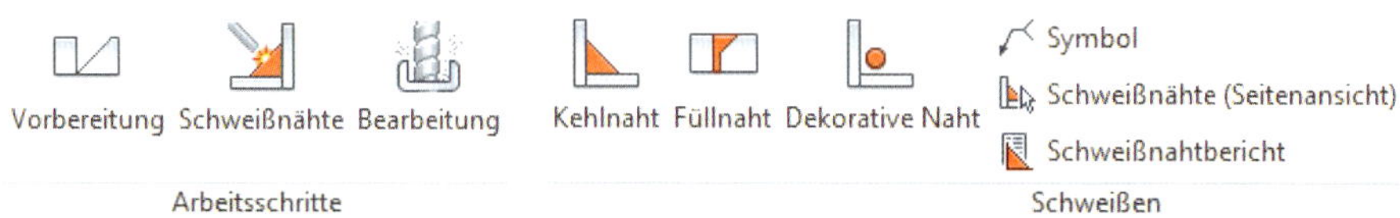

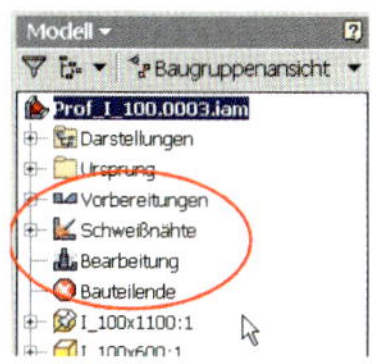

Im Objektbrowser werden die drei Bearbeitungsschritte getrennt angezeigt.

Dort erfolgt sowohl:

- die Schweißnaht-Vorbereitung,
- das Schweißen von Stumpf- und Kehlnähten,
- die Schweißnaht-Nachbearbeitung.

Die Schweißnähte werden in einem übersichtlichen Dialogfenster definiert und anschließend optisch ansprechend zwischen den zu verbindenden Bauteilen eingefügt.

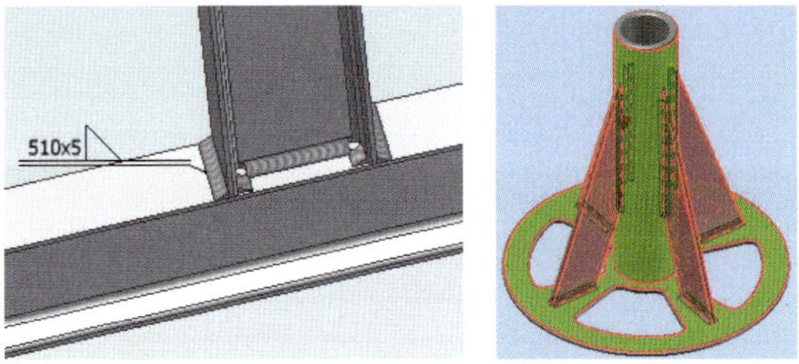

Der abgebildete geschweißte Ständer wird in einer eigenen Übung als kompletter Stützbock erstellt.

4.7 Rohre und Kabel

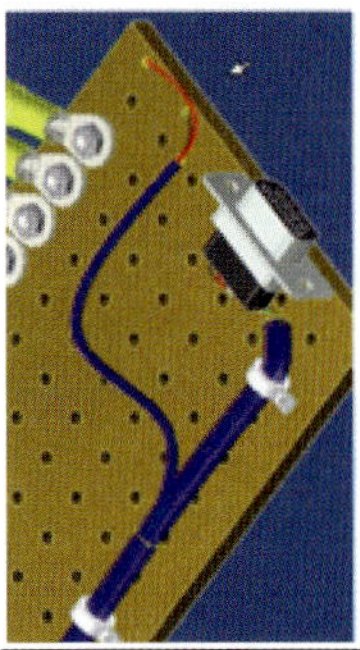

Die Rohr- und Kabelverlegung, die an jeder elektrischen, hydraulischen oder pneumatischen Maschine zum Einsatz kommt, zählt ebenfalls zu den Baugruppenumgebungen. Einer Baugruppe wird dabei ein Rohr- oder Leitungsverlauf hinzugefügt. Anschließend kann dieser Verlauf mit den entsprechenden Rohr- bzw. Kabelteilen, Leitungselementen, Fittings etc. ergänzt werden.

In einer eigenen Übung in Kapitel 13 wird diese Arbeitsumgebung vorgestellt und die abgebildete Leiterplatte mit Anschlüssen und einem Kabelbaum erstellt.

4.8 Kunststoffteile

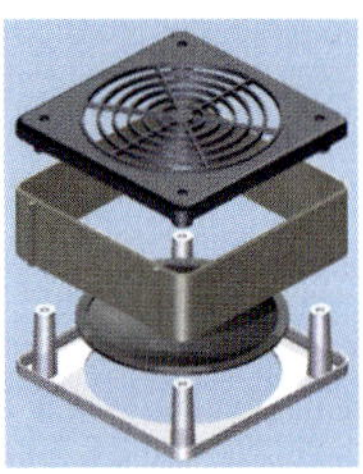

Spezielle Formteile für die Kunststoffkonstruktion, wie Schnappverschlüsse, Lüftungsgitter, Verschraubungselemente u. a., müssen nicht mühsam entworfen und konstruiert, sondern können mit einfachen Skizzen und einer Vielzahl von einstellbaren Parametern sehr schnell komplett erzeugt werden.

Eine eigene Befehlsgruppe **KUNSTSTOFFTEILE** auf der Registerkarte **MODELL** stellt alle dazu benötigten Funktionen zur Verfügung.

Das abgebildete vierteilige Gehäuse wurde als Multipart-Modell erzeugt, und die Erstellung wird in einer späteren Übung in Kapitel 11 detailliert beschrieben.

4.9 Werkzeugbau, Moldflow

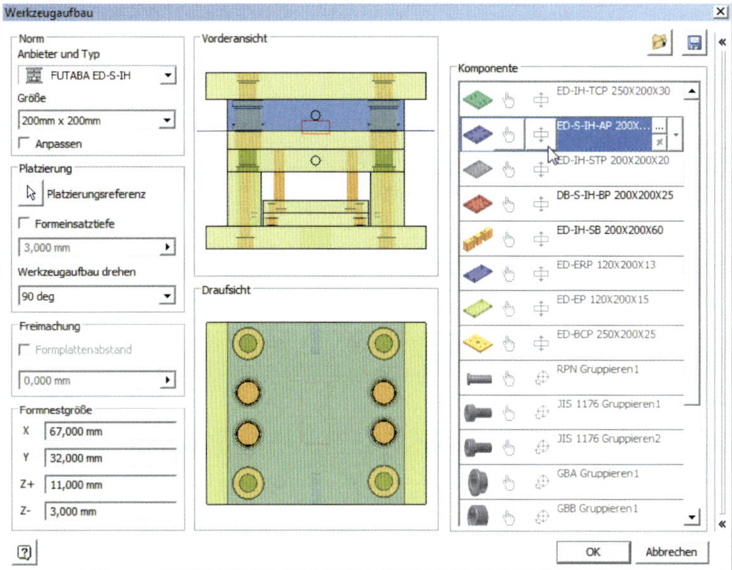

Die Moldflow-Umgebung bietet vor allem Funktionen für den Formenbau und die technische Ausgestaltung von Kunststoff-Spritzgussformen.

Komplette Werkzeuge und alles erdenkliche Zubehör befinden sich in eigenen Bibliotheken und können um ein zu erstellendes Kunststoffteil herum funktionell angeordnet werden. Die Ausgestaltungsmöglichkeiten umfassen dabei u. a. die Anordnung mehrerer Kunststoffteile in einer Form, die Anordnung von Kernen, Angusspunkten und -kanälen, Kühlkanälen, Auswerfern, Seitenschieber usw.

Neben einer überschlägigen Füllungsberechnung besteht darüber hinaus z. B. die Möglichkeit einer dynamischen Füllungs- und einer grafischen Fehleranalyse.

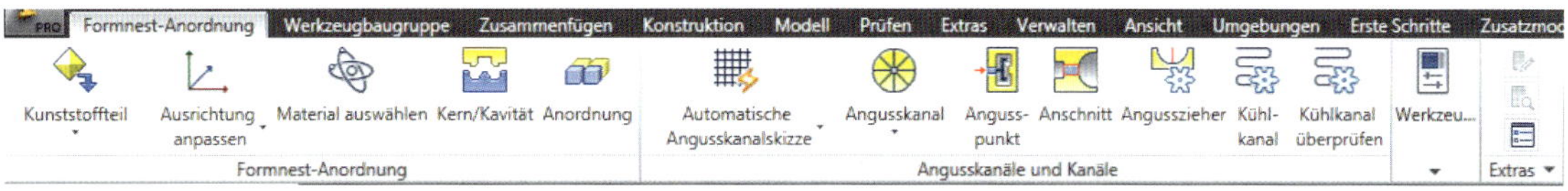

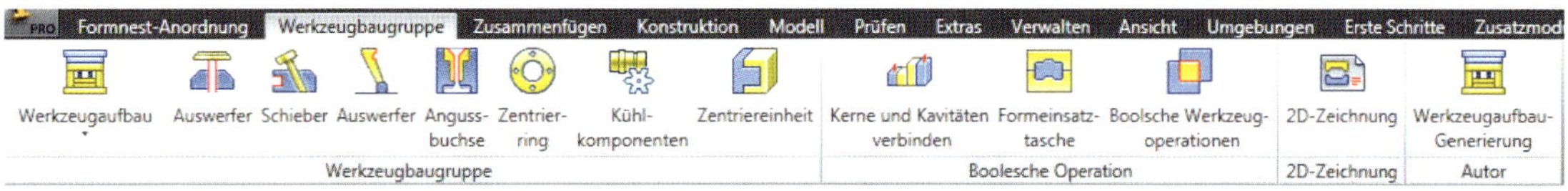

4.10 Das Inhaltscenter, Normteilbibliotheken

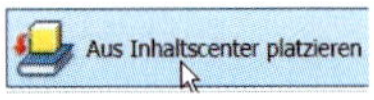

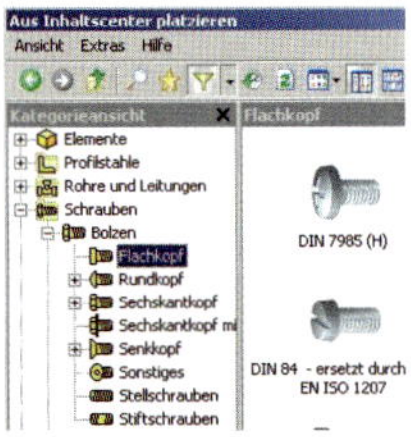

Voraussetzung dafür, dass Sie das Inhaltscenter mit seinen Normteilbibliotheken verwenden können, ist, dass bei der Inventor-Installation der Data Management Server installiert wurde.

Es würde zu weit führen, alle Möglichkeiten und Funktionen dieses Hilfsmittels vollständig zu beschreiben. Die wichtigsten Eigenschaften sind:

- Es enthält viele Tausend Normteile aus fast allen Kategorien.
- Es werden die gebräuchlichsten Länder- und internationale Normen referenziert.
- Unter Bauteile werden die meisten Normteile und andere Standardbauteile wiedergegeben.
- Elemente sind Formteile, die sich als Ergänzungen hinzufügen lassen.
- Es können eigene Bibliotheken erstellt und mit selbst erzeugten Teilen gefüllt werden.

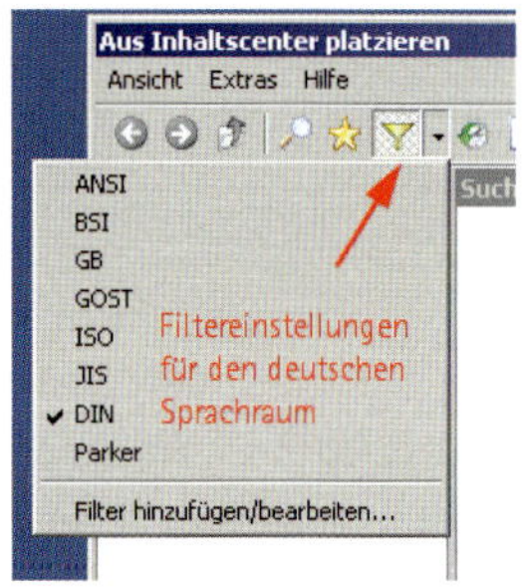

Bei der ersten Verwendung ist es sinnvoll, nur die Normen einzuschalten, die verwendet werden sollen. Zum Selektieren der anzuwendenden Normen ist im Bereich der Bauteile die Funktion **FILTER** aufzurufen, und nur die gewünschten Normen sind zu aktivieren. Vergessen Sie nicht, nach dieser Einstellung die Schaltfläche **FILTER ANWENDEN** zu drücken, sonst wird die Auswahl nicht übernommen.

In der Normteilauswahl werden nur die Normteile der selektierten Normen angezeigt. Sinnvoll ist dabei auch die Einstellung der Miniaturansichten, welche die Auswahl der Teile erheblich erleichtert.

4.11 iFeatures und Katalog

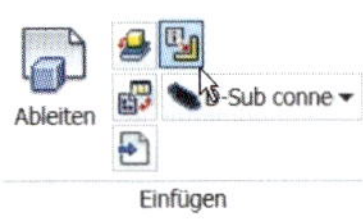

Relativ versteckt befinden sich diese Funktionen auf der Registerkarte **VERWALTEN** in der Befehlsgruppe **EINFÜGEN**.

Die sogenannten iFeatures gehören in die Kategorie geometrischer Makros. Es sind Bauteile oder Teile von Bauteilen, die geometrisch erzeugt, in Katalogen gespeichert und bei Bedarf in unterschiedlichen Abmessungen in die Bauteilumgebung eingefügt werden können. Inventor enthält eine Reihe vordefinierter iFeatures wie z. B. Passfedernuten, Ausstanzungen u. Ä. iFeatures werden in der Bauteilumgebung eingesetzt und sind dort verfügbar.

4.12 iMates

iMates kommen in Baugruppen zum Einsatz und sind vordefinierte 3D-Abhängigkeiten an Bauteilen, die paarweise vom Anwender erstellt werden müssen oder bei Bibliotheksteilen bereits vordefiniert sind. Sie sind also in der Baugruppenumgebung von Bedeutung und sorgen dafür, dass Bauteile, die entsprechende iMates enthalten, beim Einfügen in eine Baugruppe sofort mit den richtigen 3D-Abhängigkeiten an die richtige Stelle eingefügt werden.

Zu definieren sind iMates über die Registerkarte **VERWALTUNG** in der Befehlsgruppe **AUTOR**.

4.13 iParts

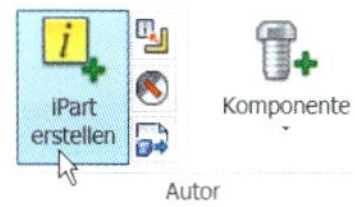

Mit iParts werden Teilefamilien (Varianten einer Komponente) erstellt, d.h., ein Bauteil wird konstruiert, und bestimmte Parameter dieses Bauteils werden der iPart-Definition hinzugefügt.

In einer frei zu bestimmenden Anzahl von Varianten dieses Teils können diese Parameter mit unterschiedlichen Werten bestimmt oder berechnet werden. Als Ergebnis erhält man eine Tabelle, in der jede Zeile einer Bauteilvariante entspricht. Durch Aktivieren einer Variante wird das Bauteil nach den entsprechenden Parametern verändert.

Der Befehl ist in der Bauteilumgebung über die Registerkarte **VERWALTUNG** in der Befehlsgruppe **AUTOR** erreichbar.

4.14 iLogic

Mit der Funktionsgruppe iLogic ist es möglich, Bauteil-Parameter mit einer einfach zu programmierenden Quasi-»Intelligenz« auszustatten. Mit sogenannten Regeln und Beziehungen lassen sich Parameter berechnen bzw. voneinander abhängig machen. Beispielsweise könnte ein Bohrungsdurchmesser in vordefinierten Durchmesser-Stufen von den Bauteilabmessungen abhängig gemacht werden.

```
'[
If Duty = "Light" Then
TubeHeight = 1.5
TubeRad = 0.25
TubeThick = 0.125
ElseIf Duty = "Heavy" Then
TubeHeight = 2
TubeRad = 0.5
TubeThick = 0.25
End If
']
```

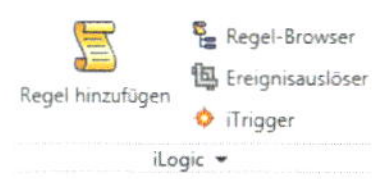

Mithilfe von VB.NET-Programmcode können vollständig programmierte Sequenzen, einschließlich Forms oder Messageboxes, an Parameter gebunden werden.

4.15 iAssemblies

Ein iAssembly ist die konsequente Weiterführung der iParts in die Baugruppen. Mit dieser Funktion ist es möglich, Baugruppenfamilien zu erstellen, die sich aus variabel gesteuerten Bauteilen zusammensetzen. Die Steuerung erfolgt wie bei den iParts über Tabellen.

4.16 iCopy

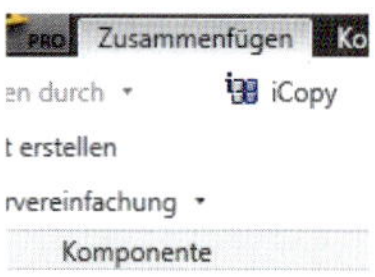

Die Funktion iCopy ermöglicht das Mehrfachkopieren von Unterbaugruppen mit jeweils veränderten Dimensionen. So kann beispielsweise ein Stahlbaugestell, das sich nach oben hin verjüngt, mit einer einzigen Unterbaugruppe, die sich zwar prinzipiell wiederholt, sich jedoch mit zunehmender Verjüngung verkleinert, in einem Zug erstellt werden.

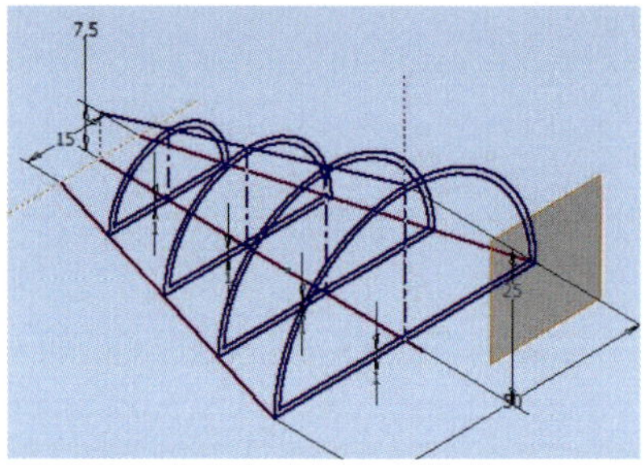

Auf der Registerkarte **ZUSAMMENFÜGEN** in der Funktionsgruppe **KOMPONENTE** befindet sich das Icon für diese Funktion.

4.17 Der Konstruktionsassistent

Der Konstruktionsassistent, der ebenfalls in der Baugruppenumgebung sichtbar ist, kann über die Registerkarte **KONSTRUKTION** sichtbar gemacht werden.

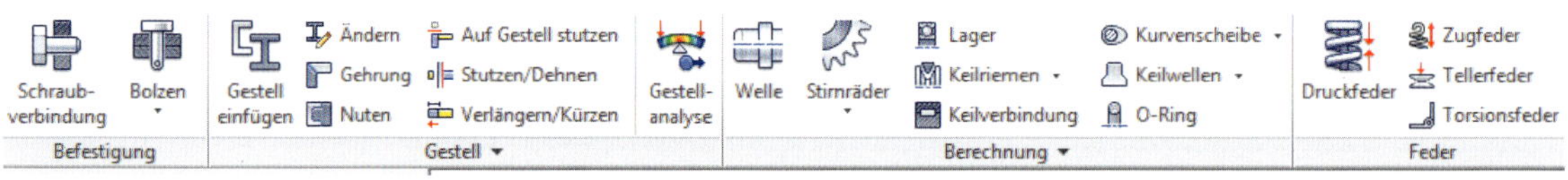

Viele dieser Programmbereiche unterstützen nicht nur die geometrische Konstruktion der Elemente, sondern wahlweise entsprechende Berechnungen der Elemente des Maschinenbaus der Konstruktion.

Der Konstruktionsassistent bietet insofern zwei unterschiedliche Arbeitsmodi:

- Konstruktive Gestaltung von Bauteilen/Baugruppen aufgrund geometrischer Angaben
- Festlegung der Geometrie von Bauteilen/Baugruppen durch Berechnung der Festigkeiten

4.18 Der Gestell- oder Rahmengenerator

Ebenfalls in der Umgebung des Konstruktionsassistenten befindet sich der Gestell- oder Rahmengenerator, mit dem ganz einfach aus den Kanten eines Grundkörpers ein beliebiges Gestell erstellt werden kann. Aus einer fast unendlichen Vielzahl von Norm- und Industrieprofilen (Träger, Hohlprofile, Winkel etc.) kann das einzusetzende Konstruktions-Halbzeug ausgewählt werden. Die Verbindungen der Elemente können stumpf, versetzt oder auf Gehrung geschnitten erfolgen. Für jedes einzelne Teil des Gestells wird eine Bauteildatei angelegt, während das Gestell als Baugruppe definiert ist. Stück- bzw. Teilelisten werden so automatisch mit der Konstruktion erzeugt.

4.19 Belastungsanalyse

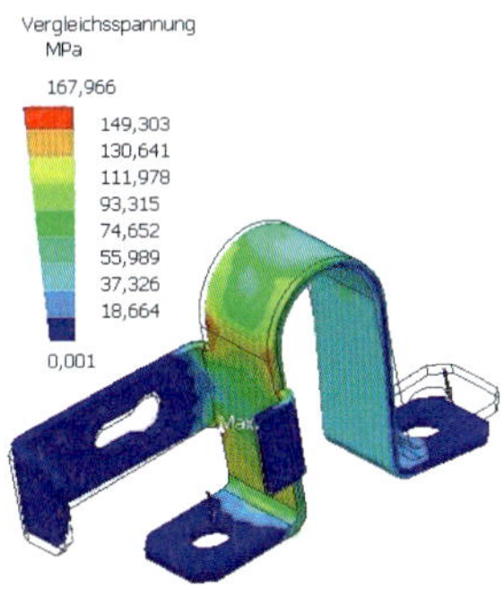

Die folgenden zwei Abschnitte, die Belastungsanalyse (FEM) und die dynamische Simulation, sind so umfangreiche Themengebiete, dass sie in diesem Buch nur kurz angerissen werden können.

Näheres zu diesem Thema erfahren Sie in meinem 2012 erschienenen Buch »Simulationen mit Inventor. FEM und dynamische Simulation«, Carl Hanser Verlag, 372 Seiten (ISBN 978-3-446-43333-5).

Die Abbildung zeigt das Ergebnis einer Analyse eines Blechteils. Sowohl die Verteilung der Spannungen im Bauteil als auch die Verformungen sind zu erkennen.

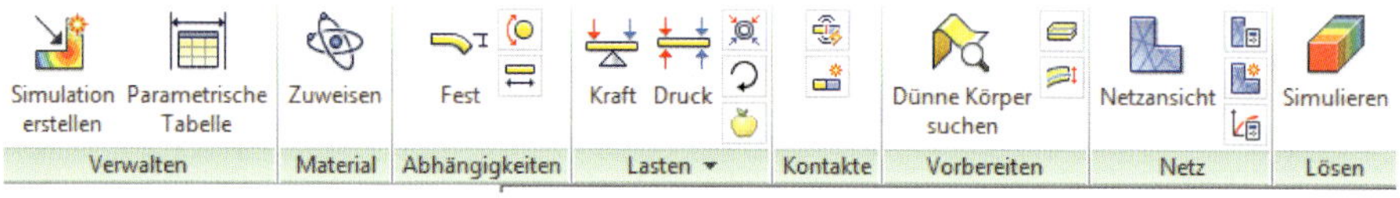

Über die Registerkarte **UMGEBUNG** sind die Auswahl und damit auch die Anzeige der Registerkarte **BELASTUNGSANALYSE** erreichbar.

Für umfangreiche FEM-Projekte und andere physikalische Untersuchungen an Bauteilen steht die direkte ANSYS-Schnittstelle zur Verfügung.

Sollen neben den statischen Analysen auch dynamische Untersuchungen, Wärmeauswirkungen und Strömungsverhalten untersucht werden, kann aus dem Inventor heraus das relativ neue Autodesk-Programm ALGOR aufgerufen werden, in dem z. B. auch inhomogene Werkstoffe (Faser-, Schichtwerkstoffe) untersucht werden können.

Folgende Aufgaben können in der Belastungsanalyseumgebung durchgeführt werden:

- Anwenden von Lasten und Abhängigkeiten auf ein Bauteil
- Festlegen der Netzgrobheit in den Einstellungen der Belastungsanalyse
- Auswählen eines Analysetyps, z. B. Belastungsanalyse, Modalanalyse oder beider Typen für die Bauteilanalyse
- Auswählen verschiedener Anzeigemodi und Ändern der Farbleisteneinstellungen
- Simulieren des Bauteilverhaltens unter den vorgegebenen Bedingungen
- Erzeugen von Berichten

Zum Ausführen der Analyse muss ein gültiges Material für das Bauteil zugewiesen sein. Das Material darf keine negativen oder Nullwerte für das Elastizitätsmodul, die Dichte usw. aufweisen.

4.20 Dynamische Simulationen

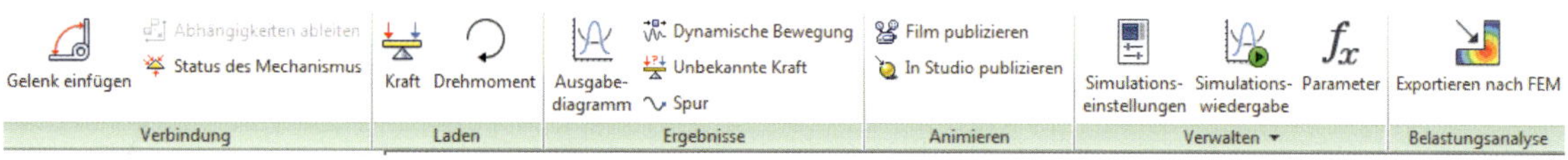

Nur in Baugruppen ist über die Registerkarte **UMGEBUNG** die Auswahl und damit auch die Anzeige der Registerkarte **DYNAMISCHE SIMULATION** erreichbar. Mit der dynamischen Simulation können dynamische Leistung und Höchstbelastungen vorhergesagt werden.

Besonders wichtige Merkmale sind:

- Umfangreiche Bibliothek mit Bewegungsgelenken
- Definieren externer Kräfte und von Drehmomenten
- Erstellen von Bewegung, basierend auf der Position, Geschwindigkeit, Beschleunigung und Drehmoment als Zeitfunktionen
- 3D-Bewegungsvisualisierung mithilfe von Spuren
- Vollständige Diagrammerstellung mit Exportfunktion in Microsoft Excel
- Übertragen statischer und dynamischer Gelenk- und Trägheitskräfte in die Belastungsanalyse
- Hinzufügen von Schwerkraft zur dynamischen Simulation
- Mit der Funktion **UNBEKANNTE KRAFT** kann die Kraft berechnet werden, die aufgewendet werden muss, um ein dynamisches System in einem statischen Gleichgewicht zu halten.
- Mit der Funktion zum Konvertieren von Baugruppenabhängigkeiten können diese Abhängigkeiten in Bewegungsgelenke konvertiert werden.
- Gelenke können Reibung, Dämpfung, Steifigkeit und Elastizität als Zeitfunktionen verwenden.
- Mit dynamischer Bauteilbewegung können dynamische Kräfte interaktiv auf die Gelenksimulation angewendet werden.

4.21 Oberflächenanalysen

Nur in der Bauteilumgebung ist über die Registerkarte **PRÜFEN** der Funktionsbereich **ANALYSE** erreichbar. Die Analysemethoden beziehen sich vor allem auf Flächen und untersuchen Ebenheit, Krümmungen, Verjüngungen u. a.

- Die Zebrastreifenanalyse überprüft die Ebenheit bzw. die Gleichmäßigkeit einer Oberfläche in Bezug auf Krümmungen.
- Die Entwurfsanalyse ist vor allem für Gussteile interessant und bewertet Verjüngungswinkel bzw. ihren Verlauf.
- Die Flächenanalyse zeigt Oberflächenkrümmungen in Farbabstufungen von hell nach dunkel eingefärbt an.
- Die Schnittanalyse ist eine Querschnittanalyse, die u. a. auch für Gussteile wertvolle Informationen über den Verlauf von Wandstärken ermittelt.
- Die Krümmungsanalyse ist eine Krümmungskammanalyse, die auf gekrümmten Oberflächen lotrecht stehende Elemente visuell darstellt, die mit ihrer Höhe den Grad der Krümmung repräsentieren.

4.22 Messen

Die Befehlsgruppe **MESSEN** ist sowohl über die Registerkarte **EXTRAS** als auch auf der Registerkarte **PRÜFEN** erreichbar.

Die Funktionen untersuchen bzw. berechnen Abstände, Winkel, Konturen und Flächen, sie sind selbsterklärend und liefern die entsprechenden Längen- oder Flächenmaße.

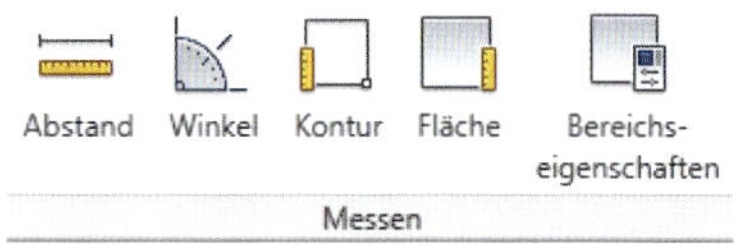

Besonders interessant ist das Icon **BEREICHSEIGENSCHAFTEN**, mit dessen Funktion sich umfangreiche und komplexe Eigenschaften von Flächen in Skizzen berechnen lassen.

Neben den Größen »Fläche« und »Umfang«, die sich auch mit den direkten Funktionen **FLÄCHE** und **KONTUR** berechnen lassen, berechnet Inventor die Lage des Flächenschwerpunktes, das axiale und das polare Flächenträgheitsmoment, eventuelle Drehwinkel zur Hauptachse und die Trägheitsradien.

Das folgende Bild zeigt ein Berechnungsergebnis einer Skizze.

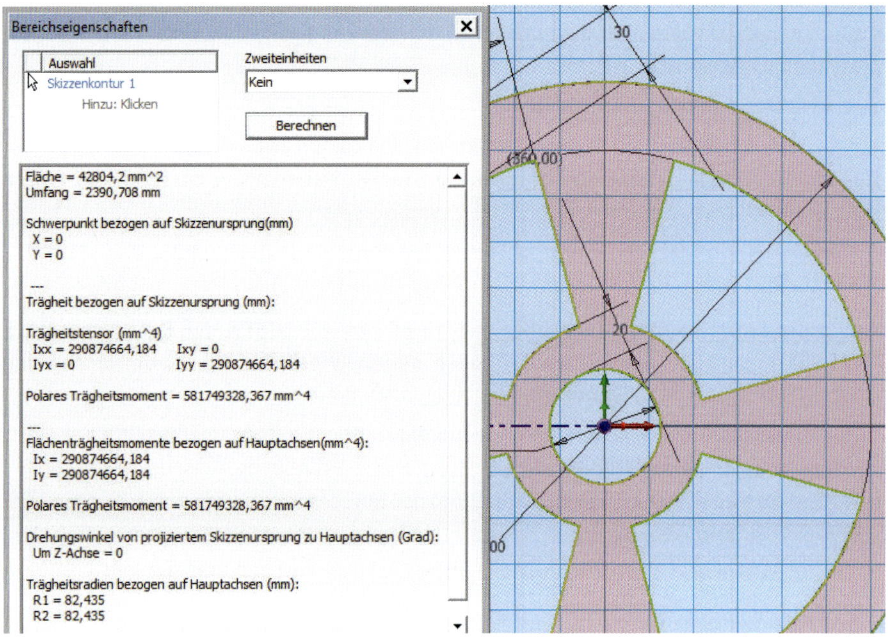

4.23 Präsentation und Animation

Die Präsentation und/oder Animation einer Baugruppe bietet die Möglichkeit zur Erstellung einer Explosionsdarstellung, die auch in Zeichnungsableitungen übernommen werden kann. Präsentationen werden als eigene Dokumente (*.ipn) in Ableitung einer Baugruppe erstellt.

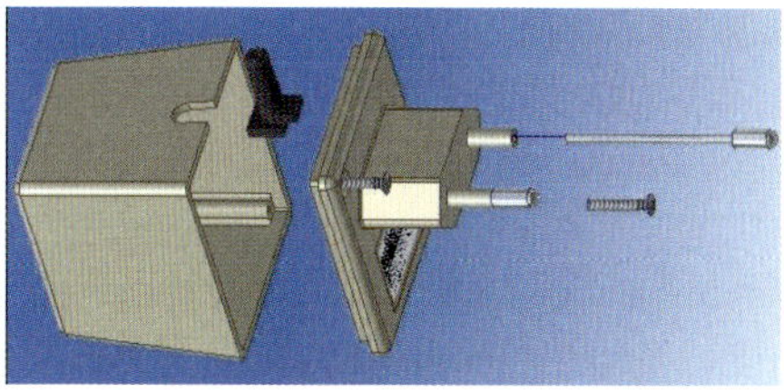

Animationen können entsprechend der vorhandenen Freiheitsgrade und Bewegungsdefinitionen abgespielt und auch als AVI-Film aufgenommen werden.

4.24 Inventor Studio

Das Inventor Studio wird über die Registerkarte **UMGEBUNGEN** in der Befehlsgruppe **BEGINNEN** aktiviert. Es erscheint die Registerkarte **RENDERN** mit vielen Einstellmöglichkeiten für die fotorealistische Darstellung von Objekten.

Die nachfolgende Übersicht der verfügbaren Befehle zeigt die umfangreichen Möglichkeiten in diesem Bereich.

Oberflächen können mit den verschiedensten Materialstrukturen oder auch mit Bildern belegt werden. Neben den Szenenstilen (Anordnung der Szenen-Komponenten) sind Kameraeinstellung und Beleuchtungsarten wähl- und einstellbar. Neben Bauteilanimationen können auch Kamerafahrten aufgenommen und als Film abgespielt werden.

4.25 Makroprogrammierung

Mit den Möglichkeiten der Makroprogrammierung im Inventor könnte man gut und gerne ein eigenes Buch füllen.

Die geometrischen Makros in Form von iFeatures wurden schon erwähnt, haben aber mit der hier angesprochenen Programmierung nichts zu tun.

Im Inventor befindet sich eine Schnittstelle zum Microsoft .NET-Framework (VB.NET, C#.NET, C++.NET), mit dem fast alles, was der Inventor noch nicht kann, programmiert werden kann.

Der VBA-Editor ist im Inventor 2012 auch noch integriert und kann, wie in den Microsoft Office-Produkten, zur programmgesteuerten Automatisierung verwendet werden. Wie allerdings »aus gewöhnlich gut unterrichteten Kreisen« zu hören ist, sei VBA ein Auslaufmodell, und Programmierer sollten besser jetzt schon auf das .NET-Framework zurückgreifen, in dem mit den kostenlosen Visual Studio-Express-Versionen ohnehin viel mehr möglich ist.

5 Programmbedienung

5.1 Der Programmstart

Nach dem Programmstart und dem sogenannten »Splashscreen«, der die Wartezeit auf das Erscheinen des Programms abwechslungsreicher gestalten soll, blendet der Inventor das Willkommensfenster ein.

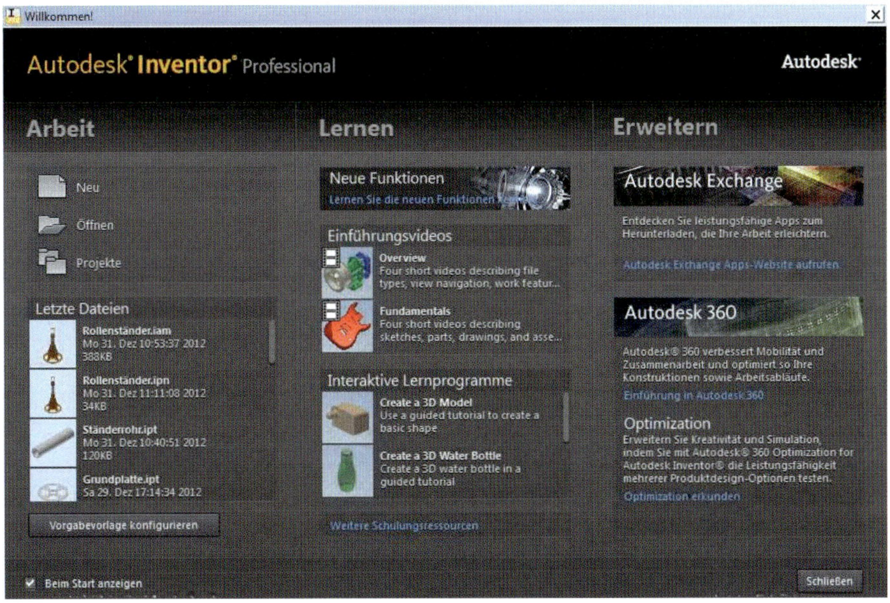

Der Inhalt dieses Fensters ist weitgehend selbsterklärend. Im linken Bereich, Arbeit, können Sie mit den Funktionen **NEU**, **ÖFFNEN**, **PROJEKTE** oder den darunter zuletzt geöffneten Dateien sofort mit der Arbeit beginnen.

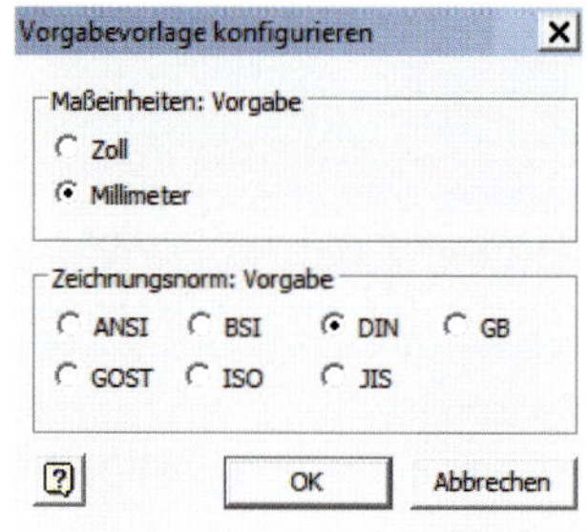

Interessant ist in diesem Bereich die unterste Schaltfläche **VORGABEVORLAGE KONFIGURIEREN**, mit der die Einstellung der Maßeinheit und die Normeinstellung vorgenommen werden können. In den **ANWENDUNGSOPTIONEN** können diese Einstellungen später auch noch verändert werden.

Der mittlere Bereich, Lernen, gibt einen Überblick über die neuen Funktionen und stellt Einführungsvideos und Lernprogramme zur Verfügung.

Im rechten Bereich, Erweitern, befindet sich das Tor zum Internet mit Autodesk Exchange, dem Apps-Portal, in dem sich viele interessante Erweiterungen für das Programm befinden, und mit Autodesk 360, der Autodesk Cloud, in der sich Onlinespeicher und Teamwork-Optionen befinden.

Willkommen

TIPP: Wer auf die Einblendung des Willkommensfensters beim Programmstart verzichten möchte, kann den Haken in der linken unteren Ecke entfernen. Beim nächsten Programmstart erscheint dann sofort die leere Arbeitsfläche. Um das Fenster manuell aufzurufen, genügt ein Klick auf die Schaltfläche **WILLKOMMEN**.

Schließt man dieses Fenster oder startet ohne dieses Fenster gleich durch, erscheint die leere Arbeitsumgebung des Inventors.

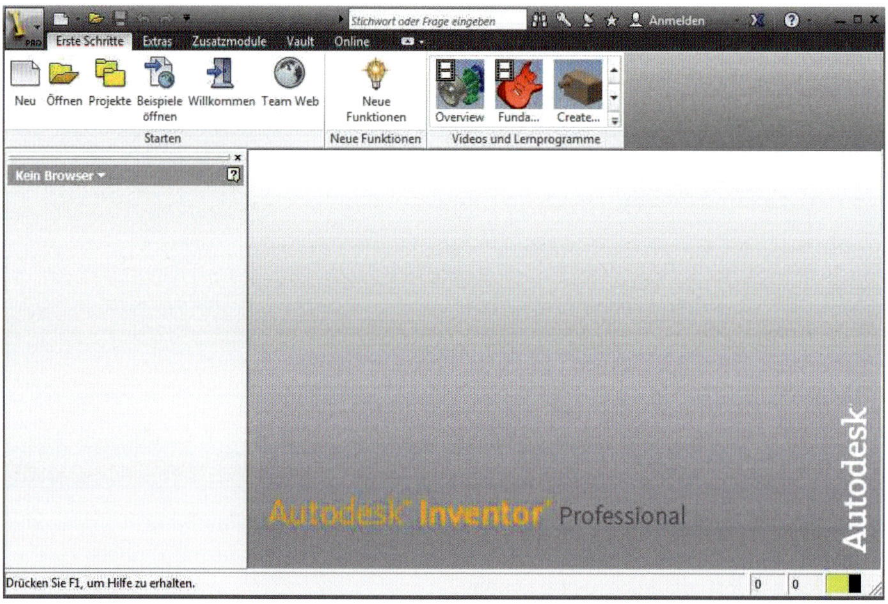

Anhand dieses Programmfensters seien an erster Stelle die wichtigsten Fensterbereiche genannt.

5.1.1 Wichtige Fensterbereiche

Links oben befinden sich die Schaltflächen, mit denen immer alles beginnt. An erster Stelle steht die **Programmschaltfläche**, mit der alle grundlegenden Programmbefehle erreicht werden.

Direkt daneben sehen Sie die **Schnellstartleiste**, mit der ebenfalls wichtige Programmfunktionen direkt ausgeführt werden und die zusätzlich mit beliebigen Befehlsschaltflächen erweitert werden kann.

Darunter, auf der Registerkarte ERSTE SCHRITTE, folgt die Befehlsgruppe STARTEN mit den Schaltflächen NEU, ÖFFNEN und PROJEKTE.

Programmschaltfläche und Befehlsgruppe STARTEN

- NEU: Eine neue CAD-Sitzung beginnen und ein neues Dokument erstellen
- ÖFFNEN: Ein bereits vorhandenes CAD-Dokument weiter bearbeiten
- PROJEKTE: Die integrierte Projektverwaltung (siehe auch die Probefahrt in Kapitel 3)

Die **Multifunktionsleiste** (MFL oder Ribbon-Leiste) enthält darüber hinaus zahlreiche Buttons zum Aufrufen von Lernprogrammen und Erläuterungen.

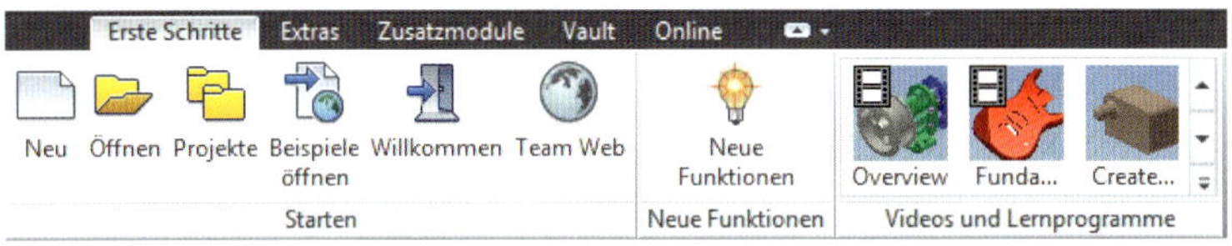

5.1.2 Die Statusleiste

Ganz unten befindet sich, eher unscheinbar, aber, nach meiner Erfahrung als CAD-Lehrer, einer der wichtigen Fensterbereiche, die Statusleiste.

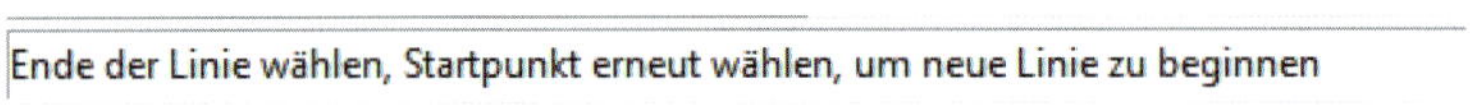

Hier zeigt der Inventor z. B., dass das Programm von Ihnen irgendeine Aktion erwartet,

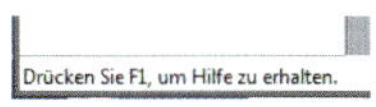

Statusleiste

- dass Sie einen Endpunkt eingeben sollen,
- dass Sie Hilfe benötigen
- usw.

Im mittleren Bereich der Statusleiste werden, z. B. in der Skizzen-Arbeitsumgebung, sinnvolle Funktionsaufrufe dauerhaft eingeblendet.

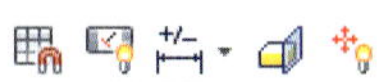

Im rechten Bereich der Statusleiste werden die aktuellen Koordinaten, die geöffneten Dokumente und die Speicherauslastung angezeigt.

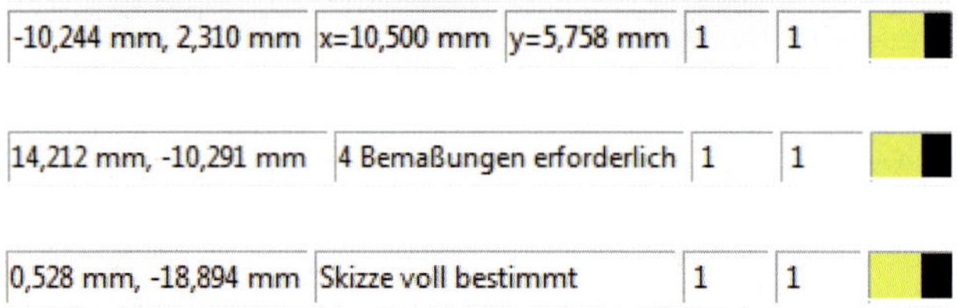

In der Skizzen-Arbeitsumgebung wird hier auch der Status der Skizze mit Bezug auf deren Vollbestimmung angezeigt.

5.2 Ein neues Dokument beginnen

Ein neues Dokument kann über verschiedene Aktionen begonnen werden, beispielsweise über die Schaltfläche NEU in der **Schnellstartleiste**. Wird dieser Button direkt angewählt, erscheint das Dialogfenster zur Auswahl einer Vorlage; wählt man dagegen eine Dokumentart über das Drop-down-Menü dieser Schaltfläche, befindet man sich sofort im entsprechenden Arbeitsbereich.

HINWEIS: Die Auswahl über das Drop-down-Menü geht zwar schnell, ist aber nicht unbedingt immer zu empfehlen, da Inventor dann sofort durchstartet und keine Möglichkeit mehr bietet, eine Vorlage auszuwählen.

Die Schaltfläche NEU in der Befehlsgruppe STARTEN und in der **Schnellstartleiste** dagegen öffnet immer das Dialogfenster **Neue Datei erstellen** mit verschiedenen wichtigen Selektionsmöglichkeiten.

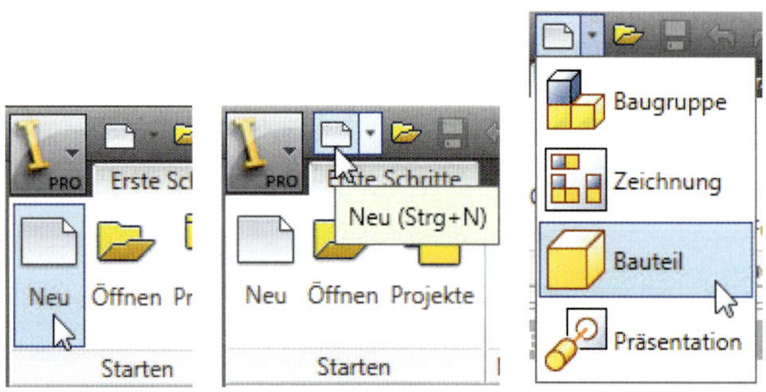

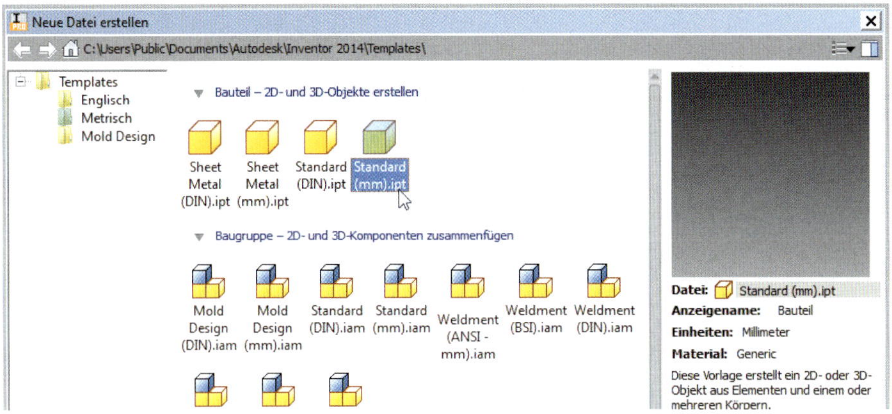

Im Dialogfenster zur Auswahl einer Vorlage wählt man:

- über die Registerkarten das Maßsystem, in dem Inventor arbeiten soll und mit dem das neue Dokument gestartet wird,
- durch die Icons die Art des Dokuments (Bauteil, Baugruppe etc.) und die Vorlagendatei, die für das neue Dokument maßgeblich sein soll (Standard, Blech, Schweißteil etc.),
- und letztendlich kann über dieses Fenster auch die Projektverwaltung aufgerufen werden, das aktuelle Projekt wird angezeigt und das Projekt, dem das neue Dokument zugehörig sein soll, kann bestimmt werden.

5.2.1 Icons und Dateitypen

Die folgende Tabelle gibt einen Überblick über die verwendeten Datei-Icons und Dateitypen.

Icons Inventor 2014	Dateiformate und Bedeutungen
	*.IPT Inventor-Part Bauteile und Blechteile
	*.IAM Inventor-Assembly Baugruppen und Schweißbaugruppen inklusive Rohr- und Leitungsverlegungen sowie Bewegungsdefinitionen
	*.IPN Inventor-Präsentation Präsentationen (Explosionsdarstellungen) und Animationen

Icons Inventor 2014	Dateiformate und Bedeutungen
	*.IDW Inventor-Drawing Zeichnungsableitungen, Einzelteilzeichnungen, Baugruppenzeichnungen, Explosionszeichnungen einschließlich Stücklisten etc.
	*.DWG Autodesk-Drawing wie die IDW-Datei, allerdings werden die Daten im sehr verbreiteten DWG-Format gespeichert

■ 5.3 Die Arbeitsumgebung für ein neues Bauteil

Wurden im Startfenster der Bereich **NEU** und anschließend per Bauteil-Icon eine entsprechende Vorlage, z. B. **STANDARD (MM).IPT**, gewählt, erscheint die noch leere Arbeitsumgebung, in der im nächsten Schritt entweder eine Skizze erstellt oder in die ein Bauteil, eine Skizze, eine beliebige Fremddatei importiert werden kann.

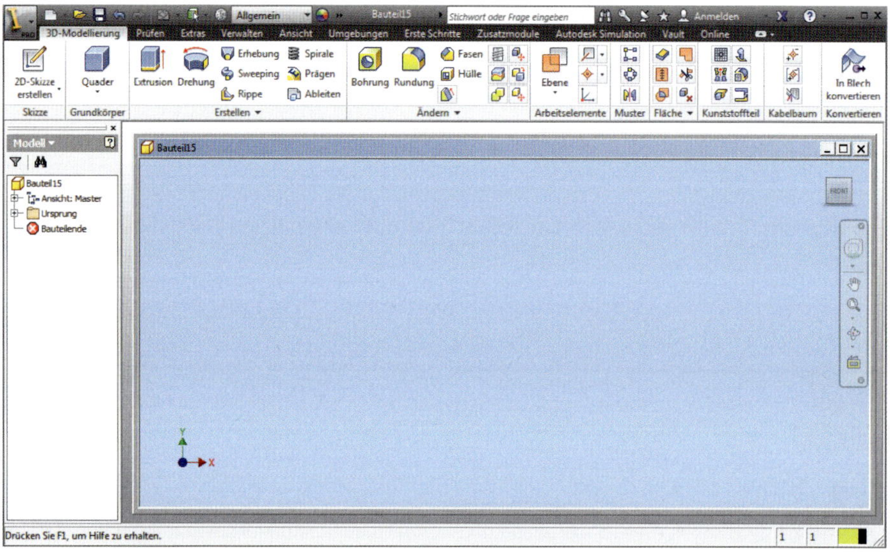

Anhand dieser Anzeige soll kurz der allgemeine Fensteraufbau der Arbeitsumgebung erläutert werden.

5.3.1 Der Fensteraufbau

Diese Bildschirmdarstellung kann je nach persönlichen Einstellungen und Vorlieben konfiguriert werden und somit eventuell anders als hier abgebildet aussehen.

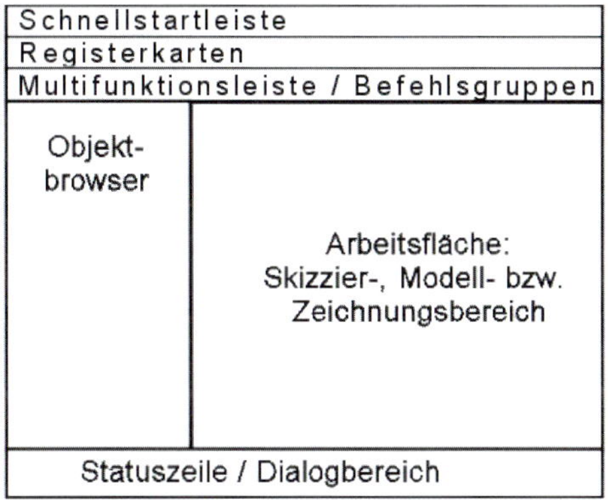

Die Abbildung zeigt das Inventor-Fenster mit den Voreinstellungen nach dem Programmstart und den für die Arbeit wichtigen Bereichen.

Die Multifunktionsleiste enthält die zur jeweiligen Tätigkeit passenden Befehls-Schaltflächen, d.h., sie ändert ihren Inhalt entsprechend der Konstruktionsarbeit ständig:

im Skizziermodus	→	Skizzenbefehle
im Bauteilmodus	→	Bauteilbefehle
im Baugruppenmodus	→	Baugruppenbefehle
im Zeichnungsmodus	→	Zeichenbefehle

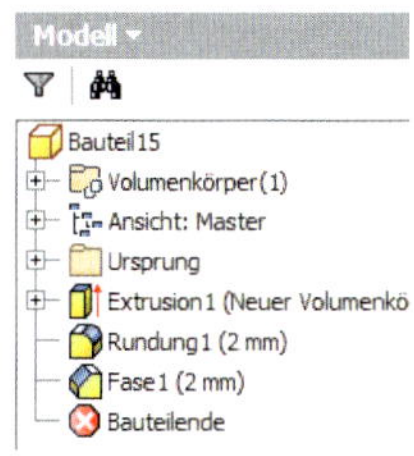

Der Objektbrowser zeigt immer den vollständigen Objektaufbau an. Die einzelnen Bereiche und Einträge werden in Abschnitt 5.5, »Der Objektbrowser«, ausführlicher erklärt.

5.4 Programmeinstellungen

Auf der Registerkarte **EXTRAS** können vielfältige Einstellungen für die verschiedenen Bereiche der Arbeitsoberfläche und des Programms vorgenommen werden.

Globale Einstellungen lassen sich in der Befehlsgruppe **OPTIONEN** über folgende Schaltflächen vornehmen:

- ANWENDUNGSOPTIONEN
- DOKUMENTEINSTELLUNGEN
- EXCHANGE APP MANAGER
- ANPASSEN
- ZUSATZMODULE

Die **ANWENDUNGSOPTIONEN** bestehen aus sehr vielen Registerkarten, auf denen von **ALLGEMEIN** bis zur **HARDWARE** äußerst vielfältige Einstellungen vorgenommen werden können.

In den **DOKUMENTEINSTELLUNGEN** werden die Grundeinstellungen für die verschiedenen Arbeitsbereiche (Skizzenerstellung, Modellierung usw.) vorgenommen.

HINWEIS: Die Dokumenteinstellungen sind grundsätzlich nur für das aktuelle Dokument gültig und werden mit diesem gespeichert. Sollen Dokumenteinstellungen dauerhaft gespeichert werden, so ist die entsprechende Vorlagendatei (z. B. **Standard (mm).ipt** im Inventor-Ordner) zu öffnen, und die Einstellungen sind in diesem Dokument vorzunehmen und zu speichern.

Der **EXCHANGE APP MANAGER** ruft ein Dialogfenster auf, in dem die geladenen Apps angezeigt werden. Ein Doppelklick führt zur entsprechenden Internetseite mit Erklärungen zu der jeweiligen Applikation.

ANPASSEN meint die Anpassung der Menü- und Symbolleisten in den verschiedenen Arbeitsbereichen, die in allen Windows-Programmen üblich ist.

ZUSATZMODULE sind die von anderen Programmen her bekannten Add-Ins. Beim Inventor sind dies in erster Linie Translatoren für die verschiedenen Import- und Exportformate sowie die Zusatzmodule für besondere Programmfunktionen.

5.5 Der Objektbrowser

Bauteil mit einer Volumenkörper-definition

HINWEIS: Der Objektbrowser ist neben der Arbeitsfläche der wichtigste Arbeitsbereich. In ihm wird die vollständige Struktur des aktiven Objekts (Bauteil, Baugruppe etc.) angezeigt und es werden alle Schritte der Konstruktion detailliert und in der chronologisch richtigen Reihenfolge wiedergegeben. Außerdem werden alle Änderungen an einem Bauteil hier eingeleitet.

An oberster Stelle steht immer die **Bauteildefinition**, in der Regel der Name der Bauteildatei.

Im Inventor kann eine Bauteildatei mehrere Körper und/oder Flächendefinitionen enthalten. Anders als Baugruppen, in denen mehrere Bauteile funktionsgemäß »zusammengebaut« werden, werden mehrere Volumenkörper wie ein Bauteil gehandhabt. Im Objektbrowser wird an zweiter Stelle der Ordner **VOLUMENKÖRPER** angezeigt, der diese Definitionen enthält. Die Klammerzahl gibt die Anzahl der enthaltenen Körper- oder Flächendefinitionen an.

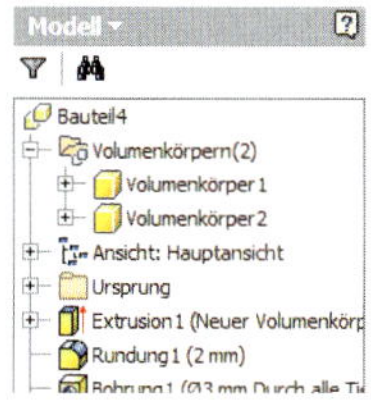

Bauteil mit zwei Volumenkörperdefinitionen (Multipart)

An dritter Stelle werden in der Struktur **Ansicht: Hauptansicht** die gespeicherten Ansichten verwaltet. Ansichten aus verschiedenen Richtungen oder auch Schnittansichten können hier gespeichert sein.

An vierter Stelle steht immer die geometrische Definition des **Ursprungs**, der Koordinatenachsen und der grundlegenden Arbeitsebenen X, Y und Z.

Danach folgen alle Arbeitsschritte in der chronologischen Reihenfolge ihrer Erstellung.

Das Bauteilende

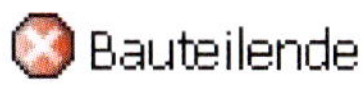

Zur Analyse der Arbeitsschritte kann das Bauteilende im Objektbrowser verschoben werden. Die nach dem Bauteilende gelisteten Objekte werden dann ausgeblendet. Interessant ist die Funktion insbesondere zur Analyse von Bauteilstrukturen.

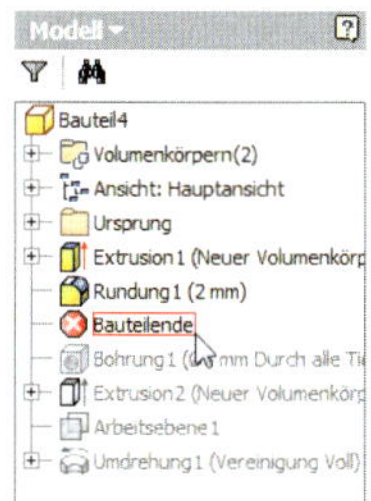

5.6 Änderung der Konstruktion über den Objektbrowser

Fast alle Änderungen an einer bestehenden Konstruktion werden über das Kontextmenü im Objektbrowser eingeleitet.

5.6.1 Eine bestehende Skizze ändern

Im Kontextmenü einer Skizzendefinition lassen sich die Funktionen zum Verändern einer bestehenden Skizze aufrufen. An oberster Stelle im Kontextmenü steht immer der zuletzt ausgeführte Befehl, der mit dieser Auswahl wiederholt werden kann.

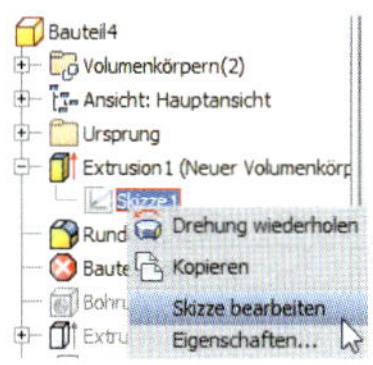

- **KOPIEREN** ermöglicht es, die Skizze z. B. in eine andere Bauteildefinition einzufügen.
- Mit **SKIZZE BEARBEITEN** schaltet Inventor in den Skizziermodus um, und die Skizzengeometrie kann verändert werden.
- **EIGENSCHAFTEN...** zeigt ein Dialogfenster, in dem die geometrischen Eigenschaften der Skizze (Linienfarbe, Linientyp etc.) eingestellt werden können.
- Mit **NEU DEFINIEREN** können Sie die Skizze auf eine andere Arbeitsebene legen.
- **SKIZZE WIEDER VERWENDEN** muss dann eingesetzt werden, wenn mit einer Skizze mehrere Aktionen durchgeführt werden sollen. So ist es mithilfe dieser Funktion mög-

lich, mehrere unterschiedliche Extrusionen, Rotationen usw. nacheinander mit ein und derselben Skizze durchzuführen.

- **KOORDINATENSYSTEM BEARBEITEN** erlaubt, das Skizzierkoordinatensystem nach einer Skizzengeometrie auszurichten.
- **MESSEN** zeigt die Funktionen an, mit denen das Bauteil vermessen werden kann.
- Der Schalter **SICHTBARKEIT** bestimmt, ob die Skizze in der Bauteilumgebung sichtbar oder unsichtbar sein soll.

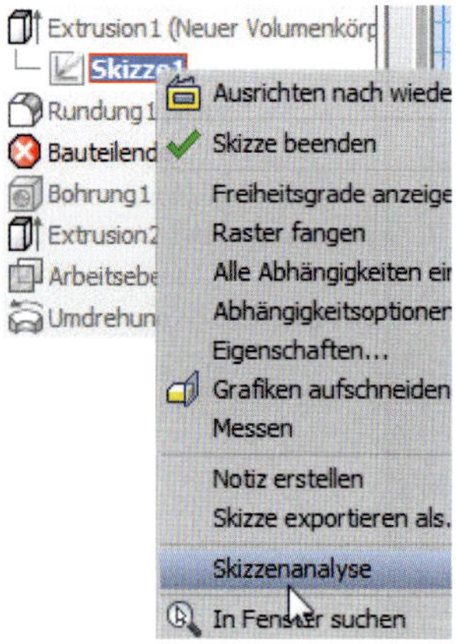

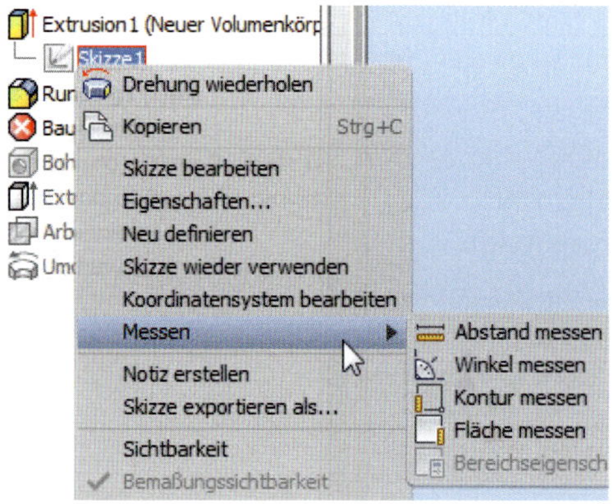

HINWEIS: Nachträgliche Veränderungen an einer Skizze können zu unvorhersehbaren Ergebnissen und manchmal auch zur Unbrauchbarkeit der Skizze führen, wenn eine im Browser nachfolgende Definition von einem geänderten Skizzenelement abhängig ist und nach der Änderung nicht mehr berechnet werden kann. Um solche Probleme erkennen und beheben zu können, stellt Inventor die **SKIZZENANALYSE** zur Verfügung, die aber nur im Skizziermodus, im Kontextmenü der Skizze erreichbar ist.

5.6.2 Ein Element ändern

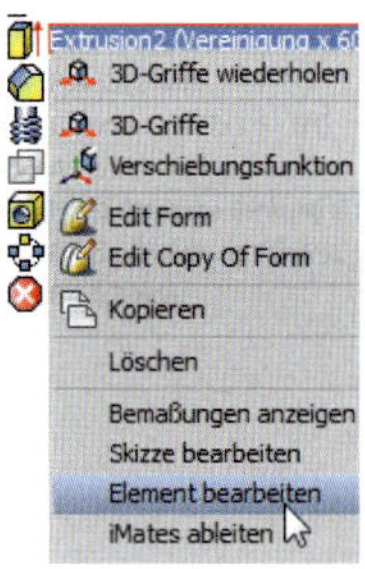

Im Kontextmenü einer Elementdefinition lassen sich über den Eintrag **ELEMENT BEARBEITEN** verschiedene Eigenschaften dieser Aktion verändern.

Elemente (Features) sind z. B.:

- Extrusion
- Drehung
- Rundung
- Bohrung

Um ein Element ändern zu können, ist es im Objektbrowser zu selektieren.

Das gekürzt gezeigte Kontextmenü ermöglicht nun die verschiedensten Modifikationen.

ELEMENT BEARBEITEN ruft das Dialogfenster (im eingeklappten Zustand) und das Markierungsmenü dieser Aktion mit den entsprechenden Einstellungen wieder auf. So können z. B. bei einer Extrusion die Extrusionsauswahl, die -richtung, die -höhe usw. geändert werden.

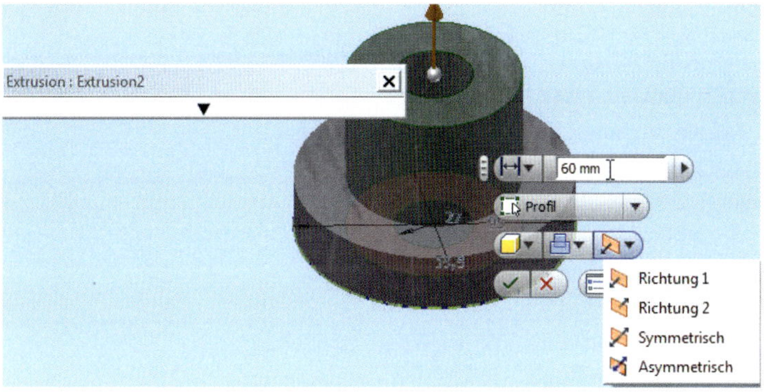

Eine Extrusion wird über die Funktion **ELEMENT BEARBEITEN** nachträglich verändert.

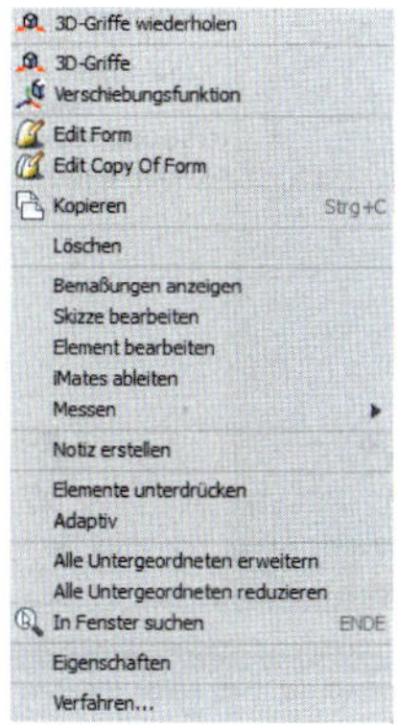

Der Inhalt dieses Kontextmenüs ändert sich je nach den Möglichkeiten, die das gewählte Element bietet. Eine vollständige Übersicht einer Extrusion beinhaltet beispielsweise die abgebildeten Funktionen, von denen nur die wichtigsten kurz erwähnt werden.

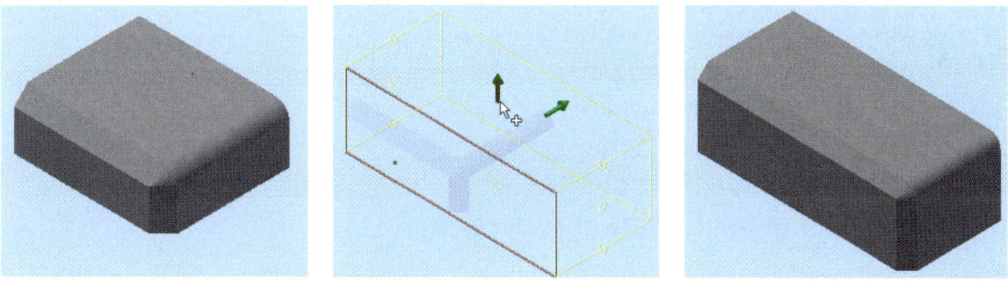

3D-GRIFFE stellen eine sehr leistungsfähige und vor allem rationelle Funktion zur Verfügung, mit der die grundlegende Geometrie eines Körpers mithilfe grafischer 3D-Griffe in alle Richtungen verändert werden kann.

Die **VERSCHIEBUNGSFUNKTION** ermöglicht es, z. B. eine Extrusion oder Rotation etc. im 3D-Koordinatensystem mit grafischer Unterstützung exakt zu positionieren oder frei zu verschieben.

ELEMENTE UNTERDRÜCKEN kann einzelne Aktionen ausblenden, um andere besser sehen und bearbeiten zu können.

Eine Aktion (Extrusion, Rotation etc.) kann als **ADAPTIV**, d. h. von einer anderen Definition abhängig, definiert werden. Diese wichtige Funktion kann sehr viel Arbeitszeit und Änderungsaufwand einsparen helfen.

Ein adaptives Element wird im Browser durch die beiden runden Pfeile gekennzeichnet.

Beispiel

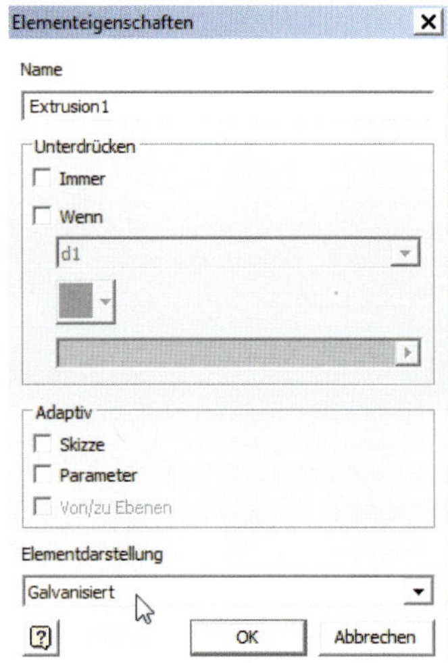

Sinnvoll ist dies häufig in Baugruppen. Nehmen wir an, Sie haben an einem Bauteil einen Durchbruch angebracht, in den später, in einer Baugruppe, ein anderes Bauteil platziert werden soll. Die Maße des anderen Bauteils kennen Sie aber noch nicht genau. Also bestimmen Sie den unbemaßten Durchbruch als **ADAPTIV**, erstellen später das andere Bauteil und fügen beide in einer Baugruppe mit entsprechenden 3D-Abhängigkeiten zusammen. Bereits beim Zusammenfügen in der Baugruppe ändern sich jetzt automatisch die adaptiven Maße des Durchbruchs und passen sich dem Bauteil an.

EIGENSCHAFTEN verändern nur die Eigenschaften dieses Elements, nicht die des Bauteils. Die wichtigste Option hier ist, die Objektfarbe des Features einstellen zu können. Klickt man im Kontextmenü eines Elements die **EIGENSCHAFTEN** an, so kann man im unteren Bereich des dann erscheinenden Dialogfensters den **FARBSTIL FÜR ELEMENT** in fast jede beliebige Farbe ändern.

5.6.3 Bauteileigenschaften, iProperties

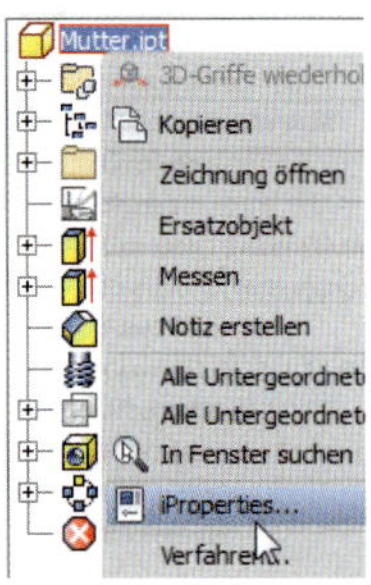

Last but not least werden mithilfe des Kontextmenüs im Objektbrowser auch die Eigenschaften, die Definitionen des Bauteils selbst (**IPROPERTIES**) eingestellt.

Um die Bauteileigenschaften ändern zu können, ist das Bauteil in der obersten Ebene des Objektbrowsers zu selektieren. Die **IPROPERTIES**...-Auswahl ist hier die wichtigste Funktion, die das entsprechende Dialogfenster zur Anzeige bringt. Auf den vielen Registerkarten können alle globalen Eigenschaften des Bauteils eingestellt und z. T. verändert werden.

Die Eingaben in diesem Dialogfenster zeigen ihre Auswirkung an verschiedenen anderen Stellen der Projektbearbeitung. So werden z. B. in einer späteren Zeichnungsableitung im Schriftkopf die hier eingetragenen Texte wie Bearbeiter, Bauteilnummer, Erstellungsdatum usw. angezeigt. Auch eigene benutzerdefinierte Felder und Texte können definiert werden.

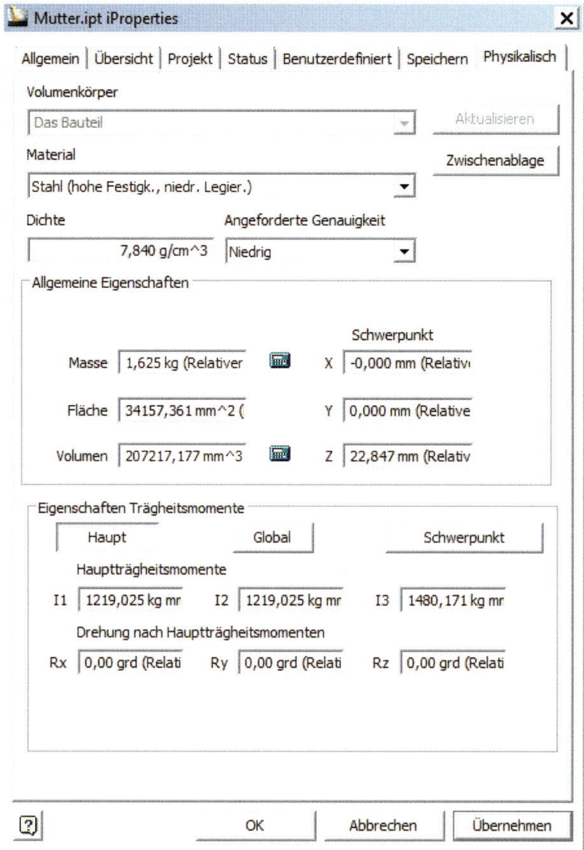

Eine der wichtigsten Registerkarten ist die für **PHYSIKALISCHE EIGENSCHAFTEN**. Hier wird der Bauteilwerkstoff, das **MATERIAL**, bestimmt und mit ihm auch das Aussehen des Bauteils im Inventor.

Im Bereich **ALLGEMEINE EIGENSCHAFTEN** werden die geometrischen und die Masseeigenschaften angezeigt, die z. B. später in Stücklisten für die Ermittlung des Gewichts von Bedeutung sind.

Die **EIGENSCHAFTEN TRÄGHEITSMOMENTE** sind für eine mögliche FEM-Analyse, mit der die Bauteilfestigkeit überprüft werden kann, wichtig.

5.7 Arbeitsschritte umbenennen

Von nicht zu unterschätzender Wichtigkeit ist die Benennung der Arbeitsschritte im Objektbrowser. Inventor benennt sie nach der entsprechenden Aktion und nummeriert sie fortlaufend durch.

- Extrusion1
- Extrusion2
- usw.

Solange es dabei lediglich um einen Quader mit einem Durchbruch geht, mag das hinnehmbar sein. Sobald das Bauteil aber etwas komplexer wird, verliert man jedoch schnell die Übersicht.

Nun zeigt Inventor beim Überfahren der Browsereinträge mit der Maus die entsprechenden Objekte im Arbeitsbereich rot umrandet an bzw. blendet die entsprechenden Skizzen ein, doch dieses Verfahren ist umständlich.

Sinnvoll ist es, die Aktionen sofort entsprechend zu benennen. Eine bereits genannte Möglichkeit ist, das Kontextmenü mit dem Eintrag **EIGENSCHAFTEN** aufzurufen und in diesem Dialogfenster den Namen einzugeben.

Eine schnellere Variante ist jedoch die, die Sie möglicherweise auch vom Windows Explorer und von dem Umbenennen von Dateien und Ordnern her kennen. Man markiert den Eintrag, klickt mit etwas Verzögerung noch mal auf den Text und bekommt in einem Eingabefeld die Möglichkeit, den Namen direkt zu ändern.

Eine andere sehr sinnvolle Einstellung kann auf der Registerkarte **EXTRAS** im Befehlsbereich **OPTIONEN** mit der Schaltfläche **ANWENDUNGSOPTIONEN** vorgenommen werden.

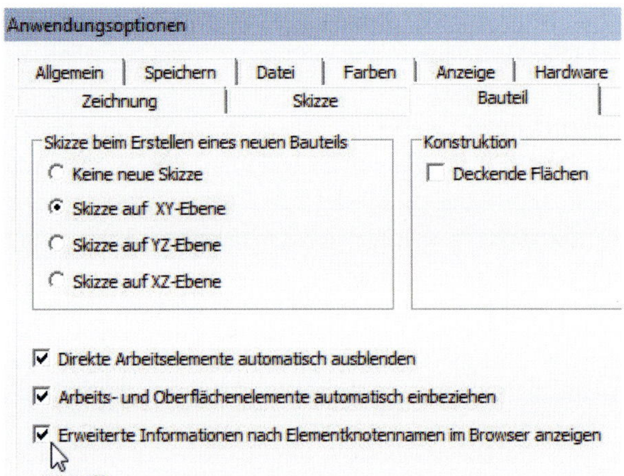

Die Registerkarte **BAUTEIL** des Dialogfensters enthält die Option **ERWEITERTE INFORMATIONEN NACH ELEMENTKNOTENNAMEN IM BROWSER ANZEIGEN**. Diese Auswahl zeigt zusätzliche Elementeigenschaften an.

In der folgenden Abbildung ist links die »normale« und rechts die »erweiterte« Darstellung desselben Objektbrowsers zu sehen.

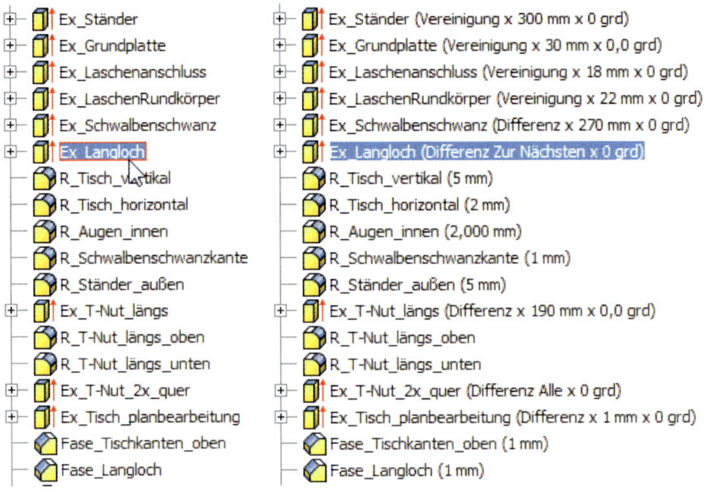

5.8 Der Befehlsbereich, die Multifunktionsleiste (MFL) und die Markierungsmenüs

Alle Aktionen im Inventor werden entweder direkt im Arbeitsbereich über Markierungsmenüs oder durch eine Auswahl in der Multifunktionsleiste eingeleitet. Eine detaillierte Beschreibung der wichtigsten Befehle erfolgt später.

Die Multifunktionsleiste verhält sich dynamisch, d.h., sie wechselt ihren Inhalt je nach Arbeitsumgebung automatisch.

5.8.1 Darstellungsarten

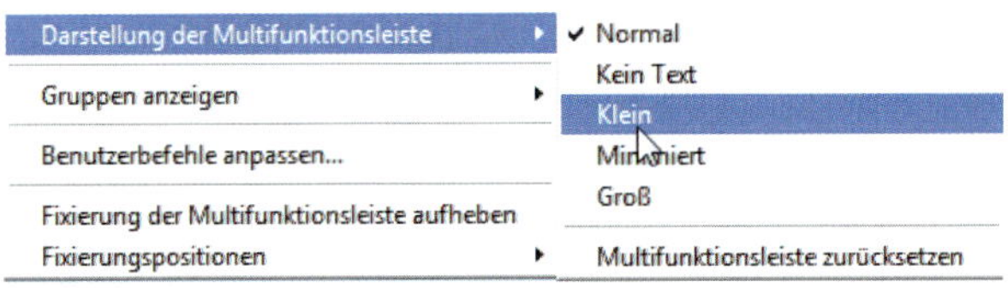

Über das Kontextmenü der Registerkartenbegriffe (Modell, Prüfen, Extras etc.) lässt sich die Multifunktionsleiste fast beliebig vergrößern oder verkleinern, mit oder ohne Text darstellen oder sogar fast zum Verschwinden bringen.

Nachfolgend sind einige Beispiele von verschiedenen Darstellungsarten bis hin zur Ausblendung abgebildet.

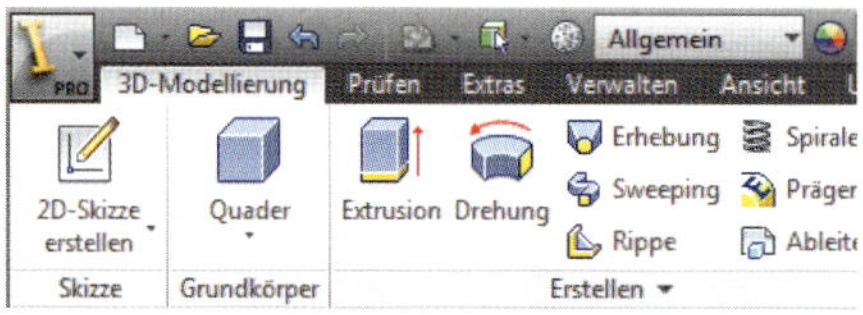

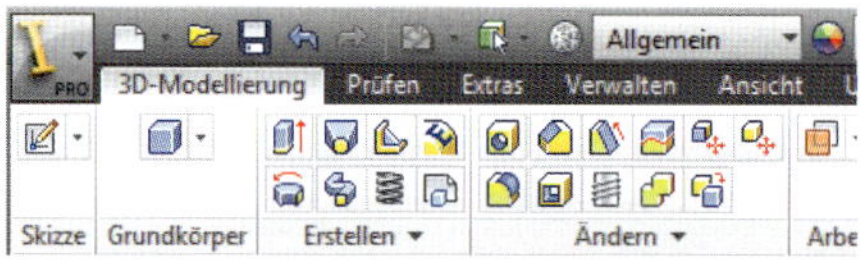

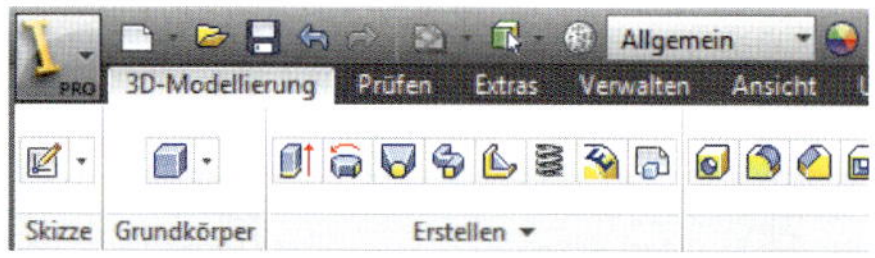

Experimentieren Sie mit diesen Einstellungsmöglichkeiten, und passen Sie damit den Inventor jeweils an Ihre Kenntnisstufe der Befehle und Icons an.

5.8.2 Tooltipps

Auch im minimierten Darstellungsmodus der MFL kann sich ein Inventor-Anfänger zurechtfinden, da beim Verweilen mit dem Cursor auf dem Icon in zwei Stufen zuerst ein kurzer erklärender Text und dann eine ausführlichere Erklärung (in der Regel mit Bild) angezeigt werden.

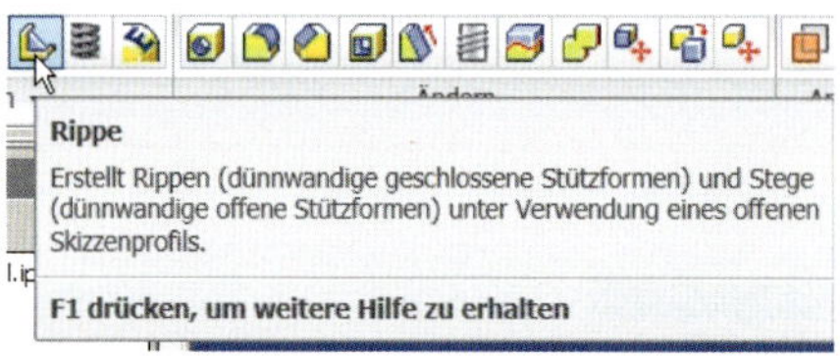

Kurzer Tooltipp

Ausführlicher Tooltipp

5.8.3 Markierungsmenüs

Für die wichtigsten, d.h. die am häufigsten benutzten Befehle stellen die Markierungsmenüs die effektivste Aufrufvariante dar. Sie werden mit der rechten Maustaste im Arbeitsbereich aufgerufen. Auch diese Menüs passen sich der jeweiligen Arbeitsumgebung an. Sie zeigen immer direkt eine zur Umgebung passende Befehlsauswahl und zusätzlich ein Kontextmenü an. Wird der Cursor in Richtung eines Funktionsbuttons bewegt, so spannt sich ein Fächer aus, der den entsprechenden Befehl aktiviert.

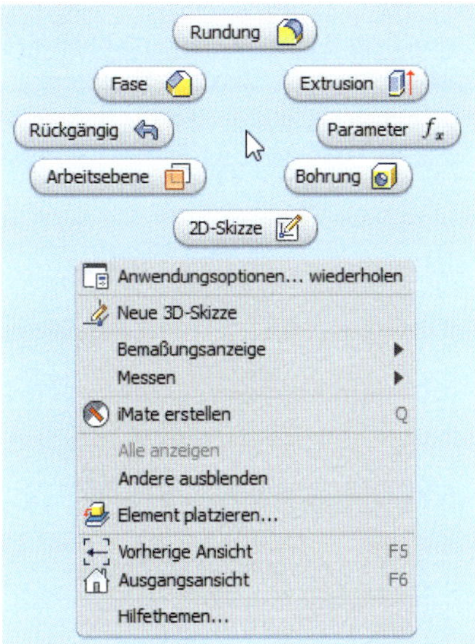

Vollständige Einblendung des Markierungsmenüs und des Kontextmenüs

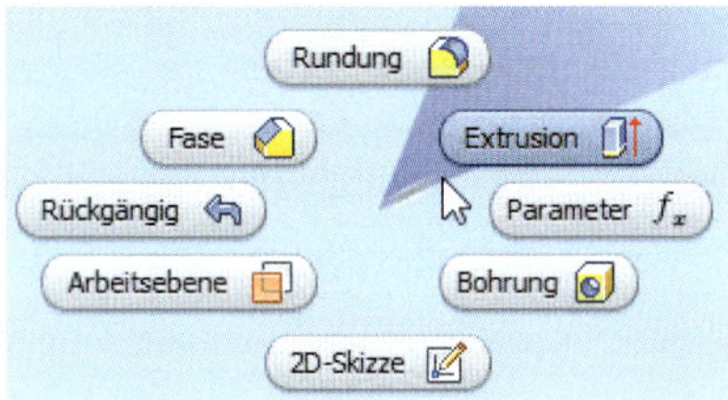

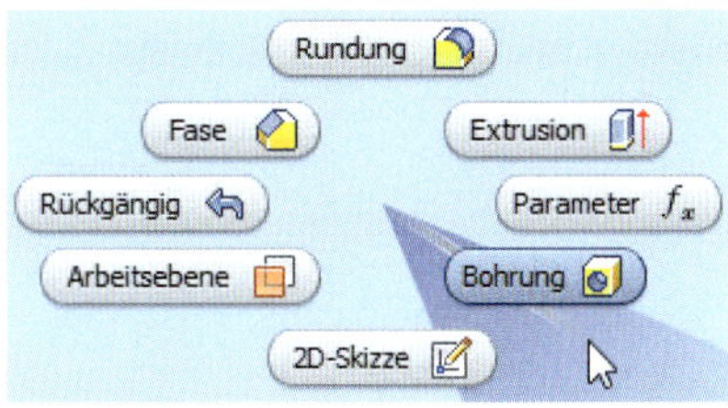

Der Cursor muss nur in eine Richtung bewegt werden, damit die entsprechende Funktion aktiviert wird.

Ein Mausklick öffnet den zum Befehl gehörenden Dialog entweder mit Mini-Werkzeugkästen oder einem Dialogfenster.

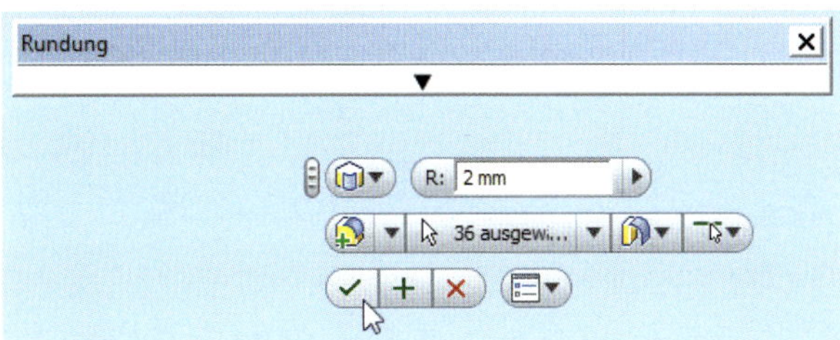

Werden **Mini-Werkzeugkästen** angezeigt, aktiviert sich meistens auch das entsprechende **Dialogfenster**, allerding im eingeklappten Zustand. Oft sind im Dialogfenster zusätzliche, aber nicht so häufig benötigte Befehlsoptionen erreichbar, die in den Mini-Werkzeugkästen nicht angezeigt werden.

Mit der **POSITIONSSCHALTFLÄCHE** können die Mini-Werkzeugkästen verschoben und im Optionsmenü kann das Verhalten eingestellt werden.

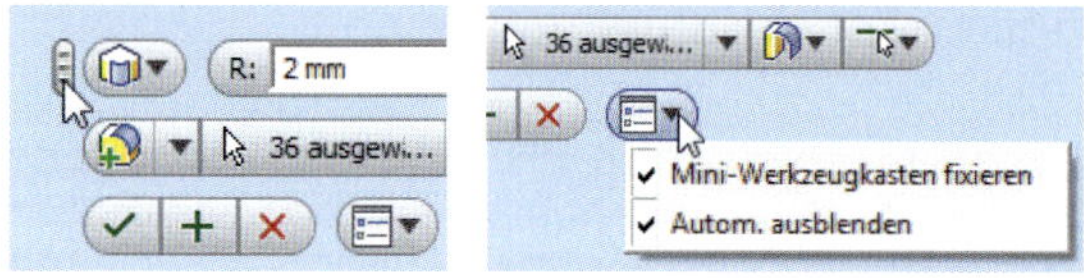

5.8.4 Mausgesten

Eine Arbeitstechnik für Profis, die die Arbeitsgeschwindigkeit noch einmal erheblich steigern kann, sind die Mausgesten. Weiß man beispielsweise, dass sich im Markierungsmenü, das nach dem Beenden einer Skizze käme, der Extrusionsbutton rechts oben befindet, genügt bei gedrückter rechter Maustaste die Geste nach rechts oben, um die Funktion **EXTRUDIEREN** sofort aufzurufen.

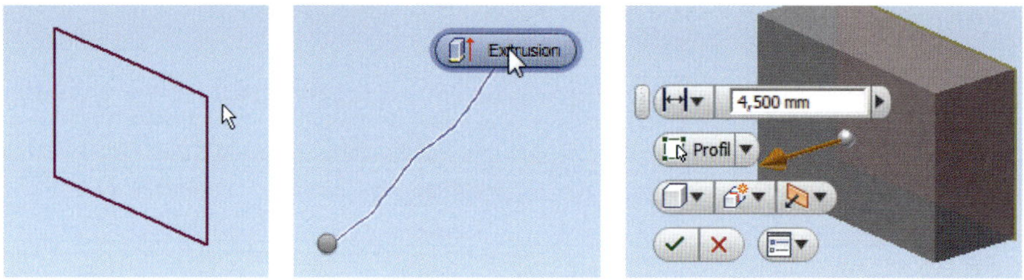

Eine Mausgeste genügt, um von der Skizze im linken Bild sofort in die Extrusion im rechten Bild zu kommen.

5.9 Ansichten steuern und bearbeiten

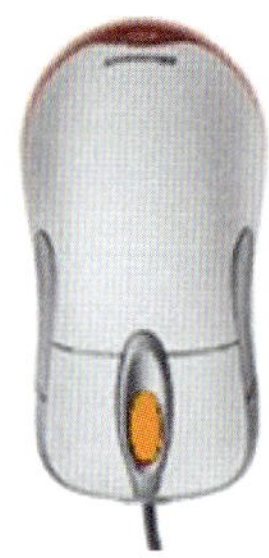

Viele einfache »Handgriffe« werden in jedem 3D-CAD-System benötigt, die Bedienung ist aber bei oft gleicher Funktion in jedem System etwas anders.

Viel Zeit geht mit Ausprobieren verloren, denn wer schlägt schon in der Online-Hilfe nach, wenn er nur ein Bauteil drehen möchte?

Das wichtigste Gerät zur Steuerung der aktuellen Ansicht in allen Arbeitsbereichen ist natürlich das Zeigegerät.

Professionelle Zeigegeräte, wie etwa die Spacemouse, der Spaceball oder der SpacePilot, vereinigen viele Funktionen zum Manipulieren der Anzeige in sich.

Schlichtere Anwender, die nicht einige Hundert Euro in ein Profi-Gerät investieren möchten, arbeiten mit der traditionellen Scrollmaus auch nicht ineffektiv.

5.9.1 Zoom und Pan

Die Standardfunktionen **ZOOM** und **PAN** lassen sich mit einer Scrollmaus erledigen. Mit dem Drehen des Scrollrades kann gezoomt, mit gedrücktem Scrollrad die Darstellung verschoben werden.

HINWEIS: Manche zusätzlich installierten Maustreiber verhindern die gerade geschilderte Funktion, z. B. wollte meine Maus mit dem Microsoft IntelliPoint-Maustreiber (Point32.exe) im Inventor nicht richtig funktionieren. Ein beherzter Eingriff in die Taskmanager-Prozesse und das Beenden dieses Maustreibers schufen Abhilfe.

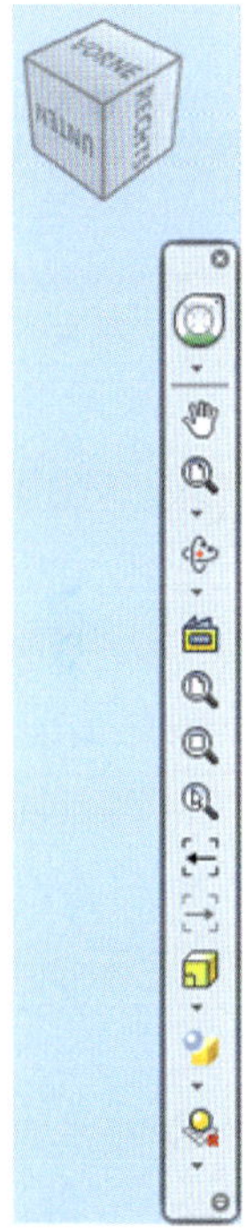

Vollständige Randleiste zum Steuern der Ansicht

5.9.2 Symbole zum Steuern der Ansicht

Alle Symbole zum Steuern der jeweiligen Ansicht befinden sich in der Symbolleiste, die sich rechts am Rand des Arbeitsbereiches befindet, und sind immer verfügbar.

An der untersten Stelle dieser Symbolleiste befindet sich der Button, mit dem die Eigenschaft dieser Randleiste eingestellt werden kann.

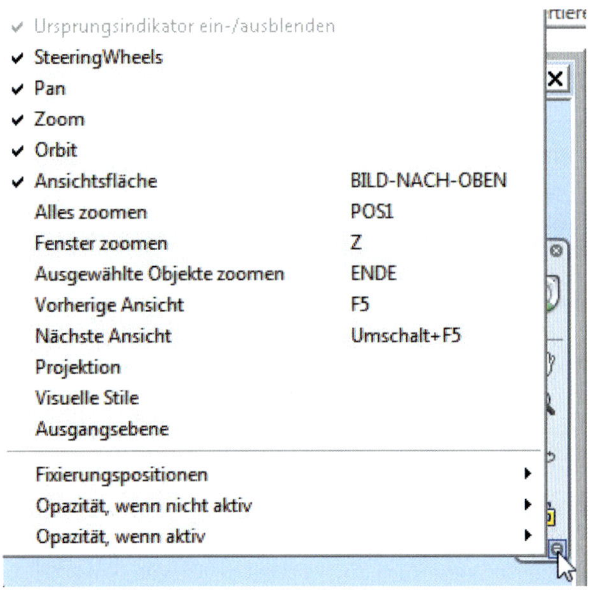

Standardmäßig wird nur die kurze Variante angezeigt, die aber mit dem Ausklapppfeil ganz unten beliebig erweitert werden kann.

Nachfolgend werden die wichtigsten dieser Symbole erklärt.

Wer lieber mit der MFL arbeitet, der kann natürlich die Symbolleiste im Arbeitsbereich auch ganz ausblenden und stattdessen mit den Schaltflächen auf der Registerkarte **ANSICHT** in der Befehlsgruppe **NAVIGATION** arbeiten.

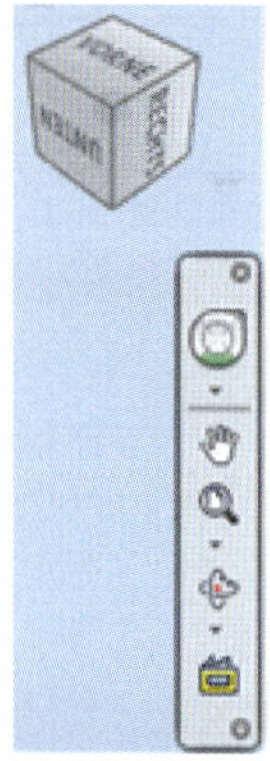

5.9.3 Freier Orbit, freies Drehen einer Ansicht

Die Funktion **FREIER ORBIT** wird die am häufigsten benutzte Funktion sein. Mit dem Button **FREIER ORBIT** wird sie aufgerufen und zeigt sich mit dem Kompasskreis. Je nachdem, wohin jetzt die Maus in Bezug auf den Kreis bewegt wird, zeigt sich ein anderer Maus-Cursor.

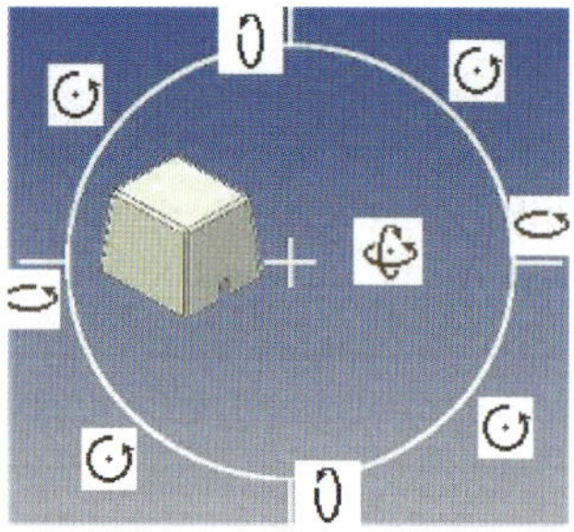

Symbol	Ort, an dem das Symbol erscheint	Wirkung
	Außerhalb links und rechts an den waagerechten Strichen	exakt horizontales Drehen
	Außerhalb oben und unten an den senkrechten Strichen	exakt vertikales Drehen
	Außerhalb sonst zwischen den Strichen	exaktes Rotieren um den Mittelpunkt
	Innerhalb	freies Drehen um alle Achsen

5.9.4 Ausrichten einer Ansicht

Häufig muss man ein Bauteil oder eine Skizze nach einer Fläche ausrichten. Diese Funktion erreicht man über den Button **FLÄCHE ANZEIGEN**. Der Cursor zeigt das Ausrichten-Symbol, und Inventor markiert das Element, nach dem ausgerichtet wird, rot.

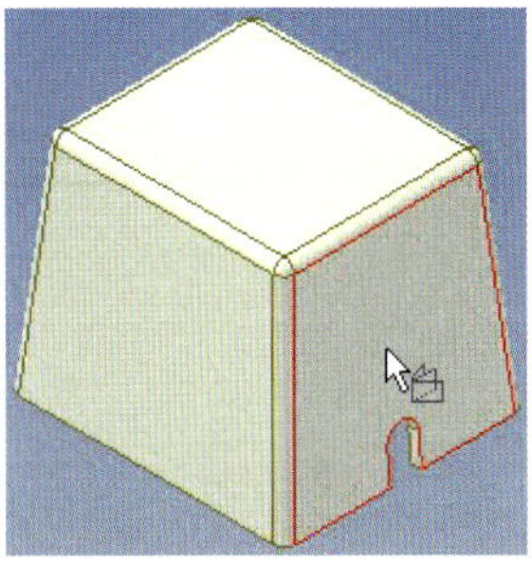

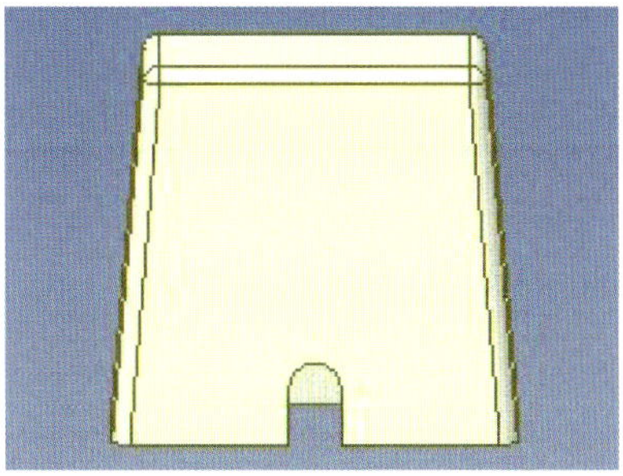

Das gewählte Element wird exakt in die Arbeitsebene gedreht.

Mit der aktiven Funktion **FLÄCHE ANZEIGEN** können nicht nur Bauteilelemente, sondern auch Arbeitsebenen und im Objektbrowser → **URSPRUNG** die Ursprungsebenen und -achsen angeklickt werden.

5.9.5 Ausgewählte Objekte zoomen

Eine ähnliche Funktion hat der Button **AUSGEWÄHLTE OBJEKTE ZOOMEN**. Ein Klick auf diesen Button zeigt am Cursor das Auswahlsymbol, und Inventor markiert das Element bzw. die Bereiche, die gezoomt werden sollen, rot. Ein Klick holt auch die kleinsten Details bildschirmfüllend in die Ansicht.

5.9.6 Alles zoomen

Bei großen Teilen oder Arbeiten an kleinen Details muss man oft in die Gesamtansicht einer Skizze oder eines Bauteils zoomen. Ein Klick auf den Button **ALLES ZOOMEN** holt immer wieder die gesamte Ansicht in ihren äußersten Grenzen auf den Bildschirm.

5.9.7 Fenster zoomen

FENSTER ZOOMEN verlangt die Eingabe von zwei diagonalen Eckpunkten und erlaubt, mit dem zweiten Eckpunkt ein Fenster aufzuziehen. Der Inhalt des aufgezogenen Zoom-Fensters wird mit dem zweiten Klick bildschirmfüllend gezoomt.

5.9.8 Die Funktionen Nächste und Vorher

Diese beiden Icons, die standardmäßig leider ausgeblendet sind, sollten schon zur Verfügung stehen. Sie können zwar über die Funktionstaste **F5** und **UMSCHALT-F5** erreicht werden, aber wer merkt sich das schon. Der nach links zeigende Pfeil (Vorher) holt die vorherige Ansicht eines Bauteils, einer Baugruppe, Zeichnungsansicht etc. wieder zurück. Der nach rechts zeigende Pfeil (Nächste) ist nur aktiv, wenn vorher in den Ansichten zurückgeblättert wurde. Nur dann gibt es eine nächste Ansicht.

5.9.9 Ansicht verschieben

Eine Ansicht kann zwar auch über diese Schaltfläche verschoben werden, diese Funktion wird aber in der Regel mit dem Zeigegerät, z. B. mit dem gedrückten Scrollrad, ausgeführt.

5.9.10 Der ViewCube

Der ViewCube, ein Würfel zum 3D-Steuern der Ansichten im Arbeitsbereich, wurde, zusammen mit dem Vollnavigationsrad (SteeringWheels), bereits neu im Inventor 2009 eingebaut.

Er ist ein 3D-Navigationswerkzeug, mit dem sehr schnell zwischen verschiedenen Standard- und isometrischen Ansichten umgeschaltet werden kann. Ein Klick auf die jeweilige Fläche, Kante oder Ecke des Würfels erzeugt sofort die gewünschte Ansicht.

Im Kontextmenü des **VIEWCUBE** kann die Ausgangsansicht festgelegt werden, die standardmäßig auf **VORNE** steht. Ein Klick auf das Häuschen bringt diese Ansicht dann umgehend auf den Bildschirm.

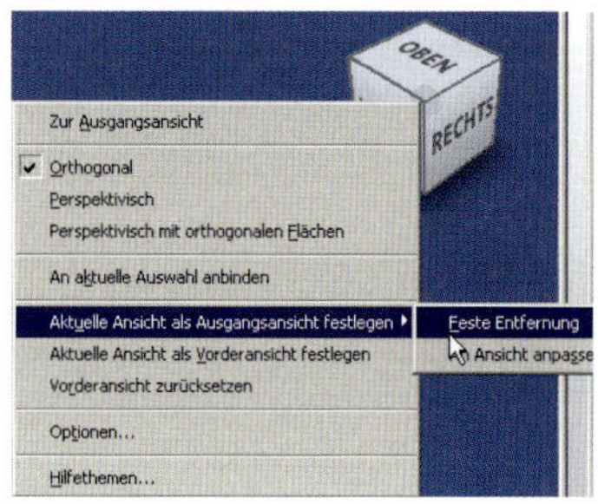

Die Auswahl **FESTE ENTFERNUNG** lässt dabei die Größe des Objekts weitgehend unverändert, während die Auswahl **AN ANSICHT ANPASSEN** eine in etwa bildschirmfüllend gezoomte Darstellung wiedergibt.

Eine Zeile tiefer im selben Kontextmenü kann die aktuelle Ansicht auch als die Ansicht definiert werden, die angezeigt wird, wenn auf die Würfelseite **VORNE** geklickt wird.

HINWEIS: Wichtig sind in diesem Zusammenhang die über die vorletzte Zeile des Kontextmenüs erreichbaren **OPTIONEN...**, über die die Größe der Würfeldarstellung, die Art des Erscheinens und der Ort, an dem der Würfel in der Arbeitsfläche platziert ist, eingestellt werden.

5.9.11 Das Vollnavigationsrad

Das **Vollnavigationsrad** besteht aus grafischen Segmenten, die jeweils für ein einzelnes Navigationswerkzeug stehen. Sie können die aktuelle Ansicht eines Modells auf verschiedene Weise schwenken, vergrößern/verkleinern oder bearbeiten. Jede Funktion wird mit diesem Werkzeug ausgeführt, während die Maustaste gedrückt bleibt.

Eine sehr interessante Funktion dieses Instrumentes ist die Möglichkeit des **Zurückspulens** der Ansichten, bei der die vorhergehenden Ansichten als kleine Thumbnails dargestellt werden, die man, wie einzelne Filmbilder, durchklicken kann.

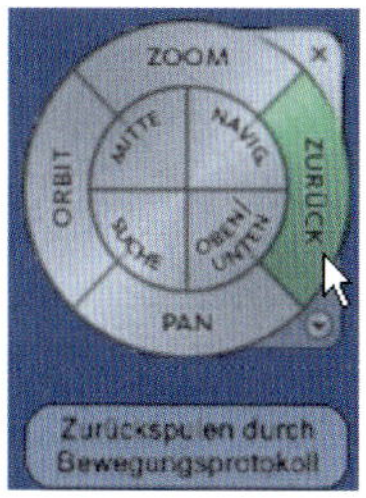

5.9.12 Schnittdarstellungen

Schnittdarstellungen sind oft hilfreich und gerade mit der neuen Funktion der SCHRITTWEITENEINSTELLUNG auch sehr praktisch zu handhaben.

Auf der Registerkarte ANSICHT in der Befehlsgruppe DARSTELLUNG kann beispielsweise die Ansicht HALBER SCHNITT ausgewählt werden. Die gewünschte Schnittebene wird entweder am Bauteil direkt oder an einer der Ursprungs- oder sonstigen Arbeitsebenen ausgewählt.

Die selektierte Schnittebene kann mit dem Cursor »von Hand« stufenlos verschoben werden.

Wird im Kontextmenü der Schnittebene der Eintrag VIRTUELLE BEWEGUNG → GRÖSSE BILDLAUFSCHRITTE selektiert, erscheint das entsprechende Dialogfenster, in dem die Schrittweite eingestellt werden kann.

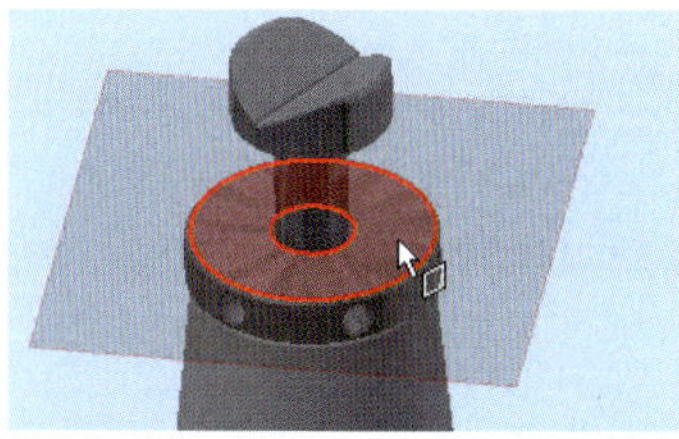

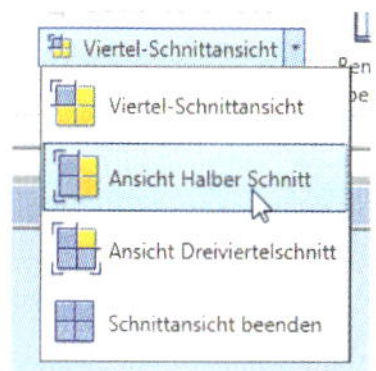

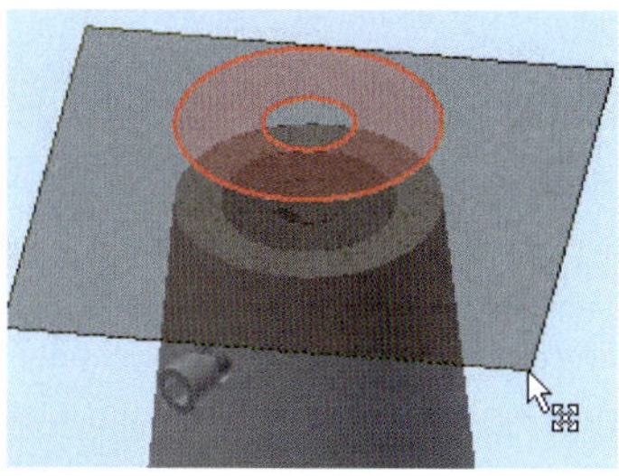

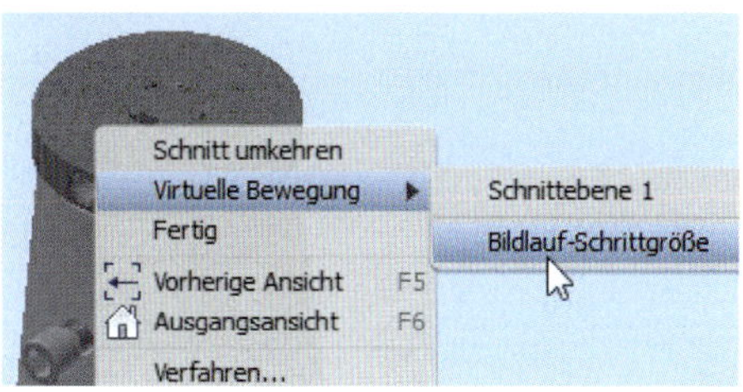

Nach der Bestätigung dieser Einstellung muss noch einmal die virtuelle Bewegung, jetzt aber mit der gewünschten Schnittebene (hier **SCHNITTEBENE 1**), angeklickt werden.

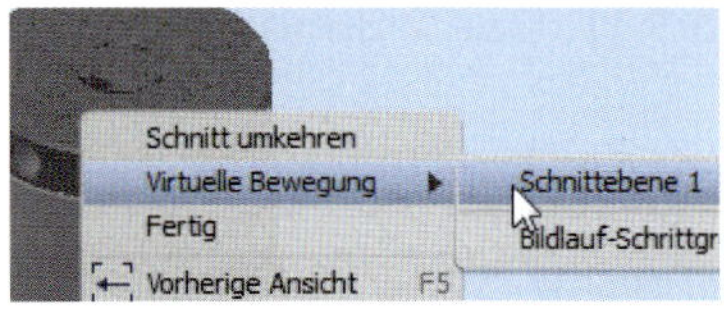

Wird jetzt der Cursor über dem Dialogfenster **VERSATZ** positioniert, kann die Schnittebene mit dem Scrollrad der Maus in den eingestellten Schritten nach unten oder oben verschoben werden.

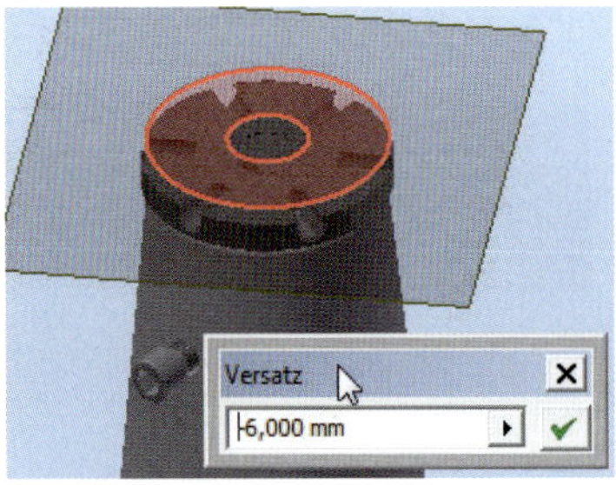

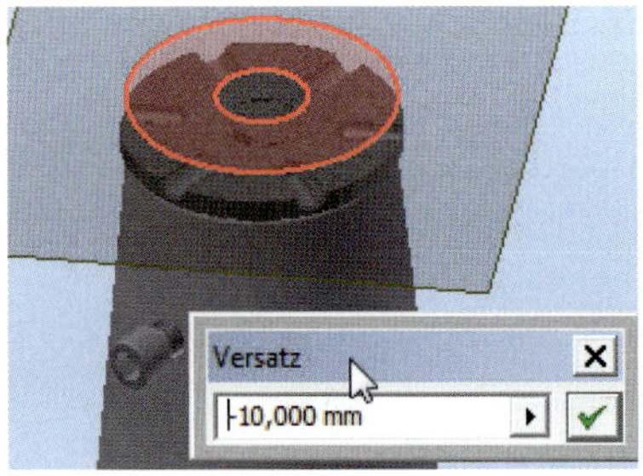

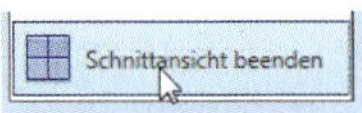

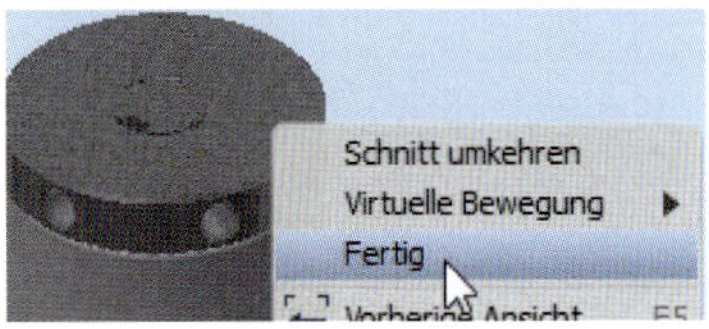

Soll die eingestellte Schrittweite für die weiteren Aktionen aktiv bleiben, muss im Kontextmenü auf **FERTIG** geklickt werden.

Zum Beenden der Schnittansicht und zur Rückkehr in die vollständige Darstellung wird in der Befehlsgruppe **DARSTELLUNG** der Eintrag **SCHNITTANSICHT BEENDEN** gewählt.

5.10 Ansicht aktualisieren

Eigentlich bemerkt Inventor jede Veränderung an beliebigen Stellen im Konstruktionsprozess automatisch und aktualisiert die betroffenen Ansichten selbsttätig. In wenigen Ausnahmefällen wird das sonst graue Blitzsymbol die gelbe Farbe annehmen. Ist das der Fall, dann sollte auch auf diesen Button **AKTUALISIEREN** geklickt werden, damit die aktuelle Ansicht an die aktuellen Gegebenheiten angepasst wird.

Aktualisieren in der Schnellstartleiste

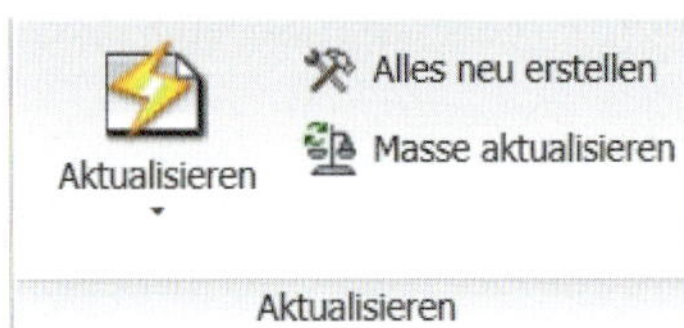

Befehlsgruppe **AKTUALISIEREN** auf der Registerkarte **VERWALTEN**

5.11 Elemente selektieren

Als letzte Technik in diesem Abschnitt soll das Selektieren von Elementen im Skizzierbereich angesprochen werden. Elemente werden natürlich durch Anklicken selektiert, das bedarf keiner weiteren Erklärung, da es intuitiv so gemacht wird.

5.11.1 Mehrere Elemente durch Einzelauswahl selektieren

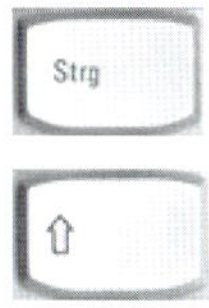

Tasten für die Mehrfachauswahl

Sollen mehrere Elemente in eine Auswahl übernommen werden, so gibt es mehrere Möglichkeiten, die man nicht unbedingt durch Ausprobieren erfahren kann. Die einfachste Variante ist, die betroffenen Elemente nacheinander anzuklicken, wobei die **STRG**- oder die **SHIFT**-Taste gedrückt werden muss. Im Gegensatz zu Windows macht es im Inventor keinen Unterschied, welche der beiden Tasten man für eine Mehrfachauswahl benutzt.

5.11.2 Elemente mit Fenster oder Kreuzen selektieren

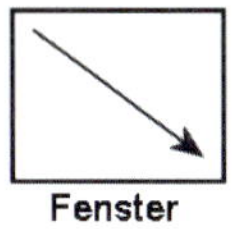

Fenster-Auswahl

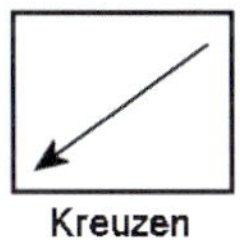

Kreuzen-Auswahl

Weitere zwei Varianten, Elemente zu selektieren, kennen AutoCAD-Anwender und können sie auch hier einsetzen: das **Fenster** und das **Kreuzen**.

Das Fenster wird dabei von links nach rechts aufgezogen und selektiert nur die Elemente, die sich vollständig im Fenster befinden.

Mit dem Kreuzen, das ebenfalls ein Fenster aufzieht, allerdings von rechts nach links, werden alle Elemente selektiert, die sich im Fenster befinden, und zusätzlich alle Elemente, die den Fensterrand kreuzen.

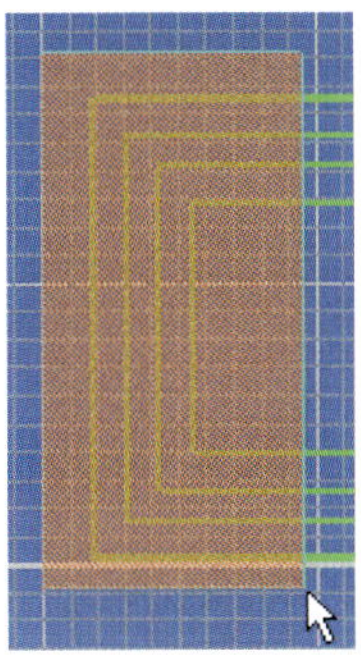

Das Fenster von links nach rechts aufgezogen

Ergebnis: selektierte Fenster-Elemente, alle Geometrien, die vollständig im Auswahlfenster eingeschlossen sind

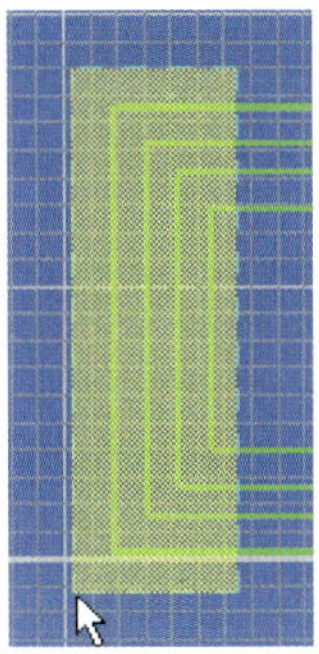

Das Kreuzen-Fenster von rechts nach links aufgezogen

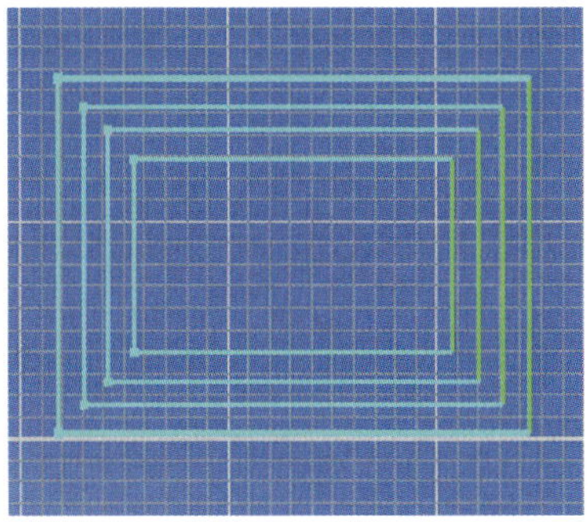

Ergebnis: selektierte Kreuzen-Elemente, alle Geometrien, die vollständig im Auswahlfenster eingeschlossen sind und die vom Auswahlfenster geschnitten werden

5.12 Die Materialbibliothek

Digital Prototyping bedeutet u. a., die vollständigen Daten einer Konstruktion in allen Produktionsbereichen zur Verfügung zu haben. Das Material der Bauteile spielt dabei eine zentrale Rolle für:

- Stücklisten, Materiallager, Einkauf
- Gewichtsberechnungen, FEM-Analysen, dynamische Simulationen
- Kalkulationen
- Zerspanungsdaten
- usw.

Gründe genug, den Material-Editor etwas genauer unter die Lupe zu nehmen.

5.12.1 Der Materialien-Browser

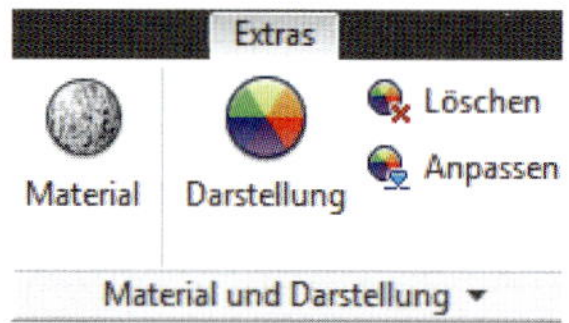

Auf der Registerkarte **EXTRAS** ist die Funktionsgruppe **MATERIAL UND DARSTELLUNG** zu finden, um die sich die nachfolgende Beschreibung dreht.

Der **MATERIALIEN-BROWSER** und -Editor wurden bereits in der Inventor-Version 2013 völlig neu gestaltet. Die Materialverwaltung wurde aus dem Stil-Editor der früheren Versionen ausgegliedert und ist ein eigenständiger Programmteil, der mit einigen neuen Funktionen sehr viel übersichtlicher und intuitiv bedienbarer geworden ist.

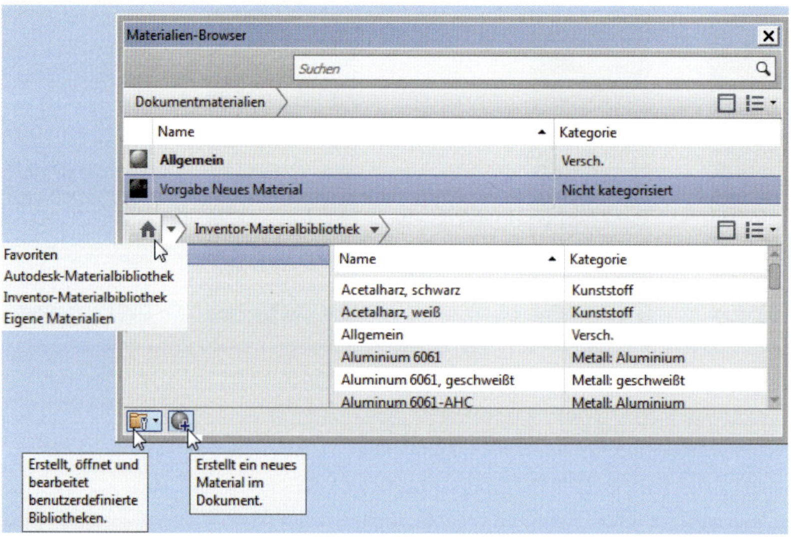

Neu ist vor allem die Integration und Verwaltung verschiedener Bibliotheken. So gibt es neben der Inventor-Materialbibliothek die Autodesk-Materialbibliothek, Favoriten und die Möglichkeit, eigene Materialbibliotheken zu erstellen.

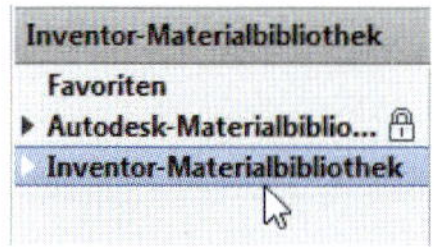

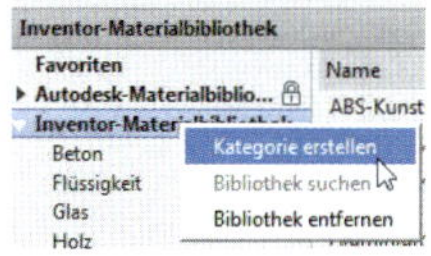

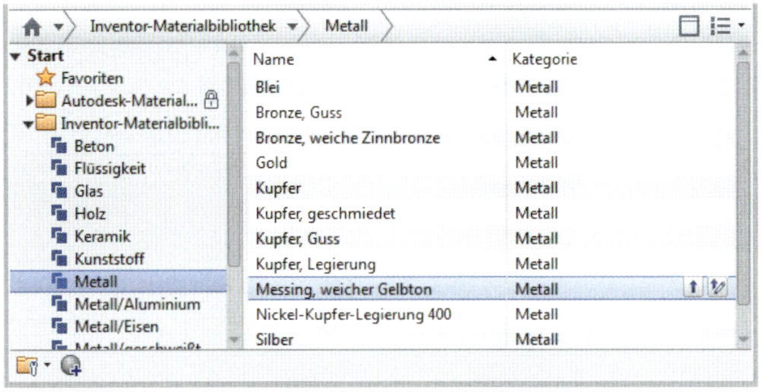

Materialien sind jetzt in Kategorien zusammengefasst, wodurch die Auswahl sehr viel übersichtlicher erfolgen kann. Sie können auch eigene Kategorien erzeugen.

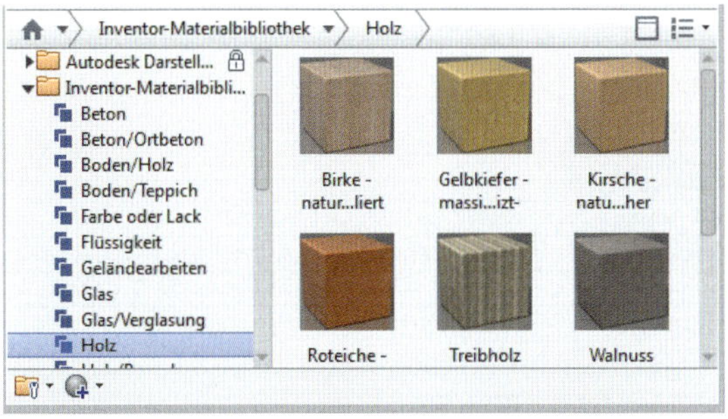

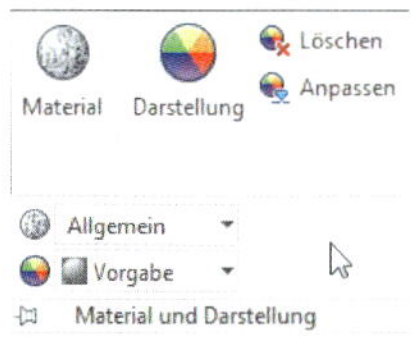

Kombiniert ist die Materialverwaltung mit dem **DARSTELLUNGS-BROWSER**, in dem Sie die optische Präsentation des Werkstoffs vielfältig anpassen können.

5.12.2 Der »alte« Stil- und Normen-Editor

Den Stil-Editor gibt es zwar noch, mit ihm werden jedoch nur noch die Beleuchtungsstile bzw. in der Zeichnungsumgebung die Zeichnungsnormen verwaltet.

Benutzer früherer Inventor-Versionen müssen deswegen nicht verzweifeln. Die meisten Funktionen der neuen Material- und Darstellungsoptionen existierten auch schon im alten Stil-Editor. Fast alle der nachfolgend erklärten Aktionen können Sie, mit etwas anderen Bedienelementen, auch im alten Stil-Editor durchführen.

Außerdem können Sie auch die Stildefinitionen älterer Inventor-Versionen in die neue Umgebung importieren.

5.12.3 Mit Materialien und Darstellungen arbeiten

5.12.3.1 Übersicht

Im ersten Moment erscheint die Vielzahl der Buttons etwas verwirrend, bei genauerer Betrachtung erweist sie sich jedoch als recht sinnvoll. In der oberen schmalen Menüleiste befinden sich die häufig benötigten Auswahllisten für die Materialien (Allgemein) und deren Aussehen (Vorgabe). Davor, dazwischen und dahinter sind die kleinen Schaltflächen für die nicht so häufig benötigten Funktionen der Browser und der Änderungs- bzw. Löschfunktion angebracht.

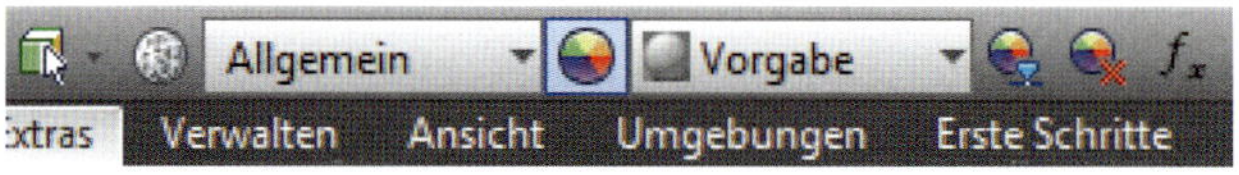

Diese Menüleiste ist in allen Arbeitsbereichen sichtbar, egal welche Registerkarte aktiv ist.

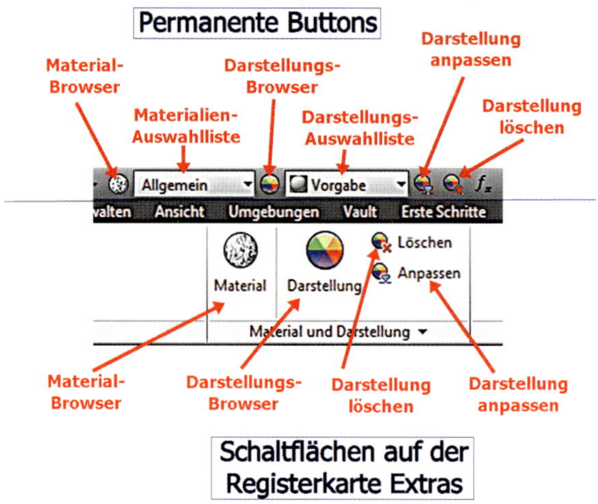

5.12.3.2 Material-Auswahlliste

Die MATERIAL-AUSWAHLLISTE wird die am häufigsten benötigte Funktion sein. Im unteren Bereich der Liste können Sie die zu verwendende Material-Bibliothek auswählen. In der Abbildung ist die INVENTOR-MATERIALBIBLIOTHEK aktiv. Die Werkstoffe der entsprechenden Auswahl erscheinen in der Auswahlliste.

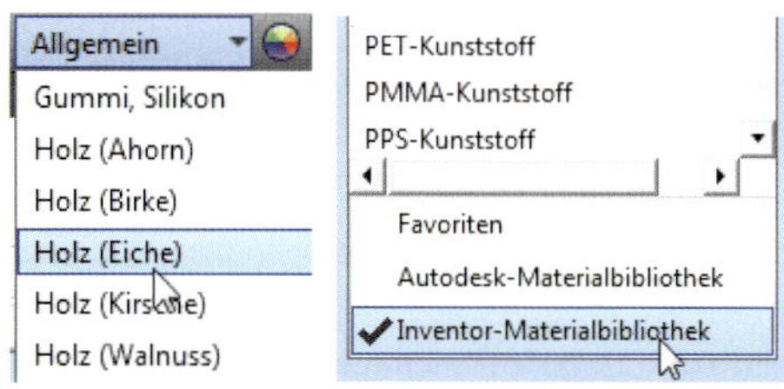

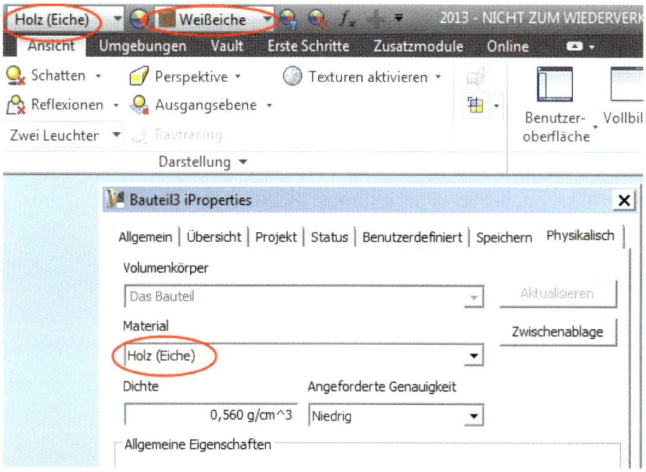

Wird ein Material selektiert, dann resultieren daraus mehrere Aktionen:

- Das Bauteil bekommt diesen Werkstoff zugewiesen, die Bauteilflächen werden entsprechend dargestellt.
- In der Darstellungs-Auswahlliste wird die zu diesem Material passende Darstellung automatisch selektiert und angezeigt.
- In die iProperties des Bauteils werden neben dem Namen auch die physikalischen Eigenschaften des Werkstoffes eingetragen.

TIPP: Ist eine Fläche des Bauteils markiert, wird in der Material-Auswahlliste kein Werkstoff angezeigt. Einzelne Flächen können nur in ihrer Darstellung verändert werden.

5.12.3.3 Darstellungs-Auswahlliste

In der DARSTELLUNGS-AUSWAHLLISTE können Sie im unteren Bereich ebenfalls die zu verwendende Darstellungs-Bibliothek auswählen. In der Abbildung ist die INVENTOR-MATERIALBIBLIOTHEK aktiv. Die Darstellung der entsprechenden Auswahl erscheint in der Auswahlliste.

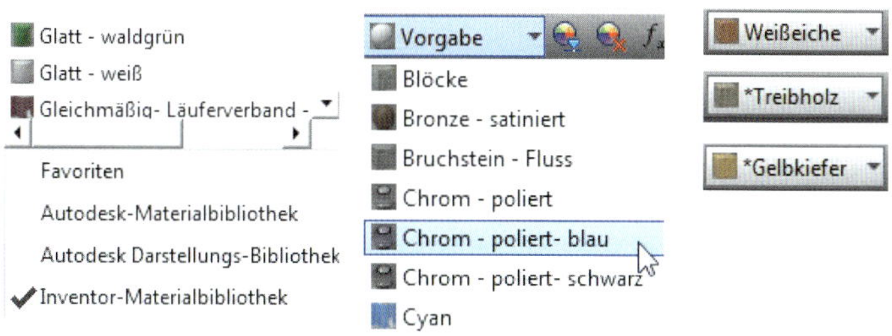

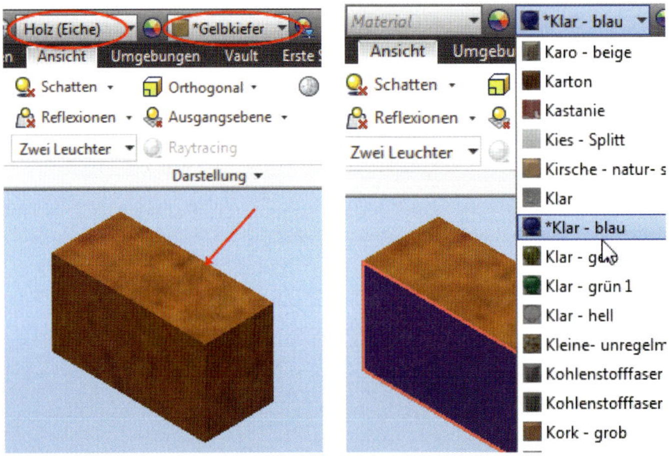

- Ist während der Selektion in dieser Liste kein Element (keine Fläche) des Bauteils markiert, dann wird, wie im linken Bild zu sehen, das ganze Bauteil mit dieser Darstellung überzogen. Im Beispiel wurde der Quader, der die physikalischen Eigenschaften der Eiche zugewiesen bekam, mit der optischen Darstellung einer Gelbkiefer ausgestattet.
- Sind während der Selektion in dieser Liste ein oder mehrere Elemente (Flächen) des Bauteils markiert, dann erhalten, wie im rechten Bild zu sehen, nur die markierten Elemente diese Darstellung.

5.12.3.4 Darstellung anpassen

Anpassen

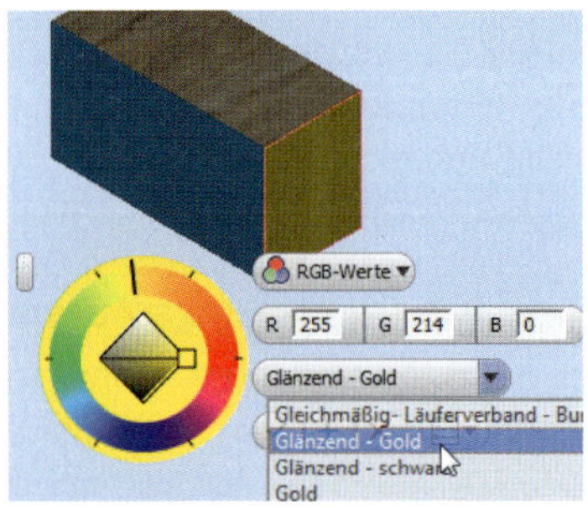

Mit der Funktion **DARSTELLUNG ANPASSEN** erscheint eine komfortable Farbauswahl, in der Sie Farbwerte nach **RGB** oder **HSL** (Farbton | Hue, Sättigung | Saturation, Intensität | Luminanz) einstellen oder auch Darstellungsvarianten aus der Liste auswählen können. RGB- oder HSL-Werte können Sie auch direkt eingeben.

Ist kein Element am Bauteil aktiv, erscheint am Cursor eine Pipette, mit der ein Farbton am Bildschirm ausgewählt werden kann. Der gewählte Farbton wird in der Farbauswahl eingestellt und kann danach beliebigen Elementen zugewiesen werden.

Sobald ein oder mehrere Elemente am Bauteil markiert sind oder mit der Pipette eine Auswahl getroffen wurde, erscheint am Cursor die Farbkanne, mit der Sie die entsprechenden oder zu selektierenden Elemente einfärben können.

5.12.3.5 Darstellung löschen

Mit dem Aufruf der Funktion **DARSTELLUNG LÖSCHEN** entfernen Sie die Darstellungszuweisungen von den ausgewählten Elementen.

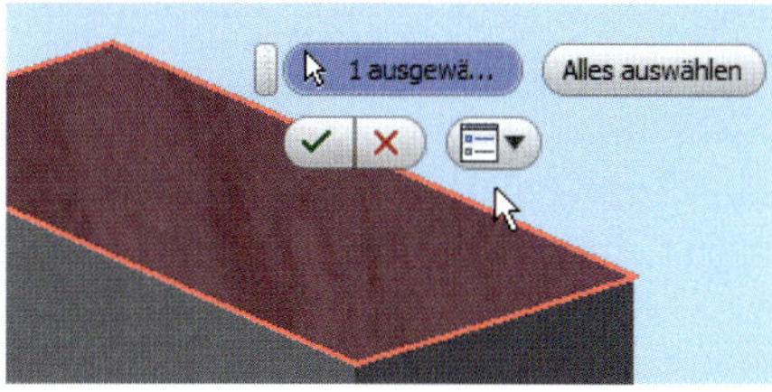

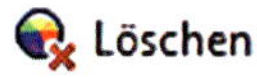

HINWEIS: Nach dem Löschen einer Darstellung bekommt das entsprechende Element wieder den Farbton zugewiesen, der dem Material zugeordnet ist.

5.12.3.6 Eine eigene Bibliothek mit neuen Materialen erstellen

Es gibt einige Gründe, die dafür sprechen, sich eine eigene Bibliothek mit eigenen Werkstoffen anzulegen.

- In Unternehmen, vor allem in deren Werkzeugbau, existieren häufig Materiallisten von Werkstoffen und Halbzeugen, die bevorzugt in Konstruktionen einzusetzen sind.
- Die Werkstofflieferanten haben in der Regel ein begrenztes Angebot.
- Die üblichen (nach DIN EN 10027-1) Werkstoffbezeichnungen, z. B. SR255JR+C, finden Sie in den Autodesk-Bibliotheken nicht. In Stücklisten sind jedoch in der Regel die Normbezeichnungen einzutragen.
- Auch die Werkstoffnummern (nach DIN EN 10027-2), z. B. 1.0144 für den S275J2+N, sind in diesen Bibliotheken nicht enthalten. In Stücklisten sind jedoch ggf. auch die Werkstoffnummern einzutragen.
- Weder im Eco Materials Adviser noch in den Inventor-Bibliotheken können Sie nach Normbezeichnungen suchen.
- Die technologischen Eigenschaften der Bibliotheks-Werkstoffe weichen von genormten Werkstoffen ab, was zu verfälschten Ergebnissen bei Simulationen führen kann.

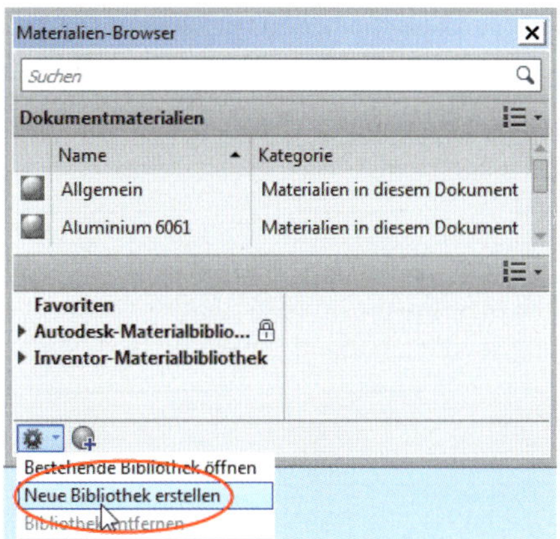

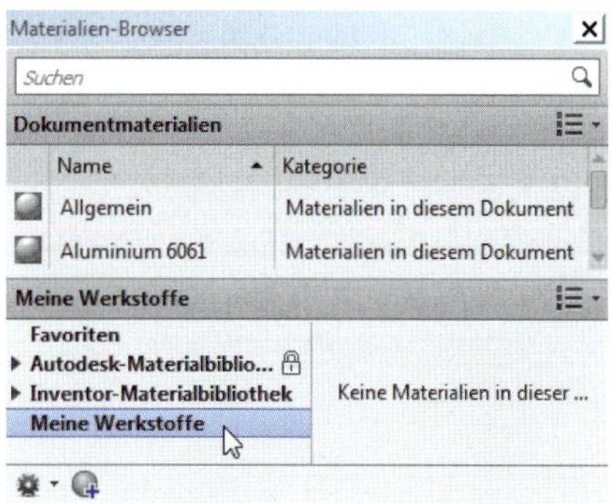

Der erste Schritt, das Erstellen einer neuen Bibliothek, wird über die Schaltfläche links unten im Material-Browser und mit der Auswahl im Abrollmenü **NEUE BIBLIOTHEK ERSTELLEN** gestartet.

Der Windows-Explorer öffnet sich und Sie vergeben einen Namen für diese Bibliothek, der den Windows-Dateinamenskonventionen entsprechen muss, weil gleichzeitig mit diesem Schritt eine neue Bibliotheksdatei mit der Endung *.adsklib (Autodesk Library) erstellt wird.

Da diese Bibliothek, die im beschriebenen Beispiel den Namen Meine Werkstoffe bekam, noch keine Kategorien enthält, besteht der zweite Schritt darin, dieser Bibliothek neue Kategorien zuzuweisen.

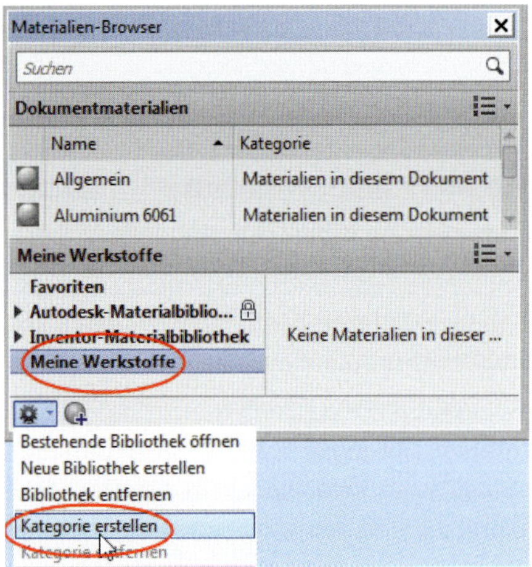

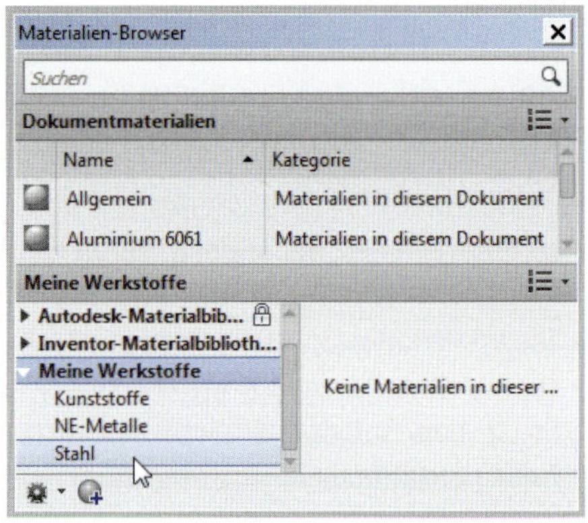

Die erstellten Kategorien werden sofort der selektierten Bibliothek zugeordnet und erscheinen im Material-Browser.

5.12.3.7 Ein neues Material definieren

Das Hinzufügen eines neuen Werkstoffes zu einer Bibliothek erfolgt in mehreren Schritten.

1. Sie benennen zuerst ein neues Material und weisen es dem geöffneten und aktiven Dokument zu.
2. Danach fügen Sie dieses Material einer Bibliotheks-Kategorie hinzu.
3. Abschließend definieren Sie die technologischen und die optischen Eigenschaften des neuen Materials.

5.12.3.8 Material erstellen

Nach Klick auf die Schaltfläche **ERSTELLT NEUES MATERIAL IM DOKUMENT** öffnet sich der Material-Editor, in dem Sie die Bezeichnung in der obersten Zeile und allgemeine Informationen eingeben müssen.

Im Beispiel haben wir die Bezeichnung, die auch als Name eingegeben wurde, SR235JR - 1.0038 unlegierter Baustahl, gewählt, weil nach den Bestandteilen dieser Bezeichnung später auch gesucht werden kann. So ist es möglich, z. B. nur nach SR oder 235 oder 1.0038 oder Baustahl zu suchen, um diesen Werkstoff in einer umfangreichen Bibliothek schnell finden zu können.

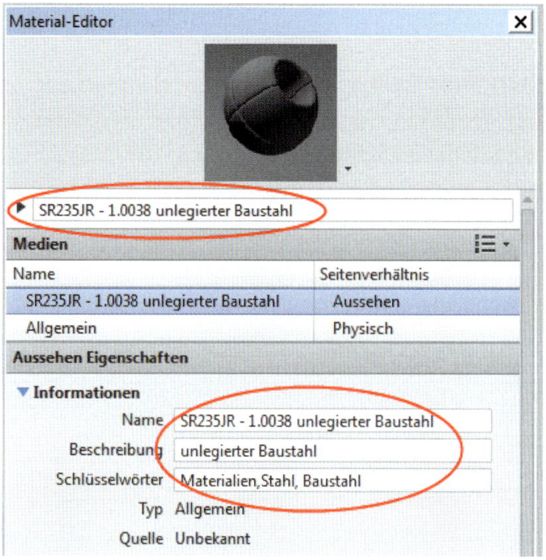

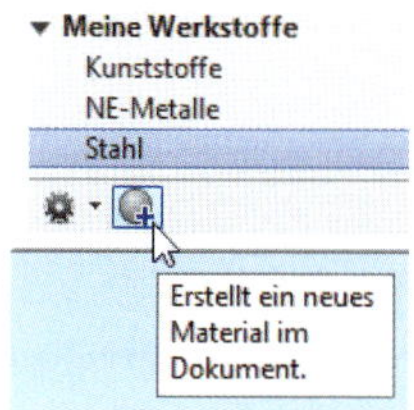

HINWEIS: Diese allgemeinen Informationen müssen Sie sofort ausfüllen, damit die Eingabe gespeichert werden kann. Alle weiteren Eigenschaften können Sie später modifizieren.

5.12.3.9 Material der eigenen Bibliothek zuweisen

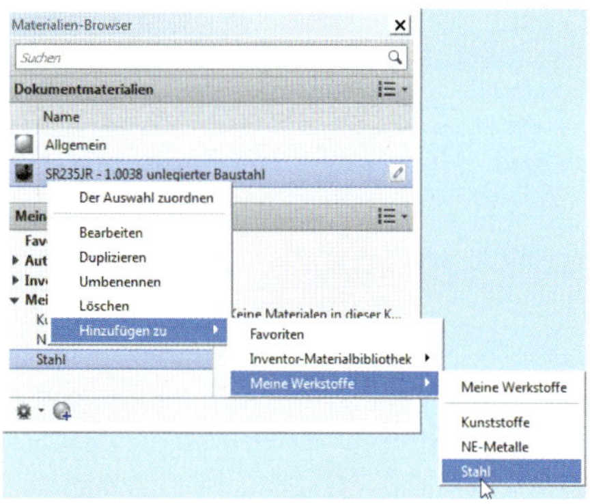

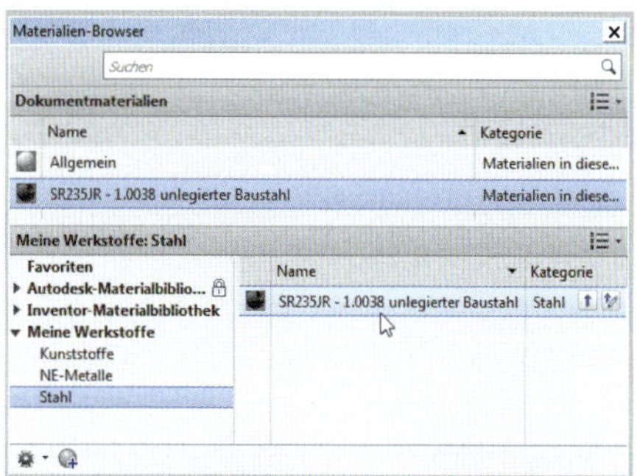

Der vorher gespeicherte Werkstoff wird den Dokumentmaterialien, die im oberen Bereich des Materialien-Browsers angezeigt werden, zugewiesen und ist somit im aktiven Bauteil sofort verfügbar.

Mithilfe des Kontextmenüs dieses neuen Werkstoffes wird das Material über **HINZUFÜGEN ZU → MEINE WERKSTOFFE → STAHL** in der eigenen Bibliothek Meine Werkstoffe in der Kategorie Stahl gespeichert und ist ab nun auch generell verfügbar.

5.12.3.10 Eigenschaften des neuen Materials

Ein Doppelklick auf den Werkstoff-Eintrag im Materialien-Browser öffnet den Material-Editor, in dem Sie jetzt alle weiteren Eigenschaften definieren können.

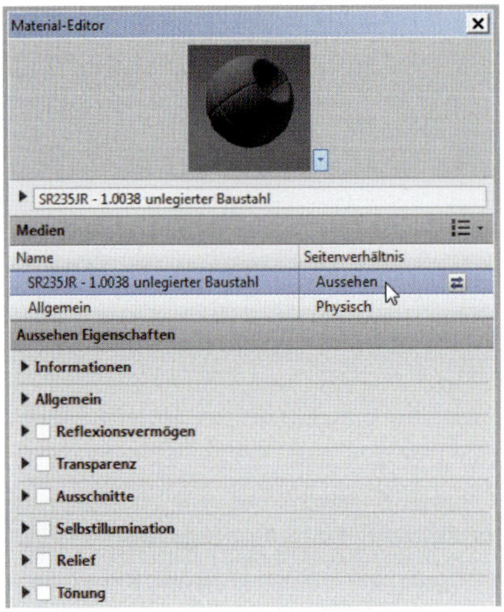

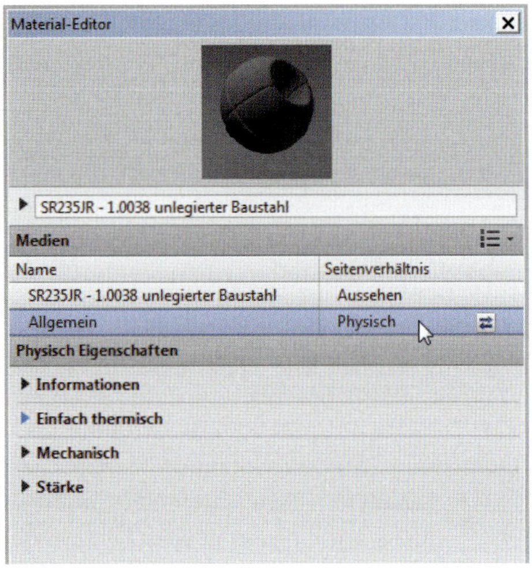

Der Material-Editor unterscheidet zwei Eigenschaftsbereiche: das **AUSSEHEN** (linkes Bild) und die physischen Eigenschaften (**PHYSISCH**, rechtes Bild).

Je nach Auswahl werden im unteren Bereich des Dialogfensters die jeweiligen Eigenschaften, zu denen Sie vielfältige Angaben machen können, angezeigt.

Aufgrund des Umfangs der Definitionsmöglichkeiten und der begrenzten Erkenntnisse, die daraus gewonnen werden können, wurden für unser Beispiel nur die physikalischen Eigenschaften **MECHANISCH** und **STÄRKE** mit Einträgen versehen.

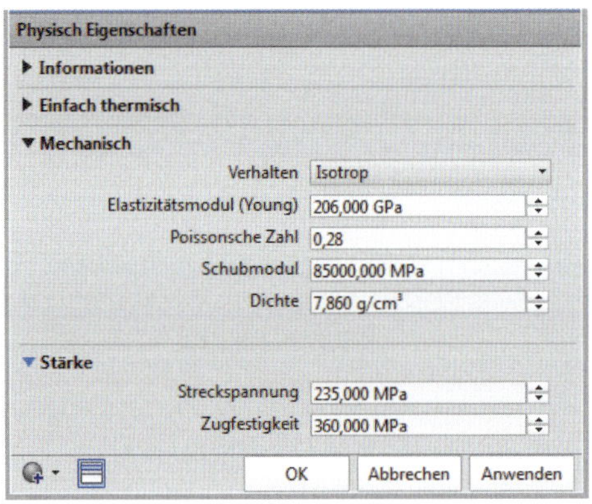

5.12.4 Der Eco Materials Adviser

Der seit der Inventor-Version 2012 integrierte **ECO MATERIALS ADVISER** arbeitet mit der neuen Materialverwaltung exzellent zusammen.

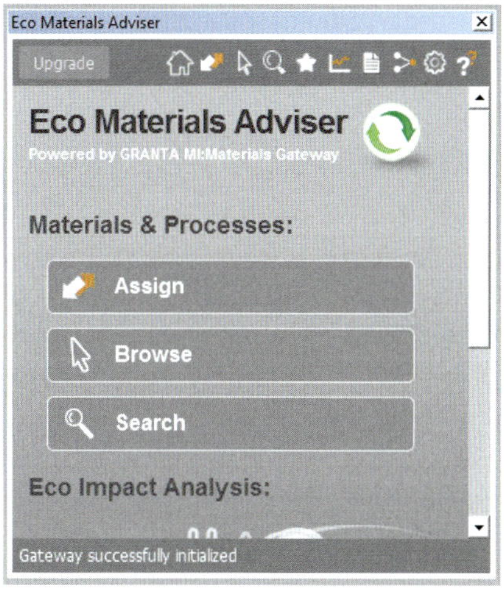

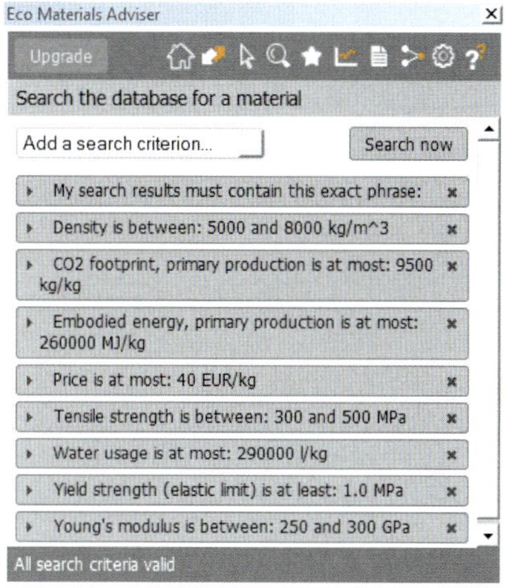

Während Sie im Materialien-Browser nur nach Materialbezeichnungen suchen können, sind die Material-Selektionskriterien im Eco Materials Adviser sehr viel umfangreicher. Vom CO_2-Ausstoß und Wasserverbrauch in der Herstellung bis hin zu den Festigkeitswerten können Sie alle wichtigen Kriterien von Werkstoffen sichten.

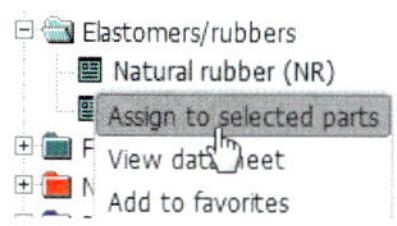

Mit der Funktion **ASSIGN TO SELECTED PARTS** wird ein ausgewähltes Material dem Bauteil zugewiesen.

HINWEIS: Der Eco Materials Adviser korrespondiert direkt mit der Inventor-Materialverwaltung, d. h., nach einer Zuweisung ist das ausgewählte Material auch in der Inventor-Materialverwaltung aktiv und kann dort ggf. bearbeitet werden.

6 Die Skizzenerstellung

Inventor startet zwar bereits seit der Version 2013 nicht mehr automatisch in der Skizzier-Arbeitsumgebung, Skizzen sind jedoch nach wie vor das wichtigste Element in 3D-CAD-Systemen, weswegen dieses Thema hier ausführlich behandelt wird. Es gibt zwar 2D- und 3D-Skizzen, die 2D-Skizzen haben jedoch eine wesentlich höhere Bedeutung für das Erzeugen von Bauteilen. 3D-Skizzen werden in Abschnitt 6.14 behandelt. Wenn im Folgenden von Skizzen die Rede ist, dann sind immer 2D-Skizzen gemeint.

6.1 Die erste Skizze

In der leeren Bauteil-Arbeitsumgebung beginnen Sie eine neue Skizze mit einem Maus-Rechtsklick und im Markierungsmenü mit dem Button **NEUE SKIZZE**. In der daraufhin erscheinenden Darstellung der drei Ursprungsebenen müssen Sie die Ebene auswählen, welche die Skizze aufnehmen soll. In der Abbildung wird beispielsweise die XY-Ebene für die neue Skizze ausgewählt.

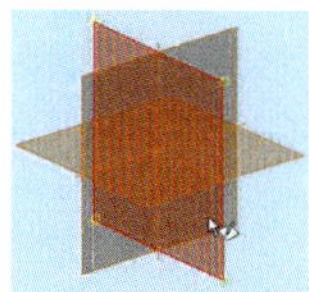

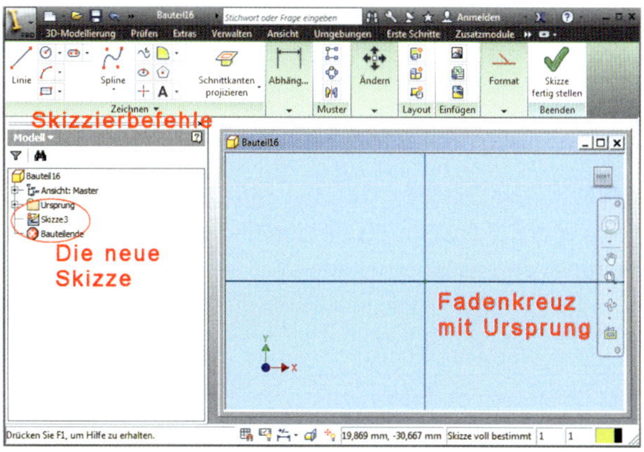

Sobald eine neue Skizze gestartet wurde, schaltet der Inventor in die Skizzen-Arbeitsumgebung um.

In den drei Bereichen des Programmfensters ändert sich Folgendes:

- Die Multifunktionsleiste zeigt die Skizzierbefehle.
- Die Arbeitsfläche wird nach der gewählten Skizzierebene (hier die XY-Ebene) ausgerichtet und enthält ein Fadenkreuz mit dem Nullpunkt in Bildschirmmitte.
- Im Objektbrowser wird die neue Skizze als neues Element eingetragen.

6.1.1 Einstellungen für die Arbeit mit Skizzen

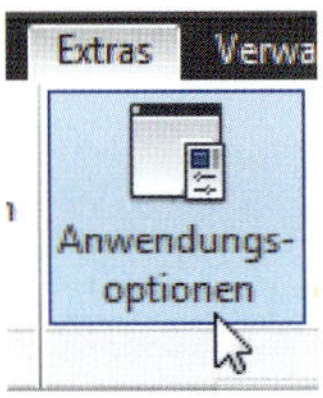

Die Darstellung und das Verhalten der Skizzier-Arbeitsumgebung lassen sich an persönliche Vorlieben anpassen. Auf der Registerkarte **EXTRAS** befindet sich die Funktion **ANWENDUNGSOPTIONEN**, mit der viele Programmeinstellungen vorgenommen werden können.

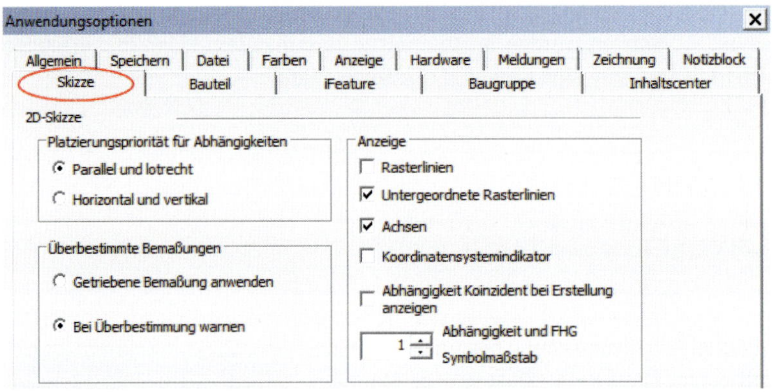

Auf der Registerkarte **SKIZZE** des Dialogfensters befinden sich diverse Einstellmöglichkeiten für die Skizzier-Arbeitsumgebung, die das Aussehen und das Verhalten beeinflussen.

Platzierungspriorität für Abhängigkeiten

Beim Erstellen neuer Skizzenelemente (Linie, Kreis etc.) versucht das Programm, Beziehungen (Abhängigkeiten) zu bereits vorhandenen Elementen herzustellen. Mit diesen Optionen kann die Priorität dieser Versuche bestimmt werden. In der gezeigten Einstellung werden die Abhängigkeiten Parallel und lotrecht bevorzugt vergeben.

Überbestimmte Bemaßungen

Skizzen werden durch Abhängigkeiten und Bemaßungen bestimmt, d. h. eindeutig festgelegt. Überbestimmungen durch doppelte Bemaßungen dürfen nicht vorkommen und werden vom Programm sofort bemerkt. Der Inventor kann in solchen Fällen entweder sofort eine Getriebene Bemaßung anwenden (Klammer-Bemaßung) oder gemäß der Voreinstellung vorher nachfragen.

Anzeige

Der Bereich Anzeige ermöglicht das optische Verändern der Skizzierebene:

- Rasterlinien und Untergeordnete Rasterlinien zeigt ein millimeterpapierähnliches Raster in der Ebene an.
- Achsen blendet die Koordinatenachsen ein oder aus.
- Koordinatensystemindikator zeigt das Koordinatensymbol immer am Nullpunkt des Achsenkreuzes an.
- Abhängigkeiten Koinzident bei Erstellung anzeigen markiert während der Skizzenerstellung alle koinzidenten Punkte (koinzident = deckungsgleich) mit kleinen gelben Quadraten.
- Abhängigkeit und FHG Symbolmaßstab regelt die Größe der gelben Quadrate und der Symbolik für die Freiheitsgrade (FHG).
- Exponierte Anzeige aktivieren schaltet die laufende Koordinatenanzeige am Cursor, die Maßanzeige beim Erstellen von Skizzenelementen und die automatische Bemaßung von Skizzenelementen ein bzw. aus. Der Button **EINSTELLUNGEN** öffnet ein weites Dialogfenster, in dem einzelne Verhalten dieser Anzeigen verändert werden können.

Der Abstand der Rasterlinien, die im Bereich Anzeige ein- oder ausgeschaltet werden können, wird in den **DOKUMENTEINSTELLUNGEN** vorgenommen, die ebenfalls über die Registerkarte **EXTRAS** erreicht werden.

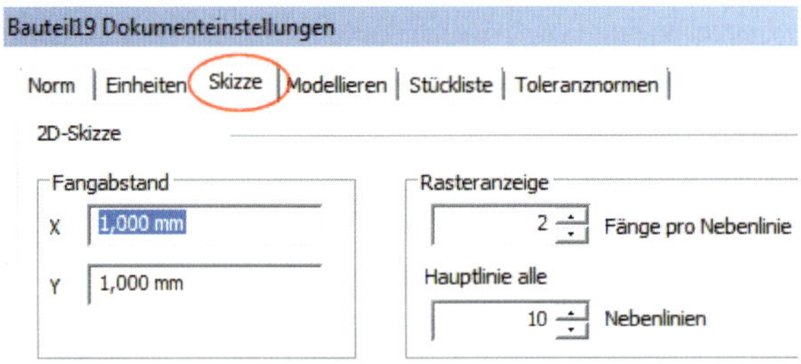

Auf der Registerkarte **SKIZZE** werden die Einstellungen vorgenommen. Fangabstand legt die Abstände fest, in denen der Cursor bei eingeschaltetem Fangmodus bewegt werden kann.

HINWEIS: In den folgenden Abbildungen von Skizzierebenen ist die Anzeige der Rasterlinien eingeschaltet.

Es gibt noch viele weitere Einstellmöglichkeiten in diesem Dialogfenster, deren Funktion Sie einfach ausprobieren können. In der Regel sind die Voreinstellungen jedoch praktikabel und sinnvoll.

6.1.2 Direkte Einstellungen in der Statuszeile

In der Statuszeile, direkt unter dem Skizzier-Arbeitsbereich, werden fünf Symbole angezeigt, mit denen das Verhalten dieser Arbeitsumgebung direkt beeinflusst werden kann.

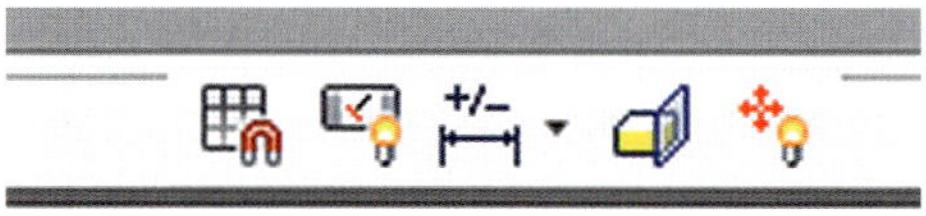

Rasterfang bzw. Fangmodus: Ist diese Funktion eingeschaltet, so bewegt sich der Cursor beim Zeichnen und Ändern der Geometrie nur noch in den eingestellten Rasterabständen (siehe Abschnitt 6.1.1).

Alle Abhängigkeiten zeigen bzw. verbergen. Diese Funktion ist auch auf den Funktionstasten F8 (ein) und F9 (aus) hinterlegt.

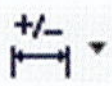

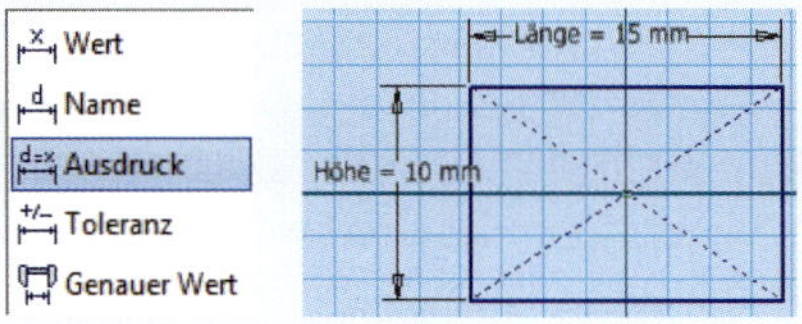

Mit dieser Funktion wird die Liste eingeblendet, mit der die Anzeige der Bemaßung gesteuert werden kann.

Befindet sich eine Skizze hinter einem schon vorher erstellten Element, so wird mitunter ein Teil oder die ganze Skizze von diesem Element verdeckt. Diese Funktion, die auch mit der Funktionstaste F7 ausgelöst werden kann, blendet alle Elemente, die sich vor einer Skizze befinden, aus bzw. ein.

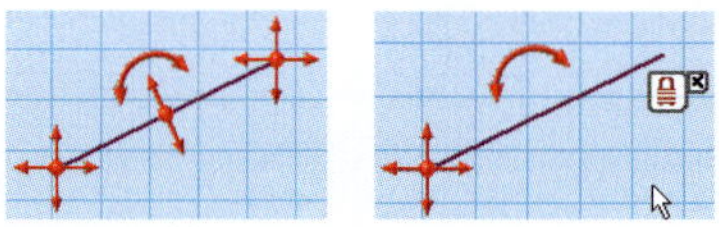

Diese Funktion blendet alle Freiheitsgrade ein bzw. aus. Damit ist es sehr viel leichter, in umfangreichen Skizzen die Elemente zu finden, die es noch zu bestimmen gilt.

6.2 Allgemeines zu Skizzen

Das A und O einer guten 3D-Konstruktion, eines sinnvoll und rationell aufgebauten Bauteils, ist die Skizzenerstellung. Die meisten Bauteile werden aus Skizzen erstellt. Skizzen sind die Geometrien, welche die grundlegende Struktur von Bauteilen bestimmen, sie bestehen in der Regel aus 2D-Elementen.

HINWEIS: Meist gibt es mehrere Möglichkeiten, über unterschiedliche Skizzen zum gleichen Bauteil zu kommen. In diesem Punkt, dem Erkennen der besten Skizzengeometrie für ein bestimmtes Bauteil, liegt die Kunst der Bauteilmodellierung in 3D-CAD-Systemen.

Beispiel

Um einen Zylinder zu erstellen, können Sie:

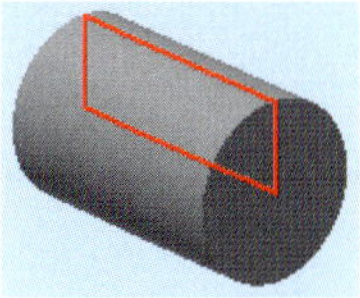

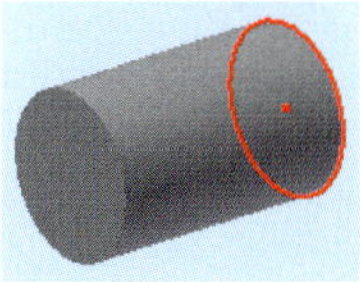

1. entweder einen Kreis zeichnen und diesen nach oben extrudieren oder
2. ein Rechteck zeichnen und dieses um eine Kante rotieren.

In beiden Fällen erhalten Sie einen Zylinder. Welche nun die bessere Methode ist, das hängt davon ab, welche anderen Elemente die Skizze evtl. noch enthalten soll, um ein komplexeres Bauteil zu erstellen.

6.2.1 Skizzenarten

Inventor kennt drei grundsätzlich unterschiedliche Skizzenarten:

- Profilskizzen (2D-Skizze)
- Pfadskizzen (2D-Skizze)
- 3D-Skizzen

Je nach zu erzeugendem Bauteil wird die eine oder andere Art zur Skizzenerstellung eingesetzt. Die Standardskizze ist allerdings die Profilskizze, mit der die meisten Bauteile erzeugt werden.

6.2.2 Profilskizzen

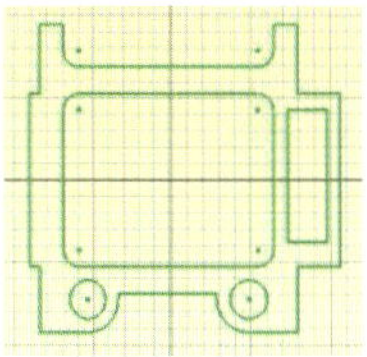

Sollen aus Skizzen Körper entstehen, dann müssen die dafür notwendigen Profilskizzen vor allem eine herausragende Eigenschaft haben: Sie müssen geschlossen sein.

HINWEIS: Profilskizzen für Körper müssen aus mindestens einer geschlossenen Kontur bestehen, können aber auch mehrere davon enthalten. Sind Skizzenprofile nicht geschlossen, können keine Körper, sondern nur Flächen daraus extrudiert werden.

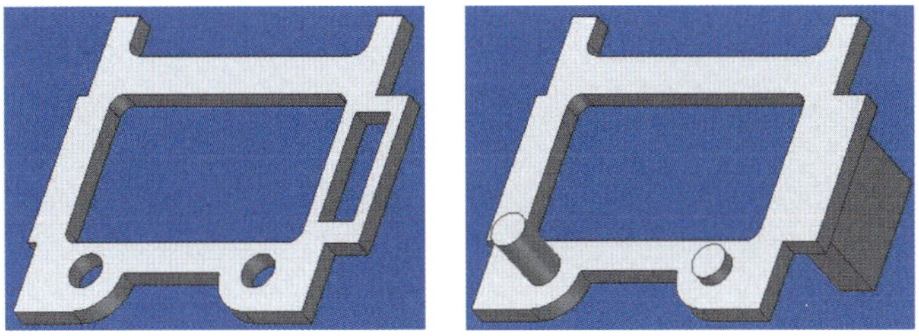

Beispiel einer Profilskizze mit mehreren geschlossenen Konturen, aus der zwei unterschiedliche extrudierte Bauteile erstellt wurden

6.2.3 Pfadskizzen

Bauteile, die mithilfe einer Pfadskizze erzeugt werden, benötigen zwei Skizzen. Eine Skizze muss eine Profilskizze sein, die andere die Pfadskizze.

Inventor benötigt Pfadskizzen z. B. für die Aktion **SWEEPING** (Pfadextrusion). Pfadskizzen stellen die Pfade dar, entlang derer ein Profil (eine Profilskizze) *gesweept* werden kann, d. h., ein Bauteil entsteht beim Sweepen dadurch, dass sich ein Profil entlang eines Pfades (Pfadskizze, Bahn) bewegt.

HINWEIS: Pfadskizzen müssen sich auf einer Ebene befinden, die sich mit der Ebene der Profilskizze schneidet. Pfadskizzen können offen oder geschlossen sein. Als Pfade für das Sweeping können auch bereits vorhandene Körperkanten verwendet werden.

Es folgen Beispiele einer Bauteilerstellung, einmal aus einer offenen Pfadskizze und dem daraus erstellten Bauteil und dann aus einer geschlossenen Pfadskizze und dem daraus erstellten Bauteil.

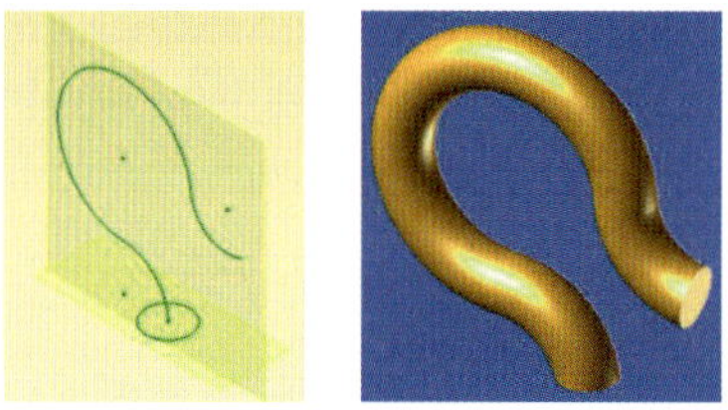

Offene Pfadskizze, Profilskizze und daraus erstelltes Bauteil

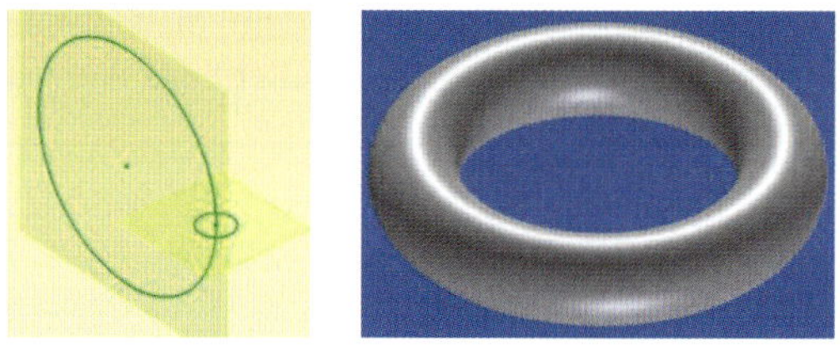

Geschlossene Pfadskizze, Profilskizze und daraus erstelltes Bauteil

6.2.4 3D-Skizzen

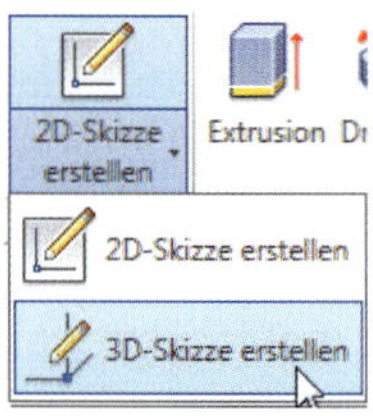

Bauteile, die aus 3D-Skizzen gestaltet werden sollen, benötigen, ähnlich wie bei den Pfadskizzen, sowohl eine geschlossene Profilskizze als auch eine Pfadskizze. Die Erweiterung der 3D-Skizzen besteht darin, dass der Pfad nicht in einer 2D-Skizzierebene, wie bei Profil- und Pfadskizzen, liegt, sondern im 3D-Raum verankert ist.

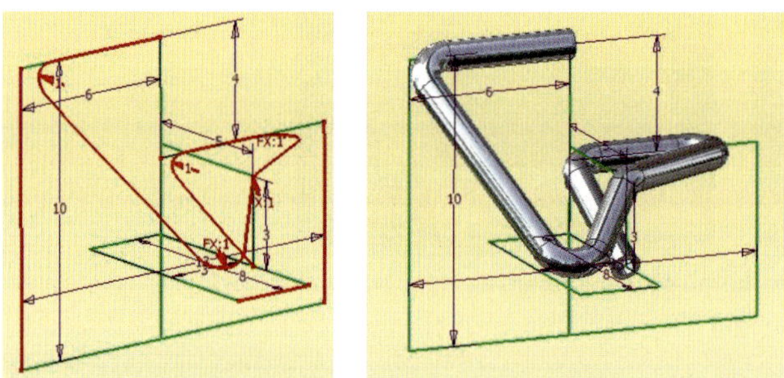

Beispiel einer Bauteilerstellung aus einer 3D-Skizze

Es ist hilfreich, vor dem Erstellen einer 3D-Skizze die Ursprungs-Arbeitsebenen XY-, YZ- und XZ-Ebene im Objektbrowser sichtbar zu schalten.

Inventor stellt grafische Werkzeuge zur Verfügung, mit deren Hilfe es vereinfacht wird, im 3D-Raum Konturen zu zeichnen.

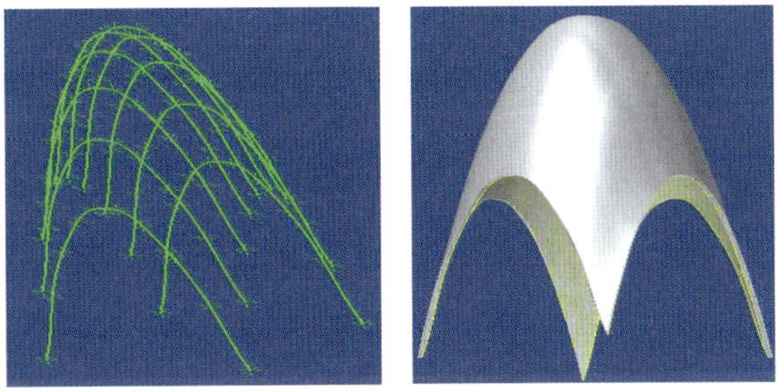

Beispiel einer 3D-Skizze aus einer Excel-Punktetabelle

Für das Beispiel des Paraboloiden wurden in Excel die Punkte der 3D-Skizze berechnet und in die Skizzierumgebung direkt importiert. Über das »Lofting« (**ERHEBUNG**) konnten die mit **SPLINES** verbundenen Punkte anschließend zu einer Fläche erweitert werden.

Die wesentlichen Unterschiede beim Erstellen einer 3D-Skizze zur 2D-Skizze sind:

- 3D-Skizzen werden in der Bauteilumgebung direkt im 3D-Raum erstellt.
- Die Skizzierumgebung im 3D-Raum hat nur eingeschränkte Möglichkeiten:
  - Als Zeichenwerkzeuge stehen Punkt, Linie, Bogen, Spiralförmige Kurve, Biegung, Kurvengleichung und Spline zur Verfügung.
  - Als Änderungswerkzeug gibt es nur die zum Spiegeln, Abrundung, Stutzen, Dehnen und Teilen.
  - Anstelle von Projektionsmöglichkeiten kann eine bereits bestehende Geometrie einbezogen und Schnitt- oder Silhouettenkurven von Flächen können integriert werden.

6.2.5 Grundsätze der Skizzenerstellung

Skizzen sollten nicht irgendwie, sondern nach einer gewissen begründbaren Vorgehensweise erstellt werden. Sinnvolle Schritte der Skizzenerstellung sind in dieser Reihenfolge:

- Zuerst die großen Elemente der Skizzen erstellen
- Sind die genauen Maße nicht bekannt oder macht die vom Inventor vorgeschlagene Elementbemaßung keinen Sinn, dann sind Skizzen nur ungefähr maßstäblich zu zeichnen und die Elemente einer Skizze auch nur ungefähr zu positionieren.
- Fehlende 2D-Abhängigkeiten hinzufügen, kontrollieren und ggf. ergänzen. Dabei sollten Sie in der Reihenfolge zuerst die absoluten, danach die geometrischen Abhängigkeiten vergeben (siehe Abschnitt 6.3).
- Bemaßung, von groß nach klein, d. h., in der Regel bestimmen die größten Maße die Grundgeometrie. Werden kleinere Maße vorher festgelegt, dann kommt es leicht zu einem »Umschlagen« der Skizzenform, und es ist dann manchmal mühsam, die richtige Form wieder herzustellen.

TIPP: Die erste Bemaßung in einer Skizze bestimmt den Darstellungsmaßstab der Skizze, deswegen sollte der größte Abstand, der in einer Skizze vorkommt, zuerst bemaßt werden. Diese Funktion, die seit Version 2013 integriert ist, verhindert, dass die Geometrie komplizierter Skizzen durch eine Bemaßung grob verzerrt wird. Sie vergrößert oder verkleinert die Skizze entsprechend dieser Bemaßung maßstäblich. Dieses Verhalten ist nur bei der ersten Skizzenbemaßung gegeben.

6.3 Die Skizzengeometrie

Grundsätzlich gibt es fünf verschiedene Skizzengeometrien, die sich zum Teil auch durch die Linientypen definieren:

- Standardgeometrie
- Konstruktionsgeometrie
- Mittelliniengeometrie und Punktdarstellung
- Referenzgeometrie
- Blockgeometrie

6.3.1 Standardgeometrie

Normale Linien und Kurven werden in der Standardgeometrie gezeichnet. Wurde der Linientyp nicht manuell verändert, dann sind dies dünne Volllinien. Die Farbe für diese Linienart variiert je nach Skizzenstatus (Freiheitsgrade der Skizzenelemente) und eingestelltem Farbschema.

Im Farbschema Millennium werden beispielsweise unbestimmte Linien grün, bestimmte Linien schwarz, im Farbschema Himmelblau werden sie violett und dunkelblau dargestellt.

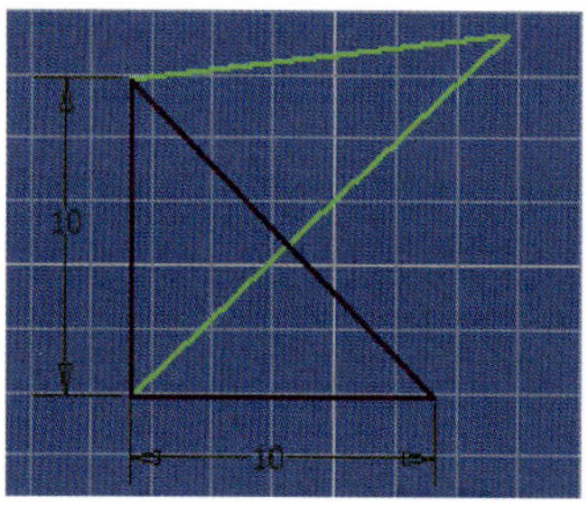

Farbschema Millennium

- bestimmte Elemente schwarz
- unbestimmte Elemente grün

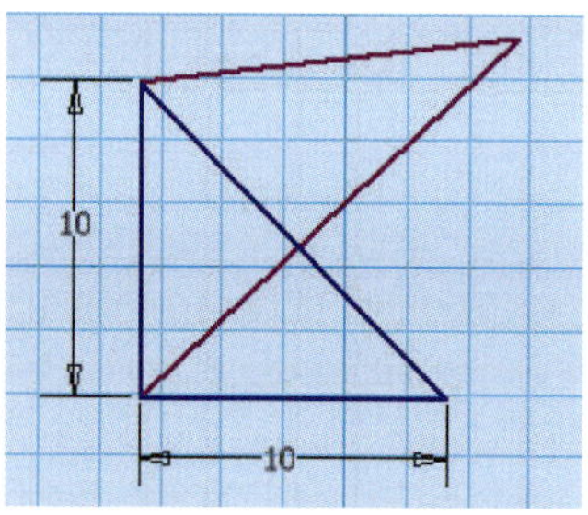

Farbschema Himmelblau

- bestimmte Elemente dunkelblau
- unbestimmte Elemente violett

6.3.2 Konstruktionsgeometrie

Mit der Konstruktionsgeometrie werden Hilfslinien gezeichnet, die dem Erstellen der eigentlichen Skizzengeometrie dienen. Konstruktionsgeometrie wird von nachfolgenden Befehlen (Extrusion, Drehung etc.) nicht als Skizzengeometrie erkannt.

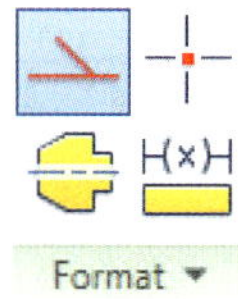

Schaltfläche, um eine Konstruktionslinie zu formatieren

Um eine Konstruktionsgeometrie zu erstellen, ist entweder vor dem Zeichenbefehl die Schaltfläche zu aktivieren oder nachträglich für ein markiertes Skizzenelement anzuklicken. Im voreingestellten Farbschema Millennium wird die Konstruktionsgeometrie in gelben, kurz gestrichelten Linien gezeichnet.

Das folgende Beispiel zeigt zwei Konstruktionslinien, deren Schnittpunkt den Mittelpunkt des Kreises festlegt.

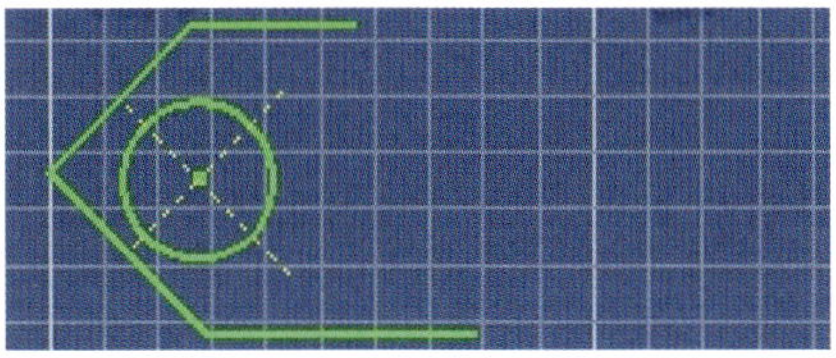

Farbschema Millennium
Konstruktions- und Skizzenlinien

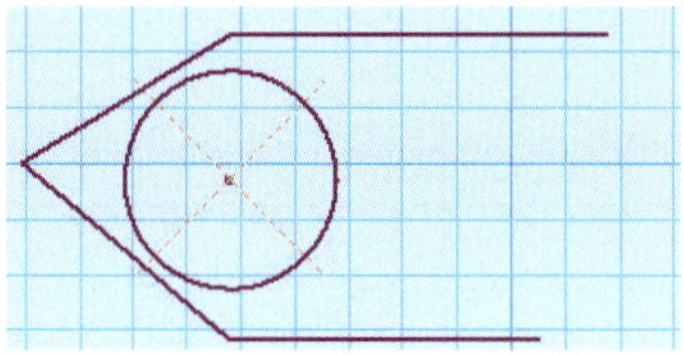

Farbschema Himmelblau
Konstruktions- und Skizzenlinien

6.3.3 Mittelliniengeometrie, Mittel- und Skizzierpunkte

Linien und Kurven, die als Mittelliniengeometrie erstellt werden, haben im Prinzip dieselben Eigenschaften wie die Konstruktionsgeometrie.

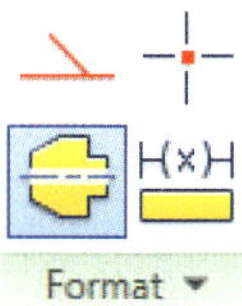

Schaltfläche, um eine Mittellinie zu formatieren

Um eine Mittelliniengeometrie zu erstellen, ist entweder vor dem Zeichenbefehl die Schaltfläche zu aktivieren oder nachträglich für ein markiertes Skizzenelement anzuklicken. Im voreingestellten Farbschema Millennium wird die Mittelliniengeometrie in grünen Strichpunktlinien gezeichnet.

Das folgende Beispiel zeigt den wesentlichen Unterschied zur Konstruktionsgeometrie. Beim Bemaßen zu einer Mittellinie hin bemaßt Inventor automatisch den entsprechenden Durchmesser.

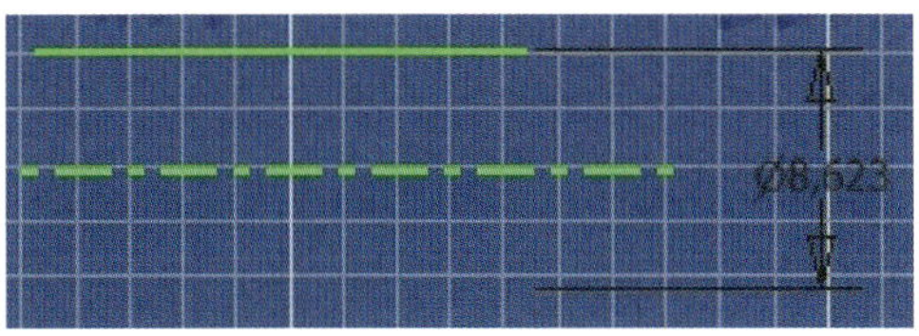

Farbschema Millennium
Mittellinie und Bemaßung

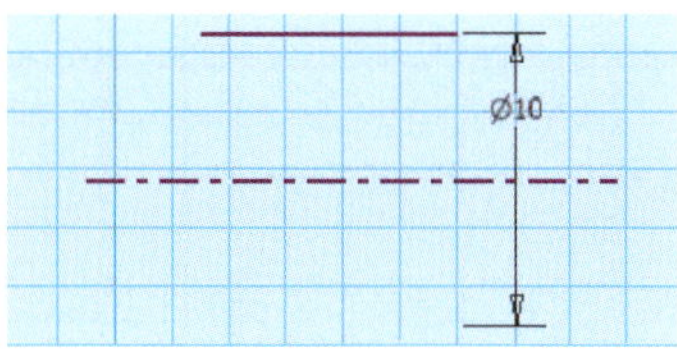

Farbschema Himmelblau
Mittellinie und Bemaßung

TIPP: Möchte man die automatische Durchmesserbemaßung nicht haben, kann man sie im Kontextmenü der Bemaßung abschalten.

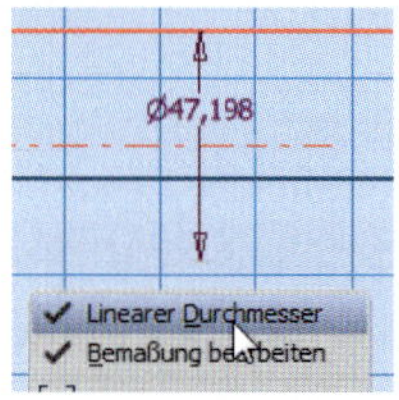

Mittel- und Skizzierpunkt

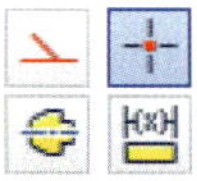

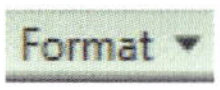

Schaltfläche zum Umschalten zwischen Mittel- und Skizzierpunkt

Ebenfalls zur Mittelliniengeometrie gehört die Formatierung der Punktdarstellung bzw. die Funktionsausführung des Befehls **PUNKT**. Das Icon **MITTELPUNKT** in der Befehlsgruppe **FORMAT** schaltet die Darstellung eingegebener Punkte zwischen einem Mittelpunkt mit Achsenkreuz (aktiviert) und einem einfachen Skizzierpunkt (nicht aktiviert) um bzw. formatiert diese entsprechend.

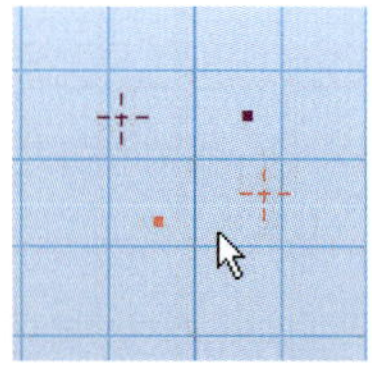

HINWEIS: Die ansonsten wenig aufregende Funktion hat neben der optischen Darstellung nur eine Aufgabe: Mittelpunkte werden bei der Erstellung von Bohrungen automatisch als Bohrungspunkte erkannt, Skizzierpunkte nicht.

6.3.4 Referenzgeometrie

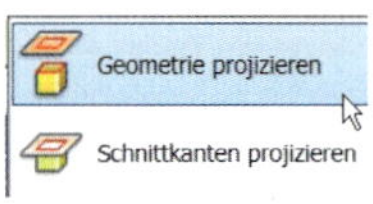

Als Referenzgeometrie werden Skizzenelemente bezeichnet, die von anderen Skizzen oder Bauteilkanten in die aktuelle Skizze projiziert werden.

Die Standardbefehle zum Erzeugen von Referenzgeometrien sind:

- **GEOMETRIE PROJIZIEREN:** Mit dieser Funktion können einzeln zu selektierende Elemente (Kanten, Punkte) vorher erstellter Elemente in die aktive Skizzierebene projiziert werden.
- **SCHNITTKANTEN PROJIZIEREN:** Mit dieser Funktion werden automatisch alle Durchdringungspunkte oder Tangentenlinien aller vorher erzeugten Elemente, die die aktive Skizzierebene durchdringen oder tangieren, als Referenzgeometrie in die Skizze übernommen.

Das Beispiel zeigt den aus der schrägen Arbeitsebene/Skizze in die untere Skizze projizierten Kreis, der dort zur Ellipse wird. Im Farbschema Millennium wird die Referenzgeometrie in magentafarbenen Volllinien gezeichnet.

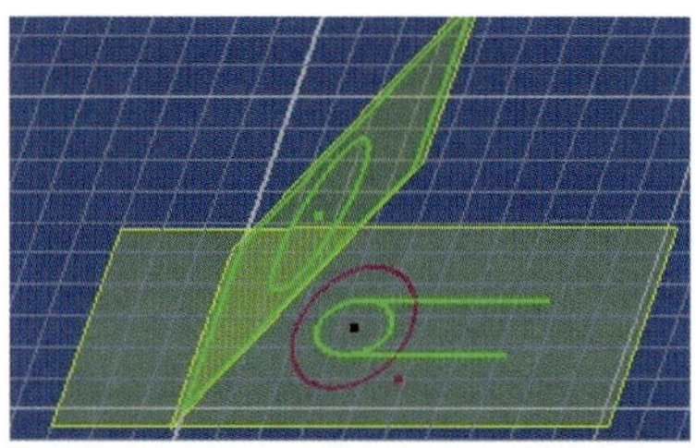

6.3.5 Blockgeometrie

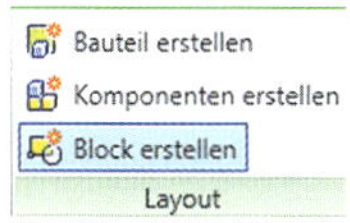

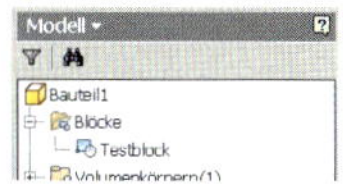

Mit der Referenzgeometrie verwandt, aber doch etwas völlig anderes ist die Blockgeometrie. AutoCAD-Anwendern sind Blöcke seit Langem bekannt. Im Inventor ist diese Technik in etwas abgeschwächter Form, aber in ähnlicher Art und Weise verfügbar.

Eine Bauteildefinition kann Blöcke enthalten, die als Geometriemakros über die Befehlsgruppe **LAYOUT** und die Schaltfläche **BLOCK ERSTELLEN** erstellt werden.

Wurde ein Block durch die Auswahl der Skizzenelemente und eines Einfügepunktes erstellt, erscheint im Objektbrowser der neue Ordner »Blöcke«, der im folgenden Beispiel einen Testblock bzw. den Block1 enthält. Dieser Block kann nun entweder einfach in eine aktive Skizzenumgebung gezogen oder per Kontextmenübefehl **BLOCK PLATZIEREN** eingefügt werden.

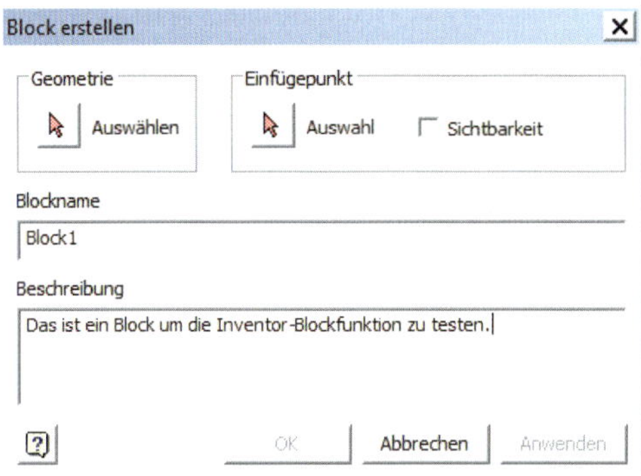

Dialogfenster BLOCK ERSTELLEN

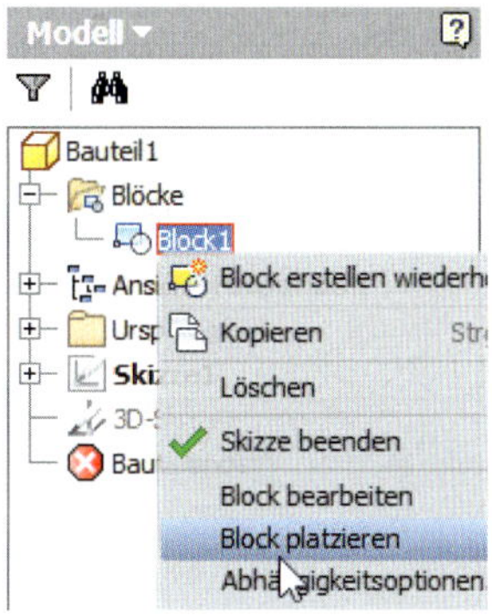

BLOCK PLATZIEREN

Eingefügte Block-Geometrien können in der Skizzenumgebung nicht mehr bearbeitet werden.

6.4 Die 2D-Abhängigkeiten

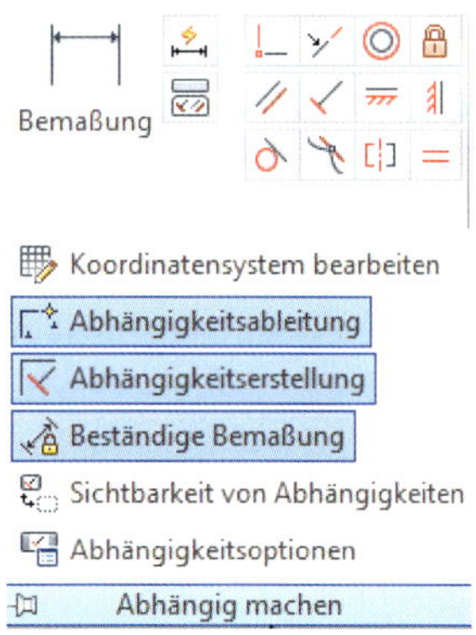

2D-Abhängigkeiten (2D-Constraints) steuern die Lage und die Größe der gezeichneten Elemente in Skizzen. Da Skizzen grundsätzlich parametrisch sind, verändern sie ihre Gestalt, wenn eine ihrer geometrischen Eigenschaften verändert wird. Damit die Skizze (und später auch das Bauteil) ihre generell definierte Form beibehält, müssen 2D-Abhängigkeiten vergeben werden.

Grundsätzlich lassen sich drei Arten von 2D-Abhängigkeiten unterscheiden:

- Absolute geometrische Abhängigkeiten
- Relative geometrische Abhängigkeiten
- Bemaßungsabhängigkeiten

Die Bemaßungsabhängigkeiten werden im nächsten Abschnitt eigenständig behandelt.

6.4.1 Absolute Abhängigkeiten

HINWEIS: Absolute Abhängigkeiten bestimmen die Lage eines Elementes im Raum unabhängig von anderen Elementen.

Eine absolute Abhängigkeit legt somit ein Element nur aufgrund seiner eigenen geometrischen Eigenschaft fest.

Die Abhängigkeit **FESTGELEGT** nimmt dabei eine besondere Stellung ein, sie bestimmt lediglich die Position eines Elementes in Bezug auf das Koordinatensystem. Mit dieser Funktion werden Skizzen im Koordinatensystem fest verankert und können damit leichter vollbestimmt werden.

TIPP: Beginnt man das erste Skizzenelement (Linie, Boden, Kreismittelpunkt etc.) im Ursprung des Koordinatensystems (Nullpunkt), so wird dieser Anfangspunkt automatisch festgelegt.

Absolute Abhängigkeiten sind:

Symbol	Erklärung	Symbol	Erklärung	Symbol	Erklärung
	Horizontal richtet Elemente horizontal aus.		Vertikal richtet Elemente vertikal aus.		Fest legt den Endpunkt eines Skizzenelements auf eine Position fest.

6.4.2 Geometrische Abhängigkeiten

HINWEIS: Geometrische Abhängigkeiten stellen Beziehungen zwischen zwei Elementen her. Sie können zwischen zwei Objekten in derselben Skizze oder zwischen den Objekten einer Skizze und einem vorhandenen Element (per Referenz) erstellt werden.

Wenn Sie z. B. sicherstellen möchten, dass zwei Bögen immer dieselbe Größe aufweisen oder zwei Linien immer parallel verlaufen sollen, wenden Sie diese geometrischen Abhängigkeiten auf diese Objekte an.

Die Bezeichnungen in den Skizzen für geometrische Abhängigkeiten sind:

Symbol	Erklärung	Symbol	Erklärung	Symbol	Erklärung
	Lotrecht richtet zwei Elemente rechtwinkelig zueinander aus.		Parallel richtet zwei Elemente parallel zueinander aus.		Kollinear macht Elemente in ihrer Verlängerung achsengleich.
	Stetig (G2) glättet Spline-Übergänge, z. B. von Splines zu Linien oder zu Splines.		Tangential richtet zwei Elemente tangential zueinander aus.		Konzentrisch macht Bögen, Kreise, Ellipsen und Arbeitspunkte konzentrisch zueinander.
	Gleich macht Elemente gleich lang.		Symmetrisch macht Elemente in Bezug auf eine Achse symmetrisch.		Koinzident macht Elemente einer Skizze deckungsgleich.

6.5 Bemaßungsabhängigkeiten

Die Bemaßungsabhängigkeiten werden den Skizzen als Bemaßung hinzugefügt.

Bemaßungen verhalten sich parametrisch, d. h., das Verändern einer Maßzahl bewirkt die geometrische Änderung des bemaßten Elements und der Elemente, die durch Abhängigkeiten mit diesem verbunden sind.

Es folgt ein kleiner Ausflug in die Parametrik eines CAD-Systems.

6.5.1 Die Parametrik des Systems

Parameter sind Größen, die einen veränderlichen Wert haben. Bei Skizzenelementen beinhalten diese Parameter messbare geometrische Informationen (Längen, Winkel etc.).

Die Assoziativität zwischen der Geometrie des Skizzenelementes und seiner Parameter ist bidirektional, d. h., ändert ein Element seine geometrische Form (z. B. die Länge), dann ändert sich automatisch auch der Parameterwert, der diese Eigenschaft (z. B. die Länge) bestimmt, und umgekehrt.

Auf der Registerkarte **VERWALTEN** gibt es die Befehlsgruppe **PARAMETER** mit der entsprechenden Schaltfläche. Die Funktion ruft das Parameter-Fenster auf, das in etwa die folgenden Informationen zeigt.

Jedes durch eine Skizzenbemaßung oder durch eine Bauteilaktion (Extrusion, Rotation, Erhebung etc.) definierte Maß wird als Parameter definiert und in diese Liste eingetragen. Die Parameternamen werden automatisch vergeben und fortlaufend durchnummeriert mit d0, d1, d2 usw.

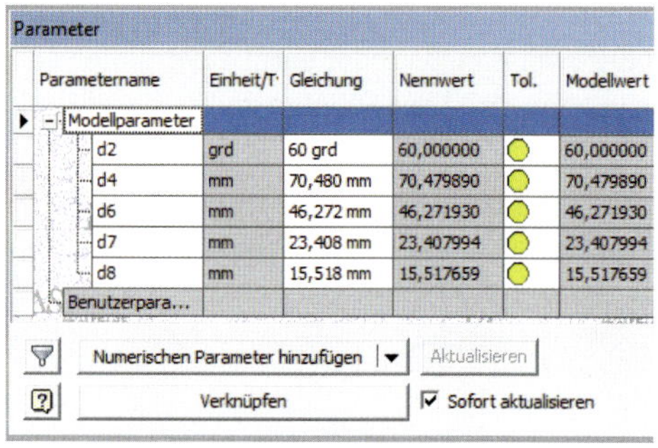

HINWEIS: Parameternamen können geändert werden. Wenn Sie mit Parametern arbeiten, sollten Sie die vorgegebenen Bezeichnungen in *sprechende* Namen (Breite, Länge, Dicke etc.) ändern.

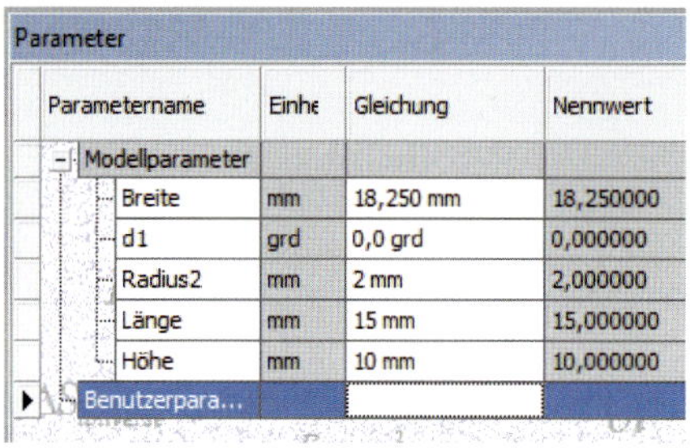

Sprechende Parameter mit Werten

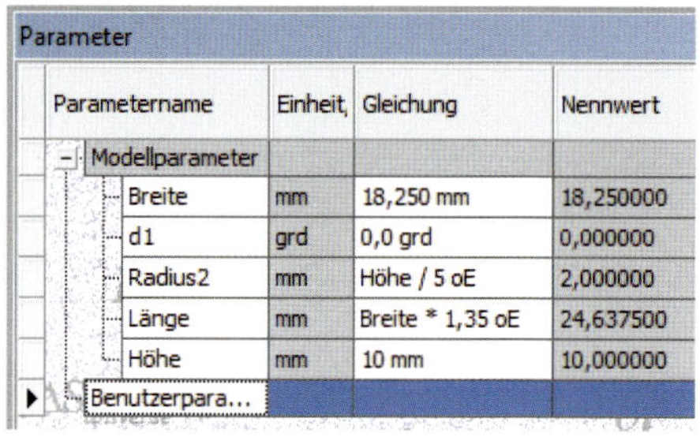

Sprechende Parameter mit Formeln

Der Parameter »Länge« bekommt jetzt immer den Wert, der dem Ergebnis von 1,35 x Breite entspricht (oE bedeutet »ohne Einheit«). Die Spalte »Nennwert« zeigt immer das Ergebnis der Berechnung an.

Wird jetzt der Wert für die Breite geändert, so ändert sich automatisch die Länge des Bauteils.

Zulässige Formelzeichen (Auswahl) im Parameter-Fenster

Formelzeichen	Bedeutung
+, −, *, /	Die Grundrechenarten
^, sqrt(x)	Exponent und Wurzel
abs(x)	Absolutwert
atn(x)	Arkustangens
cos(x)	Kosinus
sin(x)	Sinus
int(x)	ganze Zahl von x

HINWEIS: Diese Thematik, das Automatisieren mit Parametern, wird an zwei Stellen in diesem Buch vertieft. Bereits in Abschnitt 6.6 wird die Skizzensteuerung mit Excel behandelt, und in Abschnitt 8.7.3 finden Sie nähere Informationen zur iLogic-Funktion.

6.5.2 Die Bemaßungsfunktion

Die Bemaßungsfunktion wird auf der Registerkarte **SKIZZE** in der Befehlsgruppe **ABHÄNGIG MACHEN** durch den Button **BEMASSUNG** oder über das Markierungsmenü **ALLGEMEINE BEMASSUNG** im Skizzierbereich aufgerufen. Es sind jeweils nur die zu bemaßenden Elemente anzuklicken.

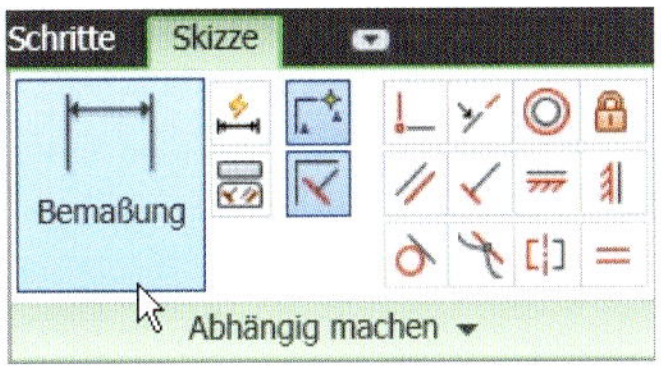

HINWEIS: Alle unterschiedlichen Bemaßungsarten, wie linear, Winkel, Durchmesser, Radius etc., erkennt Inventor automatisch.

6.5.3 Getriebene Bemaßung

Wird ein Maß zu viel angegeben (die Skizze würde dadurch überbestimmt), so erscheint ein Meldungsfenster, und Sie haben die Möglichkeit, diese Bemaßung zu akzeptieren. Solche Maße werden als *getriebene Bemaßung* bezeichnet.

Das DIN-gerecht in Klammern gesetzte Maß 5,7 ist eine getriebene, d. h. überflüssige Bemaßung, da der Wert einer 45°-Fase durch die beiden Abstände 4 mm bereits bestimmt ist.

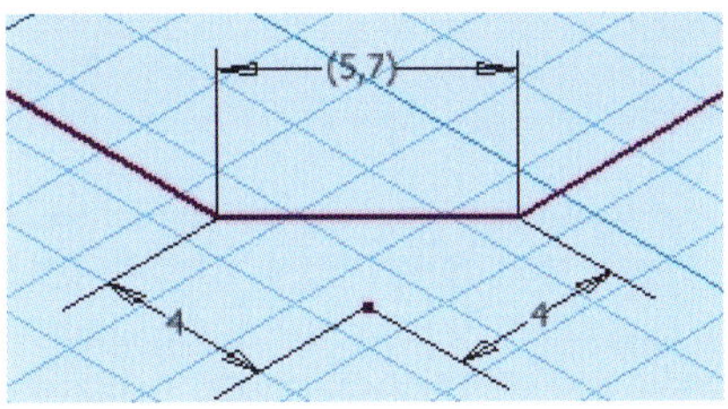

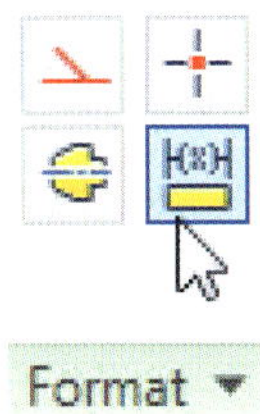

Schaltfläche zum Einschalten des Modus *getriebene Bemaßung*

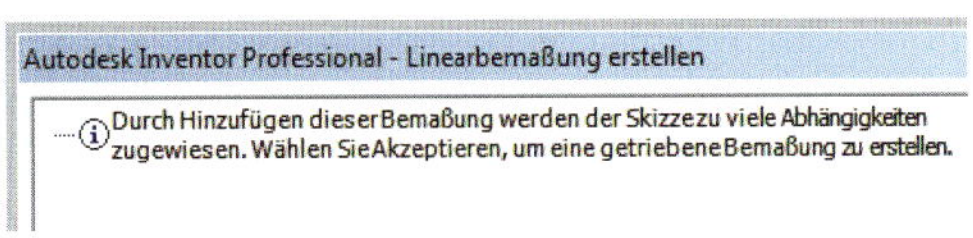
Autodesk Inventor Professional - Linearbemaßung erstellen

Durch Hinzufügen dieser Bemaßung werden der Skizze zu viele Abhängigkeiten zugewiesen. Wählen Sie Akzeptieren, um eine getriebene Bemaßung zu erstellen.

Meldung bei einer überbestimmten Bemaßung, die als getriebene Bemaßung akzeptiert werden kann

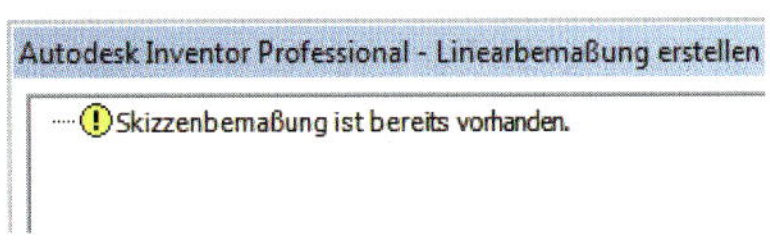
Autodesk Inventor Professional - Linearbemaßung erstellen

Skizzenbemaßung ist bereits vorhanden.

Meldung bei einer doppelten Bemaßung, die nicht ausgeführt werden kann

Eine *getriebene Bemaßung* kann als Klammermaß auch absichtlich und ohne Überbestimmung erzeugt werden, wenn während des Bemaßungsvorgangs die entsprechende Schaltfläche in der Befehlsgruppe **FORMAT** aktiviert wird.

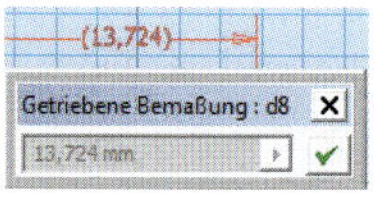

Klammermaße verhalten sich nur teilweise assoziativ, d. h., sie ändern zwar ihren Wert bei Geometrieänderungen, ihre Werte, und damit die bemaßten Geometrien, können aber nicht direkt geändert werden.

6.5.4 Ausgerichtete Bemaßung

Lineare Bemaßungen werden grundsätzlich horizontal oder vertikal ausgeführt, je nachdem, wie der Cursor bewegt wird. Möchte man eine Bemaßung z. B. nach einer schrägen Linie ausrichten, so kann man während der Bemaßung über das Kontextmenü die Funktion **AUSGERICHTET** aufrufen.

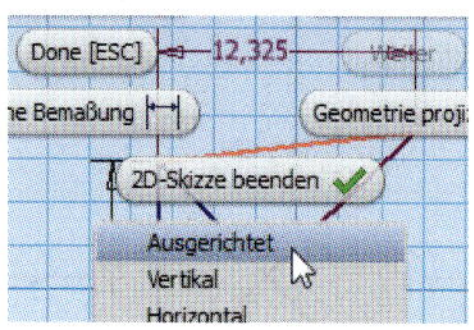

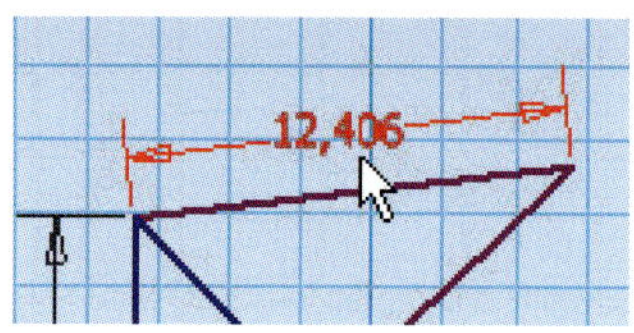

6.5.5 Toleranzangaben

Häufig werden Bauteile und Baugruppen dafür konstruiert, Zeichnungen erstellen zu können. Toleranzen werden dann in der Zeichnung eingegeben. Das Bauteil bleibt davon unbeeinflusst.

HINWEIS: Bemaßungen in Skizzen können ebenfalls mit Toleranzangaben versehen werden.

Skizzen, und damit auch Bauteilbemaßungen, mit Toleranzen auszuführen, kann in bestimmten Fällen trotzdem durchaus sinnvoll sein. Werden die Bauteildaten beispielsweise direkt für die Fertigung benötigt und abgerufen, so ist es notwendig, die Bauteilmaße mit entsprechenden Toleranzen auszustatten. Werden keine Toleranzen angegeben, so wird die Standardeinstellung (siehe Dokumenteinstellungen) angewendet.

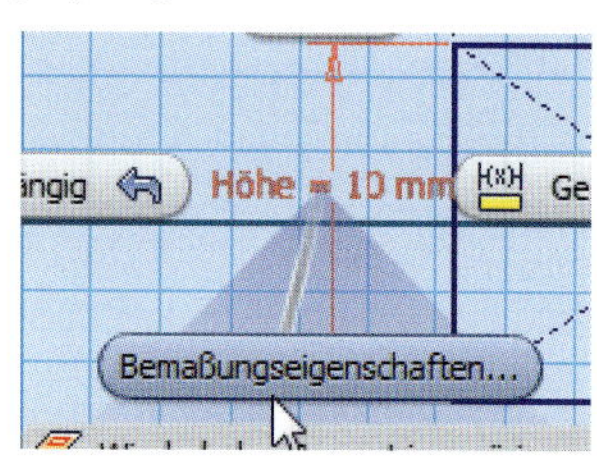

Sollen andere Toleranzwerte für ein Maß angegeben werden, so ist dies, außerhalb der Bemaßungsfunktion, durch die Auswahl **BEMASSUNGSEIGENSCHAFTEN...** im Markierungsmenü eines Maßes möglich.

Im Dialogfenster **BEMASSUNGSEIGENSCHAFTEN** können alle Einstellungen bezüglich Genauigkeit und Toleranzangaben eingegeben werden.

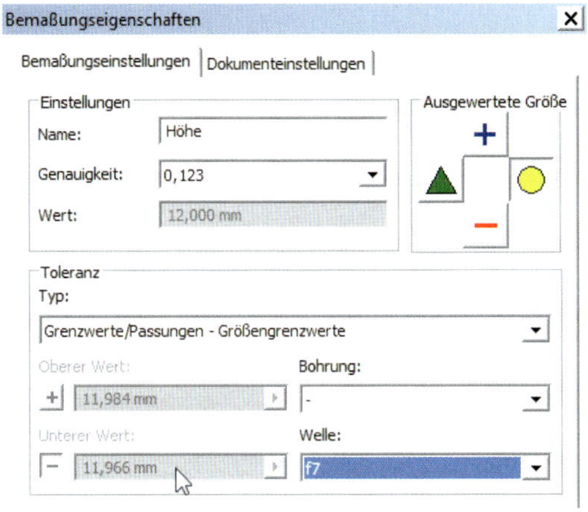

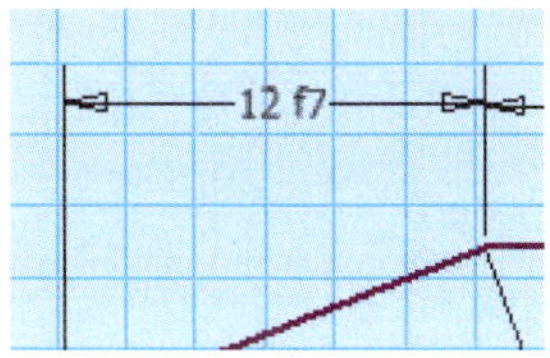

Der **NAME** im obersten Feld bezeichnet den Parameternamen der gewählten Bemaßung.

Im Listenfeld **TOLERANZ** → **TYP** kann die Toleranzart ausgewählt werden.

Wird, wie im Beispiel, eine Passungsangabe (**F7**) gewählt, erscheinen in den deaktivierten Feldern für die oberen und unteren Abmaße die Werte für diese Angabe und am Maß wird der Zusatz f7 neben der Maßzahl eingefügt.

Entsprechend wird bei der Auswahl **SYMMETRISCH** und dem Wert **1 MM** die Plus-/Minustoleranz an der Maßzahl eingetragen.

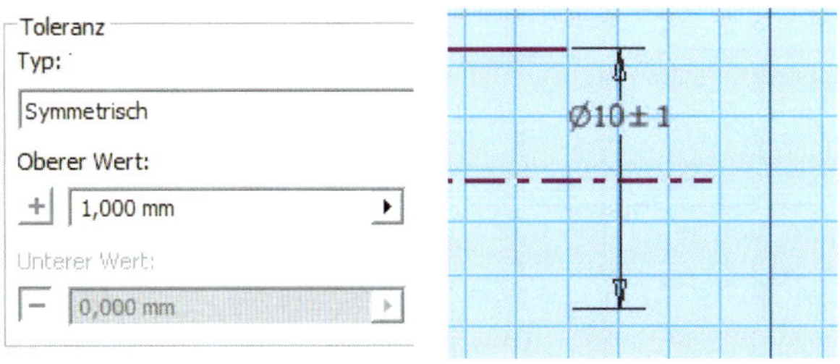

Bemaßungstoleranz Symmetrisch mit dem Wert 1 mm eingestellt und angezeigt

6.5.6 Bemaßungsanzeige

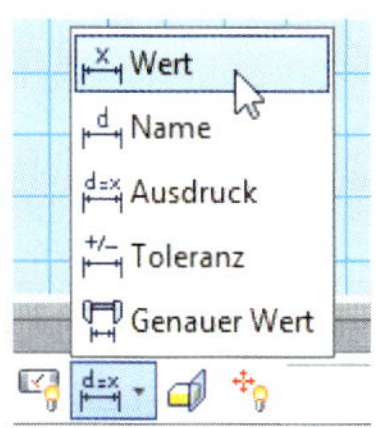

Die Art der Anzeige einer Bemaßung geschieht einfach und schnell über den Button in der Statuszeile (wie bereits in Abschnitt 6.1.2 beschrieben).

Soll die Anzeige der Bemaßungsart dauerhaft eingestellt bleiben, so kann auf der Registerkarte **EXTRAS** in der Befehlsgruppe **OPTIONEN** das Dialogfenster **DOKUMENTEINSTELLUNGEN** aufgerufen und auf der Registerkarte **EINHEITEN** unter **ANZEIGE DER MODELLIERUNGSBEMASSUNG** kann die Anzeige des Maßes einer Bemaßung eingestellt werden.

6.6 Maße mit Excel-Tabelle verknüpfen

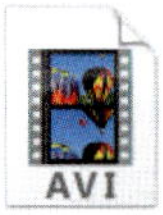

Excel-Steuerung: *.avi auf DVD

Die folgende Sequenz, ein Bauteil über Excel steuern, befindet sich als Film (**Bauteil_mit_Excelsteuerung.avi**) auf der beiliegenden DVD.

Eine sehr interessante und flexible Funktion ist es, die tatsächlichen Maße einer Skizze aus einer Excel-Tabelle zu entnehmen bzw. sie direkt mit dem Bauteil zu verknüpfen. Als Konsequenz können Sie dann die Maße eines Bauteils direkt über eine Excel-Tabelle steuern.

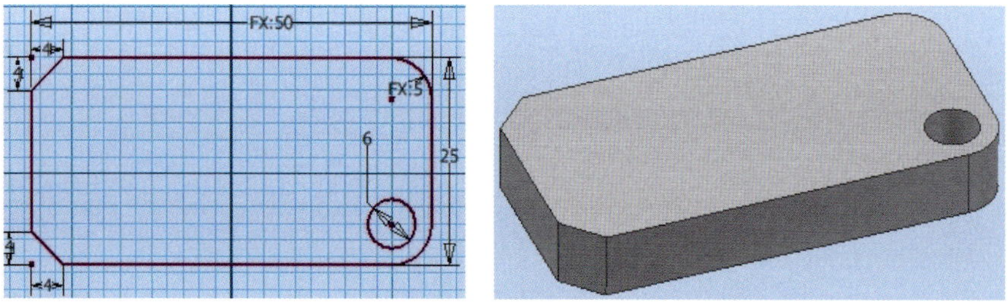

Skizze und extrudiertes Bauteil für die Excel-Steuerungen

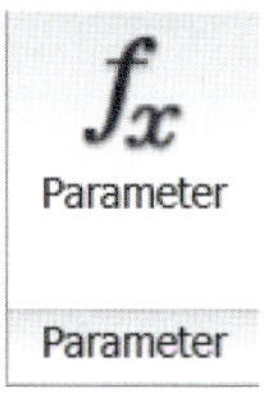

Für dieses Beispiel soll das Bauteil (**Bauteil2.ipt** auf der DVD) mit einer Excel-Tabelle so verbunden werden, dass die Breite, der Radius und die Dicke durch Excel gesteuert werden. Das Bauteil wurde auf 7,5 mm extrudiert.

Damit die Orientierung und die Excel-Verknüpfung übersichtlicher werden, wurden alle relevanten Parameter mit »sprechenden« Namen versehen.

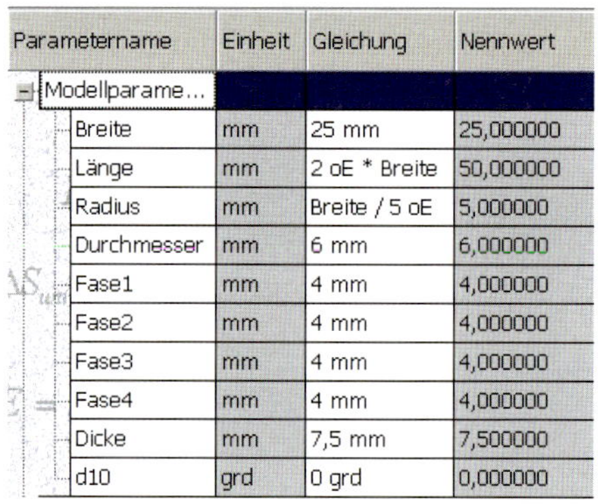

Parametername	Einheit	Gleichung	Nennwert
Modellparame...			
Breite	mm	25 mm	25,000000
Länge	mm	2 oE * Breite	50,000000
Radius	mm	Breite / 5 oE	5,000000
Durchmesser	mm	6 mm	6,000000
Fase1	mm	4 mm	4,000000
Fase2	mm	4 mm	4,000000
Fase3	mm	4 mm	4,000000
Fase4	mm	4 mm	4,000000
Dicke	mm	7,5 mm	7,500000
d10	grd	0 grd	0,000000

6.6.1 Die Excel-Tabelle

Die Excel-Tabelle sollte (muss aber nicht) das abgebildete Aussehen haben. Die Titelzeile (Zeile 1) kann völlig frei gestaltet werden und dient nur der eigenen Übersicht, da mit der **Startzelle A2** gearbeitet wird.

Sie können eine beliebige Zelle als Startzelle verwenden, müssen jedoch darauf achten, dass die Startzelle immer die erste Zelle links oben im auszuwertenden Inhaltsblock ist.

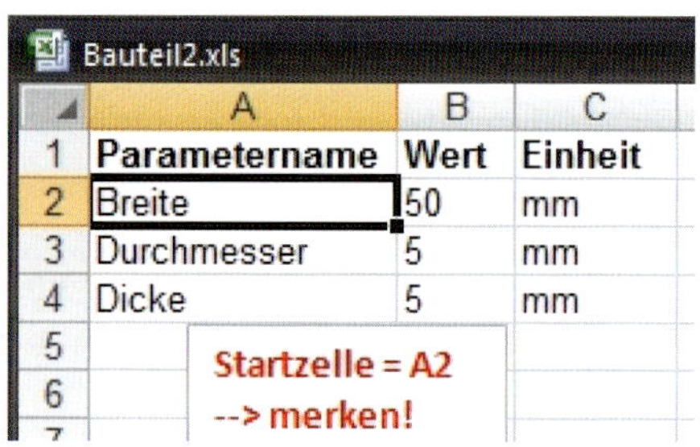

	A	B	C
1	Parametername	Wert	Einheit
2	Breite	50	mm
3	Durchmesser	5	mm
4	Dicke	5	mm
5			
6			

HINWEIS: Der Inhaltsblock muss aus den Parameternamen bestehen, die Sie im Inventor benutzen, und in der darauffolgenden Spalte Werte enthalten.

Die folgenden Spalten (Einheit etc.) sind optional. Sollen diese jedoch im Inventor ausgewertet werden, so müssen sie in der Reihenfolge kommen, in der sie im Inventor-Parameter-Fenster erscheinen.

Speichern Sie die Tabelle z. B. als **Bauteil2.xls** oder **Bauteil2.xlsx**, und schließen Sie sie.

6.6.2 Das Bauteil

Die Parameternamen (Breite, Durchmesser etc.) haben wir im vorherigen Abschnitt schon vergeben. In Excel sind die Parameternamen dieselben und müssen über sogenannte Benutzer-Parameter ins Inventor-Parameter-Fenster eingefügt werden.

Da im Inventor-Parameter-Fenster kein Parametername doppelt vorkommen darf, benennen wir die ursprünglichen Parameter um, fügen die Excel-Parameter als Benutzer-Parameter ein und stellen eine Beziehung zwischen den ursprünglichen und den Benutzer-Parametern her.

Benennen Sie die ursprünglichen Parameter um, indem Sie ihnen ein »_x« anhängen. Mit dem Button **HINZUFÜGEN** fügen Sie jetzt drei neue Benutzerparameter hinzu, und zwar mit den Namen Breite, Durchmesser und Dicke. Gleichzeitig geben Sie in die Gleichungsfelder der …_x-Parameter die jeweiligen Benutzerparameter ein:

- Breite_x → Breite
- Durchmesser_x → Durchmesser
- Dicke_x → Dicke

Parametername	Einheit	Gleichung	Nennwert
Modellparameter			
Breite_x	mm	25 mm	25,000000
Länge	mm	2 oE * Breite_x	50,000000
Radius	mm	Breite_x / 5 oE	5,000000
Durchmesser_x	mm	6 mm	6,000000
Fase1	mm	4 mm	4,000000
Fase2	mm	4 mm	4,000000
Fase3	mm	4 mm	4,000000
Fase4	mm	4 mm	4,000000
Dicke_x	mm	7,5 mm	7,500000

Ursprüngliche Parameter-Tabelle mit Formeln und modifizierten Namen

Parametername	Einheit	Gleichung	Nennwert
Modellparameter			
Breite_x	mm	Breite	25,000000
Länge	mm	2 oE * Breite_x	50,000000
Radius	mm	Breite_x / 5 oE	5,000000
Durchmesser_x	mm	Durchmesser	6,000000
Fase1	mm	4 mm	4,000000
Fase2	mm	4 mm	4,000000
Fase3	mm	4 mm	4,000000
Fase4	mm	4 mm	4,000000
Dicke_x	mm	Dicke	7,500000
d10	grd	0 grd	0,000000
Benutzerparameter			
Breite	mm	25 mm	25,000000
Durchmesser	mm	6 mm	6,000000
Dicke	mm	7,5 mm	7,500000

Geänderte Parameter-Tabelle mit Benutzer-Parametern und deren Zuordnung zu den _x-Parametern

6.6.3 Die Verknüpfung mit der Excel-Tabelle

Klicken Sie jetzt im Parameter-Fenster auf den Button **VERKNÜPFEN**. Das Fenster zum Öffnen einer Datei erscheint. Selektieren Sie die vorher erstellte Excel-Datei **BAUTEIL2.XLS**. Tragen Sie in das Feld **Startzelle** die Startzelle ein, die Sie sich gemerkt haben, in unserem Beispiel ist das die Zelle **A2**. Durch Klicken auf den Button **ÖFFNEN** im Dateifenster stellen Sie die Verknüpfung her.

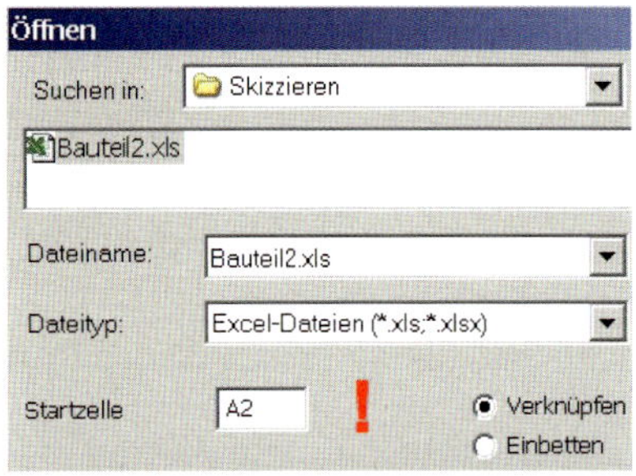

Die Verknüpfung ist jetzt hergestellt; im Parameter-Fenster erscheint eine neue Zeile mit dem Pfad zur verknüpften Excel-Datei. Klicken Sie im Parameter-Fenster auf den Button **FERTIG** – und sind damit auch fast fertig.

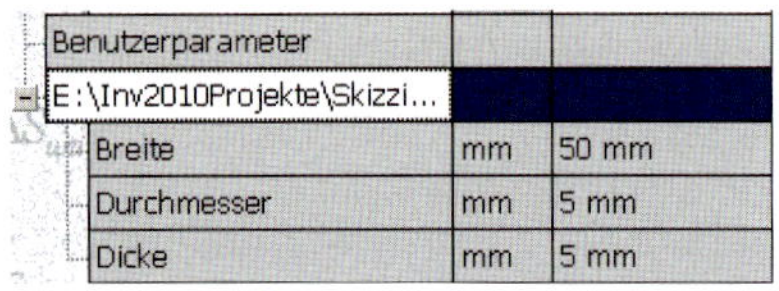

6.6.4 Das Ergebnis

Ist alles gut gegangen, dann hat sich auch im Objektbrowser etwas getan. Ein neues Ordnerobjekt mit dem Namen **Drittanbieter** ist entstanden, und darin befindet sich die Verknüpfung zu unserer Excel-Tabelle **Bauteil2.xls**.

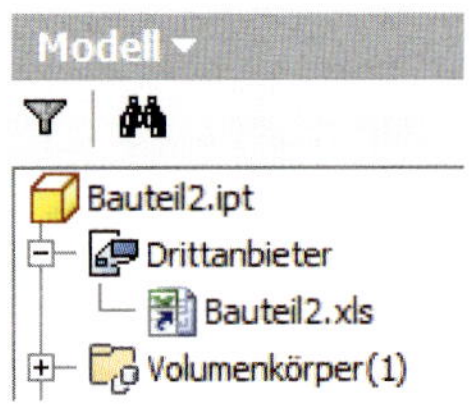

HINWEIS: Möchten Sie jetzt die Abmessungen des Bauteils in Excel ändern, dann dürfen Sie die Excel-Tabelle nur über diese Verknüpfung bearbeiten. Ansonsten erkennt Inventor die Veränderungen nicht.

Markieren Sie den Eintrag **BAUTEIL2.XLS**, rufen Sie das Kontextmenü auf, und wählen Sie **BEARBEITEN**.

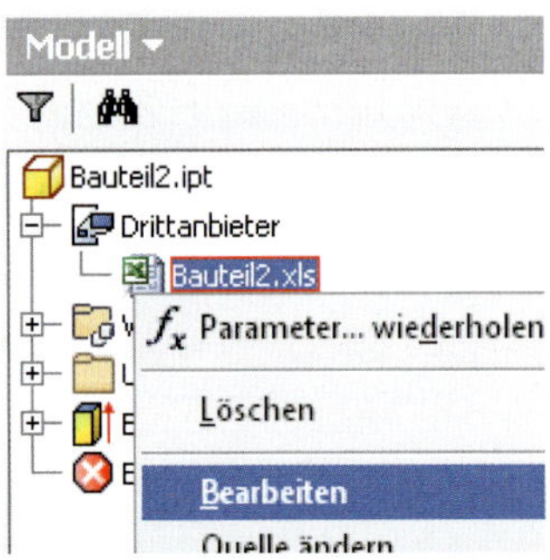

Es öffnet sich nach ein paar Windows-Gedenksekunden die Excel-Datei, in der Sie jetzt die gewünschten neuen Maße in die entsprechenden Zellen schreiben können. **SPEICHERN** und schließen Sie die Excel-Datei.

Aktualisieren

Die neuen Abmessungen sind jetzt zwar im Inventor-Bauteil, aber u. U. noch nicht umgesetzt. Dafür leuchtet ein neuer Button auf, der Button **AKTUALISIEREN**. Diese Schaltfläche gibt es zweimal, auf der Registerkarte **VERWALTEN** in der Befehlsgruppe **AKTUALISIEREN** befindet sie sich groß und in der Schnellzugriffsleiste ist sie noch mal klein vorhanden.

AKTUALISIEREN in der Schnellstartleiste

Befehlsgruppe **AKTUALISIEREN** auf der Registerkarte **VERWALTEN**

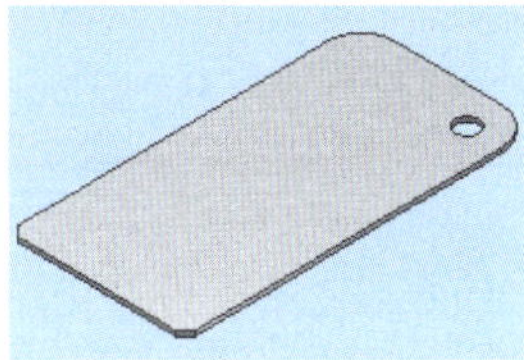

Aktualisiertes Bauteil

6.6.5 Fazit

Das Anlegen einer Excel-Verknüpfung ist schon mit etwas Arbeit verbunden. Insofern macht diese Technik natürlich auch nur dort einen Sinn, wo man mit einem parametrischen Bauteil viele verschiedene Varianten erzeugen kann.

Diese Bauteile müssen nicht komplex sein, ich denke dabei z. B. an einfache Norm- oder Kaufteile, etwa Bolzen, Schrauben, Scheiben, Griffe, Hebel usw. Einfache Bauteile eben, die entweder nicht in der Inventor-Normteilbibliothek enthalten sind oder bei denen Ihnen das Einfügen über die Bibliothek zu umständlich erscheint, oder Teile, die zwar in der Bibliothek sind, die Sie aber nach eigenem Gusto als Varianten bearbeiten möchten.

6.7 Automatisch vergebene Abhängigkeiten

Abhängigkeiten werden bereits während des Skizziervorgangs automatisch angewendet und eingefügt. Wird beim Erstellen einer Skizze z. B. eine Linie zu einer anderen als parallel erkannt, so fügt Inventor diese Abhängigkeit automatisch ein. Zu sehen ist dieser Vorgang während des Zeichnens an den Abhängigkeitssymbolen an beiden Elementen.

In den folgenden Abbildungen werden die jeweiligen Abhängigkeiten automatisch vergeben.

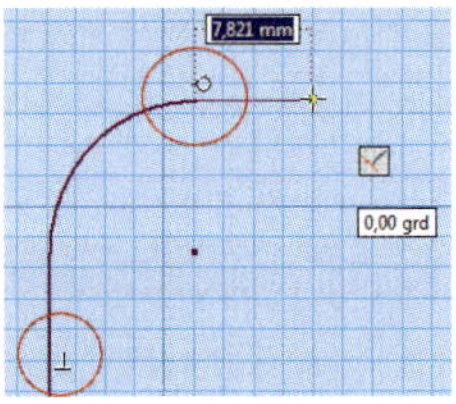

Tangential und Lotrecht

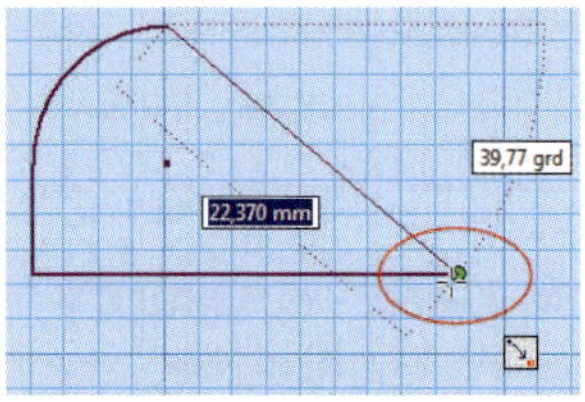

Koinzident und genauer Anschluss (grüner Punkt)

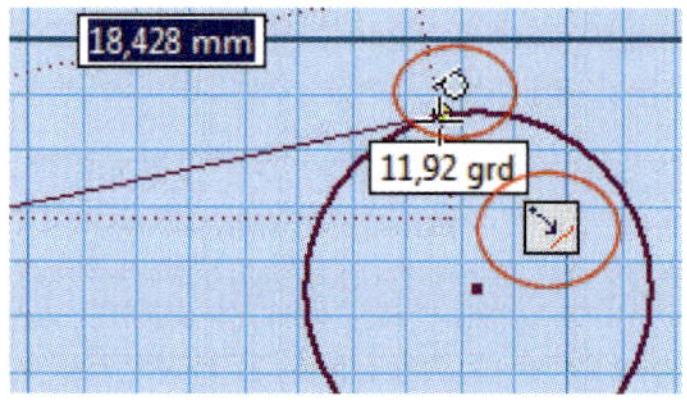

Tangential und Koinzident

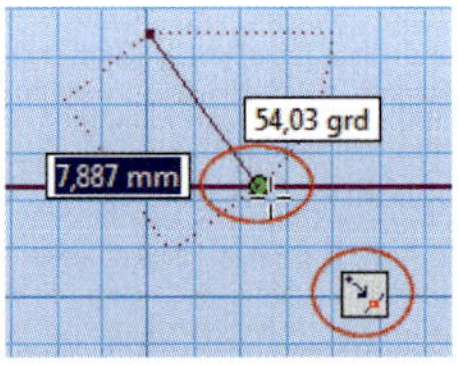

Anschluss an Linienmitte (grüner Punkt) und Koinzident

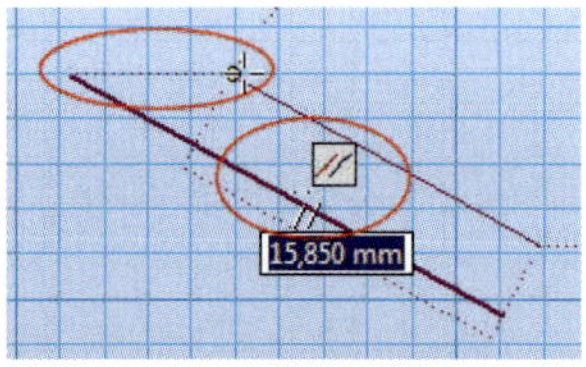

Parallel und Ausrichtung in gleicher horizontaler Höhe (punktierte Linie)

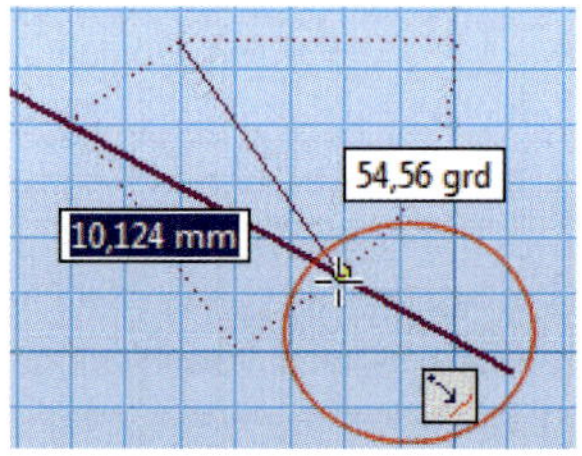

Einfacher koinzidenter Anschluss

HINWEIS: Sind automatisch vergebene Abhängigkeiten im Einzelfall nicht erwünscht, kann diese Funktion beim Zeichnen durch das Drücken der Strg-Taste unterdrückt werden.

Sollen nicht nur entweder alle oder keine Abhängigkeiten automatisch vergeben werden, so besteht die Möglichkeit, über den Kontextmenü-Eintrag **ABHÄNGIGKEITSOPTIONEN** und das entsprechende Dialogfenster diejenigen Abhängigkeiten auszuschalten, die nicht erwünscht sind.

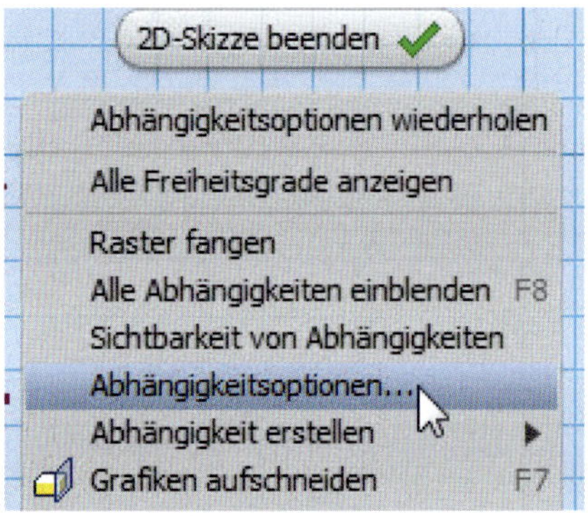

Kontextmenü zum Aufruf der Abhängigkeitsoptionen

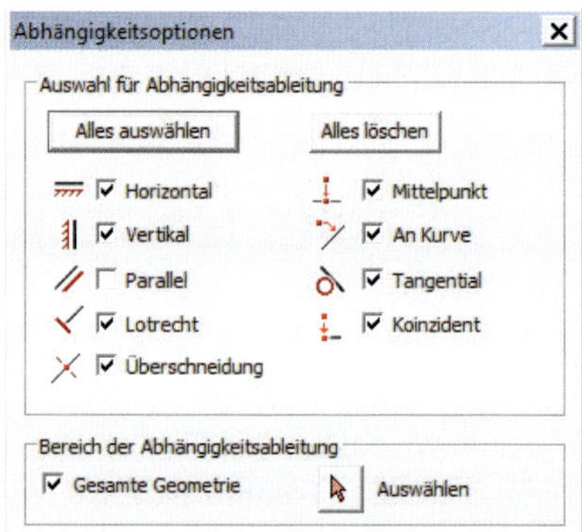

Dialogfenster zum Einstellen der automatischen Abhängigkeiten

Allgemeiner und

spezieller Anschlusspunkt

Beim Zeichnen wechselt auch die Darstellung des jeweiligen Endpunktes des aktiven Elements: Der **kleine gelbe Punkt** erscheint als allgemeiner Endpunkt, der bei Koinzidenzen zu anderen Elementen eine »magnetische« Wirkung hat.

Der **große grüne Punkt** erscheint immer dann, wenn der zu zeichnende Endpunkt mit einem anderen Anschlusspunkt (Linien- oder Bogenende, Linien- oder Bogenmitten, Zentrumspunkt) übereinstimmt. Auch dieser Punkt hat eine »magnetische« Wirkung.

HINWEIS: Die »magnetische« Wirkung der Endpunkte kann zumindest in Bezug auf Element-Mittelpunkte durch die gedrückte Strg-Taste eingeschränkt werden.

6.8 Abhängigkeiten ein- und ausblenden

Die Abhängigkeiten eines einzelnen Elementes werden mit einem Klick auf das Icon zum Anzeigen geometrischer 2D-Abhängigkeiten und zum anschließenden Zeigen auf das zu untersuchende Element aufgeführt.

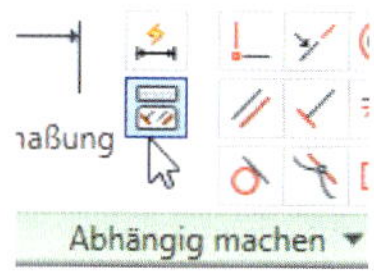

Abhängigkeit anzeigen

Am Cursor befindet sich das Abhängigkeits-Anzeigesymbol.

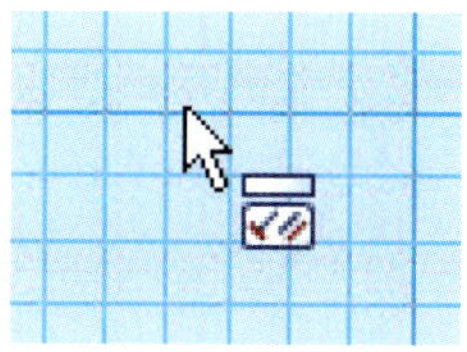

Wird der Cursor über gezeichnete Elemente bewegt, erscheinen temporär die Symbole der vergebenen Abhängigkeiten. Wird ein Element angeklickt, so bleiben die entsprechenden Symbole stehen. Beim Überfahren eines Symbols mit dem Cursor wird es gelb ausgefüllt, und die von dieser Abhängigkeit betroffenen Elemente werden rot dargestellt.

Im folgenden ersten Bild wurde die vertikale Linie zur Anzeige der Abhängigkeiten mit dem Cursor überfahren. Während das Element rot dargestellt wird, werden die Abhängigkeiten dieses Elements gelb hervorgehoben, die Anschlusspunkte sind koinzident zu den anschließenden Elementen, die Linie steht lotrecht auf der anderen, und der Übergang zum Bogen erfolgt tangential.

Nach einem Klick auf das rote Element werden die entsprechenden Abhängigkeiten permanent angezeigt und können bearbeitet werden.

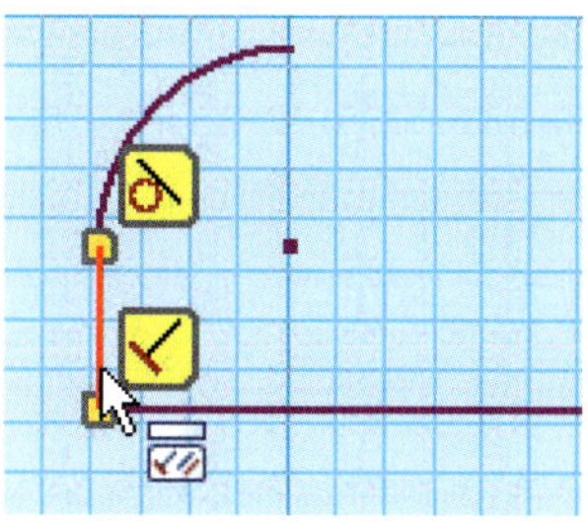

Anzeige der Abhängigkeiten der vertikalen Linie (rot): zweimal koinzident, lotrecht und tangential

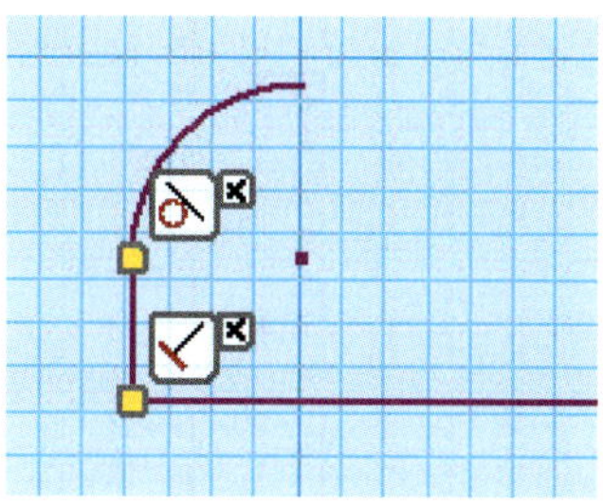

Abhängigkeiten können bearbeitet werden.

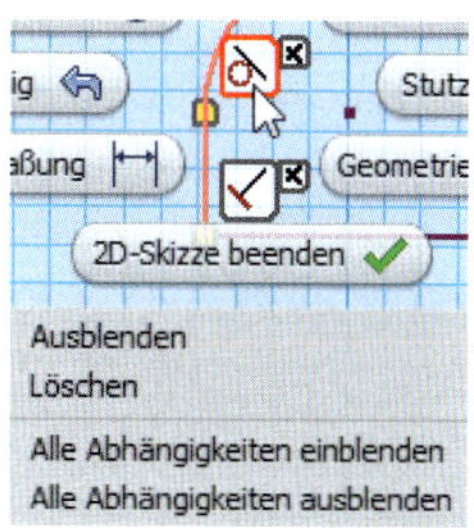

Kontextmenü der selektierten Abhängigkeit

Im Kontextmenü derart angezeigter Abhängigkeiten können diese ausgeblendet oder gelöscht werden.

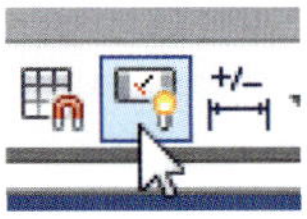

HINWEIS: LÖSCHEN bedeutet, dass die entsprechende Verknüpfung der Elemente entfernt wird und die Elemente nicht mehr über diese Abhängigkeit verfügen.

Der Button in der Statuszeile und die Funktionstasten **F8** und **F9** ermöglichen ein globales Ein- und Ausblenden.

6.8.1 Überbestimmte Abhängigkeiten

Wenn man versucht, Abhängigkeiten entweder mehrfach zu vergeben, oder sich widersprechende Abhängigkeiten auswählt, so erscheint eine entsprechende Inventor-Meldung.

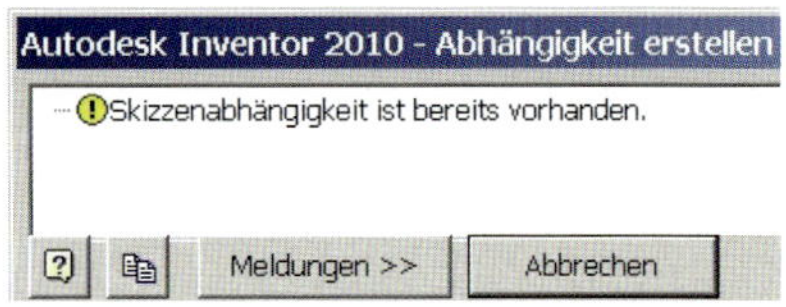

HINWEIS: Ein Hinzufügen einer überbestimmten Abhängigkeit ist nicht möglich, weil völlig sinnlos.

6.9 Genaues Positionieren beim Zeichnen

Im Zuge der Möglichkeit der direkten Eingabe der Koordinaten- bzw. Winkelwerte beim Zeichnen von Elementen sollte diese Funktion eigentlich weitgehend überflüssig sein.

Manchmal mag es trotzdem notwendig erscheinen, gezeichnete Elemente im Koordinatensystem sehr genau, d.h. unter der Angabe von X- und/oder Y-Koordinaten, zu erstellen oder Änderungen entsprechend genau auszuführen. Etwas versteckt in der Befehlsgruppe **ZEICHNEN** befindet sich das Werkzeug **PRÄZISE EINGABE**, mit dem dies bewerkstelligt werden kann.

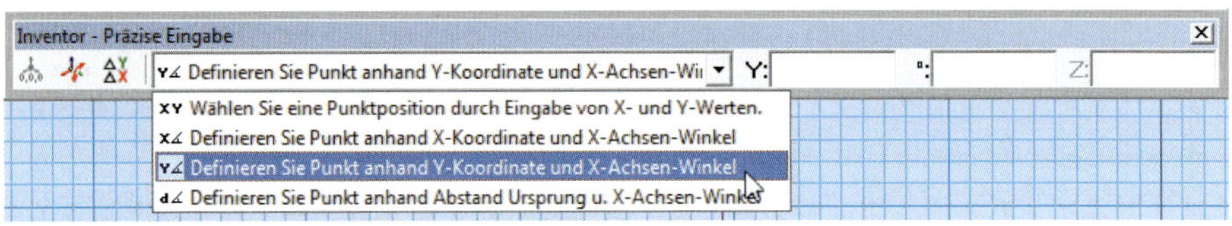

6.10 Mehrfache Skizzenverwendung

Skizzen können sowohl inner- als auch außerhalb eines Bauteils mehrfach verwendet werden. In beiden Fällen ist dieses Vorgehen oft rationeller als das Zeichnen neuer Skizzen.

6.10.1 Innerhalb eines Bauteils

Eine Skizze, aus der bereits ein Modell entstanden ist, ist Bestandteil dieses Modells, die Grundlage für dessen Extrusion, Rotation etc. und damit bereits verbraucht. Soll nun z. B. für einen weiteren Bearbeitungsschritt am selben Modell eine zusätzliche Extrusion mit derselben Skizze ausgeführt werden, so kann das erst einmal nicht funktionieren, denn die Skizze ist ja bereits an eine Extrusion gebunden.

Eine mögliche Lösung wäre, immer wieder neue Skizzen auf dem Bauteil zu erstellen, um mit diesen das Modell weiter zu bearbeiten. Das Modell wird dadurch jedoch komplizierter und evtl. instabil.

Eine effektivere Lösung bei umfangreichen Skizzen ist das Wiederverwenden der Skizze.

Soll eine Skizze mehrfach für unterschiedliche Aktionen verwendet werden, so kann man sie im Objektbrowser mit der rechten Maustaste anklicken und im Kontextmenü **SKIZZE WIEDER VERWENDEN** auswählen.

Wenn eine Skizze wieder verwendet wird, wird im Browser eine Kopie der ursprünglichen Skizze über dem Originalelement platziert. Die so entstandene Skizzenkopie kann jetzt entweder weiter bearbeitet oder für zusätzliche Bearbeitungsschritte benutzt werden.

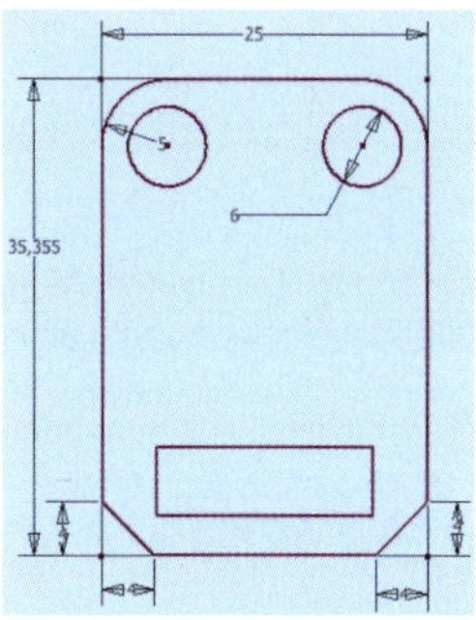

Skizze, von der im ersten Schritt nur eine Kontur extrahiert werden soll

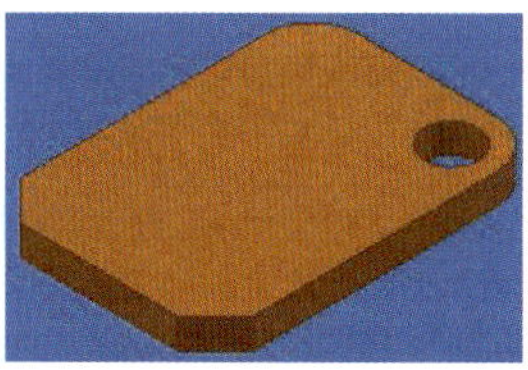

Extrudiertes Bauteil aus der nur zum Teil verwendeten Skizze

Objektbrowser mit dem extrudierten Bauteil und der für die Extrusion verbrauchten Skizze

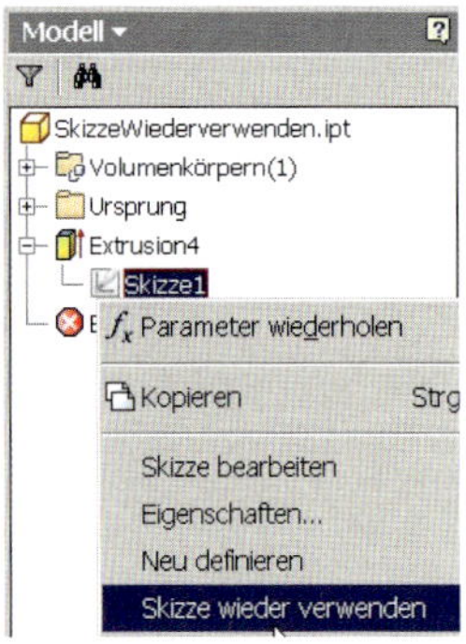

Die Funktion **SKIZZE WIEDER VERWENDEN** im Kontextmenü

Die **Skizze1** wurde oberhalb der Extrusion als freie Skizze eingefügt.

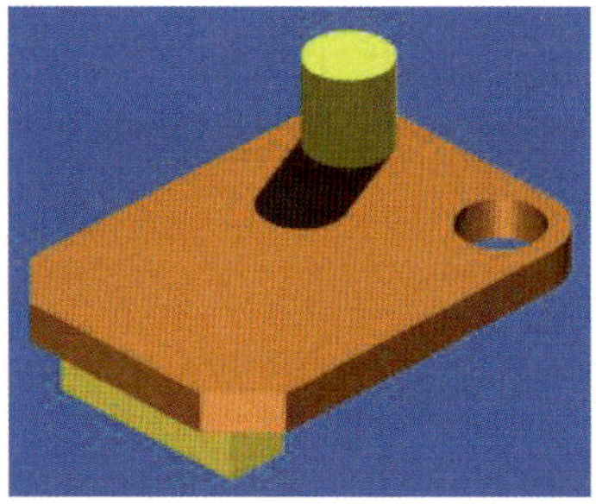

Aus der freien Skizze können weitere Extrusionen erstellt werden.

Im Objektbrowser sind drei Extrusionen mit derselben Skizze1 eingetragen.

Auch wenn es wie eine Baugruppe aussieht, es ist nur ein Bauteil. Die neuen Elemente wurden nur für die bessere Darstellung andersfarbig erzeugt.

Auch nach weiteren Extrusionen, Rotationen etc. bleibt die Skizzenkopie erhalten und kann immer wieder verwendet werden, ohne sie noch einmal kopieren zu müssen.

Das bearbeitete Bauteil besteht jetzt aus drei Extrusionen, die jedoch alle aus ein und derselben Skizze (Skizze1) abgeleitet sind.

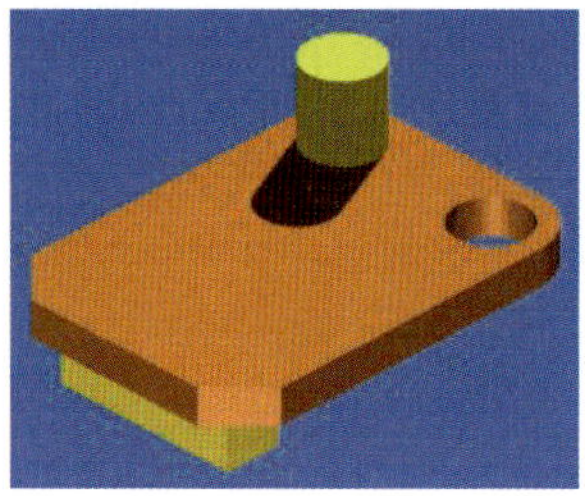

6.10.2 In anderen Bauteilen/Dokumenten

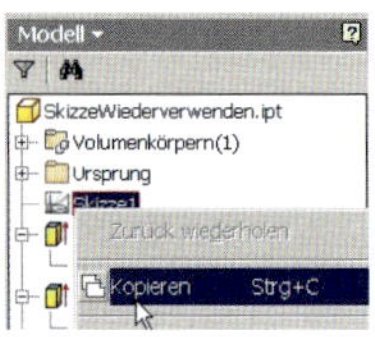

Möchte man in einem anderen Bauteil eine Skizze wieder verwenden, so lässt sich diese im Objektbrowser **KOPIEREN** (geht Windows-üblich auch mit **STRG-C**). In der Skizzierumgebung einer neuen oder einer anderen Bauteildefinition lässt sich diese Skizze bequem einfügen (Kontextmenü **EINFÜGEN** oder **STRG-V**).

HINWEIS: Bei diesem Verfahren sollten beide Bauteile in der Skizzierumgebung geöffnet sein, sowohl das Quell- als auch das Zieldokument. Es lassen sich so auch Teile von Skizzen in andere Bauteile übernehmen. Dabei ist darauf zu achten, dass die Skizze im Quelldokument nicht mit Abhängigkeiten zu Elementen versehen ist, die nicht mit kopiert werden – sonst geht's schief.

6.11 Skizzen importieren

Auch beim Import von Skizzen gibt es zwei Varianten.

- Skizzen aus anderen Bauteilen ableiten → abgeleitete Bauteile
- 2D-AutoCAD-Zeichnungen als Skizzen verwenden

6.11.1 Die Ableitung

Diese Möglichkeit der Skizzenwiederverwendung ist ein Sonderfall, der in einer späteren Übung noch genauer untersucht wird. Auf der Registerkarte **VERWALTUNG** befindet sich in der Befehlsgruppe **EINFÜGEN** hierzu die Schaltfläche **ABLEITEN**.

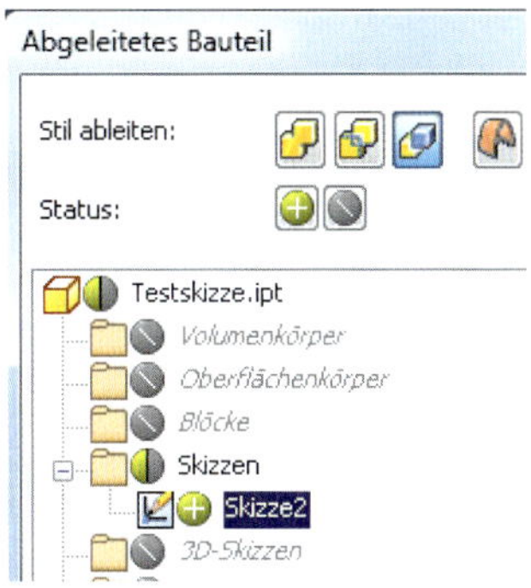

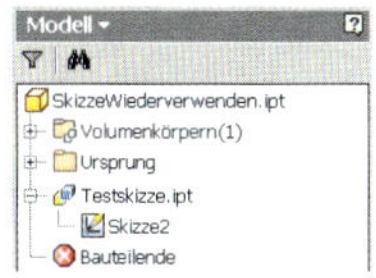

Nachdem nach dem Anklicken dieser Funktion z. B. ein Bauteil ausgewählt wurde, kann im nachfolgenden Dialogfenster selektiert werden, was von diesem Bauteil in einem neuen Bauteil oder einer Baugruppe verwendet (abgeleitet) werden soll.

Die ausgewählten Elemente werden in die neue Arbeitsumgebung eingefügt. Im Objektbrowser wird das abgeleitete Bauteil (hier Testskizze.ipt) jedoch weiterhin als eigenständiges Bauteil geführt.

HINWEIS: Veränderungen einer so abgeleiteten Skizze können nicht vorgenommen werden; sehr wohl jedoch Ergänzungen sowie alle Arten von Aktionen (Extrusion, Rotation etc.).

6.11.2 Von AutoCAD nach Inventor

Noch vor wenigen Jahren gab es kaum jemanden, der mit CAD zu tun hatte und AutoCAD nicht kannte oder hatte. Fast alle Schulen und Hochschulen, die meisten Betriebe und auch viele Studenten arbeiteten mit diesem Programm und produzierten eine unüberschaubar große Menge an 2D-CAD-Zeichnungen. Es wäre nicht nur einfach schade, sondern für viele Konstrukteure auch ein Problem, wenn sie beim Umstieg auf ein 3D-CAD-System ihren 2D-Fundus verlieren würden.

6.11.3 Der Weg von 2D- nach 3D-CAD

Der Weg von AutoCAD nach Inventor ist relativ einfach und führt, wen wundert es, über die 2D-Skizze. Eine 2D-Zeichnung ist ja im Prinzip nichts anderes als eine Inventor-Skizze, der lediglich die letzte Aktion, die Extrusion, Rotation, das Sweeping o.Ä. fehlen.

Inventor bietet die Möglichkeit, eine DWG-Zeichnung direkt zu importieren und alle enthaltenen Informationen wie Bemaßung, Layer, Linienstile etc. mitzunehmen.

Das DXF-Format, das auch von vielen Programmen als Importformat verwendet wird, ist dafür nicht so gut geeignet, da es, zwar ursprünglich auch von Autodesk entwickelt und später freigegeben, in vielen unterschiedlichen Versionen vorliegt und kein einheitlicher Standard existiert.

6.11.4 Eine DWG-Zeichnung importieren

Nach dem Inventor-Start und einer leeren Oberfläche klicken Sie im Menü **DATEI → ÖFFNEN** und ändern im Dialogfenster den Dateityp auf **DWG**-Dateien. Es startet der DWG-Import-Assistent, in dem Sie die gewünschten Optionen festlegen müssen.

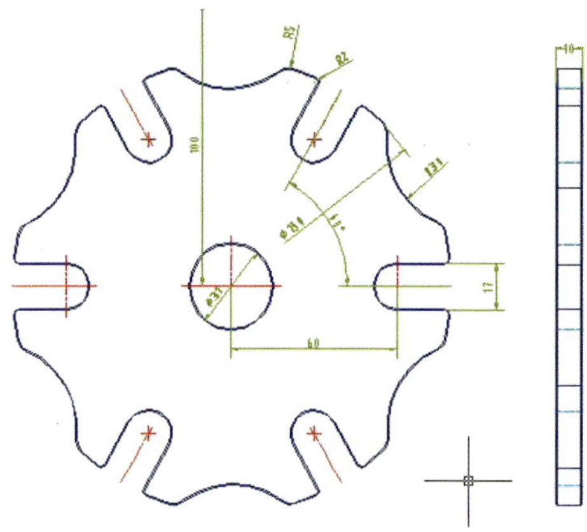

Das folgende Beispiel soll den Vorgang verdeutlichen.

Wir möchten die abgebildete AutoCAD-Zeichnung **Malteserrad.dwg** als Inventor-Skizze benutzen und weiter verarbeiten.

HINWEIS: Es wäre falsch, diese Datei jetzt direkt zu öffnen, denn dann würde diese Zeichnung auch im Inventor als Zeichnung geöffnet und entsprechend behandelt.

Um ein Inventor-Bauteil daraus machen zu können, ist im Inventor zuerst ein neues Bauteil zu beginnen.

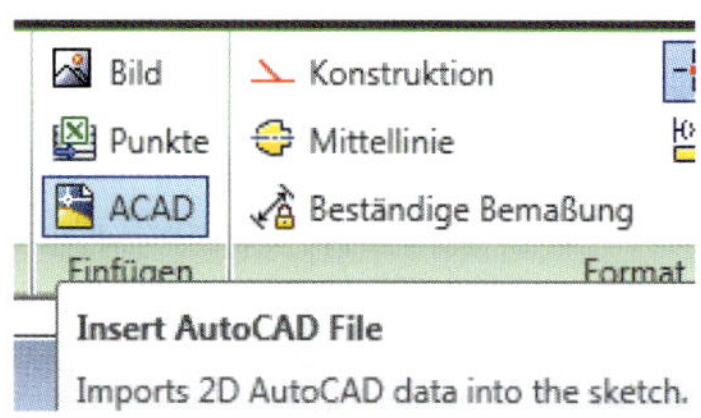

In der Skizzenumgebung gibt es in der Befehlsgruppe **EINFÜGEN** die Schaltfläche **ACAD-DATEI EINFÜGEN**.

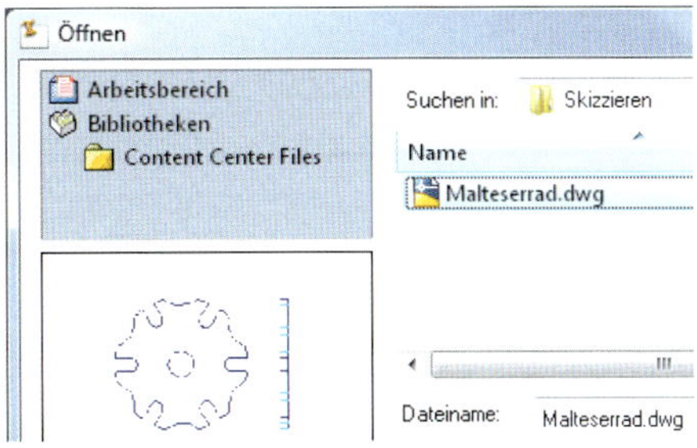

Es öffnet sich der Dialog zum Öffnen einer Datei, in der z.B. die Datei **Malteserrad.dwg** ausgewählt werden kann.

Ist dies geschehen, erscheint der Dialog **Importoptionen für Layer und Objekte**, in dem z.B. ausgewählt werden kann, ob die **Modell**- oder eine **Layout**-Definition importiert werden soll.

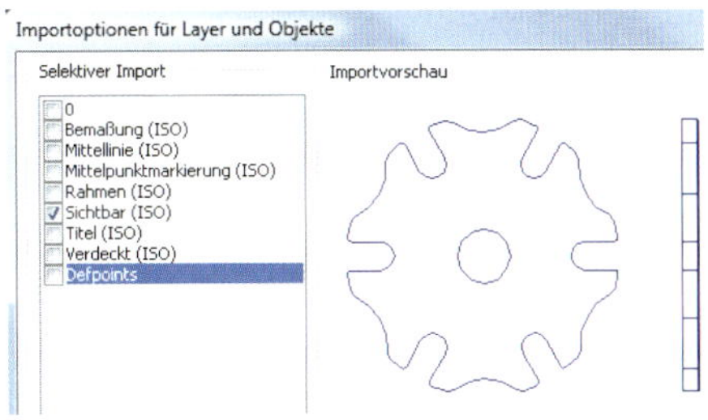

HINWEIS: Schalten Sie in die Modell-Ansicht und deaktivieren Sie alle Elemente, bis auf »Sichtbar (ISO)«, die Sie in der Inventor-Skizze nicht benötigen.

Mit einem Klick auf **WEITER** geht's zum Dialog **Importoptionen für Ziel**, von denen, da das Fenster sehr groß ist, nur die abgebildet sind, die für diese Aufgabe relevant sind.

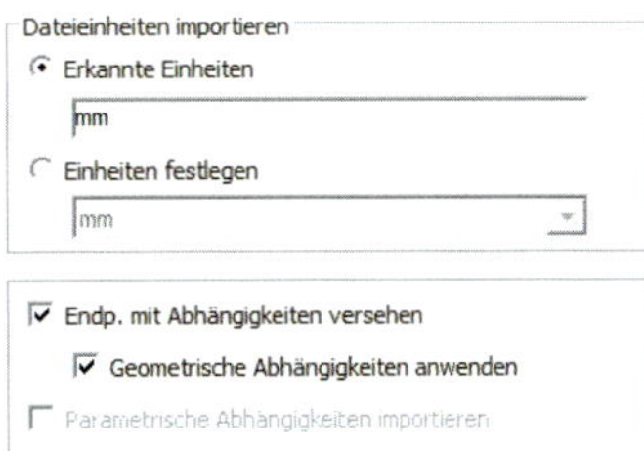

Die Einheiten werden in der Regel **MM** sein und bleiben, aber wichtig ist, dass die **ENDPUNKTE MIT ABHÄNGIGKEITEN VERSEHEN** werden.

Die mit **FERTIG STELLEN** importierte Skizze sieht dann schon recht ordentlich aus.

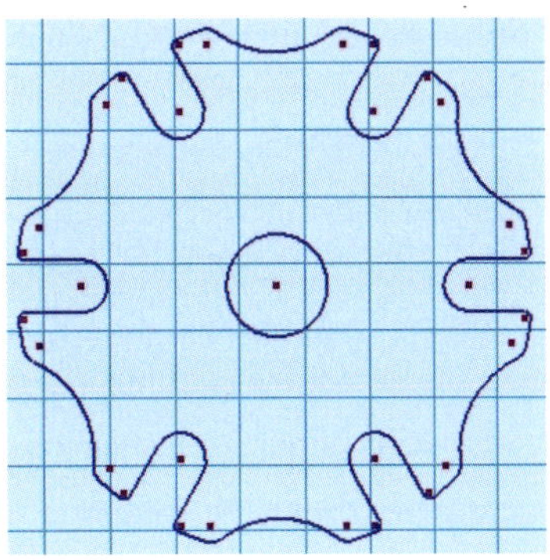

6.12 Skizzen ändern

Eine Reihe von Änderungsfunktionen befindet sich in der Befehlsgruppe **ÄNDERN**, die jedoch allesamt weitgehend selbsterklärend und nicht kompliziert zu bedienen sind.

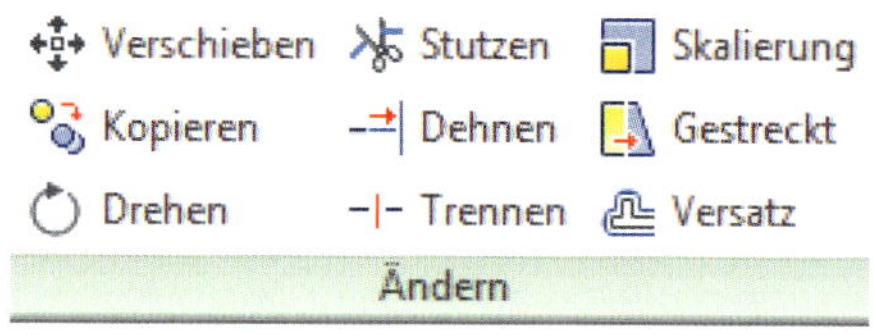

Elemente zum Ändern auswählen

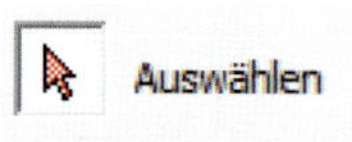

Viele der Änderungsbefehle erfordern im ersten Schritt die Auswahl der Elemente, die geändert werden sollen.

HINWEIS: Wie im Kapitel 5, »Programmbedienung«, schon beschrieben, können neben einer einzelnen Selektion durch Anklicken auch die sogenannten Auswahlfunktionen Fenster oder Kreuzen verwendet werden, bei denen entweder alle Elemente innerhalb eines aufgezogenen Fensters (Fenster) oder zusätzlich alle Elemente, die den Fensterrahmen schneiden (Kreuzen), auf einmal selektiert werden.

6.12.1 Verschieben, Kopieren und Drehen

Mit den Befehlen **VERSCHIEBEN**, **KOPIEREN** und **DREHEN** werden Skizzenelemente innerhalb einer Skizze verschoben, kopiert oder um einen bestimmten Winkel verdreht. Alle drei Funktionen sind grundsätzlich ähnlich zu bedienen.

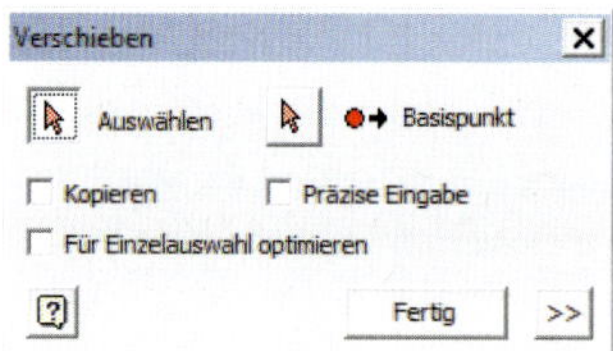

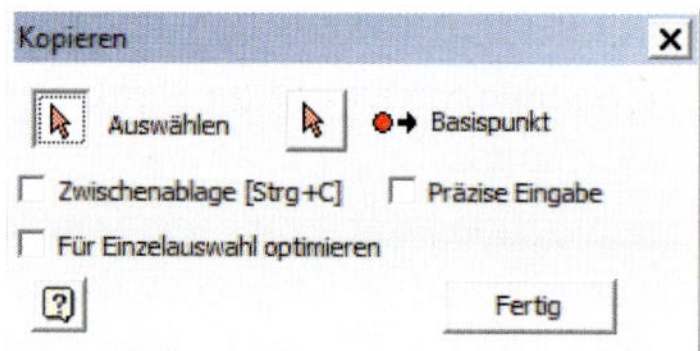

Alle Befehle beginnen mit dem **AUSWÄHLEN** der betreffenden Elemente und verlangen anschließend die Bestimmung eines **BASISPUNKTES** bzw. eines **MITTELPUNKTES**, vom dem aus die Aktion stattfinden soll.

Verschieben/Drehen → Option Kopieren: kopiert das selektierte Element.

Verschieben/Kopieren/Drehen → Option Präzise Eingabe: blendet das Dialogfenster für die Koordinateneingabe ein.

Verschieben/Kopieren/Drehen → Option Für Einzelauswahl optimieren: Bei aktiver Option wird sofort nach der Auswahl eines Skizzenelements die Eingabe des Basispunktes aktiviert.

HINWEIS: Der Unterschied zwischen der Funktion **VERSCHIEBEN** mit der aktiven Option Kopieren und der Funktion **KOPIEREN** besteht darin, dass mit Verschieben nur eine Kopie, mit Kopieren dagegen beliebig viele Kopien einer Selektion erstellt werden können.

Befinden sich zu verschiebende Elemente in einer Abhängigkeit zu anderen Elementen (Bemaßungen, 2D-Abhängigkeiten), kann das Verhalten der Funktion im erweiterten Dialogfenster der Funktion Verschieben beeinflusst und eingestellt werden.

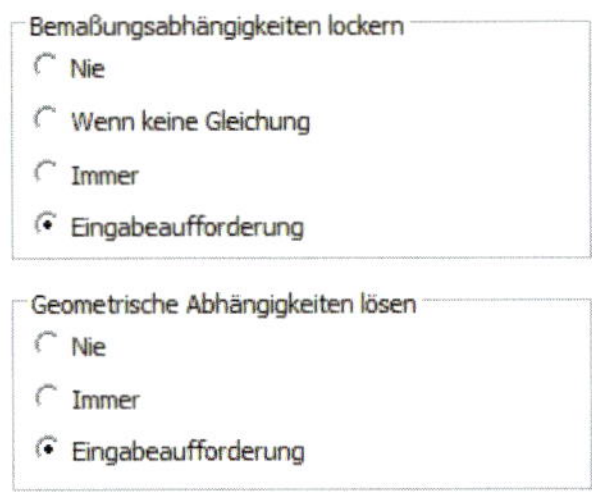

6.12.2 Stutzen, Dehnen, Trennen und Versatz

Die Funktionen **STUTZEN**, **DEHNEN**, **TRENNEN** und **VERSATZ** rufen kein Dialogfenster auf, sondern blenden ausschließlich das +-Symbol am Cursor ein.

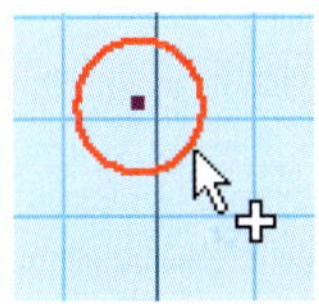

- Stutzen schneidet Elemente bis zu den nächstliegenden Elementen ab,
- Dehnen verlängert Elemente bis zu den nächstliegenden Elementen.
- Trennen zerschneidet ein Element an einem markanten Punkt (z. B. Schnittpunkt) und macht aus einem Element zwei.
- Versatz erzeugt aus einem oder mehreren Elementen ein oder mehrere neue Elemente, die sich in einem bestimmten gleichbleibenden Abstand vom Ursprungselement befinden (Äquidistante, parallele Kurvenverläufe). Dabei bleiben Konturen in ihrem Zusammenhang erhalten.

Sowohl beim Stutzen als auch beim Dehnen können viele Elemente mit Mausgesten in einem Rutsch bearbeitet werden, indem man mit gedrückter Maustaste über die zu bearbeitenden Elemente fährt.

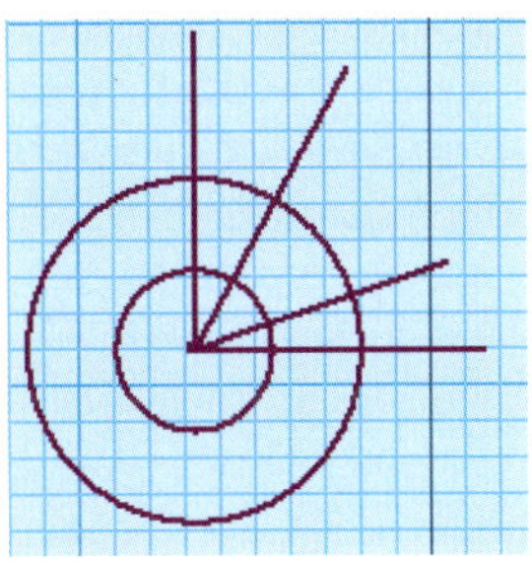

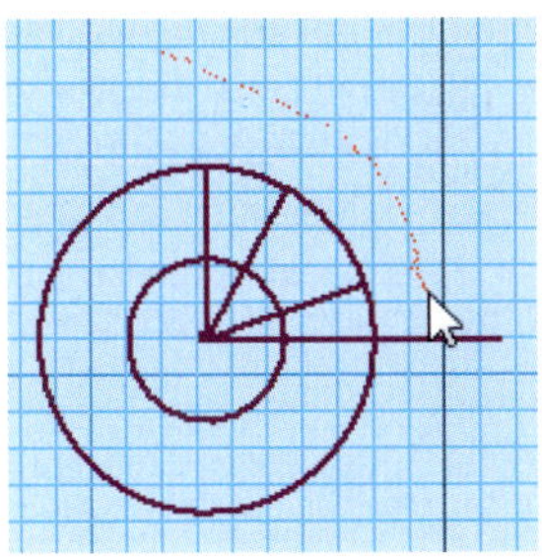

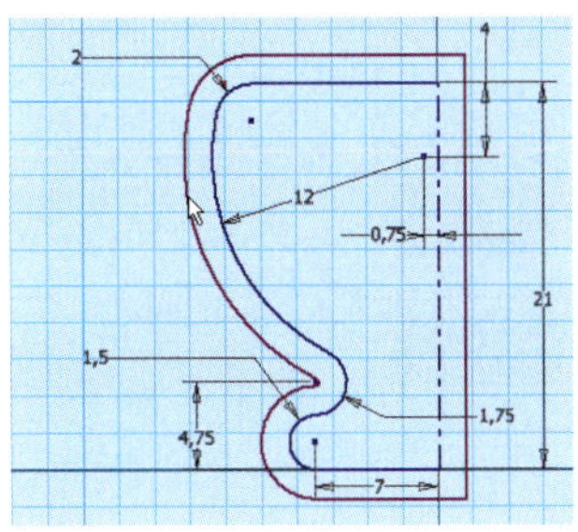

6.12.3 Skalieren und Gestreckt

Skalierung
Gestreckt

Die Dialogfenster der Funktionen **SKALIEREN** und **GESTRECKT** haben wieder viele Ähnlichkeiten mit den Dialogfenstern der Funktionen Kopieren, Verschieben usw. Gleichlautende Optionen dieser Befehle haben somit auch dieselbe Bedeutung und können dort nachgelesen werden.

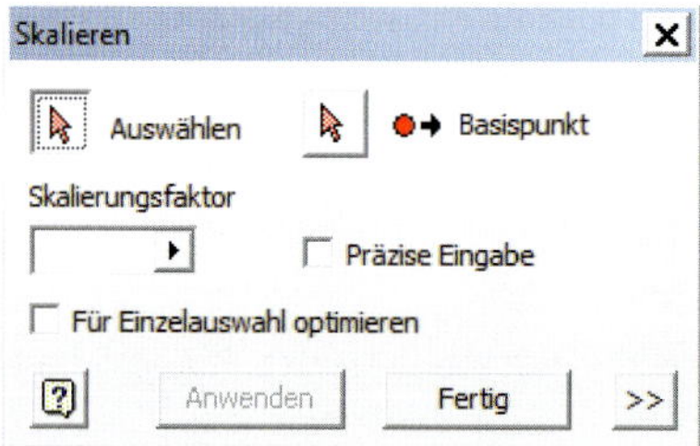

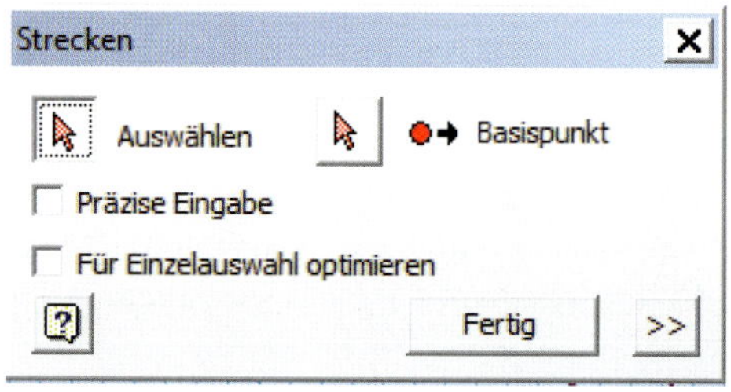

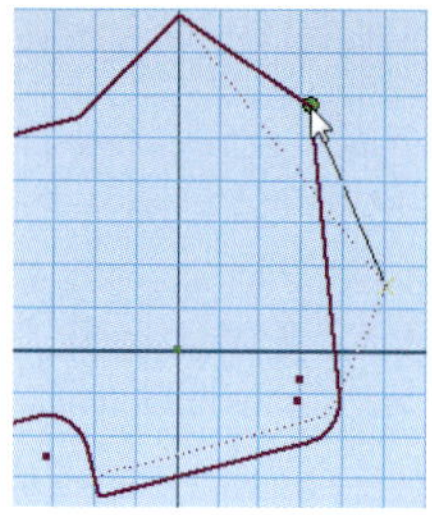

Skalieren vergrößert oder verkleinert ein Element oder eine Kontur um einen bestimmten Skalierungsfaktor ausgehend vom Basispunkt.

Gestreckt oder Strecken verzieht ein Element oder eine Kontur. Beim Verziehen, das mit dem Zeigegerät ausgeführt wird, verändert sich u. U. die Geometrie sowohl der verzogenen als auch der angrenzenden Elemente entsprechend der definierten 2D-Abhängigkeiten.

6.13 Skizzen analysieren

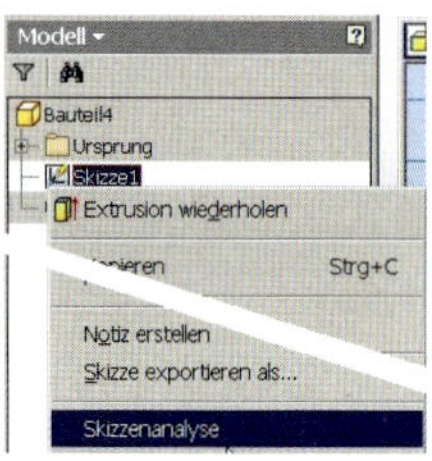

Nachdem AutoCAD vor der Version 2010 noch keine Abhängigkeiten kannte und man sich bei 2D-Zeichnungen ohnehin nicht so sicher sein kann, empfiehlt es sich, importierte Skizzen zunächst einer Analyse zu unterziehen. Dieser Vorgang der Skizzenanalyse kann natürlich auch in anderen Situationen sinnvoll sein, weswegen dieser Punkt hier auch eine eigene Überschrift hat.

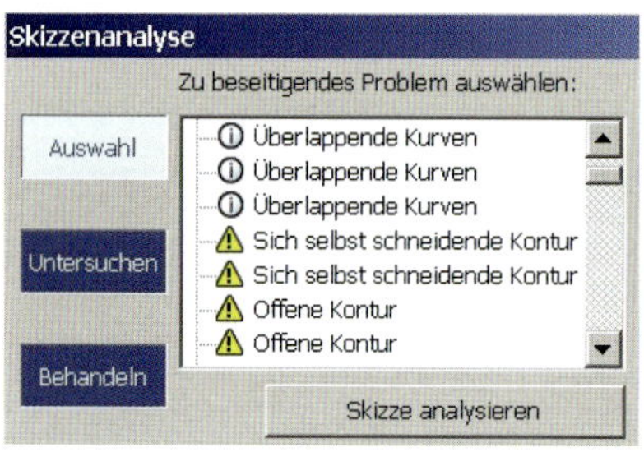

Im Kontextmenü einer geöffneten Skizze kann die Funktion **SKIZZENANALYSE** ausgewählt werden. Nach dieser Auswahl kann in einem Zwischenschritt der Umfang der Analyse bestimmt werden. Das Ergebnis sieht dann beispielsweise so aus:

Der nicht abgebildete Button **WEITER** versucht dann, die gefundenen Unregelmäßigkeiten zu beheben, was jedoch nicht immer mit Erfolg beschieden ist.

HINWEIS: Nicht immer führen die gefundenen Fehler bei importierten Skizzen tatsächlich auch zu Problemen. Man kann also durchaus zuerst z. B. eine beabsichtigte Extrusion versuchen, bevor man stundenlang Skizzen zu heilen versucht.

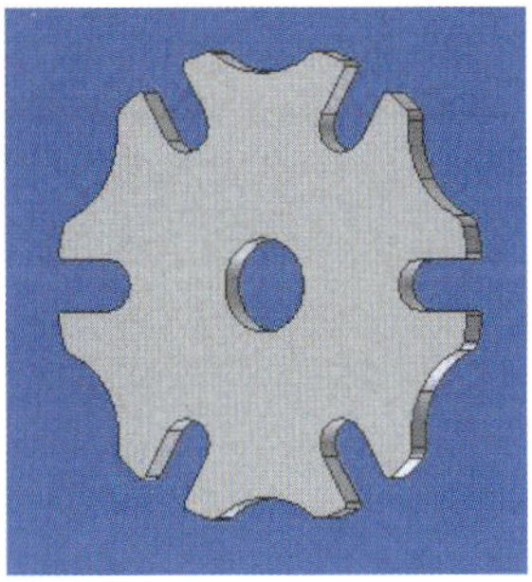

In diesem Beispiel gibt es aber offene Konturen, die per Skizzenanalyse und mit deren Heilungskräften geschlossen werden können und müssen.

Die nächsten Schritte mit der importierten Malteserrad-Skizze wären:

- das Aufrufen der Extrusion,
- das Wählen des Profils und
- der Dicke (10 mm).
- Auf **OK** klicken – und fertig.

6.14 3D-Skizze

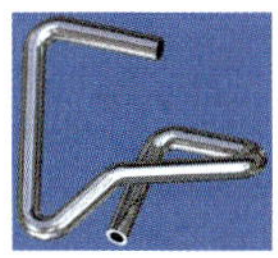

In diesem Abschnitt soll die 3D-Skizze etwas näher betrachtet werden. In der Praxis wird diese Art der Bauteilerstellung nicht so häufig gebraucht werden, in besonderen Fällen jedoch ist es gut, die Funktion zu kennen.

In der folgenden Übung wird ein dreidimensional gebogenes Rohr konstruiert. Eine 3D-Skizze besteht, ähnlich wie eine 2D-Skizze, aus Linien, Splines und Abrundungsbögen. Diese Elemente werden allerdings nicht in einer 2D-Skizzierumgebung, sondern im 3D-Raum (ohne Raster) erstellt.

HINWEIS: Um 3D-Elemente im 2D-Raum positionieren zu können, sind Stützpunkte eine große Hilfe. Eine 3D-Linie wird dann von einem Stützpunkt zu einem anderen gezogen.

AVI

Die einzelnen Stützpunkte befinden sich dabei auf verschiedenen Arbeits- oder Ursprungsebenen, die ggf. vorher angelegt werden müssen.

6.14.1 Die Stützkonstruktion

3D-Skizze und Rohr: *.avi auf DVD

Die folgende Sequenz, das Erstellen einer 3D-Skizze und das Sweeping eines Rohres, befindet sich als Film (**3D-Skizze_Rohr.avi**) auf der beiliegenden DVD.

In diesem Beispiel dienen die Eckpunkte von drei verschiedenen 2D-Skizzen, die auf den drei Ursprungsebenen liegen, als Stützpunkte für die 3D-Skizze.

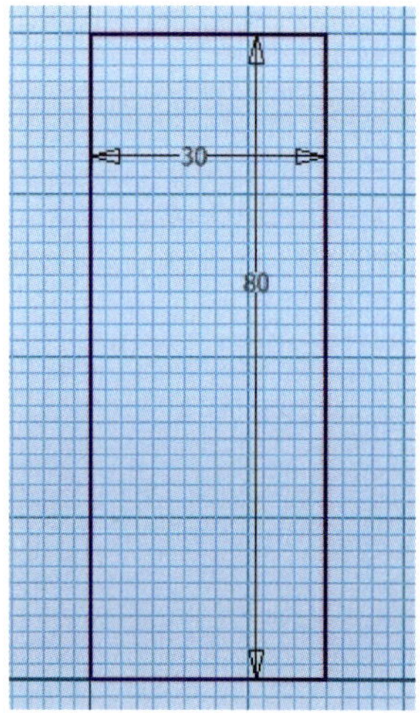

Die erste Skizze liegt auf der XY-EBENE und beinhaltet lediglich ein RECHTECK in den Maßen 30 x 80 MM, das mit seiner linken unteren Ecke im **Ursprung des Koordinatensystems** liegt.

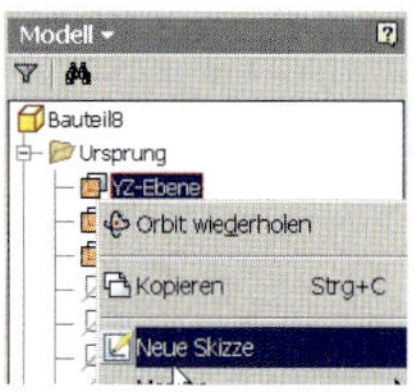

Die zweite Skizze wird auf der YZ-EBENE erzeugt.

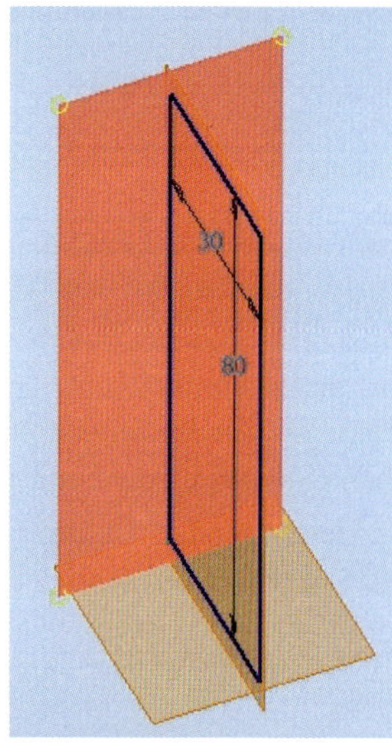

Diese Skizze soll ebenfalls aus einem Rechteck bestehen, dessen einer Eckpunkt genauso im Ursprung des Koordinatensystems liegt wie das erste Rechteck.

Nachdem also die neue Skizze erstellt wurde, sollte im ersten Schritt die Eckgeometrie des ersten Rechtecks in die zweite Skizze geholt werden.

Für diese Vorgänge, die Geometrie einer Skizze in eine andere zu holen, gibt es die Funktion GEOMETRIE PROJIZIEREN.

Klicken Sie also auf die Schaltfläche und anschließend auf den Eckpunkt des ersten Rechtecks im Ursprung. Jetzt kann das zweite Rechteck gezeichnet werden.

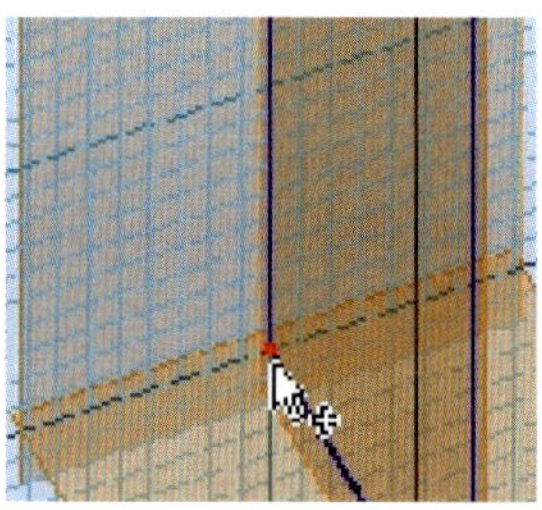

Eckpunkt des ersten Rechtecks in der neuen Skizze referenzieren

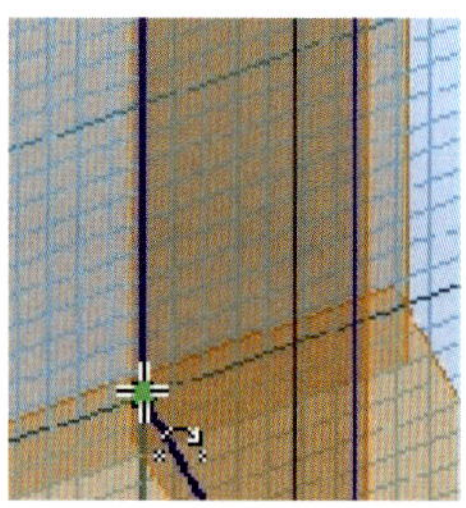

Am referenzierten Eckpunkt das neue Rechteck beginnen

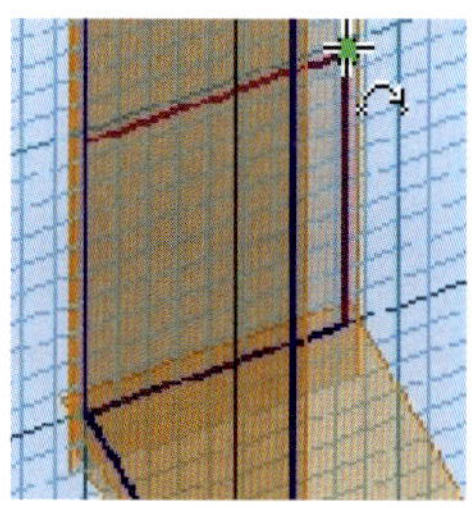

Das neue Rechteck aufziehen

Durch die Geometrieprojektion kann das zweite Rechteck mit einem grünen Punkt, das heißt absolut genau im Eckpunkt des ersten Rechtecks, begonnen werden. Ausgezogen wird es beliebig, und bemaßt wird es mit **30 x 50 MM**.

Die dritte und letzte Skizze liegt auf der **XZ-EBENE**. Diese Skizze besteht aus zwei Rechtecken, deren eines wiederum im Ursprung liegen soll.

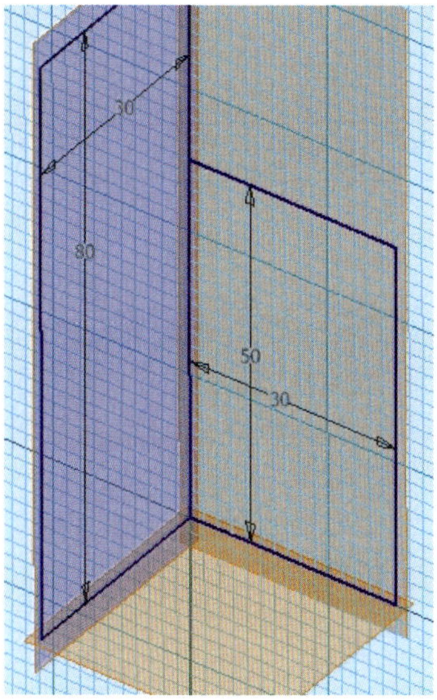

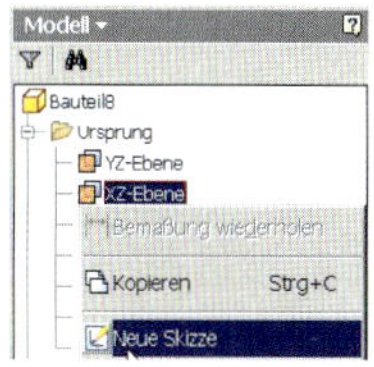

Es ist also zu Beginn der Skizzierarbeit wieder die Eckgeometrie zu projizieren. Danach sind die beiden Rechtecke wie abgebildet zu zeichnen; **100 x 40 MM** und **30 x 50 MM**.

Zum Abschluss – oder auch schon während des Zeichnens – sollten alle Skizzenlinien den Status von Konstruktionslinien bekommen.

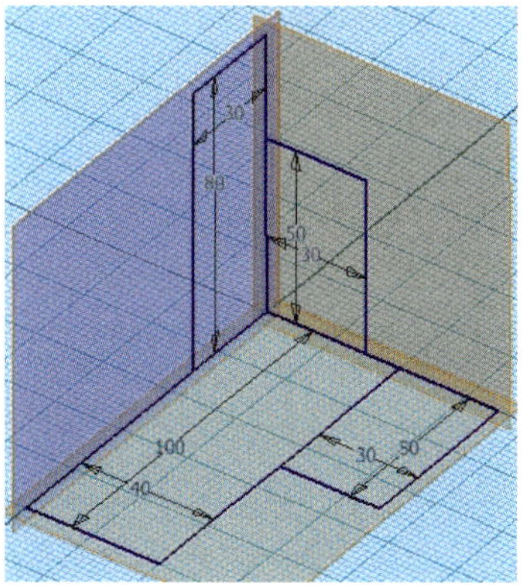

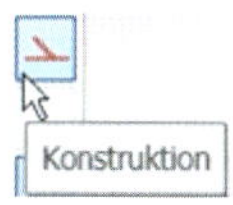

Im nächsten Schritt werden die äußeren Ecken der Rechtecke in der 3D-Skizze mit Linienelementen verbunden und abgerundet.

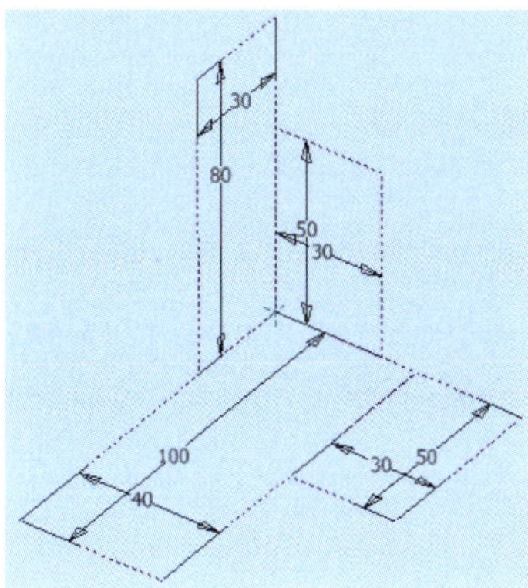

6.14.2 Die 3D-Skizze

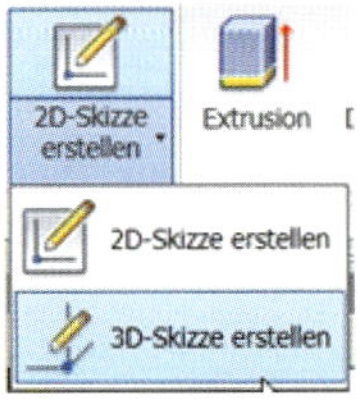

Die 2D-Skizzierumgebung wird beendet, und die Funktion **3D-SKIZZE ERSTELLEN** kann aufgerufen werden.

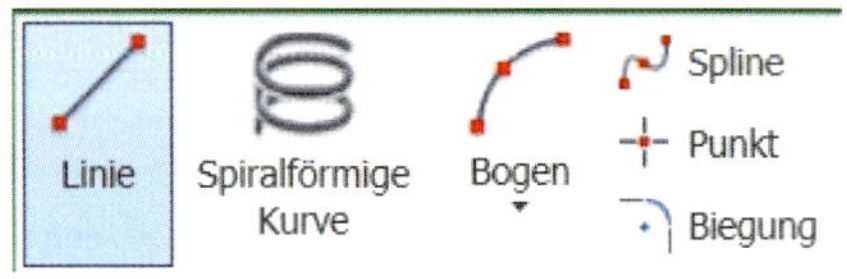

Die Skizzierumgebung für 3D-Skizzen hat eigene Zeichenbefehle. Mit dem Befehl **LINIE** erzeugen wir zuerst einen Linienzug von Eck- zu Eckpunkt.

Die folgenden fünf Bilder sollen die Entstehung des Linienzuges mit der Funktion **LINIE** verdeutlichen.

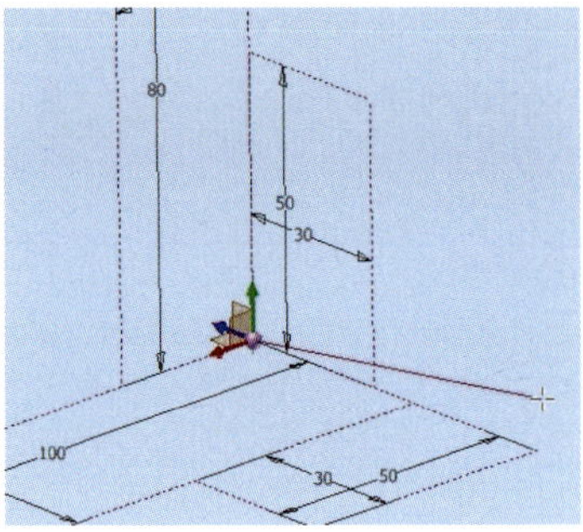

Startpunkt im Ursprung

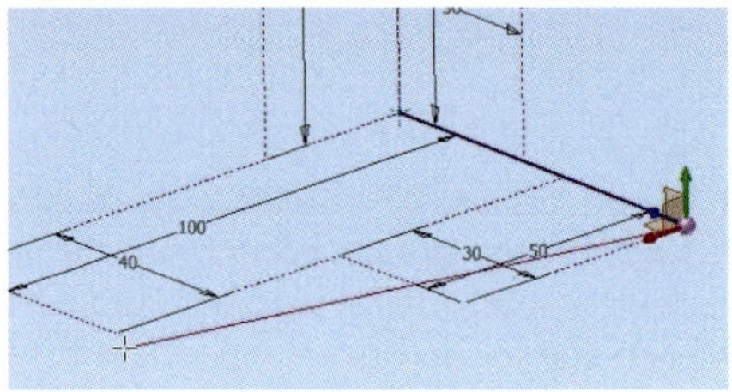

Erste Linie in Z-Richtung zum Eckpunkt und anschließend in der XZ-Ebene weiter

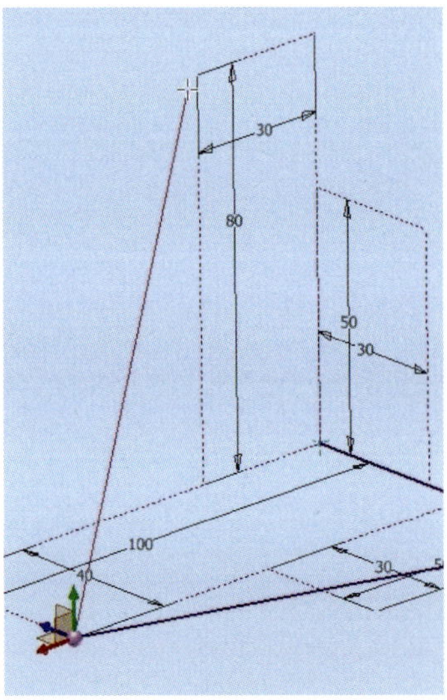

Vom Eckpunkt in der XZ-Ebene weiter in die XY-Ebene

Vom Eckpunkt in der XY-Ebene weiter zum Eckpunkt in der YZ-Ebene

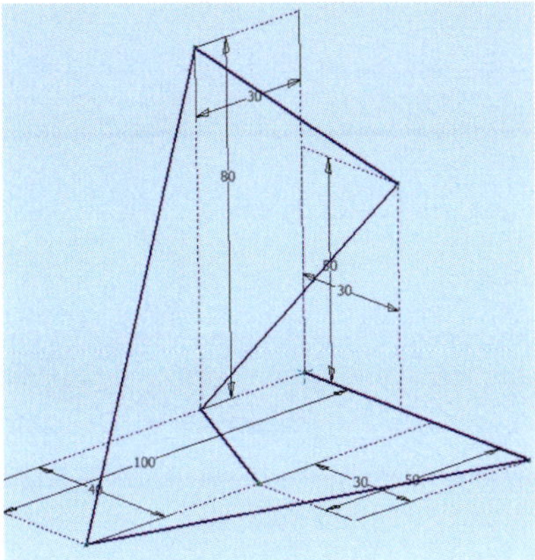

Zuletzt noch ein Schwenk zurück zu einem Eckpunkt in der XY-Ebene und danach zum Schlusspunkt in der XZ-Ebene.

Damit ist der Linienzug fertig.

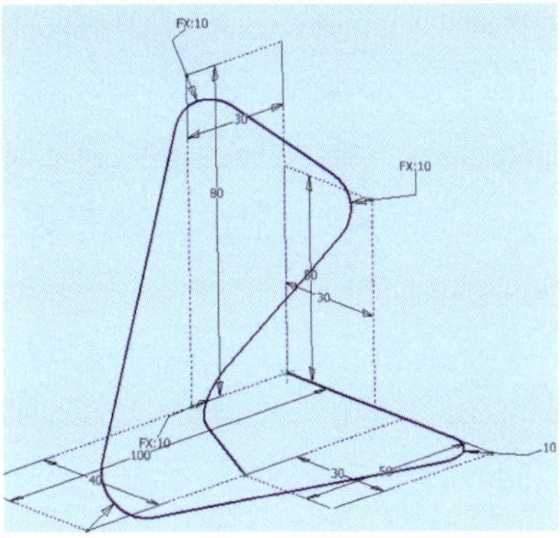

Damit der Rohrverlauf tatsächlich auch einer Biegung entspricht, werden jetzt die Ecken abgerundet.

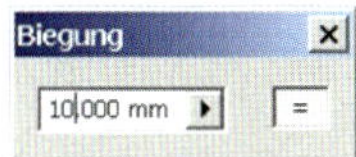

Die Schaltfläche **BIEGUNG** steht dafür zur Verfügung. Mit dieser Funktion ist ein Radius von **10 MM** einzustellen, und damit sind alle Ecken des Linienzuges abzurunden.

6.14.3 Das Rohr sweepen

Das Rohrprofil muss noch gezeichnet werden und erfordert noch einmal eine **NEUE SKIZZE** auf der **XY-EBENE**.

Das Zentrum der in die Skizze zu zeichnenden Kreise soll wieder im Ursprung liegen, was den Vorteil hat, dass dort auch der Linienzug beginnt und dies beim nachfolgenden Sweeping ideale Bedingungen darstellt.

Der Außendurchmesser **12 MM** und der Innendurchmesser **8 MM** sind noch zu bemaßen, danach kann die Skizze beendet und der Befehl **SWEEPING** aufgerufen werden.

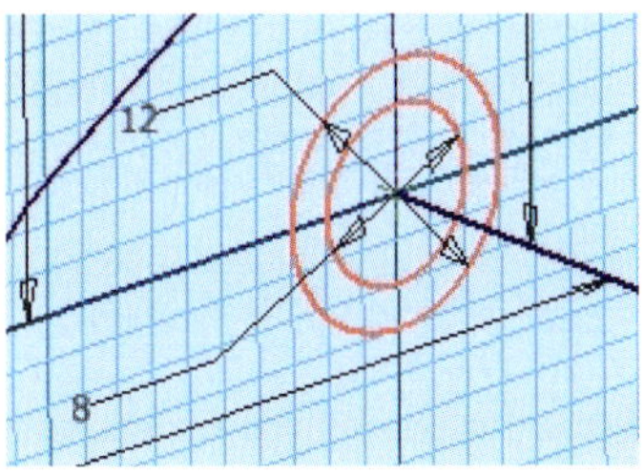

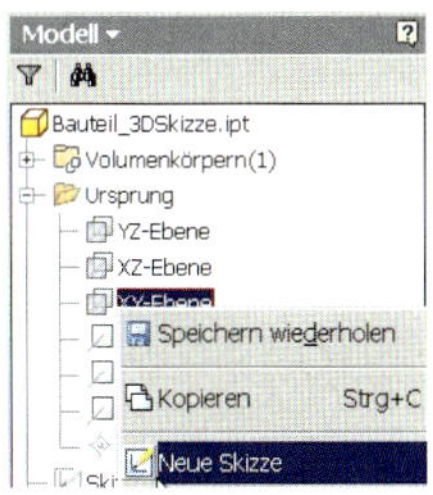

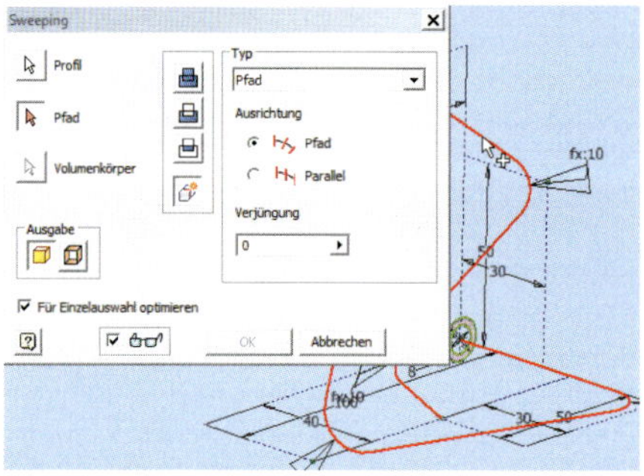

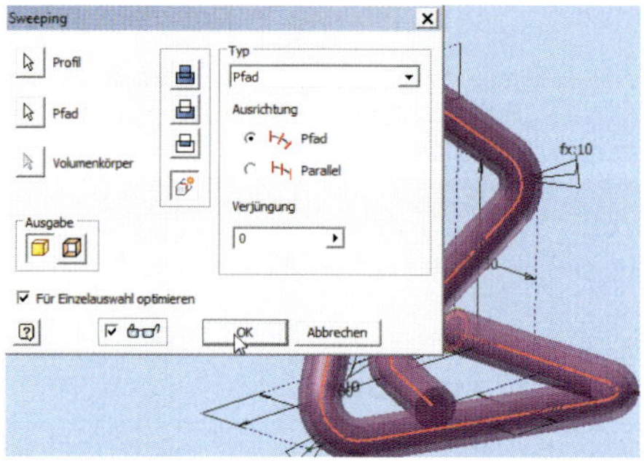

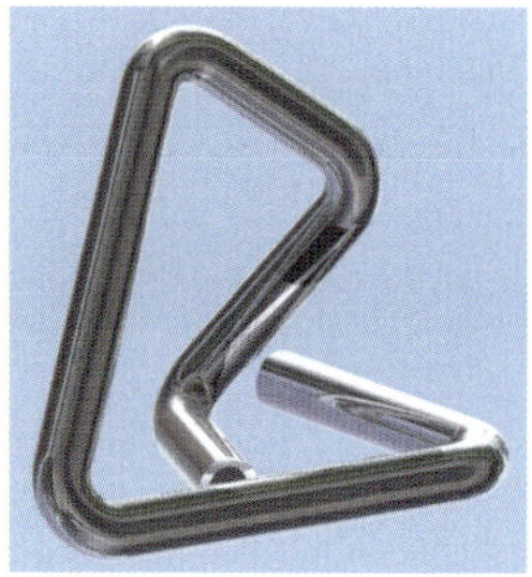

Als zu sweependes **PROFIL** wird der Kreisring gewählt. Als **PFAD** kommt natürlich nur der 3D-Linienzug infrage. Mit **OK** wird das 3D-Gebilde erstellt.

Dem fertigen Rohr wurde noch ein chromartig glänzendes Material zugewiesen. Das aus der 3D-Skizze erstellte Bauteil unterscheidet sich nicht von Bauteilen, die aus 2D-Skizzen erstellt wurden, es kann genauso weiter bearbeitet werden.

6.15 3D-Punkte importieren

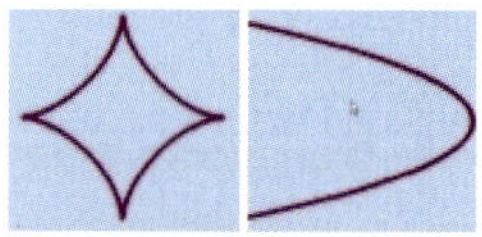

Zum Abschluss des Kapitels zur Skizzenerstellung soll noch eine sehr interessante und leistungsfähige Funktion vorgestellt werden. So ist es möglich, 3D-Punkte mit ihren Koordinaten aus einer Excel-Tabelle in das Programm einzulesen und damit äußerst komplexe Flächenelemente bzw. Körperoberflächen zu erstellen.

Der Befehl **PUNKTE IMPORTIEREN** steht sowohl in der 2D- als auch 3D-Skizzierumgebung zur Verfügung.

Auf der DVD im Ordner *Skizzen\Excel_Punkte_importieren\Curves Samples* befinden sich zahlreiche Beispiele der Firma Autodesk aus der Sammlung *http://www.autodesk.com/inventor-samples*, mit denen mathematische Kurven erzeugt wurden. Eine Auswahl zeigt die Abbildung.

Während im 2D-Bereich nur X- und Y-Koordinaten verarbeitet werden können, können in einer 3D-Skizze auch 3D-Koordinaten importiert werden. Die beiden hier gezeigten Beispiele behandeln die interessantere Variante im 3D-Bereich.

6.15.1 Ein Paraboloid

Die folgende Sequenz, mit Excel Punkte importieren und ein Paraboloid erstellen, befindet sich als Film (**3D-Skizze_Paraboloid.avi**) auf der beiliegenden DVD.

3D-Skizze, Paraboloid: *.avi auf DVD

Ein einfaches Paraboloid entsteht aus der mathematischen Definition:

$Z=X^2+Y^2$

Wird also in einer Excel-Datei ein Datenfeld aus X- und Y-Koordinaten angelegt, so kann mit dieser Formel für jeden X-, Y-Datenpunkt die Z-Koordinate errechnet werden.

Die fertige Datei befindet sich bei den Übungsdateien im Ordner *Skizzen\Excel_Punkte_importieren\3D-Paraboloiddaten.xls*.

Die Arbeitsschritte im Inventor sind folgende:

1. Ein neues Bauteil beginnen
2. Eine neue **3D-SKIZZE** anlegen
3. 3D-**PUNKTE** über die Excel-Datei importieren
4. Jeweils eine Punktereihe mit einer **SPLINE**-Kurve verbinden
5. Die 3D-Skizze beenden
6. Mit der Funktion **ERHEBUNG** eine **FLÄCHE** aus den Splines erzeugen

Die folgenden Bilder dokumentieren das Vorgehen.

Die importierten Punkte

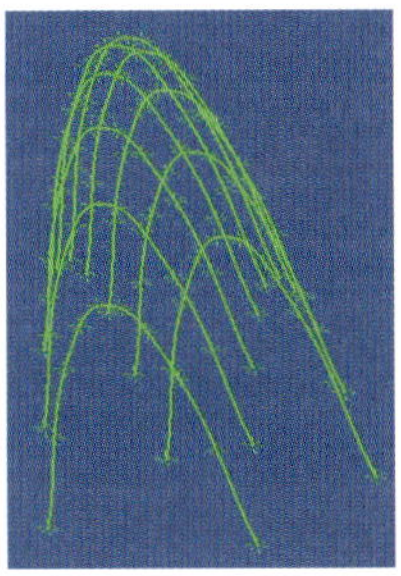

Mit **SPLINES** verbundene Punktereihen

Mit **ERHEBUNG** erzeugte Fläche

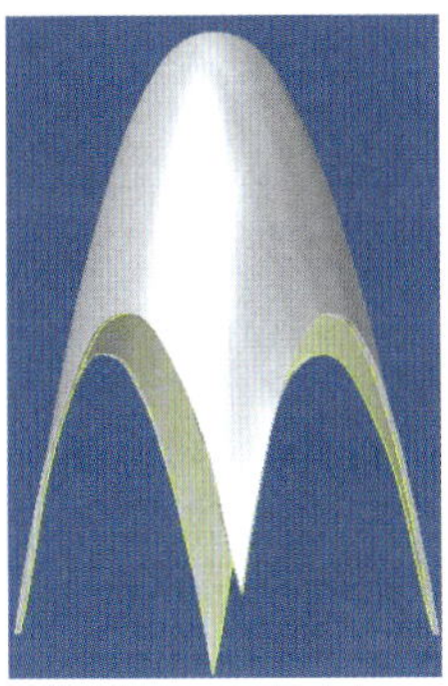

Mit **VERDICKUNG** erzeugter Körper

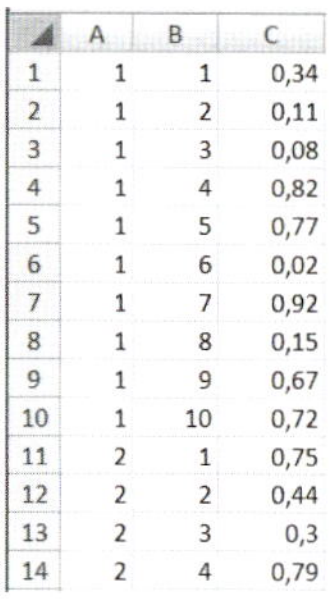

	A	B	C
1	1	1	0,34
2	1	2	0,11
3	1	3	0,08
4	1	4	0,82
5	1	5	0,77
6	1	6	0,02
7	1	7	0,92
8	1	8	0,15
9	1	9	0,67
10	1	10	0,72
11	2	1	0,75
12	2	2	0,44
13	2	3	0,3
14	2	4	0,79

6.15.2 Oberflächendaten

Beispiele, die etwas mehr Praxisnähe aufweisen, wären beispielsweise im Bereich des Reverse Engineerings zu finden oder in der Darstellung von Gelände- bzw. Oberflächendaten.

Das folgende Beispiel zeigt einen Ausschnitt aus einer Oberflächenstruktur, die mit einem Messgerät zur Ermittlung der Oberflächenrauigkeit aufgenommen wurde. Die Datendatei befindet sich ebenfalls bei den Übungsdateien im Ordner *Skizzen\Excel_Punkte_importieren\3D-Oberflächendaten.xls*.

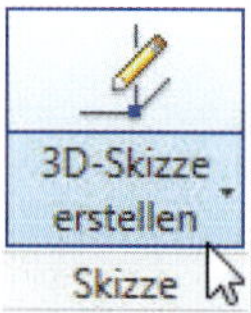

Der Ausschnitt gibt die Daten eines Feldes von 10 x 10 Einheiten wieder, die in den Spalten A und B als X- und Y-Werte eingetragen sind. In der Spalte C befinden sich die Z-Werte.

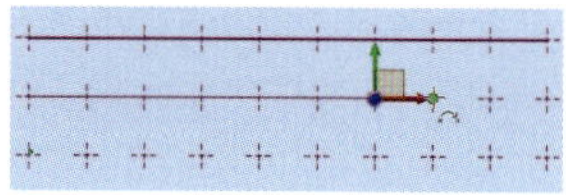

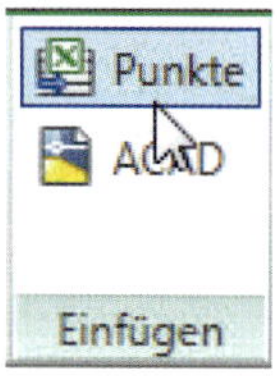

Wird nun in einer Inventor-Bauteildatei eine neue 3D-Skizze geöffnet und werden in diese die Oberflächendaten importiert, dann entsteht im Skizzenbereich das abgebildete Punktmuster.

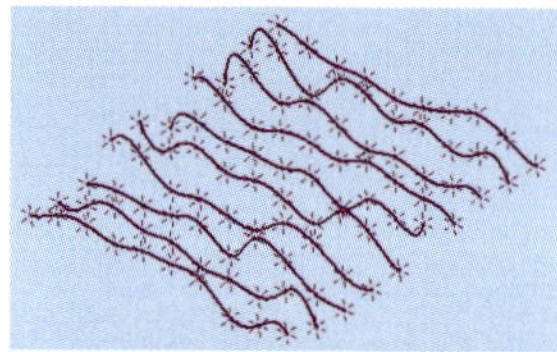

Die Punktereihen sind nun mit dem Befehl **SPLINE** zu verbinden.

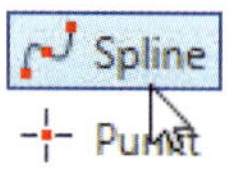

Wurde jede Punktereihe als Spline gezeichnet, sollte die jetzt vorhandene Geometrie in etwa wie abgebildet aussehen.

Jetzt kann die 3D-Skizze beendet werden.

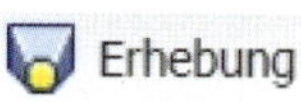

Mit dem Befehl **ERHEBUNG** sind jetzt die einzelnen Spline-Kurven zu einem Flächenverbund zusammenzuführen.

Beim Vorgehen ist darauf zu achten, dass die Splines der Reihe nach ins Schnitte-Auswahlfenster der Funktion übernommen werden. Ein abschließendes **OK** erzeugt die Fläche.

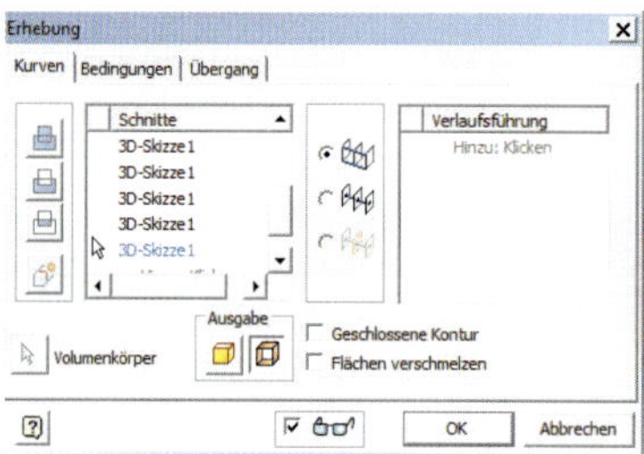

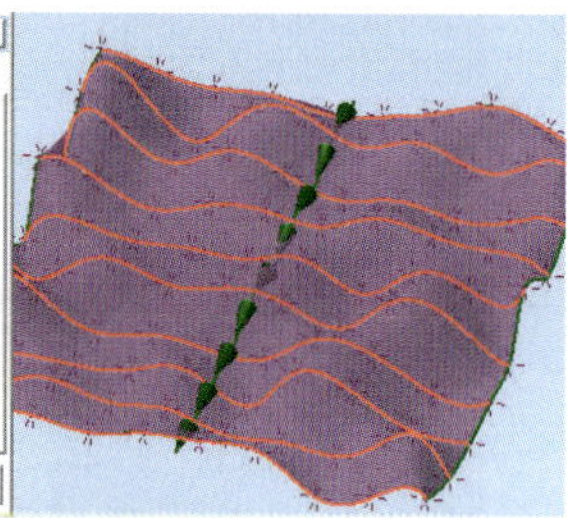

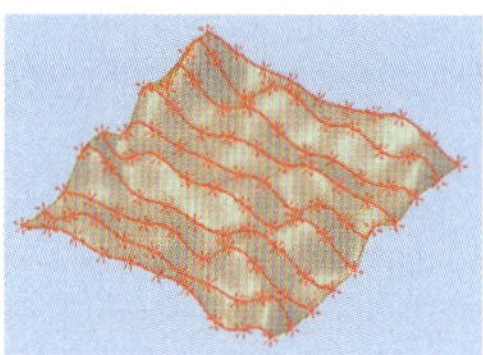

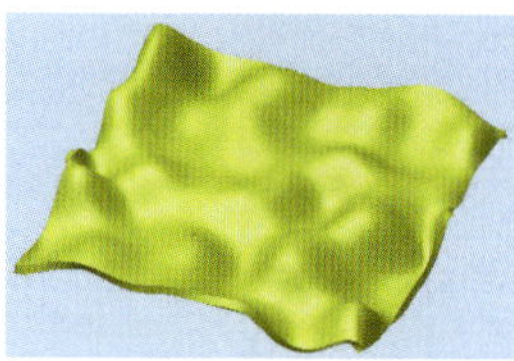

Mit der Funktion **VERDICKUNG** , die in der Befehlsgruppe **FLÄCHE** zu finden ist, kann die Fläche in einen Körper umgewandelt werden.

7 Arbeitselemente und Koordinatensystem

Arbeitselemente und Koordinatensysteme sind sowohl beim Skizzieren als auch in der Bauteil- und Baugruppenumgebung von zentraler Bedeutung. Sie stellen die wichtigste Unterstützung

- beim Erstellen komplexer Skizzen,
- beim Bearbeiten von Bauteilen und
- beim Anordnen von Komponenten in Baugruppen dar.

7.1 Arbeitselemente

Arbeitselemente sind:

- Arbeitsebenen,
- Arbeitsachsen und
- Arbeitspunkte.

Arbeitsebenen werden in den meisten Fällen zur Aufnahme neuer Skizzen benötigt. Mitunter werden Hilfsebenen und/oder Arbeitsachsen und -punkte als Hilfsgeometrie zum Erstellen neuer Arbeitsebenen gebraucht.

7.1.1 Die Ursprungsgeometrie

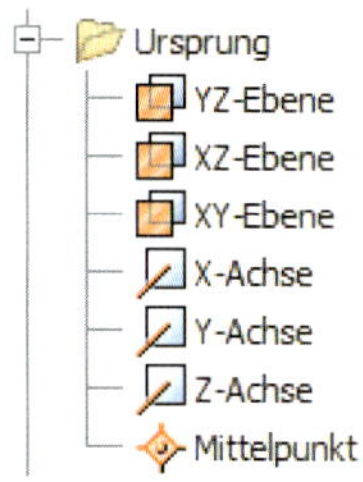

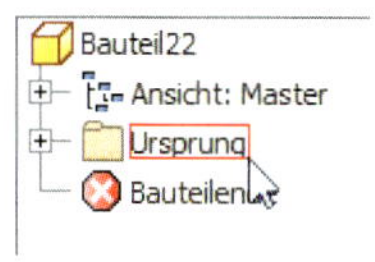

Unter dem Ursprung versteht der Inventor nicht nur den Nullpunkt des Koordinatensystems, sondern das ganze, der Konstruktion zugrundeliegende Koordinatensystem mit allen Ebenen, Achsen und dem Nullpunkt.

Im Objekt-Browser, im Ordner *Ursprung*, sind diese Elemente zusammengefasst.

Die wichtigsten Arbeitselemente sind durch das Koordinatensystem bereits vorgegeben. Es sind die

- drei **Ursprungsebenen XY-**, **XZ-** und **YZ-Ebene** sowie die
- drei **Ursprungsachsen X-**, **Y-** und **Z-Achse** und natürlich
- der eigentliche **Ursprungspunkt**, der Nullpunkt des Koordinatensystems.

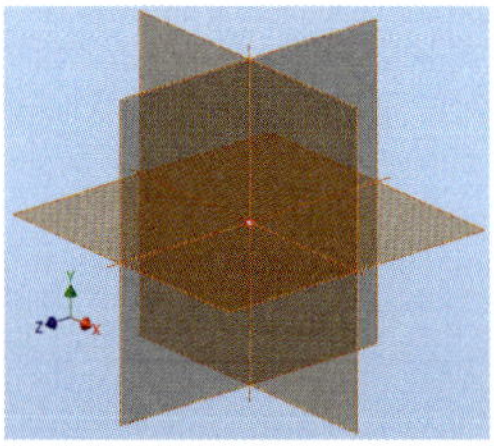

Für die erste Skizze in einer Bauteil-Arbeitsumgebung wird automatisch diese Ursprungsgeometrie zur Auswahl eingeblendet.

HINWEIS: Befinden sich in der Arbeitsumgebung noch keine vom Anwender erzeugten oder eingefügten Elemente, dann muss die erste Skizze auf einer der drei Ursprungsebenen erzeugt werden.

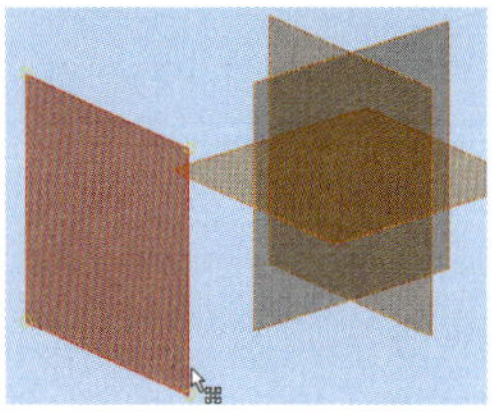

Unter Zuhilfenahme der Ursprungsgeometrie können jedoch auch bereits vor der ersten Skizze weitere Arbeitsebenen erzeugt und Skizzen darauf platziert werden.

7.1.2 Die Befehlsgruppe Arbeitselemente

Auf der Registerkarte **3D-MODELLIERUNG** im Bauteilbereich sowie auf der Registerkarte **ZUSAMMENFÜGEN** im Baugruppenbereich befindet sich jeweils die Befehlsgruppe **ARBEITSELEMENTE** mit den entsprechenden Befehlsschaltflächen, mit denen neue Arbeitselemente erstellt werden können.

7.1.3 Die Arbeitsebene

Mit dem Befehl **ARBEITSEBENE** können Arbeitsebenen auf vielfältige Art und Weise erstellt werden.

HINWEIS: Die Definition einer neuen Arbeitsebene erfordert immer die Angabe (das Zeigen) einer oder mehrerer vorhandener Geometrien, aus denen sich **eindeutig** eine neue Ebene bestimmen lässt. Dies geschieht beispielsweise durch Versetzen einer vorhandenen Ebene oder durch Zeigen von drei Punkten oder zwei parallelen Linien.

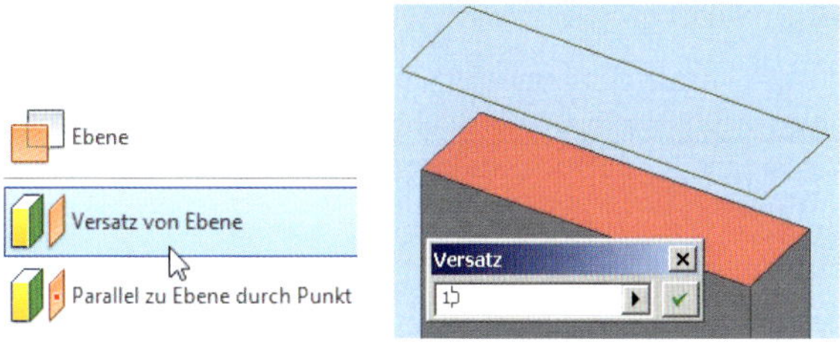

Mit der Auswahl der Funktion **VERSATZ VON EBENE** lassen sich beispielsweise neue Arbeitsebenen von beliebigen ebenen Flächen in einem definierten Abstand erzeugen.

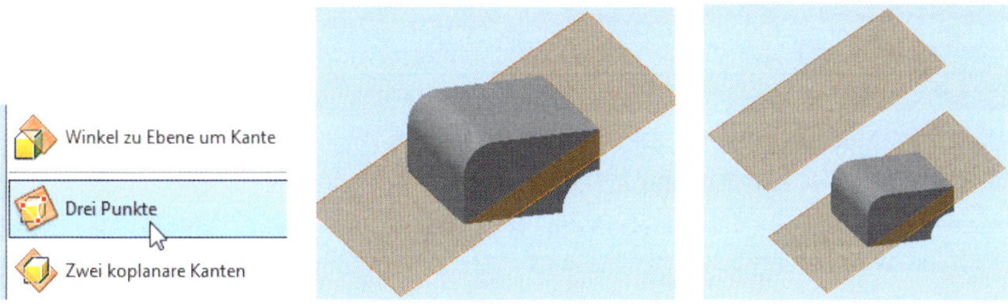

Durch die Auswahl von drei Punkten, im Beispiel sind das drei Eckpunkte des Bauteils, kann ebenfalls eine neue Arbeitsebene erzeugt werden. Aus dieser wird wiederum durch Versetzen eine weitere Ebene erstellt.

Es würde zu weit führen, alle Möglichkeiten aufzuzählen, mit denen Arbeitsebenen erstellt werden können. Grundsätzlich gilt das schon Gesagte: Aus der Erzeugungsgeometrie muss sich eindeutig eine Ebene bestimmen lassen – dann geht es meistens auch. Der Inventor liefert im Drop-down-Menü der Funktion **ARBEITSEBENE** bereits eine Vielzahl vordefinierter Varianten.

7.1.4 Die Arbeitsachse

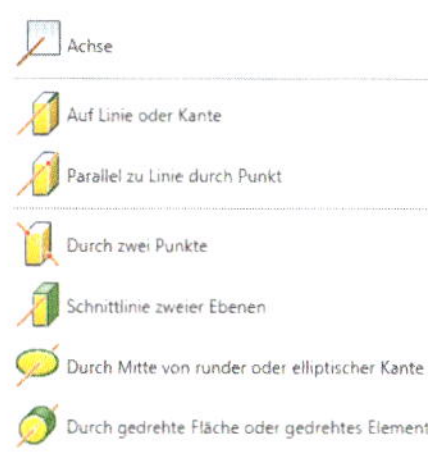

Arbeitsachsen werden ebenfalls als Hilfsgeometrie zum Erstellen von Elementen oder Arbeitsebenen verwendet. Das Erstellen ist wesentlich einfacher als das der Arbeitsebenen.

Diese Elemente definieren Arbeitsachsen:

- Die Auswahl von zwei beliebigen Punkten oder einer Körperkante.
- Die Auswahl eines zylindrischen Körpers, vom dem die Mittelachse zur Arbeitsachse wird.
- Die Auswahl von zwei sich schneidenden Ebenen, deren Schnittkante zur Arbeitsachse wird.

Der Inventor liefert im Drop-down-Menü der Funktion **ARBEITSACHSE** auch hier eine Vielzahl von vordefinierten Varianten.

7.1.5 Ein Arbeitspunkt

Ein Arbeitspunkt lässt sich natürlich durch jede Geometrieangabe definieren, die Punktkoordinaten enthält. Der Inventor liefert im Drop-down-Menü der Funktion **ARBEITSPUNKT** auch hier eine Reihe von vordefinierten Varianten.

7.2 Koordinatensysteme

An dieser Stelle sind wir eigentlich am innersten Kern eines 3D-CAD-Systems angelangt. Ein 3D-CAD-System, das Bauelemente enthält, besteht im Wesentlichen aus vielen Koordinatensystemen, Vektoren und jeder Menge Mathematik.

Neben dem Ursprungs-Koordinatensystem hat jedes Element einer Konstruktion sein eigenes Koordinatensystem. Jede Kante und jede Fläche eines Bauteils hat sein eigenes Koordinatensystem, das über unsichtbare Vektoren mit anderen und dem Ursprung verbunden ist. Jedes Bauteil einer Baugruppe hat sein eigenes Koordinatensystem usw.

7.2.1 Benutzerdefinierte Koordinatensysteme

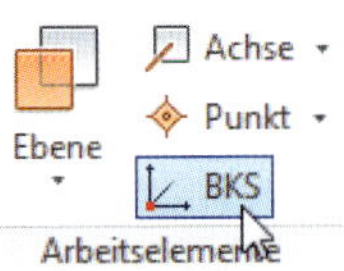

Im Zusammenhang mit den Arbeitselementen spielen die benutzerdefinierten Koordinatensysteme (**BKS**) eine wichtige Rolle. Mit deren Hilfe vereinfacht sich sowohl die Erstellung neuer Skizzier- als auch von Arbeitsebenen.

In der Befehlsgruppe **ARBEITSELEMENTE** befindet sich die Schaltfläche **BENUTZERKOORDINATENSYSTEM**. Nach Klick auf die Schaltfläche kann das neue BKS per X-, Y- und Z-Koordinaten absolut zum Ursprungspunkt (0, 0, 0) positioniert werden.

HINWEIS: Der absolute Nullpunkt des Koordinatensystems ist dort, wo sich die drei Ursprungsebenen einer Arbeitsumgebung (Bauteil, Baugruppe) schneiden.

Nach der Positionierung muss das BKS nach seinen Achsen ausgerichtet werden. Am Cursor erscheint dazu ein Symbol, das sich je nach Cursorposition ändert.

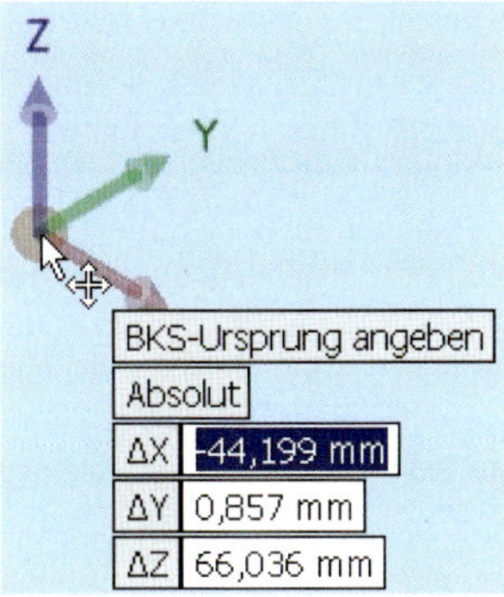

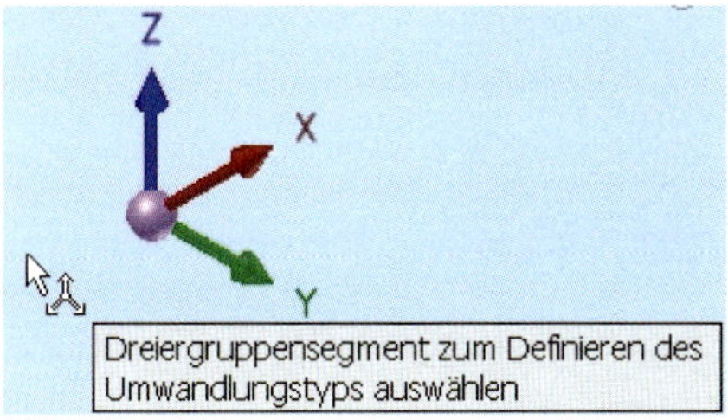

Die Symbole am Cursor bedeuten im Einzelnen:

	Ein Triangelsegment zur Ausrichtung selektieren		Den Ursprung des BKS frei verschieben
	Den Ursprung des BKS längs einer Achse verschieben		Das BKS um eine Achse rotieren
	Einen Punkt zum Ausrichten des BKS selektieren		

Bewegt man das Symbol allerdings in die Nähe markanter geometrischer Punkte (z. B. Eckpunkte eines Körpers), dann kann das BKS mit relativem Bezug auf diesen Punkt gesetzt werden. Verändert dieser Punkt seine Position, wandert auch das BKS mit.

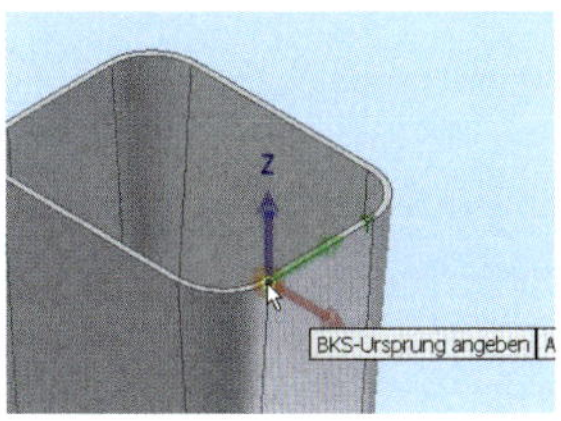

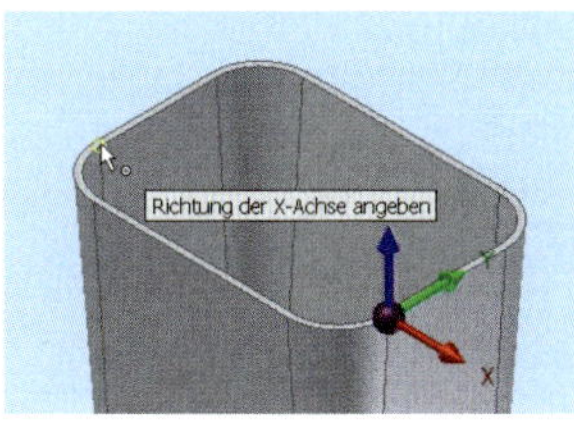

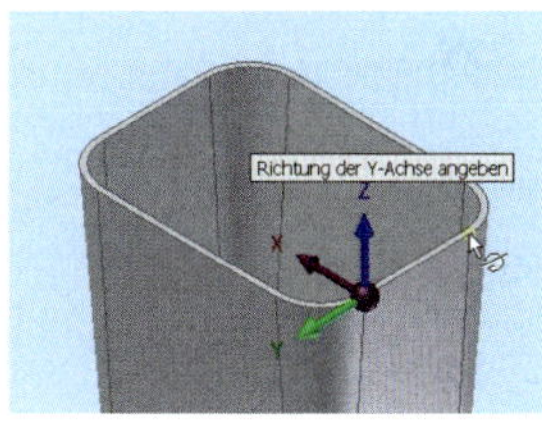

Auch bei der relativen Positionierung muss ein BKS ausgerichtet werden. Dies kann aber wieder nach einer schon vorhandenen Geometrie erfolgen.

Die letztendliche Ausrichtung des BKS erfolgt nach der Rechte-Hand-Regel. Die jeweils positiven Achsenrichtungen X, Y und Z zeigen dabei in Richtung des Daumens, des Zeigefingers und des abgewinkelten Mittelfingers.

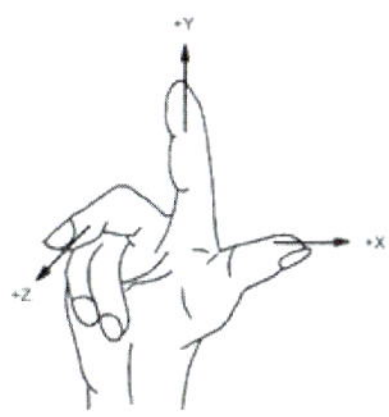

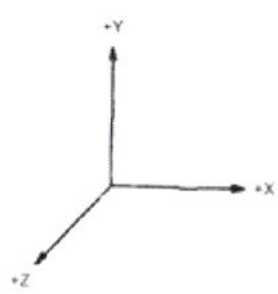

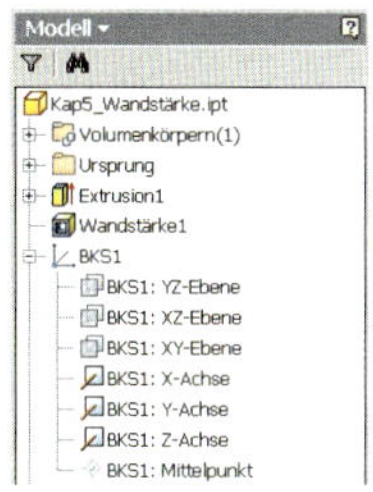

TEIL II

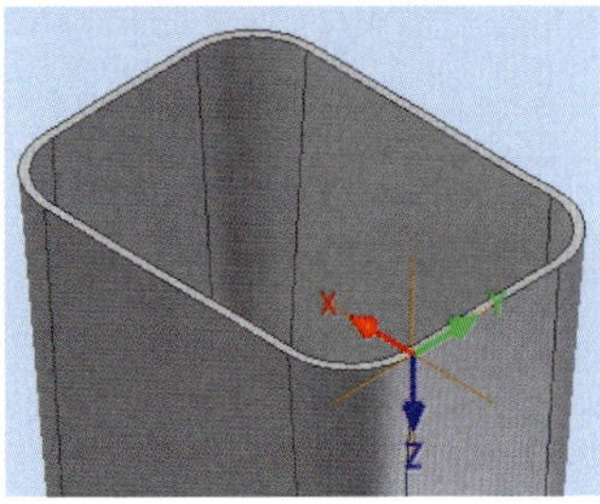

Die Anzeige im Objektbrowser ist dieselbe, mit der auch die Ursprungsgeometrie angezeigt wird. Natürlich können die Bezeichnungen im Objektbrowser umbenannt werden.

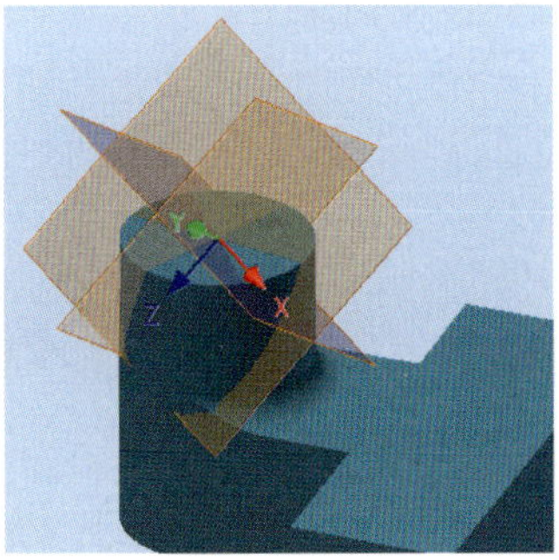

Beispiel eines BKS im Zentrum der oberen Kreisfläche unter 3 x 45°, mit seinen drei Ursprungsebenen

8 Bauteile

8.1 Übersicht

Der erste Abschnitt in diesem Kapitel soll lediglich einen Überblick über die existierenden Funktionen im Bauteil- oder Modellbereich geben. Die ausführlichen Erklärungen zu den meisten Funktionen erfolgen zusammen mit dazu passenden Beispielen in den weiteren Abschnitten.

8.1.1 Bauteile erstellen

Standard-Bauteile

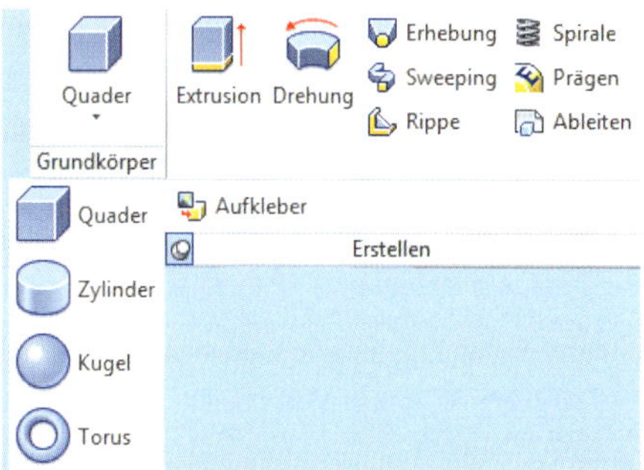

Bauteile werden in der Regel aus Grundkörpern, Skizzen oder Flächen erzeugt. Die wichtigsten Funktionen hierzu sind auf der Registerkarte **3D-MODELLIERUNG** in den Befehlsgruppen **GRUNDKÖRPER** und **ERSTELLEN** zusammengefasst. Weitere Möglichkeiten ergeben sich aus verschiedenen Flächenfunktionen.

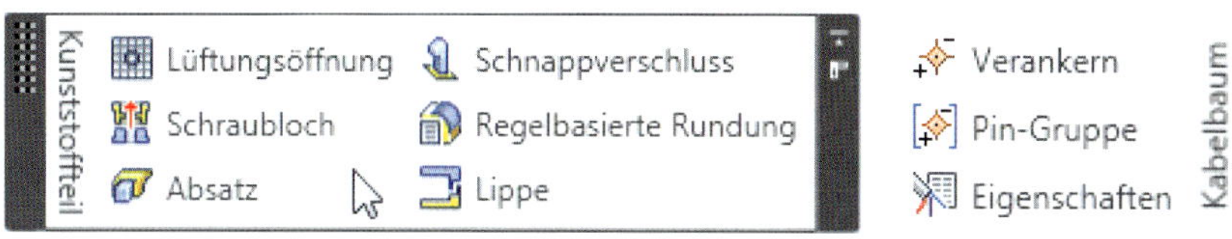

Zu den Erstellungsfunktionen an Standard-Bauteilen gesellen sich die sehr effektiv arbeitenden Befehle, die zwar für **Kunststoffteile** vorgesehen, unter Umständen jedoch auch für andere Zwecke einzusetzen sind, und die Funktionen zur Erstellung von **Kabelbäumen**.

Eine ganz wichtige Rolle bei der Erstellung von Bauteilen spielt natürlich auch das **Inhaltscenter**, in dem sich Tausende von Normteilen und Halbzeuge befinden. Dies sind zwar keine neu herzustellenden Bauteile, aber Halbzeuge ohnehin und Normteile. Wenn man sie lokal speichert, lassen sie sich ebenfalls bearbeiten und gehören somit auch zu den Bauteilen, die erstellt werden können.

Blech-Bauteile

Des Weiteren können im Blechmodul mit Blechen gearbeitet und mit den verschiedenen Befehlen in der Blechumgebung die Blechteile ergänzt werden. Die wichtigsten Funktionen hierzu sind auf der Registerkarte **BLECH** in der Befehlsgruppe **ERSTELLEN** zusammengefasst.

Schweißbauteile

Schweißbauteile gehören eigentlich in die Kategorie Baugruppen, da sie immer aus mehreren Bauteilen bestehen. Das Icon und die Vorlage dazu drücken das auch aus.

HINWEIS: Der Grund, weshalb Scheißkonstruktionen trotzdem in diesem Kapitel erscheinen, ist, dass verschweißte Teile unlösbar miteinander verbunden sind und sich somit wie ein Bauteil verhalten.

Trotzdem bleibt diese Interpretation ein Kompromiss, denn einzelne Bauteile einer Schweißkonstruktion können nicht direkt in der Schweißbaugruppe, sondern nur in der Baugruppenumgebung bearbeitet werden.

Tatsächlich erstellt werden in dieser Arbeitsumgebung nur die Schweißnähte selbst.

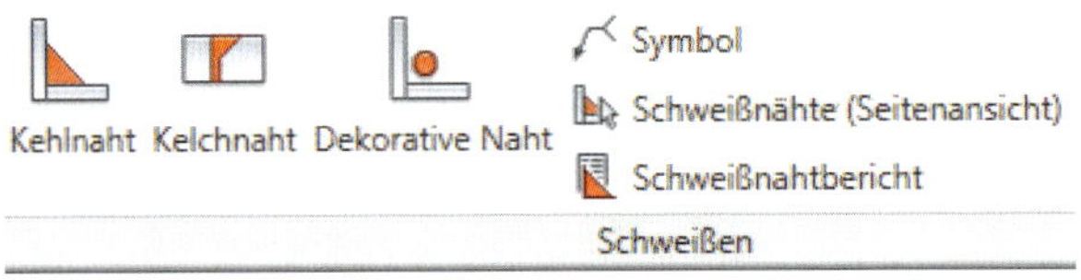

Bauteile importieren

Bauteile können auch importiert und weiter verwendet werden. Die Bearbeitungsmöglichkeiten dieser Bauteile sind jedoch, je nach Importquelle, begrenzt. Der Dialog zum Öffnen einer Datei im Inventor zeigt im Listenfeld **DATEITYP** die große Anzahl der verschiedenen CAD-Formate, die der Inventor direkt einlesen kann.

Nicht alle dieser Dateitypen betreffen jedoch Bauteile (Modelle), es sind auch Baugruppen und Zeichnungen darunter.

8.1.2 Bauteile bearbeiten

Standard-Bauteile

Wurde ein Bauteil erzeugt, dann muss es meistens noch bearbeitet werden. Auch hierzu stehen viele Befehle auf der Registerkarte 3D-MODELLIERUNG in der Befehlsgruppe ÄNDERN zur Verfügung.

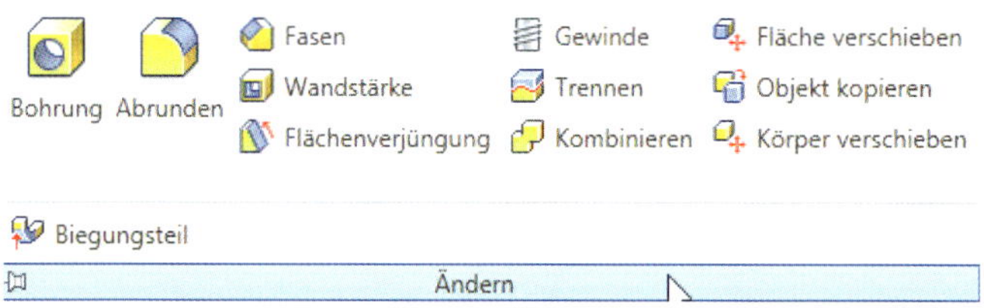

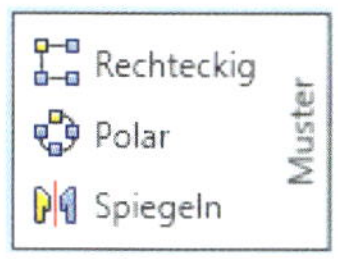

Inwieweit diese Funktionen auf importierte Bauteile anwendbar sind, ist je nach Importformat verschieden.

Bleche bearbeiten

Spezielle Funktionen zum Bearbeiten von Blechen befinden sich auf der Registerkarte BLECH in der Befehlsgruppe ÄNDERN.

Schweißbauteile bearbeiten

In der Schweißumgebung gibt es neben der Erzeugung von Schweißnähten die Nahtvor- und -nachbereitung, mit der einzelne Bauteile in einer Schweißkonstruktion bearbeitet werden können.

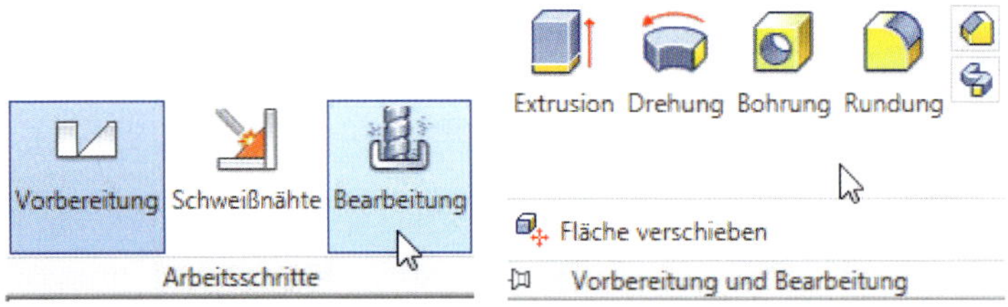

Flächenfunktionen

Die Funktionen zum Erzeugen und Bearbeiten von Flächen stehen zwischen der Erstellung und Änderung von Bauteilen, da sie meist als Hilfsmittel bei Bauteilmanipulationen eingesetzt werden.

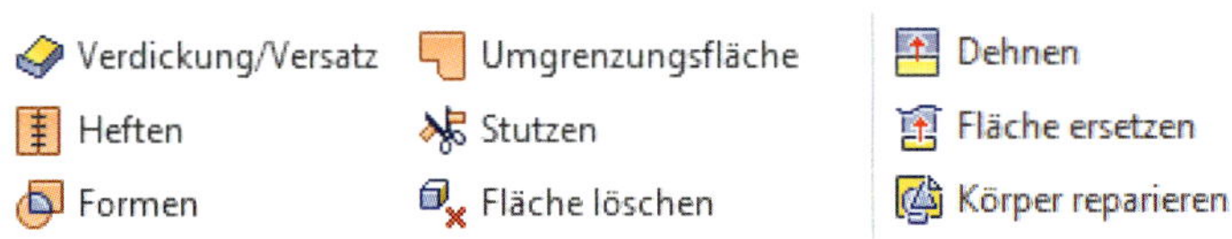

8.1.3 Hilfsbefehle

Neben den bisher genannten existieren noch zahlreiche Hilfsbefehle, die in der Bauteil- bzw. Blecherstellung nötig sind. An erster Stelle stehen hier die Arbeitselemente, die ständig benötigt werden.

Viele der weiteren Funktionen erstellen ebenfalls Bauteile oder verändern sie, oft sind dazu aber bereits bestehende Konstruktionen erforderlich.

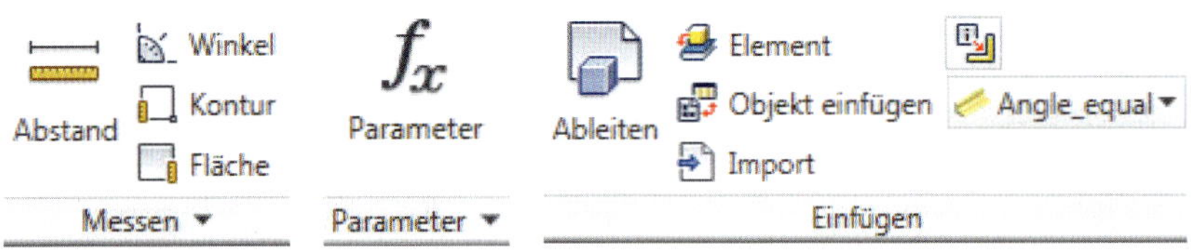

Auf der Registerkarte **EXTRAS** befindet sich beispielsweise die Befehlsgruppe **MESSEN**, auf der Registerkarte **VERWALTEN** sind es die Parameter, die abgeleiteten Bauteile und sonstige Einfügungen sowie die Funktionen in den Befehlsgruppen Layout, Autor und iLogic.

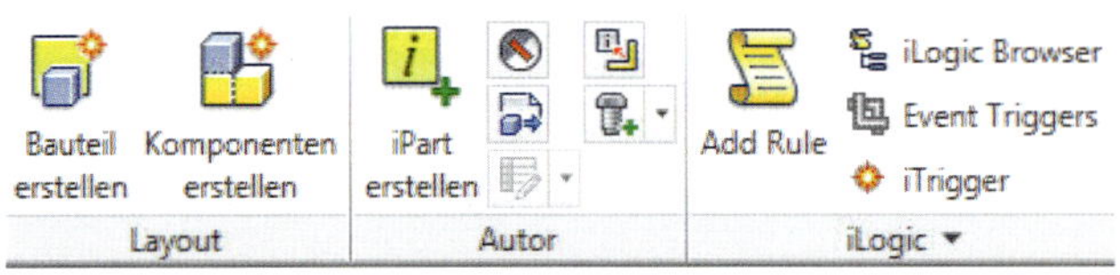

Da viele dieser Befehle und Funktionen wiederum eine ganze Reihe von Optionen enthalten, würde es sowohl den Anspruch als auch den Rahmen dieses Buches sprengen, alle Möglichkeiten detailliert zu beschreiben.

Ab Abschnitt 8.2 sollen die wichtigsten Befehle mit den Schwerpunkten »Bauteile erzeugen und bearbeiten« besprochen und erklärt werden.

8.2 Grundkörper

Die Funktionsgruppe Grundkörper ermöglicht das schnelle Erzeugen von einigen geometrischen Grundkörpern. Das Erzeugen eines Grundkörpers ist im eigentlichen Sinne keine neue Funktion, sondern lediglich eine sinnvolle Kombination der Arbeitsschritte, die auch beim Erzeugen »von Hand« notwendig wären. So ist auch der erste Schritt bei allen Grundkörpern derselbe, nämlich das Bestimmen der Ebene, auf die die zugrunde liegende Skizze platziert werden soll.

Beispiel Quader

Am Beispiel des Quaders soll das Prinzip der Grundkörpererzeugung einmal demonstriert werden. Alle Details und Einstellmöglichkeiten werden in Abschnitt 8.3, beim Erstellen von Bauteilen, ausführlich erklärt.

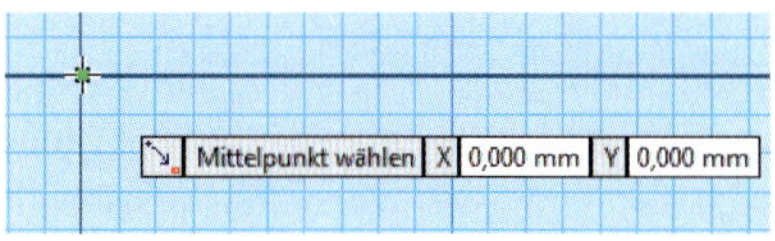

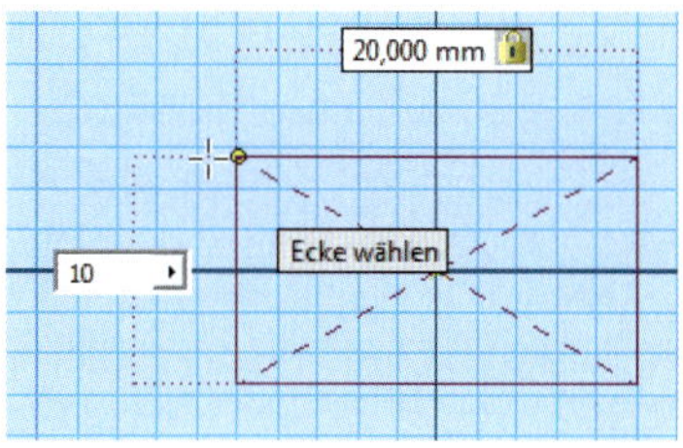

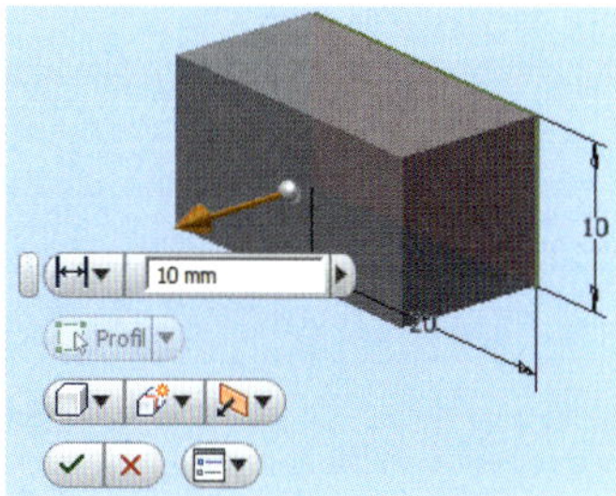

Der Quader wird in drei Schritten erstellt:

1. Der Mittelpunkt der Anordnung wird verlangt.
2. Die Höhe und die Breite des Rechtecks (Rechteck über Mittelpunkt, siehe Skizzen) muss angegeben werden.
3. Die Extrusionsart und -tiefe muss eingegeben werden.

HINWEIS: Das Arbeiten mit Grundkörpern geht wesentlich schneller, als dieselben Modelle über Skizzen und Extrusionen oder Drehungen zu erzeugen. Die Kenntnis der Möglichkeiten, die die Funktionen Extrusion oder Drehung beinhalten, muss jedoch trotzdem vorhanden sein.

8.3 Bauteile erstellen

In der Funktionsgruppe **ERSTELLEN** sind vornehmlich die Befehle anzutreffen, mit denen neue Bauteile erstellt werden, die keine Grundkörper sind.

8.3.1 Extrusion

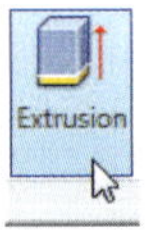

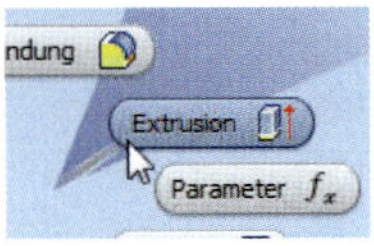

Die einfachste Art der Bauteilerzeugung ist die **EXTRUSION**.

HINWEIS: Einige der hier detailliert erklärten Funktionen treten bei vielen Befehlen in der Bauteilerstellung auf, z. B. Richtungs- und Größenangaben oder Volumenkörper-Modi. Diese sich wiederholenden Funktionen werden in den folgenden Beschreibungen nicht mehr oder nur kurz wiederholt. ■

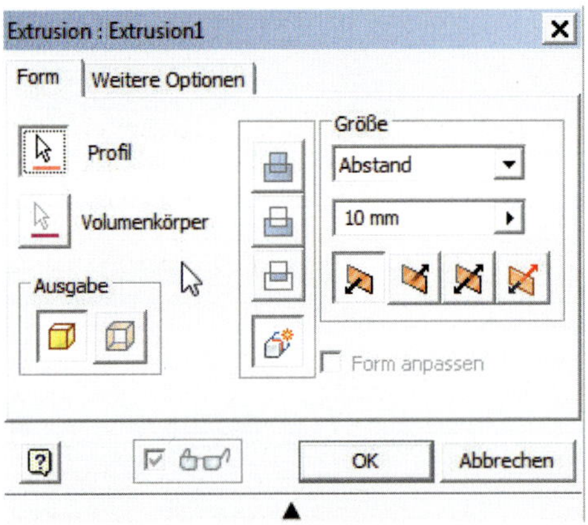

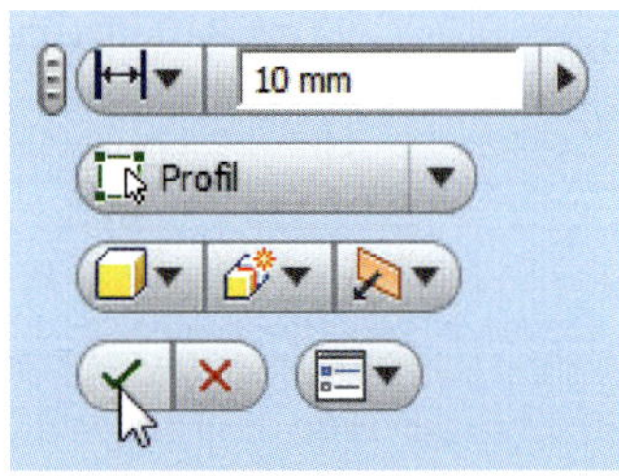

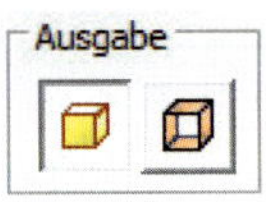

Ein geschlossenes **PROFIL** (Profilskizze) muss selektiert werden. Mit offenen Profilskizzen können nur Flächen erzeugt werden. Grundsätzlich können Schnittmengenbereiche sich überschneidender Skizzen nicht selektiert werden.

Die beiden Icons im Bereich **AUSGABE** steuern, ob ein Körper (Volumenkörper, Bauteil) oder eine Fläche (3D-Fläche, Mantelfläche ohne Dicke) erzeugt werden soll.

Die Methode der Extrusion muss angegeben werden, wobei die erste Extrusion immer nur einen neuen Volumenkörper erzeugen kann. Weitere Extrusionen am selben Bauteil können mit einer der folgenden Optionen durchgeführt werden:

- **VEREINIGUNG**, d. h., ein bestehender Volumenkörper wird um eine zusätzliche Extrusion erweitert.
- **DIFFERENZ**, d. h., von einem bestehenden Volumenkörper wird eine zusätzliche Extrusion abgezogen (Bohrung, Absatz etc.).
- **SCHNITTMENGE**, d. h., von einem bestehenden Volumenkörper bleibt nur übrig, was als gemeinsame Masse aus dem bestehenden Körper und der neuen Extrusion ermittelt wird.

- NEUER VOLUMENKÖRPER, d.h., wenn schon ein Körper existiert, dann wird ein Multipart-Objekt erstellt, das aus mehreren Volumenkörpern besteht. Sind bereits mehrere Volumenkörper in der Bauteildefinition enthalten und soll kein neuer Volumenkörper extrudiert werden, dann muss die neue Extrusion mit dem Button VOLUMENKÖRPER einem vorhandenen Volumenkörper zugeordnet werden.

- Die GRÖSSE der Extrusion muss eingegeben werden. Bei Erst-Extrusionen ist nur die Auswahl ABSTAND, BIS und ZWISCHEN verfügbar, wobei ZWISCHEN auch schon vorhandene Elemente voraussetzt. Bei weiteren Extrusionen gibt es zusätzlich die Auswahl ZUR NÄCHSTEN und ALLE.

Größenangabe	Bedeutung
Abstand	Ein Maß ist einzugeben, mit dem die Extrusion ausgeführt wird.
Zur Nächsten	Extrudiert wird bis zur nächsten Fläche/Ebene, die in der Extrusionsrichtung liegt.
Bis	Extrudiert wird bis zu irgendeiner vorhandenen Fläche/Ebene, die in der Extrusionsrichtung liegt.
Zwischen	Extrusion wird zwischen zwei Flächen/Ebenen ausgeführt.
Alle	Die Extrusion wird mit der maximal möglichen Ausdehnung ausgeführt, die durch vorhandene Körper/Flächen/Ebenen erreicht werden kann.

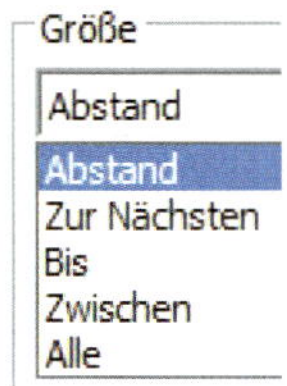

Die RICHTUNG der Extrusion muss bestimmt werden, wobei neben den beiden Hauptrichtungen auch die Mitte als Ausgangsebene für eine symmetrische bzw. asymmetrische Extrusion bestimmt werden kann.

Auf der Registerkarte WEITERE OPTIONEN der Extrusion kann eine positive oder negative VERJÜNGUNG der Extrusion eingestellt werden, die in Grad angegeben wird.

Beispiel einer sich überschneidenden Skizzenkontur

Von der abgebildeten Skizze, die aus zwei Rechtecken besteht, soll beispielhaft nur der innere Bereich, das Rechteck, das sich aus der Überschneidung ergibt, extrudiert werden. Da der Inventor von sich aus diese Schnittmenge nicht als eigenständige Kontur erkennt, muss man mithilfe von alternativ zwei Methoden etwas nachhelfen.

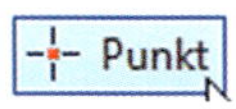

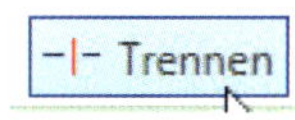

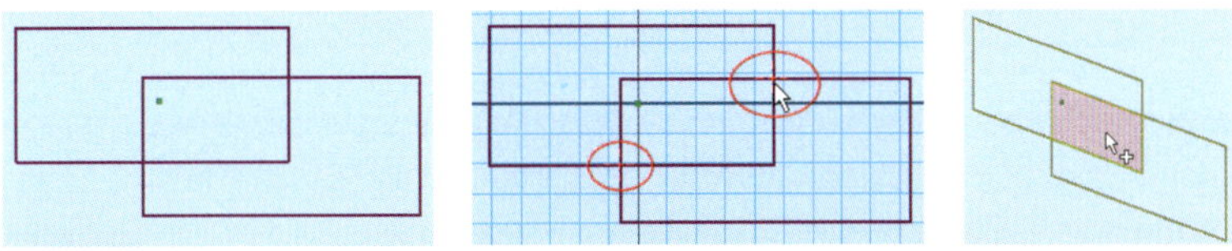

TIPP: Setzt man an die Schnittpunkte sich überschneidender Skizzenelemente jeweils einen **PUNKT**, erkennt der Inventor alle Einzelflächen. Alternativ können die Skizzenelemente mit der Funktion **TRENNEN** zerteilt werden.

Jetzt kann man wahlweise eine oder mehrere der insgesamt drei Konturen extrudieren.

Soll jetzt aus derselben Skizze eine weitere Extrusion erfolgen, ist zuerst im Objektbrowser, im Kontextmenü der Skizze, die Funktion **SKIZZE WIEDER VERWENDEN** zu selektieren. Im Objektbrowser wird durch diese Aktion die Skizze wieder »frei« und kann für weitere Aktionen hergenommen werden.

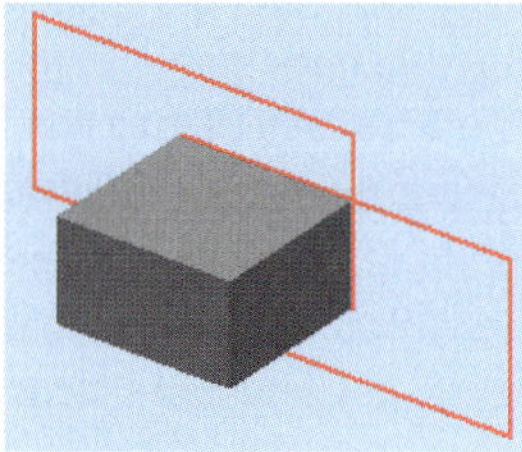

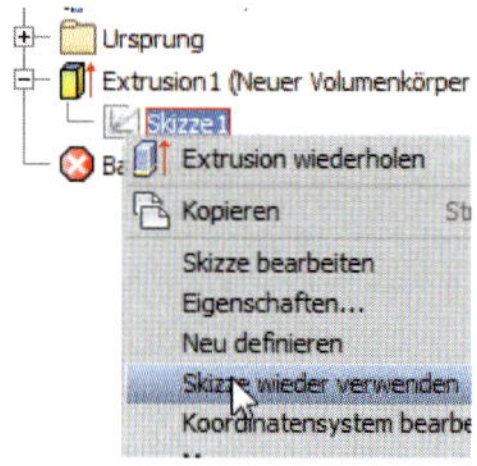

Nach diesem Vorgang kann jeder einzelne Bereich der Skizze getrennt voneinander extrudiert werden.

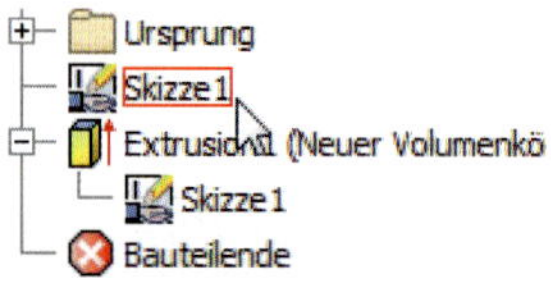

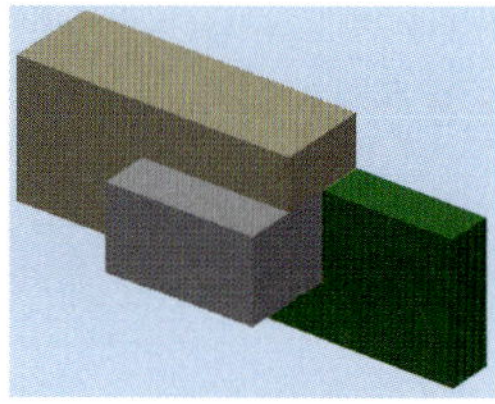

8.3.2 Drehung

Drehung

Der Befehl **DREHUNG** erzeugt Rotationskörper.

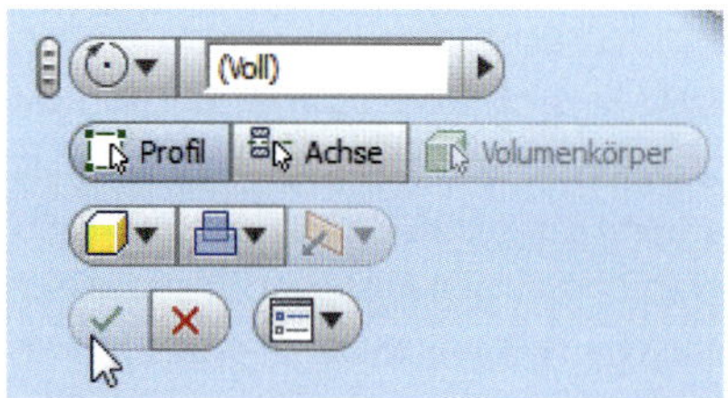

HINWEIS: Die Funktion der Schaltflächen entspricht, bis auf die Achse, genau derjenigen bei der Extrusion, weswegen sie hier nicht noch einmal detailliert erklärt werden.

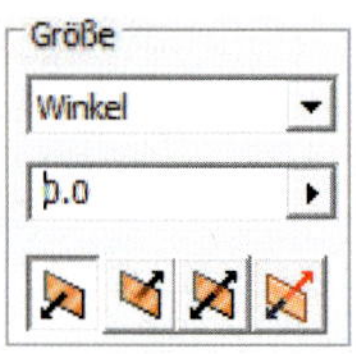

Die **GRÖSSE** der Rotation muss eingegeben werden. Dies kann entweder mit der Selektion **VOLL** oder durch die Eingabe eines Winkels in Grad geschehen. Wurde als Größe ein **WINKEL** bestimmt, kann auch die **ROTATIONSRICHTUNG** bestimmt werden, wobei neben den beiden Hauptrichtungen auch die Mitte als Ausgangsebene bestimmt werden kann.

Wird die Drehachse mit der Linienart **MITTELLINIE** gezeichnet, hat das lediglich einen Einfluss auf die Skizzenbemaßung. Die Mittellinie wird dann als solche erkannt, und die Maße zu dieser Mittellinie werden als Durchmesser in die Skizze eingetragen.

Beispiel:

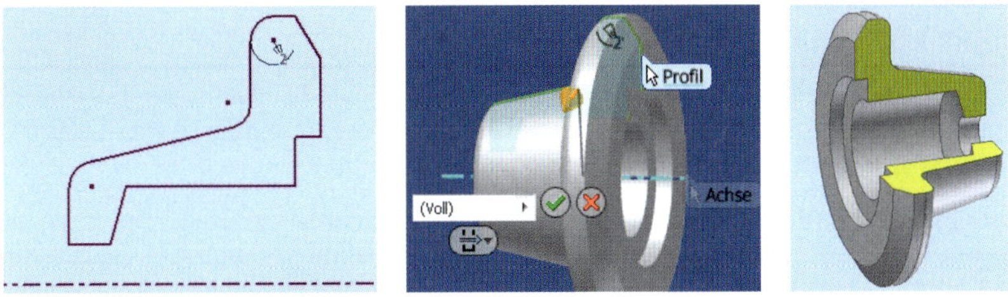

Im dritten Bild wurde die Drehung um 270° ausgeführt.

8.3.3 Erhebung

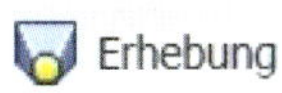

Eine **ERHEBUNG** ist die Verbindung von mindestens zwei Skizzen durch einen Übergangskörper, der seinen Querschnitt kontinuierlich an die Skizzenformen anpasst.

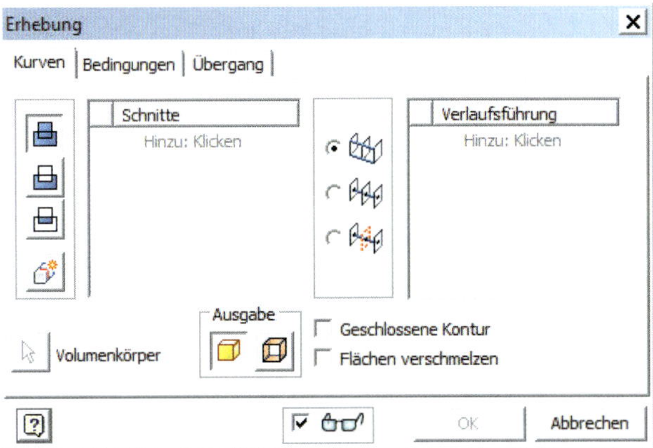

Auf mehreren Skizzierebenen, die durch Arbeitsebenen oder Bauteilflächen definiert sind, müssen geschlossene Profilskizzen vorhanden sein, damit eine Erhebung durchgeführt werden kann.

HINWEIS: Die Bedeutung der Schaltflächen **VEREINIGUNG**, **DIFFERENZ**, **SCHNITTMENGE** und **VOLUMENKÖRPER** sowie der im Bereich **AUSGABE** entspricht genau derjenigen bei der Extrusion. Sie sind in Abschnitt 8.3.1 nachzulesen.

Die Erhebung wird immer in der Reihenfolge der Auswahl der Profilskizzen durchgeführt. Die geschlossenen Profile müssen deswegen der Reihe nach der Auswahl hinzugefügt werden.

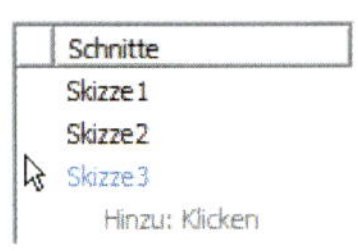

Die **BEDINGUNGEN** der Erhebung, d. h. die Verlaufsführung, die Winkel der Angleichung für die Endabschnitte, die Randbedingungen und **ÜBERGÄNGE** können durch zusätzliche Stützpunkte und Skizzen beeinflusst und verändert werden.

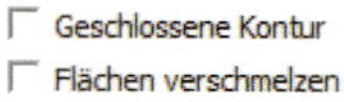

Die Auswahl **GESCHLOSSENE KONTUR** erzeugt bei Aktivierung einen geschlossenen Körper (ringförmig), indem die letzte Skizze wieder mit der ersten Skizze durch die Erhebung verbunden wird.

Die Auswahl **FLÄCHEN VERSCHMELZEN** erzeugt bei Aktivierung anstelle der sonst in Flächenstreifen aufgeteilten Oberfläche eine homogene Oberflächenschale aus einem Flächenelement. Optisch ist dieser Unterschied am fertigen Körper nicht zu sehen, eine Bedeutung hat er, wenn mit den Flächenelementen weiter gearbeitet werden soll.

Beispiel 1

Es werden **drei Skizzen** auf jeweils eigenen Arbeitsebenen erstellt, **zwei identische Ellipsen** und zusätzlich genau in der vertikalen Mitte ein kleines **abgerundetes Rechteck**.

Die Bemaßung der Skizzen wurde der Übersichtlichkeit halber ausgeblendet, sollte aber natürlich vorhanden sein.

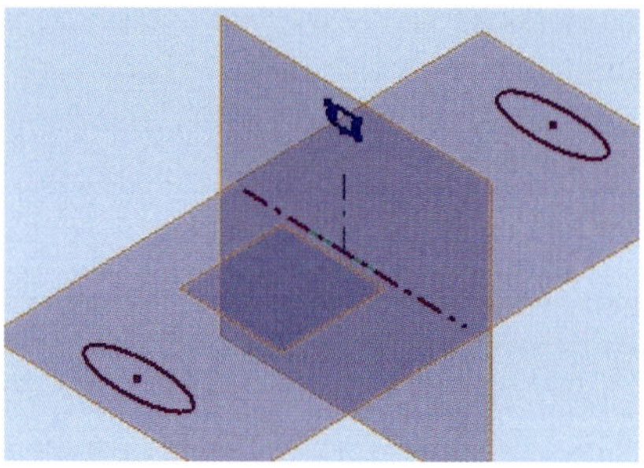

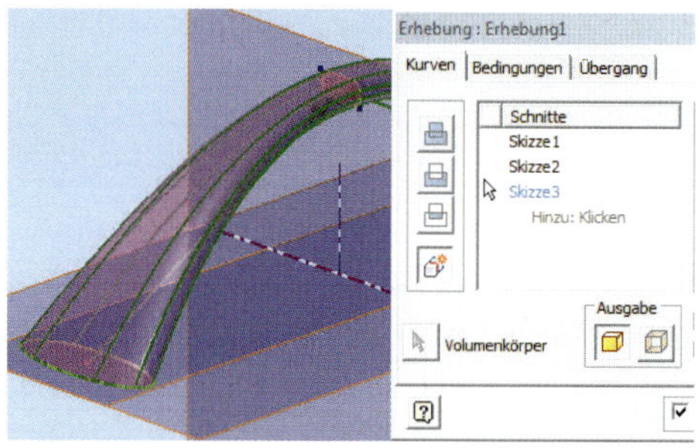

HINWEIS: Damit die Erhebung ausgeführt werden kann, müssen sich in diesem Beispiel die beiden Ellipsen in **jeweils eigenen Skizzen** befinden. Würden sich die beiden Ellipsen in einer einzigen Skizze befinden, könnte die Erhebung nicht ausgeführt werden.

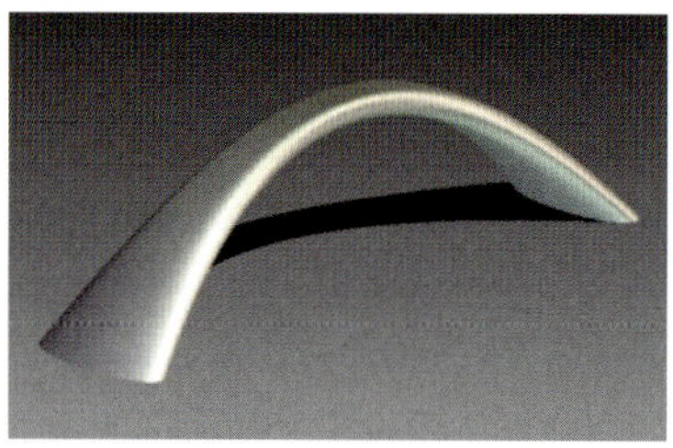

Die **ERHEBUNG** wird durchgeführt, indem die drei Skizzen der Reihe nach als Schnitte in die Auswahl übernommen werden. Nachdem im Feld **SCHNITTE** der Text **HINZU: KLICKEN** angeklickt wird, kann im Anschluss jeweils eine Skizze ausgewählt werden.

Für die Bedingungen und Übergangsdefinitionen wurden die Voreinstellungen des Programms übernommen.

Beispiel 2

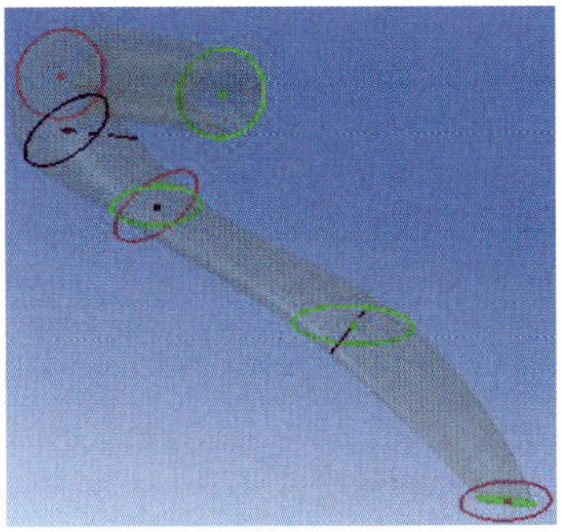

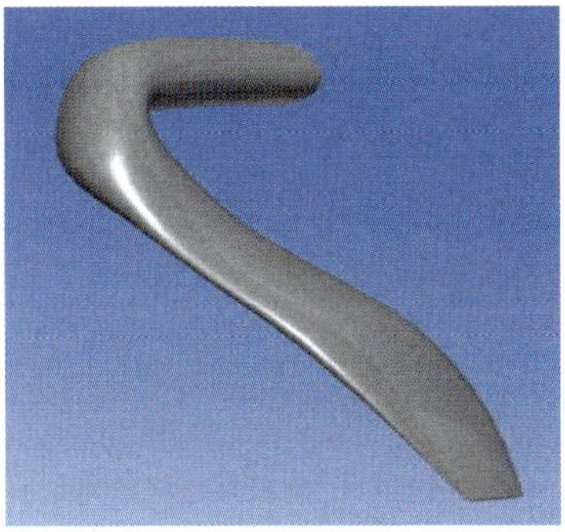

Dieses Beispiel zeigt einen mit sechs Skizzen auf jeweils eigenen Arbeitsebenen modellierten Türgriff. Die ersten beiden Skizzen beinhalten **KREISE** mit jeweils **15 MM** Durchmesser auf zwei Arbeitsebenen im Abstand von **40 MM**. Die dritte Skizze zeigt noch einmal denselben **KREIS**, jedoch jetzt auf einer um **90°** gedrehten und um **17,5 MM** versetzten **ARBEITSEBENE**. Zuletzt kamen drei elliptische Skizzen im Abstand von je **40 MM** dazu. Bei der Erhebung wurde die (Start-)Bedingung der ersten Skizze mit einem Winkel von 90° versehen, damit der Erhebungsbeginn genau vertikal zur ersten Skizze startet.

8.3.4 Sweeping

Das **SWEEPING** ist eine besondere Form der Extrusion, bei der eine Skizze entlang eines Pfades extrudiert wird. Eine gängige deutsche Bezeichnung für diese Funktion wäre die **Pfadextrusion**.

Sweeping

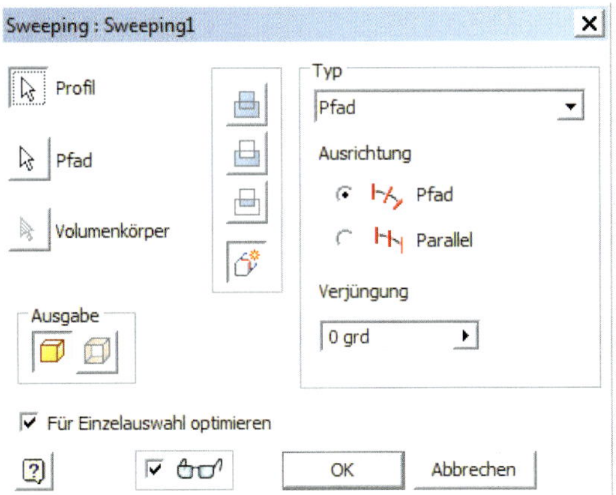

Um einen Volumenkörper erzeugen zu können, muss mindestens eine geschlossene Profilskizze (**PROFIL**) vorhanden sein, für Flächen können offene Profilskizzen verwendet werden.

Als Extrusionspfad muss entweder eine offene oder geschlossene Pfadskizze (**PFAD**) oder eine Körperkante vorhanden sein.

Eine Pfadskizze muss sich auf einer eigenen Skizzierebene, die sich mit der Ebene der Profilskizze schneidet, befinden.

> **HINWEIS:** Die Bedeutung der Schaltflächen **VEREINIGUNG, DIFFERENZ, SCHNITTMENGE** und **VOLUMENKÖRPER** sowie der im Bereich **AUSGABE** entspricht genau derjenigen bei der Extrusion. Sie sind in Abschnitt 8.3.1 nachzulesen.

Das Sweeping kann mit einer positiven oder negativen Verjüngung ausgeführt werden, die in Grad angegeben wird.

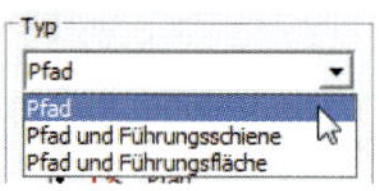

Für den Extrusionsverlauf können drei verschiedene Verfahren zur Anwendung kommen.

PFAD erstellt ein Sweeping-Element entlang eines Pfads, wobei die Ausrichtung der Profilskizze zum Pfad beeinflusst (Pfad, Parallel) werden kann.

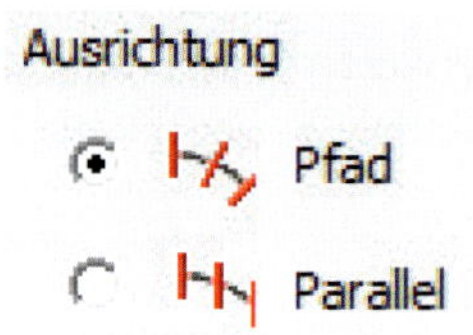

PFAD UND FÜHRUNGSSCHIENE erstellt ebenfalls ein Sweeping-Element entlang eines Pfads. Die Führungsschiene (zusätzliche Pfadskizze) steuert Skalierung und Drehung des gesweepten Profils.

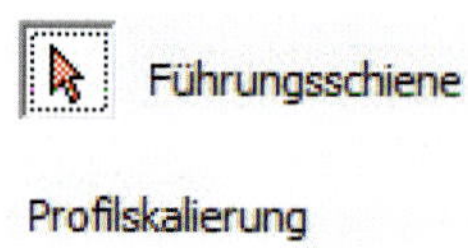

PFAD UND FÜHRUNGSFLÄCHE entspricht der Variante **PFAD UND FÜHRUNGSSCHIENE**, wobei anstelle der Führungsschiene eine Fläche die Drehung des gesweepten Profils steuert.

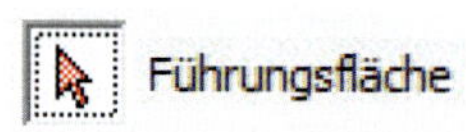

Beispiel 1, Pfad

Als erste Skizze wurde auf der **XY-EBENE** ein **KREIS** mit dem Durchmesser **15 MM** gezeichnet. Auf der **YZ-EBENE** wurde als **PFAD** eine **LINIE 40 MM** lang vom Kreismittelpunkt aus (Abhängigkeit: **GEOMETRIE PROJIZIEREN**) und anschließend rechtwinklig dazu eine **LINIE 100 MM** lang gezeichnet. Die Ecke ist mit dem **RADIUS 20 MM** abgerundet.

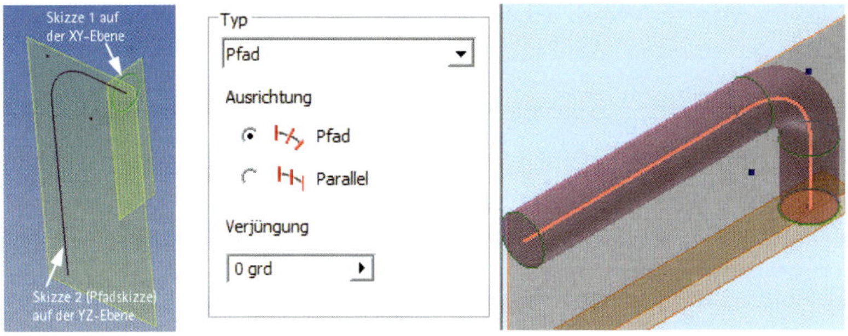

Beim anschließenden **SWEEPING** wurden **PROFIL** und **PFAD** ausgewählt und die Sweeping-Extrusion mit den Voreinstellungen durchgeführt. Die Stirnfläche des Griffs wurde nach der Extrusion mit einem **RADIUS 2 MM** abgerundet.

Beispiel 2, Pfad und Führungsschiene

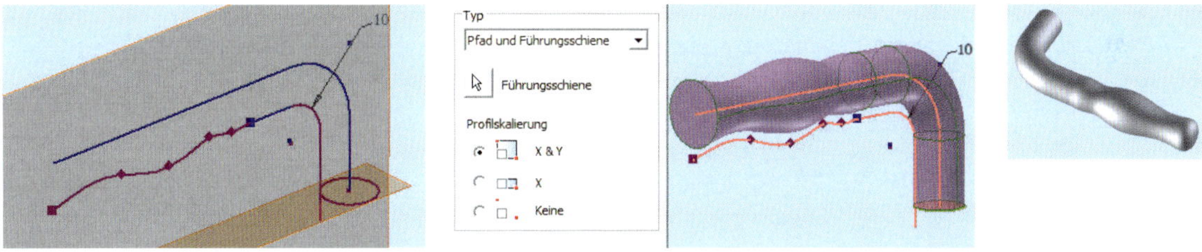

In diesem Beispiel wurde zusätzlich zu den Skizzen in Beispiel 1 auf der YZ-Ebene eine neue Pfadskizze mit der Führungsschiene erzeugt. Die Führungsschiene besteht aus Linien-, Boden- und Spline-Elementen.

Das Sweeping wurde mit Pfad und Führungsschiene ausgeführt, wobei die Stirnfläche mit einer separaten Abrundung versehen wurde.

Beispiel 3, Sweeping entlang einer Körperkante

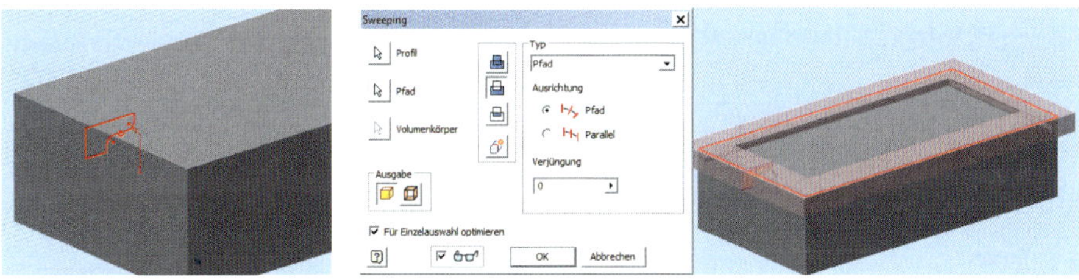

Im dritten Beispiel wird als Pfadskizze die umlaufende Kante eines Quaders verwendet. Als Profil dient hier ein filigranes Rahmenprofil. Das Sweeping wurde als Differenz ausgeführt. Neu in dieser Programmversion ist dabei, dass auch die Ecken, an denen sich ein sich selbst schneidendes Profil ergibt, fehlerfrei ausgeführt werden.

8.3.5 Rippe

Die Funktion **RIPPE** fügt Bauteilen auf eine sehr rationelle Art z. B. Versteifungsrippen an. Zum Erstellen einer Rippe ist eine eigene Skizze erforderlich, welche die Geometrie der Rippe bestimmt und im einfachsten Fall aus einer einzigen Linie bestehen kann. Mit **STÄRKE** wird die Wandstärke der Rippe eingegeben, und mit den Richtungs-Buttons wird die **RICHTUNG**, in der die Rippe zum Körper hin ausgedehnt werden soll, bestimmt.

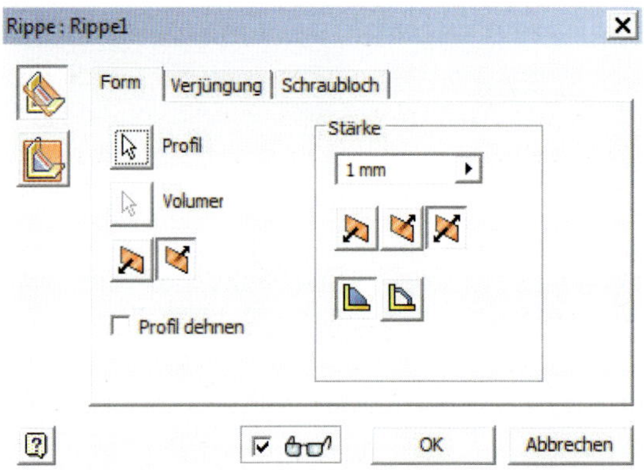

Die Ausführungsform wird mit den beiden Schaltflächen als **RIPPE** oder als **STEG** gewählt, wobei bei der Auswahl **STEG** die Stegtiefe angegeben werden muss.

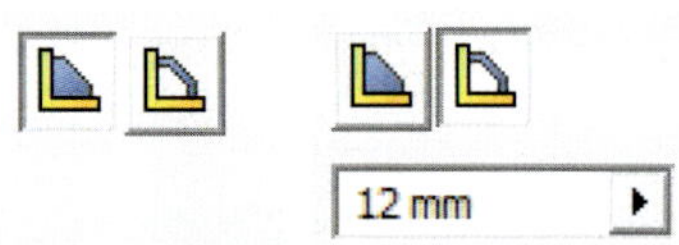

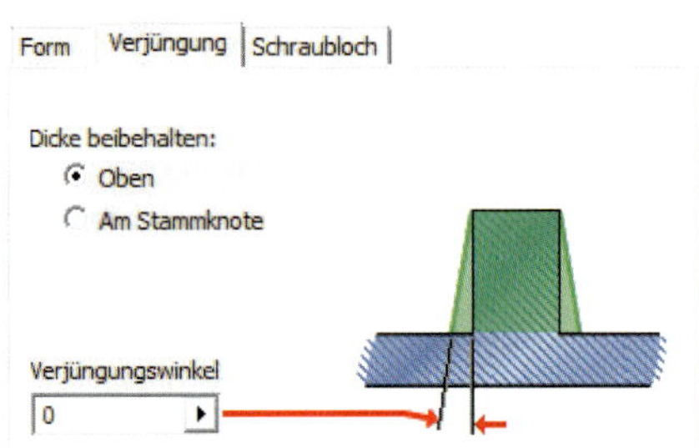

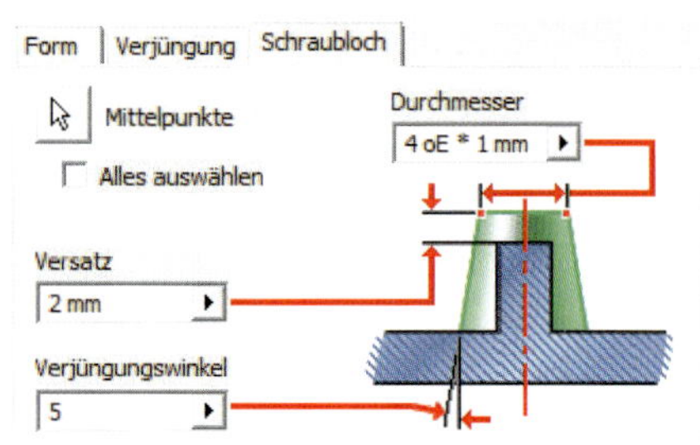

Die Registerkarte **VERJÜNGUNG** ermöglicht trapezförmige Rippen, bei denen angegeben werden kann, ob die Stärke am oberen oder am unteren Ende beibehalten werden soll.

Über die Registerkarte **SCHRAUBLOCH** kann mittels eines zusätzlichen Punkts in der Skizze, ähnlich wie die entsprechende Funktion für Kunststoffteile, ein Schraublochsockel in die Rippe eingefügt werden.

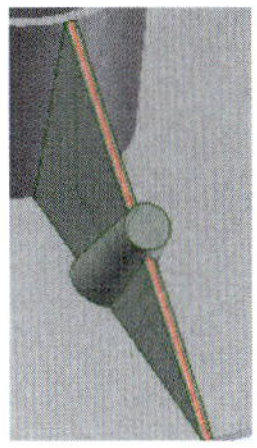

Beispiel 1

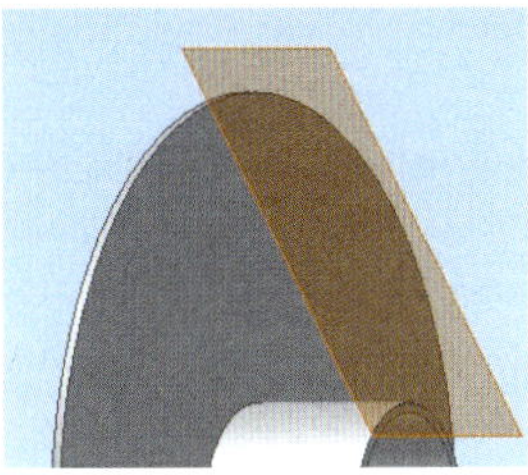

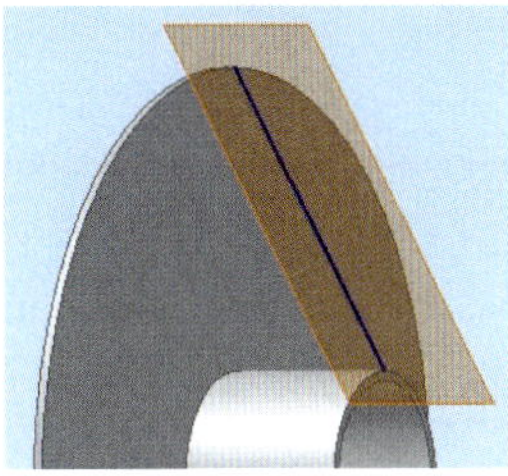

Die Abbildung zeigt die Vorbereitung einer Rippenkonstruktion mit einem dünnwandigen Flansch und der Arbeitsebene, welche die Rippengeometrie aufnehmen soll. Die Rippengeometrie besteht aus einer einfachen **LINIE**, die auf der schrägen Arbeitsebene in eine neue **SKIZZE** gezeichnet wurde. Um die Enden der Linie genau positionieren zu können, wurden mit **SCHNITTKANTEN PROJIZIEREN** die beiden Endpunkte aus den tangentialen Berührungen der Kreise erzeugt.

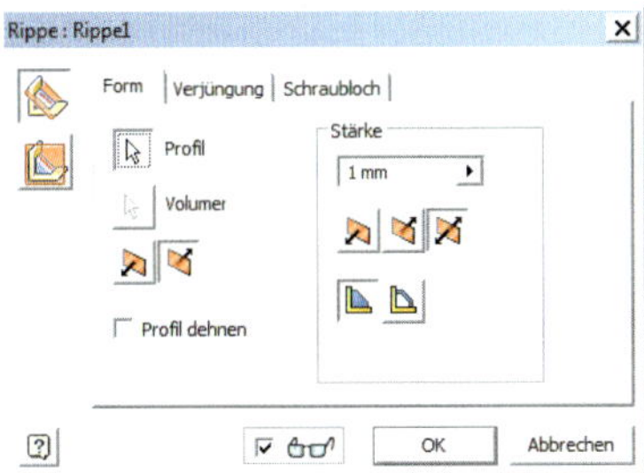

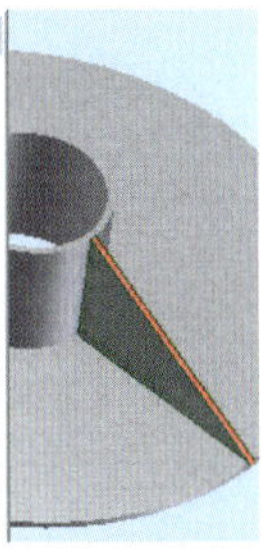

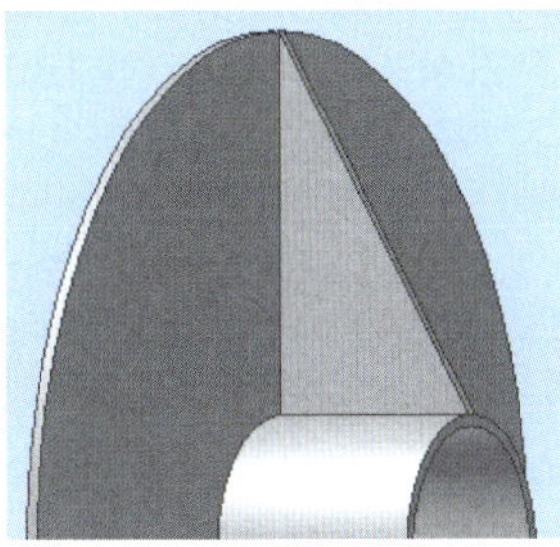

Im Dialogfenster **RIPPE** wird nun diese **LINIE** als **PROFIL** gewählt. Mit dem Button **RICHTUNG** wird eingestellt, dass die Rippe zum Bauteil hin extrudiert wird. Die **STÄRKE 1 MM** bestimmt die Dicke der Rippe, und die Ausrichtungstasten unter dem Stärkefeld legen die **EXTRUSIONSRICHTUNG** der Dicke fest. Die Option **PROFIL DEHNEN** legt fest, dass die Rippe an allen Stellen bis zu den Bauteilgrenzen gedehnt wird.

Nachfolgend ist dieselbe Konstruktion als Steg mit der Steghöhe **10 MM** ausgeführt.

Für Schweißkonstruktionen ist die Steg-Ausführung richtig und notwendig, da nur so eine eindeutige und weitgehend spannungsfreie Verbindung zwischen zwei Bauteilen gewährleistet werden kann.

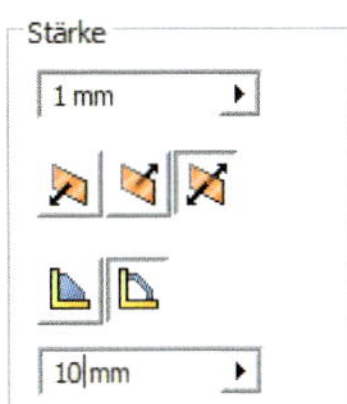

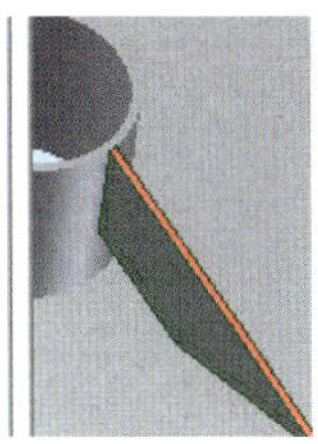

Beispiel 2

Im zweiten Beispiel wurde dieselbe Rippe mit einer Verjüngung von 5° ausgeführt, wobei die Wandstärke oben beibehalten wurde. Außerdem wurde in der Mitte der Rippe ein ebenfalls konisches (5°) Schraubloch mit einem Versatz von 2 mm über die Rippe hinaus und einem Durchmesser von 5 mm ausgeführt.

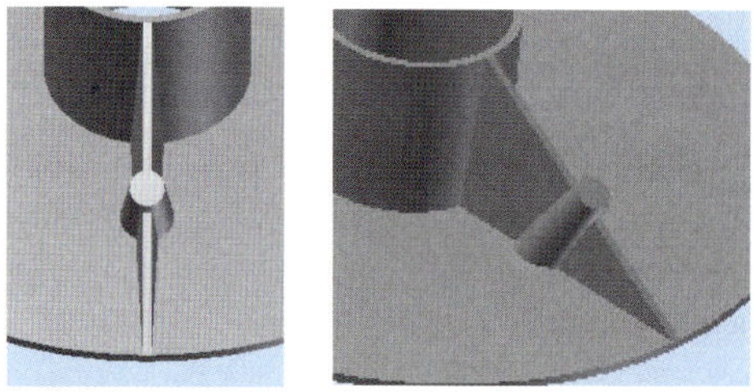

8.3.6 Spirale

Spirale

Der Befehl **SPIRALE** erzeugt letztendlich ebenfalls eine besondere Form der Pfadextrusion. Um mit dieser Funktion einen Volumenkörper erzeugen zu können, muss mindestens eine geschlossene Profilskizze vorhanden sein, für Flächen können offene Profilskizzen verwendet werden. Eine Drehachse (**ACHSE**) wird sich in der Regel außerhalb der zur Spirale zu extrudierenden Kontur (**PROFIL**) befinden, könnte aber auch Teil dieser Kontur sein.

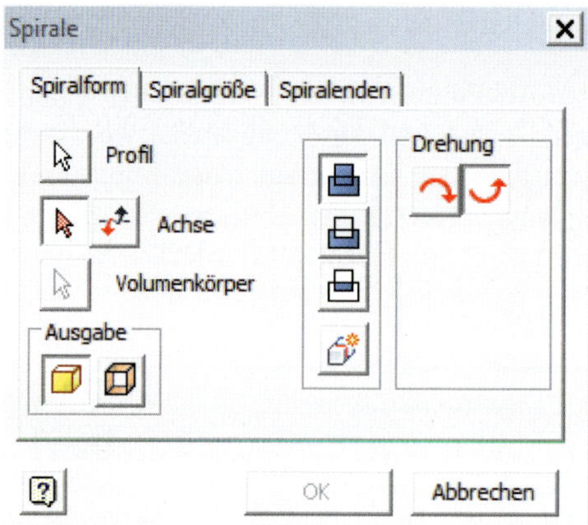

Auf der Registerkarte **SPIRALFORM** muss als **PROFIL** die Profilskizze angegeben werden, als **ACHSE** muss die Drehachse bestimmt werden.

HINWEIS: Die Bedeutung der Schaltflächen **VEREINIGUNG**, **DIFFERENZ**, **SCHNITTMENGE** und **VOLUMENKÖRPER** sowie der im Bereich **AUSGABE** entspricht genau derjenigen bei der Extrusion. Sie sind in Abschnitt 8.3.1 nachzulesen.

Der Windungssinn (**DREHUNG**) kann rechts- oder linksdrehend sein und wird ebenfalls auf der ersten Registerkarte eingestellt.

Auf der zweiten Registerkarte wird die **SPIRALGRÖSSE** eingestellt. Es kann zwischen den Optionen:

- Steigung und Windungen,
- Windungen und Höhe,

- Steigung und Höhe sowie
- Spirale

gewählt werden. Die entsprechenden Angaben sind in darunter angezeigten Eingabefeldern vorzunehmen. Die Option **SPIRALE** im Dialogfenster zeichnet eine archimedische Spirale (Uhrwerksfeder).

Die dritte Registerkarte ermöglicht das Anpassen der **SPIRALENDEN**, die normal oder abgeflacht (angelegt) ausgebildet werden können.

Beispiel

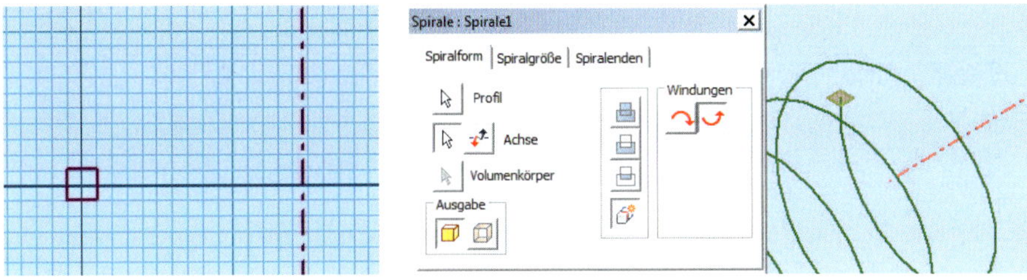

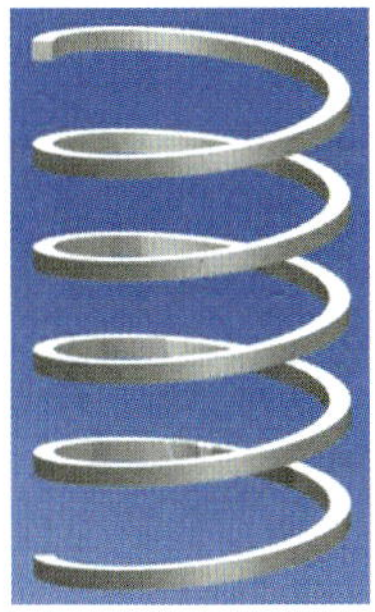

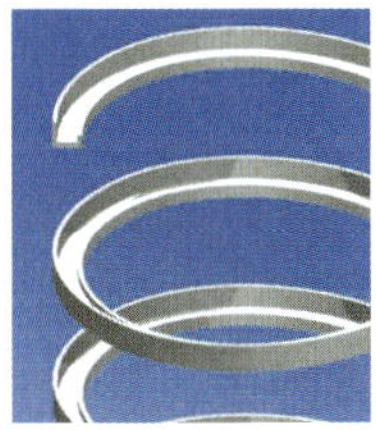

Die Skizze besteht aus einem **Quadrat-Profil** 4 X 4 MM und einer Drehachse im Innenabstand von **25 mm**, d. h., die Feder hat einen Innendurchmesser von **50 MM**. Die über die Option **STEIGUNG UND WINDUNGEN** ausgeführte Feder hat **5 WINDUNGEN** und eine **STEIGUNG** von **20 MM**.

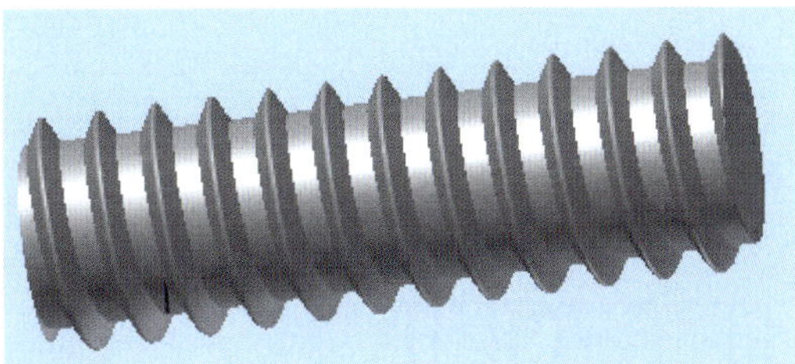

Die Kontur für den Spiralquerschnitt kann eine beliebige Form haben. Im zweiten Beispiel wurde das Profil durch ein unsymmetrisches U-Profil ersetzt. Im dritten Beispiel wurde, im Unterschied zu den folgenden beiden Gewindebeschreibungen, mit einem gleichseitigen Dreieck um einen Zylinder herum ein »echtes« Gewinde erzeugt.

8.3.7 Prägen

Prägen

Mit der Funktion **PRÄGEN** wird eine Erhöhung oder Absenkung eines skizzierten Profils (z. B. Text oder Skizze), relativ zur Modellfläche, um eine bestimmte Tiefe und in einer bestimmten Richtung erreicht.

Beispiel

Auf einer tangentialen Arbeitsebene und einer neuen Skizze darauf, wurde nur der **TEXT ABC** geschrieben. Die **1 MM** tiefe Prägung passt sich der runden Bauteiloberfläche an.

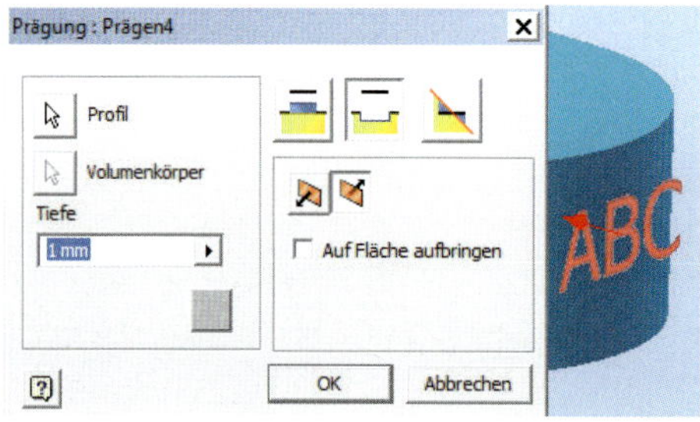

8.3.8 Aufkleber

Die Funktion **AUFKLEBER**, die im aufklappbaren Teil der Funktionsgruppe **ERSTELLEN** versteckt ist, verarbeitet z. B. Bilder, um sie in Form von Aufklebern auf Bauteilflächen aufzubringen.

Beispiel

Für dieses Beispiel wurde ein einfacher Quader erzeugt. Aus dem Beispiel zur Funktion **BOHRUNG** wurde eine Zeichnung erstellt und diese als Bild (*.bmp) gespeichert.

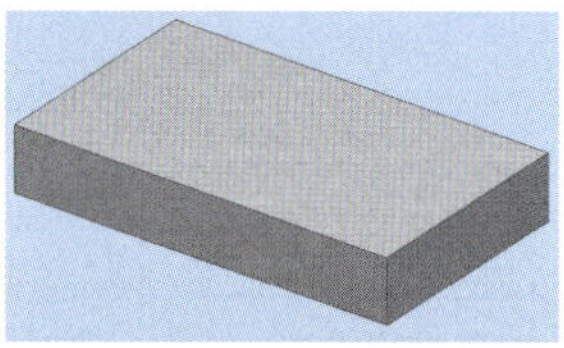

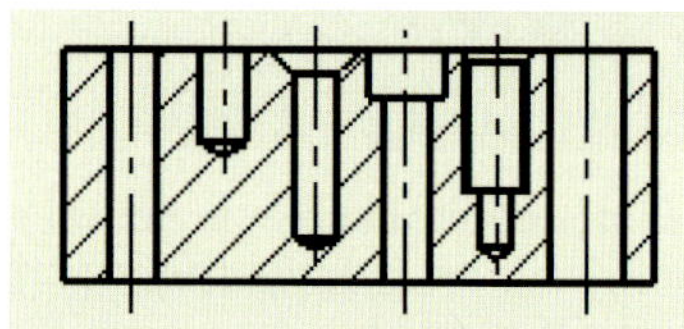

Auf der Quaderoberfläche wurde eine neue **SKIZZE** angelegt, und in diese Skizze, mittels der Funktion **BILD EINFÜGEN**, wurde das Bohrungsbild eingefügt. Damit dieses Bild als Aufkleber auf dem Bauteil tatsächlich auch vorhanden ist, muss es mit der Funktion **AUFKLEBER** in einen solchen umgewandelt werden.

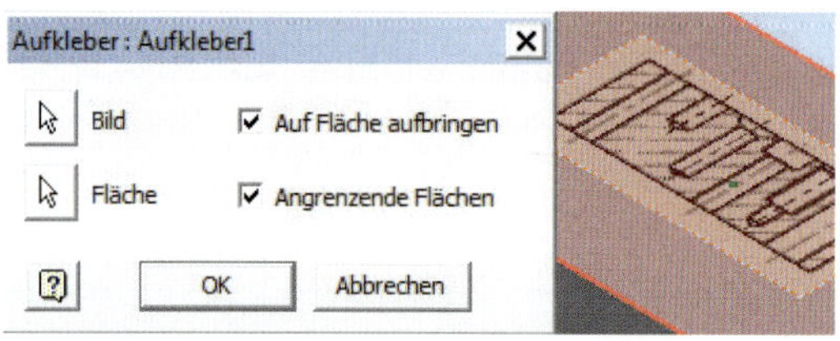

Das Bild, das Bestandteil der Skizze ist, kann mit allen möglichen Abhängigkeiten, auch Bemaßungen, zum Bauteil hin bestimmt werden.

TIPP: Um tatsächlich einen Aufkleber zu erzeugen, der beispielsweise auch in Stücklisten eigenständig erscheint oder als eigenes Element in einer Baugruppe verfügbar ist, muss ein Aufkleber zuerst als dünnes Bauteil (Papier, Karton, Folie etc.) erzeugt werden, auf das dann das Bild des Aufklebers aufgebracht wird. Nur bei diesem Vorgehen erscheint der Aufkleber dann auch im Inventor-Studio als gerendertes Objekt.

TEIL II

8.3.9 Abgeleitete Komponenten

Eine weitere Art, ein Bauteil zu erstellen, ist das Einfügen und weitere Bearbeiten von abgeleiteten Komponenten. Das neu erstellte Bauteil ist dann die **abgeleitete Komponente**, die auf der Grundlage eines anderen, bereits konstruierten Bauteils erstellt wurde.

Um ein neues Bauteil mithilfe einer abgeleiteten Komponente zu erstellen, wird im ersten Schritt ein ganz normales NEUES BAUTEIL erzeugt.

Ohne die Skizzier-Arbeitsumgebung aufzurufen, kann auf der Registerkarte VERWALTEN in der Befehlsgruppe EINFÜGEN der Befehl ABLEITEN aufgerufen werden. Beim Aufruf des Befehls öffnet sich der Inventor-Öffnen-Dialog, und es kann ein bereits erstelltes Bauteil ausgewählt werden, das dann in die neue Arbeitsumgebung eingefügt wird.

Im folgenden Beispiel wird eine Führungsplatte eines Stanzwerkzeuges abgeleitet, bei der dieses Verfahren auch einen praktischen Sinn hat.

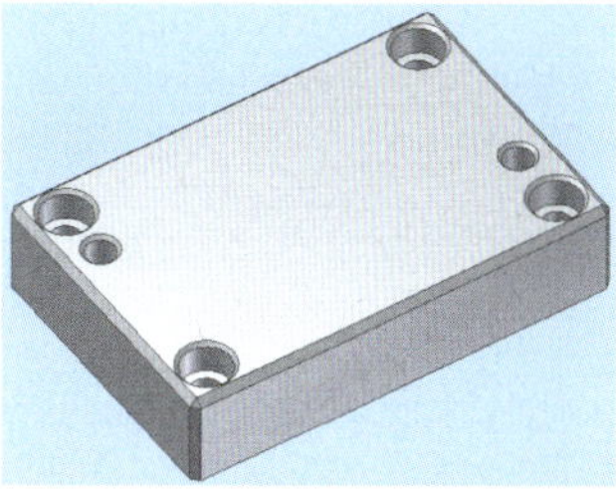

Die Abbildung zeigt das Layout-Bauteil einer Führungsplatte mit den Maßen 120 x 80 x 25 mm. Alle Führungsplatten sehen im Prinzip gleich aus. In bestimmten Maßgruppen haben sie auch dieselben Schrauben- und Stiftlöcher. Lediglich die Führungskontur für den Stempel des Stanzwerkzeugs ändert sich. Die aufzurufende Datei mit dem abzuleitenden Bauteil heißt: **21_Layout_Führungsplatte_120x80x25.ipt**.

HINWEIS: Ein abgeleitetes Bauteil kann in seiner bestehenden Geometrie in der aktuellen Arbeitsumgebung nicht verändert, wohl aber um weitere Bearbeitungen ergänzt werden.

Beispiel

Öffnen Sie ein **NEUES BAUTEIL**, und rufen Sie die Funktion **ABLEITEN** auf. Im Öffnen-Dialog wählen Sie die vorher genannte Datei **21_LAYOUT_FÜHRUNGSPLATTE_120X80X25.IPT** aus.

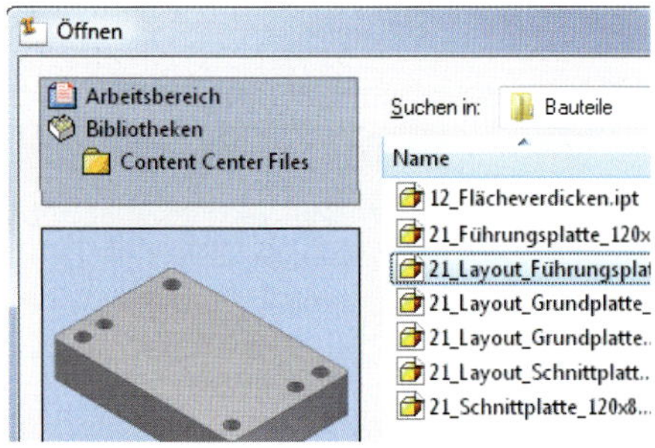

Nach dem Befehlsaufruf erscheint das Dialogfenster **ABGELEITETES BAUTEIL**, in dem ausgewählt und eingestellt wird, welche Elemente des Layout-Bauteils verwendet werden sollen.

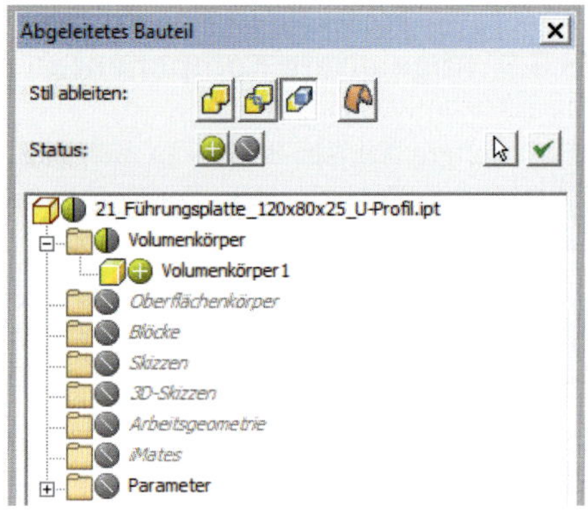

Eine sehr wichtige vorzunehmende Einstellung befindet sich ganz oben im Dialogfenster und bestimmt den Ableitungsstil.

	Zusammenführung eines Volumenkörpers durch Verbindung planarer Flächen
	Erhaltung eines Volumenkörpers durch Verbindung planarer Flächen unter Beibehaltung der Einzelflächen
	Jeden Volumenkörper als Volumenkörper erhalten
	Körper als Arbeitsfläche ableiten

Es ist sinnvoll, die Voreinstellung **JEDEN VOLUMENKÖRPER ALS VOLUMENKÖRPER ERHALTEN** beizubehalten.

Wichtig ist auch, dass der Eintrag Volumenkörper, insbesondere der Eintrag **VOLUMENKÖRPER1**, mit einem +-Zeichen dargestellt wird. Ein Klick auf das **KREISSYMBOL** verändert diesen Eintrag. Mit Klicken auf die Kreise kann in diesem Fenster festgelegt werden, was alles übernommen werden kann. Außerdem kann hier ein Skalierungsfaktor eingestellt und eine Spiegelung des Bauteils vorgenommen werden.

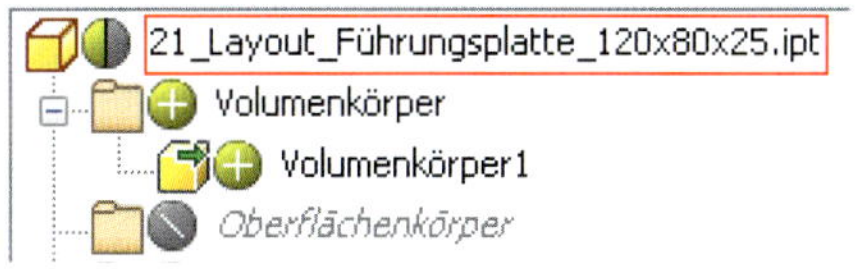

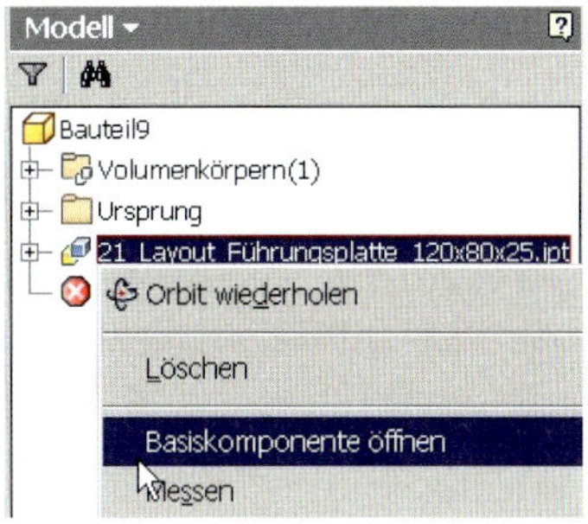

Bestätigen Sie die Auswahl mit **OK**.

Nach dem Einfügen wird das abgeleitete Bauteil im Objektbrowser mit dem Icon des angewendeten Stils angezeigt.

HINWEIS: Sollte es aus irgendwelchen Gründen doch einmal erforderlich sein, die Ursprungsgeometrie zu verändern, so ist dies nur in der Bauteilumgebung des ursprünglichen Bauteils selbst möglich. Im Kontextmenü für das abgeleitete Bauteil im Objektbrowser existiert dafür der Befehl BASISKOMPONENTE ÖFFNEN.

Ebenfalls im Kontextmenü für das abgeleitete Bauteil gibt es den Befehl **ABGELEITETES BAUTEIL BEARBEITEN**, der das anfängliche Dialogfenster wieder öffnet und Änderungen am Einfügeverfahren zulässt.

Die eigentliche Arbeit am neuen Bauteil kann jetzt beginnen. Eine **NEUE SKIZZE** auf der Bauteiloberfläche wird erstellt und darauf, mithilfe von zwei mittigen Konstruktionslinien ausgerichtet, ein **U-Profil 40 x 40 x 8 mm**, das in diesem Beispiel die Stanzform darstellen soll, gezeichnet.

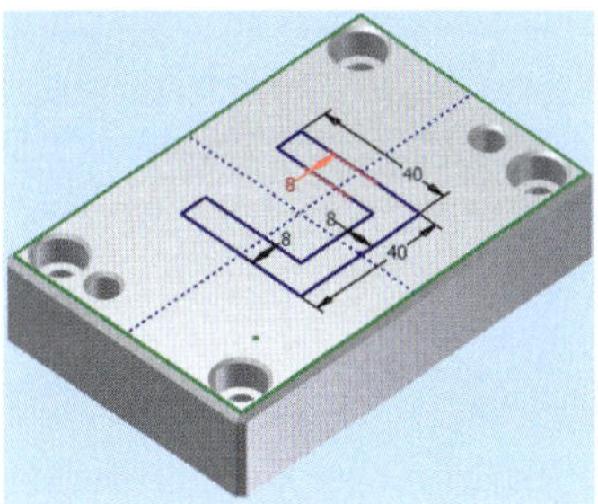

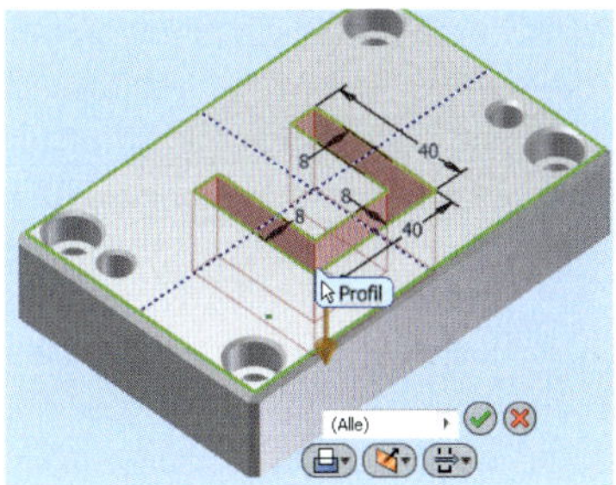

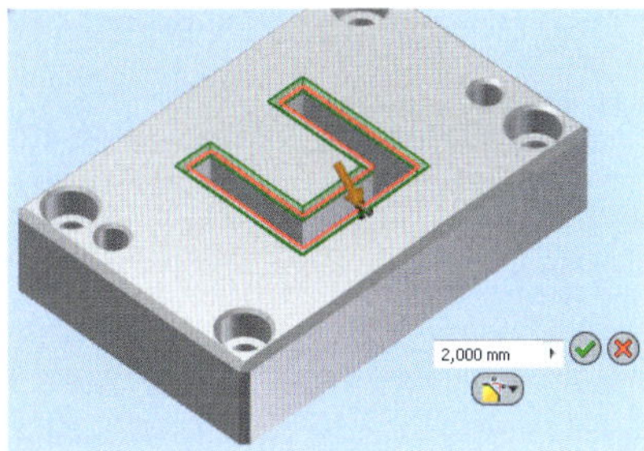

Nachdem die Skizze beendet wurde, kann das U-Profil per **DIFFERENZ-EXTRUSION** in die Führungsplatte eingearbeitet werden. Damit der Schneidstempel gut geschmiert werden kann, bekommt die Kontur in der Führungsplatte eine ausreichend große und umlaufende **FASE**.

In ähnlicher Art und Weise, wie die Führungsplatte aus einem Layout-Bauteil mittels Ableitung erstellt wurde, könnte sich z. B. ein Werkzeugbaubetrieb eine Bibliothek von Platten mit entsprechenden Bohrbildern zurechtlegen und so recht rationell Grundplatten, Schnittplatten, Führungs- und Kopfplatten konstruieren.

Das abgebildete Folgeschnitt-Werkzeug wurde in dieser Art konstruiert und befindet sich als Übung komplett auf der beiliegenden DVD.

8.4 Ändern

Die im Folgenden beschriebenen Funktionen befinden sich in der Funktionsgruppe Ändern und setzen alle ein bereits erzeugtes Bauteil voraus.

8.4.1 Bohrungen und Innengewinde

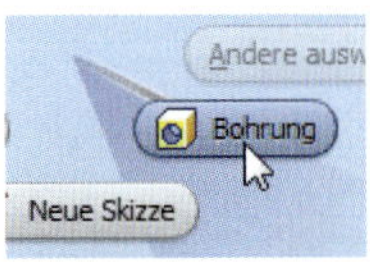

Bohrung

Die Funktion **BOHRUNG** erzeugt verschiedene Arten von Bohrungen, mit oder ohne Senkung, Durchgangs- oder Grundbohrungen, mit oder ohne Innengewinde. Im Markierungsmenü der Bohrung können zurzeit nur einfache Durchgangslöcher erstellt werden, alle anderen Einstellungen müssen im ausgeklappten Dialogfenster vorgenommen werden.

Die Bohrungsreferenzen, d. h. die Informationen für die **PLATZIERUNG**, können

- **NACH SKIZZE**, per Bohrungsmittelpunkt in einer Skizze (wird automatisch erkannt),
- **LINEAR**, per linearen Abständen zu Bauteilkanten, oder
- **KONZENTRISCH**, per Konzentrizität zu einer vorhandenen Kreis- oder Bogengeometrie,
- **AUF PUNKT**, per Punktreferenz, auf einem Bauteil erstellt werden.

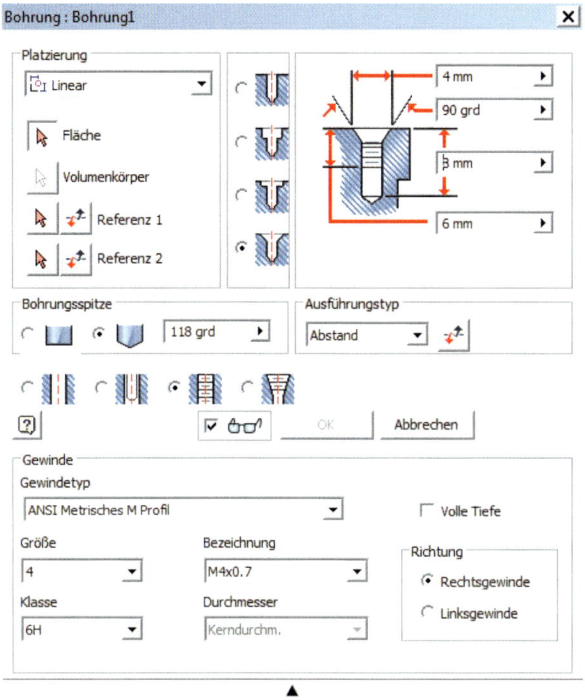

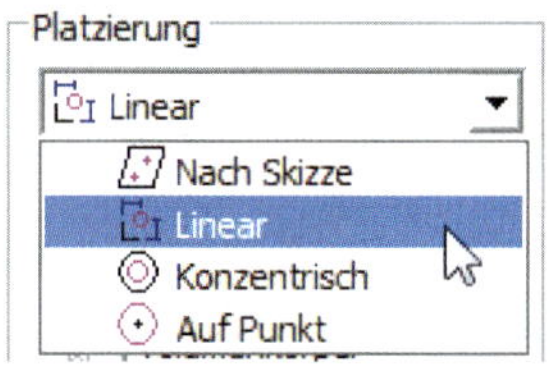

Alle anderen Einstellungsmöglichkeiten im Dialogfeld sind selbsterklärend.

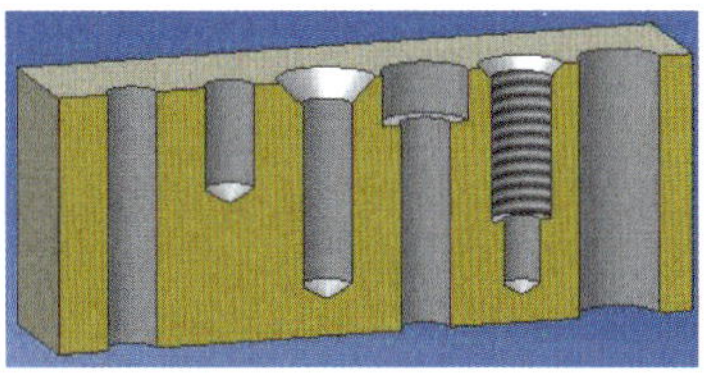

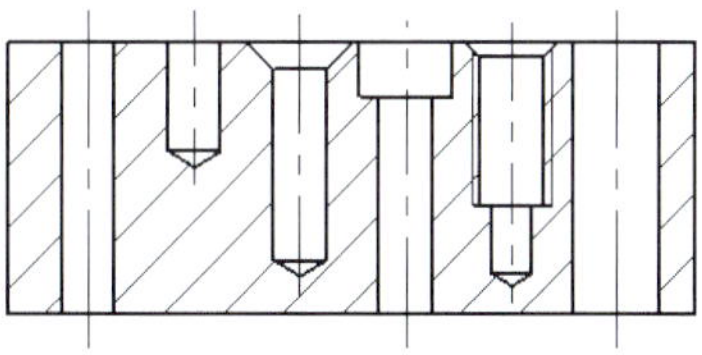

Innengewinde werden nur mit angedeuteten Gewindegängen angezeigt, die als Bilder auf die Bohrungswand projiziert sind. In der Regel wird dies keine Bedeutung haben. Sollen jedoch genaue Volumen- und Gewichtsberechnungen mit größeren Gewindedurchmessern vorgenommen werden, dann könnte dieser Umstand ein Grund für Ungenauigkeiten sein.

8.4.2 Abrunden

Abrunden

Abrundungen und Fasen sind die klassischen Bearbeitungen an fast jedem Bauteil.

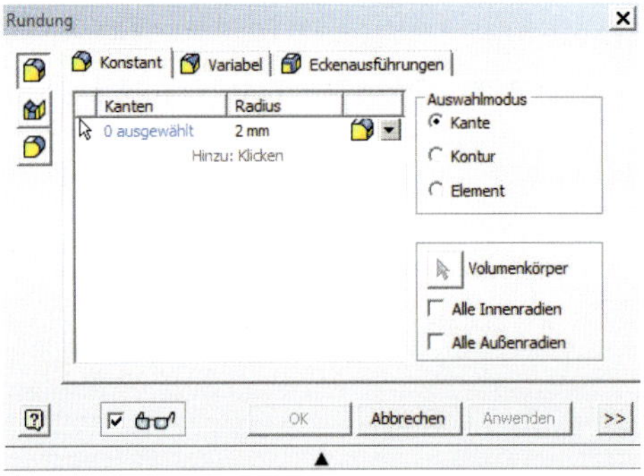

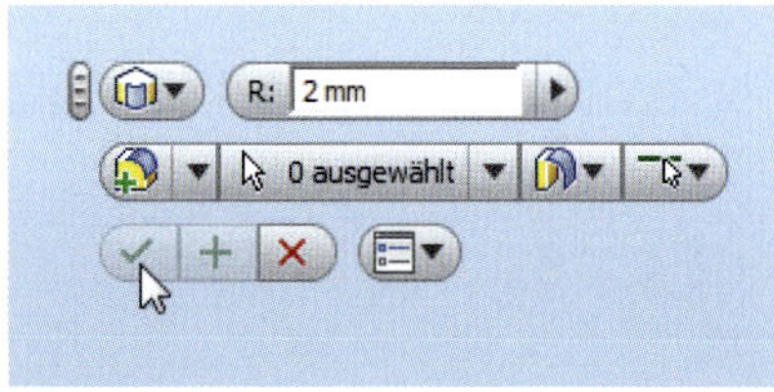

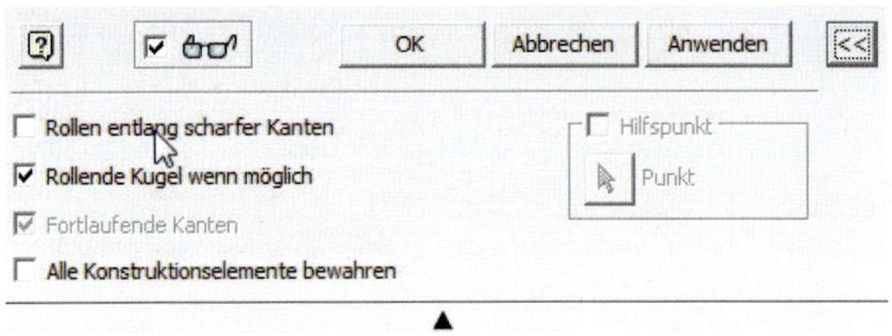

Bei der Funktion **ABRUNDEN** wurden fast alle Optionen auf allen Registerkarten auch im Markierungsmenü untergebracht (erkennbar an den vielen schwarzen Pfeilen), wodurch die Bedienung dieser umfangreichen Funktion übersichtlicher, wenn auch nicht offensichtlicher geworden ist.

Die erweiterten Optionen im unteren Teil des Dialogfensters, wie z. B. **ROLLEN ENTLANG SCHARFER KANTEN**, müssen jedoch nach wie vor dort eingestellt werden.

Auch die beiden Auswahlfelder, mit denen **ALLE INNENRADIEN** bzw. **ALLE AUSSENRADIEN** abgerundet werden können, sind nur im Dialogfenster erreichbar. Ob Innen- oder Außenradien anzubringen sind, erkennt ansonsten Inventor automatisch, darüber hinaus gibt es beim Abrunden sehr viele Optionen.

Einfache Abrundungen sind sehr schnell direkt am Bauteil auszuführen, wobei der Rundungsradius entweder in das entsprechende Feld eingegeben oder mit dem braunen Pfeil größer oder kleiner gezogen werden kann.

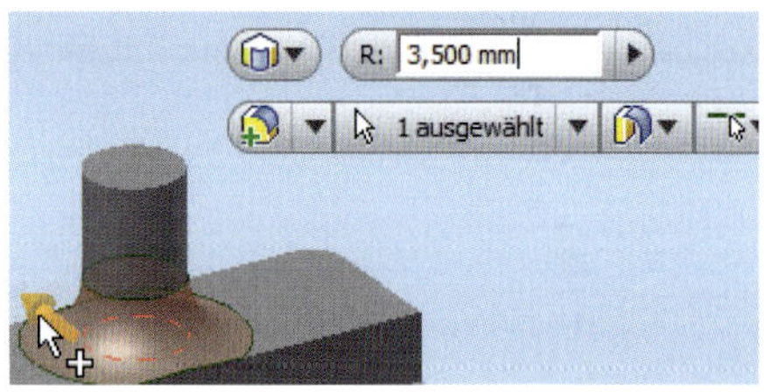

Der Auswahlmodus **KANTE**, **KONTUR** oder **ELEMENT** wählt entsprechend einzelne Kanten, Flächenkonturen oder eben ganze Körper zum Abrunden aus. Die Kanten, die abzurunden sind, müssen, soweit sie nicht automatisch erkannt werden, im Auswahlfenster durch **HINZU: KLICKEN** ausgewählt werden.

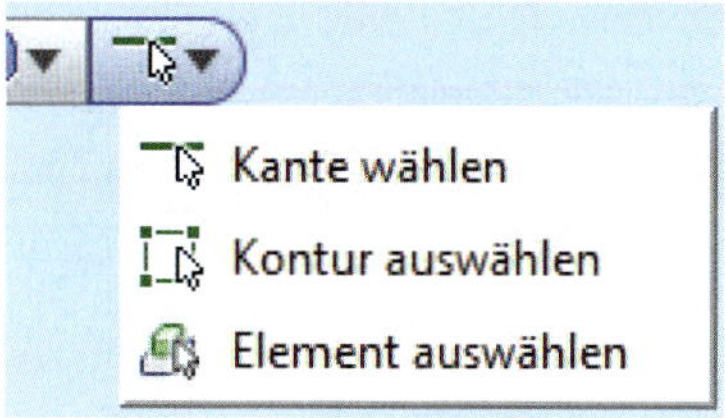

Erweitert man die Registerkarte nach unten, erhält man weitere Optionen zur Ausführung der Rundung, die auch für die beiden anderen Registerkarten gelten.

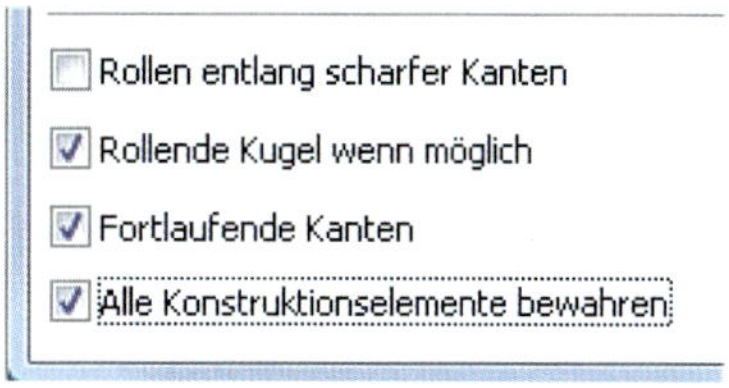

Die Abbildung zeigt links eine Abrundung mit **»abgeschnittenem« Radius** und rechts mit **»erweiterter Fläche«**.

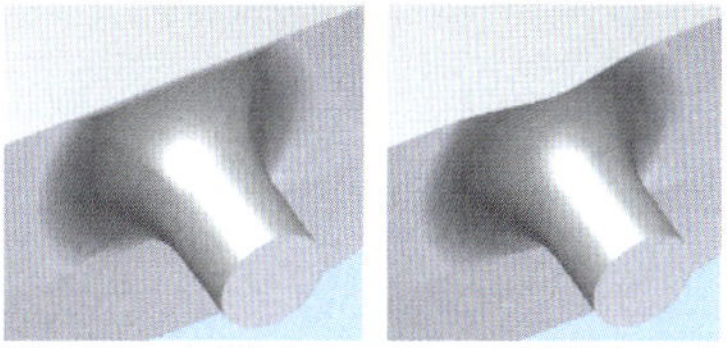

ROLLEN ENTLANG SCHARFER KANTEN ermöglicht das Abrunden an Flächen, die zur Aufnahme des Radius an bestimmten Stellen erweitert werden müssten. Mit dieser Option wird der Radius an diesen Stellen abgeschnitten.

Im linken Bild ist eine Abrundung mit **»rollender Kugel«**, im rechten mit **»tangentialem Übergang«** zu sehen.

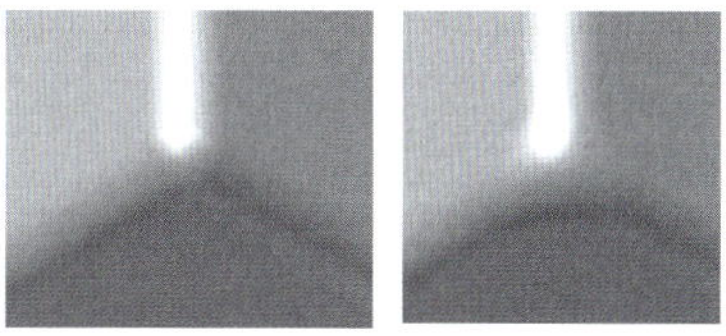

ROLLENDE KUGEL WENN MÖGLICH regelt den Übergang mehrerer Radien zueinander.

FORTLAUFENDE KANTEN bedeutet, dass beim Auswählen einer zu rundenden Kante automatisch alle tangentialen Kanten mit ausgewählt werden.

Die Option **ALLE KONSTRUKTIONSELEMENTE BEWAHREN** bezieht bei der Berechnung der Rundung alle Elemente bzw. Schnittpunkte mit ein, die sich mit der Rundung schneiden.

Die Registerkarte **VARIABEL** oder die entsprechende Auswahl im Markierungsmenü ermöglicht das Abrunden mit veränderlichen Radien.

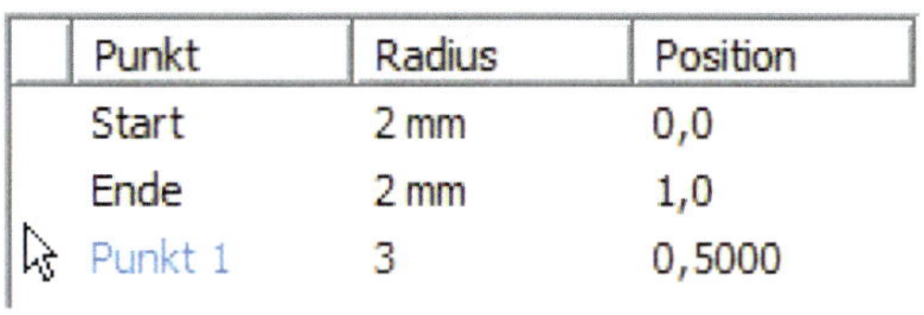

Punkt	Radius	Position
Start	2 mm	0,0
Ende	2 mm	1,0
Punkt 1	3	0,5000

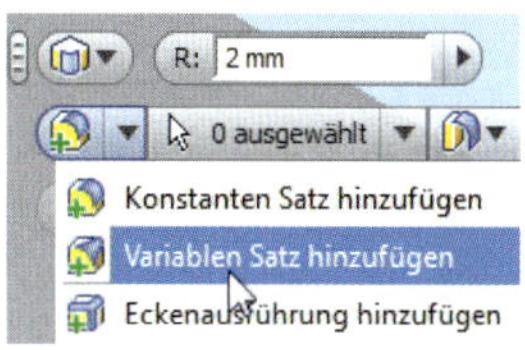

Es können eine oder mehrere Kanten ausgewählt werden. Für jede einzelne Kante können der Anfangsradius, der Endradius und Radien an beliebigen Stützpunkten dazwischen festgelegt werden.

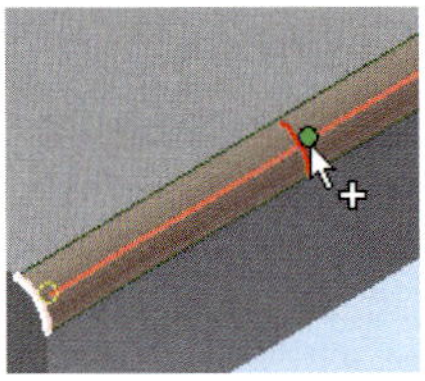
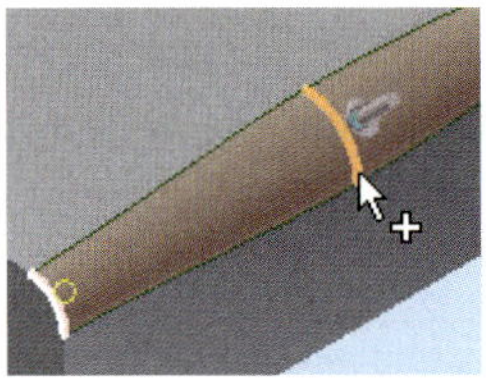
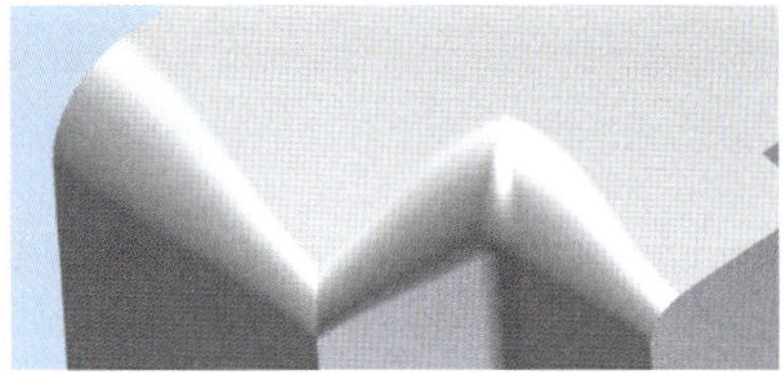

Mit der Registerkarte **ECKENAUSFÜHRUNG** ist es möglich, die Übergänge zwischen Radien an verschiedenen Kanten zu beeinflussen. Eingestellt werden die jeweiligen Scheitelpunktabstände vom Schnittpunkt der Kanten.

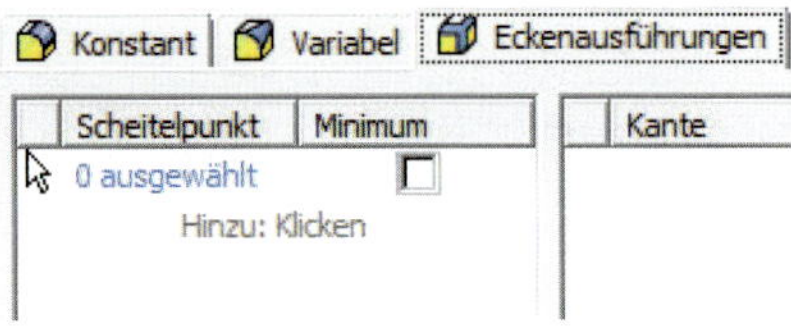

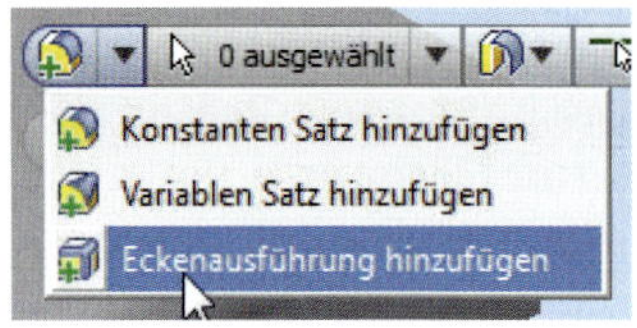

Sinnvoll ist diese Einstellung insbesondere, wenn sich mehrere Kanten mit unterschiedlichen Radien in einem Schnittpunkt treffen.

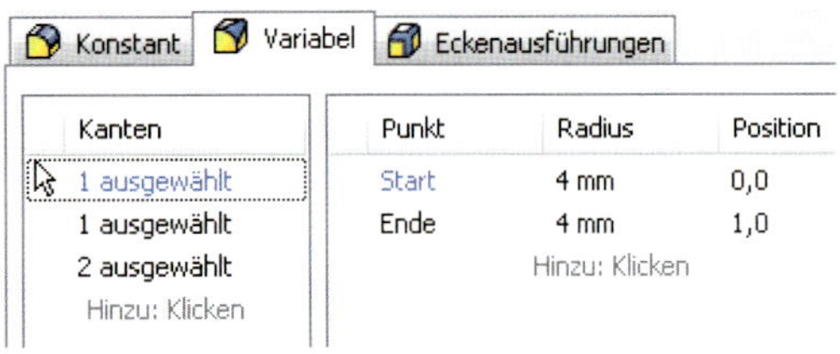

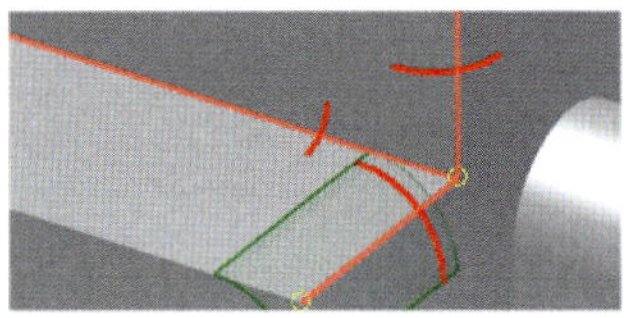
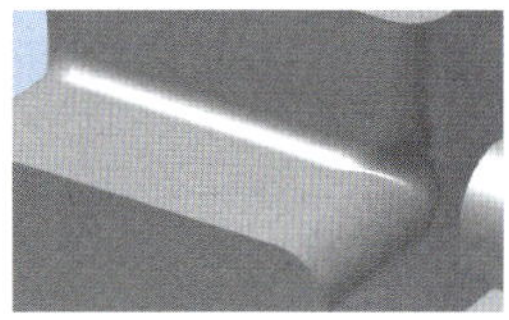

8.4.3 Fasen

Fasen

Im Vergleich zum Abrunden ist das **FASEN** von Kanten ein recht einfacher Vorgang, der auch nicht so viele Möglichkeiten bietet.

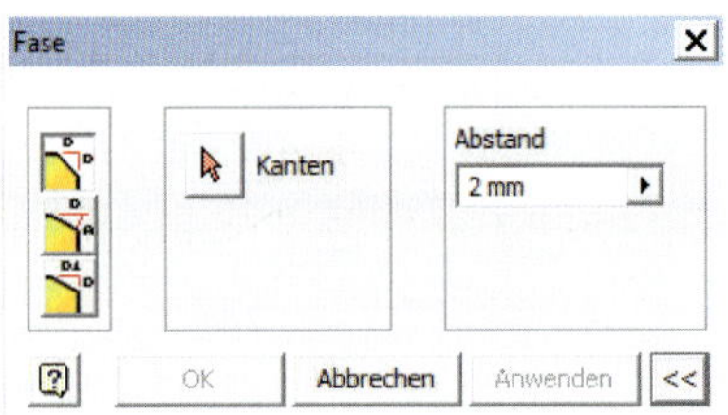

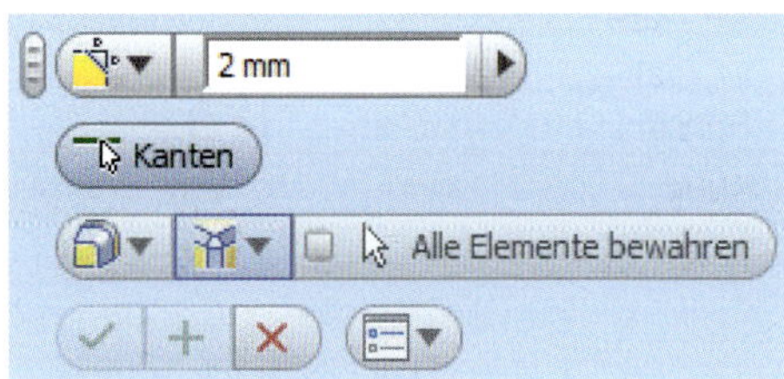

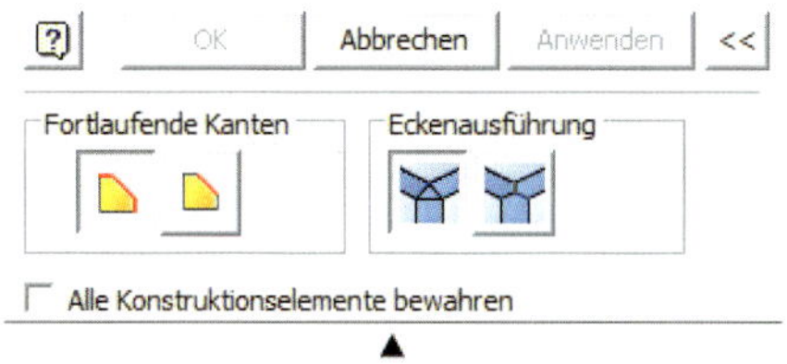

Das Markierungsmenü beinhaltet bei dieser Funktion auch die Erweiterungen, die im Dialogfenster extra ausgeklappt werden müssen.

Der Auswahlmodus, der mit den linken drei Schaltflächen eingestellt wird, beinhaltet die Möglichkeiten **ABSTAND**, **ABSTAND UND WINKEL** und **ZWEI ABSTÄNDE**. Durch die Icons und die entsprechenden Eingabefelder ist diese Auswahl selbsterklärend.

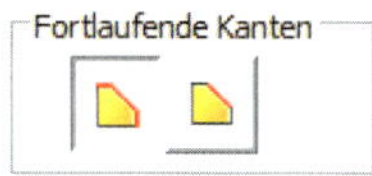

Wenn sich Kanten an einem Tangentialpunkt treffen, können **FORTLAUFENDE KANTEN** oder **EINFACHE KANTE** gewählt werden. Die Auswahl muss sofort nach dem Aufruf der Funktion erfolgen, weil sonst die fortlaufenden Kanten voreingestellt und die Buttons deaktiviert sind.

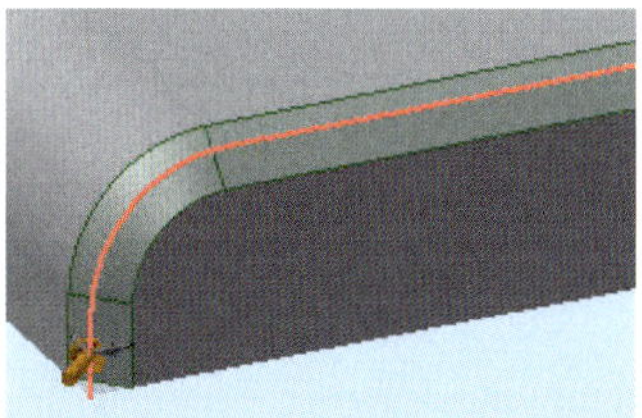

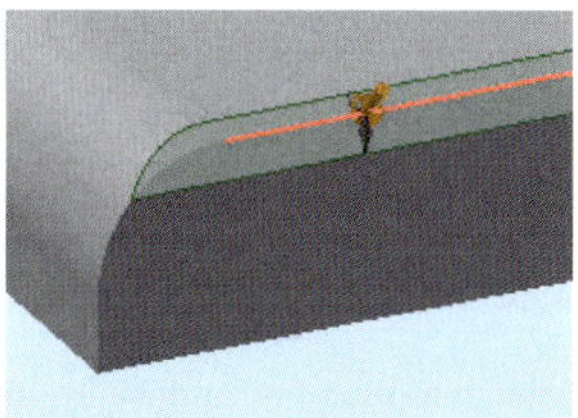

Wenn sich Kanten an einem Punkt treffen, kann die **ECKENAUSFÜHRUNG** bestimmt werden. Ecken können flach oder spitz, wie es die Icons zeigen, ausgeführt werden. Die Art der Eckenausführung kann während der Befehlsausführung umgeschaltet werden.

8.4.4 Hülle, Wandstärke

Hülle

Wandstärke

Irgendjemand kam wohl, warum auch immer, auf die Idee, die seit Programmgenerationen als Wandstärke benannte Funktion in Hülle umzubenennen. An diese Funktion hat sich trotz dieser Umbenennung nichts geändert.[1]

Massive Körper können mit der Funktion **HÜLLE** in Hohlkörper mit definierbaren Wandstärken umgewandelt werden.

1 Das kennt man sonst nur aus der Politik.

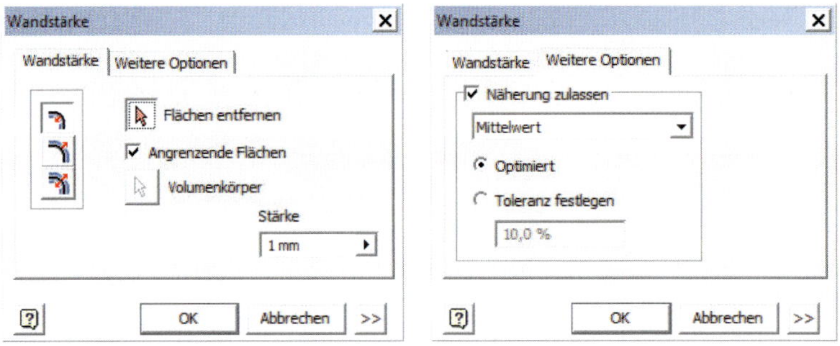

Auch diese Funktion erfordert nicht viele Eingaben. Die Eingabe der **STÄRKE** bestimmt die zu erzeugende Hülle/Wandstärke. Mit **FLÄCHEN ENTFERNEN** können wahlweise Flächen entfernt werden, was in der Regel erforderlich sein wird, da man ansonsten einen rundum geschlossenen Hohlkörper erzeugt.

Zusätzlich muss eingestellt werden, ob die Dicke der Hülle (Wandstärke) nach **INNEN**, nach **AUSSEN** oder **MITTIG** erzeugt werden soll.

Einzelne Flächen können unterschiedliche Dicken erhalten. Dazu ist im erweiterten Dialogfenster unten im Bereich **STÄRKE FÜR EINZELNE FLÄCHEN** der Text **HINZU: KLICKEN** zu aktivieren, die jeweilige Fläche zu selektieren und die Dicke anzugeben.

Beispiel

Es wurde ein massiver, nach unten konisch verlaufender Körper mit abgerundeten Ecken erzeugt. Die grundsätzliche **STÄRKE** wurde mit **1 MM** bestimmt. Mit **FLÄCHEN ENTFERNEN** wurde die obere Fläche genannt, und als zusätzliche Optionen wurde mit **STÄRKE FÜR EINZELNE FLÄCHEN** angegeben, dass die Bodenfläche mit einer Dicke von **2 MM** ausgeführt werden soll.

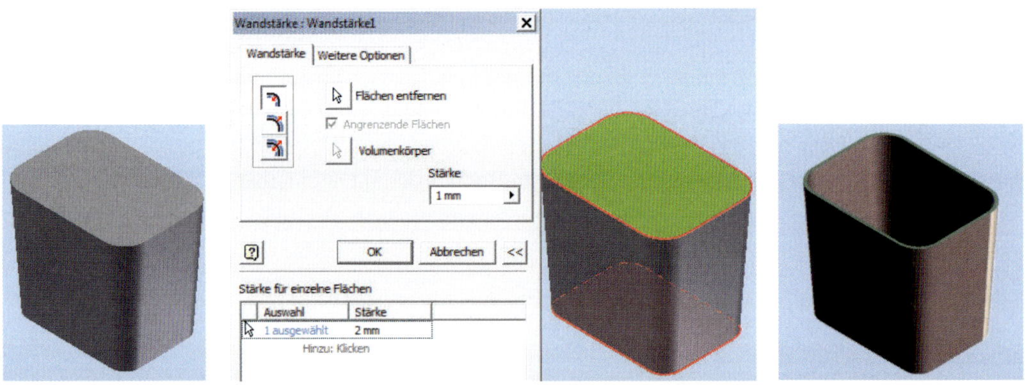

8.4.5 Flächenverjüngung

Flächenverjüngung

Auch die **FLÄCHENVERJÜNGUNG** gehört trotz ihrer Bezeichnung zu den Befehlen der Bauteilmanipulation. Es werden nachträgliche Verjüngungen von einzelnen oder mehreren Flächen um einen bestimmten Winkel erzeugt.

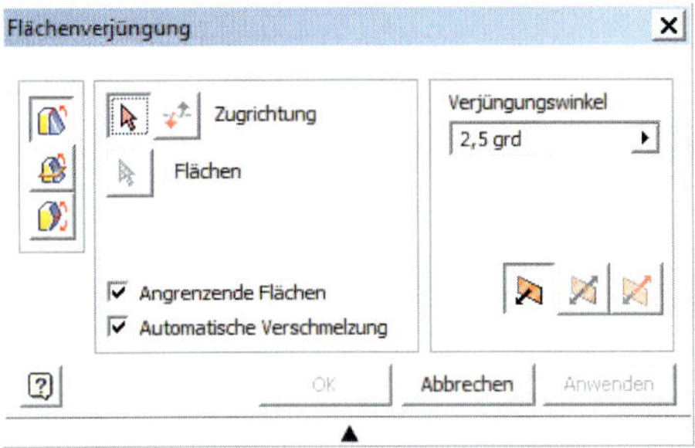

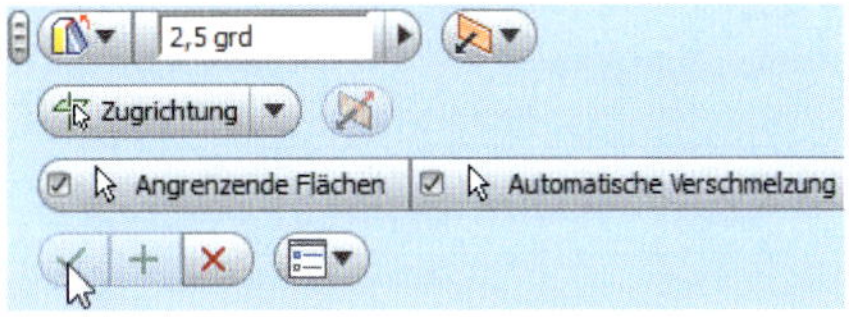

Der **VERJÜNGUNGSWINKEL** ist als Gradzahl der Verjüngung in das Wertefeld einzugeben.

Bei der Option **FESTE KANTE** bleibt die ausgewählte Kante erhalten, und es werden neue, verjüngte Flächen erstellt.

Bei der Option **FESTE EBENE** bleibt die ausgewählte Ebene erhalten, von der aus die Flächen verjüngt werden.

Die Option **TRENNFUGE** ermöglicht eine beidseitige Verjüngung, wie sie z. B. bei Gussteilen mit Trennfuge benötigt wird.

Beispiel

Im folgenden Beispiel wurden die vier Flächen eines Quaders der Option **FESTE KANTE** und der **ZUGRICHTUNG** nach unten ausgewählt. Der **VERJÜNGUNGSWINKEL** beträgt 15°.

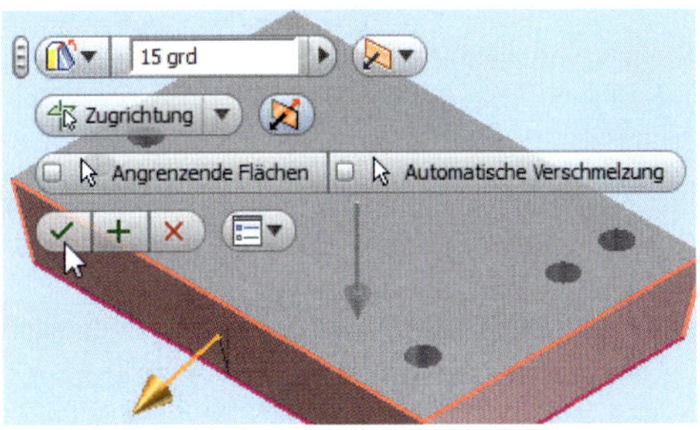

TEIL II

8.4.6 Außen- und Innengewinde

Gewinde

Mit der Funktion **GEWINDE** können Außen- und Innengewinde erzeugt werden. Bei Außengewinden ist ein vorhandener Zylinder Voraussetzung. Im Unterschied zu den Bohrungen mit Gewinde muss bei dieser Funktion eine Bohrung bereits vorhanden sein. Ansonsten zählt das Gewinde zu den sehr einfach zu erzeugenden Elementen.

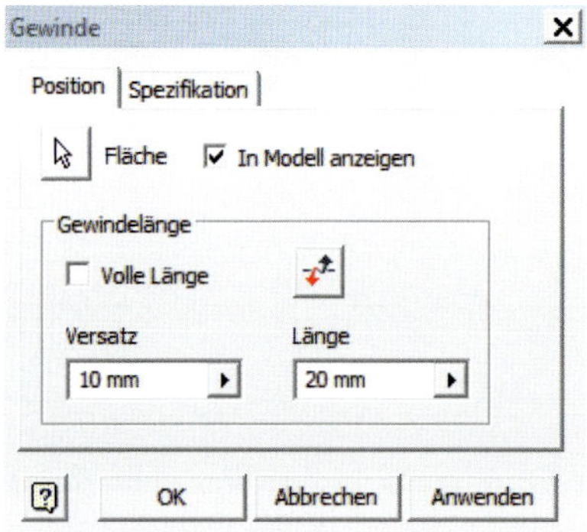

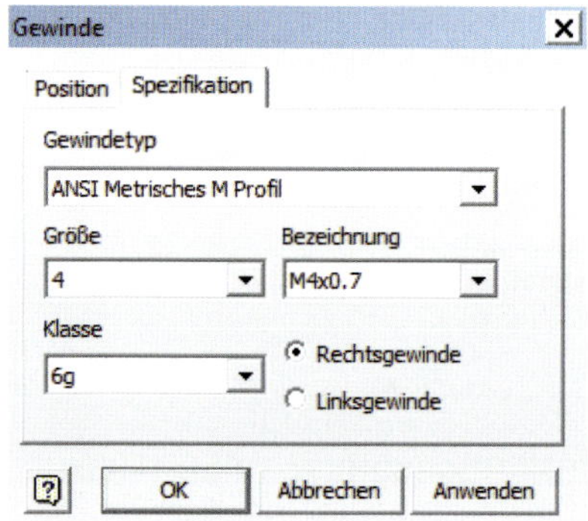

Die **FLÄCHE** muss eine zylindrische Oberfläche sein, auf der das Gewinde auf- oder eingebracht werden soll. Die Längenangabe **VOLLE LÄNGE** belegt die ganze Zylinderfläche, die Angaben **LÄNGE** und **VERSATZ** erzeugen nur auf einem Teil der Zylinderfläche ein Gewinde. Von welcher Stirnfläche aus dabei gemessen wird, hängt vom Koordinatensystem des Bauteils ab und wird durch Versuch und Irrtum festgestellt.

Auf der Registerkarte **SPEZIFIKATIONEN** können der **GEWINDETYP** und die **GRÖSSE** angegeben werden. Dies ist jedoch in den meisten Fällen nicht erforderlich, da Inventor selbsttätig, aufgrund des Außen- bzw. Innendurchmessers, erkennt, um welches Gewinde es sich handeln soll. Sollte aber z. B. ein Fein- oder Trapezgewinde erstellt werden, so ist das hier anzugeben; ebenso Rechts- oder Linksgewinde.

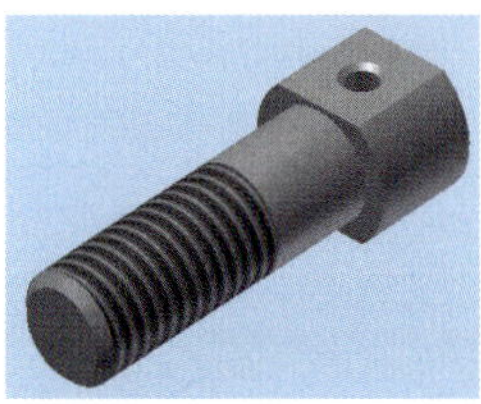

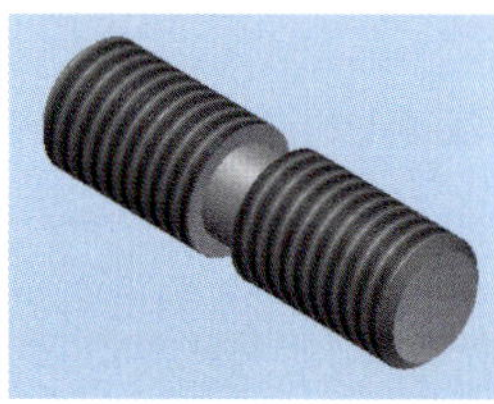

Wie bei den Bohrungen werden auch hier die Gewinde nur mit angedeuteten Gewindegängen angezeigt, die als Bilder auf die Zylinderwand projiziert sind. In der Regel wird dies keine Bedeutung haben. Sollen jedoch genaue Volumen- und Gewichtsberechnungen mit größeren Gewindedurchmessern vorgenommen werden, dann könnte dieser Umstand ein Grund für Ungenauigkeiten sein.

8.4.7 Biegungsteil, Biegung

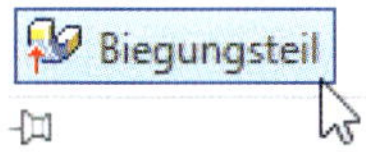

Die Funktion **BIEGUNGSTEIL** ist zu Unrecht im ausklappbaren Teil der Befehlsgruppe **ÄNDERN** versteckt. Mit dem Befehl, der früher nur **BIEGUNG** hieß, lassen sich, wer hätte das gedacht, auf recht einfache Art und Weise Bauteile verbiegen.

Um eine Biegung durchführen zu können, ist eine Skizze nötig, die eine **BIEGELINIE** enthält, um die das Bauteil gebogen werden soll.

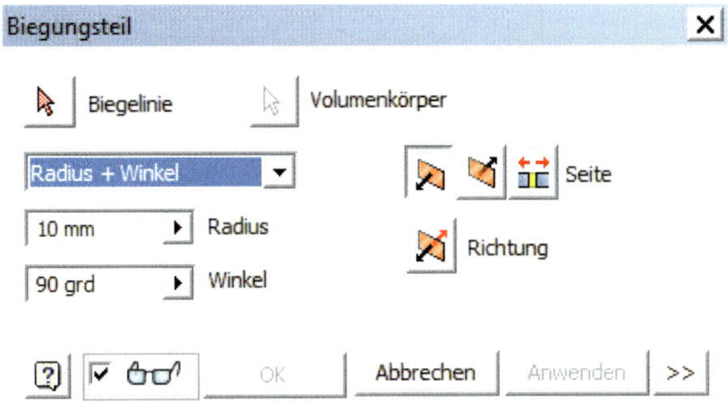

Als Maße für die Biegung kann wahlweise eine der drei Optionen ausgewählt werden.

- Radius + Winkel
- Radius + Bogenlänge
- Bogenlänge + Winkel

Des Weiteren kann die Biegerichtung festgelegt werden.

Beispiel

Das Ausgangsbauteil ist eine einfache Platte, die nicht zu dick sein sollte (im Beispiel 3 mm). Auf der Oberfläche der Platte wurde eine Skizze mit zwei Biegelinien erzeugt.

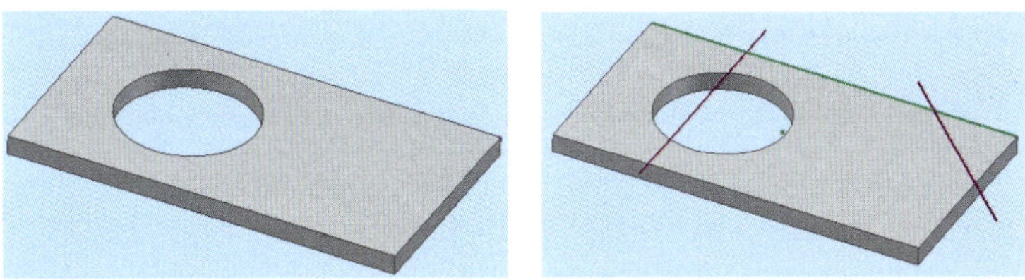

Mit der Funktion **BIEGUNG** wird die erste Biegung eingeleitet, die mit den Einstellungen **RADIUS + WINKEL**, **RADIUS = 5 MM** und **WINKEL = 45°** vorgenommen werden soll.

Die **BIEGELINIE** wird gewählt, und mit **OK** oder **ANWENDEN** wird die Biegung sofort ausgeführt.

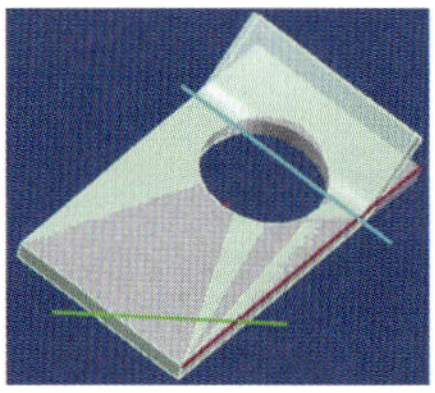

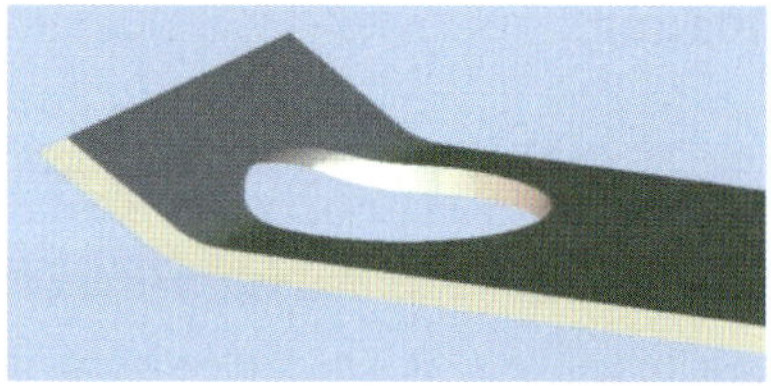

Die zweite Biegung wird über den **RADIUS + BOGENLÄNGE** angegeben, wobei ein **RADIUS = 6 MM** und eine **BOGENLÄNGE = 12 MM** die Geometrie der Biegung bestimmen sollen.

Im Objektbrowser werden die Biegungen als eigene Arbeitsgänge (Objekte) angezeigt.

8.4.8 Trennen, Teilen

Die Funktion **TRENNEN** schneidet einen Teil eines Bauteils (oder einer Fläche) an einer Ebene oder Fläche ab oder zerteilt es in zwei Teile. Die Trennebene (das **TRENNWERKZEUG**) kann eine Arbeitsebene oder eine erzeugte Fläche sein.

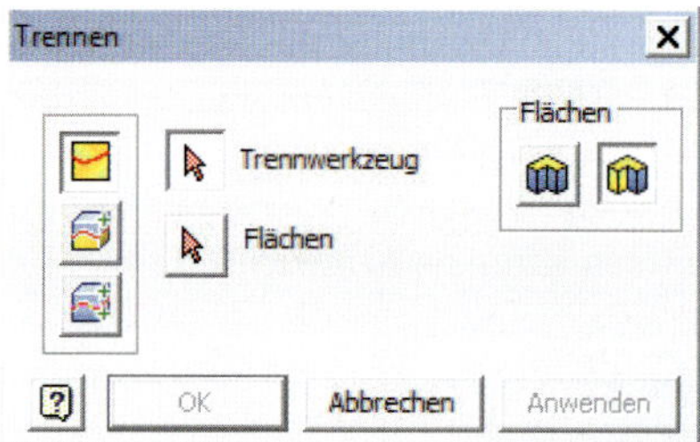

Als Optionen bietet die Funktion mit den drei Schaltflächen am linken Rand die Möglichkeiten:

- Eine **FLÄCHE TRENNEN**
- Einen **VOLUMENKÖRPER STUTZEN**
- Einen **VOLUMENKÖRPER TEILEN**

Flächen zu trennen, d. h. aus einer Fläche mehrere zu machen, ist im normalen CAD-Alltag eher selten gefordert. Eine Ausnahme ist die FEM (Finite-Elemente-Methode), in der Festigkeitsanalysen durchgeführt werden. Dort werden häufig Kraftangriffsflächen benötigt, die nicht über eine ganze Fläche gehen. Mit dieser Option lassen sich Teilbereiche von Flächen definieren, an denen dann Kräfte angreifen, während andere Bereiche unbelastet bleiben.

Einen Volumenkörper zu stutzen kann bei Teilen Sinn machen, die anschließend als zweiteilige Bauteile in gesonderten Bauteildateien gespeichert werden. So kann man einmal die eine Seite und das andere Mal die andere Seite stutzen und die beiden eigenständigen Bauteile getrennt voneinander weiter bearbeiten.

Die Option **VOLUMENKÖRPER TEILEN** macht innerhalb eines Bauteils aus einem Modell ein Multipart-Modell, das aus mehreren Volumenkörpern besteht, die z. B. einzeln verschoben und weiter bearbeitet werden können.

Beispiel

Mit relativ wenigen Funktionen kommt man mit der Funktion zu erstaunlichen Ergebnissen.

1. Griff erstellen (drei Skizzen, Erhebung)
2. Quader erstellen (**GRUNDKÖRPER**)
3. In das Bauteil Quader den Griff als abgeleitetes Bauteil einfügen (**ABLEITEN**)
4. Mit **KÖRPER VERSCHIEBEN** den Griff in die richtige Position schieben (Ansicht **DRAHTMODELL**)

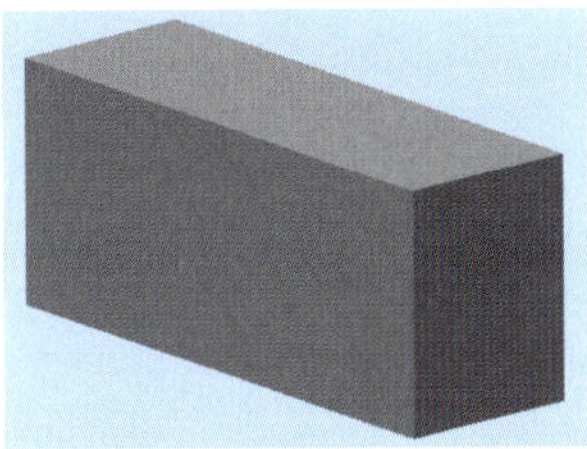
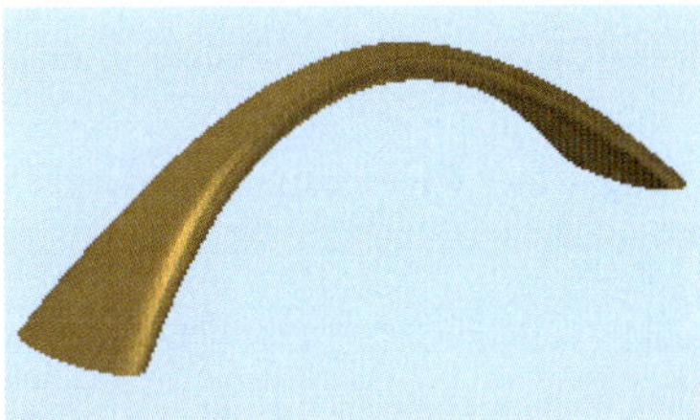

5. Quader und Griff mit **KOMBINIEREN** (**DIFFERENZ**) zu einem Bauteil machen
6. Quader **TRENNEN**
7. Mit **KÖRPER VERSCHIEBEN** die Volumenkörper auseinanderschieben

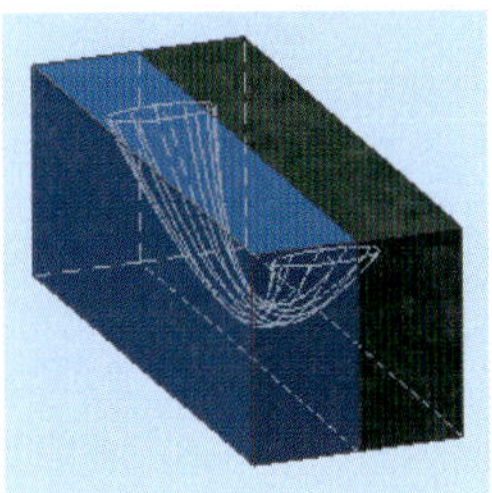
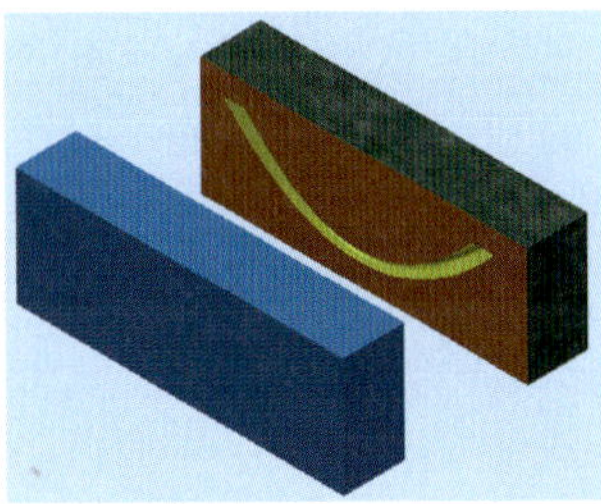
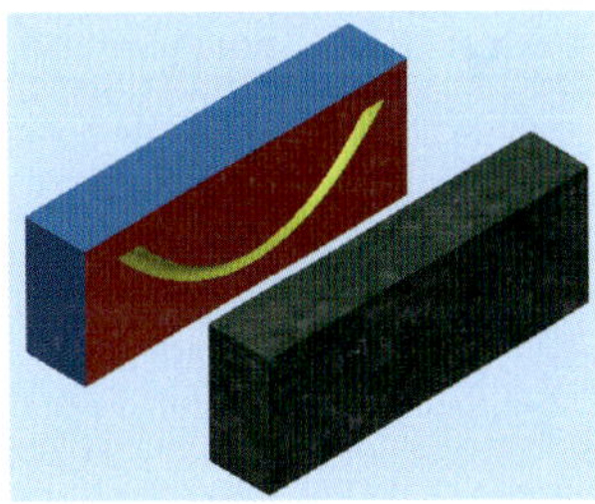

8.4.9 Fläche verschieben

Fläche verschieben

Die Funktion **FLÄCHE VERSCHIEBEN** dient dem Verschieben von Bauteil- oder sonstigen erzeugten Flächen. Sie wird eher zu den weniger benötigten Funktionen zählen.

Mit den Auswahlmodi **FREIE VERSCHIEBUNG, RICHTUNG UND ABSTAND** oder **PUNKT UND EBENE** legt man die Art der Verschiebungsdefinitionen fest.

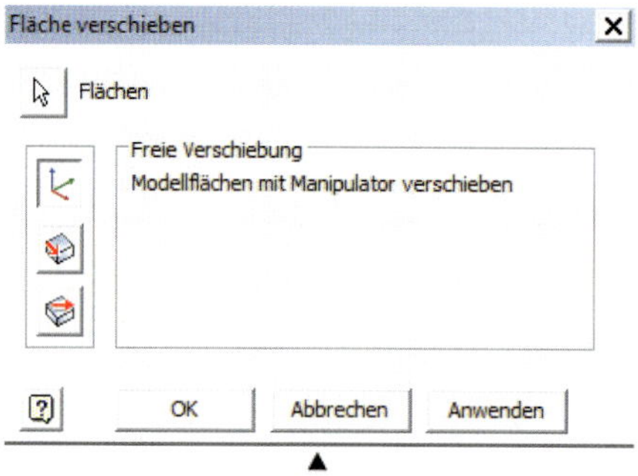

Bei der freien Verschiebung wird an der zu verschiebenden Fläche ein Koordinaten-Symbol angezeigt, mit dessen Pfeilen man sowohl die Richtung als auch die Größe der Verschiebung direkt festlegen kann. Die Verschiebung lässt sich dabei entweder mit der Maus ziehen oder nach der Richtungswahl im Textfeld als Wert eingeben.

Beispiel Verschiebung über Richtung und Abstand

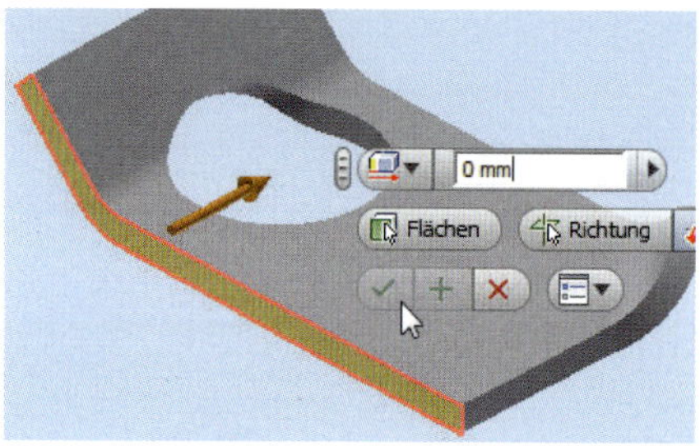

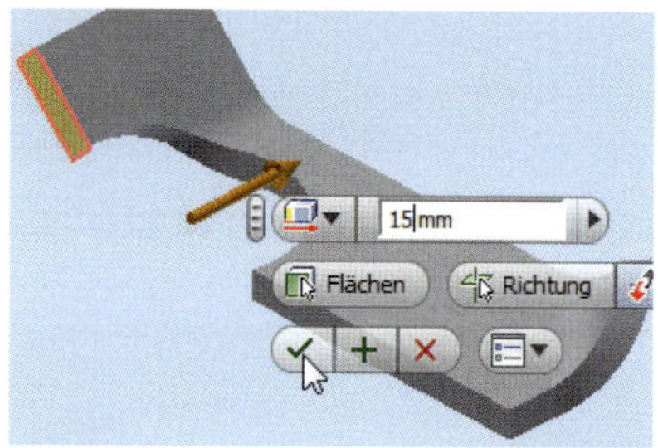

8.5 Flächenbefehle

Mit den Flächenbefehlen der Befehlsgruppe **FLÄCHE** werden Flächen manipuliert. Die Flächenerzeugung erfolgt in der Regel mit der Option **FLÄCHE**, die in den Erzeugungs-Werkzeugen **DREHUNG**, **ERHEBUNG**, **EXTRUSION**, **SWEEPING** und **VERDICKUNG** in den Dialogfenstern verfügbar ist. Anstelle von massiven Körpern werden damit masselose Flächen mit der Dicke 0 mm erstellt.

8.5.1 Verdickung/Versatz

Die Funktion **VERDICKUNG/VERSATZ** verdickt Bauteilflächen oder verdickt bzw. versetzt (kopiert) Flächen oder Flächenverbunde. Mit der **AUSWAHL** der Bauteilflächen oder der Flächen, die verdickt bzw. versetzt werden sollen, kann festgelegt werden, ob ein **FLÄCHENVERBUND** bearbeitet werden soll oder nicht.

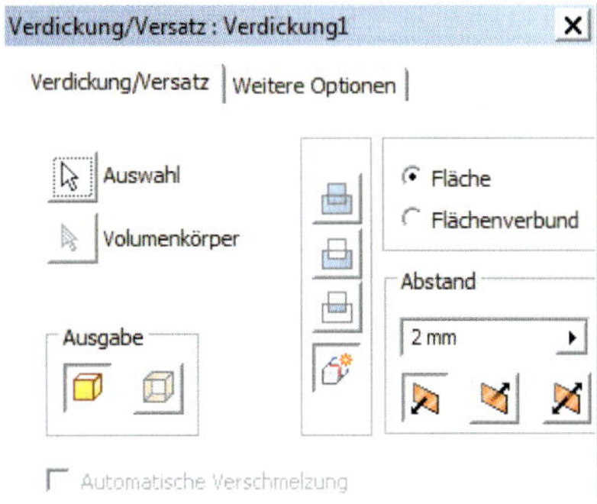

Verdickung/Versatz

TEIL II

HINWEIS: Die Bedeutung der Schaltflächen **VEREINIGUNG, DIFFERENZ, SCHNITTMENGE** und **VOLUMENKÖRPER** sowie der im Bereich **AUSGABE** entspricht genau derjenigen bei der Extrusion. Sie sind in Abschnitt 8.3.1 nachzulesen.

Beispiel

Für dieses Beispiel wurden eine **LINIE** und ein **SPLINE** in jeweils einer eigenen **SKIZZE** gezeichnet. Der Spline befindet sich auf der **XY-URSPRUNGSEBENE**, für die Linie wurde eine parallele **ARBEITSEBENE** im Abstand **40 MM** erzeugt. Auf dieser Ebene wurde in einer neuen Skizze ein gerades Liniensegment gezeichnet. Mit einer **ERHEBUNG** wurde aus diesen beiden Skizzenelementen eine Fläche extrudiert.

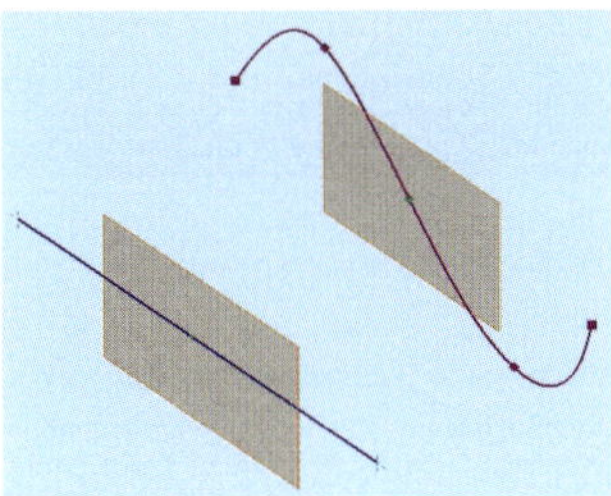

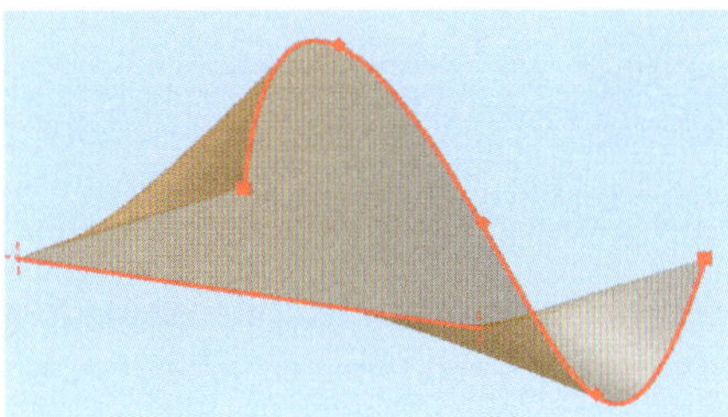

Die Verdickung der Fläche wurde auf 2 mm ausgeführt.

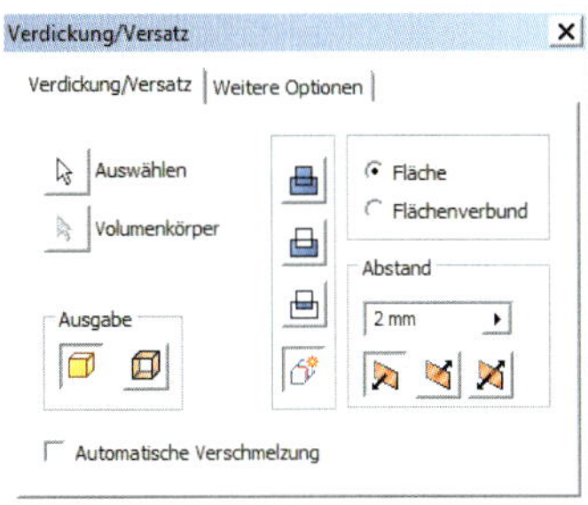

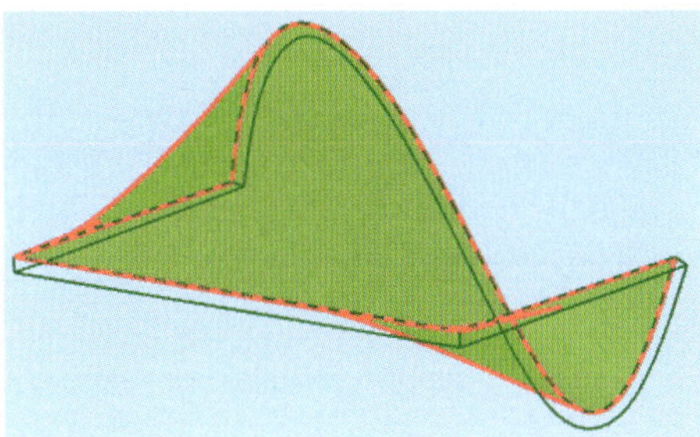

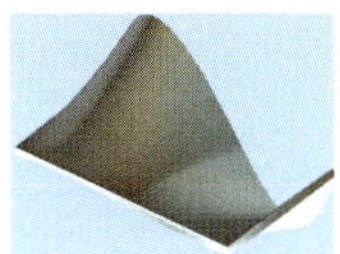

Das fertige Bauteil

8.5.2 Fläche heften

Heften

Das **HEFTEN** von Flächen wird eingesetzt, um Flächen zu kombinieren, deren Kanten exakt dieselbe Größe haben.

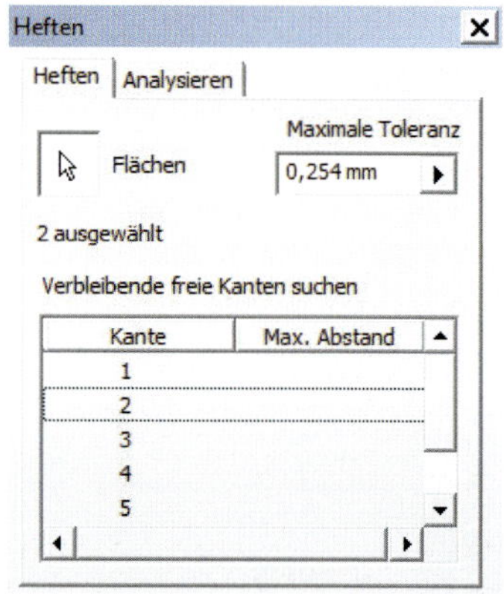

Beispiel

Im Beispiel wurde zuerst die halbrunde Fläche aus einer eigenen Skizze erzeugt (Halbrunde Kante: Extrusion als Fläche) und anschließend mit der im vorherigen Beispiel erstellten Umgrenzungsfläche geheftet.

Die Anzeige **VERBLEIBENDE FREIE KANTEN SUCHEN** erfolgt durch Anklicken der Kantennummern im Dialogfenster und in der farbigen Darstellung der betroffenen Kanten. Sind keine freien Kanten vorhanden, so wird **KEINE OFFENEN KANTEN** in dieses Feld eingetragen.

Die Analyse auf der zweiten Registerkarte ist bei komplexen Flächen recht hilfreich. Sie zeigt, wie im letzten Bild zu sehen ist, die gehefteten Kanten mit einer schwarzen Unterlegung an und ergibt so einen optischen Eindruck vom Erfolg der Methode.

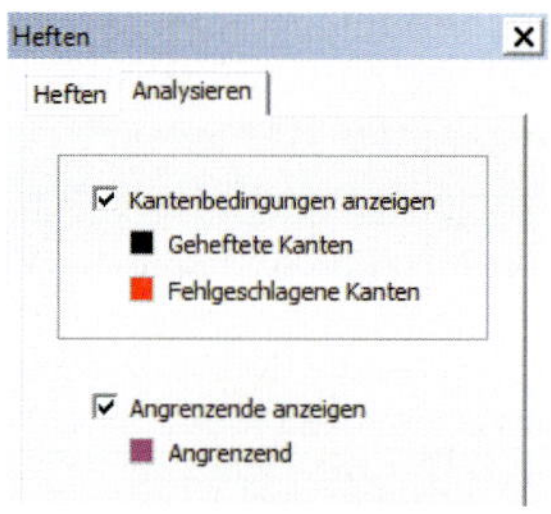

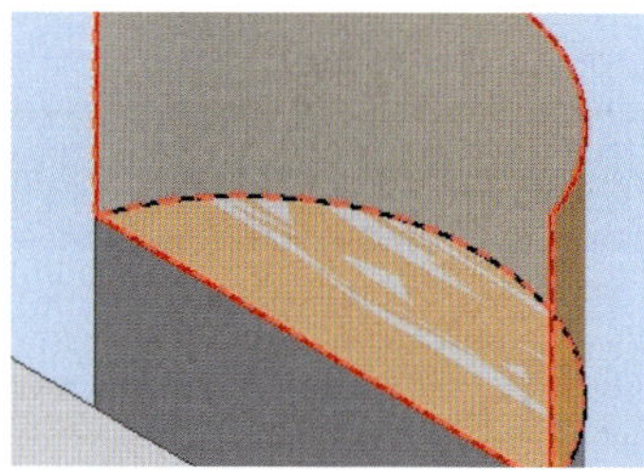

8.5.3 Formen, Körper aus Flächen erstellen

Formen

Mit dem Werkzeug **FORMEN** kann, basierend auf ungestutzter überlappender Flächengeometrie, ein neuer Volumenkörper erstellt werden. Als Begrenzungsflächen kommen dabei Flächen, Arbeitsebenen und Volumenkörperflächen als 3D-Umgrenzungen zum Einsatz.

HINWEIS: Es ist nicht möglich, Material in einen offenen, unbegrenzten Raum zu füllen. Die Flächen müssen also zusammen mit einem evtl. bereits vorhandenen Bauteil einen geschlossenen, »wasserdichten« Bereich bilden.

Beispiel

Zu Beginn dieses Beispiels wurden die **URSPRUNGSEBENEN** sichtbar geschaltet, und eine neue **ARBEITSEBENE** wurde durch das Versetzen der **YZ-EBENE** in X-Richtung erstellt. Sowohl auf der YZ- als auch auf der neuen Arbeitsebene wurde auf neuen Skizzen je ein **SPLINE** gezeichnet.

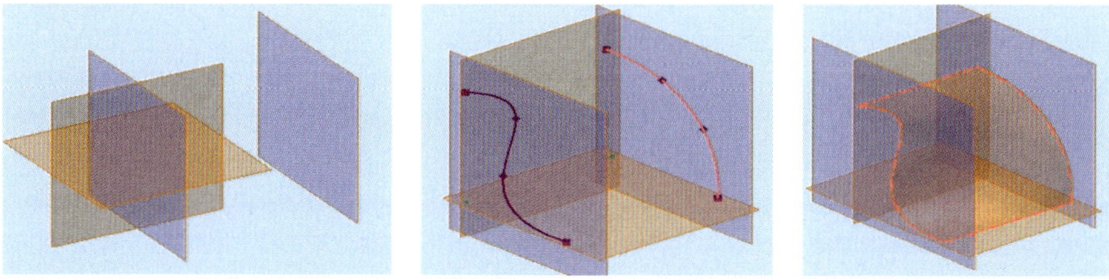

Wichtig beim Zeichnen der Splines ist, dass die Kurvenenden jeweils über die begrenzenden Ebenen (XY- und XZ-Ebene) hinausragen oder ganz genau auf den Ebenen enden.

Mit **ERHEBUNG** wird anschließend eine **FLÄCHE** zwischen den beiden Splines erzeugt. Diese neu erstellte Fläche wird jetzt von insgesamt vier Arbeitsebenen umgeben, innerhalb derer sich ein allseitig abgeschlossenes Volumen befindet.

Jetzt kommt der Befehl **FORMEN** zum Einsatz, der aus dem Raum zwischen diesen Ebenen einen Volumenkörper macht.

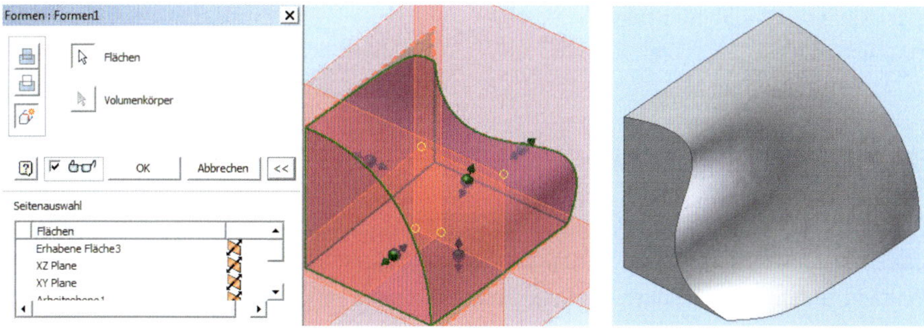

8.5.4 Fläche löschen

Mit der Funktion **FLÄCHE LÖSCHEN** können einzelne oder alle Flächen eines Bauteiles gelöscht werden.

Fläche löschen

HINWEIS: Wird eine Fläche eines Quaders gelöscht, so wird das restliche Gebilde ein masseloser Flächenverbund.

Das Löschen von Flächen und von Volumenkörpern in Multipart-Bauteilen, was mit dieser Funktion auch möglich ist, hat gegenüber dem **LÖSCHEN** im Kontextmenü oder mit der

ENTF-TASTE den Vorteil, dass die gelöschten Teile unsichtbar erhalten bleiben. Es entsteht lediglich ein Eintrag im Objektbrowser mit der Löschinformation. Beim »echten« Löschen sind die gelöschten Teile dagegen unwiederbringlich weg.

Die beiden Optionen, **EINZELNE FLÄCHE AUSWÄHLEN** und **STÜCK ODER HOHLRAUM AUSWÄHLEN**, gestatten das vorher beschriebene Verfahren, entweder nur Flächen oder Teile von Bauteilen zu löschen.

Beispiel

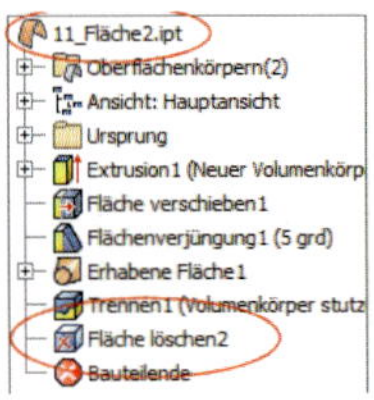

Wird beispielsweise die Rückseite eines beliebigen Körpers gelöscht, dann wird aus dem ursprünglich massiven Bauteil ein Flächenverbund. Im Objektbrowser wird so ein Teil vom Bauteil zum Flächenteil (siehe erster Eintrag). Das Objekt **FLÄCHE LÖSCHEN** im Objektbrowser gestattet ein Rückgängigmachen oder Bearbeiten der Funktion.

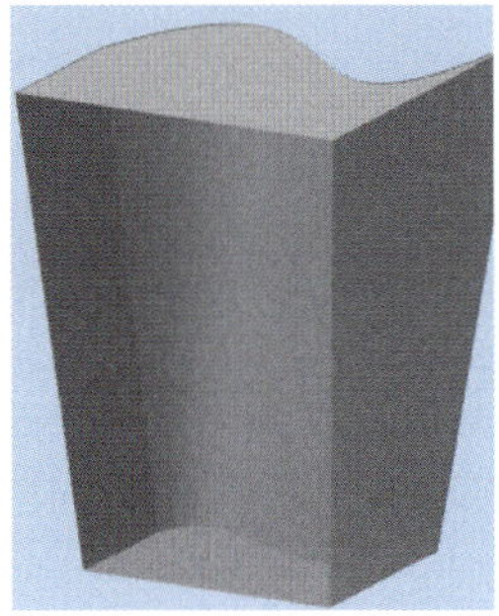

8.5.5 Umgrenzungsfläche

Die Funktion **UMGRENZUNGSFLÄCHE** ist eine Flächenerstellungs-Funktion. Es wird eine neue Fläche aus den entsprechenden Umgrenzungslinien (bzw. -bögen, -kreisen) eines Bauteils erstellt. Die erzeugte Fläche befindet sich auf dem Bauteil.

Beispiel

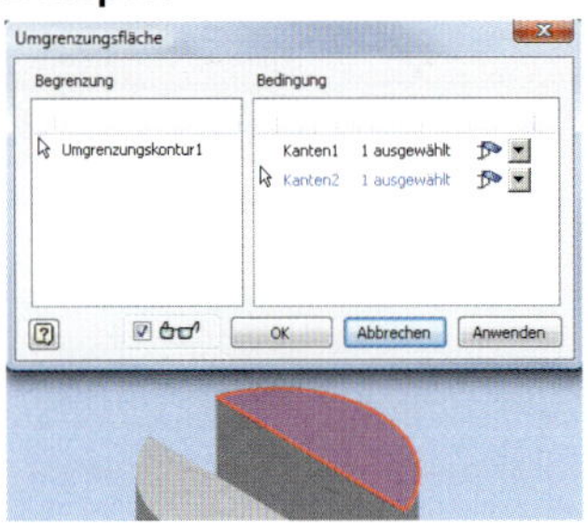

Der stirnseitige Teil eines Körpers wurde durch die Linie und den Bogen als Umgrenzungselemente ausgewählt. Die erzeugte Fläche wird auf dem Bauteil farbig angezeigt. Die Fläche ist ein eigenes Objekt und wird im Objektbrowser angezeigt.

8.5.6 Fläche ersetzen

Fläche ersetzen

Die Funktion **FLÄCHE ERSETZEN** ist im ausklappbaren Teil der Befehlsgruppe **FLÄCHE** versteckt und ersetzt eine oder mehrere Bauteilflächen durch eine andere Fläche. Das Bauteil muss die neue Fläche vollständig schneiden, d. h., die anschließende Dehnung oder Stutzung des Bauteils muss vollständig durch die Fläche abgedeckt sein.

Als Ersatzfläche muss eine Fläche selektiert werden, bis zu der hin das Bauteil gedehnt oder gestutzt werden soll.

Beispiel

Im folgenden Beispiel eines Flächenersatzes wurde auf einer eigenen Skizze über dem Bauteil eine gewellte Fläche erzeugt. Der anschließende Flächenersatz ersetzte die beiden ebenen kreisabschnittförmigen Stirnflächen des Bauteils durch die neue gewellte Fläche. Das Bauteil wird entsprechend gedehnt.

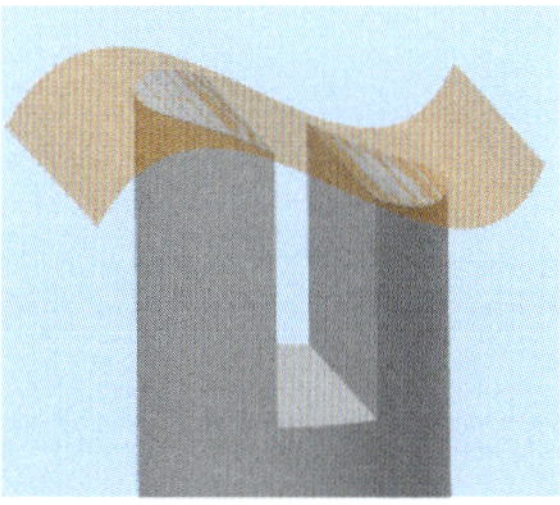

8.5.7 Körper reparieren

Körper reparieren

Die Funktion **KÖRPER REPARIEREN** ist ebenfalls im ausklappbaren Teil der Befehlsgruppe **FLÄCHE** versteckt und betrifft nur importierte Modelle in anderen CAD-Formaten, die als Flächen- oder Drahtmodelle importiert werden.

Für diese importierten Bauteile, Baugruppen und Flächenkonstruktionen gibt es eine eigene Reparaturumgebung, in der Fehler gesucht und korrigiert werden können, z. B. überlappende Flächen, sich schneidende Kurven etc., wobei die Erkennungstoleranz einstellbar ist. Die Reparatur-Funktion umfasst auch die Möglichkeit, G2-Umgrenzungsflächen zu generieren. Der G2-Übergang (smooth, glatt) beseitigt sichtbare Nähte zwischen den Oberflächenverbindungen.

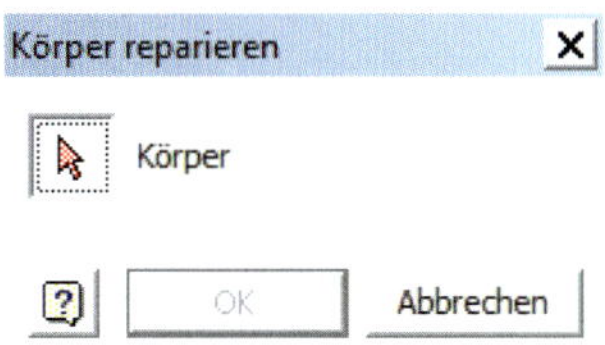

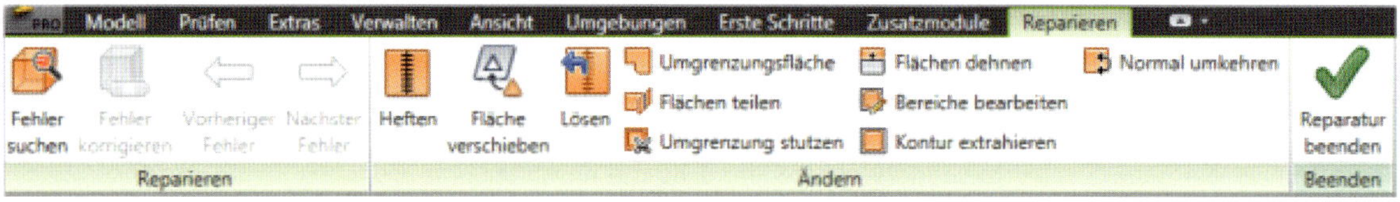

8.6 Muster

Die Funktionsgruppe **MUSTER** beinhaltet nur drei Funktionen, mit denen Bauteile gespiegelt oder in rechteckiger oder runder Form mehrfach angeordnet werden können.

8.6.1 Rechteckige Anordnung

Rechteckige und runde Anordnungen kopieren Elemente in entsprechender Art und Weise und sparen somit viel Arbeit. Als anzuordnende Elemente können einzelne, aber auch mehrere Elemente zugleich gewählt werden.

Beispiel 1

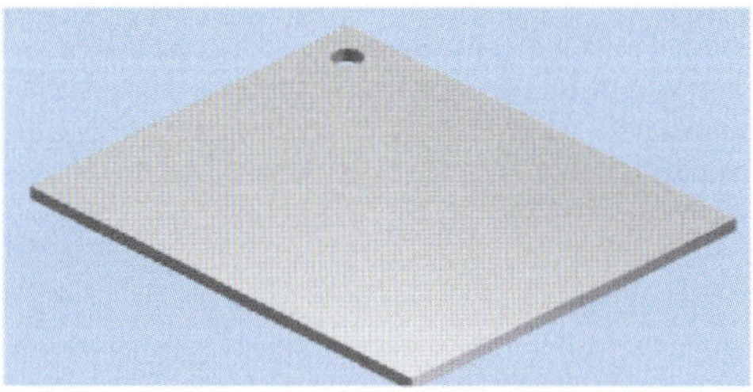

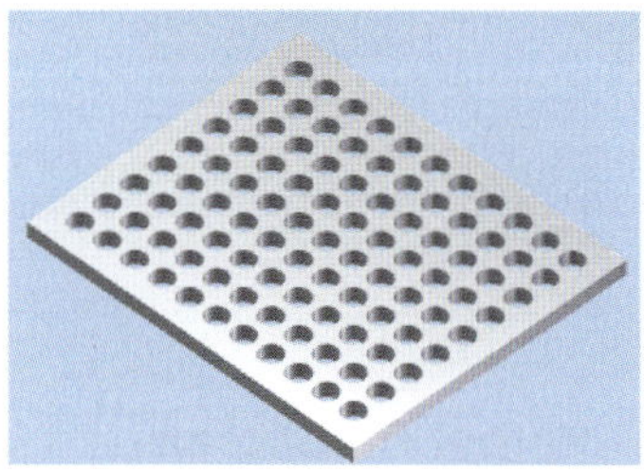

Eine Lochplatte soll hergestellt werden. Das Ausgangsbauteil ist eine Platte **40 X 48 X 2 MM**, die in einer Ecke, im Randabstand **4 X 4 MM**, eine Bohrung mit dem Durchmesser **3 MM** enthält. Die Bohrung wird im Raster **11 X 9** (99 Mal) im Abstand **4 MM** kopiert.

Die Funktion **RECHTECKIGE ANORDNUNG** wird aufgerufen, und als zu kopierendes Element wird die **BOHRUNG** selektiert. Die **RICHTUNG 1** und die **RICHTUNG 2** werden jeweils durch die Kanten der Platte bestimmt, in Richtung 1 werden **11** Elemente, in Richtung 2 werden **9** Elemente eingestellt, der Abstand beträgt in beide Richtungen je **4 MM**.

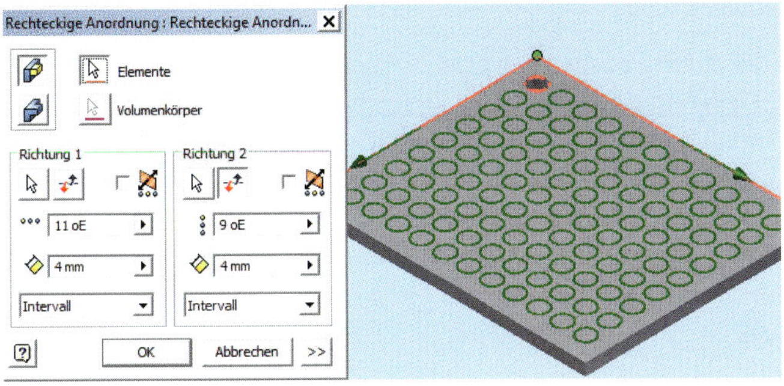

Beispiel 2

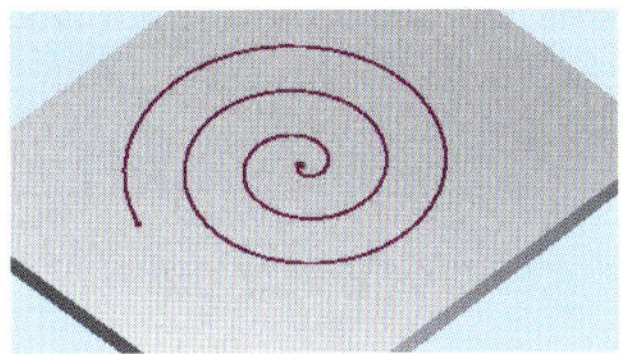

Eine besondere Form der Anordnung stellt das Kopieren entlang eines Pfades dar. Im Beispiel wurde die Platte mittig mit einer **1-MM**-Bohrung versehen. Auf der Plattenoberfläche befindet sich eine **3D-SKIZZE**, in der eine **SPIRALE** gezeichnet wurde (den Befehl zum Zeichnen von Spiralen gibt es nur in der 3D-Skizze). Der Anfangspunkt der Spirale liegt in der Bohrungsmitte, die **STEIGUNG** beträgt **5 MM**, und sie hat **3 WINDUNGEN**.

Die **RECHTECKIGE ANORDNUNG** wird jetzt nur mit einer **RICHTUNG** ausgeführt, für die die **SPIRALE** selektiert wird. Mit **50 ELEMENTEN** im Abstand von **3 MM** ergibt sich die dargestellte Anordnung.

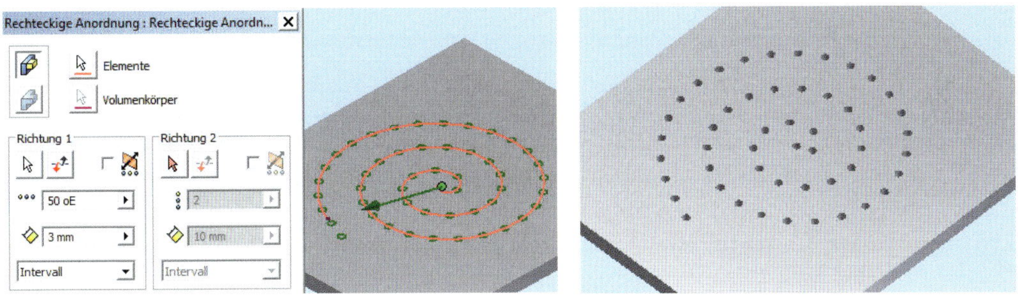

8.6.2 Runde Anordnung

Die Funktion **RUNDE ANORDNUNG** ist ähnlich der rechteckigen Anordnung, jedoch mit kreisförmigem Kopiervorgang. In Bezug auf **EINZELNE ELEMENTE**, **VEREINIGUNG** und **VOLUMENKÖRPER** gilt das bei der rechteckigen Anordnung Beschriebene.

Neben dem (den) zu kopierenden Element(en) muss eine Drehachse vorhanden sein und ausgewählt werden. Die **ANZAHL**, der **WINKEL** und die Positionierungsart können bestimmt werden.

Beispiel

Das Ausgangsbauteil wurde bereits bei der Behandlung der Funktionen **DREHUNG** und **RIPPE** erzeugt und soll jetzt vervollständigt werden. Die Rippe, bzw. der Steg, soll angeordnet werden; und wird als **ELEMENT** ausgewählt. Die Drehachse ist natürlich die Mittelachse des Rotationskörpers, und die **RUNDE ANORDNUNG** des Steges soll **12** Mal im Vollkreis (**360°**) stattfinden.

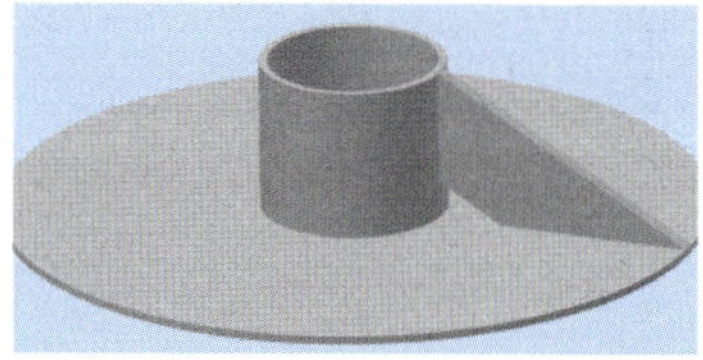

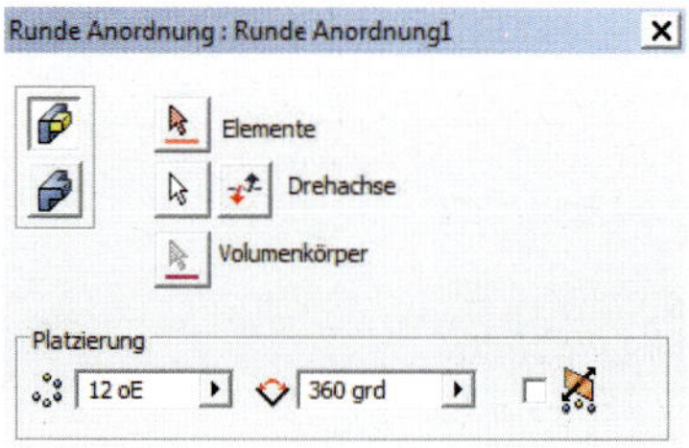

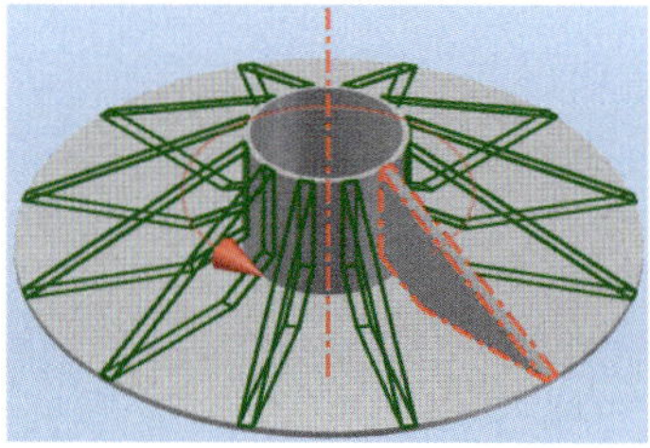

8.6.3 Element spiegeln

Spiegeln

Die Funktion **SPIEGELN** spiegelt einzelne Elemente oder das vollständige Bauteil an einer (Spiegel-)Ebene. Ggf. kann die Option **ORIGINAL ENTFERNEN** aktiviert werden, was z. B. Sinn machen kann, wenn man ein linkes und ein rechtes Bauteil benötigt und die einzelnen Teile vorher als linkes und nachher als rechtes Bauteil (Kopie speichern) speichert.

Beispiel

Im Beispiel wurde wieder der Flansch, der mittlerweile mit vielen Rippen versehen ist, zum Spiegeln ausgewählt. Als **SPIEGELEBENE** wurde eine neue Arbeitsebene parallel zur Flanschfläche in 30 mm Abstand erzeugt.

Die Option **GANZES BAUTEIL SPIEGELN** wurde gewählt, und das Original sollte beibehalten werden.

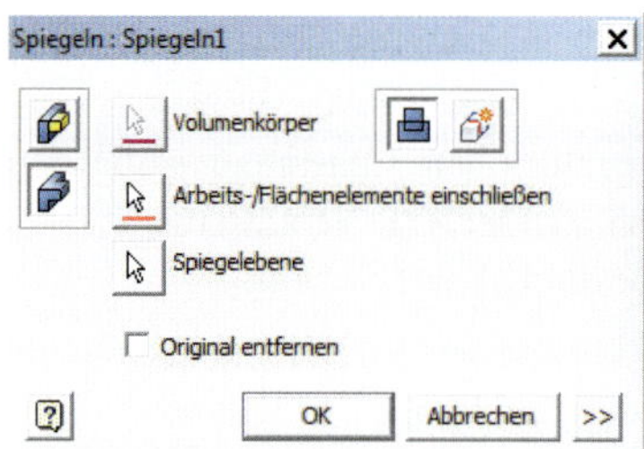

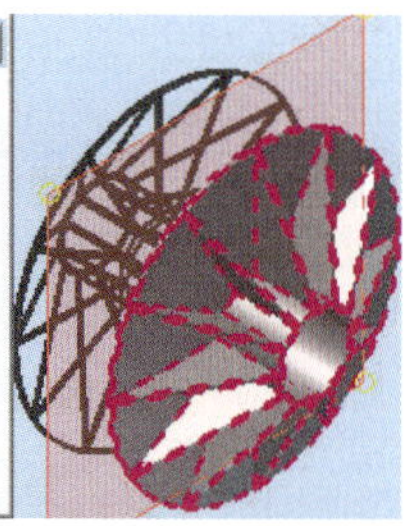

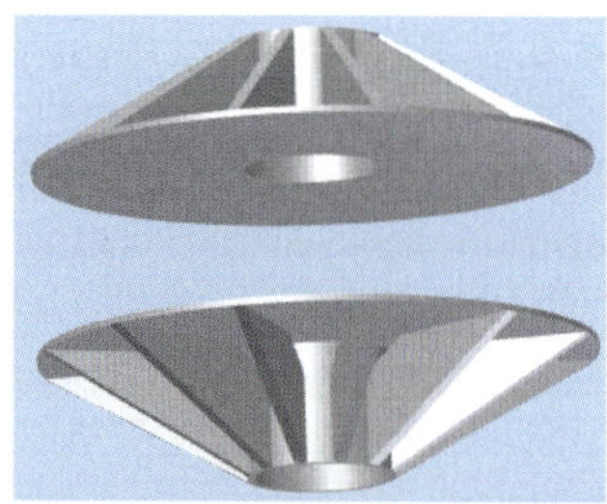

8.7 Weitere interessante Funktionen

In diesem Abschnitt werden weitere sehr leistungsfähige Funktionen beschrieben, die die Arbeit mit dem Inventor sehr viel effektiver machen können, jedoch in keinen der bisher beschriebenen Abschnitte passen.

8.7.1 iFeatures einfügen

iFeatures sind vorgefertigte Elemente bzw. Elementgruppen oder Formen, die als Makros in eine Bauteildefinition eingefügt werden können, sie können aus skizzierten Formen auch selbst erstellt werden. Inventor stellt einen Katalog mit vorgefertigten Teilen zur Verfügung.

Etwas versteckt, auf der Registerkarte **VERWALTEN** in der Befehlsgruppe **EINFÜGEN**, befindet sich die Schaltfläche **IFEATURE EINFÜGEN**. Die Funktion wählt ein iFeature aus, bestimmt seine Größe und die Position und fügt das Teil in ein Bauteil ein.

Der ganze Vorgang wird mit Dialogfenstern angezeigt und besteht aus vier Stufen, die konsequent durchlaufen werden müssen. Das folgende Beispiel zeigt den vollständigen Vorgang anhand der Einfügung eines Schlüssellochs in eine Platte.

Die im Inventor vorgefertigten iFeatures sind in Inch bemaßt, was beim Festlegen der Bemaßung etwas ungewöhnlich wirkt.

Beispiel

Im ersten Schritt, der **AUSWAHL**, ist ein iFeature auszuwählen. Im Dialogfenster kann über die Schaltfläche **SUCHEN...** das Katalogfenster für iFeatures geöffnet und ein gewünschtes Teil ausgewählt werden.

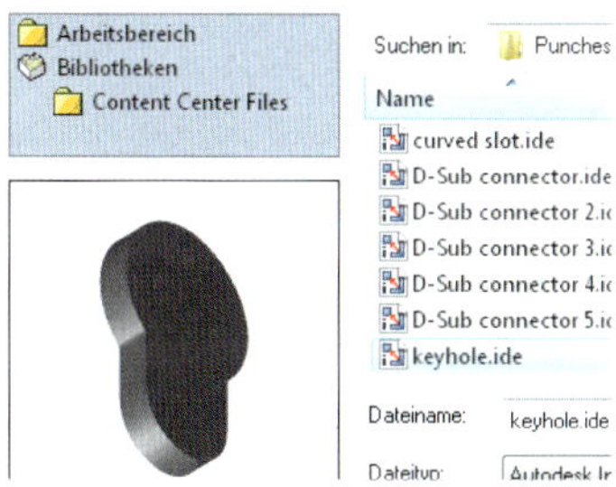

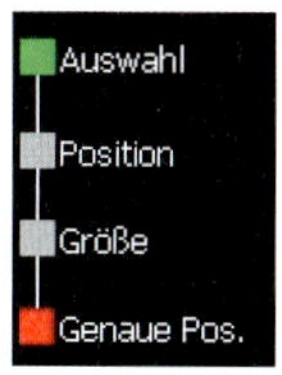

Hier wird die Datei **KEYHOLE.IDE** selektiert. ***.ide** ist die Dateinamenserweiterung für iFeatures. Mit der Schaltfläche **ÖFFNEN** wird das ausgewählte Makro aktiviert und im Feld für den Dateinamen des ersten Dialogfensters angezeigt.

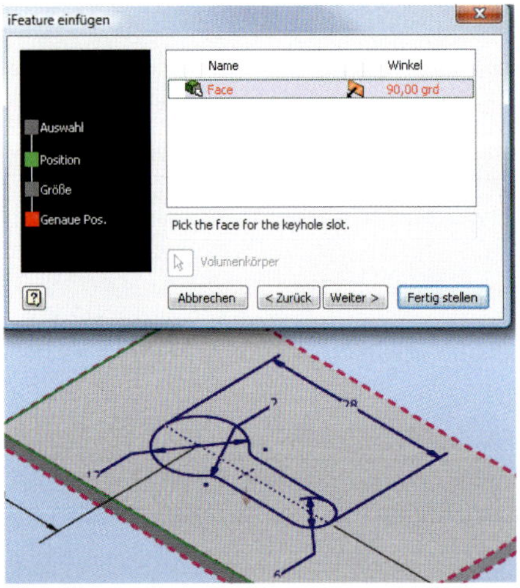

Entweder das Fenster schaltet nun automatisch in die zweite Ansicht der **POSITION**, oder es muss manuell durch Anklicken des kleinen Quadrates im linken Dialogfensterbereich geschehen.

Der Dialog für die Positionsbestimmung (Schritt 2) verlangt zum einen die Selektion einer **FLÄCHE** bzw. einer möglichen **SKIZZIEREBENE** (Face), und zum anderen wird hier auch gleich der **WINKEL** der Einfügung bestimmt.

Im Beispiel dient die Oberfläche des Bauteils als Einfügefläche, und der Einfügewinkel soll **90°** betragen.

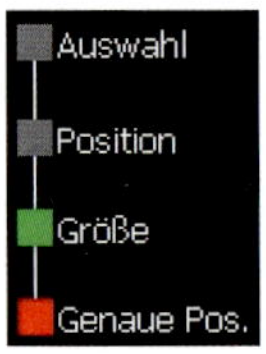

Im dritten Schritt, dem Dialogfenster für die **GRÖSSENBESTIMMUNG**, werden die Abmessungen des Schlüsselloches festgelegt.

Name	Wert
iFeature8:2:Thickness	2 mm
iFeature8:2:Fillet	2 mm
iFeature8:2:Slot_Width	6 mm
iFeature8:2:Hole_Diameter	12 mm
iFeature8:2:Length	28 mm

Die vorgegebenen Maße sind in Inch angegeben und werden auch so angezeigt. Es ist jedoch möglich, die Maße in **MM** einzugeben, wenn die Einheit mm hinter das Maß geschrieben wird. Die Anzeige in der Voransicht auf dem Bauteil bleibt jedoch in entsprechend umgerechneten Inch-Werten bestehen.

Um die Auswirkung der Maßeingabe sehen zu können, wird auf den Button **AKTUALISIEREN** geklickt, wodurch die Darstellung der Voransicht aktualisiert wird.

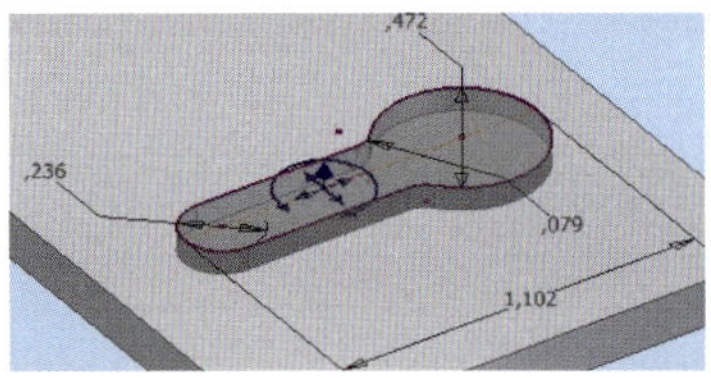

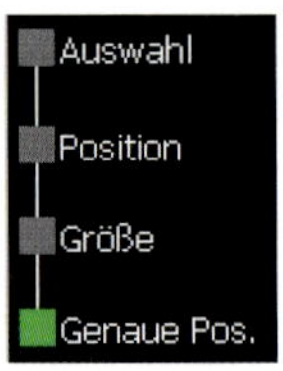

Der vierte und letzte Schritt **GENAUE POS.** bestimmt die genaue Position des Teiles auf der Fläche.

In der Skizzenumgebung kann die Position in Bezug auf Bauteilkanten bemaßt werden.

Wenn dies gewünscht ist, kann die Option **SOFORT SKIZZENBEARBEITUNG AKTIVIEREN** gewählt werden. Wenn nicht, dann kann dies auch später am Bauteil nachgeholt werden, und die Option **SKIZZENBEARBEITUNG NICHT AKTIVIEREN** bleibt ausgewählt.

Die Schaltfläche **FERTIG STELLEN** beendet den Einfügevorgang und erzeugt im Bauteil die iFeature-Definition.

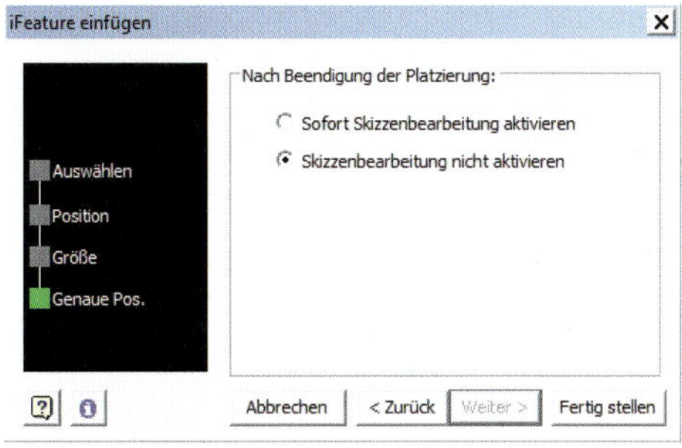

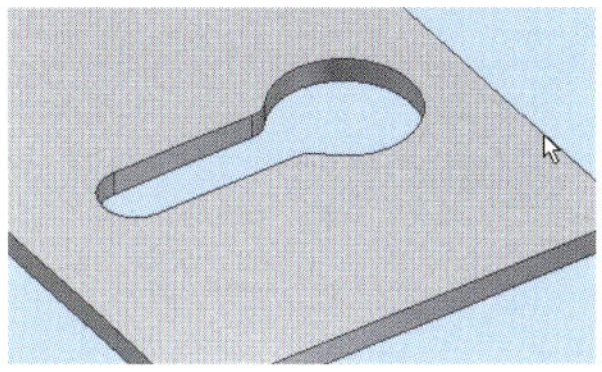

TIPP: Mit der Funktion **ELEMENT** wird das Inhaltscenter aufgerufen und alle iFeature-Elemente werden übersichtlich angezeigt. Die Auswahl der gewünschten Geometrie geht deutlich schneller.

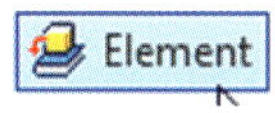

8.7.2 Mit iMates arbeiten

Die folgende Sequenz, Bauteile mit iMates versehen und in einer Baugruppe zusammenfügen, befindet sich als Film (**iMateBeispiel.avi**) auf der beiliegenden DVD.

iMate Beispiel: *.avi auf DVD

IMATES haben ihre Bedeutung in der Baugruppen-Arbeitsumgebung, werden aber den Bauteilen zugeordnet bzw. in der Bauteilumgebung erstellt. Sie sorgen dafür, dass beim Zusammenfügen der einzelnen Bauteile bestimmte Teile automatisch genau an ihren vorbestimmten Stellen positioniert werden.

iMates sind quasi Druckknöpfe, bei denen sich je ein Druckknopfteil an einem und der andere an einem anderen Bauteil befindet. Die beiden Bauteile werden später mithilfe dieses Druckknopfes zusammengefügt. So findet z. B. eine Schraube bzw. ein Schraubenkopf sofort beim Einfügen in eine Baugruppe die richtige Position in der für sie bestimmten Bohrung bzw. Senkung.

Den Vorgang des 3D-Positionierens in Abhängigkeit von anderen Bauteilen nennt man das Vergeben von 3D-Abhängigkeiten. Eine 3D-Abhängigkeit verbindet zwei Bauteile nach bestimmten geometrischen Regeln. Ein iMate an einem Bauteil bestimmt somit quasi nur die eine Hälfte einer 3D-Abhängigkeit. Die andere Hälfte muss sich an einem anderen Bauteil befinden.

Beispiel

Eine Schraube wurde mit zwei Kreisen und zwei Extrusionen mit **SKIZZE WIEDER VERWENDEN** erzeugt. Ein Außengewinde wurde aufgebracht. Schrauben werden normalerweise aus dem Inhaltscenter eingefügt, da die Inhaltscenter-Schrauben aber schon mit iMates ausgestattet sind, wurde diese Schraube von Hand erstellt, was bei einem geübten CADler auch nicht viel länger dauert.

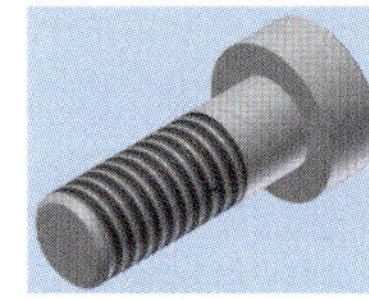

Eine Schraube sitzt normalerweise mit der Unterseite des Schraubenkopfes am Schaftdurchmesser, in ihrer Bohrung bzw. der Senkung.

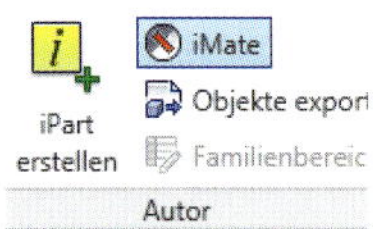

Die Funktion **IMATE ERSTELLEN** befindet sich auf der Registerkarte **VERWALTUNG**, jetzt aber in der Befehlsgruppe **AUTOR**.

Ruft man die Funktion **IMATE ERSTELLEN** auf, so erscheint das Dialogfenster zum Vergeben von 3D-Abhängigkeiten mit den vier Schaltflächen für die Abhängigkeitsarten. Die vierte Schaltfläche lässt am Symbol erkennen, dass es hierbei um das **EINFÜGEN** von Teilen geht. Wird diese Schaltfläche aktiviert und der Schaftrand an der Kopfunterseite gewählt, dann werden dieser Kreis und ein roter Pfeil angezeigt, der die Einfügerichtung bestimmt.

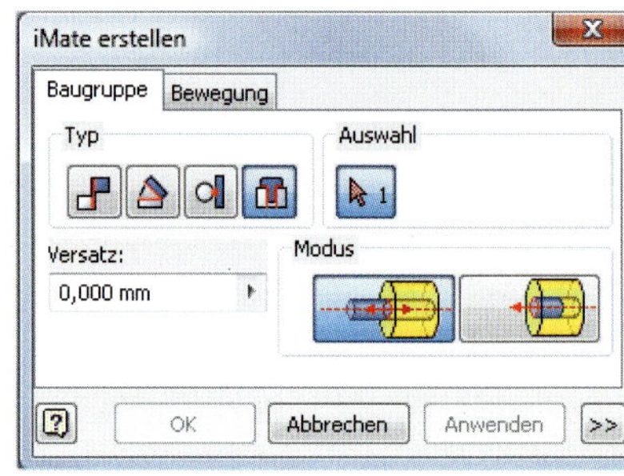

Der Verdeutlichung wegen, wurde die folgende Darstellung im Drahtmodell aufgenommen, was normalerweise natürlich nicht erforderlich ist.

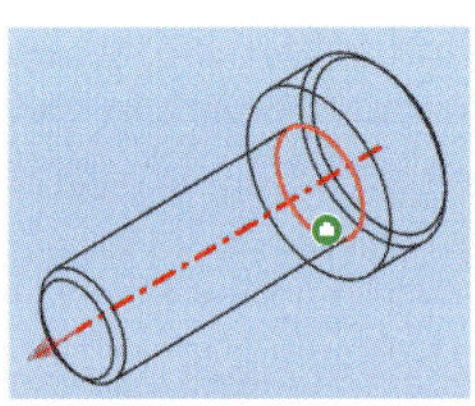

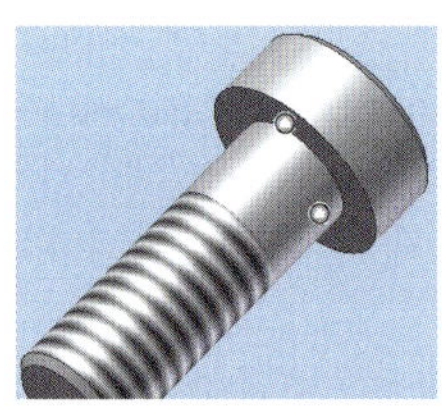

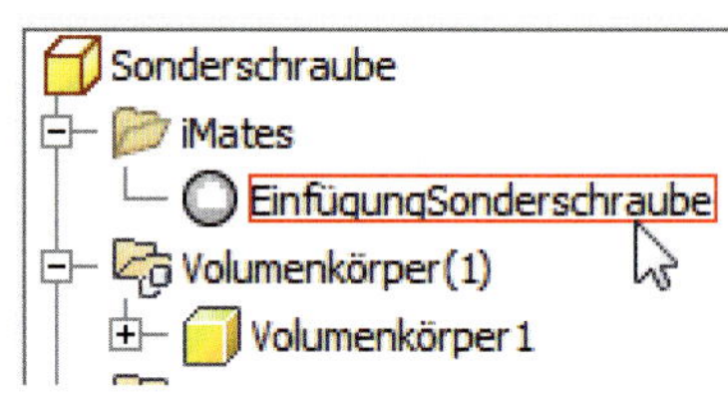

Mit einem Klick auf die Schaltfläche **OK** wird das iMate definiert.

Die Anzeige vorhandener iMates erfolgt durch kleine kreisförmige Symbole. Im Beispiel der Schraube ist ein Symbol für den Einfügerand und ein zweites Symbol für die Mittelachse zu sehen. Im Objektbrowser kann dieses iMate im Ordner **IMATES** gefunden und sowohl umbenannt als auch bearbeitet werden.

HINWEIS: Die Benennung der iMates ist deswegen wichtig, da zwei iMate-Hälften an verschiedenen Bauteilen in der Baugruppe über ihre gleichen Namen automatisch zusammenfinden. Verschieden benannte iMates müssen manuell zusammengebracht werden.

8.7.3 iLogic, parametrische Bauteilsteuerung

Die folgende Sequenz, ein Bauteil mit iLogic-Regeln verändern, befindet sich als Film (**iLogicBeispiel.avi**) auf der beiliegenden DVD.

iLogic-Beispiel: *.avi auf DVD

Seit Inventor 2011 ist mit **iLogic** ein sehr leistungsfähiges und interessantes Modul in das Programm integriert. Mit der iLogic-Technik besteht die Möglichkeit der parametrischen Bauteilsteuerung mithilfe von logischen Regeln.

Die grundsätzliche Bedeutung der Arbeit mit Parametern wurde bereits in Kapitel 6, »Die Skizzenerstellung«, anhand der Skizzensteuerung und der Excel-Verknüpfung aufgezeigt und soll hier nicht wiederholt werden. In diesem Abschnitt geht es darum, automatisierte, mithilfe von logischen Regeln bestimmte Geometrieveränderungen von Bauteilen durchzuführen.

Parameter steuern Bauteile

Bevor mit den iLogic-Funktionen gearbeitet wird, soll trotzdem, auch als kurze Wiederholung, die klassische Parameterdarstellung betrachtet werden.

Ein Bauteil zu diesem Zweck wurde aus einer einfachen Platte mit einer Bohrung in der Mitte und zwei identischen Absätzen erzeugt. Die Parameternamen wurden so geändert, dass sie selbsterklärend sind.

Parameter

Parametername	Einhei	Gleichung	Nennwert
Modellparameter			
Länge	mm	30 mm	30,000000
Breite	mm	15 mm	15,000000
Bohrung	mm	5 mm	5,000000
Dicke	mm	5 mm	5,000000
d4	grd	0 grd	0,000000
Absatztiefe	mm	2 mm	2,000000
Absatzlänge	mm	6 mm	6,000000
d8	grd	0,00 grd	0,000000

Die Bohrung ist mit entsprechenden Abhängigkeiten immer in der Mitte der Platte positioniert. Die beiden Absätze sind, da der eine die Spiegelung des anderen ist, immer spiegelsymmetrisch, weswegen in der Parametertabelle nur ein Absatz hinterlegt ist.

Wird jetzt der Durchmesser der BOHRUNG von 5 MM auf 12 MM geändert und das Parameter-Fenster geschlossen, dann wird das Bauteil sofort entsprechend angepasst. Benutzer älterer Inventor-Versionen müssen unter Umständen den Button AKTUALISIEREN anklicken.

Parametername	Einh	Gleichun	Nennwert
Modellparam...			
Länge	mm	30 mm	30,000000
Breite	mm	15 mm	15,000000
Bohrung	mm	12 mm	12,000000
Dicke	mm	5 mm	5,000000

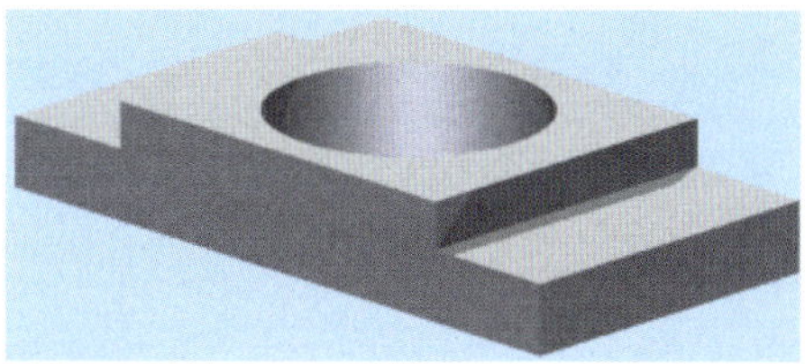

Der Zusammenhang ist einfach.

Soll jedoch die Bohrung in Abhängigkeit der Breite des Bauteils geändert werden, dann ist dies mithilfe einer Gleichung ebenfalls möglich. Anstelle eines Wertes für den Bohrungsdurchmesser muss dann in die Gleichungsspalte des Parameter-Fensters eine Gleichung eingetragen werden.

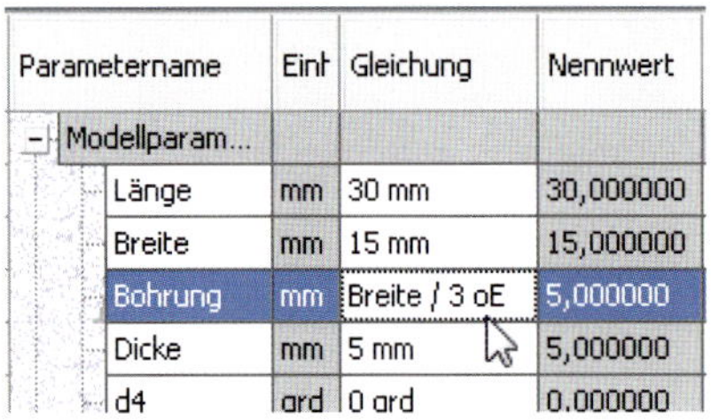

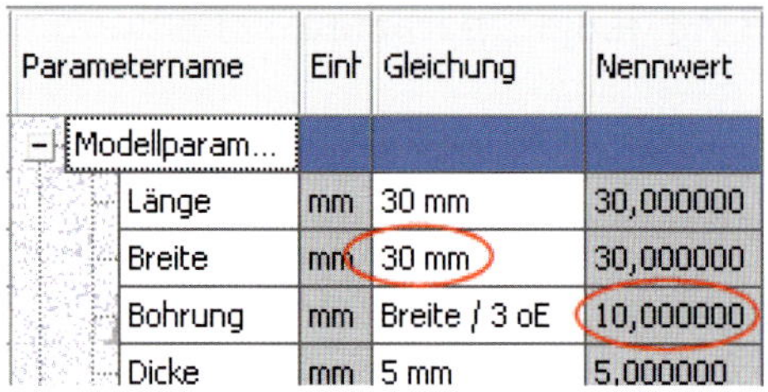

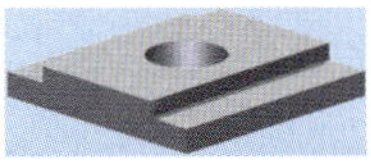

Die Gleichung für den Parameter »Bohrung«: **BREITE/3 OE** (oE = ohne Einheit) sorgt dafür, dass die Bohrung wieder den Durchmesser 5 mm zugewiesen bekommt. Wird jetzt die **BREITE** von **15 MM** auf **30 MM** vergrößert, dann wird die **BOHRUNG** automatisch den Durchmesser **10 MM** zugewiesen bekommen.

Der Zusammenhang ist zwar klar, jedoch wenig praxisrelevant. Würde die **BREITE** der nächsten Größe nämlich **20 MM** betragen, dann bekäme die **BOHRUNG** den Durchmesser **6,667 MM** zugewiesen – ein ziemlich ungewöhnlicher Bohrungsdurchmesser.

HINWEIS: Bauteile, die als Varianten konstruiert werden, verändern ihre Größen in der Regel nicht kontinuierlich, sondern in Sprüngen.

iLogic-Regeln definieren

Genau an dieser Stelle greifen die Regeln der iLogic-Funktion. Die Varianten des Bauteils könnten beispielsweise so lauten:

Breite	Bohrung
10 bis 14,9	3
15 bis 19,9	5
20 bis 24,9	8
25 bis 29,9	12
größer 30	15

Und damit würden wir an die Grenze des bisher beschriebenen Verfahrens stoßen, denn diese Bereichsdefinition ist im einfachen Parameter-Fenster nicht möglich.

Die Lösung ist eine iLogic-Regel, mit der das beschriebene Verhalten genau provoziert werden kann.

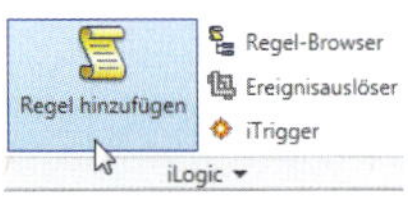

In der **ILOGIC**-Befehlsgruppe wird dem Bauteil eine Regel zugewiesen, indem man auf die Schaltfläche **REGEL HINZUFÜGEN** klickt. Die Regel soll beispielsweise **BREITEBOHRUNGSREGEL** heißen.

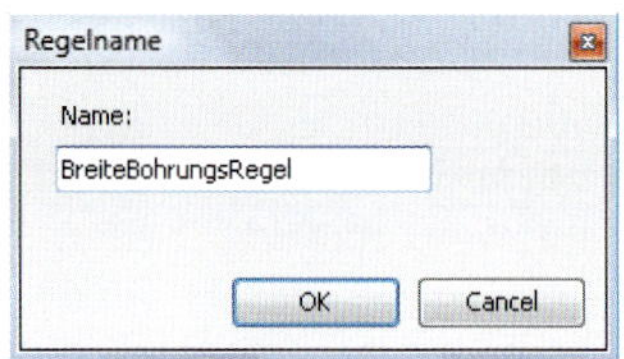

Im nun erscheinenden Fenster **REGEL BEARBEITEN** befindet sich im oberen Bereich der Modellbaum mit den Modell-**Parametern**, die beim Selektieren dieses Begriffes rechts daneben angezeigt werden.

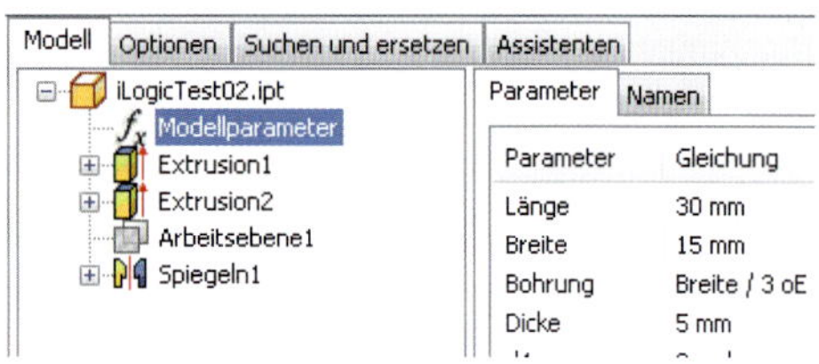

Im unteren Bereich befindet sich das Fenster, in dem die Regel definiert wird.

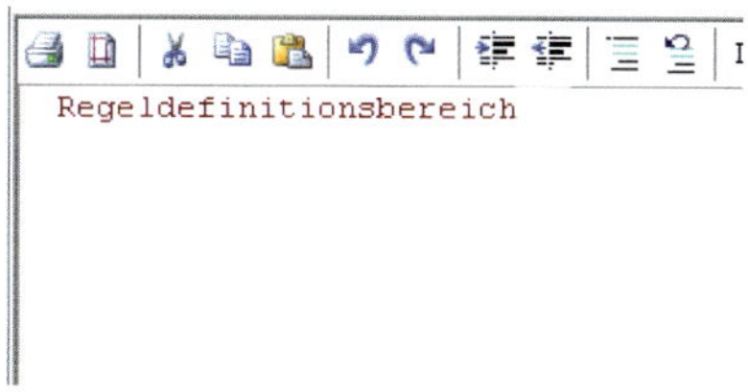

Beispiel

Für unsere Aufgabe, die Bestimmung des Bohrungsdurchmessers in Abhängigkeit von Breitenbereichen, wird ein **Wenn** → **Dann**-Zusammenhang benötigt.

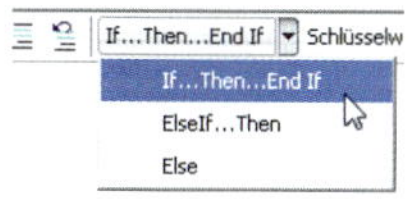

In der Iconleiste stellt das Regelfenster diese Funktion zur Verfügung. Ein Klick auf IF ... THEN ... END IF befördert diesen Text in den Regelbereich. Im nächsten Schritt muss der Ausdruck MY_EXPRESSION durch den Parameternamen BREITE ersetzt werden. Dies kann man entweder schreiben oder durch Klicken erledigen. Ein Doppelklick markiert MY_EXPRESSION. Dann folgt ein Doppelklick im Parameter-Fenster auf BREITE, und schon wurde der eine durch den anderen Begriff ersetzt.

```
If My_Expression Then

End If
```

→

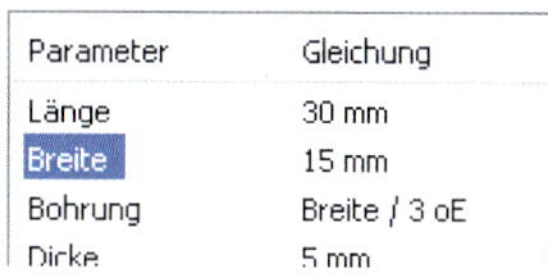

→

```
If Breite Then

End If
```

Ganz ohne Schreiben geht's aber doch nicht.

HINWEIS: Beim Schreiben einer Regel ist zu beachten, dass der Regel-Editor case-sensitive arbeitet, d. h., die Groß- und Kleinschreibung muss beachtet werden: »breite« ist nicht gleich »Breite«!

Die vorher beschriebene Bedingung lautet: Wenn die Breite größer oder gleich 10 mm und kleiner als 15 mm ist, dann soll die Bohrung einen Durchmesser von 3 mm bekommen.

```
If Breite>=10 And Breite<15 Then
    Bohrung=3
End If
```

Die zusätzlichen Bedingungen für die anderen Breiten werden in die IF – END IF-Klausel folgendermaßen eingefügt:

```
If Breite>=10 And Breite<15 Then
  Bohrung=3
ElseIf Breite>=15 And Breite<20 Then
  Bohrung=5
ElseIf Breite>=20 And Breite<25 Then
  Bohrung=8
ElseIf Breite>=25 And Breite<30 Then
  Bohrung=12
ElseIf Breite>=30 Then
  Bohrung=15
End If
```

Bis auf einige Verfeinerungen ist unsere Regel damit fertig. Mit OK verlassen wir das Regel-Fenster.

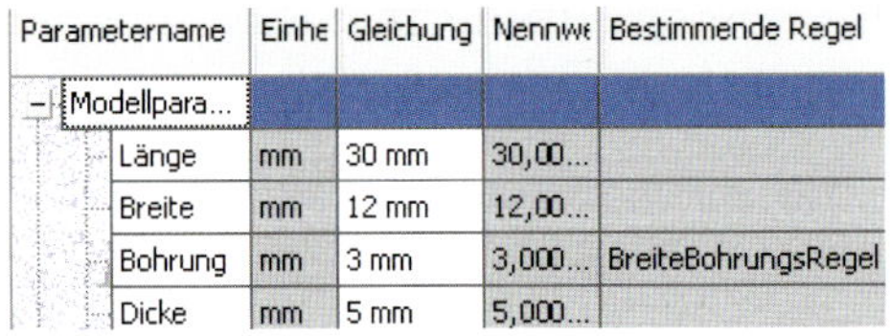

Parametername	Einhe	Gleichung	Nennwe	Bestimmende Regel
– Modellpara...				
Länge	mm	30 mm	30,00...	
Breite	mm	12 mm	12,00...	
Bohrung	mm	3 mm	3,000...	BreiteBohrungsRegel
Dicke	mm	5 mm	5,000...	

An dieser Stelle lohnt sich noch einmal ein Blick ins Parameter-Fenster. Für den Wert der Breite wurde von Hand 12 mm angegeben, nach der vorherigen Bedingungsgleichung (Bohrung = Breite/3) würde die Bohrung jetzt 4 mm im Durchmesser haben. Tatsächlich aber hat Inventor die Gleichung eliminiert und stattdessen automatisch in die Regelspalte unseren Regelnamen **BREITEBOHRUNGSREGEL** eingetragen.

Außerdem wurde die Regel auch gleich ausgeführt und die Bohrung auf den Wert 3 mm gesetzt, der für die Breiten zwischen 10 und 15 mm maßgebend sein sollte, d. h., unsere Regel funktioniert.

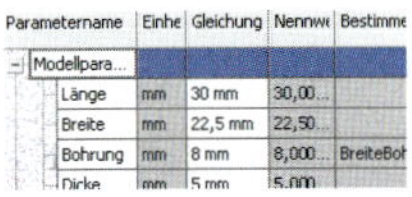

Parametername	Einhe	Gleichung	Nennwe	Bestimme
– Modellpara...				
Länge	mm	30 mm	30,00...	
Breite	mm	22,5 mm	22,50...	
Bohrung	mm	8 mm	8,000...	BreiteBoh
Dicke	mm	5 mm	5,000...	

Spaßeshalber setzen wir den Wert der Breite auf verschiedene Werte (18 oder 22,5), kontrollieren den jeweiligen Bohrungsdurchmesser und stellen fest: Er stimmt.

Regel-Editor aufrufen

Mit dem Parametertest wurde das Regel-Definitionsfenster verlassen. Die Schaltfläche **REGEL-BROWSER** in der Funktionsgruppe **ILOGIC** zeigt alle verfügbaren Regeln und gestattet die einfache Selektion und das Öffnen des gewünschten Eintrages.

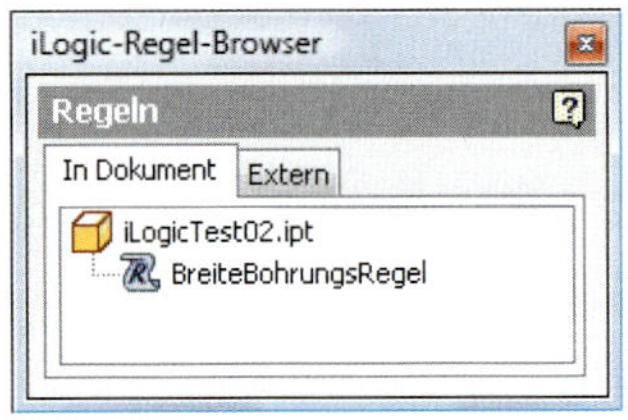

Die letzten Feinheiten

Was passiert, wenn die Bauteilbreite kleiner als 10 mm ist? Antwort: Nichts, denn dieser Fall kommt in unserer Regel (noch) nicht vor.

Bestimmen wir also die Gültigkeitsgrenzen für das Bauteil, respektive für die Regel. Die Untergrenze beträgt wie gehabt 10 mm. Als Obergrenze für die Breite legen wir jetzt einfach 50 mm willkürlich fest.

Im oberen Bereich des Regel-Editors, auf der Registerkarte **ASSISTENTEN**, bekommen wir Unterstützung. Über die Schaltfläche **PARAMETERGRENZEN** ist der eingetragene **NAME** zu ersetzen mit **BREITE** und die Höchst- und Mindestwerte sind mit **50** bzw. mit **10** anzugeben.

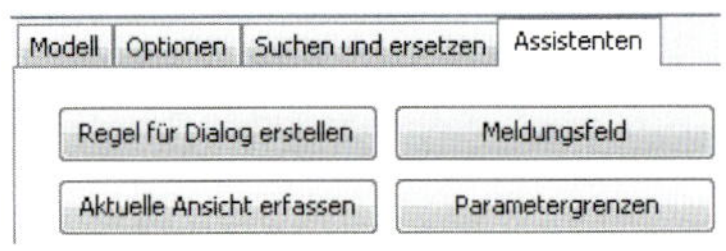

Die Buttons **ANWENDEN** und **SCHLIESSEN** fügen den Code, der diese Unter- bzw. Überschreitung der Grenzwerte abfängt, ein.

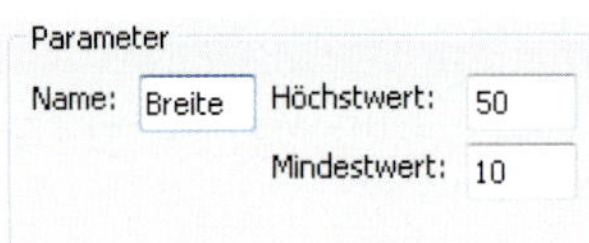

```
' ******* Breite Grenzwerte *******
If Breite < 10
  Breite = 10
  MessageBox.Show("Der zulässige Mindest..
ElseIf Breite > 50 Then
  Breite = 50
  MessageBox.Show("Der zulässige Höchst...
End If
```

HINWEIS: Achtung: Da diese Abfangprozedur stattfinden muss, bevor die If … Then-Prozedur durchlaufen wird, muss man den Cursor im Regel-Editor in die erste leere Zeile setzen.

```
' ******* Breite Grenzwerte *******
If Breite < 10
  Breite = 10
  MessageBox.Show("Der zulässige Mindest..
ElseIf Breite > 50 Then
  Breite = 50
  MessageBox.Show("Der zulässige Höchst...
End If

If Breite>=10 And Breite<15 Then
  Bohrung=3
ElseIf Breite>=15 And Breite<20 Then
  Bohrung=5
ElseIf Breite>=20 And Breite<25 Then
  Bohrung=8
ElseIf Breite>=25 And Breite<30 Then
```

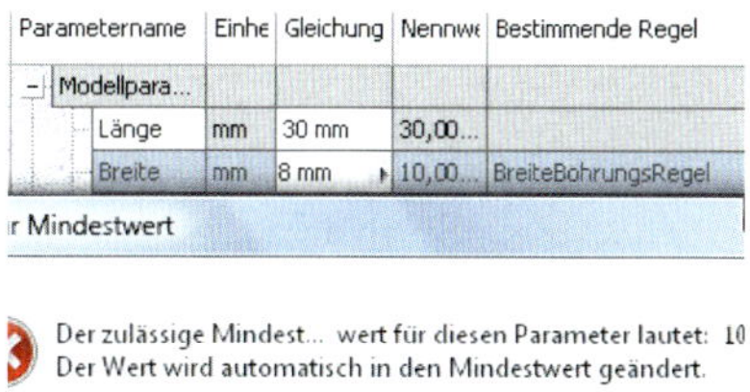

Wird jetzt im Parameter-Fenster für die Breite z. B. der Wert 8 eingegeben, erscheint die entsprechende Fehlermeldung, der Breitenwert wird auf den Mindestwert gesetzt und die Bohrung entsprechend ausgeführt.

TEIL II

9 Baugruppen

9.1 Grundlagen

Baugruppen oder Zusammenbauten nennt man Einheiten, die aus mehreren Einzelteilen bestehen. Eine Baugruppe setzt also voraus, dass bereits Einzelteile existieren. Diese Teile können eigens für eine Baugruppe erstellt worden sein, es können aber auch Bibliotheks- oder Normteile sein.

Eine Baugruppe im Inventor hat jedoch noch andere Aufgaben und Funktionen, als nur mehrere Einzelteile zusammenzubringen. Die Einzelteile werden »gefügt«, d. h., sie stehen in einer Baugruppe im geregelten Zusammenhang mit anderen Bauteilen.

Beispiele

- Ein Bolzen befindet sich beispielsweise genau in der für ihn vorgesehenen Bohrung.
- Ein Sicherungsring befindet sich in seiner Nut.
- Ein Gleitlager befindet sich auf dem Wellendurchmesser und liegt über einer Anlaufscheibe an einer Wellenschulter an.
- Ein Kolben befindet sich im Zylinder.

Das Wichtigste aber ist: Bauteile können nur noch die definierten Bewegungen ausführen, die ihnen ihr Einbau erlaubt.

Beispiele

- Der Bolzen kann und darf sich möglicherweise nur axial verschieben lassen.
- Der Sicherungsring kann sich in seiner Nut verdrehen – sonst nichts.
- Ein Lager sitzt in der Regel im Gehäuse fest, die Welle dreht sich aber im Lager.
- Der Kolben im Zylinder darf sich nur auf und ab bewegen können.

Den ersten Vorgang, das Fügen, erreicht man im Inventor durch Hinzufügen von 3D-Abhängigkeiten, den Beziehungen zwischen den Bauteilen. Den zweiten Vorgang, der beim Arbeiten im Inventor gleichzeitig erfolgt, nennt man das Festlegen bzw. den Entzug der Freiheitsgrade. Beide Begriffe hängen zusammen und werden beim Vergeben von 3D-Abhängigkeiten auch gleichzeitig bestimmt.

Aus Verständnisgründen wird hier jedoch der Begriff der Freiheitsgrade, der auch in anderen Zusammenhängen, z. B. bei der Präsentation und Animation von Baugruppen, eine Rolle spielt, getrennt und vorgezogen behandelt.

9.2 Die Freiheitsgrade

Freiheitsgrade bezeichnen die **mathematisch definierten Bewegungsmöglichkeiten** eines Körpers im 3D-Raum. Im kartesischen Koordinatensystem sind die möglichen Bewegungen wie folgt definiert:

- Verschiebung (Translation) in X-Richtung
- Verschiebung (Translation) in Y-Richtung
- Verschiebung (Translation) in Z-Richtung
- Drehung (Rotation) um die X-Achse
- Drehung (Rotation) um die Y-Achse
- Drehung (Rotation) um die Z-Achse

Mit sechs Freiheitsgraden kann jede beliebige Bewegung im 3D-Raum mathematisch beschrieben werden. Je nach Bestimmungsgrad, d. h. je nach der Art, wie sich ein Bauteil in einer Baugruppe noch bewegen darf, müssen bei der Verbindung von Bauteilen in einer Baugruppe entsprechende Freiheitsgrade zwischen den Bauteilen entzogen werden.

HINWEIS: Jedes Mal, wenn eine 3D-Abhängigkeit zwischen zwei Teilen hinzugefügt wird, werden Freiheitsgrade eliminiert.

Ein vollständig bestimmtes und festgelegtes Bauteil kann sich in keine Richtung bewegen und um keine Achse drehen, ihm sind alle sechs Freiheitsgrade entzogen.

Beispiele

- Die Welle, die auf einer Seite in einem Festlager gelagert ist, hat genau noch einen Freiheitsgrad, nämlich die Rotation um ihre Längsachse.
- Der Bär einer Spindelpresse (Mutterngewinde) hat ebenfalls nur noch einen Freiheitsgrad, nämlich die Translation in Richtung seiner Längsachse.
- Die Position eines Greifers eines Universalroboters hat im Prinzip alle sechs Freiheitsgrade (alle Bewegungsmöglichkeiten). Tatsächlich werden diese aber mithilfe des Roboterarms und seiner Gelenke ermöglicht. Der Greifer selbst hat nur die Freiheitsgrade, die ihm das letzte Gelenk lässt (oft nur eine Rotation).

- Eine Computermaus auf dem Mauspad hat drei Freiheitsgrade, die Translationen in X- und Y-Richtung und die Rotation um die Z-Achse. Wird sie in der Z-Richtung bewegt oder um X oder Y rotiert, funktioniert sie nicht mehr.

Eine funktionelle Baugruppe hat genau so viele Freiheitsgrade, wie ihre Funktion erfordert, nicht mehr und nicht weniger. Freiheitsgrade werden durch das Vergeben von 3D-Abhängigkeiten bestimmt bzw. entfernt.

Im Inventor können die Freiheitsgrade, die ein Teil besitzt, sichtbar gemacht werden.

Nur in der Baugruppenumgebung befindet sich auf der Registerkarte **ANSICHT** in der Befehlsgruppe **SICHTBARKEIT** die Schaltfläche **FREIHEITSGRADE**, welche die Symbolanzeige für alle Bauteile ein- oder ausschaltet.

	Dieses Symbol zeigt die Anzeige bei einem Bauteil, das noch alle Freiheitsgrade besitzt, d. h., es kann sich frei im Raum bewegen.
	Dieses Symbol zeigt dagegen nur noch zwei Freiheitsgrade an: die vertikale Translation und die Rotation um die vertikale Achse.

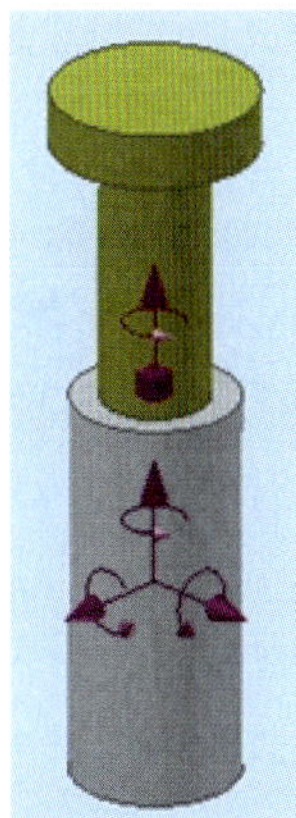

Im nebenstehend abgebildeten Beispiel, der Buchse mit dem Bolzen, hat die Buchse noch alle sechs Freiheitsgrade, der Bolzen dagegen nur noch zwei. Er kann sich um seine Längsachse drehen und in der Buchse auf und ab bewegen.

Sind die beiden Bauteile über die 3D-Abhängigkeiten entsprechend miteinander verknüpft, dann kann sich zwar die gesamte Baugruppe beliebig im Raum bewegen, der Bolzen jedoch immer nur in der Buchse.

9.3 3D-Abhängigkeiten, Beziehungen

Beziehungen oder 3D-Abhängigkeiten sind, ähnlich wie die 2D-Abhängigkeiten, im Inventor vordefiniert und können entsprechend ihrer Bestimmung abgerufen werden. Ihre Aufgabe ist es, unzulässige Freiheitsgrade zu entfernen, um ein optimal bestimmtes Modell zu erstellen, das nur die Bewegungen ausführen kann, die der Funktion entsprechen.

HINWEIS: 3D-Abhängigkeiten werden immer an zwei Bauteile oder, genauer ausgedrückt, an je ein Element von zwei verschiedenen Bauteilen gebunden, Beziehungen bzw. Verbindungen können mehrere Elemente an je einem Bauteil mit anderen am zweiten Bauteil definieren.

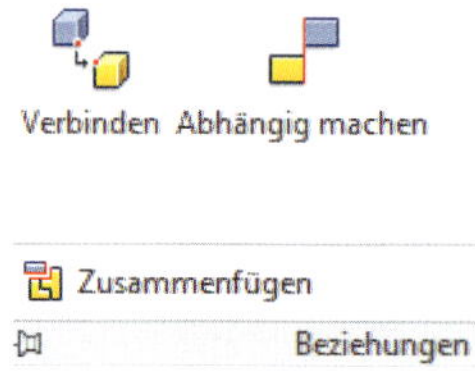

Als Elemente können je nach Abhängigkeitstyp Punkte, Linien, Kurven, Kanten und Ecken, Mittelachsen, ebene oder kreisförmige Flächen etc. ausgewählt werden.

Im Inventor gibt es in der Befehlsgruppe **BEZIEHUNGEN** seit der Version 2014 drei Möglichkeiten, 3D-Abhängigkeiten zu vergeben: eine sehr praktische, eine ausführliche und eine schnelle Variante.

- Verbinden
- Abhängig machen
- Zusammenfügen

Die nachfolgend zuerst beschriebene, sehr an der Praxis ausgerichtete Variante **VERBINDEN** orientiert sich an der tatsächlichen Handhabung und kann weitgehend über das Mini-Menü bedient werden.

Die an zweiter Stelle behandelte ausführliche Variante **ABHÄNGIG MACHEN** stellt alle Optionen und Variationen der 3D-Abhängigkeiten in einem Dialogfenster zur Verfügung.

Die danach beschriebene schnelle Variante **ZUSAMMENFÜGEN** trägt dem Umstand Rechnung, dass nur selten bestimmte Optionen eingesetzt werden müssen. Auch sie arbeitet, wie das Verbinden, im Stil der direkten Manipulation mit Mini-Menüs.

9.3.1 Verbinden

Diese neue, mit dieser Inventor-Version eingeführte Technik der Vergabe von 3D-Abhängigkeiten überrascht nicht nur durch ihre Leistungsfähigkeit, sondern auch durch die Visualisierung, durch die optische Darstellung, mit der sich die Teile miteinander verbinden.

Die Benennungen der Verbindungsarten haben sich, wie schon beim Zusammenfügen, wieder einmal geändert, sind aber so praxisorientiert benannt, dass es keine Verständnisprobleme geben wird. Mit den neuen Benennungen der Verfahren wurde gleichzeitig eine Brücke zur dynamischen Simulation geschlagen, in der die aus den Abhängigkeiten erzeugten Gelenke schon immer so ähnlich benannt waren.

Symbol	Bezeichnung	Funktion
	STARR	Verbindet zwei Teile völlig starr miteinander, entfernt alle Freiheitsgrade
	DREHUNG 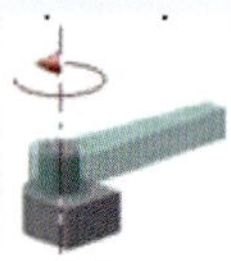	Verbindet zwei Teile in der Art eines Scharniers miteinander und lässt nur noch einen Freiheitsgrad der Rotation zu

Symbol	Bezeichnung	Funktion
	SCHIEBER 	Verbindet zwei Teile in der Art eines Nutensteins miteinander und lässt nur noch einen Freiheitsgrad der Translation zu
	ZYLINDRISCH 	Verbindet zwei Teile in der Art einer Loslager-Verbindung miteinander, lässt sowohl einen Freiheitsgrad der Rotation als auch einen Freiheitsgrad der Translation zu
	EBEN 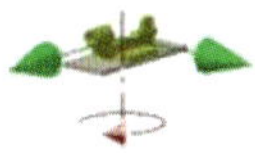	Verbindet zwei Teile über eine Ebene und lässt noch drei Freiheitsgrade offen, die Translation (X und Y) in der Ebene und die Rotation um die lotrechte Achse (Z)
	KUGEL 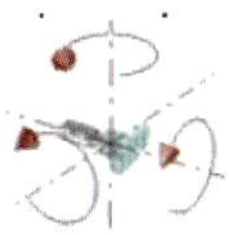	Verbindet zwei Teile wie eine Kugel in einer Kugelschale (Kugelgelenk) und lässt alle drei Freiheitsgrade der Rotation zu

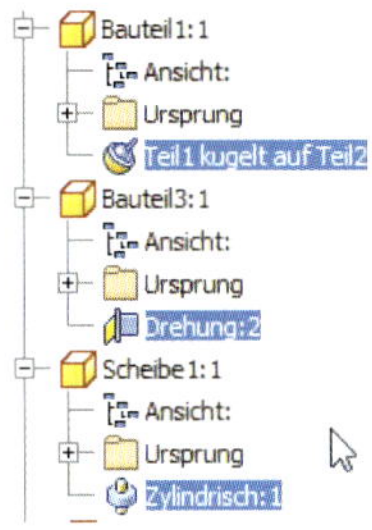

Die Symbole der Verbindungen werden im Objektbrowser angezeigt.

HINWEIS: An erster Stelle in den Auswahlmodi steht jedoch der Begriff Automatisch und mit dieser Selektion entscheidet sich der Inventor aufgrund von Bauteilflächen und den gewählten Bauteilelementen selbst für eine Verbindungsart, die angezeigt und natürlich verändert werden kann.

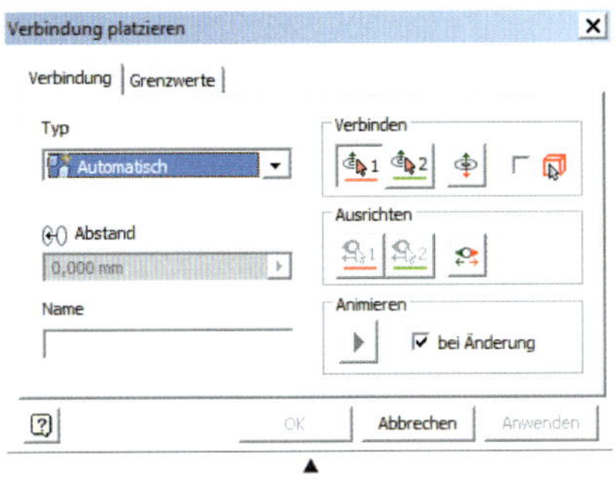

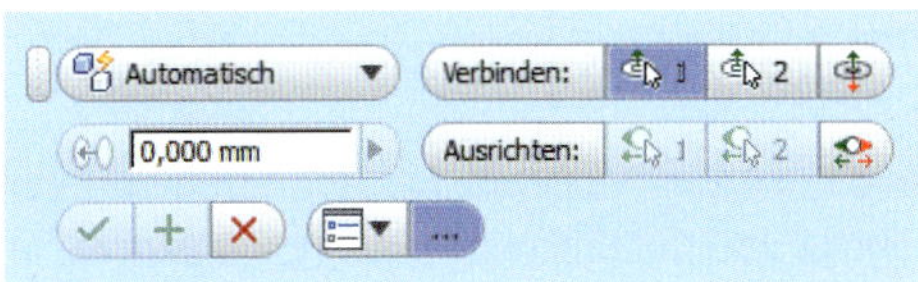

Für viele Fälle dürfte die Bedienung der Funktion mit dem Mini-Menü ausreichend sein, etwas mehr Optionen bietet allerdings das Dialogfenster, dessen Auswahlmöglichkeiten deswegen auch besprochen werden.

Bis auf die Kugel-Verbindung kann bei allen Abhängigkeiten ein **ABSTAND** ins Textfeld unterhalb der **TYP**-Auswahl eingegeben werden, der die Positionierung der Teile zueinander festlegt.

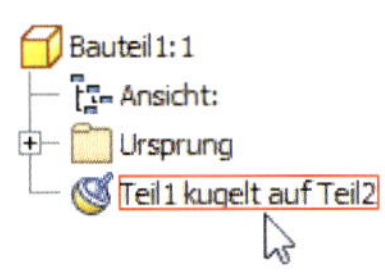

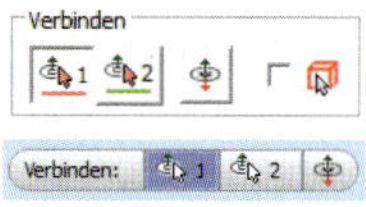

Völlig neu ist das Textfeld **NAME**, in dem die Verbindung völlig frei benannt werden kann. Diese Bezeichnung erscheint im Objektbrowser als Text neben der Verbindungsart.

Im Bereich **VERBINDEN** wird in der Regel automatisch durch Zeigen das erste und das zweite Bauteil ausgewählt. Soll dies von Hand geschehen, ist das Auswahlfeld ganz links mit einem Haken zu versehen.

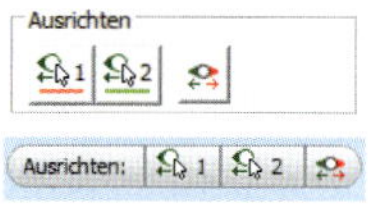

Im Bereich **AUSRICHTEN** können die beiden Elemente (Button 1 und Button 2) nach ihren Kanten oder Flächen zueinander ausgerichtet werden. Diese Ausrichtung ist temporär und beeinflusst nicht etwaig vorhandene Freiheitsgrade, in deren Richtung das ausgerichtete Teil weiterhin beweglich bleibt.

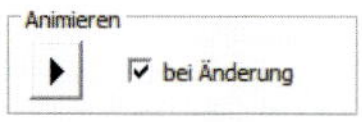

Den Bereich **ANIMIEREN** gibt es nur im Dialogfenster. Die Animation bewirkt eine Bewegung eines Teils im Rahmen seiner Freiheitsgrade.

Neu ist auch die Möglichkeit der Definition von **GRENZWERTEN** auf der zweiten Registerkarte, innerhalb derer sich das Bauteil im Rahmen seiner Freiheitsgrade bewegen kann. **START** gibt die Startposition, **AKTUELL** die angezeigte Position und **ENDE** die Endlage an, die das Bauteil annehmen kann.

Je nach Abhängigkeit können Rotationen (**WINKEL**) oder Translationen (**LINEAR**) begrenzt werden.

HINWEIS: Trotz der schönen neuen Funktion kommt man bei etlichen Problemen nicht um die traditionelle Funktion **ABHÄNGIG MACHEN** herum. So fehlt beispielsweise die Möglichkeit einer tangentialen Abhängigkeit und auch die Symmetrie kann nicht als Verbindungsoption eingegeben werden.

9.3.2 Abhängig machen

Auch in dieser Funktion hat sich mit dieser Programmversion einiges verändert. Die Symmetrie und die Erweiterung der Registerkarte mit der Benennung der Abhängigkeit und den Grenzwerten sind dazugekommen.

Es gibt fünf grundsätzliche Typen von 3D-Abhängigkeiten, die jeweils weitere Unterscheidungs- bzw. Funktionsmerkmale enthalten. Diese sind:

- PASSEND,
- WINKEL,
- TANGENTIAL,
- EINFÜGEN und
- SYMMETRIE.

Auf der Baugruppen-Registerkarte **ZUSAMMENFÜGEN** in der Befehlsgruppe **POSITION** befindet sich die Schaltfläche **ABHÄNGIG MACHEN**, die das entsprechende Dialogfenster **ABHÄNGIGKEIT PLATZIEREN** öffnet, in dem alle Einstellungen vorgenommen werden.

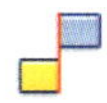

Abhängig machen

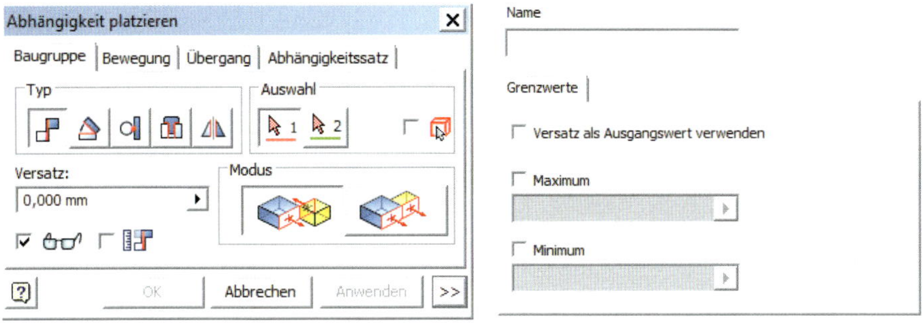

Im Dialogfenster gibt es vor allem zwei wichtige Bereiche:

- den **TYP** der Abhängigkeit und
- den **MODUS** Abhängigkeitsfunktion.

Beide sind voneinander abhängig, d. h., jeder der vier Typen hat einige verschiedene Modi, die zusätzlich ausgewählt werden müssen.

Die vier Abhängigkeitstypen sind, im Bild von links nach rechts: **PASSEND UND FLUCHTEND**, **WINKEL**, **TANGENTIAL** und **EINFÜGEN**.

HINWEIS: Das Dialogfenster **ABHÄNGIG MACHEN** kann nach unten erweitert werden. Da die erweiterten Funktionen (Grenzwerte und Name) ähnlich derer sind, die in Abschnitt 9.3.1, »Verbinden«, schon beschrieben wurden, erübrigt sich eine Wiederholung.

9.3.2.1 Passend und Fluchtend

Mit **PASSEND** oder **FLUCHTEND** können Kanten und Flächen miteinander verknüpft werden. Die Funktion ist am besten bei der Verbindung von Flächen zu verstehen.

Eine Abhängigkeit **PASSEND** positioniert Komponenten Fläche an Fläche, wobei sich die Flächen gegenüberliegen. Die Abhängigkeit **FLUCHTEND** positioniert Komponenten ebenfalls Fläche an Fläche, wobei die Flächen aber gleichsinnig nebeneinander liegen.

Bei der Verknüpfung von Flächen werden ein Freiheitsgrad der linearen Translation und zwei Freiheitsgrade der Winkeldrehung zwischen den Flächen entfernt. Bei der Verknüpfung zweier Kanten sind es zwei Translationen und zwei Rotationen, die entfernt werden. Übrig bleibt ein sogenanntes Scharniergelenk, das in Richtung seiner Längsachse noch verschoben werden kann.

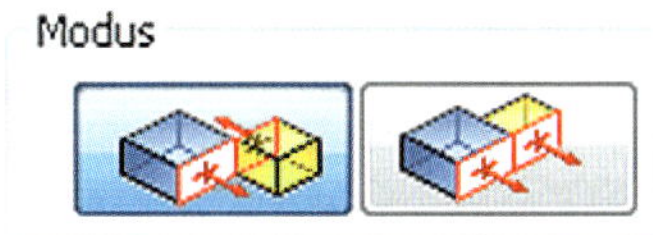

Links ist die Abhängigkeit **PASSEND** und rechts die Abhängigkeit **FLUCHTEND** zu sehen.

9.3.2.2 Winkel

Eine Abhängigkeit **WINKEL** positioniert Kanten oder ebene Flächen zweier Körper im angegebenen Winkel zueinander. Es wird ein Freiheitsgrad der Rotation entfernt.

Der Modus **AUSGERICHTETER WINKEL** benutzt zur Ausrichtung der Komponenten die kartesische Definition, in der positive Winkel rechtsdrehend, negative linksdrehend verwendet werden.

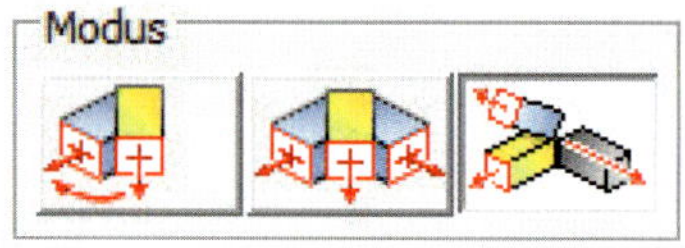

Modi der Abhängigkeit **WINKEL** von links nach rechts: **AUSGERICHTETER WINKEL**, **NICHT AUSGERICHTETER WINKEL** und **EXPLIZITER REFERENZVEKTOR**

Beim Modus **NICHT AUSGERICHTETER WINKEL** können die Komponenten frei angeordnet werden.

Wird der Modus **EXPLIZITER REFERENZVEKTOR** gewählt, wird ein drittes Auswahlwerkzeug verfügbar, mit dem eine Fläche, Kante, Arbeitsebene oder Arbeitsachse gewählt werden kann, um damit die Richtung des Vektorproduktes (Z-Achse) der Vektoren aus den ersten beiden Auswahlen zu bestimmen. Der explizite Referenzvektor sollte nach Möglichkeit eine nicht bewegliche Komponente sein.

Es werden alle Freiheitsgrade der Rotation entfernt, die Translationen bleiben erhalten.

9.3.2.3 Tangential

Die Abhängigkeit **TANGENTIAL** bewirkt, dass Flächen, Ebenen, Zylinder, Kugeln und Kegel sich am Tangentialpunkt bzw. an der -linie berühren. Die Berührung kann **INNERHALB** oder **AUSSERHALB** einer Kurve erfolgen, abhängig von der Richtung der ausgewählten Flächennormale.

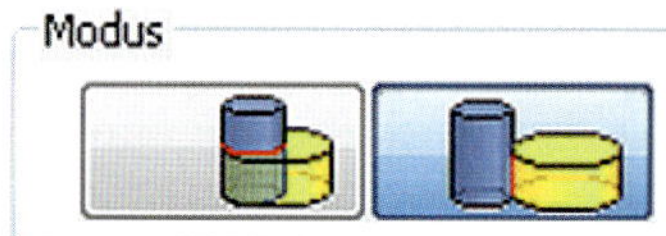

Modi der Abhängigkeit **TANGENTIAL** von links nach rechts: **INNERHALB** und **AUSSERHALB**

Eine Abhängigkeit **TANGENTIAL** entfernt einen Freiheitsgrad »Translation«.

9.3.2.4 Einfügen

Die Abhängigkeit **EINFÜGEN** ist eine speziell für Schrauben, Bolzen und ähnliche Bauteile zur Verfügung stehende Abhängigkeit, die eigentlich zweimal die Abhängigkeit **PASSEND** vergibt. Sie ist eine Kombination einer Abhängigkeit **PASSEND** zwischen zwei Ebenen Bauteilflächen und einer Abhängigkeit **PASSEND** zwischen den Achsen der beiden Körper, die beide dafür sorgen, dass z. B. eine Schraube zugleich mit ihrer Kopfunterseite an einer Bauteilfläche aufliegt und ihre Mittelachse mit der der Bohrung übereinstimmt.

ENTGEGENGESETZT kehrt die Passungsrichtung der ersten ausgewählten Komponente um.

AUSGERICHTET kehrt die Passungsrichtung der zweiten ausgewählten Komponente um.

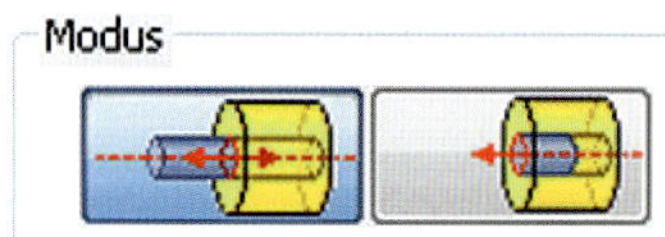

Modi der Abhängigkeit **EINFÜGEN** von links nach rechts: **ENTGEGENGESETZT** und **AUSGERICHTET**

9.3.2.5 Symmetrie

Die Abhängigkeit SYMMETRIE kennt keine erweiterten Optionen. Sie richtet ein Element mithilfe einer Symmetrieebene oder -fläche symmetrisch zu einem zweiten Element aus.

Die Schaltflächen zur Auswahl der Elemente bedeuten entsprechend in dieser Reihenfolge: erste Auswahl, zweite Auswahl, Symmetrieebene.

9.3.2.6 Versatz oder Winkel

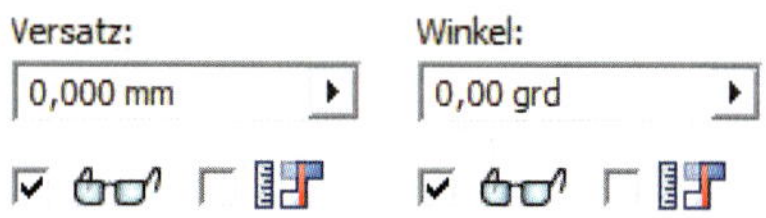

Je nach Typ erscheint über dem Eingabefeld im Dialogfenster die Überschrift VERSATZ oder WINKEL. Der **Versatz** z. B. bei der Abhängigkeit PASSEND definiert einen bestimmten positiven oder negativen Abstand der beiden Bauteile, **Winkel** definiert bei der Abhängigkeit WINKEL den Winkel zwischen den Elementen.

9.3.2.7 Abhängigkeitsbeispiele

Passende Mittelachsen

Für das einfache Beispiel wurden eine Buchse und ein Bolzen mit Kopf erstellt. Der Bolzen soll in der Buchse axial verschiebbar und verdrehbar angeordnet werden. Die Abhängigkeit EINFÜGEN scheidet hier aus, weil damit auch die Kopfunterseite an der Buchsenstirnfläche befestigt werden würde.

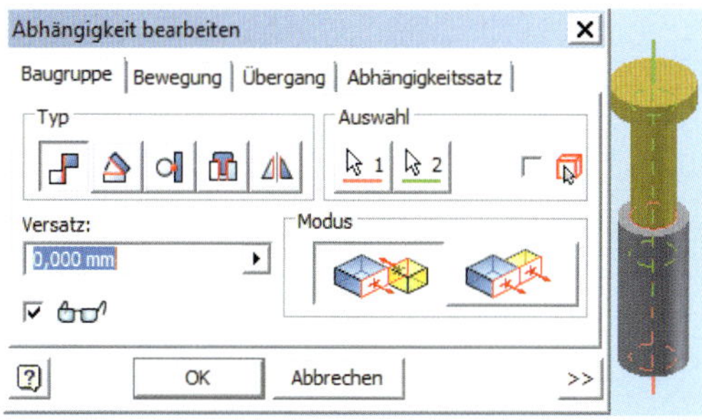

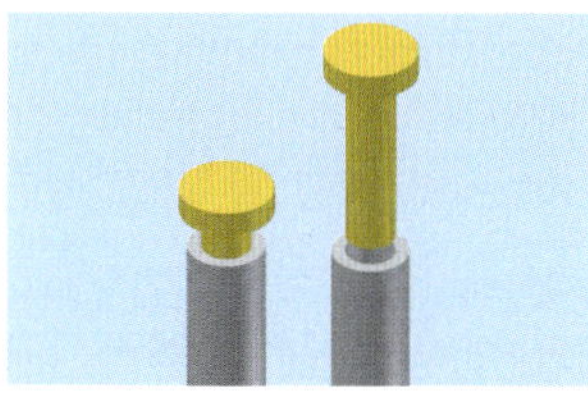

Die Abhängigkeit PASSEND und die Selektion der beiden MITTELACHSEN bringen das gewünschte Ergebnis. Beide Mittelachsen sind **kollinear** ausgerichtet, die Teile sind, wie das rechte Bild zeigt, axial verschiebbar.

Passende Flächen mit Abstand (Versatz)

Im folgenden Beispiel werden zwei Quader PASSEND mit der Option PASSEND und der Auswahl ihrer jeweiligen Oberflächen miteinander verbunden.

Ein Abstand von **4 MM** zwischen den beiden Flächen wurde im Eingabefeld **VERSATZ** eingegeben. Die Teile können noch seitlich verschoben und verdreht werden, sie bleiben jedoch immer im parallelen Abstand von 20 mm miteinander verbunden.

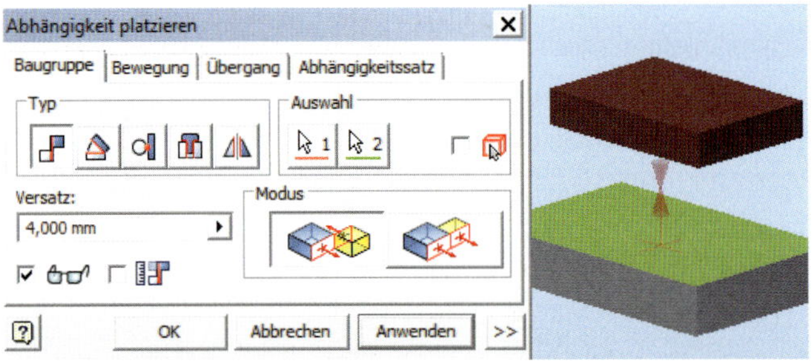

Fluchtende Flächen

Auch in der folgenden Abbildung sind die beiden Teile mit dem Abhängigkeitstyp **PASSEND**, allerdings im Modus **FLUCHTEND** miteinander verbunden. Die Flächen im Bild sind **koplanar**, d. h., sie haben keinen Versatz.

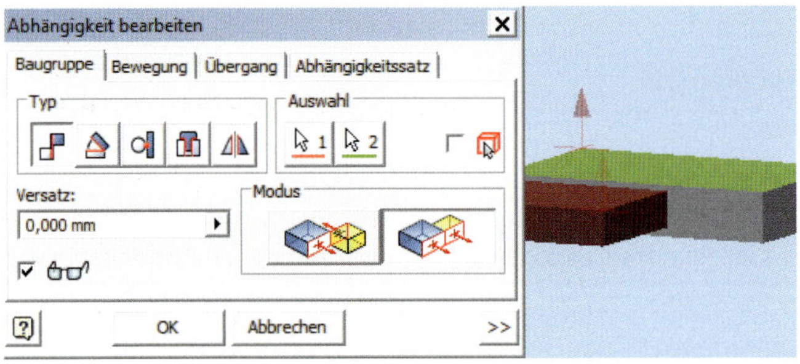

Passende Kanten

Dieses Beispiel zeigt ebenfalls die beiden Bauteile, die jetzt noch einmal **PASSEND** im Modus **PASSEND**, jetzt aber mit der Selektion von **KANTEN** verbunden wurden. Bei dieser Abhängigkeitsart kann im Eingabefeld ebenfalls ein Abstand eingegeben werden.

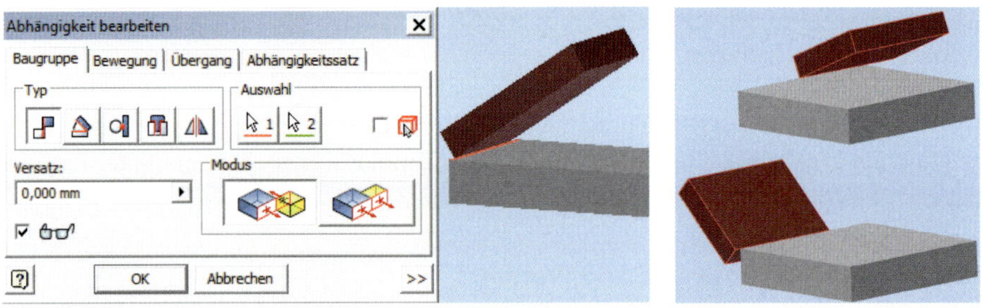

Die beiden Teile sind jeweils noch seitlich verschiebbar und können um die gemeinsame Kante um 360° geschwenkt werden (Scharnierfunktion).

TEIL II

Flächen mit Winkel

In diesem Beispiel wurde der Abhängigkeitstyp **WINKEL** verwendet und im Eingabefeld, das eine Winkeleingabe erwartet, ein Winkel von **30°** eingegeben. Die beiden Teile sind nicht miteinander verbunden und können unabhängig voneinander in alle Richtungen verschoben werden, nur der Winkel zwischen ihren beiden Oberflächen bleibt jedoch immer erhalten.

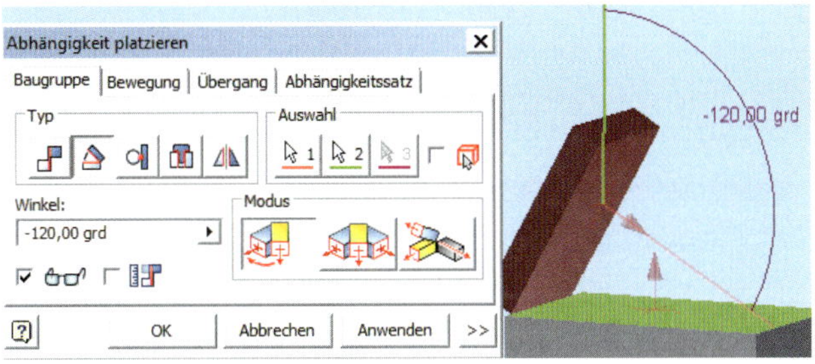

Tangentiale Verbindungen

Die nächsten beiden Beispiele zeigen Bauteilverbindungen, die mit dem Abhängigkeitstyp **TANGENTIAL** erzeugt wurden. Eine tangentiale Abhängigkeit verlangt immer Auswahlkombinationen, die auch tangential verbunden werden können, also entweder Zylinder → Fläche oder Zylinder → Zylinder. Auch hier kann im Eingabefeld **VERSATZ** ein Abstand eingegeben werden.

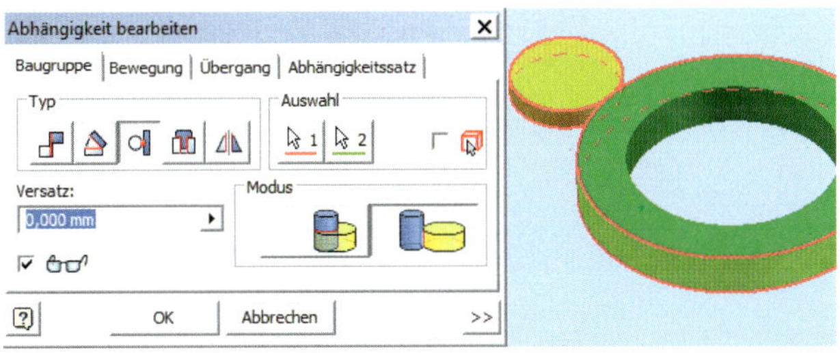

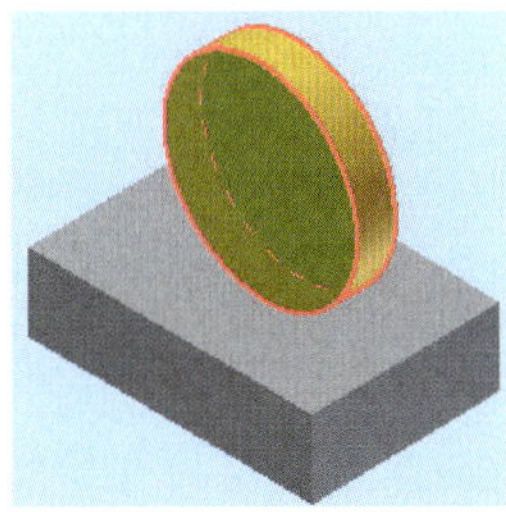

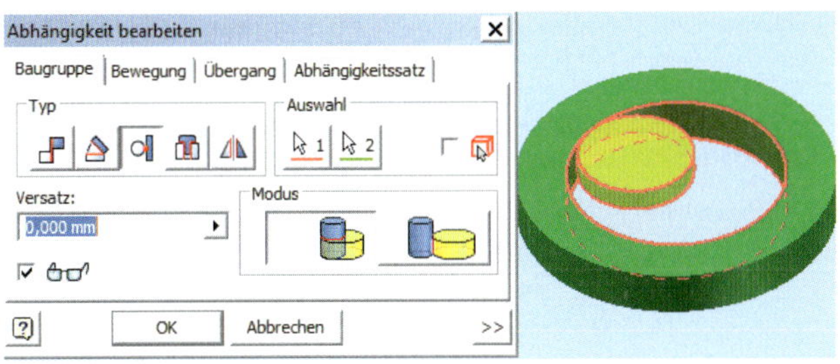

Die Verbindung Einfügen

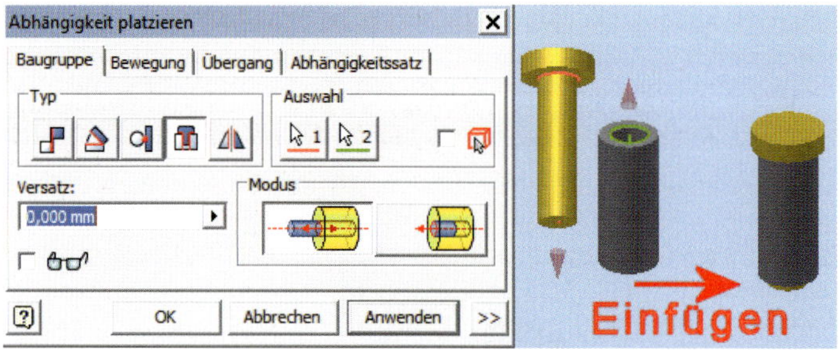

Im letzten Beispiel werden die Teile aus Beispiel 1 mit dem Typ **EINFÜGEN** zusammengebracht, was bei dieser Art von Teilen auch das sinnvollste Verfahren ist. In der linken Darstellung sieht man die Auswahl des unteren Kopfkreises und die Einfügerichtung am Bolzen sowie die entgegengesetzte Einfügerichtung an der Buchse. Rechts wurde die Einfügung bereits vollzogen.

Symmetrische Verbindung

Die beiden Platten sind mit ihren Flächen symmetrisch zur Arbeitsebene ausgerichtet.

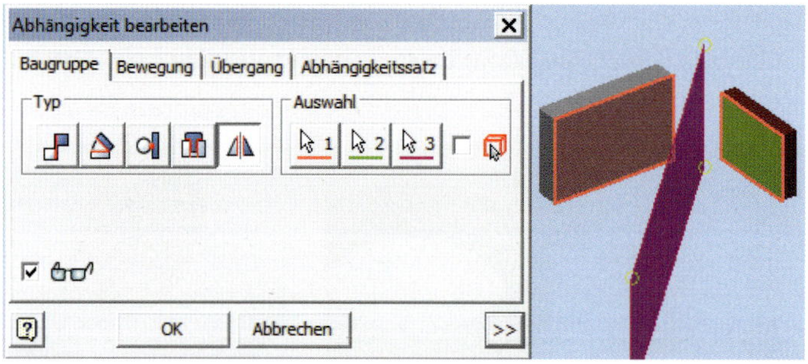

HINWEIS: Soll die Symmetrie in einer bestimmten Position erhalten bleiben, empfiehlt es sich, die Arbeitsebene zu fixieren.

9.3.2.8 Abhängigkeiten kombinieren

Verschiedene Abhängigkeitstypen können an denselben Bauteilen miteinander kombiniert werden. Das ist nicht nur möglich, sondern häufig auch notwendig.

HINWEIS: Die meisten Abhängigkeitstypen entfernen lediglich einen oder zwei Freiheitsgrade. Soll jedoch die Lage zweier Teile zueinander voll bestimmt werden, so müssen alle sechs Freiheitsgrade entzogen werden. Dies kann nur dadurch geschehen, dass die Teile mit mehreren Abhängigkeiten versehen werden.

Für dieses Beispiel, in dem die beiden Quader genau Ecke an Ecke liegen sollen, sind drei Abhängigkeiten vergeben worden.

- Die beiden Oberflächen sind mit **PASSEND – PASSEND**,
- die Längsseiten sind mit **PASSEND – FLUCHTEND** und
- die Stirnflächen ebenfalls mit **PASSEND – FLUCHTEND** miteinander verbunden.

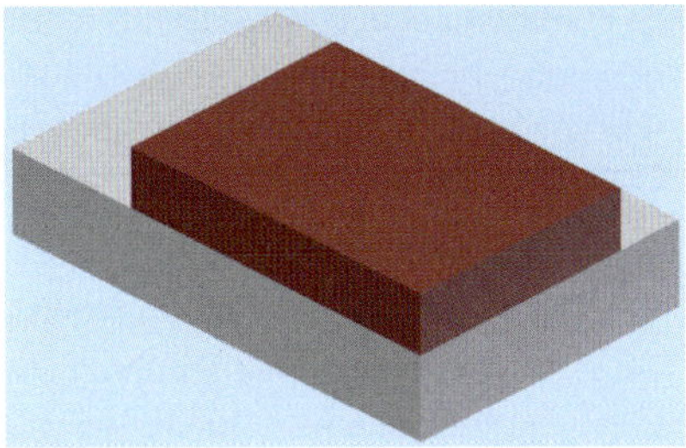

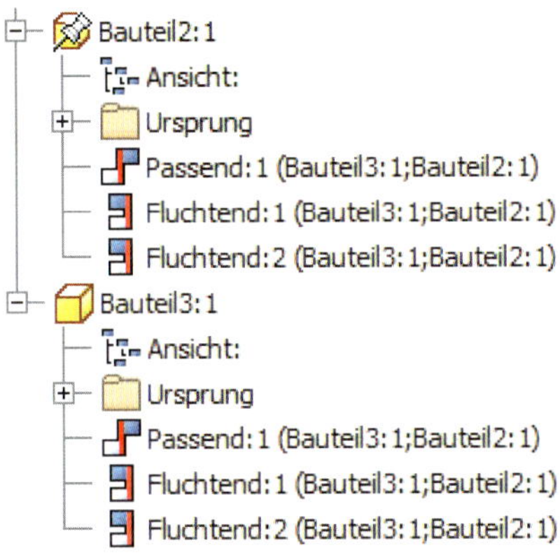

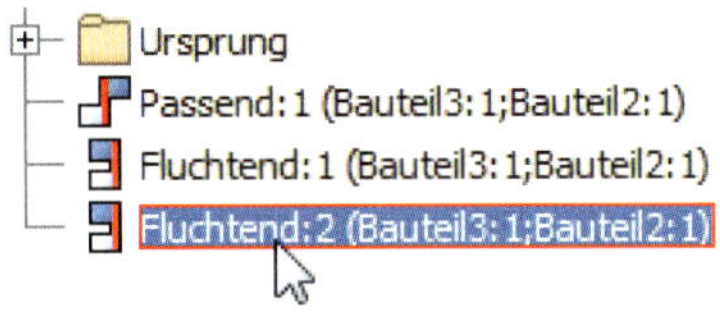

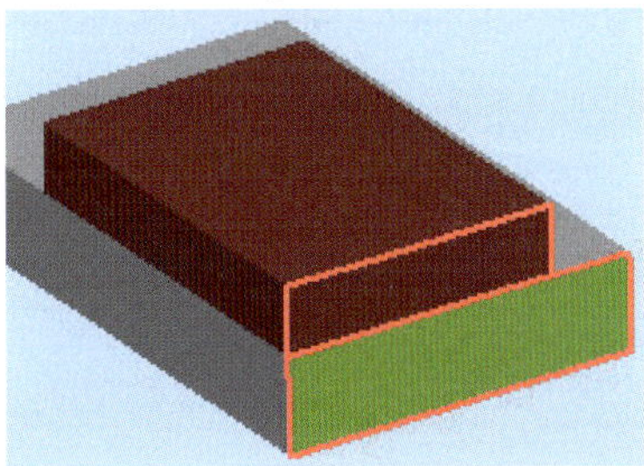

Im Objektbrowser werden alle Abhängigkeiten eingetragen und können dort über ihr Kontextmenü **BEARBEITEN** auch modifiziert werden. Wird im Objektbrowser eine Abhängigkeit selektiert, dann werden die entsprechenden Elemente der Baugruppe auch farblich hervorgehoben.

9.3.3 Zusammenfügen

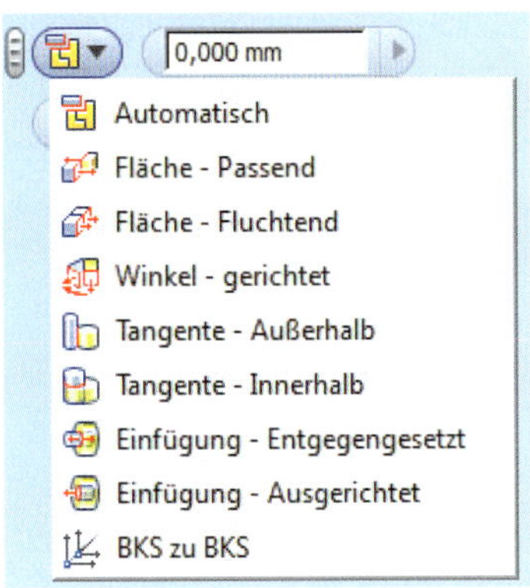

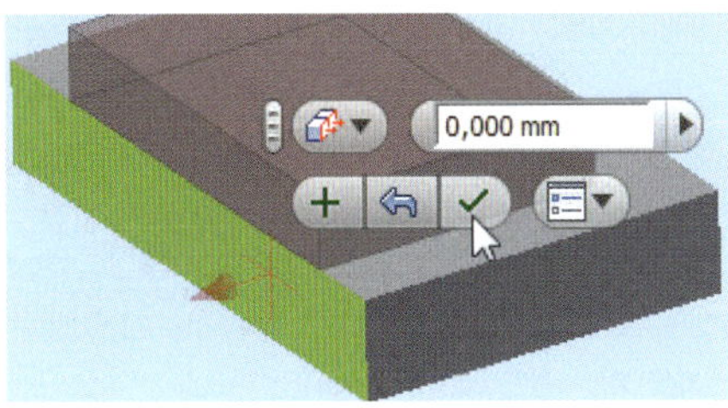

Die Funktion **ZUSAMMENFÜGEN** ist einfacher zu bedienen, bietet aber weniger Möglichkeiten als die Funktion **ABHÄNGIG MACHEN**. In den vielen Fällen wird man mit dieser Funktion aber wesentlich schneller arbeiten können.

> **HINWEIS:** Diese Funktion fasst einzelne Arbeitsschritte der Funktion **ABHÄNGIG MACHEN** zusammen und ist somit rationeller. Bearbeitet man eine so gefügte Verbindung, wird das Dialogfenster Abhängig machen aufgerufen und nicht die Funktion **ZUSAMMENFÜGEN**.

Da sowohl die Begriffe als auch die Funktionen einen Teilbereich der zugrunde liegenden Funktion **ABHÄNGIG MACHEN** bilden, erübrigt sich eine weitere Beschreibung dieser Funktion.

9.3.4 Verbindungen und Abhängigkeiten einblenden und bewegen

Beziehungen einblenden

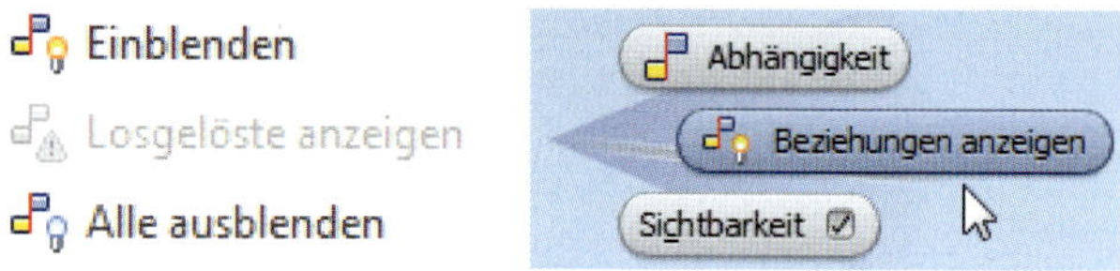

Über die Schaltfläche **EINBLENDEN** auf der Registerkarte **BEZIEHUNGEN** lassen sich definierte Abhängigkeiten und Verbindungen einzeln sichtbar machen. Ist ein Bauteil, das eine Abhängigkeit enthält, markiert, geht das auch über das Markierungsmenü mit der Funktion **BEZIEHUNGEN ANZEIGEN**.

Am Bauteil wird das Icon der Beziehung angezeigt, wobei unterschieden wird zwischen Icons der Funktion **ABHÄNGIG MACHEN** und denen der Funktion **VERBINDEN**.

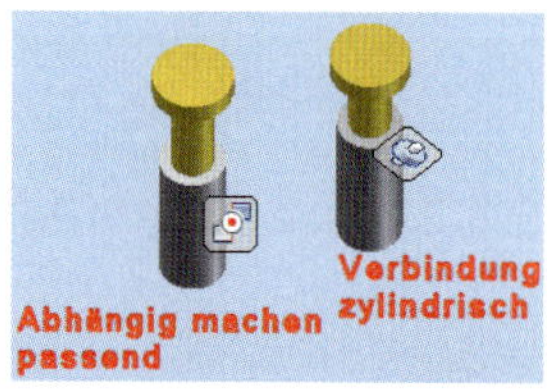

Eingeblendete Beziehungen sind auch im Objektbrowser an den Bauteilen durch eine eingeblendete leuchtende Glühbirne zu erkennen.

Über die Schaltfläche **ALLE AUSBLENDEN** werden alle Beziehungsdarstellungen ausgeblendet. Einzelne Ein- bzw. Ausblendungen lassen sich im Objektbrowser im Kontextmenü der Beziehung über den Eintrag **SICHTBARKEIT** steuern.

Bewegungen ausführen

Ebenfalls im Objektbrowser im Kontextmenü einer Beziehung lässt sich die Funktion **BEWEGEN** aufrufen, die das entsprechende Dialogfenster öffnet.

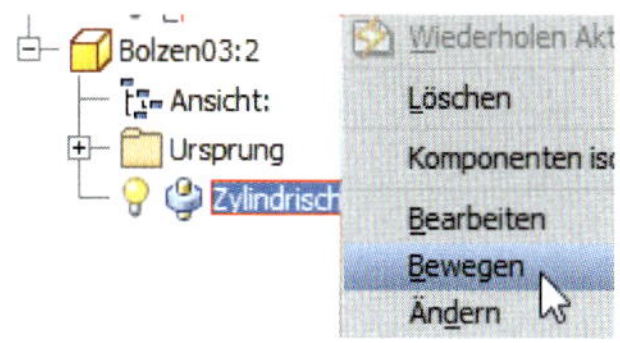

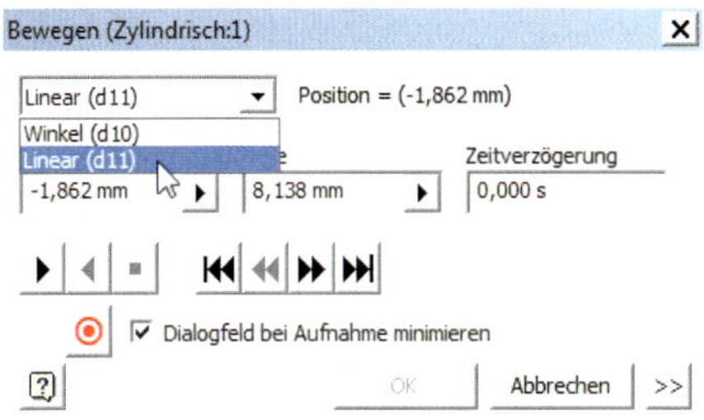

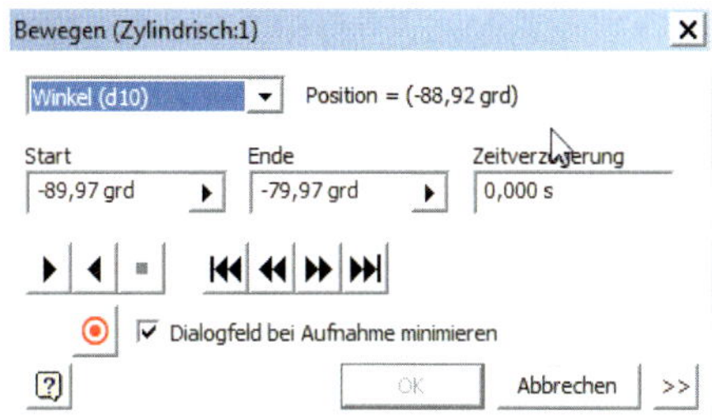

Hat eine Beziehung mehrere Freiheitsgrade, so können mehrere Bewegungen je nach Freiheitsgrad zur Anzeige gebracht werden. Die Start- und die Endposition sind in mm oder in Grad einzugeben, die aktuelle Position wird oben rechts angezeigt.

9.4 Bauteile in eine Baugruppe einfügen

Eine neue Baugruppe wird mit der Auswahl einer entsprechenden Baugruppenvorlage gestartet.

Die Baugruppenumgebung im Inventor startet immer mit einer leeren Arbeitsfläche, und der erste Schritt beim Erzeugen einer Baugruppe besteht somit darin, Bauteile einzufügen und sie zu platzieren. Der Befehl **PLATZIEREN** oder **KOMPONENTE PLATZIEREN...** kann sowohl über die Multifunktionsleiste als auch im Markierungsmenü der Arbeitsfläche aufgerufen werden.

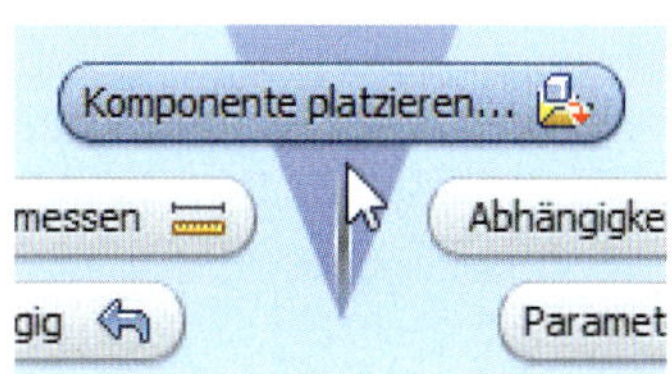

Beide Funktionsaufrufe sind identisch und zeigen ein Dialogfenster, in dem das entsprechende Bauteil ausgewählt werden muss.

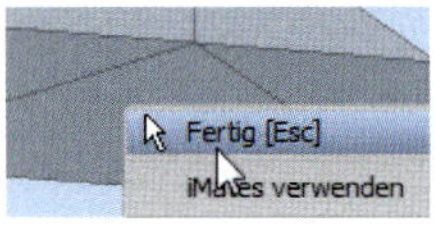

Diese Funktion kann so oft nacheinander oder während der Arbeit an einer Baugruppe aufgerufen werden, wie es nötig ist, um alle Bauteile in die Baugruppe einzufügen.

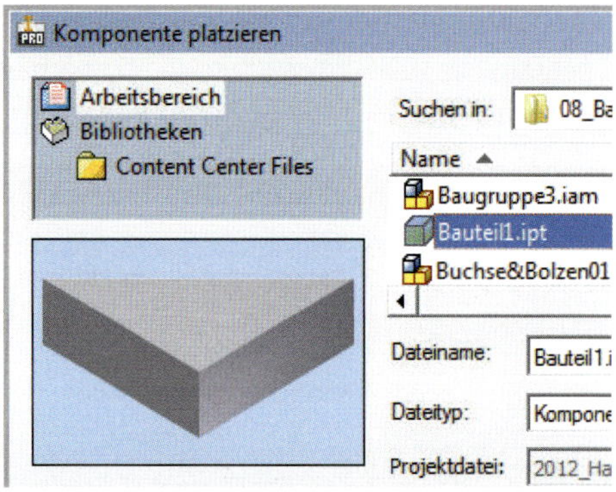

HINWEIS: Inventor geht beim Platzieren immer davon aus, dass ein Bauteil mehrmals eingefügt werden soll. Das Einfügen muss über den Kontextmenü-Eintrag **FERTIG** definitiv beendet werden, sonst wird bei jedem Mausklick das Teil nochmals eingefügt.

9.4.1 Das erste Bauteil und Folgeteile platzieren

Die Funktion **KOMPONENTE PLATZIEREN** verhält sich beim ersten Bauteil einer Baugruppe anders als bei den Folgeteilen. Bis einschließlich in Version 2013 wurde das erste Bauteil immer mit der Option fixiert an der Stelle eingefügt, an der man mit dem Cursor klickte. Ab der Version 2014 verhält sich der Inventor völlig anders, er macht keinen Unterschied mehr zwischen dem ersten und den folgenden Bauteilen, die Prozedur ist immer dieselbe.

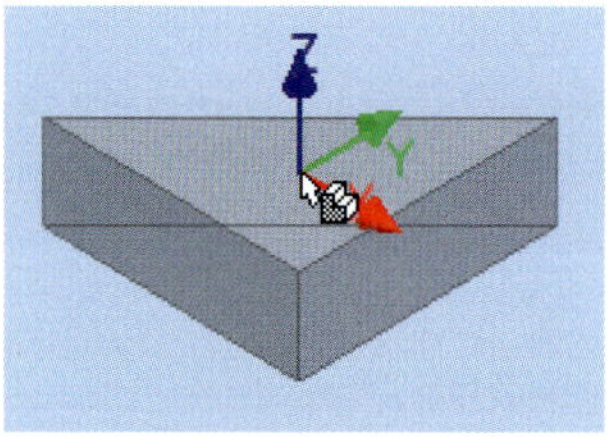

9.4.1.1 Platzieren ohne Optionen

Nach der Bauteilauswahl erscheint das selektierte Teil am Cursor mit dem Symbol des Koordinatensystems, das so ausgerichtet ist wie das Koordinatensystem der Baugruppe.

9.4.1.2 Platzieren mit Lageveränderung

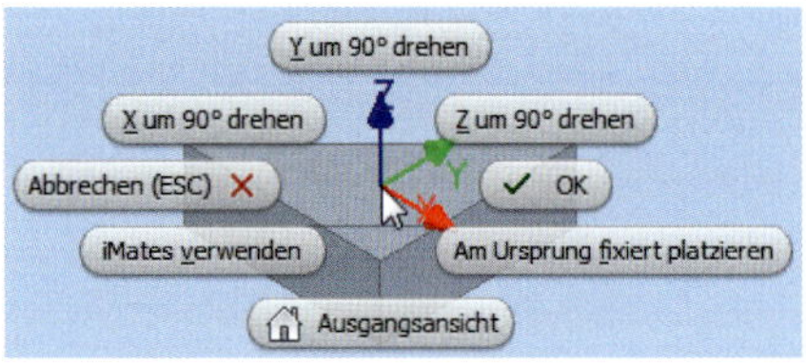

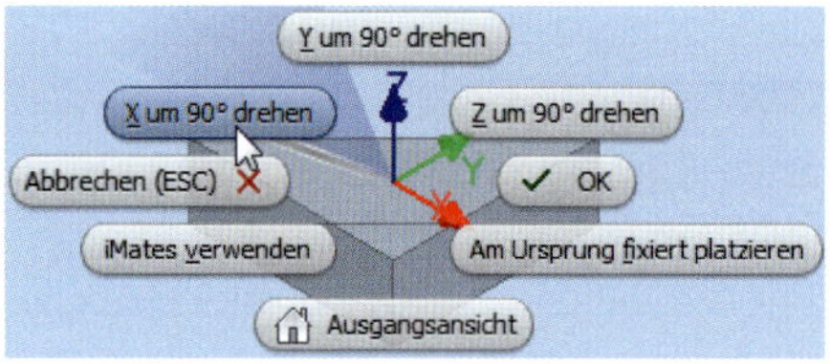

Klickt man anstelle der linken mit der rechten Maustaste, erscheint ein Markierungsmenü, mit dem die Komponente um jeweils 90° um die Koordinatenachsen gedreht werden kann. Dieser Vorgang kann auch wiederholt werden, sodass 90°, 180° und 270° um alle drei Achsen möglich sind.

Ein Mausklick mit der linken Maustaste platziert das Objekt in dieser neuen Lage an der entsprechenden Stelle.

Das Bauteil wird **nicht fixiert**.

9.4.1.3 Platzieren als fixiertes Bauteil

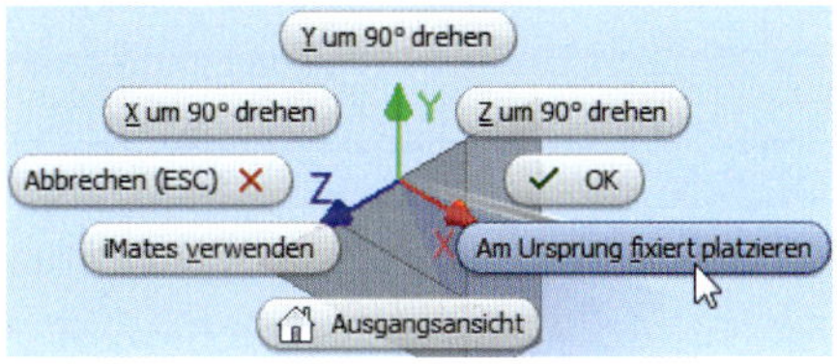

Häufig ist es sinnvoll, das erste oder folgende Bauteile beim Einfügen in eine Baugruppe zu fixieren. Die Option AM URSPRUNG FIXIERT PLATZIEREN macht genau das und kann bei jeder Platzierung ausgewählt werden.

Die Definition »Am Ursprung fixiert …« wirft allerdings die Frage auf: **Wo ist der Ursprung einer Baugruppe?**

HINWEIS: Der Ursprung einer Baugruppe wird nicht angezeigt. Er befindet sich genau dort, wo sich die drei Ursprungsebenen der Baugruppe schneiden.

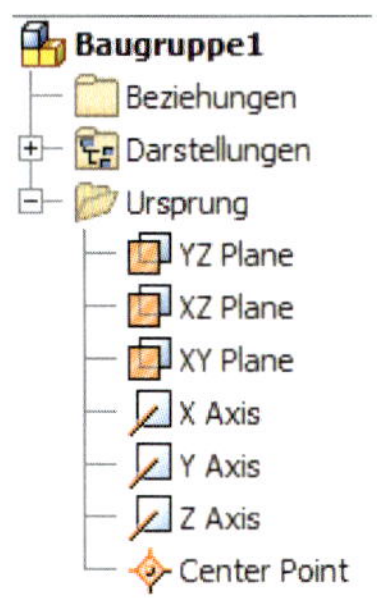

Um also sehen zu können, an welcher Stelle sich der Ursprung der Baugruppe befindet, müsste man

- entweder die drei Ursprungsebenen oder
- die drei Ursprungsachsen oder
- den Zentrumspunkt des Baugruppen-Koordinatensystems sichtbar schalten.

Wer jetzt allerdings davon ausgeht, dass die Option AM URSPRUNG FIXIERT PLATZIEREN das Bauteil mit irgendeiner Ecke oder seinem Schwerpunkt an diesem Ursprung platziert, liegt falsch. Jedes Bauteil hat sein eigenes Koordinatensystem, seine eigenen Ursprungsdefinitionen (Ebenen, Achsen, Ursprungspunkt).

HINWEIS: Bei einem am Ursprung fixierten Bauteil wird der Ursprung des Bauteils (der Ursprungspunkt seines Koordinatensystems) am Ursprung der Baugruppe eingefügt. Dort wird das Bauteil fixiert.

Dieser Umstand hat Konsequenzen, die bis in die Skizzenerstellung reichen.

TIPP: Bereits bei der Skizzendefinition ist darauf zu achten, wo der Ursprung des zu erzeugenden Bauteils liegen soll. Sollen mehrere Bauteile einer Baugruppe über ihre geometrische Definition in Bezug zueinander stehen, ist es an dieser Stelle arbeitssparend, wenn die jeweiligen Bezugssysteme entsprechend der Bauteilanordnung zueinander passen.

9.4.2 Mit iMates einfügen

Bei Bauteilen, die mit **IMATES** versehen sind (siehe Kapitel 8, »Bauteile«) und die bereits beim Einfügen mit einem anderen iMate verknüpft werden sollen, ist eine der beiden Schaltflächen im Dialogfenster zu aktivieren. Der linke Button steht für eine interaktive, der rechte für die automatische Platzierung der iMates. Die entsprechend im iMate definierten 3D-Abhängigkeiten werden dann aktiviert, und das Bauteil wird mit diesen richtig positioniert.

Ein Problem, das nach dem Platzieren mehrerer Bauteile (ohne iMates) mitunter besteht, ist, dass die Bauteile in der Lage eingefügt werden, in deren Position sie Inventor zuletzt gespeichert hat. Die Teile müssen u. U. noch in ihre Einbaulage gebracht werden.

9.4.3 Fixierte Bauteile

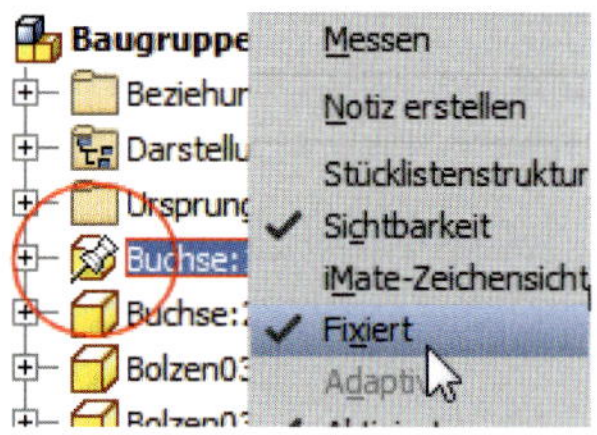

Bei fixierten Bauteilen ist die Fixierung im Objektbrowser an dem Icon (Pin-Nadel) vor der Bauteilbezeichnung zu erkennen. Um die Fixierung aufzuheben oder sie bei anderen Bauteilen einzuschalten, gibt es in den Kontextmenüs, sowohl im Objektbrowser als auch in der Arbeitsfläche bei markiertem Bauteil, den Schalter **FIXIERT**.

HINWEIS: Ist ein Bauteil in einer Baugruppe fixiert,kann es nicht verschoben oder gedreht werden. Dieser Umstand gilt auch für die nachfolgend beschriebenen Befehle zum Verschieben und Drehen von Bauteilen, die somit ebenfalls nicht angewendet werden können.

9.5 Einzelne Bauteile in der Baugruppe bewegen

Grundsätzlich sollten Bauteile beim Platzieren in einer Baugruppe ungefähr in ihrer Einbaulage angeordnet werden. Dieser Grundsatz erleichtert das Hinzufügen von Beziehungen erheblich.

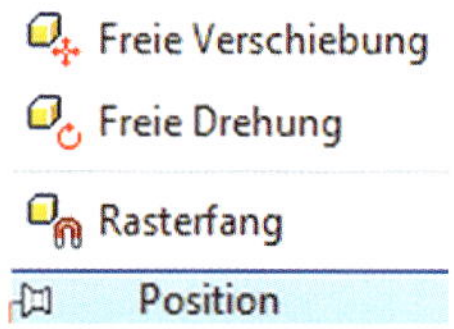

Zum Bewegen einzelner, nicht fixierter Bauteile in einer Baugruppe stehen in der Befehlsgruppe **POSITION** drei Befehle zur Verfügung:

- **FREIE VERSCHIEBUNG**,
- **FREIE DREHUNG** und
- **RASTERFANG**,

TEIL II

9.5.1 Freie Verschiebung

Freie Verschiebung

Der Befehl **FREIE VERSCHIEBUNG** ist zwar verfügbar, wird aber eigentlich nicht oder nur selten benötigt, da jedes nicht fixierte Bauteil einfach durch Markieren und Ziehen mit der Maus verschoben werden kann. Fixierte Bauteile lassen sich auch mit diesem Befehl nicht verschieben.

HINWEIS: Der Vorteil dieses Befehls liegt darin, dass mehrere Bauteile gleichzeitig markiert und nach dem Aufrufen des Befehls zusammen verschoben werden können.

9.5.2 Freie Drehung

Freie Drehung

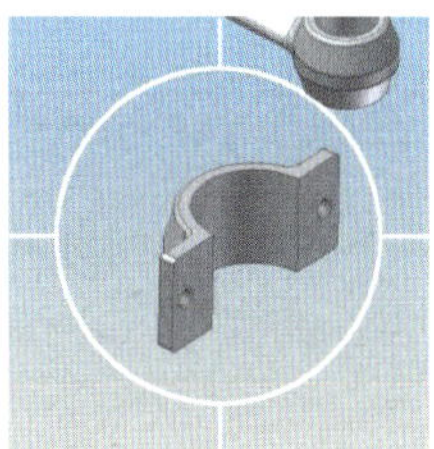

Der Befehl **FREIE DREHUNG** wird dagegen häufig benötigt. Die Reihenfolge beim Aufrufen des Befehls ist unerheblich, entweder wird das Bauteil zuerst markiert und dann der Befehl aufgerufen, oder es ist kein Bauteil markiert, und der Befehl wird vor der Bauteilselektion aufgerufen.

In jedem Fall erscheint nach der Aktivierung derselbe Kompasskreis wie beim Befehl **ORBIT**, allerdings wird dieser Kompasskreis nur um das aktivierte Bauteil gezogen. Die Funktionen sind aber identisch mit dem Ansicht-drehen-Kompass.

Während die Drehung aktiv ist, kann das Teil nicht verschoben werden.

9.5.3 Rasterfang

Der Befehl **RASTERFANG** stellt eine weitere Funktionsgruppe zur Verfügung, mit der Bauteile zu markanten Punkten bzw. um definierte Bewegungen bewegt werden können. Nach der Auswahl des Befehls hängt die folgende Anzeige am Cursor und eine Fläche, eine Kante oder ein Punkt ist auszuwählen.

In den beiden Kästchen rechts werden die translatorischen und die rotatorischen Freiheitsgrade angezeigt. Da noch kein Bauteil selektiert wurde und der Cursor frei beweglich ist, werden noch alle sechs (2 x 3) Freiheitsgrade angezeigt.

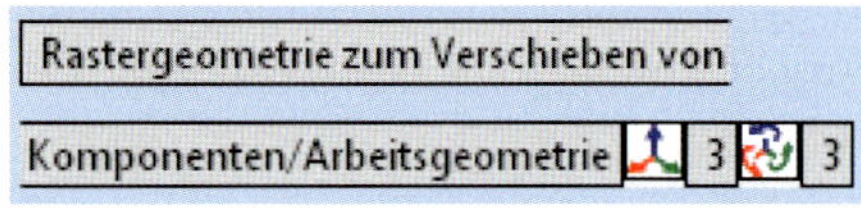

Sobald jedoch ein Element eines Bauteils selektiert ist (hier die Längsachse), werden in Form von Schaltflächen die Manipulationsmöglichkeiten angezeigt.

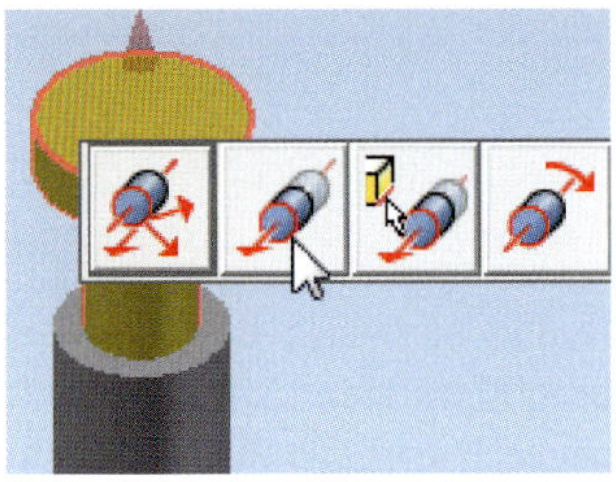

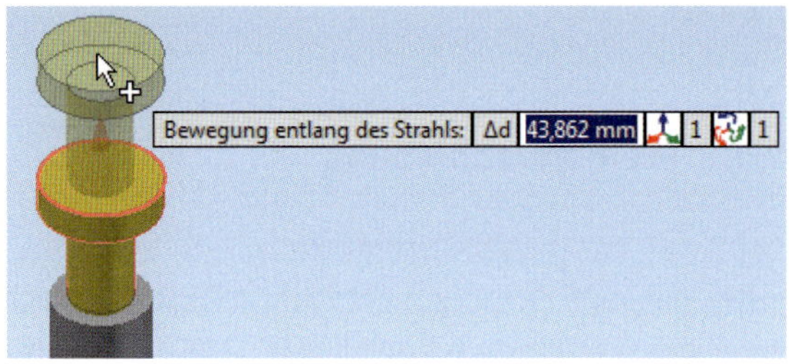

Im linken Bild werden die Bewegungsmöglichkeiten des Bolzens entsprechend seiner Freiheitsgrade angezeigt. Ausgewählt wurde die Translation entlang seiner Längsachse (zweite Schaltfläche). Im rechten Bild wird der Körper entsprechend dieser Auswahl bewegt. In den Kästchen ganz rechts werden die Freiheitsgrade des selektierten Bauteils angezeigt (1 x Translation, 1 x Rotation).

Je nach Element-Auswahl unterscheiden sich die angezeigten Schaltflächen.

Selektierbare Elemente eines Bauteils	Schaltflächen
Auswahl eines Punktes (Ecke, Mittelpunkt)	
Auswahl einer Kante eines prismatischen Körpers	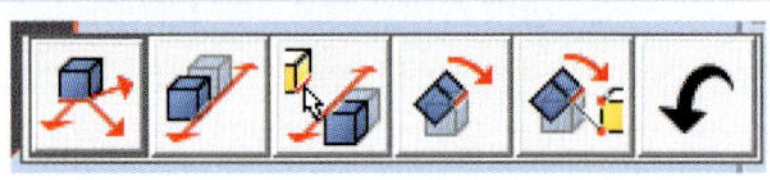
Auswahl einer Achse eines runden Körpers	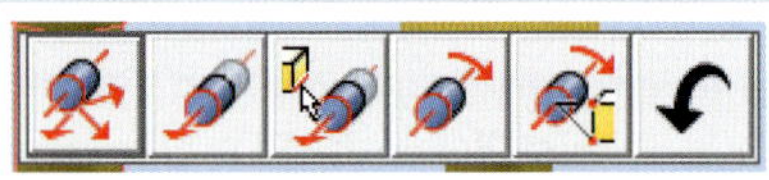
Auswahl einer Fläche	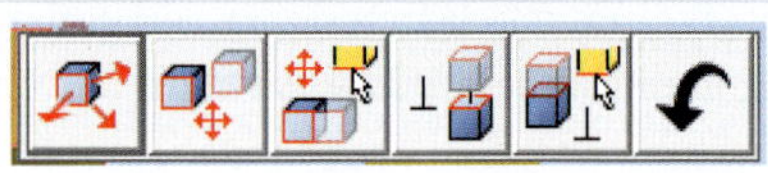

Die Bedeutung der Icons auf den Schaltflächen ist gut erkennbar. Beispielhaft werden in der folgenden Tabelle die Bedeutungen der Schaltflächen für die **Flächenselektion** erklärt.

Icon	Bedeutung	Icon	Bedeutung
	Freie Bewegung	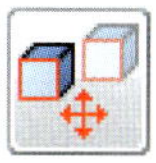	Bewegung in der selektierten Ebene
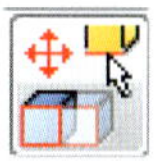	Bewegung in der Ebene anhand einer Referenzgeometrie, die sowohl die Richtung als auch den Abstand bestimmt	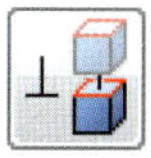	Lotrechte Bewegung senkrecht zur selektierten Fläche
	Lotrechte Bewegung anhand einer Referenzgeometrie, die sowohl die Richtung als auch den Abstand bestimmt		Zurück

TEIL II

9.6 Ein Bauteil in der Baugruppe bearbeiten

Bauteile können auch in der Baugruppenumgebung bearbeitet werden. Ein großer Vorteil dieses Verfahrens ist, dass dabei häufig Adaptivitäten entstehen, d. h., ändert sich die bearbeitete Geometrie, dann ändern sich auch die Zusammenhänge mit dieser an den Nachbarbauteilen.

Im nächsten Abschnitt wird diese Technik, die der adaptiven Bauteile, im Mittelpunkt stehen.

Beispiel

Anhand einer einfachen Baugruppe, der abgebildeten Welle mit Passfeder, soll dieses Vorgehen nun aufgezeigt werden. Die Passfeder soll mit einer Schraube in der Welle gesichert werden. Es muss also in der Passfedernut ein Gewinde und in der Passfeder eine Schraubenbohrung erzeugt werden.

Öffnen Sie die Baugruppe »Welle mit Passfeder« (WELLEPASSFEDER.IAM), aktivieren Sie die Welle durch Anklicken, und wählen Sie im Markierungsmenü die Funktion BEARBEITEN.

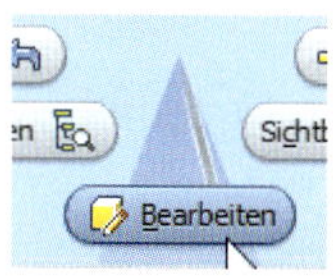

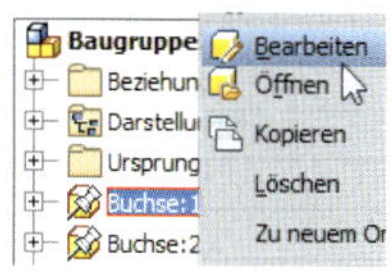

HINWEIS: Die Funktion **BEARBEITEN** kann auch im Kontextmenü des Objektbrowsers aufgerufen werden. Ist die zu bearbeitende Bauteildatei bereits geöffnet, so kann die Funktion **BEARBEITEN** nicht aufgerufen werden.

HINWEIS: Beim Bearbeiten von Bauteilen in der Baugruppenumgebung wird temporär die Bauteilumgebung aktiv, während weiterhin die umgebenden Baugruppenkomponenten durchscheinend angezeigt werden.

In unserem Beispiel ist, während wir die Welle bearbeiten können, auch die Passfeder als durchsichtig dargestelltes Bauteil zu sehen.

HINWEIS: Werden Bauteile in einer Baugruppe bearbeitet, so kann dabei auf die angrenzenden Bauteile Bezug genommen werden.

Erzeugen Sie am Grund der Passfedernut eine **NEUE SKIZZE**.

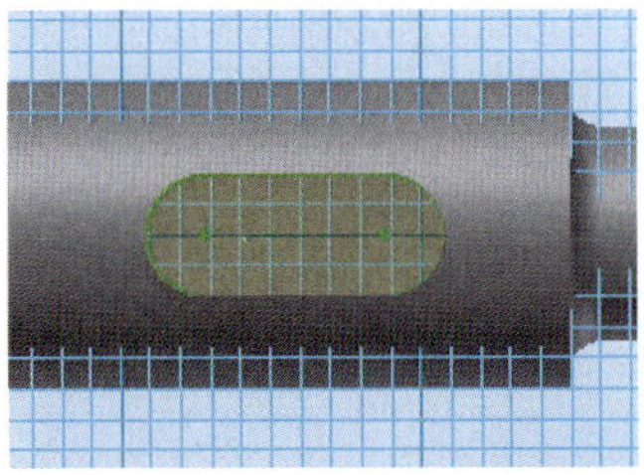

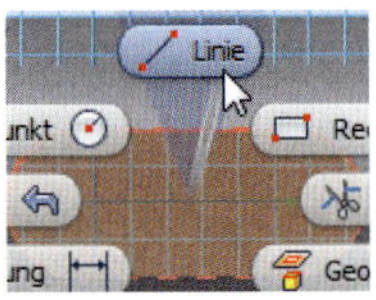

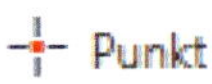

Die beiden Mittelpunkte der Radien der Passfedernut sind in der Skizzenumgebung sichtbar.

Ziehen Sie eine **LINIE** von einem Mittelpunkt zum anderen, die **KOINZIDENT** mit den beiden Mittelpunkten ist, und formatieren Sie diese Linie als **MITTELLINIE**.

Platzieren Sie genau in der Mitte der Linie einen Punkt.

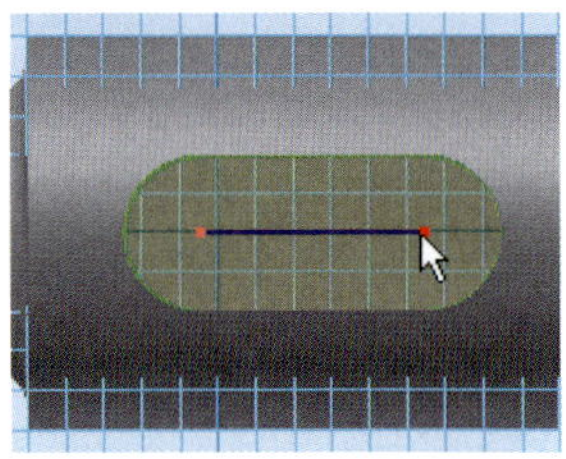

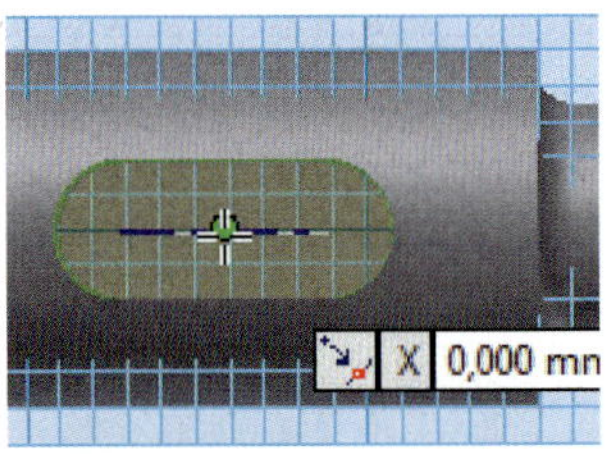

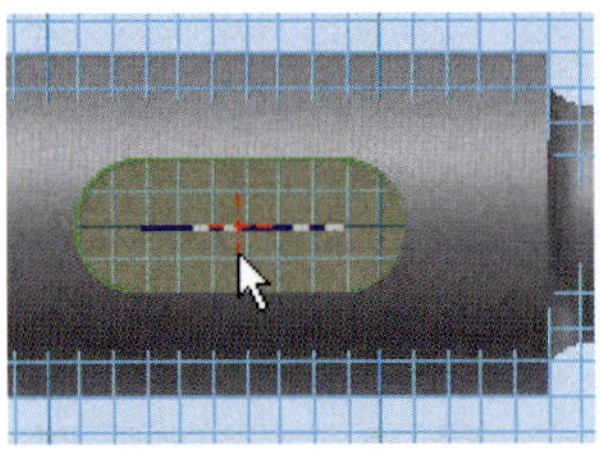

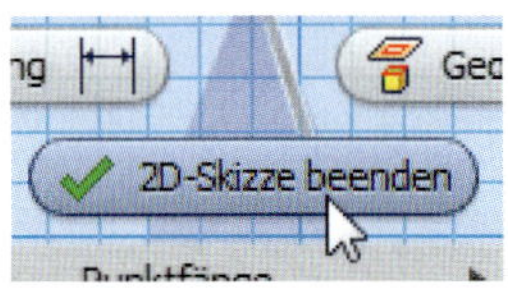

Beenden Sie die Skizze, und erzeugen Sie mit der Funktion **BOHRUNG** eine Gewindebohrung **M3 x 8 MM** mit der **TIEFE 5 MM** und einer **90° SENKUNG** von **3,5 MM**.

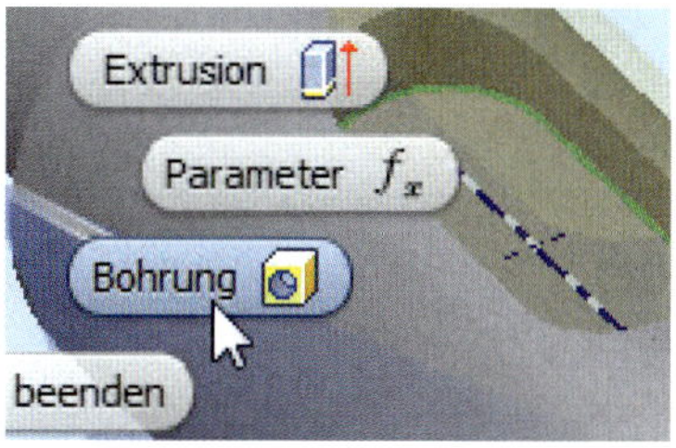

→

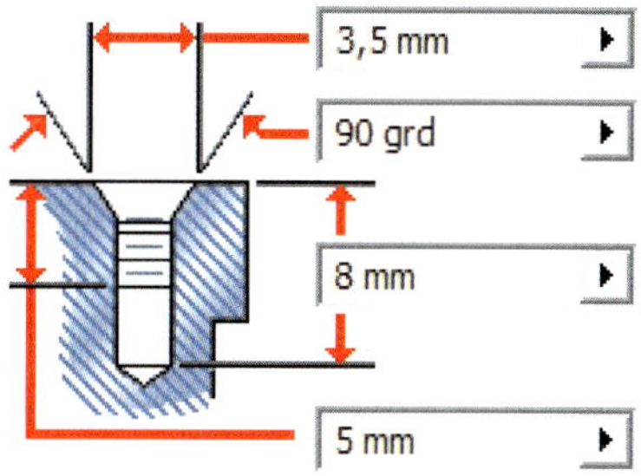

→

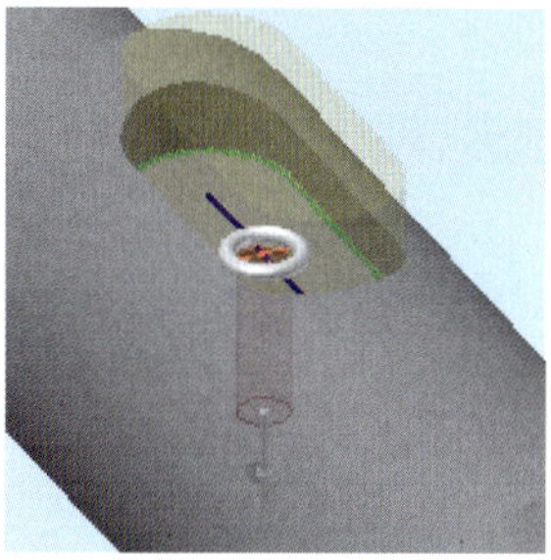

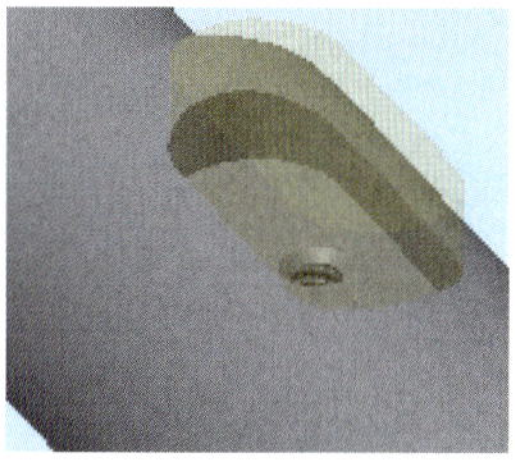

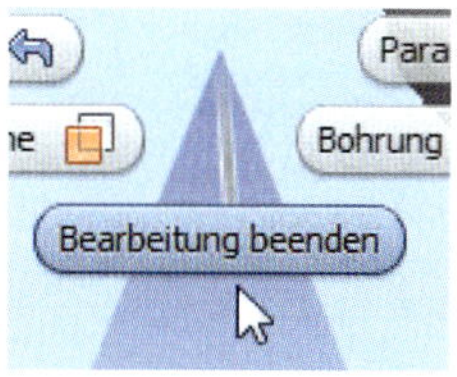

Nachdem die Bohrung erstellt wurde, wird die Bearbeitung der Welle wiederum über das Markierungsmenü **BEARBEITUNG BEENDEN** beendet.

Jetzt kommt die Passfeder an die Reihe, in die das Durchgangsloch mit der Kopfsenkung eingebracht werden soll.

Führen Sie die Funktion **KOMPONENTE BEARBEITEN** mit der Passfeder aus, und erzeugen Sie auf der Oberfläche der Passfeder eine **NEUE SKIZZE**.

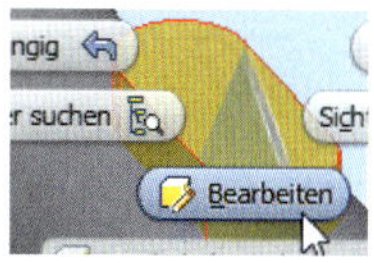

Da wir die Gewindebohrung bereits erzeugt haben, können wir mithilfe der Funktion **GEOMETRIE PROJIZIEREN** einen der beiden Durchmesser der Gewindebohrung in die Skizze übernehmen. Projizieren Sie einen Bohrungskreis, und beenden Sie die Skizze.

→

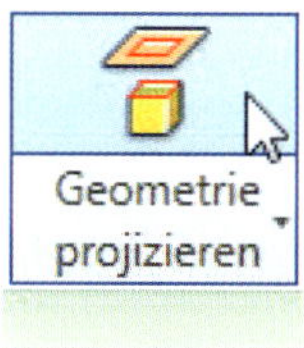

→

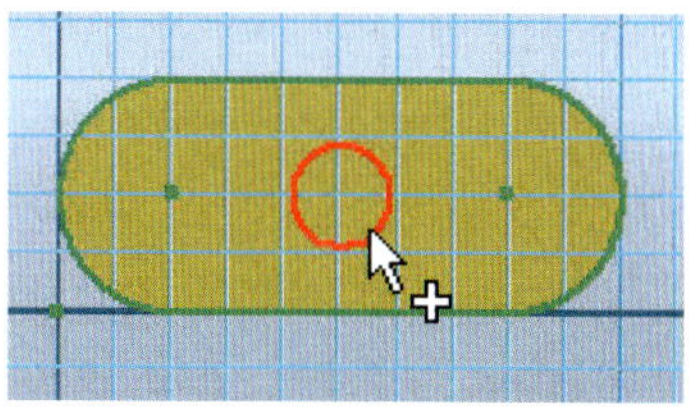

Die zu **NACH SKIZZE** erstellende **BOHRUNG** soll einen Durchmesser von **3,2 MM**, eine **SENKUNG** von **7 MM** und den Ausführungstyp **DURCH ALLE** haben. Erzeugen Sie diese Bohrung, und beenden Sie die Bearbeitung.

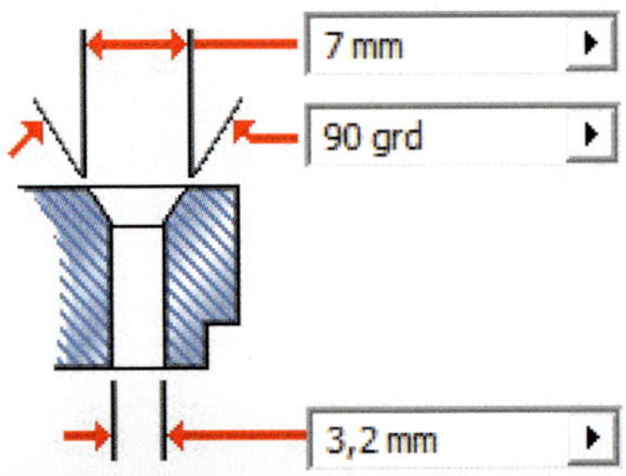

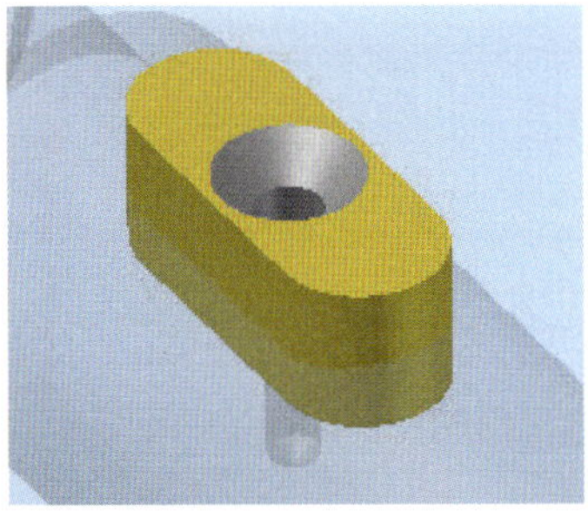

Im letzten Schritt soll der Vollständigkeit halber die Passfeder mit der Welle verbunden werden.

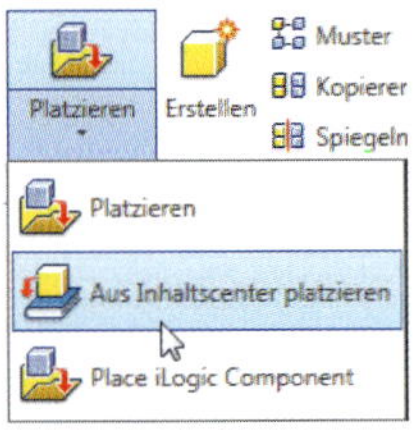

Über **AUS INHALTSCENTER PLATZIEREN → VERBINDUNGSELEMENTE → SCHRAUBEN** ist eine **SENKKOPFSCHRAUBE** mit Innensechskant: **DIN EN ISO 10642 M3 x 12** einzufügen.

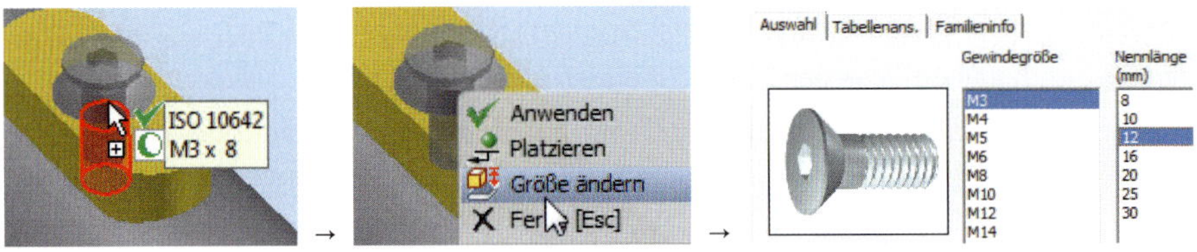

Die Verbindung ist ggf. mit der Abhängigkeit **EINFÜGEN** zu vervollständigen, und die Seitenfläche des Innensechskants ist mit der Passfederseite per **ABHÄNGIG MACHEN → WINKEL** zu einer Passfederseite auszurichten.

Icon für adaptive Bauteile

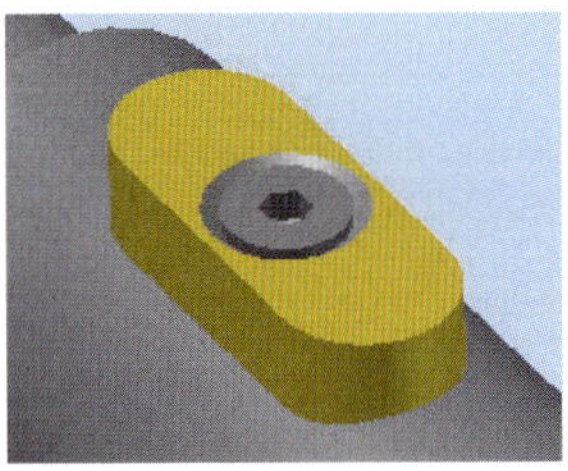

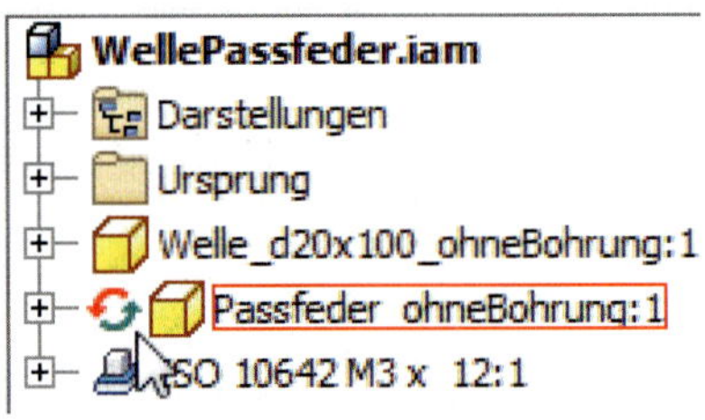

HINWEIS: Im Objektbrowser hat sich die Definition der Passfeder geändert, sie ist durch die Art und Weise der Bohrungskonstruktion, die ja von der Welle übernommen wurde, **adaptiv** geworden (zu sehen an dem rotblauen Doppelpfeil). Das bedeutet: Wird der Ort der Bohrung in der Welle verändert, verändert sich automatisch auch der Ort der Bohrung in der Passfeder und mit ihm auch die Position der Schraube.

9.7 Ein neues Bauteil in einer Baugruppe erstellen

Auch um ein neues Bauteil zu erzeugen, muss nicht immer die Bauteilumgebung separat gestartet werden. Ein neues Bauteil in einer Baugruppe zu erzeugen ist relativ einfach. Bei diesem Verfahren kann die Geometrie der schon vorhandenen Bauteile als Referenz benutzt werden, und die neu erzeugten Bauteile sind damit in diesen Bereichen ebenfalls adaptiv.

Beispiel

Damit die Welle mit der Passfeder auch einen Sinn bekommt, soll nun ein Flansch konstruiert werden, der auf der Welle sitzt und durch die Passfeder mitgenommen wird, d. h., durch die Passfeder gegen Verdrehen gesichert wird.

Sollten Sie das vorherige Beispiel nicht gespeichert haben, so können Sie jetzt die Baugruppe WELLEPASSFEDER_VERSCHRAUBUNG.IAM öffnen und mit dieser Baugruppe arbeiten.

Um die Geometrie der Welle und der Passfeder für die Konstruktion des Flansches mitnehmen zu können, erzeugen wir dessen erste Skizze auf einer Arbeitsebene, welche die Welle lotrecht schneidet. Der Ort dieser Ebene ist im Prinzip belanglos, weswegen eine der Ursprungsebenen diese Voraussetzungen erfüllt.

Die Ursprungsebene XY-EBENE ist diejenige, die für die Aufnahme der ersten Skizze SICHTBAR geschaltet wird.

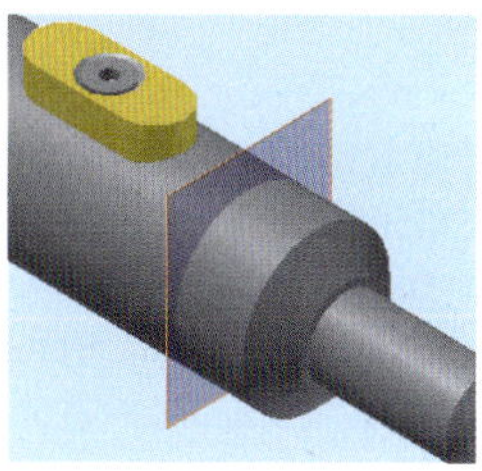

Ein neues Bauteil wird entweder mit der Schaltfläche ERSTELLEN oder mit der Auswahl KOMPONENTE ERSTELLEN im Markierungsmenü begonnen. Rufen Sie die Funktion KOMPONENTE ERSTELLEN auf.

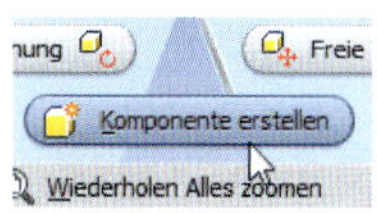

Erstellen

Im sich öffnenden Dialogfenster sind die entsprechenden Eingaben vorzunehmen.

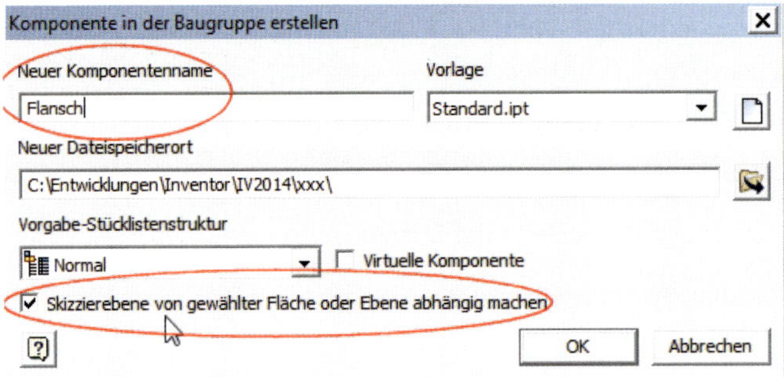

Unsere neue Komponente soll den Namen **FLANSCH** bekommen, auf der Normvorlage **STANDARD.IPT** basieren, im Ordner für Baugruppen gespeichert werden, und, ganz wichtig, die **SKIZZIEREBENE MUSS VON DER ERZEUGTEN ARBEITSEBENE ABHÄNGIG** gemacht werden. Wurden alle Einträge vorgenommen und das Dialogfenster mit **OK** geschlossen, wird mit dem Erzeugen der neuen Komponente begonnen.

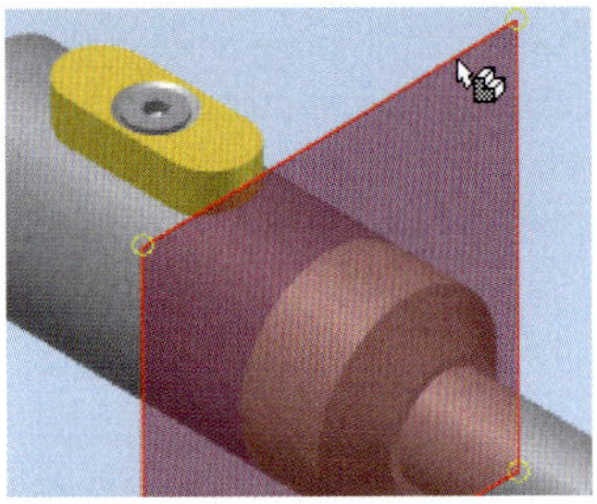

Wählen Sie die **ARBEITSEBENE**, die Sie vorher als Skizzierebene bestimmt haben (**XY-URSPRUNGSEBENE**) und von der die neue Komponente abhängig gemacht werden soll, zum Erzeugen der neuen Komponente.

Inventor erzeugt eine Kopie der gewählten Arbeitsebene, die dem neu zu erzeugenden Bauteil zugeordnet ist; auf dieser Ebene ist eine **NEUE SKIZZE** zu erstellen.

TIPP: Für die bessere Sichtbarkeit der folgenden Arbeitsschritte ist es vorteilhaft, wenn Sie die Sichtbarkeit der Ursprungsebene, die jetzt nicht mehr benötigt wird, wieder ausschalten.

Mit der Funktion **GEOMETRIE PROJIZIEREN** kann die vollständige innere Geometrie des Flansches als Referenz in die Skizze übernommen werden. Als Skizze reicht diese Referenzgeometrie jedoch nicht, da sie keine geschlossene Kontur darstellt.

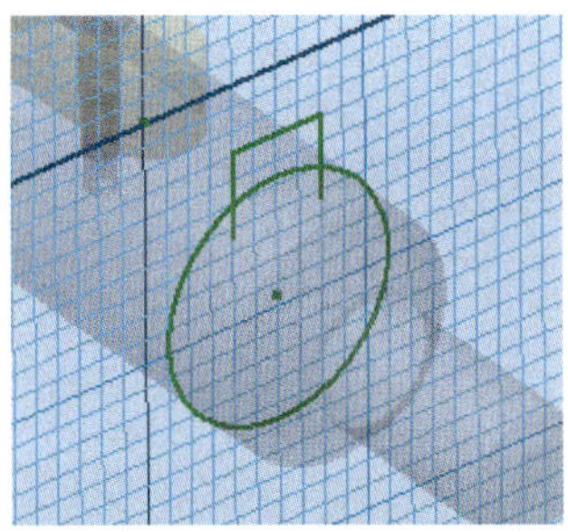

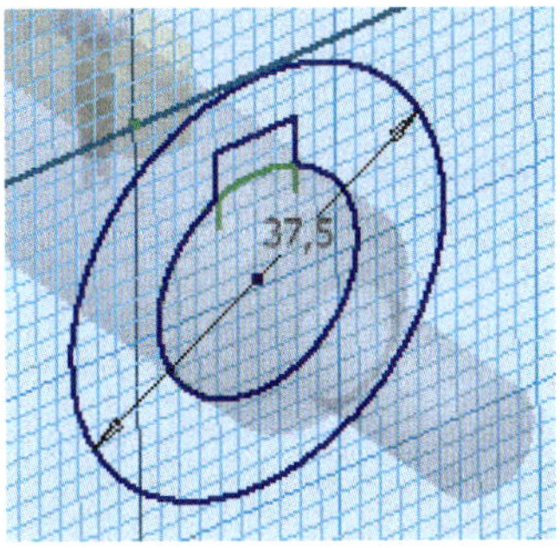

Zeichnen Sie die Innenkontur nach und als Außenkontur einen konzentrischen **KREIS** mit dem Durchmesser **37,5 MM**, und beenden Sie die Skizze über das Markierungsmenü **2D-SKIZZE BEENDEN**.

HINWEIS: Achten Sie darauf, nicht versehentlich die Bearbeitung zu beenden. Die Bearbeitung des Bauteils »Flansch« ist noch nicht abgeschlossen.

Rufen Sie den Befehl **EXTRUSION** auf, und extrudieren Sie die Kontur zum Flansch mit einem Abstand von **25 MM**.

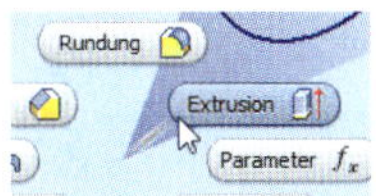

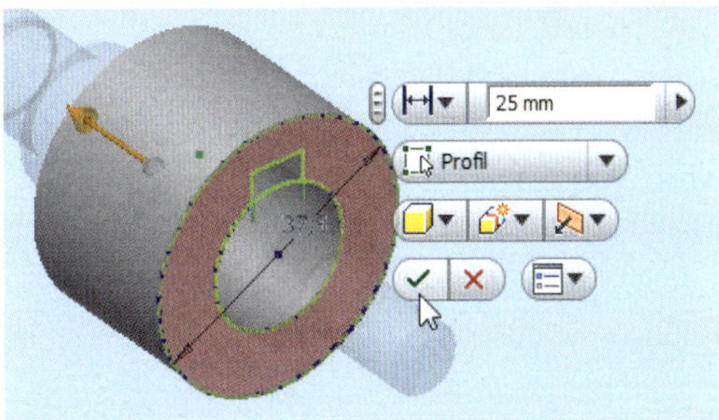

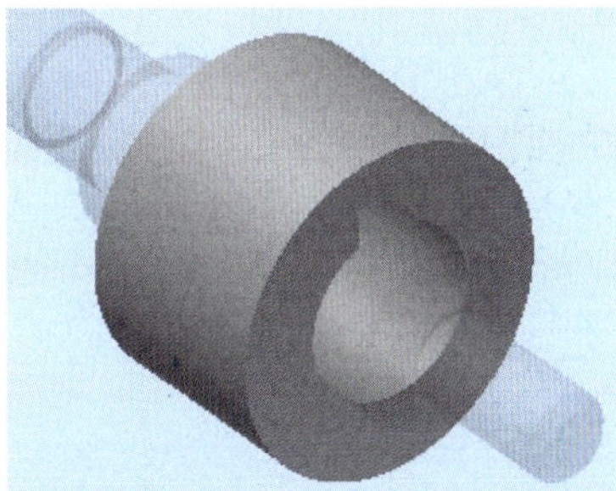

Jetzt erst, nachdem alle Bearbeitungen am Flansch getätigt wurden, kann die Bearbeitung dieses Bauteils beendet werden, wodurch die Baugruppenumgebung mit allen Bauteilen wieder aktiv wird.

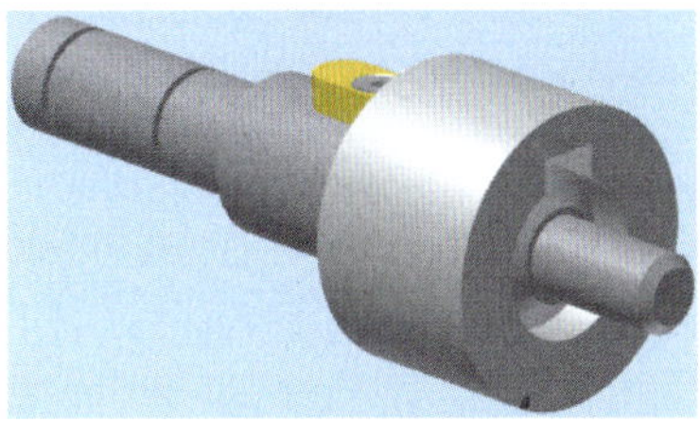

Der **Flansch** wurde automatisch als **adaptives Bauteil** erstellt.

Durch seine adaptiven Beziehungen zur Welle, Passfeder und zur Arbeitsebene ist der Flansch zwar als eigenständiges Bauteil in die Baugruppe eingefügt, seinen funktionellen Freiheitsgraden kann er aber nicht entsprechen. Eigentlich müsste er ja in Längsrichtung auf der Welle verschiebbar sein – ist er aber nicht.

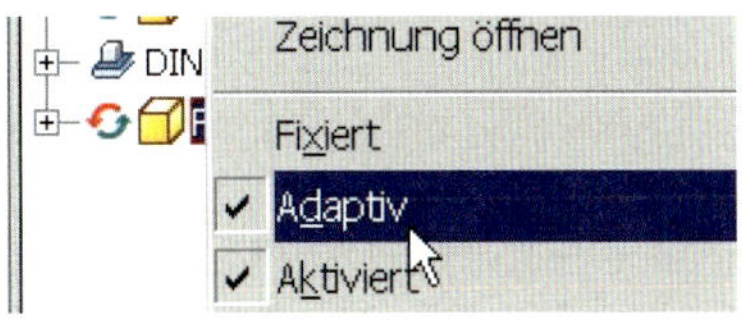

Soll dieser Zustand erreicht werden, muss die automatisch vergebene Abhängigkeit **PASSEND** zur **XZ-URSPRUNGSEBENE** gelöscht werden. Danach müssen allerdings alle noch nötigen 3D-Abhängigkeiten von Hand vergeben werden.

HINWEIS: So ganz korrekt ist das eben durchgespielte Beispiel nicht. Erstens würde man eine Passfeder eher über das Inhaltscenter einfügen, und zweitens wurde im Beispiel das nötige Rückenspiel einer Passfeder vernachlässigt. Des Weiteren stimmen die vom Inventor automatisch erzeugten Abhängigkeiten nicht mit der Funktion überein. Es wäre also noch genügend Nacharbeit nötig. Es ist eben nur ein Beispiel für das Erzeugen von Komponenten in einer Baugruppe.

TEIL II

9.8 Adaptive Elemente in einer Baugruppe

Bisher wurden die Adaptivitäten von Bauteilen in Baugruppen eher zufällig und automatisch ohne unsere Kontrolle vom Inventor vergeben. In Baugruppen, in denen sich die Abmessungen mancher Bauteile ab und zu ändern, ist es jedoch hilfreich und effektiv, diese Bauteile bzw. einige ihrer Maße bewusst und absichtlich adaptiv zu machen.

Im Kontextmenü eines Bauteils im Objektbrowser kann die Adaptivität ein- und ausgeschaltet werden. Ist sie eingeschaltet, so befindet sich dieses Icon neben dem Bauteil im Browser.

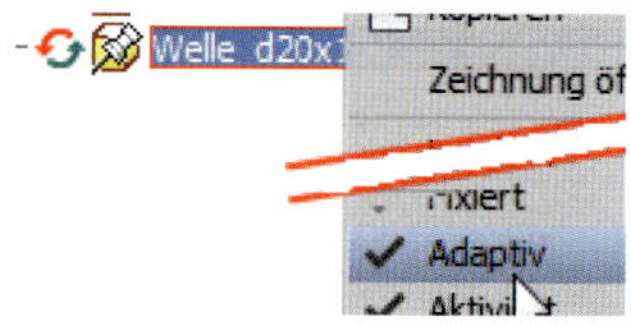

Ist ein Bauteil adaptiv, sind in dessen Definition nicht bemaßte Geometrien vorhanden, die mit anderen Geometrien anderer Bauteile verknüpft sind. Werden dann in einer Baugruppe entsprechende Abhängigkeiten zwischen solchen Bauteilen vergeben, so passt sich das Bauteil automatisch den Abmessungen des korrespondierenden Bauteils an.

Beispiel: Welle mit Nut

9.8.1 Die Welle

Es wurde eine Welle mit dem Durchmesser 20 mm und 100 mm Länge erzeugt. Auf einer tangential am Durchmesser liegenden Arbeitsebene wird die Skizze für eine Passfedernut gezeichnet. Die Nut wird als Differenz mit der Tiefe 3,5 mm extrudiert. In diese Nuten passt eine Passfeder nach DIN 6885 A der Größe 8 x 7 mm mit der Länge 20 mm.

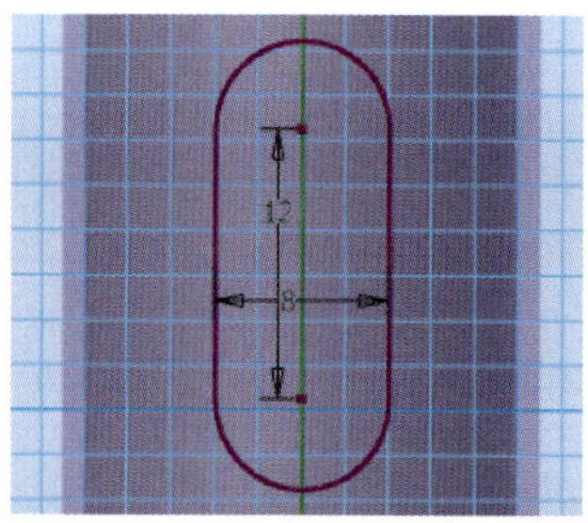

9.8.2 Die Passfeder

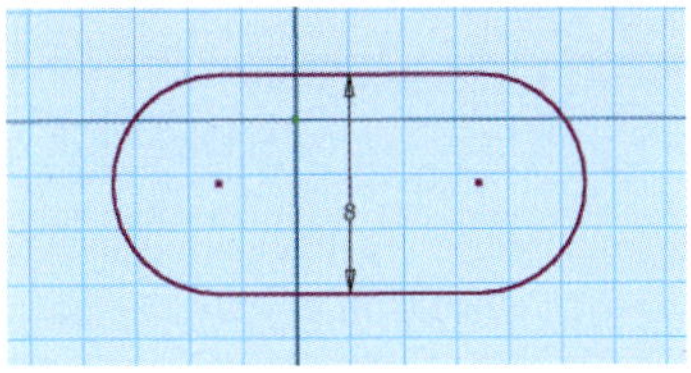

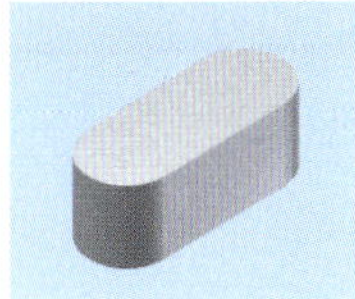

Ist die Welle fertig konstruiert, wird eine Passfeder als eigenständiges Bauteil mit diesen Maßen erzeugt.

Beim Konstruieren der Passfeder ist darauf zu achten, dass in der Skizze nur die **BREITE** und damit über tangentiale Abhängigkeiten auch der **RADIUS** bemaßt werden. Die Länge der Passfeder bleibt unbemaßt, sie soll sich adaptiv der Länge der Passfedernut anpassen.

Die Passfeder wird auf eine **HÖHE** von **7 MM** extrudiert.

Im Objektbrowser ist jetzt die **ADAPTIVITÄT** einzuschalten. Das Symbol für die Adaptivität wird im Browser angezeigt.

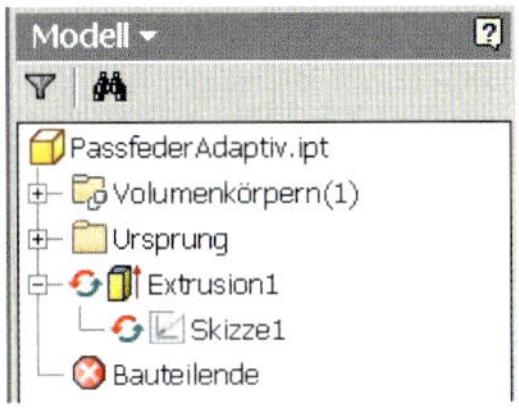

9.8.3 Baugruppe mit adaptivem Bauteil

Ist auch die Passfeder fertig konstruiert, so wird eine **NEUE BAUGRUPPE** gestartet, die **WELLE** und die **PASSFEDER** werden eingefügt.

Die Passfeder benötigt in der Passfedernut drei **ABHÄNGIGKEITEN**:

- Die beiden **MITTELACHSEN** der Radien der Passfeder müssen mit den **MITTELACHSEN** der Radien der Nut zusammenhängen, und
- die **GRUNDFLÄCHE** der Passfeder muss mit dem **NUTGRUND** übereinstimmen.

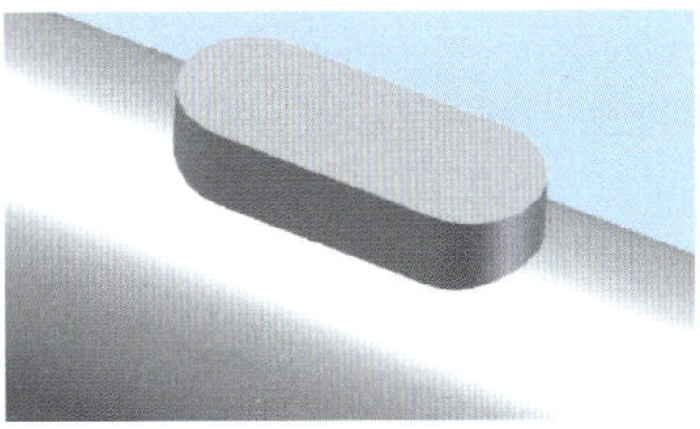

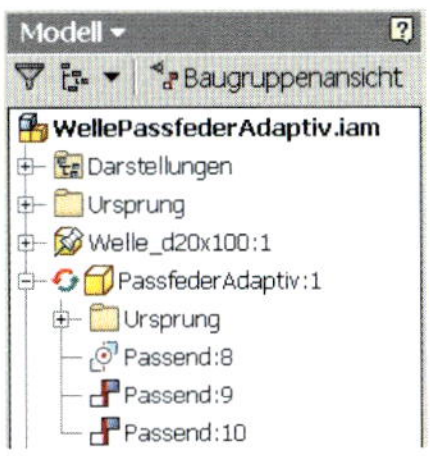

9.8.4 Adaptives Ändern

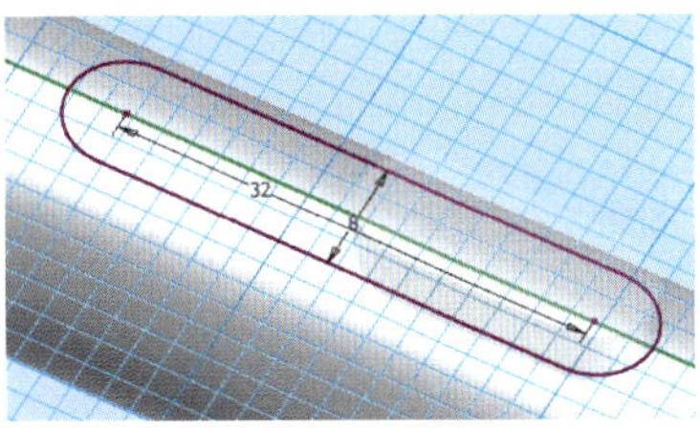

Wird nun im Bauteil »Welle« die Skizze für die Passfedernut geändert (die Länge soll jetzt **40 MM** betragen), so wird sich die Passfeder in der Baugruppe dieser neuen Länge anpassen.

Um diesen Effekt sehen zu können, ist in den meisten Fällen die Schaltfläche **AKTUALISIEREN** anzuklicken. Nach diesem Vorgang sollte in der Baugruppe die Passfeder in ihrer neuen Länge erscheinen.

HINWEIS: Dieser Vorgang funktioniert eingeschränkt auch mit Bauteilen aus dem Inhaltscenter. Allerdings müssen diese Bauteile (Normteile) vorher als Kopie gespeichert und entsprechend geändert werden. ■

9.9 iAssemblies, variable Baugruppen

Was bei Bauteilen mit den **IPARTS** geht, das sind bei den Baugruppen die **IASSEMBLIES**. Im Klartext: Es ist möglich, eine Baugruppe als variabel zu definieren, d. h., mehrere verschiedene Bauteile in eine Baugruppe einzufügen, aber, je nach gewünschter Variante, nur eine bestimmte Auswahl der Bauteile zu aktivieren.

Auf der Registerkarte **VERWALTEN** befindet sich dazu in der Befehlsgruppe **AUTOR** die Schaltfläche **IASSEMBLY ERSTELLEN**.

Beispiel

Ein einfaches Beispiel soll die Funktion der iAssemblies verdeutlichen (**IASSEMBLYBEISPIEL.IAM**). Das fertige Beispiel befindet sich auf der DVD, im Folgenden soll aber dargestellt werden, wie diese Baugruppe von Anfang an erzeugt wurde.

9.9.1 Bauteile erstellen

Als Bauteile wurden die Buchse und verschiedene Bolzen ausgewählt, die am Anfang des Kapitels bei der Erklärung zur Abhängigkeit **EINFÜGEN** bereits erstellt wurden.

Vom Bolzen wurden per Kopie insgesamt vier verschieden lange Bolzen (Bauteil-Dateien) erzeugt.

- Bolzen01: Länge 25 mm
- Bolzen02: Länge 50 mm
- Bolzen03: Länge 75 mm
- Bolzen04: Länge 100 mm

Die Buchse wird unverändert übernommen.

9.9.2 Neue Baugruppe öffnen

Im ersten Schritt wird eine NEUE BAUGRUPPE erzeugt, in die alle fünf Teile eingefügt werden.

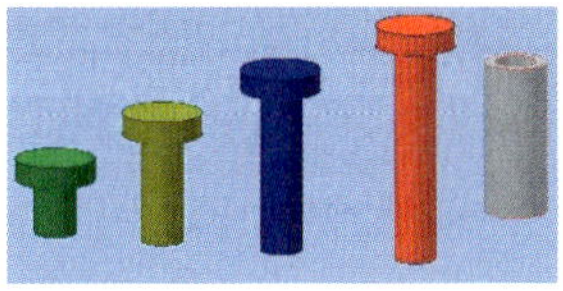

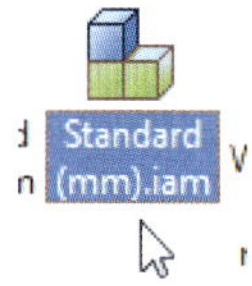

9.9.3 iAssembly erstellen

Über die Schaltfläche wird jetzt der Befehl IASSEMBLY ERSTELLEN aufgerufen. In der daraufhin erscheinenden Tabelle sind im linken Bereich alle Bauteile der Baugruppe zu sehen. Die Buchse bleibt in den folgenden Schritten unberücksichtigt.

Öffnen Sie nun die untergeordneten Einträge des Bauteils BOLZEN01, selektieren Sie den Eintrag EINSCHLIESSEN/AUSSCHLIESSEN, und kopieren Sie diesen Eintrag mit dem PFEIL-BUTTON in die rechte Tabellenhälfte.

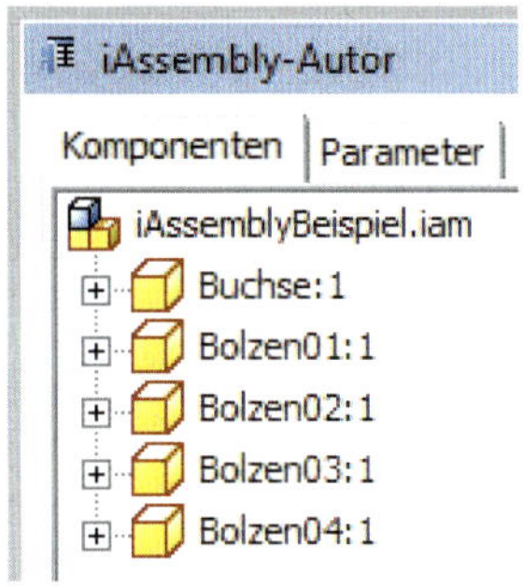

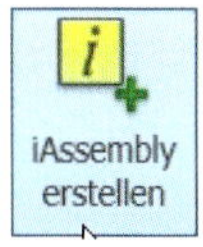

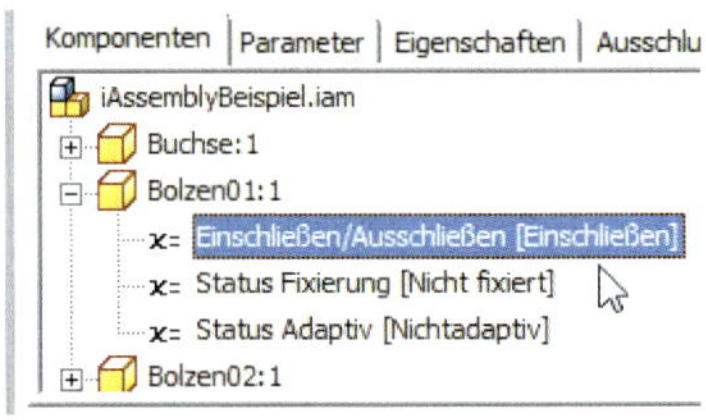

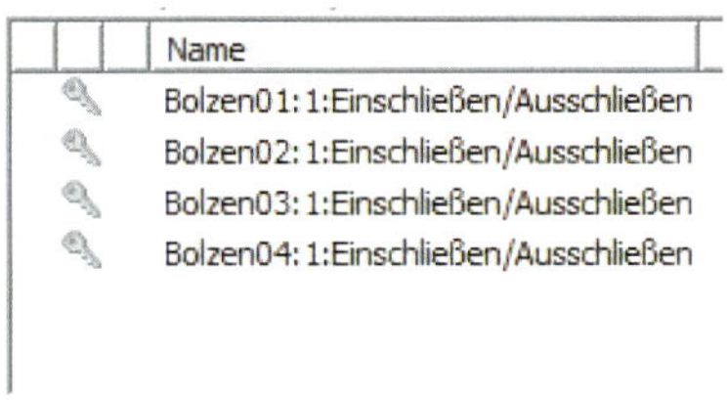

Verfahren Sie mit den anderen drei Bolzen ebenso, sodass schlussendlich im rechten Tabellenbereich alle vier Bolzeneinträge mit den Eigenschaften EINSCHLIESSEN/AUSSCHLIESSEN stehen.

Im unteren Bereich des Dialogfensters befinden sich die Zeilen für die verschiedenen Varianten, die wir aus unseren Bauteilen erzeugen wollen. Aktuell befindet sich dort eine einzige Zeile, die als **Member**-Namen unseren Baugruppennamen trägt.

Markieren Sie diese Zeile durch Klicken auf die ZEILENNUMMER 1, und wählen Sie im Kontextmenü ZEILE EINFÜGEN. Fügen Sie DREI zusätzliche Zeilen ein, sodass insgesamt vier Zeilen vorhanden sind. Die Bezeichnungen in der Member-Spalte werden automatisch nummeriert.

In der Spalte BAUTEILNUMMER modifizieren wir die Bezeichnungen analog unserer Bolzenlängen. Verändern Sie die Bauteilnummern so, dass sie die Endungen der Bolzenlängen 25, 50, 75 und 100 erhalten.

	Member	Bauteilnummer
1	iAssemblyBeispiel-01	iAssemblyBeispiel-25
2	iAssemblyBeispiel-02	iAssemblyBeispiel-50
3	iAssemblyBeispiel-03	iAssemblyBeispiel-75
4	iAssemblyBeispiel-04	iAssemblyBeispiel-100

Die rechten vier Spalten enthalten genau die Einträge, die wir vorher vom linken in den rechten Tabellenbereich kopiert haben. Für jeden Bolzen gibt es da eine **EINSCHLIESSEN/AUSSCHLIESSEN**-Spalte, deren Eintrag entweder **EINSCHLIESSEN** oder **AUSSCHLIESSEN** beinhaltet.

Stellen Sie die Einträge in den Bolzenspalten so ein, dass der **BOLZEN01** in Bauteilnummer 1 **EINGESCHLOSSEN**, in allen anderen Bauteilvarianten aber **AUSGESCHLOSSEN** ist, und wiederholen Sie diesen Vorgang für alle vier Bolzen, sodass jede Bolzenlänge zur Bauteilvariante passt.

Bolzen01:1: hließen/Ausschli	Bolzen02:1: :hließen/Ausschlie	Bolzen03:1: ließen/Ausschl	Bolzen04:1: :hließen/Ausschlie
Einschließen	Ausschließen	Ausschließen	Ausschließen
Ausschließen	Einschließen	Ausschließen	Ausschließen
Ausschließen	Ausschließen	Einschließen	Ausschließen
Ausschließen	Ausschließen	Ausschließen	Einschließen

Schließen Sie das Dialogfenster mit **OK**.

9.9.4 iAssemblies anwenden

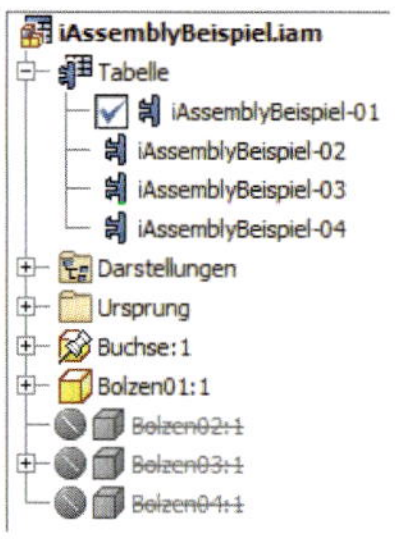

Im Objektbrowser ist jetzt die Tabelle mit den Member-Einträgen zu sehen.

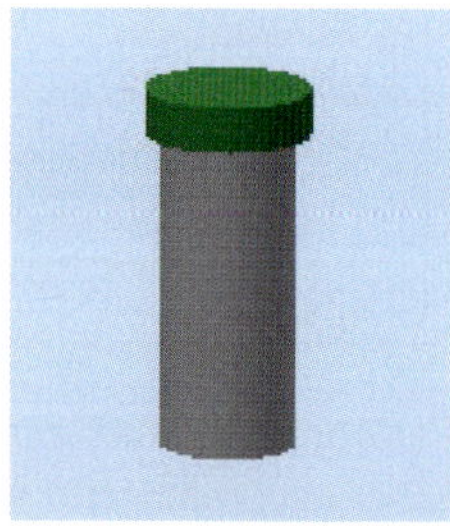

Gleichzeitig ist die Variante **IASSEMBLYBEISPIEL-01** aktiv, und die anderen, nicht aktiven Bauteile sind in der Baugruppe nicht mehr zu sehen.

Versehen Sie die beiden Bauteile, **BUCHSE** und **BOLZEN01**, mit der Abhängigkeit **EINFÜGEN** oder mit **VERBINDEN** (Starr oder Drehung).

Im Kontextmenü der verschiedenen Tabelleneinträge im Objektbrowser können jetzt nacheinander die verschiedenen Varianten aktiviert werden. **AKTIVIEREN** Sie nacheinander alle Varianten, und versehen Sie sie mit der Abhängigkeit **EINFÜGEN** oder **VERBINDEN** Sie sie starr oder mit Drehung.

Baugruppen-Variante 01

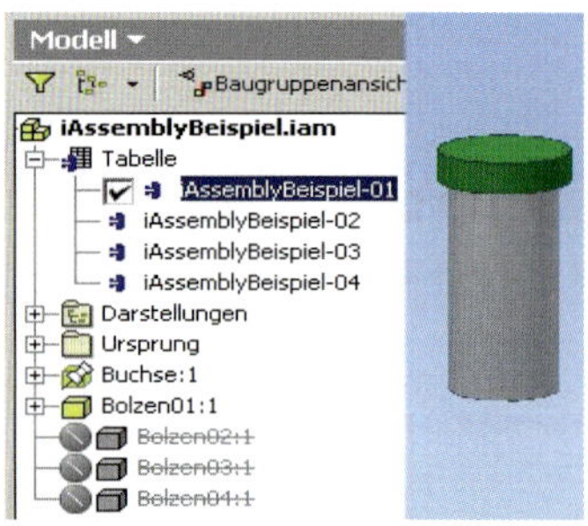

Baugruppen-Variante 02

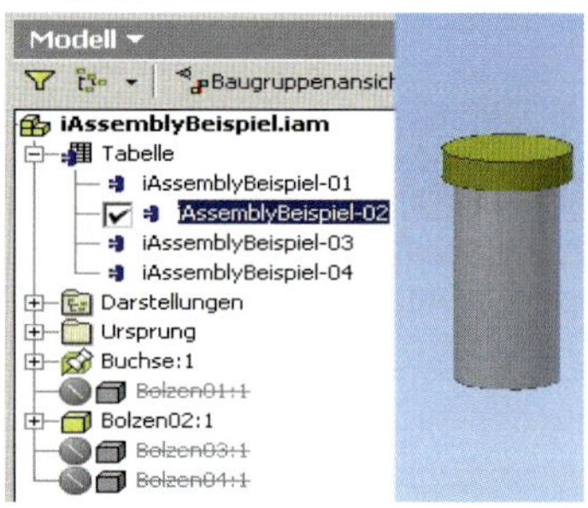

Baugruppen-Variante 03

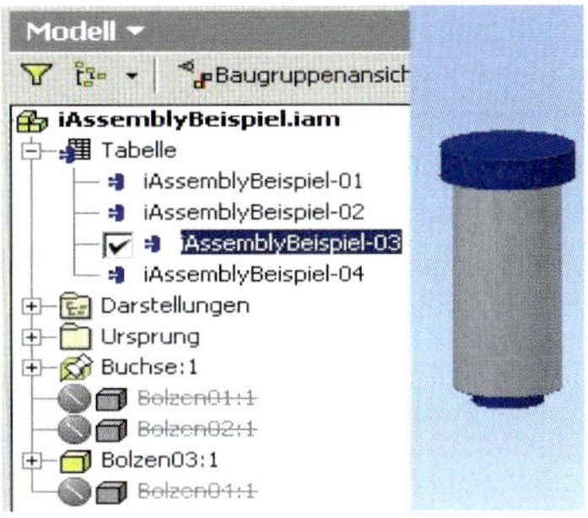

Baugruppen-Variante 04

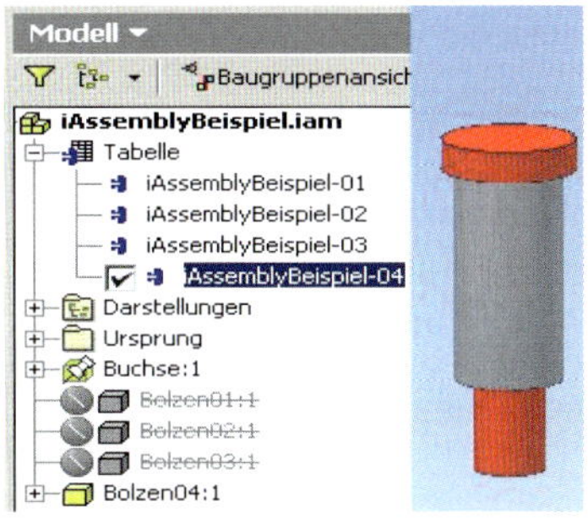

9.9.5 Mit Excel bearbeiten

Ebenfalls möglich ist die Bearbeitung der Variantentabelle in Excel. Diese Möglichkeit ergibt sich im Objektbrowser über das Kontextmenü der TABELLE. Die Excel-Bearbeitung der Tabelle bringt in etwa dieselbe Darstellung und Bearbeitungsmöglichkeit wie die Inventor-Tabelle.

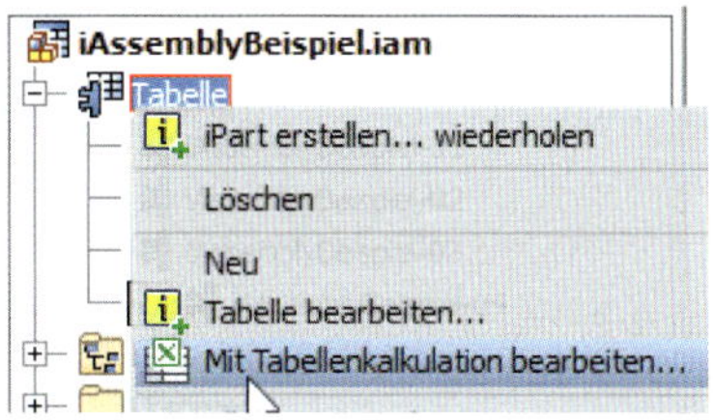

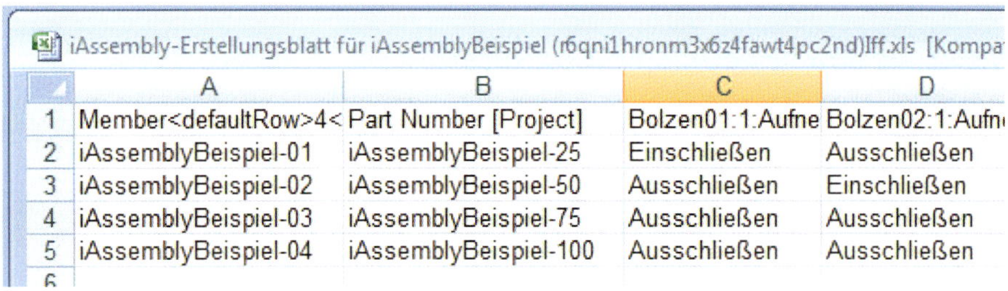

iAssembly-Erstellungsblatt für iAssemblyBeispiel (r6qni1hronm3x6z4fawt4pc2nd)Iff.xls [Kompa

	A	B	C	D
1	Member<defaultRow>4<	Part Number [Project]	Bolzen01:1:Aufne	Bolzen02:1:Aufn
2	iAssemblyBeispiel-01	iAssemblyBeispiel-25	Einschließen	Ausschließen
3	iAssemblyBeispiel-02	iAssemblyBeispiel-50	Ausschließen	Einschließen
4	iAssemblyBeispiel-03	iAssemblyBeispiel-75	Ausschließen	Ausschließen
5	iAssemblyBeispiel-04	iAssemblyBeispiel-100	Ausschließen	Ausschließen
6				

Das Beispiel ist trivial, für ein erstes Ausprobieren aber gut geeignet.

In der Praxis kann man sich sicher viele Baugruppen als Varianten vorstellen, die in ihrer Funktion weitgehend gleich sind, sich in ihren Größen aber voneinander unterscheiden. So gibt es einen Hydraulikzylinder beispielsweise mit unterschiedlich langen Kolbenstangen. Die iAssembly-Funktion ermöglicht, verschiedene Baugruppenvarianten in einem einzigen Dokument zu speichern.

9.10 iCopy

iCopy-Generierung

iCopy

Die iCopy-Funktion erinnert etwas an die runde oder eckige Anordnung von Features in Bauteilen, ist jedoch etwas völlig anderes. Erstens kann iCopy nur in und mit Baugruppen verwendet werden, und zweitens ist iCopy fast unendlich flexibel in Bezug auf die Variabilität der kopierten Elemente.

Sollen einer Baugruppe ähnliche Unterbaugruppen, die sich nur durch ihre Ausdehnungsgeometrie voneinander unterscheiden, hinzugefügt werden, kann dies mit dieser Funktion in einem Aufwasch geschehen.

Das Vorgehen zum Erstellen einer iCopy-Baugruppe kann in einigen Schritten beschrieben werden.

1. Es müssen ein oder mehrere **ADAPTIVE** Bauteile (ipt) erstellt werden.
2. Mit diesen Bauteilen wird eine Baugruppe mit Abhängigkeiten erzeugt. In dieser Baugruppe wird die Funktion **ICOPY GENERIERUNG** ausgeführt, und alle relevanten Elemente werden selektiert, d.h. in die iCopy-Funktion übernommen.
3. Für die iCopy-Baugruppe ist ein Bauteil zu erstellen, das die Kopierpfade, die Verlaufspfade und die Bauteilebene enthält.
4. Eine iCopy-Baugruppe ist zu erstellen und die unter 2. erstellte Baugruppe ist zu platzieren. Jetzt kann die eigentliche **ICOPY**-Funktion aufgerufen und ausgeführt werden.

9.10.1 Beispiel einer iCopy-Baugruppe

In diesem Beispiel wird nur mit Skizzen gearbeitet, weil am Ende mit dem Gestellgenerator eine komplette Rampe mit Profilstahlelementen generiert werden soll. Die iCopy-Funktion kann man natürlich auch mit ganzen Bauteilen, und nicht nur mit Skizzen, ausführen.

9.10.2 Rahmenbauteil

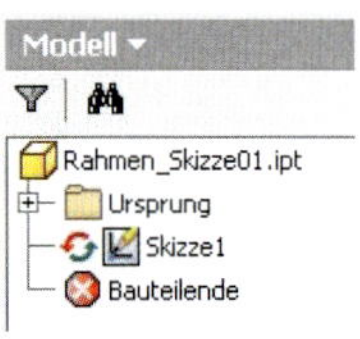

Als adaptives Bauteil wird in der XY-Ebene ein einfacher Rechteckrahmen **ohne Bemaßung** erstellt. Im Objektbrowser wird die **ADAPTIVITÄT** eingestellt.

Datei: **Rahmen_Skizze01.ipt**

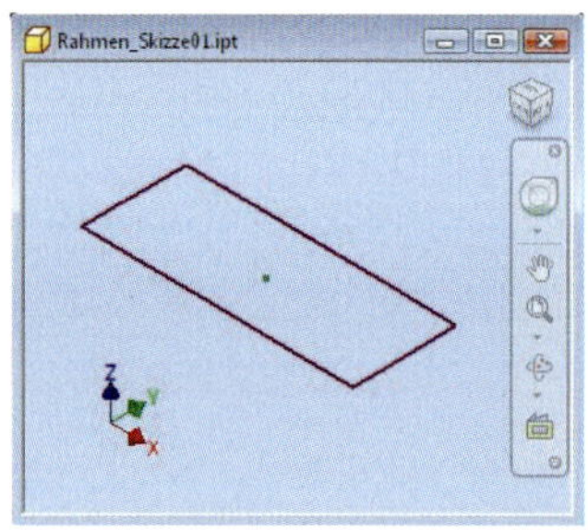

9.10.3 Rahmenbaugruppe

iCopy-Generierung

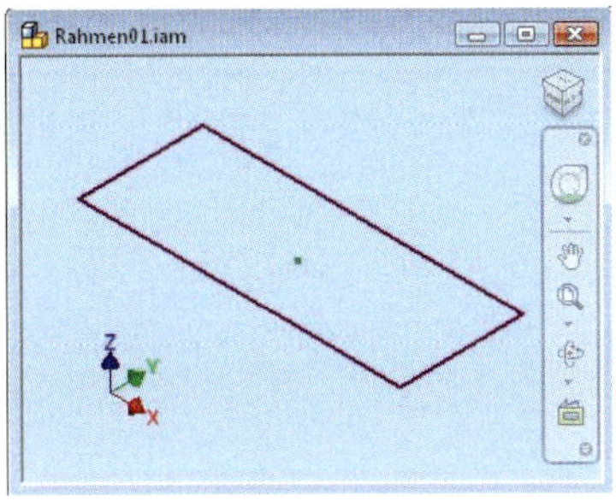

Im zweiten Schritt wird eine neue Baugruppe erzeugt und darin der Rahmen platziert. Auch in der Baugruppe muss das Bauteil mit einer **ADAPTIVITÄT** versehen werden.

Auf der Registerkarte **VERWALTEN** muss jetzt in der Befehlsgruppe **AUTOR** die Funktion **ICOPY GENERIERUNG** gestartet werden.

Das adaptive Bauteil wird als **LAYOUTBAUTEIL** ausgewählt.

Auf der **GEOMETRIE**-Registerkarte werden beispielsweise drei Eckpunkte des Rahmens als iCopy-Geometrie bestimmt und so benannt, dass sie später wiedererkannt werden können.

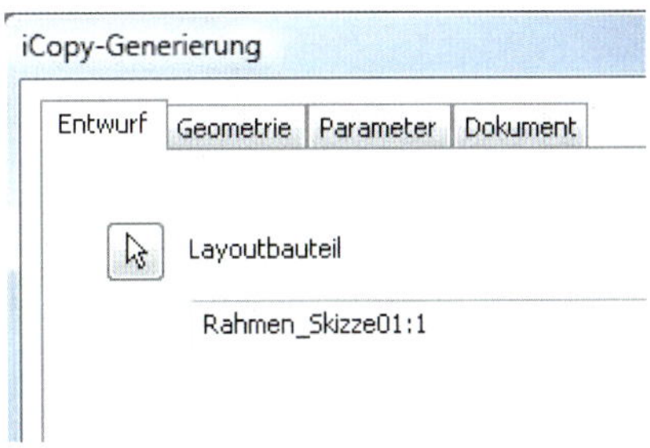

→

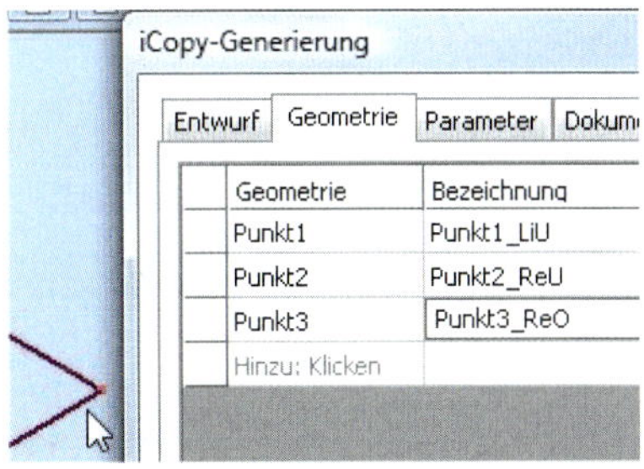

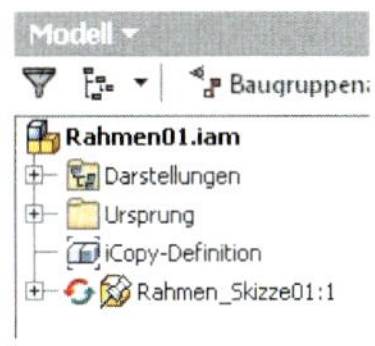

Nach dem Abschluss dieser Aktion ist im Objektbrowser die **ICOPY-DEFINITION** angelegt.

Datei: **Rahmen01.iam**

9.10.4 Rampenbauteil

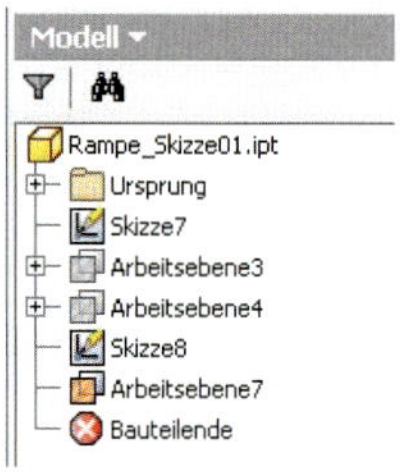

Der dritte Schritt beginnt wieder mit einer Bauteil-Datei. Es wird die Rahmen-Skizze einer Rampe erstellt. Die Grundfläche (XY-EBENE) ist ein offenes, aus drei LINIEN bestehendes Rechteck, seitlich vertikal (parallel zur XZ-EBENE) befindet sich die Rampenkontur. An der vorderen Stirnfläche (parallel zur YZ-EBENE) befindet sich eine vertikale ARBEITSEBENE, welche die Kopierebene für die Rahmen darstellen soll.

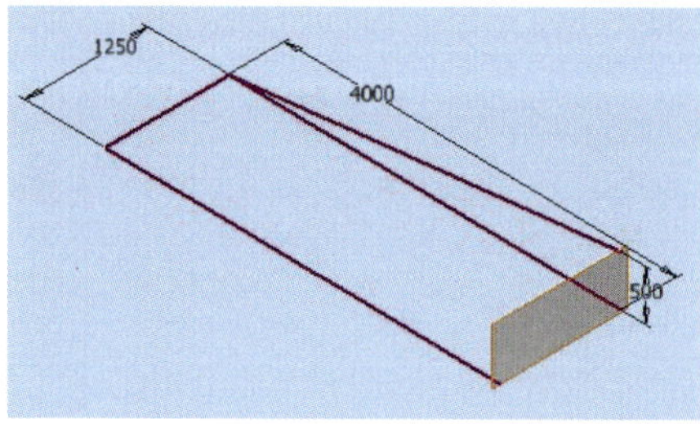

Im Objektbrowser ist gut zu sehen, dass auch diese Datei nur Skizzenelemente und Arbeitsebenen enthält.

Datei: **Rampe_Skizze01.ipt**

9.10.5 Rampenbaugruppe mit iCopy-Elementen

Der vierte und letzte Schritt besteht wieder in der Erzeugung einer NEUEN BAUGRUPPE, in die das Rampenbauteil RAMPE_SKIZZE01.IPT eingefügt wird.

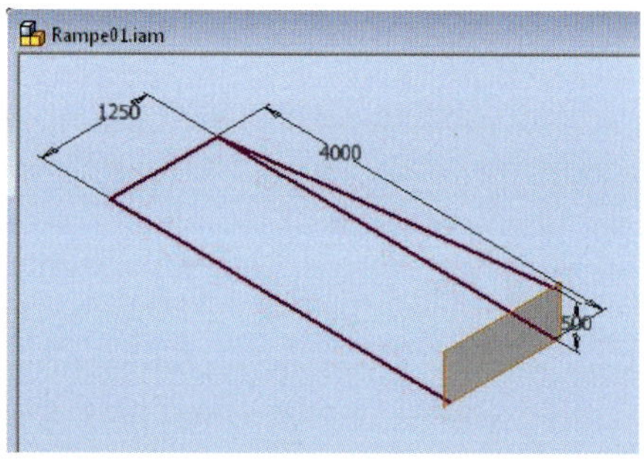

Jetzt wird der Befehl ICOPY aufgerufen, und im Datei-öffnen-Dialog muss die QUELLBAUGRUPPE, in unserem Beispiel die Datei RAHMEN01.IAM, geöffnet werden.

Vor dem Einfügen der Quellbaugruppe muss die Zielbaugruppe (die aktive Baugruppe) gespeichert werden. Die Datei auf der DVD wurde RAMPE01.IAM benannt.

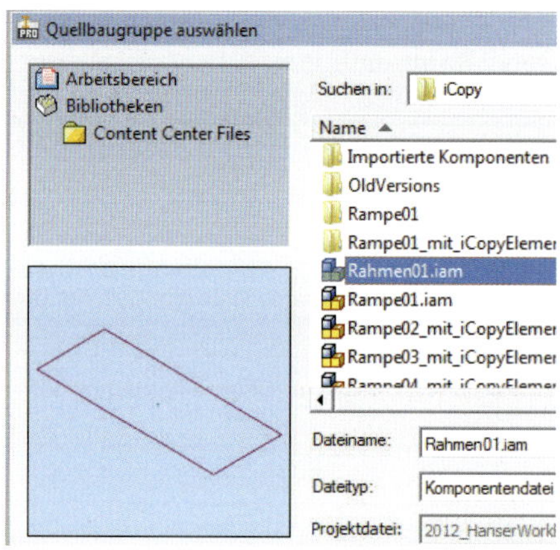

Die nachfolgenden Schritte bestehen darin, die in der Quellbaugruppe (der **Rahmen01.iam**) bei der iCopy-Generierung definierten iCopy-Punkte den Entsprechungen in der Zielbaugruppe zuzuweisen.

Im Dialogfenster ICOPY ABHÄNGIG MACHEN sind die Definitionspunkte (Punkt1_LU usw.) bereits eingetragen. In der Spalte GEOMETRIE/WERT muss jetzt zu jedem Punkt der dazugehörende Punkt in der aktiven Baugruppe angegeben werden.

In den folgenden Abbildungen ist dies für den ersten und den letzten Punkt dargestellt.

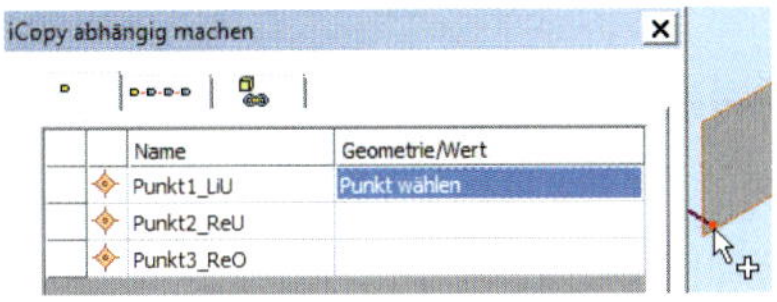

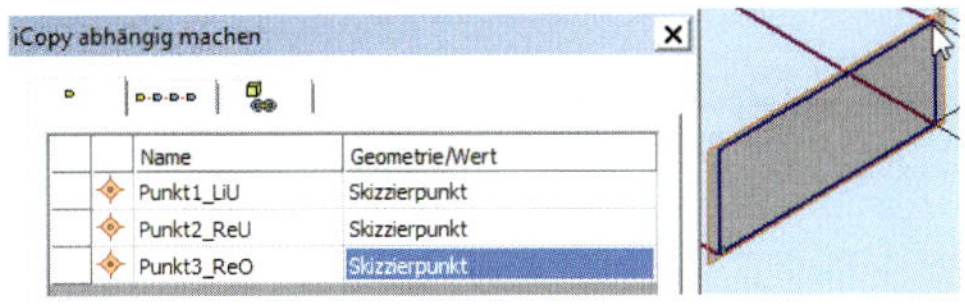

Auf der zweiten Registerkarte für Mehrfacheinfügungen ist zuerst zu kontrollieren, ob alle Punkte in der Spalte »Verlaufsführung« abgehakt sind. Gegebenenfalls kann/muss hier noch nachgebessert werden.

Anschließend ist der **PFAD** anzugeben, längs dessen die Elemente kopiert werden sollen. Im Beispiel wird hierzu eine der beiden Grundlinien ausgewählt.

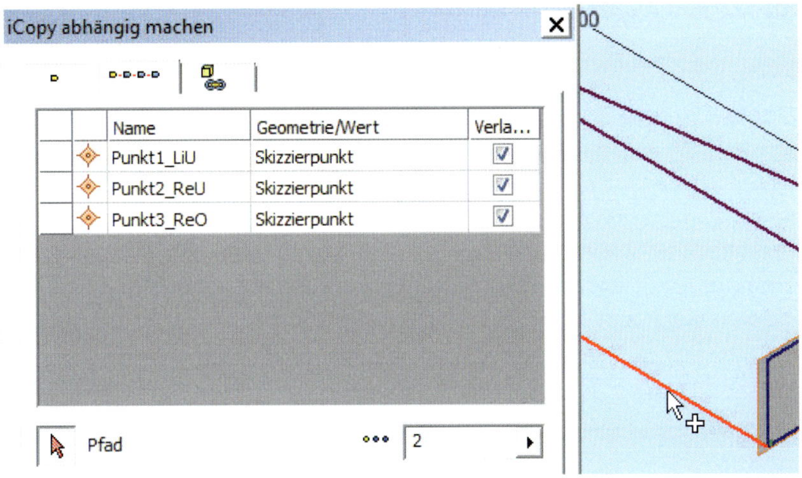

Zuletzt müssen die **ANZAHL** der zu kopierenden Elemente sowie deren **ABSTAND** zueinander eingetragen werden. Im Beispiel sind dies **8** Elemente mit einem Abstand von je **500 MM**.

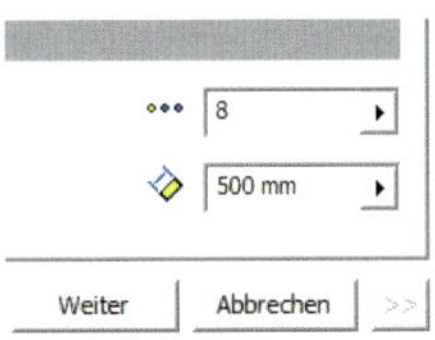

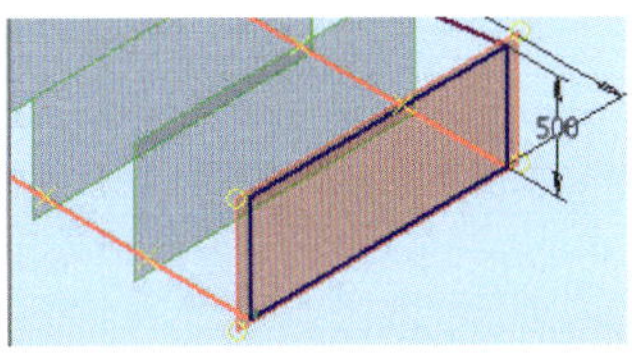

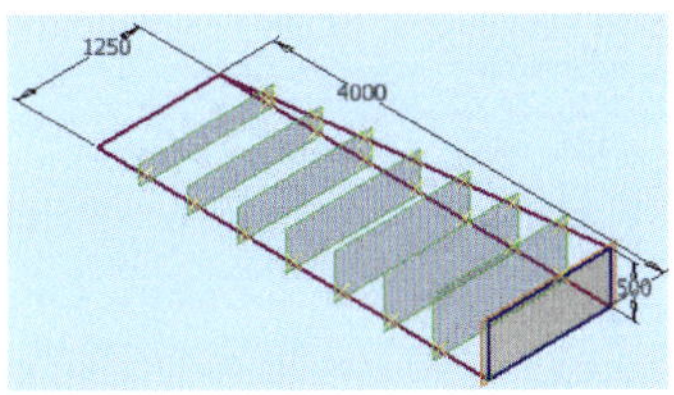

Nach dieser Aktion werden temporär die Platzierungen bereits gezeigt und können ggf. geändert werden.

Der Klick auf **WEITER** bringt zunächst die Auflistung der zu erzeugenden Bauteil-Dateien auf den Bildschirm, und das nachfolgende **OK** erzeugt die endgültige iCopy-Baugruppe.

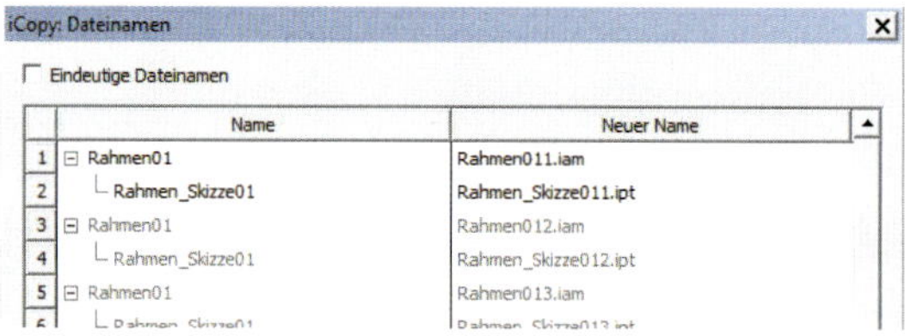

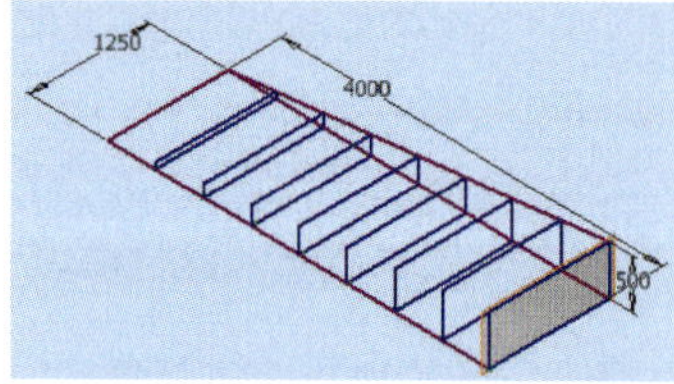

Im Beispiel wurde der Rahmen achtmal mit entsprechend angepassten Größen eingefügt.

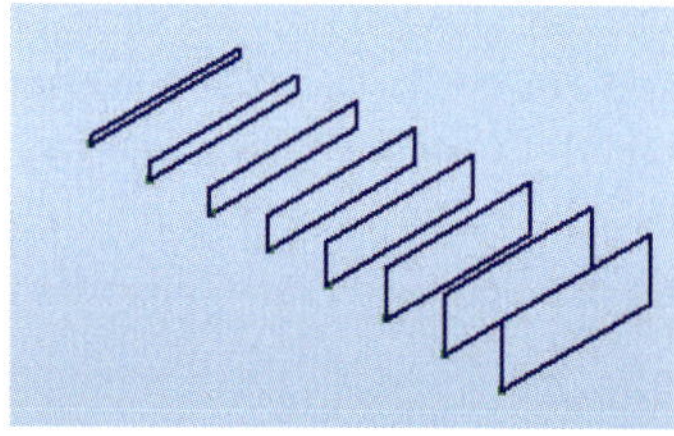

Nach dem Ausblenden der nicht mehr benötigten Elemente bleiben nur noch die acht Rechteckrahmen, als Skizzenelemente, zur weiteren Bearbeitung.

Datei: **Rampe02_mit_iCopyElementen.iam**

9.10.6 Gestell erzeugen

Gestell einfügen

Mit dem Gestell- oder Rahmengenerator wird die Baugruppe weiter bearbeitet.

Auf der Registerkarte **KONSTRUKTION** in der Befehlsgruppe **GESTELL** befindet sich die Funktion **GESTELL EINFÜGEN**, die jetzt aktiviert wird. Ein DIN-Profil **DIN 59410** (rechteckiges Stahlrohr) mit den Maßen **50 x 30 x 4 MM** wird selektiert, und als Definitionspunkt bleibt die vorgegebene Mitte des Profils beibehalten.

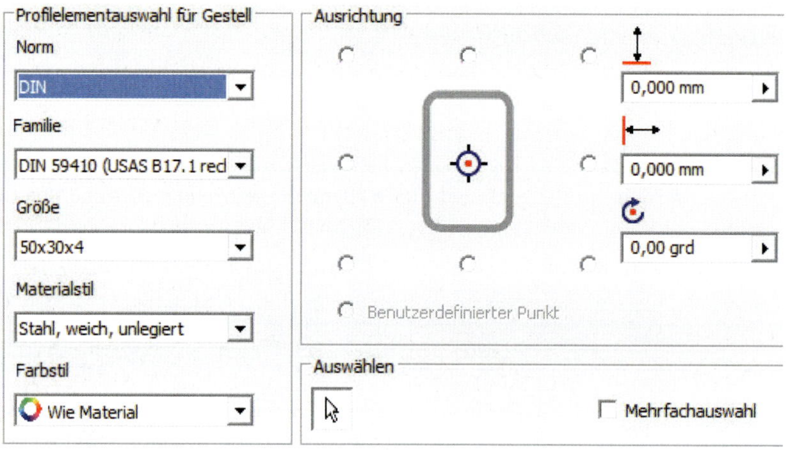

Nach und nach werden jetzt alle Rahmenlinien als Gestellelemente selektiert, wodurch aus den Skizzenelementen Rahmenbauteile werden.

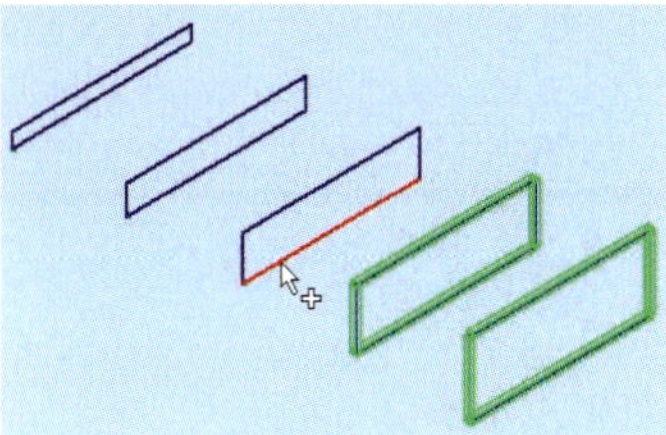
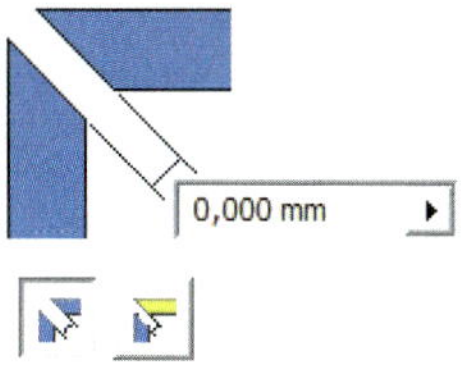

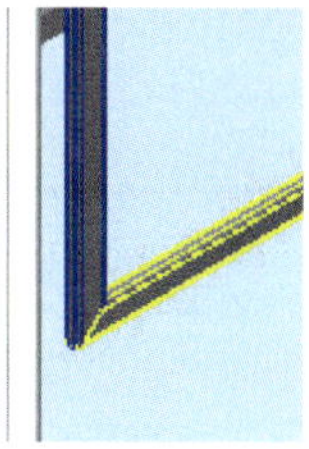

Nach der Fertigstellung werden die einzelnen Rahmenbauteile und deren Speicherorte angezeigt. Mit der Funktion **GEHRUNG** werden danach die 32 Eckverbindungen der acht Rahmen fachgerecht gefügt und könnten jetzt auch verschweißt werden.

Wurde auch diese Ausführung vollendet, so existieren die acht Rahmenbauteile in der entsprechend angepassten Größe.

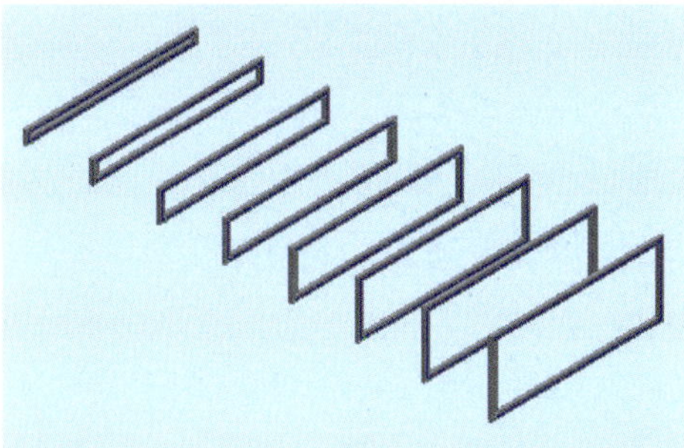

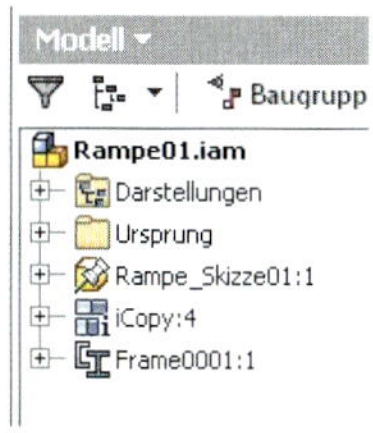

Der Objektbrowser zeigt jetzt die Rampenskizze als Bauteil, den iCopy-Ordner, in dem sich die kopierten Skizzen befinden, und den Frame-Ordner, der alle erzeugten Rahmenbauteile enthält.

Datei: **Rampe03_mit_iCopyElementen&Gestell.iam**

9.10.7 Seitenteile

Eine weitere Skizze definiert die Geometrie für die Seitenteile. Werden diese direkt in der Baugruppe mit **KOMPONENTE ERSTELLEN** erzeugt, können die Eckpunkte per **GEOMETRIE PROJIZIEREN** übernommen und die Skizzengeometrie schnell erstellt werden.

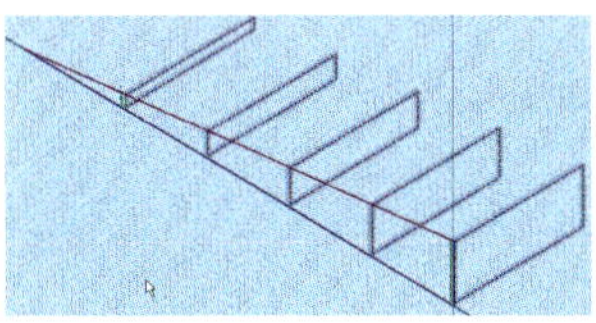
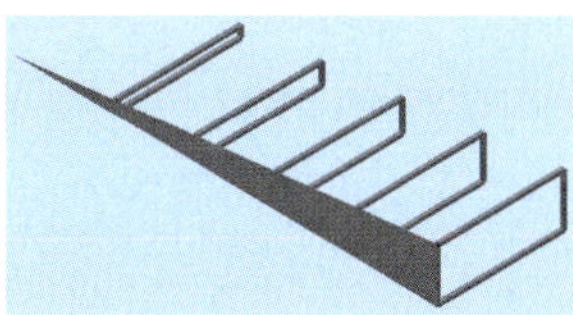

Die Extrusion auf eine Stärke von **3 MM** erzeugt das erste Seitenteil und auf der zweiten Seite kann es auch ganz schnell eingefügt werden.

Auf die Weiterführung soll jetzt verzichtet werden, da sich die Arbeitsgänge wiederholen. In den nachfolgenden Abbildungen wurde die Rampe mit einem Hauptblech aus Streckmetall bzw. dickem Drahtgeflecht belegt.

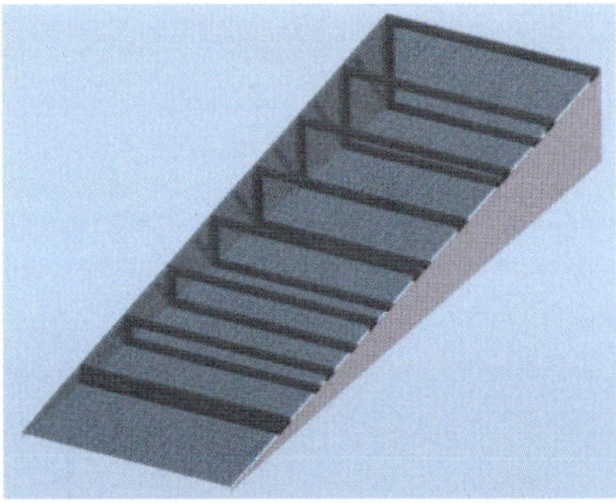

9.11 Darstellungen, Ansicht, Position, Detailgenauigkeit

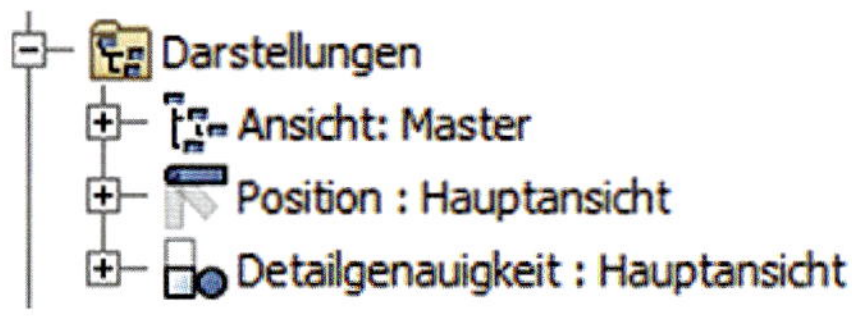

Im Objektbrowser der Baugruppen befindet sich ziemlich oben immer der Ordner **DARSTELLUNGEN**, der bei manchen Anwendern Fragen aufwirft. Öffnet man den Ordner, dann erscheinen weitere mit verschiedenen Icons gekennzeichnete Ordner mit den Bezeichnungen:

- **ANSICHT**
- **POSITION**
- **DETAILGENAUIGKEIT**

In den verschiedenen Ordnern befinden sich teilweise gleichlautende Begriffe wie Hauptansicht etc.

Was sind nun die Unterschiede zwischen einer Ansicht, einer Position und einer Detailgenauigkeit?

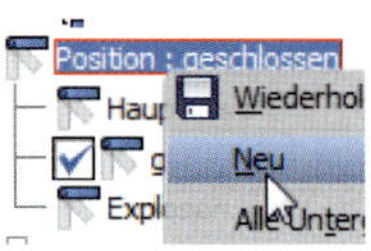

Die nächsten Abschnitte versuchen, etwas Licht in diesen oft vernachlässigten und doch sehr hilfreichen Funktionsbereich zu bringen. Die Erzeugung entsprechender Darstellung erfolgt einheitlich mit der Kontextmenü-Auswahl **NEU**, die in jedem der drei Hauptordner verfügbar ist.

9.11.1 Ansicht

Im Ordner **ANSICHT** können verschiedene Darstellungen in Bezug auf:

- **Farben**
- **Sichtbarkeit**
- **Schnittebenen** (Viertel-, Halbschnitt etc.)

gespeichert und jederzeit wieder aufgerufen werden.

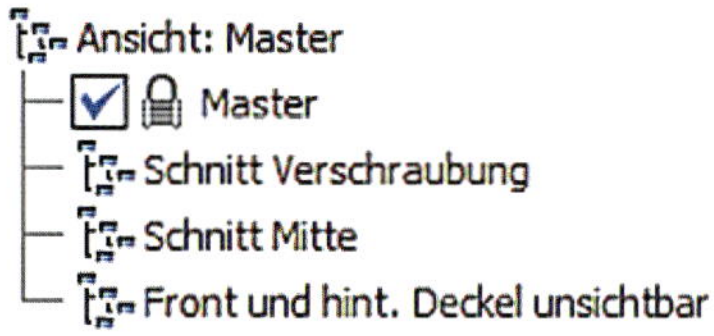

Normale Ansicht: Master

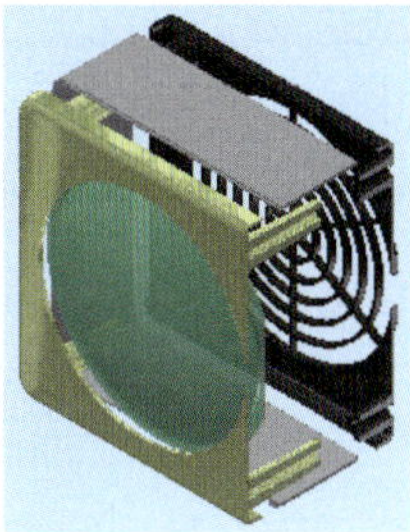

Ansicht: Schnitt Verschraubung

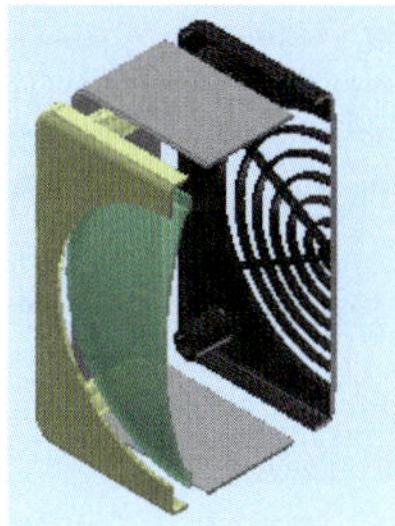

Ansicht: Schnitt Mitte

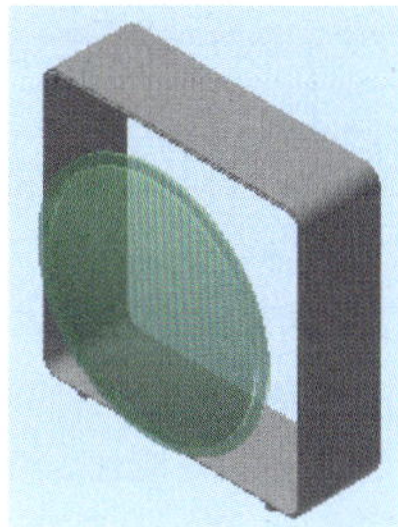

Ansicht: Front u. hinterer Deckel unsichtbar

9.11.2 Position

Im Ordner **POSITION** können verschiedene Darstellungen in Bezug auf ihre **räumliche Anordnung** gespeichert und jederzeit wieder aufgerufen werden.

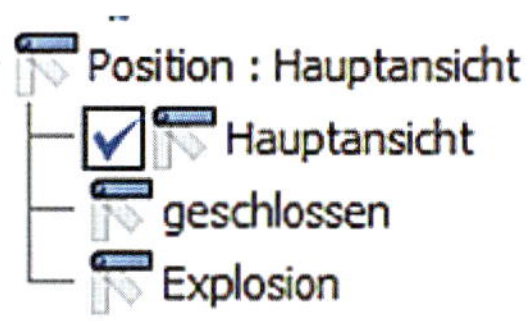

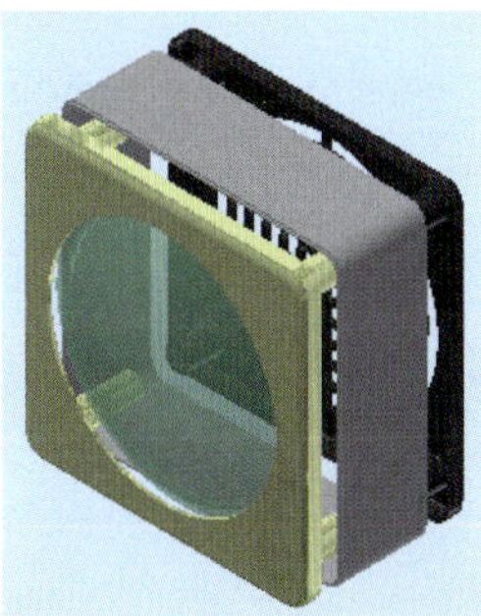

Normale Position: Hauptansicht

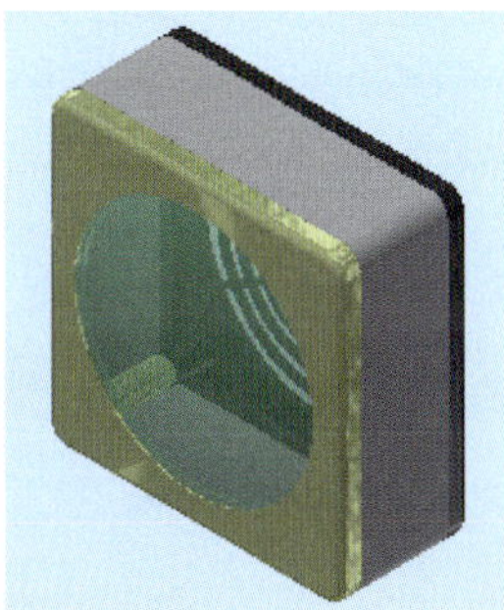

Position: geschlossen

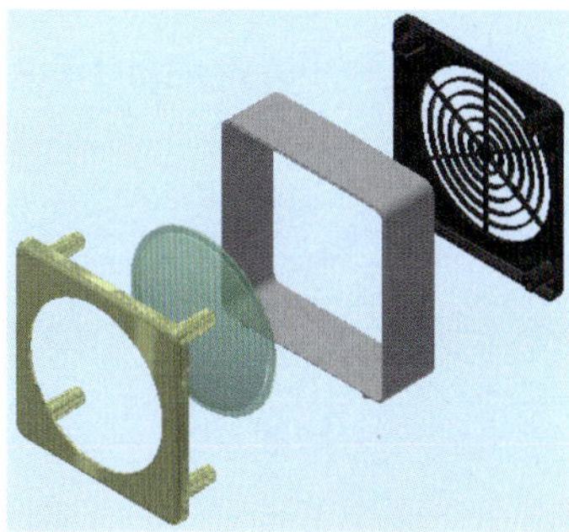

Position: Explosion

9.11.3 Detailgenauigkeit

Im Ordner DETAILGENAUIGKEIT können durch **Unterdrückung** einzelner Komponenten verschiedene Darstellungen in Bezug auf die Anzahl der abgebildeten Bauteile bzw. Komponenten gespeichert und jederzeit wieder aufgerufen werden.

Der Inventor erzeugt temporär automatisch neue Detailgenauigkeiten, sobald ein Teil unterdrückt wird. Beim Speichern einer Baugruppe mit unterdrückten Komponenten kommt eine entsprechende Nachfrage.

Detailgenauigkeitsdarstellungen haben vor allem Einfluss auf die Rechnerkapazität und -leistung in Bezug auf **Bildaufbaugeschwindigkeit**. Unterdrückte Bauteile erfordern keine Rechnerleistung.

Diese Methode eignet sich daher hervorragend dafür, große Baugruppen mit sehr vielen und komplexen Komponenten gut handhaben zu können.

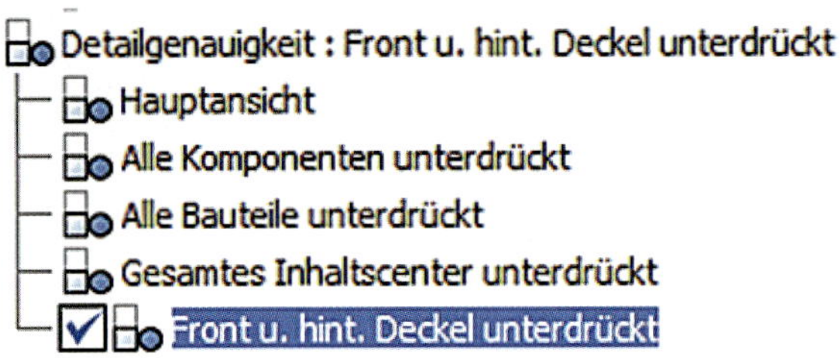

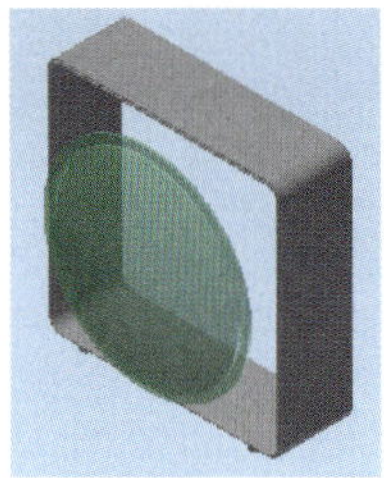

Die Abbildung zeigt die Detailgenauigkeit FRONT U. HINT. DECKEL UNTERDRÜCKT und ist identisch mit der entsprechenden Ansichtsdarstellung.

9.11.4 Kombinierte Darstellungen

Die verschiedenen Einstellungen in Darstellungsbereich lassen sich natürlich miteinander kombinieren. Die Detailgenauigkeit wird in der folgenden Darstellung nicht berücksichtigt, da sie vor allem der Leistungsoptimierung dient.

Mit vier Ansichts- und drei Positionsdarstellungen lassen sich elf verschiedene Baugruppenansichten generieren, in denen gearbeitet werden kann.

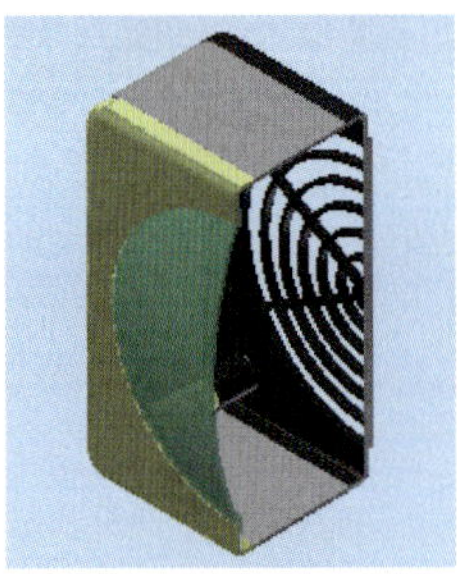

Ansicht: Schnitt Mitte
Position: geschlossen

Ansicht: Schnitt Mitte
Position: Explosion

Ansicht: Schnitt Verschraubung
Position: geschlossen

9.12 Vereinfachung von Baugruppen

Zum Abschluss dieses Kapitels werden Funktionen beschrieben, die auch bei der Fertigstellung einer Baugruppe angewendet werden und bei großen Baugruppen sehr hilfreich sein können. Seit der Inventor-Version 2014 steht die Registerkarte **VEREINFACHUNG** zur Verfügung, die drei Funktionen enthält.

Symbol	Funktion	Erklärung
	Komponente einschließen	Erzeugt im Objektbrowser-Ordner **Darstellungen** → **Ansicht** eine neue Ansichtskonfiguration, die nur die eingeschlossenen Komponenten erhält
	Hüllen definieren	Ersetzt die Darstellung von Bauteilen oder Bauteilgruppen durch eine vereinfachte Darstellung in Form von Quadern oder Zylindern
	Vereinfachtes Bauteil erstellen	Erzeugt aus einer Baugruppe und deren vereinfachter Darstellung eine vereinfachte Bauteil-Datei

Mit der in früheren Inventor-Versionen vorhandenen Funktion **KONTURVEREINFACHUNG** konnte in etwa dasselbe erreicht werden, allerdings etwas unübersichtlicher.

Mit den Vereinfachungsfunktionen lassen sich komplexe Baugruppen im Extremfall auf ein einziges Bauteil reduzieren, das dann natürlich keine Funktionalität mehr hat, dafür aber sehr schnell gehandhabt werden kann.

Einzusetzen ist die Funktion unter anderem auch, um in der FEM relativ schnell zu den Ergebnissen einer Festigkeitsberechnung zu kommen. Weitere Anwendungen ergeben sich beispielsweise in großen unübersichtlichen Baugruppen, in denen statische Unterbaugruppen per Konturvereinfachung eingefügt werden können.

Am Beispiel der Baugruppe »Kurbeltrieb«, die sich auf der DVD befindet, soll dieses Verfahren aufgezeigt werden.

Datei: **Kurbeltrieb.iam**

Die Originalbaugruppe besteht aus der Unterbaugruppe »Pleuel« und weiteren Bau- und Normteilen, die im Objektbrowser aufgelistet sind.

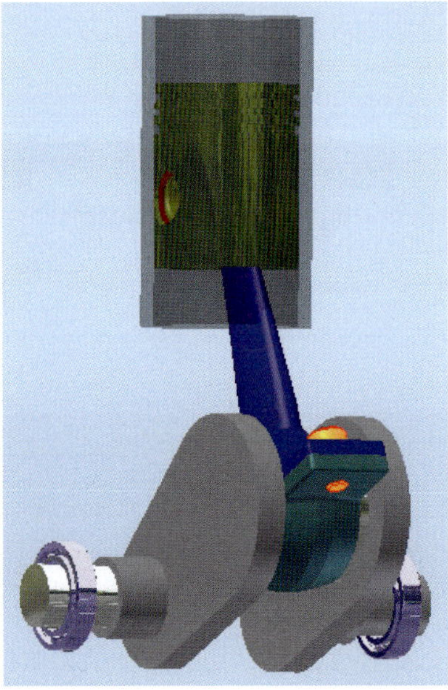
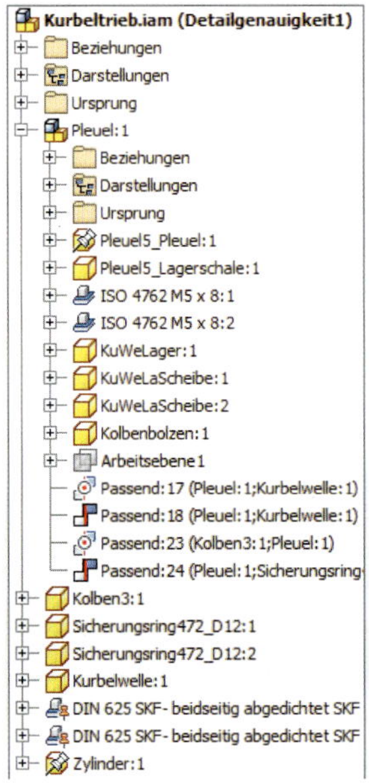

9.12.1 Komponente einschließen

Komponenten einschließen

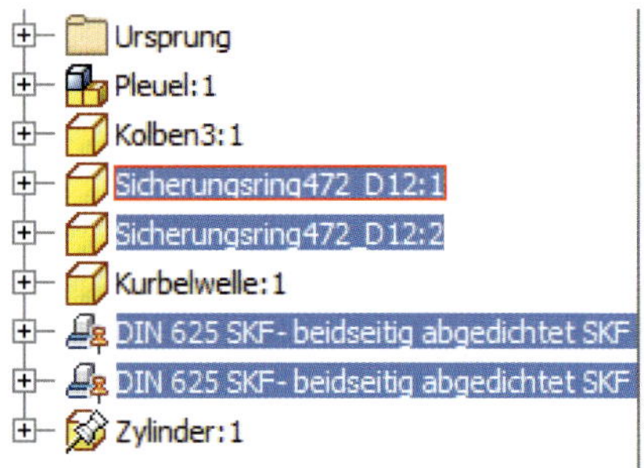

Mit der Funktion **KOMPONENTE EINSCHLIESSEN** wählt man in einem Zug die Bauteile aus, die in der neuen Ansichtsdarstellung zur Bearbeitung angezeigt werden sollen. Die Auswahl kann sowohl in der Arbeitsfläche als auch im Objektbrowser erfolgen.

TIPP: Die Auswahl der einzuschließenden Komponenten im Objektbrowser ist in der Regel schneller und effektiver, da auch unsichtbare Teile ausgewählt werden können.

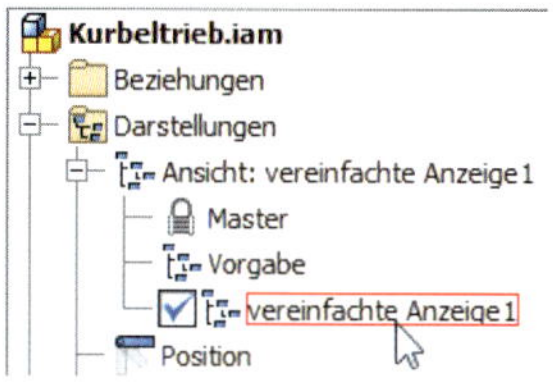

Das beispielhafte Ergebnis einer Ausführung dieser Funktion ist die Darstellung der Pleuel-Bauteile, an denen ohne umständliche Sichtbarkeitseinstellungen von Kolben, Zylinder und Kurbelwelle weiter gearbeitet werden kann.

Im Objektbrowser Darstellungen → Ansicht wird die Ansicht VEREINFACHTE ANSICHT 1 erzeugt und es kann jederzeit zwischen dieser und anderen Ansichten umgeschaltet werden.

TEIL II

9.12.2 Hüllen definieren

Hüllen definieren

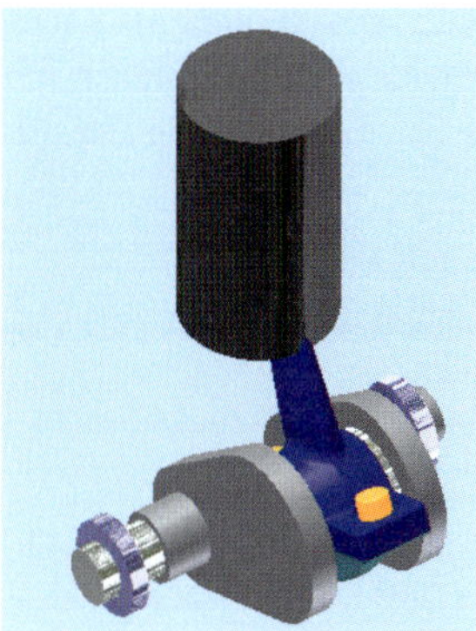

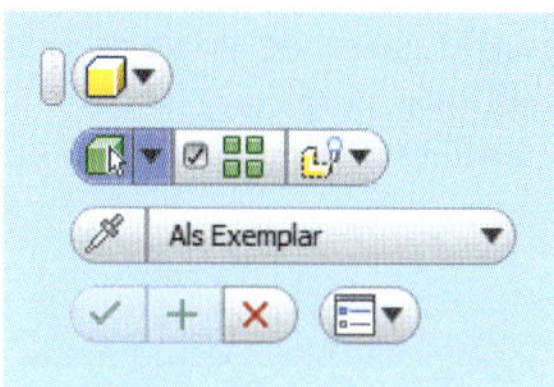

Wie bereits vorher beschrieben ersetzt diese Funktion die komplexe Darstellung von Bauteilen oder Bauteilgruppen durch einen vereinfachten Quader oder Zylinder.

9.12.3 Vereinfachtes Bauteil erstellen

Vereinfachtes Bauteil erstellen

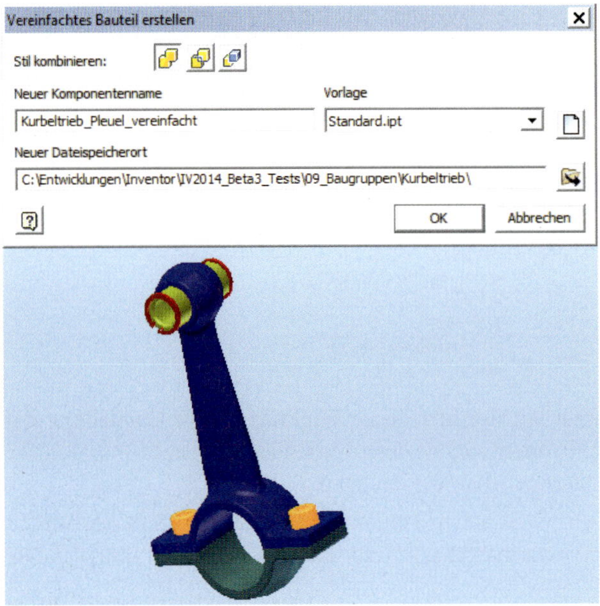

Mit dieser Funktion kann aus einer vereinfachten Ansichtsdarstellung **ein einzelnes Bauteil** erstellt werden.

Im Beispiel wurde aus dem Kurbeltrieb die komplette Pleuel-Einheit zusammen mit dem Kolbenbolzen und den Sicherungsringen als vereinfachte Ansicht erzeugt und als neues Bauteil Kurbeltrieb_Pleuel_vereinfacht.ipt gespeichert. So wurde aus sieben Bauteilen ein einziges erzeugt, das beispielsweise in der FEM-Analyse oder der dynamischen Simulation sehr viel schneller berechnet werden kann.

Vereinfachte Bauteile können in Baugruppen gegen komplexe ausgetauscht werden.

Die wichtigste und grundlegendste Einstellung wird im Bereich STIL KOMBINIEREN vorgenommen. Die Schaltflächen bedeuten im Einzelnen:

Zusammenführung eines Volumenkörpers durch Verbindung planarer Flächen
Ein einzelner Volumenkörper wird erstellt.

Erhaltung des Volumenkörpers durch Verbindung planarer Flächen
Ein einzelner Volumenkörper wird erstellt. Verbindungen zwischen planaren Flächen werden beibehalten.

Jeden Volumenkörper als Volumenkörper erhalten
Einzelne Volumenkörper bleiben erhalten.

10 Zeichnungsableitung

10.1 Einzelteil- und Gesamtzeichnungen

Sowohl in den **Einzelteilzeichnungen,** als auch in **Gesamtzeichnungen** (Zusammenbauzeichnungen, Gruppenzeichnungen) bezieht sich Inventor immer auf die Modelldaten der Bauteil-(IPT-)Dateien. Bei den Gesamtzeichnungen geschieht das zwar über den Umweg der Baugruppe (IAM-Datei), letztendlich jedoch trotzdem mit Bezug auf die einzelnen Bauteile.

HINWEIS: Außer diesem Unterschied unterscheidet Inventor nicht zwischen den Zeichnungstypen Einzelteil oder Baugruppe.

Die Daten der jeweiligen Zeichnungsumgebung werden immer in eigenen Dateien mit der Endung **.IDW** (Inventor Drawing) oder **.DWG** (AutoCAD Drawing) gespeichert.

10.2 Arbeiten mit Zeichnungsnormen

10.2.1 Normenauswahl im Startfenster

Gleich zu Beginn der Arbeit in der Zeichnungsumgebung und mit der Erstellung der ersten neuen Zeichnung werden Sie bereits im Startfenster feststellen, dass der Zeichnungsumgebung verschiedene Zeichnungsnormen zugrunde liegen.

Die für Deutschland wichtigsten Normen sind:

- DIN (deutsch)
- ISO (international)
- ANSI (USA, amerikanisch)

Klicken wir beispielsweise auf das Symbol **DIN.IDW**, so wird die Zeichnungsumgebung mit den Definitionen nach der DIN-Zeichnungsnorm gestartet.

Eine leere Zeichnung wird bereits mit einem Zeichnungsrahmen und eingefügtem Schriftfeld geöffnet.

10.2.2 Einstellungen an Normvorlagen ändern

Da einerseits die Zeichnungsnormen in etlichen Bereichen unterschiedliche Ausprägungen zulassen und andererseits in den Unternehmen sehr viele verschiedene Ausführungen von Zeichnungsdetails gebräuchlich sind, empfiehlt sich ein Blick auf die Möglichkeiten der entsprechenden Inventor-Einstellungen.

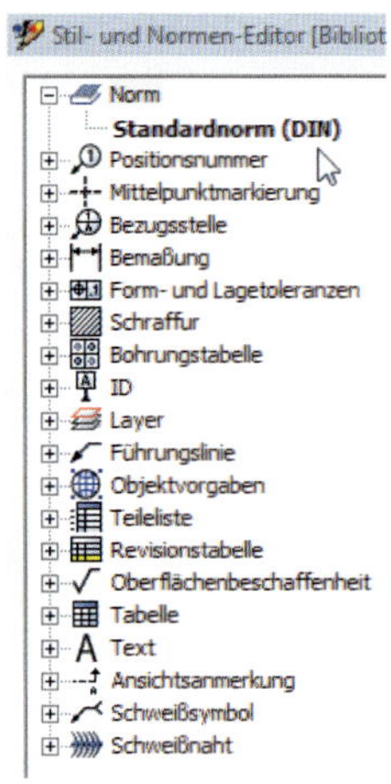

Stil-Editor

Ist die Zeichnungs-Arbeitsumgebung aktiv, befindet sich auf der Registerkarte **VERWALTEN** in der Befehlsgruppe **STILE UND NORMEN** der **STIL-EDITOR**. Diese Funktion ruft ein Dialogfenster auf, in dem die anzuwendenden Normausprägungen und viele andere Einstellungen vorgenommen werden können.

Die Einstellmöglichkeiten sind weitgehend selbsterklärend und so umfangreich, dass auf eine detaillierte Beschreibung verzichtet werden muss.

HINWEIS: Wichtig ist, dass alle Einstellungen nur jeweils in der aktuellen Zeichnungsdatei gespeichert werden. Sollen die Einstellungen permanent oder in verschiedenen Ausführungen zur Verfügung stehen, so sind die Änderungen in der jeweiligen Vorlagendatei (z. B. DIN.idw) vorzunehmen bzw. eigene Vorlagendateien zu erstellen.

10.3 Arbeitsblatt, Zeichnungsrahmen und Schriftkopf

Die Vorgaben für Arbeitsblattformate, Zeichnungsrahmen und Schriftkopf sind ebenfalls in den Zeichnungsvorlagen definiert. Der Inhalt der dort vorhandenen *.IDWs wird als Vorgabe in einer neuen Zeichnung angelegt. Die Auswahl erfolgt über das Auswählen der jeweiligen Norm im Startfenster.

10.3.1 Blattformate

Die Blattgrößen und die Position des Schriftfeldes können eingestellt werden, indem man im Objektbrowser BLATT: X → KONTEXTMENÜ → BLATT BEARBEITEN... aufruft.

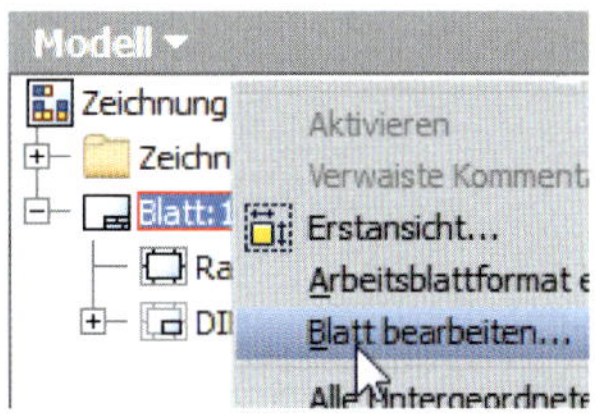

Im erscheinenden Dialogfenster können die Größen ausgewählt oder benutzerdefiniert eingegeben, Hoch- oder Querformat selektiert und das Schriftfeld in alle vier Ecken positioniert werden.

Die Größe eines Blattformats kann mit der Auswahl BENUTZERDEFINIERTE GRÖSSE (MM) direkt geändert werden.

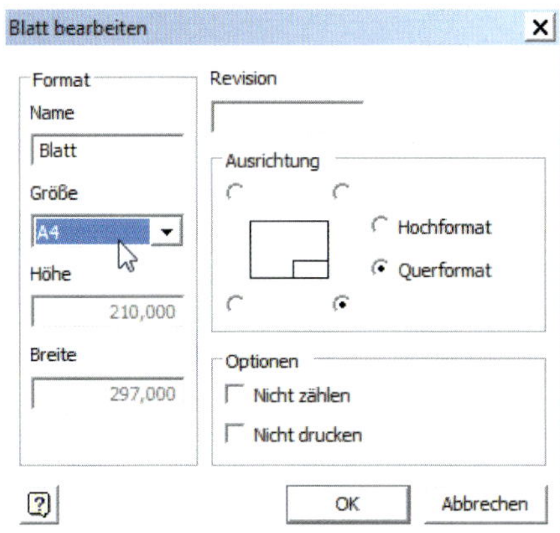

10.3.2 Zeichnungsrahmen

Der Zeichnungsrahmen kann nicht direkt geändert werden.

Einen eigenen Rahmen erstellt man in fünf Schritten:

- Objektbrowser → ZEICHNUNGSRESSOURCEN → RÄNDER → Kontextmenü → NEUEN RAHMEN DEFINIEREN

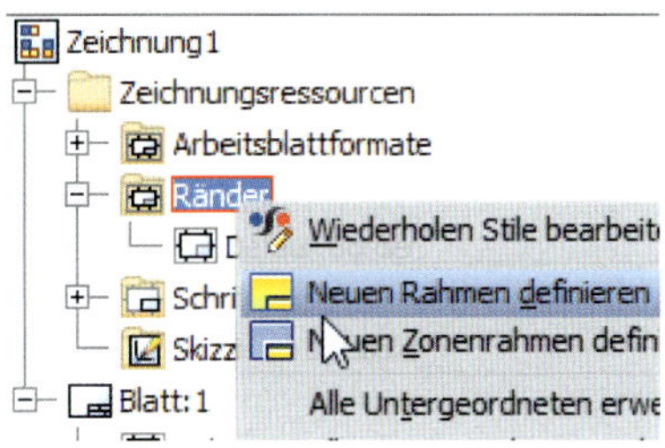

- Im Arbeitsbereich, der in den Skizziermodus umschaltet, den neuen Rahmen zeichnen
- Den Rahmen speichern und einen Namen für den Rahmen vergeben
- Den alten Rahmen löschen: Objektbrowser → Blatt: x → (aktiver Rahmen) → Kontextmenü → LÖSCHEN
- Doppelklick auf den neuen Rahmen in den Zeichnungsressourcen

10.3.3 Schriftkopf, Schriftfeld

Bei den Schriftfeldern gibt es zwei Möglichkeiten, man kann das existierende ändern oder ein neues erzeugen.

- Objektbrowser (aktives Schriftfeld) → Kontextmenü → **DEFINITION BEARBEITEN**
- Objektbrowser (Zeichnungsressourcen, Schriftfelder) → **NEUES SCHRIFTFELD DEFINIEREN**

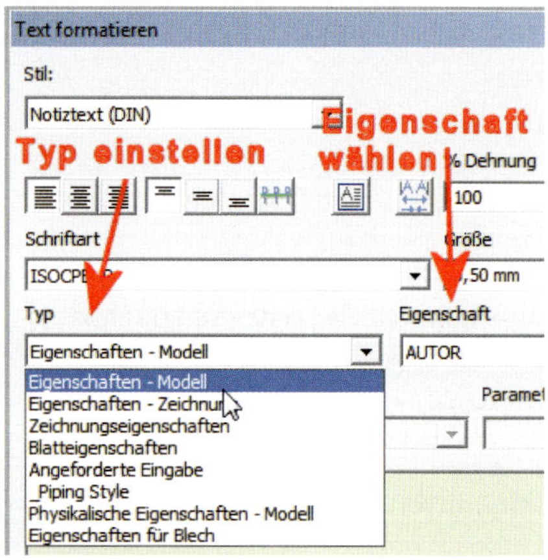

Wie beim Erzeugen eines neuen Rahmens erscheint in beiden Fällen eine skizzenähnliche Arbeitsumgebung, in der das bestehende Schriftfeld verändert oder ein neues gezeichnet werden kann.

Textfelder werden mit dem Befehl **TEXT** erzeugt. Wird der Befehl aufgerufen, dann erscheint der Standard-Texteditor des Inventors.

Es können zwei Arten von Textfeldern unterschieden werden:

- **Statische Textfelder** entstehen, wenn einfach im Editor Text geschrieben wird und kein Typ ausgewählt wurde.
- **Dynamische Textfelder**, die verschiedene Eigenschaften automatisch beinhalten können, werden ebenfalls mit dem Editor erzeugt. Diese Felder haben jedoch einen definierten **Typ**. Je nach ausgewähltem Typ können die dazu passenden **Eigenschaften** zugeordnet werden. Wurde beispielsweise, wie in der Abbildung gezeigt, der Typ Eigenschaft – Modell eingestellt und als Eigenschaft Autor selektiert, fügt der Inventor automatisch den in den Bauteileigenschaften eingetragenen Autorennamen ein.

Texte können beliebig formatiert und auf dem Zeichenblatt ausgerichtet werden.

10.4 Die verschiedenen Ansichten in einer Zeichnung

Bevor die erste Zeichnung entsteht, sollten die grundlegenden Begriffe, die im Zusammenhang mit Zeichnungsansichten stehen, bekannt sein.

HINWEIS: Eine Zeichnung entsteht durch die Erzeugung verschiedener Ansichten eines Bauteils oder einer Baugruppe.

Die Multimenüleiste **ANSICHT ERSTELLEN** bietet dazu eine Fülle verschiedener Funktionen, die im Anschluss kurz vorgestellt werden sollen.

10.4.1 Erstansicht

Eine **ERSTANSICHT** ist eine grundlegende Darstellung, die direkt von der Bauteildatei abgeleitet ist. Von ihr können weitere Ansichten (etwa Parallel- oder Schnittansichten) abgeleitet werden.

Erstansicht

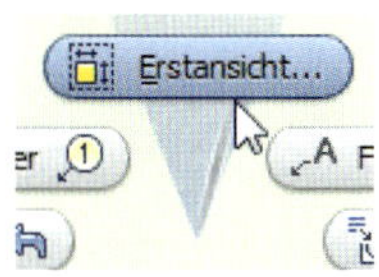

HINWEIS: Jede Zeichnung benötigt mindestens eine Erstansicht.

Weitere Ansichten, Schnitte, Details etc. können von dieser Erstansicht oder aber auch von anderen abhängigen Ansichten erzeugt werden.

10.4.2 Parallele und isometrische Ansichten

Die Funktion **PARALLEL** oder alternativ die Auswahl **PROJIZIERTE ANSICHT** im Markierungsmenü erzeugt an der Erstansicht ausgerichtete Ansichten.

Parallel

Eine parallele oder projizierte Ansicht kann nur im Rahmen ihrer Abhängigkeiten verschoben werden, z. B. eine Seitenansicht nur horizontal, eine Draufsicht nur vertikal.

Wenn die Erstansicht verschoben wird, folgt ihr die ausgerichtete Ansicht, um die Ausrichtung beizubehalten.

Wird eine parallele Ansicht erzeugt, so erfolgen ihre Platzierung und ihre Darstellung in Abhängigkeit von der Cursor-Position in Bezug zur Erstansicht. Acht mögliche Parallel-Ansichten können einzeln oder in einem Rutsch erstellt werden:

- Seitenansicht rechts oder links von der Erstansicht
- Draufsicht über oder unter der Erstansicht
- Isometrische Ansichten an allen vier Ecken der Erstansicht.
- Wurde eine Parallel-Ansicht erzeugt, so kann sie im Kontextmenü mit der Option **AUSRICHTUNG → UNTERBROCHEN** von der Erstansicht gelöst werden. Der Inventor fügt dann automatisch in die Erstansicht einen Ansichtspfeil und einen Buchstaben ein und über der gelösten Ansicht werden der Buchstabe und in Klammern der Maßstab angeordnet. Diese Ansichten können beliebig auf dem Blatt verschoben werden.

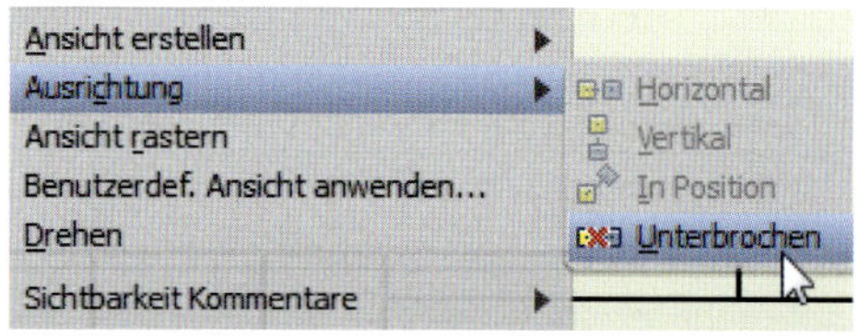

10.4.3 Hilfsansicht

Eine **HILFSANSICHT** wird eingesetzt, um eine besondere Ansicht durch Projektion von einer Kante oder Linie aus einer anderen Ansicht zu erstellen.

Die Hilfsansicht bekommt die Bezeichnung »Ansicht A« mit einem Bezugspfeil und dem Buchstaben in der Ausgangsansicht.

10.4.4 Schnittansicht

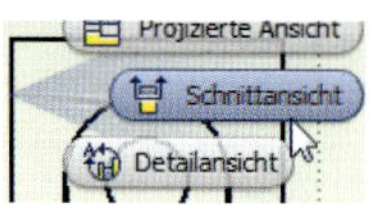

Eine **SCHNITTANSICHT** kann eine

- Vollschnittansicht,
- Halbschnittansicht,
- versetzte oder ausgerichtete Schnittansicht

einer beliebigen Ansicht sein.

Wird eine Schnittansicht erstellt, so muss eine Schnittlinie gezeichnet werden, die den Schnittverlauf für die Schnittansicht definiert. Eine Schnittansicht kann auch durch Festlegen einer Linie in einer Zeichnungsskizze erstellt werden, die der Ansicht zugeordnet wurde.

10.4.5 Detailansicht

Eine **DETAILANSICHT** in einem beliebigen genormten Maßstab stellt einen Ausschnitt einer anderen Ansicht eines bestimmten Teils, in der Regel vergrößert, dar.

Detail

10.4.6 Überlagerung

Eine Überlagerung ist dann zu erstellen, wenn ein Teil eines Bauteils in verschiedenen Stellungen dargestellt werden soll, während der Hauptteil des Bauteils unverändert bleiben soll.

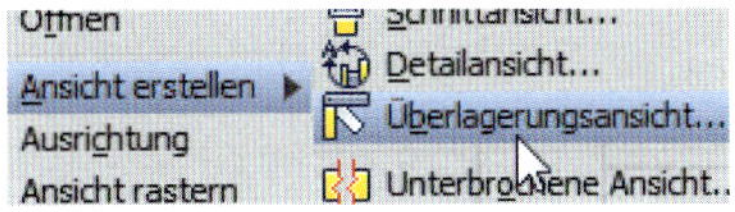

Überlagerung

Beispiel: Der Spannhebel einer Spannvorrichtung wird im gespannten Zustand gezeichnet, soll aber, um Platzprobleme darzustellen, auch im offenen Zustand gezeigt werden.

10.4.7 Nagelbrettansicht

Die **NAGELBRETT**-Ansicht ist den Kabelverlegern gewidmet und ist auch nur in diesem Modul aktiv. Es wird z. B. eine flache 2D-Ansicht eines Kabelbaums in einer Zeichnung wiedergegeben. Alle Kabelbaumdrähte, -kabel und -segmente werden als gerade Linien gezeichnet. Das Nagelbrett ändert Komplexität und Detaillierung in Abhängigkeit von den Standards eines Unternehmens.

Nagelbrett

10.4.8 Entwurfsansicht

Eine **ENTWURF**-Ansicht ist eigentlich keine Ansicht im bisher beschriebenen Sinn. Sie ist, was sie ausdrückt, eine Möglichkeit innerhalb einer Zeichnung, völlig unabhängig von einem Modell, einen Entwurf zu erstellen. Dazu schaltet Inventor in den Skizziermodus um, dem Anwender stehen alle Skizzenbefehle zur Verfügung, und er kann seinen konstruktiven Fantasien freien Lauf lassen.

AutoCAD-Zeichnungen können in Entwurfsansichten importiert werden.

Entwurf

10.4.9 Lösen, Unterbrochene Ansicht

LÖSEN bzw. eine **UNTERBROCHENE ANSICHT** wird gezeichnet, wenn die Ansicht der Komponente über die Länge der Zeichnung hinausragt und die Komponente beim Verkleinern der Ansicht nicht mehr deutlich dargestellt würde. Außerdem können unterbrochene Ansichten

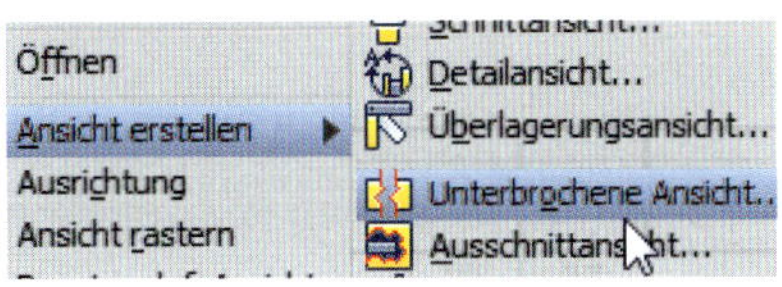

Lösen

verwendet werden, wenn die Ansicht der Komponente größere undefinierte Bereiche enthält. Dies wäre beispielsweise der Fall, wenn die beiden Enden einer Welle mit Kommentaren versehen sein sollen, die Welle selbst jedoch keine Elemente aufweist.

Die Ansicht einer Komponente kann über eine beliebige Länge unterbrochen werden, eine Zeichnungsansicht kann auch mehrere Unterbrechungen enthalten.

Bemaßungslinien, die durch eine unterbrochene Ansicht führen, deren beide Endpunkte jedoch außerhalb des durch die Unterbrechung entfernten Bereichs liegen, werden auf der Höhe der Bruchlinien mit einem Bruchsymbol versehen.

10.4.10 Ausschnittansicht

Ausschnitt

Die **AUSSCHNITTANSICHT** erzeugt innerhalb einer bestehenden Ansicht einen Ausschnitt, d. h., ein Teil der Oberfläche eines Bauteils wird entfernt, damit man die Details im Inneren, in einer zu bestimmenden Tiefe, sehen kann.

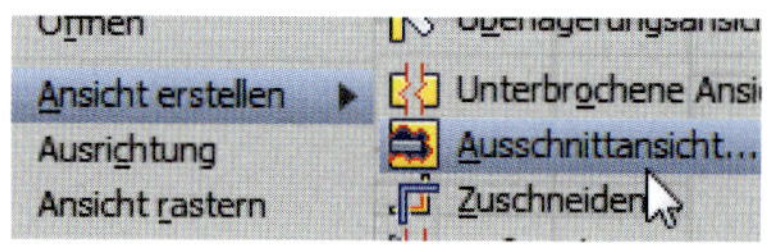

10.4.11 Aufgeschnittene Ansicht

Aufgeschnitten

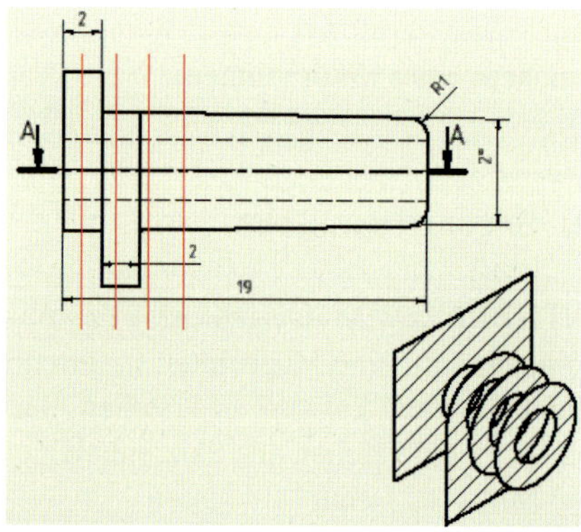

Eine aufgeschnittene Ansicht stellt eine oder mehrere Schnittebenen einer Ansicht dar, die alle nur als schraffierte Ebenen mit der Tiefe 0 dargestellt werden. Sie ist in mehreren Schritten zu erstellen:

- Aus einer vorhandenen Ansicht eine parallele oder isometrische Ansicht erstellen
- In bzw. über der vorhandenen Ansicht eine Skizze mit Schnittlinien (in der Abbildung rot) erzeugen
- Den Befehl **AUFGESCHNITTEN** aufrufen, die aufzuschneidende Ansicht wählen, die Skizze wählen und mit der Option **GANZES TEIL AUFSCHNEIDEN** die aufgeschnittene Ansicht erstellen

10.4.12 Zuschneiden

Die Funktion **ZUSCHNEIDEN** erzeugt keine Ansicht, sondern verändert sie. Mit ihr wird ein Rechteck beliebiger Größe in einer selektierten Ansicht aufgezogen und alle Zeichnungsteile dieser Ansicht werden gelöscht.

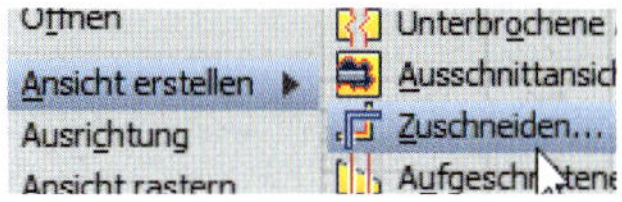

Zuschneiden

10.4.13 Skizze erstellen

Auch die Funktion **SKIZZE ERSTELLEN** erzeugt keine Ansicht, sie ermöglicht, im Zeichnungsbereich eine Skizze zu zeichnen. Ist diese Skizze einer Ansicht zugeordnet, dann kann mit ihr z. B. eine **AUFGESCHNITTENE ANSICHT** oder eine **AUSSCHNITTANSICHT** erstellt werden.

Skizze erstellen

10.4.14 Neues Blatt, Ansichten auf mehreren Blättern

Beim Dokumentieren großer oder komplexer Modelle ist es oft erforderlich, eine abhängige Ansicht auf einem anderen Blatt als die Erstansicht zu platzieren. Die Funktion **NEUES BLATT** erzeugt ein leeres neues Zeichnungsblatt.

Ein neues Blatt wird im Objektbrowser sofort angezeigt.

Neues Blatt

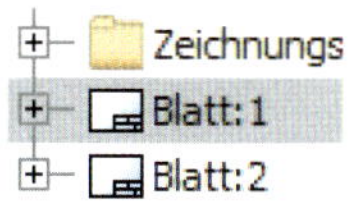

HINWEIS: Ansichten können auch von einem Arbeitsblatt zu einem anderen verschoben werden, indem zuerst ihre Ausrichtung aufgehoben (**AUSRICHTUNG AUFHEBEN**) bzw. unterbrochen (**AUSRICHTUNG → UNTERBROCHEN**) wird und sie dann im Objektbrowser (**!**) von einem Blatt zu einem anderen gezogen werden.

Wird eine abhängige Ansicht auf einem anderen Arbeitsblatt als dem mit der zugehörigen Erstansicht platziert, wird im Objektbrowser die verschobene Ansicht auf dem ursprünglichen Blatt mit einem Verknüpfungssymbol gekennzeichnet.

Auf dem Zielblatt wird die Erstansicht zwar im Objektbrowser eingetragen, aber nur als Verknüpfungsträger, und ebenfalls mit einem Verknüpfungssymbol gekennzeichnet. Die verschobene abhängige Ansicht wird unter ihrer verknüpften Erstansicht aufgeführt und auf dem Zeichenblatt dargestellt.

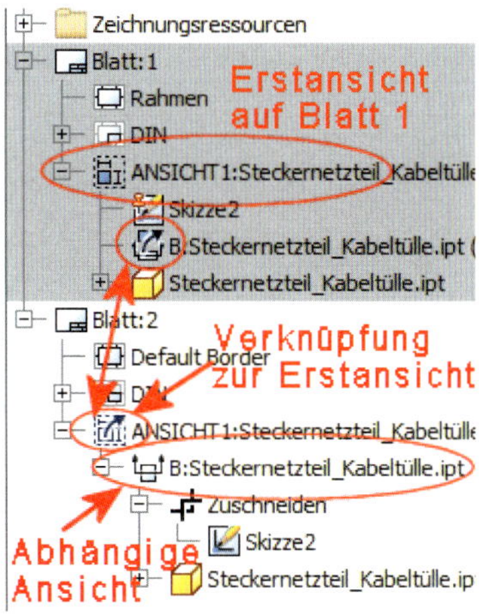

10.5 Die erste Zeichnung

DIN.idw

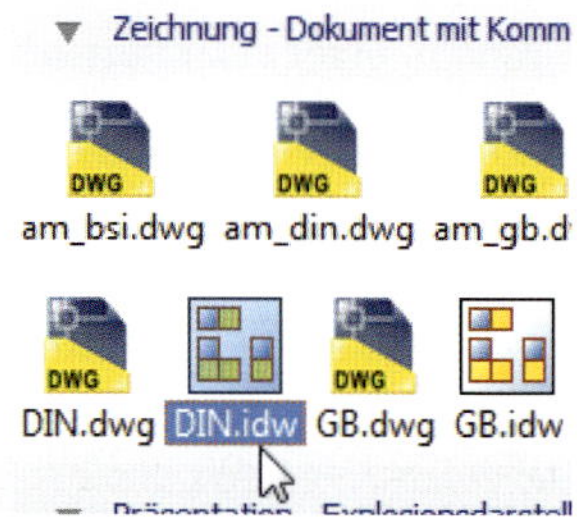

An dieser Stelle wollen wir mit dem mehr praxisbezogenen Teil dieses Kapitels beginnen. Eine neue Zeichnung wird mit Klick auf das Symbol **DIN.IDW** geöffnet.

Die jetzt geöffnete, leere Zeichnung enthält bereits ein Blatt mit Zeichnungsrahmen und Schriftkopf und trägt den temporären Namen **Zeichnung1**. Ihren endgültigen Namen bekommt sie beim Speichern.

Auf der DVD befindet sich im Ordner **Zeichnungsableitung** der Unterordner **Steckernetzteil** und darin die entsprechende Baugruppe. Mit dieser Baugruppe bzw. ihren Bauteilen werden die nächsten Abschnitte bearbeitet.

TO DO: Stellen Sie ggf. das Projekt Steckernetzteil als aktives Projekt ein, und erzeugen Sie im Startfenster mit **NEU** eine neue Zeichnung aufgrund der Vorlage **DIN.IDW**. Stellen Sie das Blattformat auf **DIN A4** im **QUERFORMAT** ein.

10.5.1 Die Erstansicht der Kabeltülle

Erstansicht

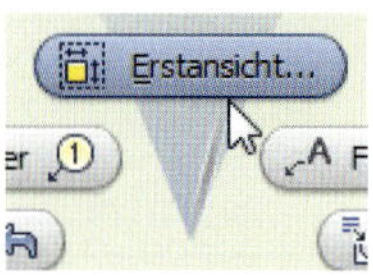

Mit Klick auf das Symbol **ERSTANSICHT** werden Sie im folgenden Dialogfenster zu einer Modell- (*.IPT) oder Baugruppenauswahl (*.IAM) aufgefordert.

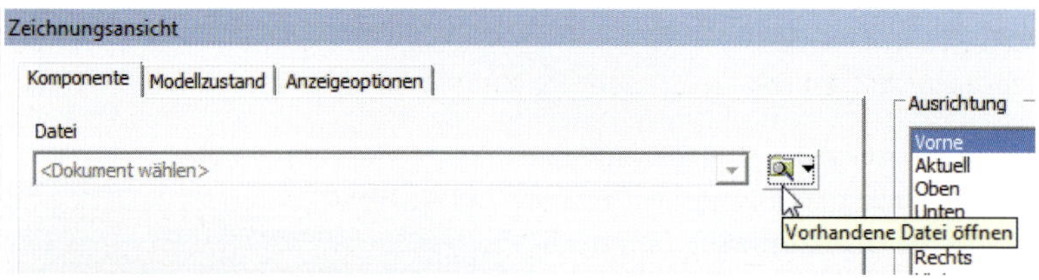

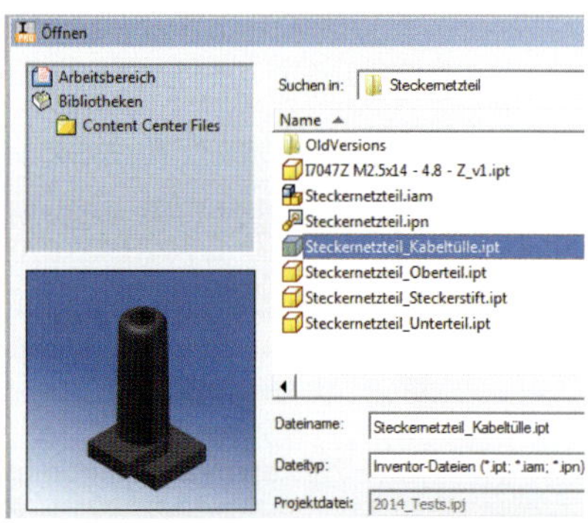

TO DO: Rufen Sie den Befehl **ERSTANSICHT** auf. Im Bereich **DATEI** wählen Sie die Bauteildatei **STECKERNETZTEIL_KABELTÜLLE.IPT** aus und wählen Sie im Listenfeld **AUSRICHTUNG** die Ausrichtung **LINKS**.

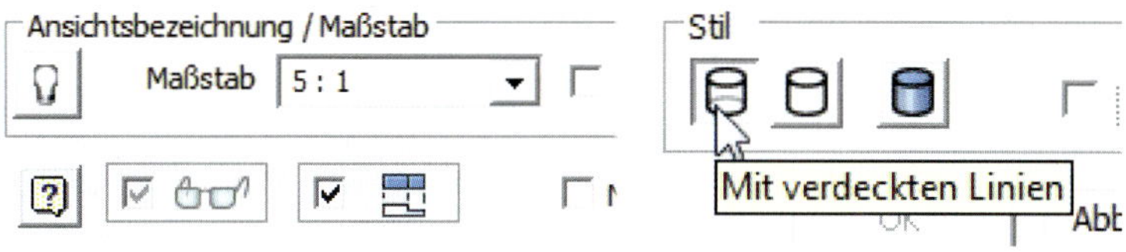

Im unteren Bereich des Dialogfensters wird der vom Inventor automatisch ermittelte Darstellungsmaßstab (**5:1**) angezeigt, der jetzt oder später natürlich verändert werden kann.

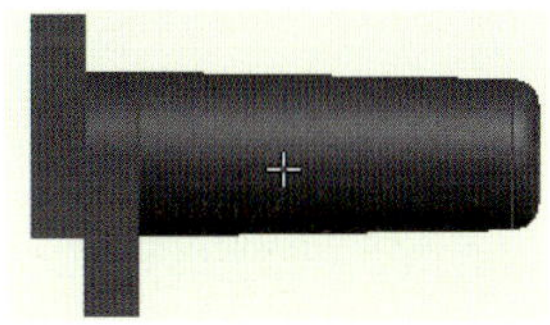

Im rechten Bereich des Dialogfensters kann der Darstellungsstil verändert werden. Die Voreinstellung **MIT VERDECKTEN LINIEN** sollte beibehalten werden.

Die Kabeltülle hängt sofort am Cursor und kann auf dem Zeichenblatt verschoben werden.

TO DO: Positionieren Sie die Ansicht irgendwo temporär auf dem Zeichenblatt (die genaue Positionierung erfolgt erst im nächsten Schritt) und klicken Sie auf **OK**.

Der Inventor möchte nach dem Platzieren einer Erstansicht sofort abhängige Parallelansichten (Seitenansicht etc.) erstellen. Um diesen Vorgang abzubrechen, klicken Sie im Markierungsmenü (RMT) noch einmal auf OK, damit die Erstansicht endgültig auf dem Blatt erstellt wird.

Da das Dialogfenster für die Einstellungen der Erstansicht den größten Teil der Zeichnungsfläche verdeckt hat, ist die Erstansicht der Kabeltülle jetzt erst richtig zu positionieren.

TO DO: Bewegen Sie den Cursor über der Ansicht so, dass der Rand dieser Ansicht sichtbar wird. In der Nähe des Randes erscheint das Symbol zum Verschieben der Ansicht.

Durch Ziehen mit der Maus sollten Sie die Ansicht in einen sinnvollen Bereich des Zeichenblattes positionieren. Für die nächsten Schritte ist eine Positionierung im rechten oberen Bereich des Zeichnungsblattes sinnvoll.

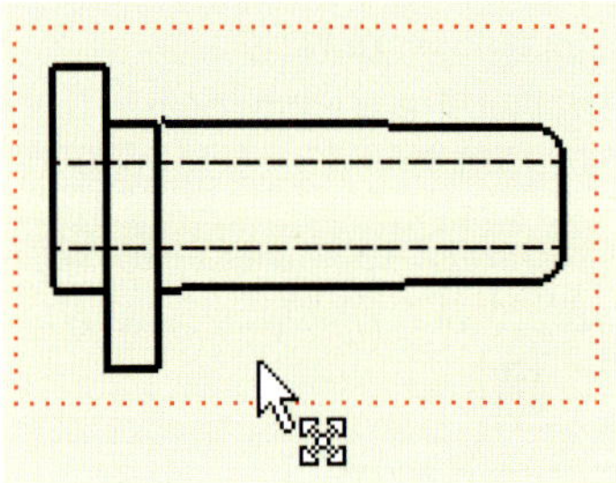

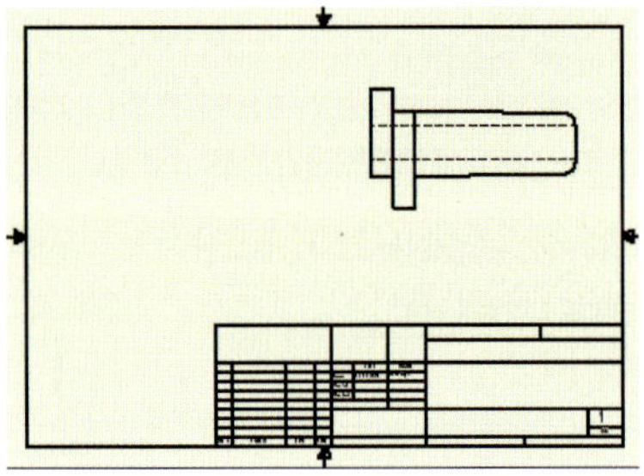

Diese Ansicht soll die Seitenansicht darstellen.

10.5.2 Abhängige Ansichten erzeugen

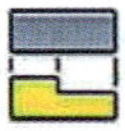

Parallel

Um eine oder mehrere abhängige Ansichten dieser Erstansicht zu erzeugen, müssen Sie den Cursor in die Erstansicht bewegen und dort das Markierungsmenü (RMT) mit der Funktion **PROJIZIERTE ANSICHT** aufrufen. Alternativ gibt es die Funktion **PARALLEL** in der Multifunktionsleiste und im Kontextmenü der Erstansicht.

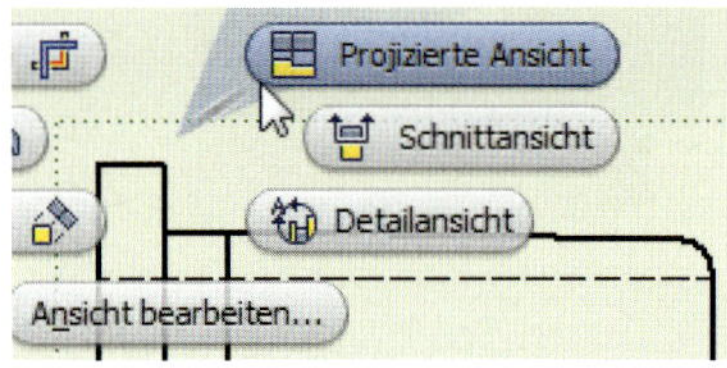

Anschließend klicken Sie mit der rechten Maustaste in die Erstansicht und wählen aus dem Kontextmenü ANSICHT ERSTELLEN ... → PARALLEL.

HINWEIS: Achten Sie beim Rechtsklick in der Ansicht darauf, dass keine Linie, kein Bogen oder Kreis markiert ist, sondern dass die punktierte Umrisslinie um die Ansicht dargestellt wird. Nur dann erscheinen die richtigen Funktionen.

Je nachdem, wohin jetzt das Zeigegerät geschoben wird, entsteht automatisch entweder eine Vorderansicht, die Draufsicht oder eine isometrische Ansicht.

TO DO: Positionieren Sie links neben der Seitenansicht die Vorderansicht der Kabeltülle und klicken Sie im Markierungsmenü auf den Button **ERSTELLEN**.

So schnell werden Zeichnungen erstellt.

Ihre Zeichnung sollte jetzt in etwa so aussehen:

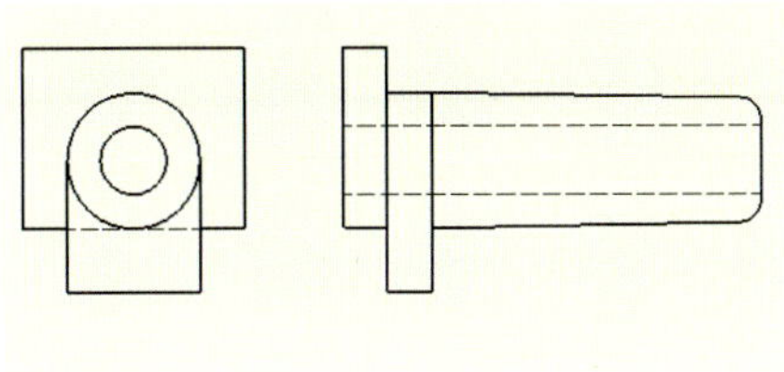

HINWEIS: Das Markierungsmenü jeder Ansicht bietet neben vielen Einträgen auch die Möglichkeit **ANSICHT BEARBEITEN ...** , die dazu benutzt werden kann, die Darstellung der selektierten Ansicht zu verändern.

10.6 Zeichnung mit Anmerkung versehen

Um eine Zeichnung weiter zu bearbeiten, ist die Registerkarte **MIT ANMERKUNG VERSEHEN** (früher: Zeichnungskommentare) zu aktivieren.

Auf dieser Funktionsleiste befinden sich alle Befehlsgruppen und Funktionen, die nötig sind, um aus einer »nackten« Ansicht eine richtige, normgerechte Zeichnung werden zu lassen.

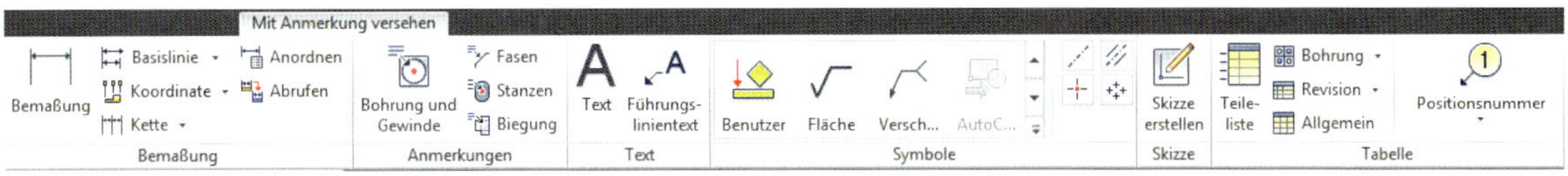

Bemaßungen, Symbole für Bohrungen, Gewinde etc., Texte, Oberflächen- und Bearbeitungssymbole, Mittellinien, Stücklisten usw. sind Anmerkungen, die mit diesen Funktionen erstellt werden können.

10.6.1 Mittellinien

Die wichtigsten Elemente einer Zeichnung sind Mittellinien. Inventor kennt vier verschiedene Arten bzw. Funktionen für Mittellinien.

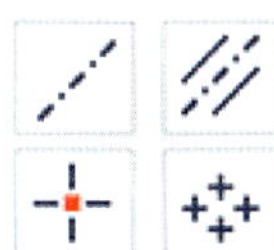

Die Auswahl wird sichtbar, wenn im Befehlsbereich auf den Erweiterungspfeil neben dem Befehl **MITTELPUNKTMARKIERUNG** geklickt wird.

TEIL II

Symbol	Bedeutung
	**FREIE MITTELLINIE** erzeugt eine »freie« Mittellinie zwischen zwei Elementpunkten einer Ansicht.
	**MITTELPUNKTMARKIERUNG** erzeugt Zentrumskreuze in Kreisen und an Bögen (Bohrungen, Gewinde).
	**SYMMETRIELINIE** erzeugt Mittellinien als Symmetrielinien zwischen zwei selektierten Kanten einer Ansicht (z. B. Längsachsen runden Körper).
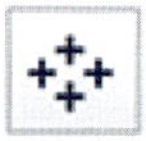	Erzeugt einen Mittellinienkreis oder -bogen für kreisförmig angeordnete Elemente einschließlich Zentrumskreuzen (z. B. Lochkreise).

TO DO: Um unserer Seitenansicht die notwendige Mittellinie zu verpassen, wählen Sie **SYMMETRIELINIE** der Mittellinie und klicken anschließend in der Seitenansicht die beiden verdeckten Bohrungskanten an.

Um der Vorderansicht das Achsenkreuz hinzuzufügen, ist der Befehl **MITTELPUNKTMARKIERUNG** aufzurufen.

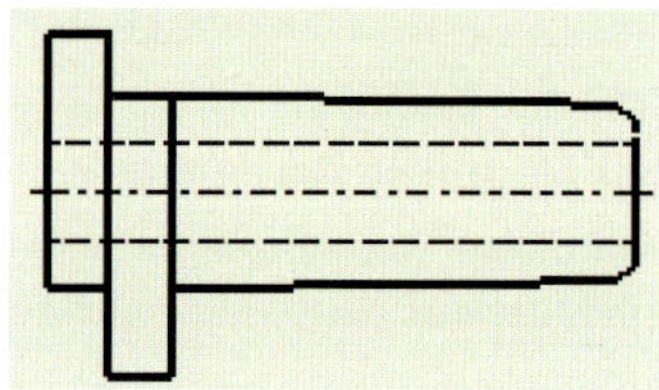

TO DO: Rufen Sie den Befehl **MITTELPUNKTMARKIERUNG** auf und setzen Sie das Achsenkreuz auf die äußere Kreiskontur. Da Inventor beim äußeren Kreis nur jeweils die beiden Halbkreise erkennt, muss dieser Vorgang für jeden Halbkreis erfolgen.

Richtigerweise müsste die vertikale Mittellinie allerdings über die ganze Ansicht gehen.

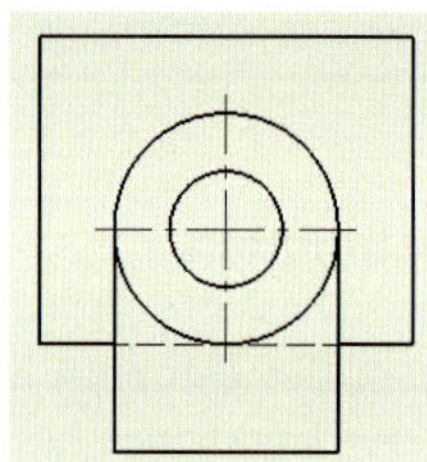

HINWEIS: Eine Alternative zum Achsenkreuz wäre, die Mittellinien als freie Mittellinien mit dem Befehl **MITTELLINIE** zu erzeugen.

Wenn mit dem Achsenkreuz gearbeitet wurde, können die Endpunkte der vertikalen Mittellinie einfach nach außen gezogen werden.

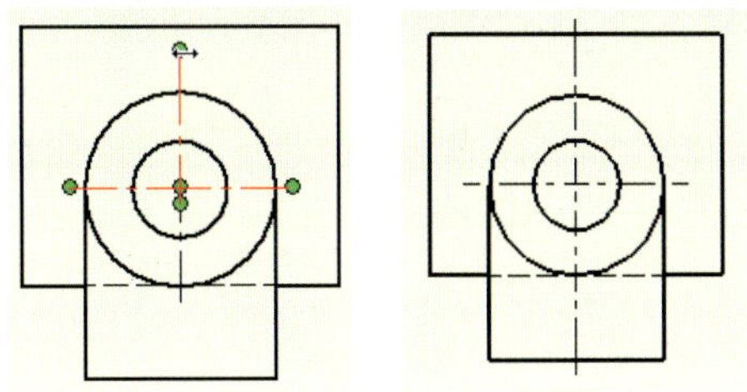

10.6.2 Erzeugen einer Schnittansicht

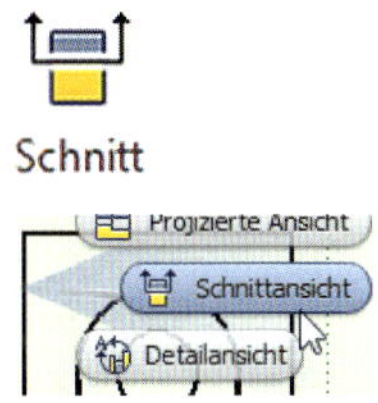

Um eine **SCHNITTANSICHT** erzeugen zu können, muss zuerst diejenige Ansicht, aus welcher der Schnitt erstellt werden soll, aktiviert werden.

TO DO: Rufen Sie den Befehl **SCHNITTANSICHT** auf und setzen Sie den Startpunkt der Schnittlinie in der Seitenansicht auf den rechten Beginn der Mittellinie bzw. die Mitte der Körperkante. Ziehen Sie die Schnittlinie horizontal nach links durch den ganzen Körper. Nach dem Setzen des Endpunktes klicken Sie im Kontextmenü auf **WEITER**.

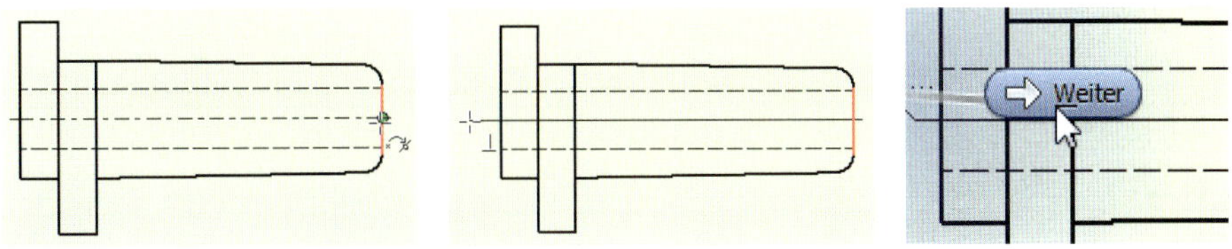

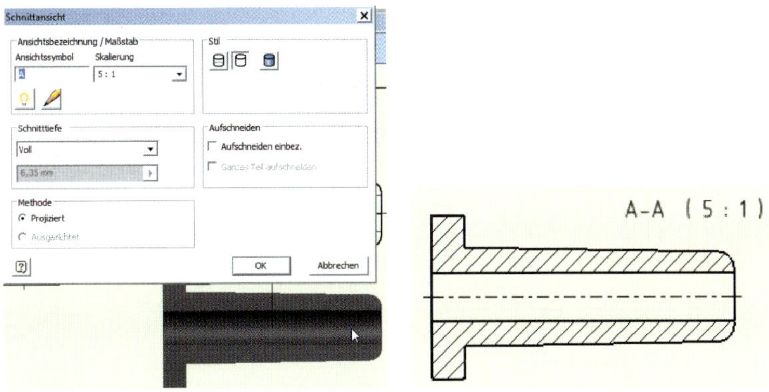

Mit dem Dialogfenster wird die neue Ansicht bereits auf dem Zeichenblatt erzeugt und kann direkt positioniert werden.

TO DO: Erzeugen Sie die Mittellinie im Schnitt A-A wie vorher.

10.6.3 Zeichnungen bemaßen

Funktion	Bedeutung
Bemaßung	Die Funktion **BEMASSUNG** ist die Standardfunktion für einzelne Bemaßungen aller Art. Sie kann horizontale, vertikale und ausgerichtete Elemente, Radien, Durchmesser, Bogenlängen Sehnenlängen und Winkel bemaßen.
Basislinie Basisliniensatz	Nach der Auswahl einer Basislinie (erstes gewähltes Element) in einer Ansicht und der anschließenden Selektion der zu bemaßenden Elemente werden Basisbemaßungen horizontal oder vertikal automatisch erzeugt.
Koordinate Koordinatensatz	Nach der Auswahl eines Ursprungspunktes in einer Ansicht und der anschließenden Selektion der zu bemaßenden Elemente werden Koordinatenmaße horizontal oder vertikal automatisch erzeugt. Der Ursprung wird mit einem Symbol gekennzeichnet.
Kette Gruppe	Alle selektierten Elemente in einer Ansicht werden automatisch mit einer Maßkette horizontal oder vertikal versehen.
Anordnen	Mit dieser Funktion werden die Bemaßungen einer Ansicht ausgerichtet. Es können einzelne Maße, mehrere oder alle mit einer Fensterauswahl einbezogen werden.
Abrufen	Diese Funktion ruft die Modellbemaßung (Skizze, Extrusionen etc.) einer Bauteildatei ab und fügt sie als Bemaßung in die Ansicht ein.

HINWEIS: Das Abrufen von Modellmaßen ist zwar die schnellste Art einer Bemaßung, liefert aber meist zweifelhafte Ergebnisse, die viel Nacharbeit erfordern.

10.6.4 Bemaßungen einfügen

Bemaßung

Da die Basislinien-, Koordinaten- und Kettenbemaßung weitgehend automatisch erfolgt, werden wir vor allem die allgemeine **BEMASSUNG** kennenlernen.

Nachdem der Bemaßungsmodus durch das Aufrufen des Befehls eingeschaltet wurde, erkennt Inventor in der Regel automatisch, welche Elemente angeklickt werden, und erzeugt die entsprechende Bemaßung.

Die grundsätzlichen Bemaßungsfunktionen beim Anklicken von Elementen sind:

Angeklickte Element(e)	Ausgeführte Bemaßung
Linie	Länge der Linie, horizontal, vertikal oder ausgerichtet
Linie-Punkt Punkt-Punkt Linie-Linie, parallel	Abstand, horizontal, vertikal oder ausgerichtet Optional: linearer Durchmesser oder lineare Symmetrie
Linie-Linie, nicht parallel	Winkel
Bogen	Radius Optional: Durchmesser, Winkel, Bogenlänge, Sehnenlänge
Kreis	Durchmesser Optional: Radius
Punkt-Punkt-Punkt	Winkel

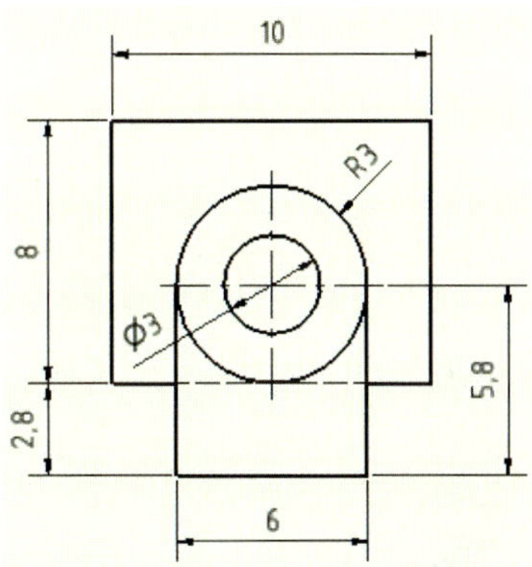

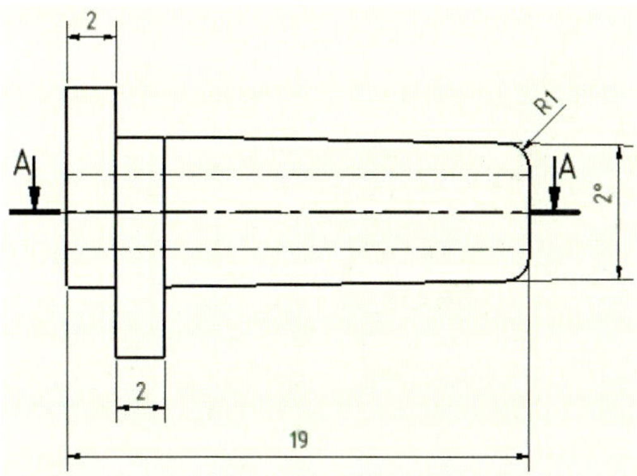

TO DO: Rufen Sie den Befehl **BEMASSUNG** auf, und bemaßen Sie die Seitenansicht und die Vorderansicht ähnlich wie in den Bildern dargestellt.

Durchmesser in seitlichen Ansichten

Eine Besonderheit soll am Beispiel einer Durchmesserbemaßung gezeigt werden.

HINWEIS: Wird zum Beispiel eine Bohrung oder ein Außendurchmesser in einer Seitenansicht als einzelne Körperkante dargestellt, so erkennt Inventor trotzdem, dass es sich um einen Durchmesser handelt, und fügt das Durchmessersymbol der Bemaßung hinzu.

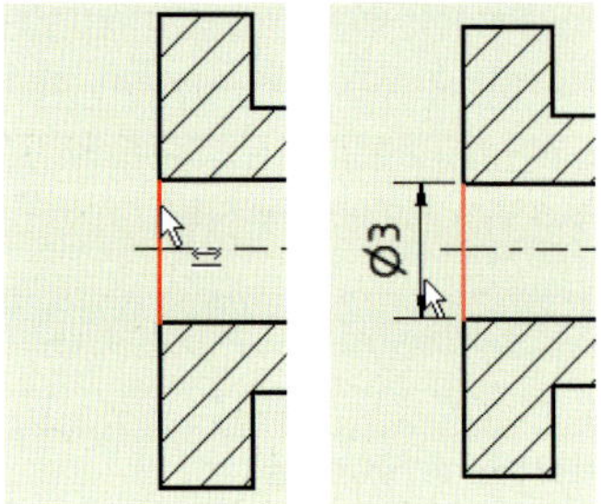

Bemaßung mit »gedachten« Schnittpunkten

Eine Bemaßung, die an einer gedachten Schnittlinie beginnt, ist in mehreren Schritten herzustellen.

Im folgenden Beispiel soll der konisch auslaufende Durchmesser am linken Ende der Seitenansicht bemaßt werden, der für die Herstellung des Teiles wichtig ist.

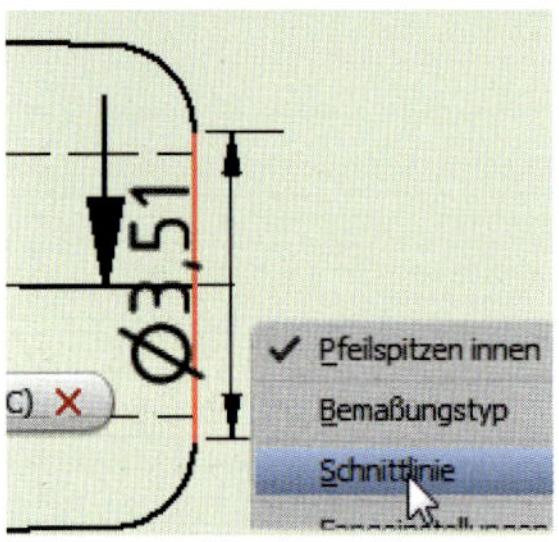

Die Funktion **BEMASSUNG** ist aufzurufen und ein Element zu selektieren. Im Kontextmenü ist **SCHNITTLINIE** auszuwählen.

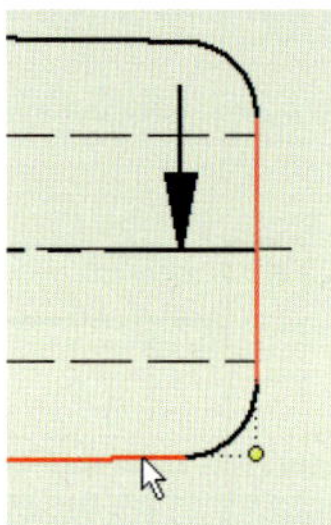

Als zweites Element zur Berechnung des gedachten Schnittpunktes ist das entsprechende Element zu wählen, das mit dem zuerst gewählten den gedachten Schnittpunkt bildet.

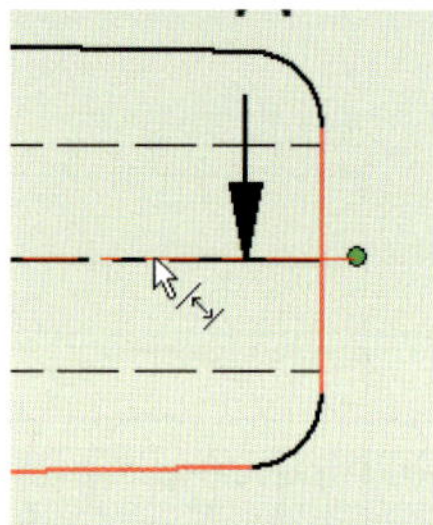

Im dritten Schritt ist das Element zu wählen, zu dem hin die Bemaßung ausgeführt werden soll.

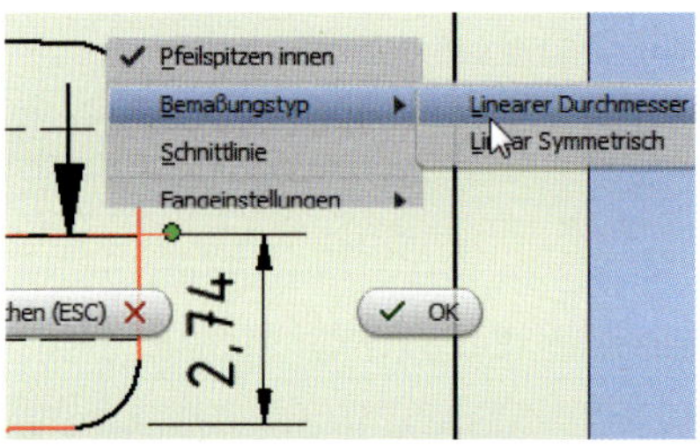

Eine Bemaßung zum gedachten Schnittpunkt wäre jetzt zu erzeugen.

Im Beispiel soll jedoch das Maß als Durchmesser eingetragen werden, weswegen im Kontextmenü **LINEARER DURCHMESSER** auszuwählen ist.

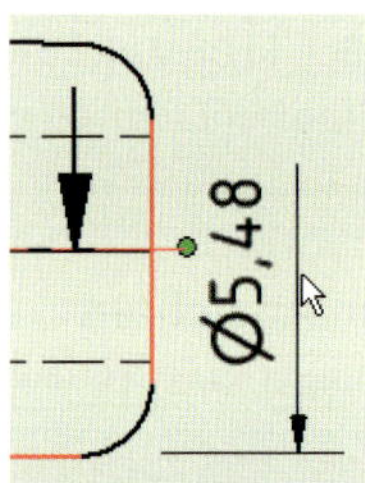

Jetzt wird der Durchmesser zwischen zwei gedachten Schnittpunkten vorgeschlagen und das Maß kann positioniert werden.

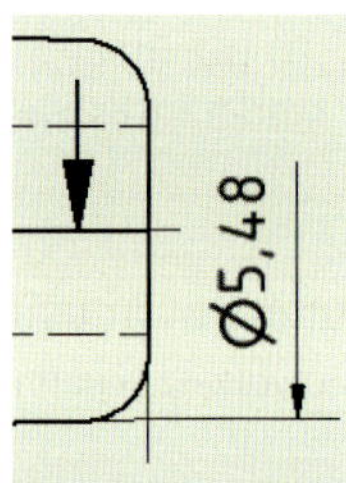

Die fertige Bemaßung gedachter Schnittpunkte.

10.6.5 Bemaßungen ändern

Sie können eine Bemaßung ändern, indem Sie bei ausgeschaltetem Bemaßungsmodus auf die Bemaßung doppelklicken oder im Kontextmenü einen der folgenden Einträge wählen:

- **OPTIONEN** ändert Pfeilspitzen und Führungslinien.
- **GENAUIGKEIT** ändert die Genauigkeit der Maßanzeige.
- **BEARBEITEN ...** öffnet ein Dialogfenster, in dem der Bemaßungstext ergänzt oder geändert, Genauigkeit und Toleranzen eingestellt und Prüfmaße erzeugt werden können.
- **TEXT ...** ruft einen Texteditor auf, in dem der Bemaßungstext ergänzt oder geändert und seine Formatierung eingestellt werden kann.

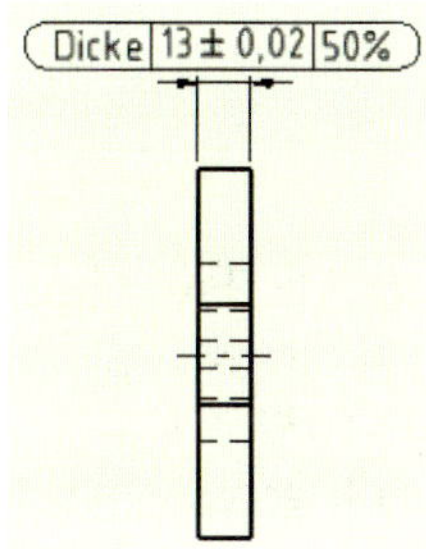

Beispiel eines Prüfmaßes, das nach der Bemaßung mit der Option **BEARBEITEN** → **PRÜFMASSE** definiert wurde.

10.6.6 Bemaßungen verschieben

Mit dem Befehl **BEMASSUNG VERSCHIEBEN** im Kontextmenü einer Bemaßung kann ein Maß von einer Ansicht in eine andere verschoben werden, sofern dort die Maßkontrollpunkte ebenfalls vorhanden sind. Sinnvoll ist dies z. B. dann, wenn aus Gründen der Übersichtlichkeit eine neue Detailansicht erstellt wird und die Maße aus der Quellansicht direkt in die Detailansicht verschoben werden können.

HINWEIS: Maße können jedoch nicht von einer Vorder- in eine Seitenansicht verschoben werden, z. B. kann ein Kreisdurchmesser in der Vorderansicht nicht zu einer Linienbemaßung in der Seitenansicht werden.

10.6.7 Tabellen einfügen

Allgemein

Mit der Funktion **ALLGEMEIN** in der Befehlsgruppe **TABELLE** lassen sich sehr einfach Tabellen in Zeichnungen einfügen und entweder mit beliebigen Inhalten oder mit Inhalten aus der Modelldefinition (z. B. iPart-Definitionen) füllen.

Stücklisten werden in Abschnitt 10.7.6 und 10.7.7 behandelt.

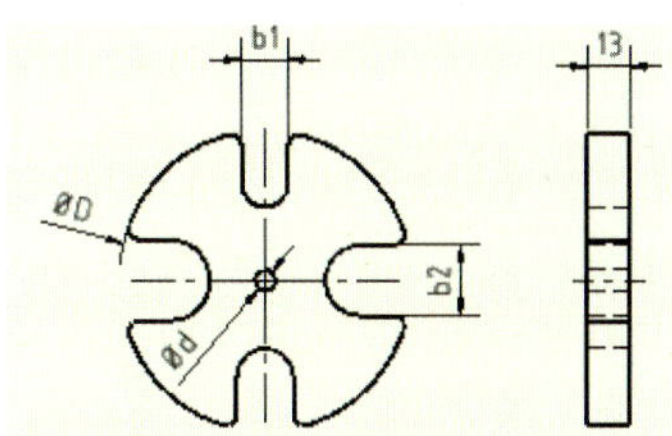

Teile Tabelle				
TeilNr.	Durchm. D	Durchm. d	Nut b1	Nut b2
123-5	50	5	10	13
123-6	60	6	12	15
123-7	70	7	15	18
123-8	80	8	18	21
123-10	100	10	20	25

10.7 Baugruppenzeichnungen

Zeichnungen von Baugruppen (Zusammenbauzeichnungen, Gesamtzeichnungen) werden auf die gleiche Weise erstellt wie Zeichnungen von einzelnen Bauteilen. Da jede Zeichnung viele Arbeitsblätter haben kann, kann ein vollständiger Satz genormter Zeichnungen für die Baugruppe und alle ihre Komponenten in einer einzigen Zeichnungsdatei erstellt werden.

10.7.1 Baugruppenzeichnung erzeugen

Mit dem Symbol im Startfenster wird eine neue Zeichnungs-Arbeitsumgebung entsprechend der gewählten Norm geöffnet. Ein neues, leeres Zeichenblatt erscheint auf dem Bildschirm. Vergleichbar mit dem Vorgehen beim Erstellen von Einzelteilzeichnungen wird jetzt mit dem Befehl **ERSTANSICHT** eine **Baugruppendatei (IAM)** ausgewählt.

HINWEIS: Das Erstellen der Ansichten und aller anderen Manipulationen unterscheidet sich nicht vom Vorgehen bei einer Einzelteilzeichnung. Im Unterschied zu Einzelteilzeichnungen enthalten Baugruppenzeichnungen in der Regel Positionsnummern und Stücklisten.

10.7.2 Positionsnummern vergeben

Um Positionsnummern zu vergeben, stehen zwei Möglichkeiten zur Verfügung:

- **POSITIONSNUMMER:** Positionsnummern einzeln »von Hand« einfügen
- **AUTOMATISCHE POSITIONSNUMMER:** Automatisch alle Teile mit Positionsnummern versehen

10.7.3 Automatische Positionsnummernvergabe

Ist man mit der Vergabe der einzelnen Nummern nicht festgelegt, empfiehlt sich hier die automatische Vergabe.

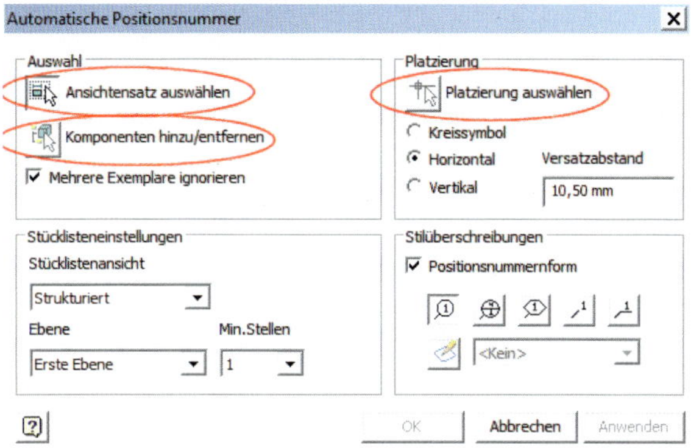

Im Dialogfenster **AUTOMATISCHE POSITIONSNUMMER** sind drei Eingaben zwingend nötig:

- **ANSICHTENSATZ AUSWÄHLEN:** Für jede Vergabe kann eine Ansicht ausgewählt werden. Sollen Positionsnummern auf mehrere Ansichten verteilt werden, dann ist die automatische Vergabe für jede einzelne Ansicht gesondert durchzuführen. Beim Klicken der Schaltfläche **ANWENDEN** bleibt das Dialogfenster offen.
- **KOMPONENTEN HINZU/ENTFERNEN:** Für jede selektierte Ansicht sind die Komponenten auszuwählen, die mit Positionsnummern versehen werden sollen. Die Auswahl kann mittels Fenster/Kreuzen geschehen. Das Entfernen funktioniert nur durch einzelnes Anklicken zusammen mit der Umschalttaste. Ist das Auswahlfeld **MEHRERE EXEMPLARE IGNORIEREN** aktiv, können in einer zweiten oder weiteren Ansicht nur Komponenten selektiert werden, die zuvor noch keine Positionsnummer zugeordnet bekamen.
- **PLATZIERUNG AUSWÄHLEN:** Im dritten Schritt muss die Platzierung der Positionsnummern auf dem Blatt angegeben werden. Der Ort kann beliebig gewählt werden und als Anordnung stehen **HORIZONTAL**, **VERTIKAL** und **KREISFÖRMIG** zur Verfügung (siehe Abbildung).

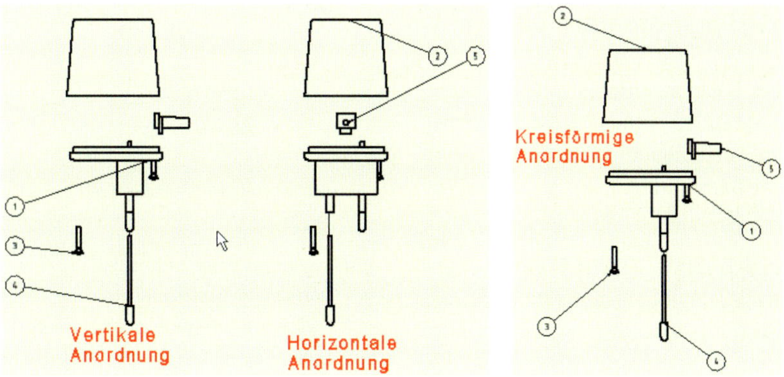

Die Positionsnummern werden entsprechend der Auswahl platziert, besonders bei der kreisförmigen Anordnung aber trotzdem einigermaßen willkürlich auf dem Blatt verteilt. Nacharbeiten sind in der Regel erforderlich.

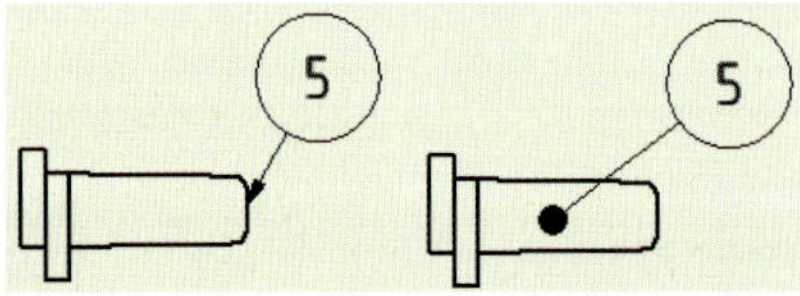

HINWEIS: Die Enden der Führungslinien werden an Kanten ausgerichtet und mit Pfeilen versehen. Sobald jedoch eine Positionsnummer bzw. -linie angeklickt wird, ist sie mit zwei dicken, grünen Punkten an ihren Enden markiert und kann in die gewünschte Position verschoben werden. Ändert man den Linienbezug von einer Kante auf das Innere eines Bauteils, ändert sich auch die Form des Linienendes von einem Pfeil in einen Punkt.

10.7.4 Positionsnummernvergabe »von Hand«

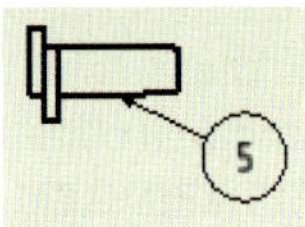

Man fügt eine Positionsnummer ein, indem man **nach dem Festlegen der Positionen** mit der rechten Maustaste im Markierungsmenü auf WEITER klickt.

Sind alle Nummern eingefügt, klickt man ebenfalls im Markierungsmenü ABBRECHEN, um den Positionsnummern-Modus zu beenden.

HINWEIS: Bei der Vergabe einzelner Positionsnummern kann man beliebig zwischen den Ansichten wechseln und gleiche Positionsnummern können unabhängig von den Ansichten für ein Teil auch mehrfach vergeben werden.

10.7.5 Positionsnummern ändern

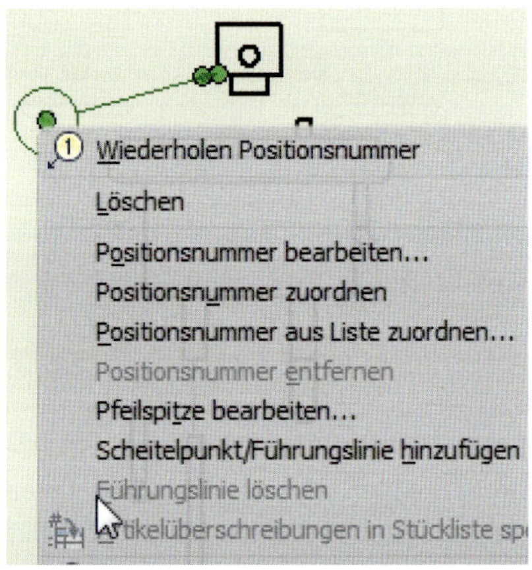

Außerhalb des Positionsnummern-Modus beinhaltet das Kontextmenü einer selektierten Positionsnummer verschiedene Funktionen zum Verändern der Darstellung.

Unter anderem sind dies:

- POSITIONSNUMMER BEARBEITEN ... ermöglicht, andere Symbole (anstelle von Kreisen) für Positionsnummern zu verwenden und die Positionsnummern selbst mit anderen Werten zu überschreiben.
- POSITIONSNUMMER ZUORDNEN ordnet der Position eine weitere Positionsnummer zu, z.B. bei einer Verschraubung aus Schraube,

Scheibe und Mutter können über eine Führungslinie drei Positionsnummern angezeigt werden.

- **POSITIONSNUMMER AUS LISTE ZUORDNEN ...**: wie vorher, die zuzuordnenden Positionen können jedoch aus einer temporären Stückliste ausgewählt werden
- **PFEILSPITZE BEARBEITEN...** ermöglicht eine Auswahl von verschiedensten Endformen (über 20) der Führungslinie (Pfeil, Punkt, Kreis etc.).
- **SCHEITELPUNKT/FÜHRUNGSLINIE HINZUFÜGEN** ermöglicht das Erstellen geknickter Führungslinien. Diese Möglichkeit besteht auch beim Erstellen von Hand, wenn mehrere Punkte für die Führungslinie eingegeben werden.

10.7.6 Teileliste, Stückliste erzeugen und einfügen

Eine der einfachsten Übungen am Schluss dieses Kapitels ist es, eine Stückliste zu erzeugen und diese der Zeichnung hinzuzufügen.

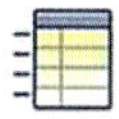

Teile-
liste

TO DO: Klicken Sie im Befehlsbereich auf die Schaltfläche **TEILELISTE**, wählen Sie eine Ansicht im Zeichnungsfenster aus und klicken Sie **OK**.

Das war's eigentlich auch schon. Die vom Inventor automatisch erzeugte Stückliste erfüllt nicht immer alle Erwartungen eines Konstrukteurs und muss häufig angepasst werden.

Stückliste			
Pos.	Stck.	BAUTEILNUMMER	BEZEICHNUNG
1	1	STN-UNT-1312	Unterteil
2	1	STN-OBT-1005	Oberteil
3	2	I7047-2,5-14-4.8-ZA	Senkschraube ISO 7047 - M2.5x14 - 4.8 - Z
4	2	STN-STS-009	Steckerstift
5	1	STN-KBT-112	Kabeltülle

10.7.7 Stückliste bearbeiten

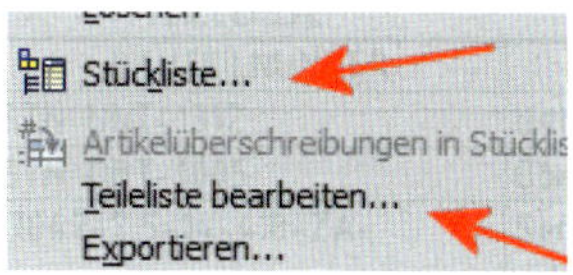

Eine eingefügte Stückliste lässt sich selektieren und über ihr Kontextmenü ändern.

Der Inventor unterscheidet dabei die beiden Funktionen:

- **STÜCKLISTE ...** und
- **TEILELISTE BEARBEITEN ...**

Die Funktion **STÜCKLISTE...** muss aus dem Kontextmenü gewählt werden, die Funktion **TEILELISTE BEARBEITEN...** wird auch durch einen Doppelklick auf die Stückliste ausgelöst.

In beiden Fällen erscheinen Dialogfenster (siehe Abbildungen), die ähnlich aufgebaut sind, jedoch unterschiedliche Funktionen aufweisen.

HINWEIS: Eine **Stückliste** wird automatisch mit der Baugruppendatei (IAM) geführt und stellt praktisch deren Datenbank dar. In einer Stückliste werden grundsätzliche Daten definiert, z. B. welche Spalten enthalten sein sollen.

Eine **Teileliste** ist die Ableitung der Stückliste für die Zeichnung ähnlich der Ableitung einer Zeichnungsansicht aus einem Modell. In einer Teileliste wird vor allem das Format der Darstellung definiert, z. B. welche Überschriften sollen die Spalten haben.

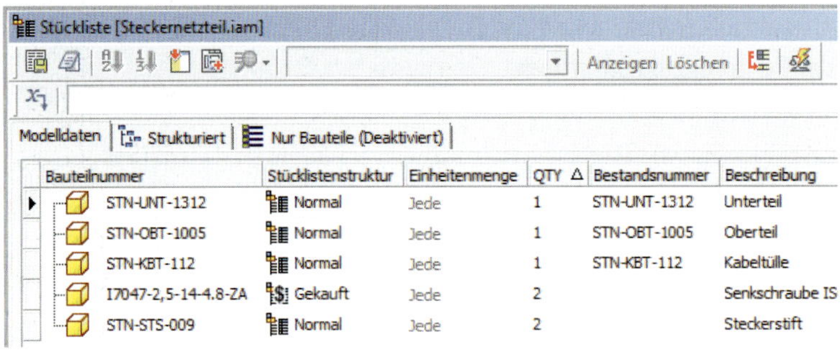

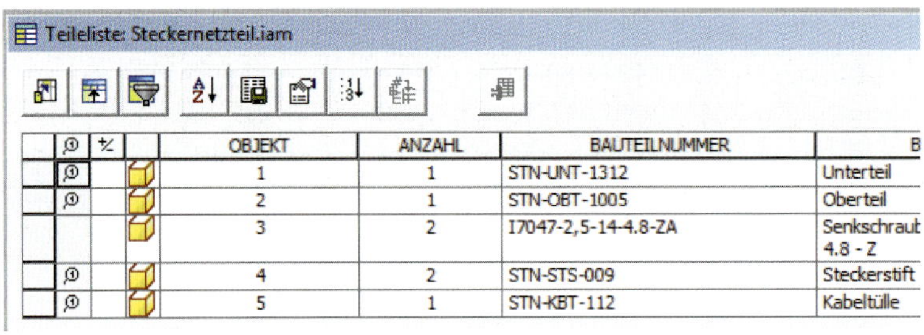

HINWEIS: Für die Veränderung der Spalten- bzw. der Stücklistenbreite und der Höhen benötigt man die Dialogfenster nicht, dies kann direkt in der Zeichnung erfolgen.

TEIL III

Übungen und Arbeitstechnik

Umfangreiche Übungen, die in unterschiedliche Arbeitsbereiche einführen und die Arbeit mit dem Inventor vertiefen

- Mehrteiliges Kunststoffgehäuse als Multipart-Teil
- Zahnstangenpresse
- Elektrische Anschlüsse, Kabel und Kabelbaum verlegen
- Flasche mit Bügelverschluss
- Finite Elemente (FEM)

11 Übung: Mehrteiliges Kunststoffgehäuse

Der Übungsteil des Buches beginnt mit einem kleinen Gehäuse aus Kunststoff, das im Vorderteil eine durchsichtige Scheibe und hinten ein Lüftungsgitter hat. Das Gehäuse ist z. B. für die Aufnahme eines Quarzuhren-Laufwerks oder anderer Messeinrichtungen geeignet.

11.1 Das Konzept

Der erste und wichtigste Schritt bei der Konstruktion eines neuen Produktes ist, sich Klarheit über zwei Punkte zu verschaffen:

- Über das Produkt selbst: Daten der Anforderungsliste (Pflichtenheft etc.), physikalische und geometrische Grunddaten, Werkstoffe, Bearbeitungsverfahren usw.
- Über das Vorgehen bei der Konstruktion mit dem CAD-System: Aufbau der Skizzen im Koordinatensystem, Ein- oder Mehrvolumenkörper, herstellungs- und bearbeitungsgerechte Konstruktionsschritte usw.

Der erste Punkt ist für diese Übung (im Gegensatz zur Praxis) nicht relevant, da das Produkt ein ausgedachtes, künstliches Übungsteil ist.

- Es soll ein vierteiliges Gehäuse aus Frontteil, Scheibe, Mittelkörper und Rückenteil konstruiert werden.
- Die Scheibe wird ins Frontteil eingeklebt.
- Front-, Mittel- und Rückenteil sollen vom Rücken aus zur Front so verschraubt werden, dass das Mittelteil eingeklemmt wird.
- Am Mittelteil sollen zwei Leisten als Füße dienen.

Der zweite Punkt, die Arbeitstechnik im CAD-System, ist das zentrale Thema dieser Übung.

Die Besonderheiten und die Schwerpunkte dieser Übung sind dabei:

- Der Grundkörper wird aus einem **Mehrfachbauteil** (Multipart) in einem Zug erstellt. Alle vier Teile befinden sich in einer einzigen Bauteildatei.
- Die einzelnen Bauteildateien, aus denen die Baugruppe zusammengesetzt wird, sind lediglich **Ableitungen aus dem Grundkörper** und könnten als Varianten dort modifiziert werden.
- Die Baugruppe besteht aus der Fügung der abgeleiteten Bauteile.

Der Vorteil dieser Arbeitstechnik, die sich für Baugruppen mit wenigen Teilen sehr gut eignet, besteht in der **Übersichtlichkeit**, da sich immer alle Einzelteile in einer einzigen Bauteildatei befinden und dort bearbeitet werden können.

Ein weiterer Vorteil besteht in der **Änderungsfreundlichkeit** der Konstruktion. Die Teile, die alle aus einem einzigen Grundkörper entstehen, passen immer zueinander, auch dann, wenn Hauptabmessungen geändert werden.

Der dritte Vorteil besteht in der **Rationalität** der Arbeitsweise mit nur einer einzigen Datei.

Da über Ableitungen letztendlich eine **vollwertige Baugruppe** erzeugt wird, ist es trotzdem möglich, die Teile einzeln zu verwalten, Stücklisten generieren zu lassen usw.

Neben den genannten besonderen Arbeitstechniken werden in dieser Übung vor allem auch die Funktionen der **Kunststoffbearbeitung** im Vordergrund stehen (Falze, Verschraubungen, Lüftungsgitter).

Jetzt soll's aber endlich losgehen.

11.2 Der Ausgangskörper

Nachdem Sie ein **neues Projekt** (Gehäuse o. Ä.) erzeugt und aktiviert haben, ist die **neue Bauteildatei (»Gehäuse.ipt«)** mit der Vorlage STANDARD(MM).IPT zu erstellen.

Die erste Skizze (**NEUE SKIZZE**) in diesem Bauteil soll auf der **XY-EBENE** liegen.

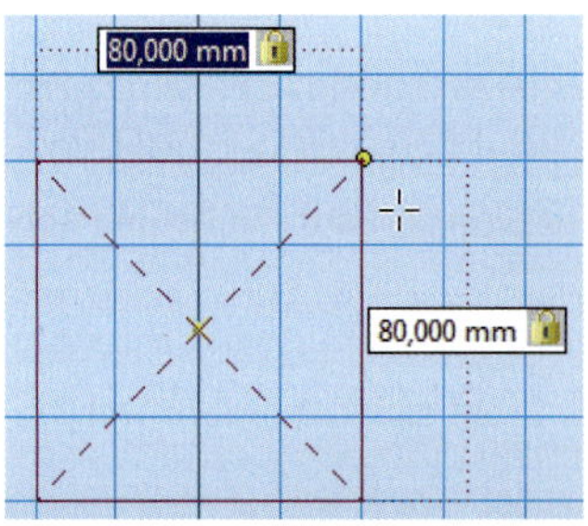

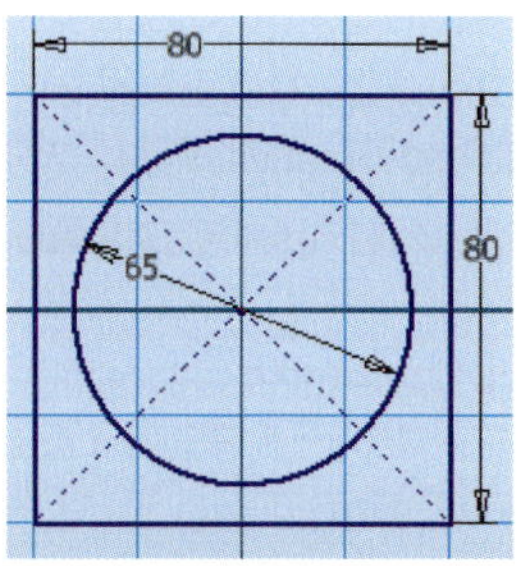

Über die Funktion **RECHTECK, MITTE MIT ZWEI PUNKTEN** wird ein Quadrat **80 x 80 MM** erstellt, dessen Mittelpunkt im **URSPRUNG** des Koordinatensystems liegt.

> **HINWEIS:** Durch die Anordnung im Ursprung des Koordinatensystems ist die automatisch bemaßte Skizze sofort voll bestimmt.

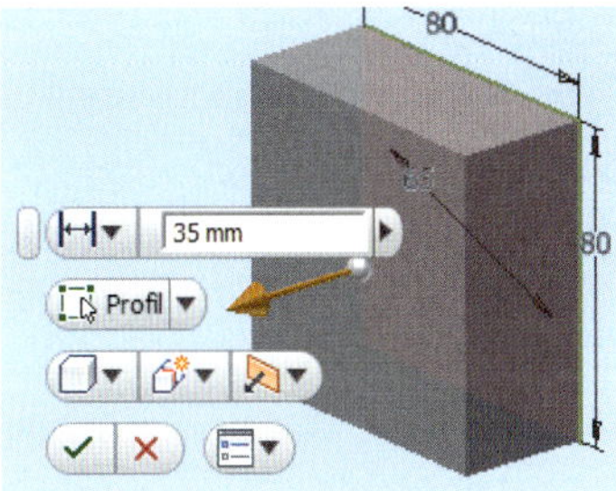

Ebenfalls im **URSPRUNG** wird ein **KREIS** mit dem Durchmesser **65 MM** benötigt.

Die erste **EXTRUSION** erzeugt einen neuen Volumenkörper mit der **TIEFE 35 MM**. Da die Skizze noch häufiger benötigt wird, ist **SKIZZE WIEDER VERWENDEN** anzuklicken.

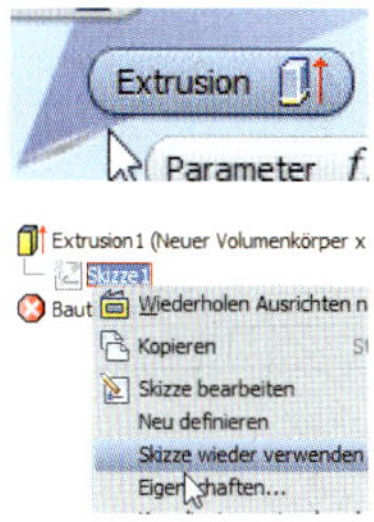

In den nächsten beiden Schritten werden die Kanten des Ausgangskörpers mit der Funktion **ABRUNDEN** abgerundet.

Rundung

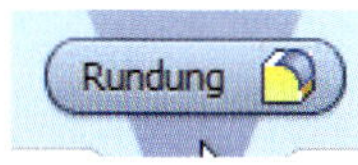

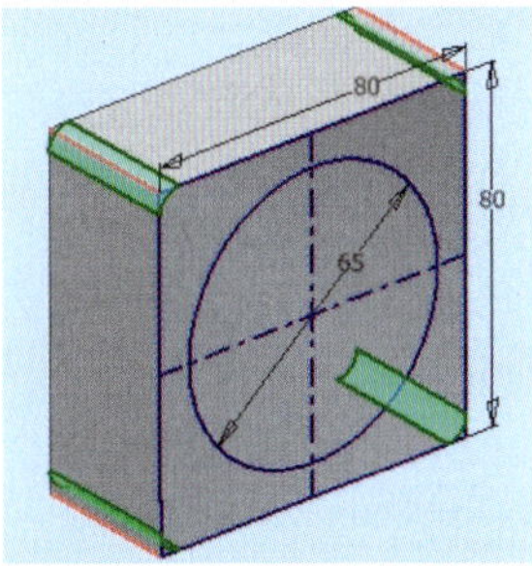

Die kurzen Kanten mit dem **RADIUS 5 MM** und der Option **KANTE**

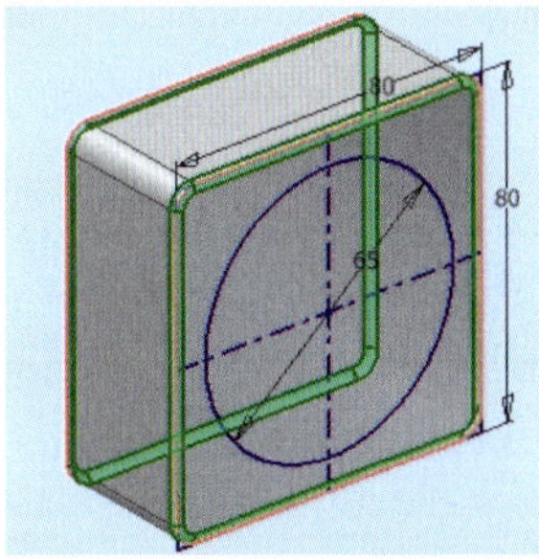

Die umlaufenden Konturen mit dem **RADIUS 2 MM** und der Option **KONTUR**

Mit der dritten Bearbeitung soll der Körper an einer Schmalseite kleine Fußleisten bekommen. Es ist also eine **NEUE SKIZZE** auf einer der Schmalseiten zu erstellen, und die beiden Leisten sind zu skizzieren.

> **HINWEIS:** Da sich die erste Skizze auf der XY-Ebene befindet, ist es empfehlenswert, die Fußleisten an der Unterseite des Quaders auf der XZ-Ebene zu skizzieren.

Die Stirnseiten der Leisten sollten mindestens **6 MM** von der Vorder- und der Rückseite entfernt sein. Außerdem sollten die Leisten **SYMMETRISCH** zu der **MITTELACHSE** der Körpers ausgerichtet sein.

Die Fußleisten sollen **23 MM** lang und **2 MM** breit sein. Falls sich die Hauptmaße des Grundkörpers ändern, sollen sie weiterhin **mittig und symmetrisch** angeordnet bleiben. Um dies zu erreichen, sind die folgenden Arbeitsschritte einzuhalten.

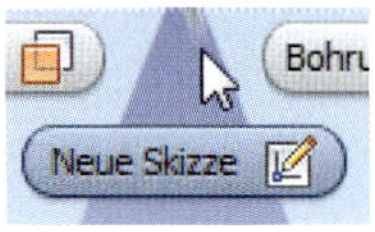

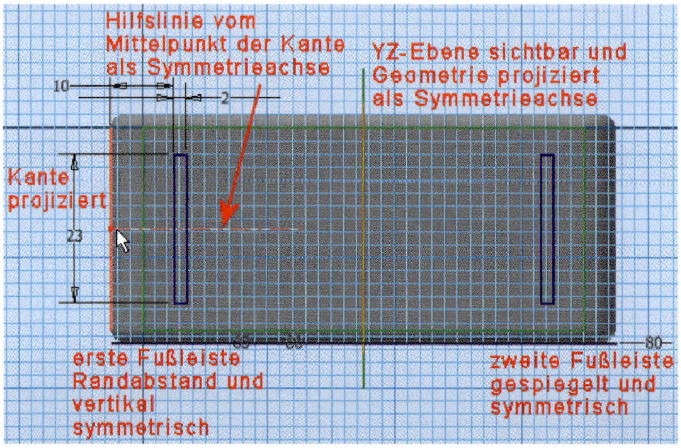

Geometrie projizieren

TO DO:

- Die linke schmale Kante des Grundkörpers mit **GEOMETRIE PROJIZIEREN** in die Skizze holen
- Eine Hilfslinie von der **Mitte** dieser Kante nach rechts zeichnen und als **MITTELLINIE** formatieren
- Die Ursprungsebene **YZ SICHTBAR** machen und Grundkörper mit **GEOMETRIE PROJIZIEREN** in die Skizze holen
- Die linke Fußleiste als **RECHTECK** zeichnen und bemaßen (**23** x **2 MM**), den Randabstand **10 MM** bemaßen
- Die erste Fußleiste mit der Abhängigkeit **SYMMETRISCH** vertikal an der Hilfslinie ausrichten
- Die zweite Fußleiste durch **SPIEGELN** der ersten an der YZ-Ebene erzeugen

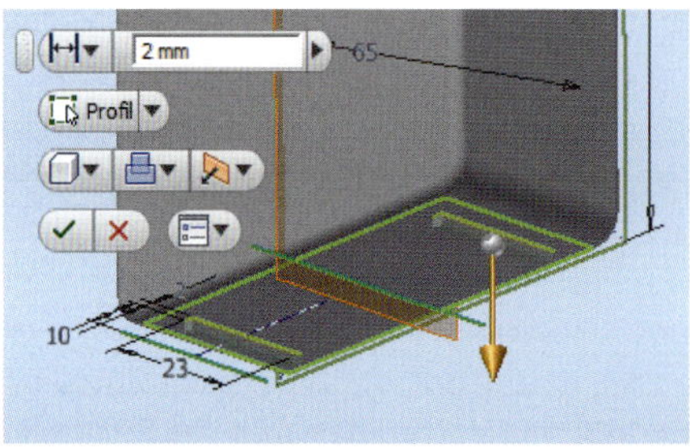

Nachdem die Skizze fertiggestellt und beendet wurde, erfolgt die **EXTRUSION** der beiden Fußleisten auf einen **ABSTAND** von 2 MM.

11.3 Einen Hohlkörper erzeugen

Hülle

Wandstärke

Momentan besteht das Bauteil noch aus massivem Material. Als Gehäuse soll es jedoch mit einer geringen Wandstärke innen hohl werden. Bevor andere Arbeitsschritte folgen, muss also aus dem Volumenkörper ein Hohlkörper entstehen.

Der Befehl **HÜLLE** (früher: **WANDSTÄRKE**) erfüllt diese Funktion und erzeugt einen Hohlkörper mit **1 MM WANDSTÄRKE**, die von der äußeren Oberfläche nach **INNEN** gemessen wird.

Da das Gehäuse später in einen Deckel, den Mittelteil und einen Boden geteilt wird, werden **keine FLÄCHEN** entfernt.

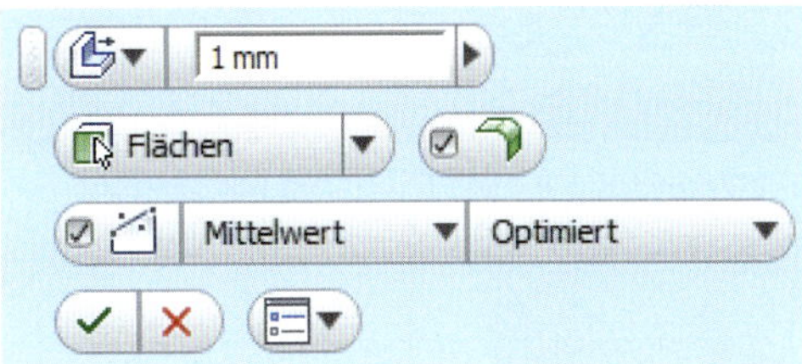

11.4 Gehäuse öffnen

Ebene

Trennen

Das Gehäuse soll drei- bzw. vierteilig werden:

- Rückwand
- Mittelteil
- Vorderteil

Am Schluss der Konstruktion kommt noch ein viertes Teil, der Glaseinsatz, dazu.

Um den Hohlkörper in Vorder-, Mittel- und Rückteil aufteilen zu können, sind **Trennebenen** nötig, die als **ARBEITSEBENEN** jetzt erzeugt werden müssen.

Jeweils im Abstand von **5 MM** von der vorderen und der hinteren Fläche ist eine **ARBEITSEBENE** zu erzeugen. Dabei ist nach dem Befehlsaufruf die jeweilige Fläche anzuklicken und die temporär angezeigte Arbeitsebene ist an einer Ecke zu verschieben. Das Maß **5 MM** kann dann direkt eingegeben werden.

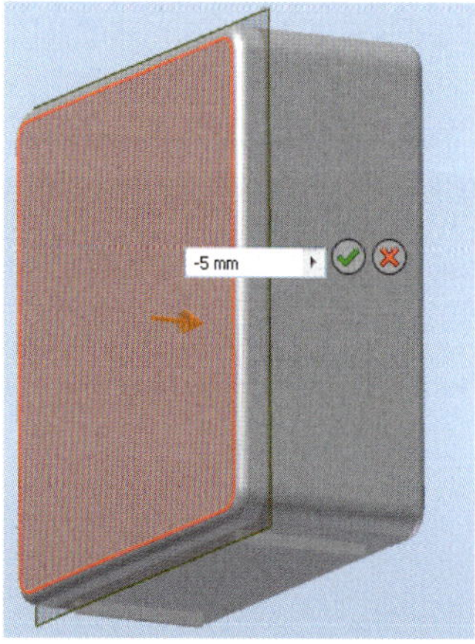

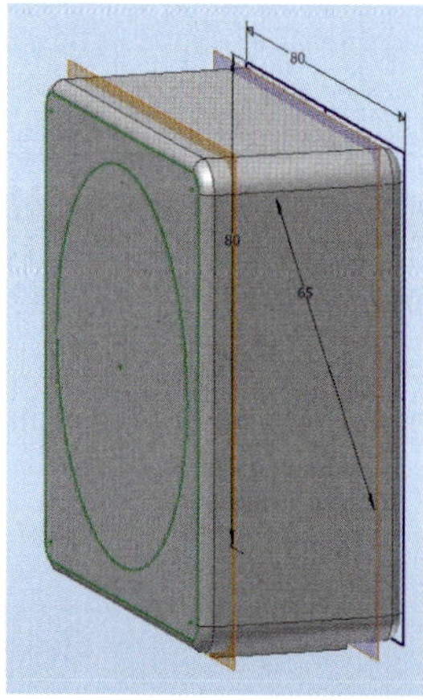

Trennen

Die Funktion **TRENNEN** ist zweimal aufzurufen, jedes Mal mit der Einstellung **VOLUMENKÖRPER TEILEN**. Als Trennwerkzeug wird jeweils eine **ARBEITSEBENE** ausgewählt.

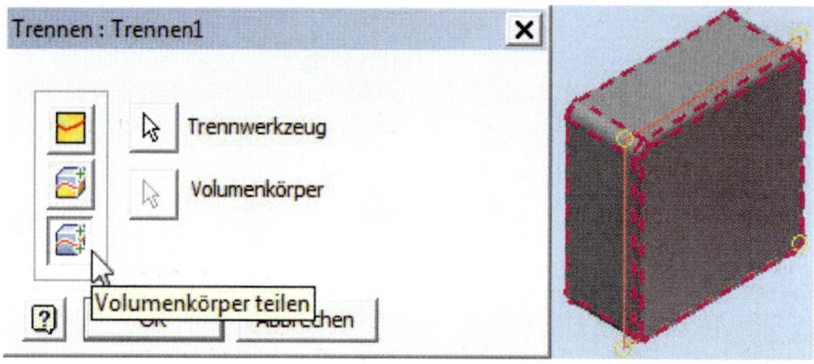

Nach den beiden Aktionen sind im **Objektbrowser** drei Volumenkörper vorhanden, die entsprechend umbenannt werden sollten.

- V1_Vorderteil
- V2_Mittelteil
- V3 Rückteil

Für die beiden Arbeitsebenen, die als Trennwerkzeug erstellt wurden, ist die **SICHTBARKEIT auszuschalten**.

11.5 Gehäuseteile verschieben

Körper verschieben

Die Einzelteile eines Mehrfachbauteils lassen sich mit der Funktion **KÖRPER VERSCHIEBEN** in Richtung der drei Koordinatenachsen bewegen.

Für die abgebildeten Positionen wurde die Vorderwand um **20 MM** und die Rückwand um **–20 MM** in Richtung der Z-Achse verschoben.

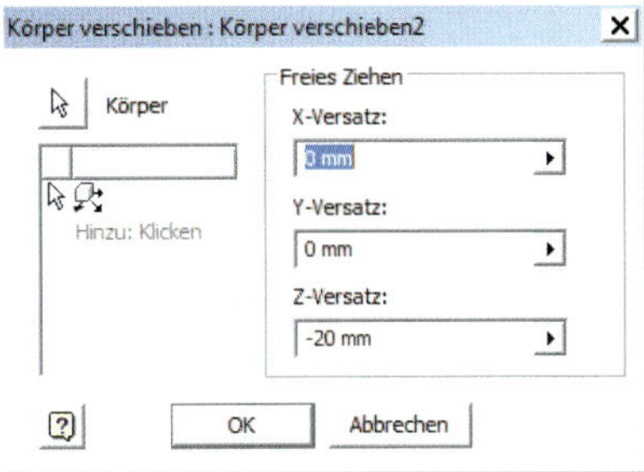

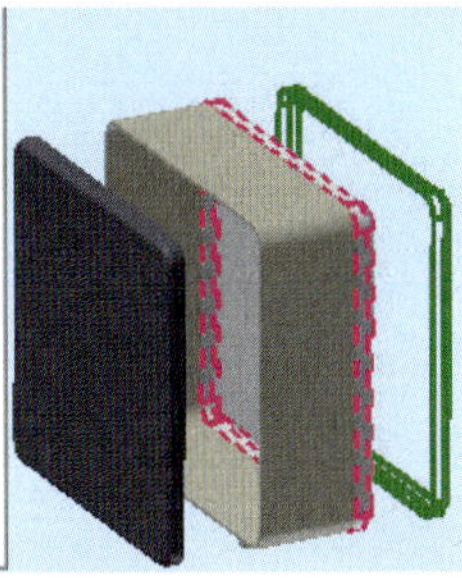

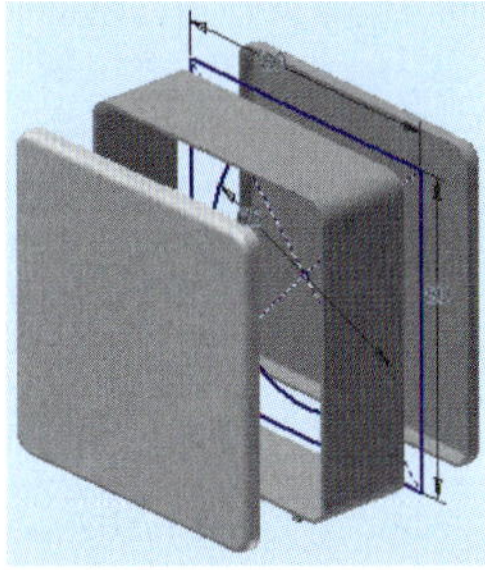

Der vordere Deckel hat per **Farbauswahlliste** bzw. VOLUMENKÖRPER → EIGENSCHAFTEN die Farbe Weiß erhalten.

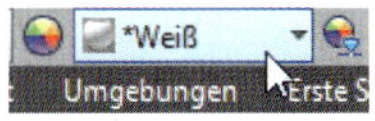

11.6 Vorderteil bearbeiten

Da nach der ersten Extrusion bereits SKIZZE WIEDER VERWENDEN angegeben wurde, kann mit der nächsten EXTRUSION sofort weitergemacht werden.

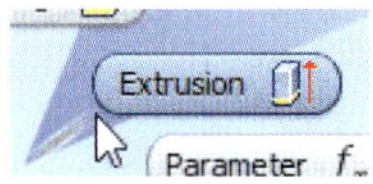

HINWEIS: Sollte die Skizze nicht zur Verfügung stehen, wurde entweder die Funktion SKIZZE WIEDER VERWENDEN noch nicht aufgerufen, was jetzt nachgeholt werden müsste, oder die SICHTBARKEIT der Skizze wurde ausgeschaltet. Extrusionen und andere Manipulationen können nur mit sichtbaren Skizzen ausgeführt werden.

Es soll die Öffnung in die Vorderwand eingebracht werden. Dazu ist eine DIFFERENZ-EXTRUSION mit dem KREISPROFIL in die entsprechende RICHTUNG mit der Tiefenauswahl ALLE für den vorderen VOLUMENKÖRPER durchzuführen. Am Ende der Übung wird in diese Öffnung eine Glasscheibe eingesetzt.

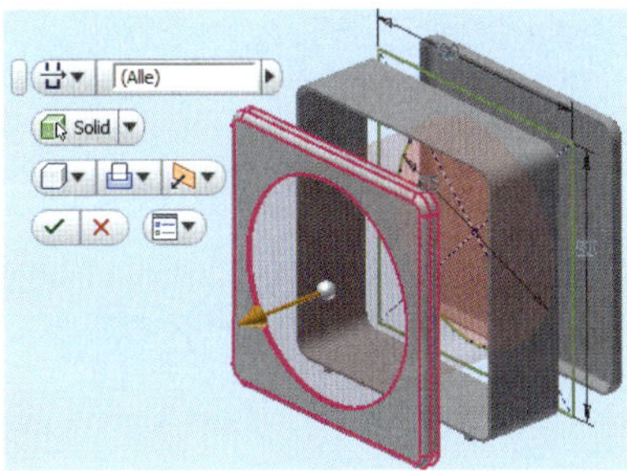

HINWEIS: An verschiedenen Stellen der folgenden Abschnitte werden zum Zwecke der einfacheren Bearbeitung und besseren Darstellung einzelne Teile des Gehäuses ausgeblendet. Dieser Vorgang lässt sich im Ordner VOLUMENKÖRPER mit der Kontextmenü-Funktion SICHTBARKEIT recht einfach durchführen.

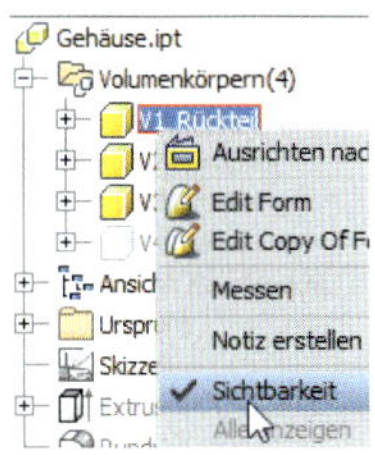

11.7 Lüftungsgitter erzeugen

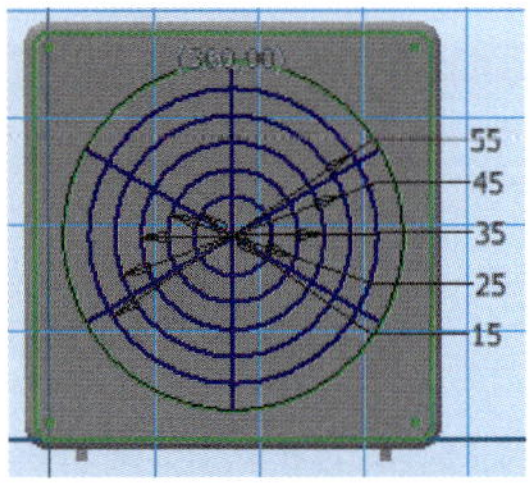

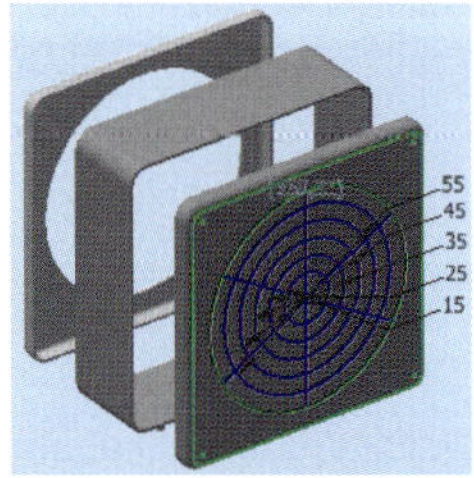

Die Rückwand, auf deren Oberfläche in einer **NEUEN SKIZZE** mit der Funktion **GEOMETRIE PROJIZIEREN** die Kontur der Vorderwand projiziert wurde, soll jetzt mit einem Lüftungsgitter versehen werden.

Der äußere Kreis ist also mit dem Durchmesser **65 MM** als **Projektion** schon vorhanden. Die konzentrischen **KREISE** mit den Durchmessern **55 MM**, **45 MM**, **35 MM**, **25 MM** und **15 MM** werden in dieselbe **SKIZZE** gezeichnet; außerdem eine senkrechte **LINIE** vom **MITTELPUNKT** nach oben mit dem Radius als **LÄNGE**, die per **RUNDER ANORDNUNG SECHSMAL** im Kreis herum kopiert wird.

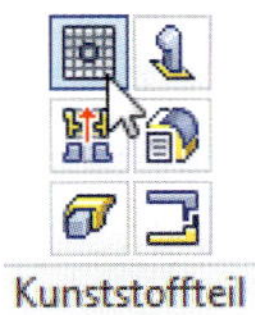

Die Funktion **LÜFTUNGSÖFFNUNG** erzeugt in vier Schritten aus einer Gitterskizze ein Lüftungsgitter.

Auf der ersten Registerkarte ist als **UMGRENZUNG** im ersten Schritt der **ÄUSSERSTE KREIS** der Gitterskizze auszuwählen und als **PROFIL** zu zeigen. Die Breite beträgt **1 MM**, die Höhe **2 MM**, ein Überstand wird nicht angegeben. Der **VOLUMENKÖRPER** soll natürlich die **RÜCKWAND** sein.

Lüftungsöffnung

Auf der zweiten Registerkarte ist als **MITTELTEIL** der **INNERSTE KREIS**, der als **PROFIL** anzuklicken ist, zu bestimmen. Die Breite wird hier mit **2 MM** eingestellt.

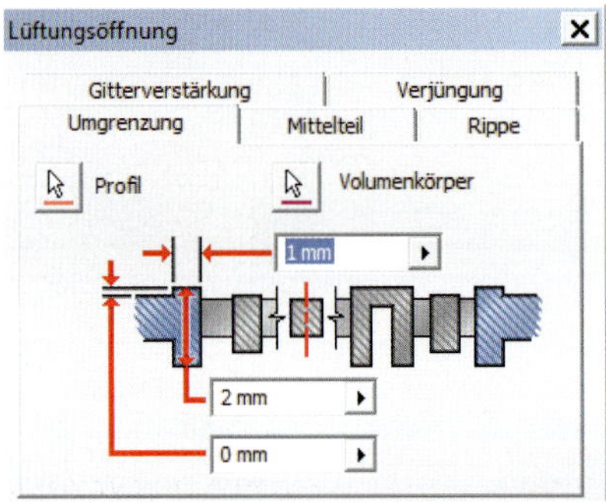

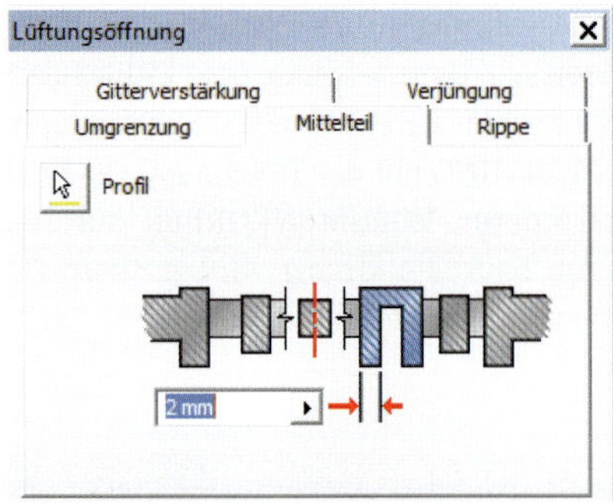

Die dritte Registerkarte definiert die Rippen. Die Kreise zwischen dem äußeren und dem inneren Kreis stellen als **RIPPEN** im dritten Schritt die **PROFILE** dar, die jetzt anzuklicken sind. Die Rippen bekommen eine Breite von **1 MM** und eine Höhe von **2 MM** zugewiesen. Ein Überstand wird auch hier nicht angegeben.

Die Gitterstege werden auf der vierten Registerkarte festgelegt. Die sechs **GERADEN**, die vom Zentrum nach außen verlaufen, stellen die **GITTERSTEGE** dar, die im vierten und letzten Schritt markiert werden müssen. Auch diese Teile sollen **1 MM** breit werden.

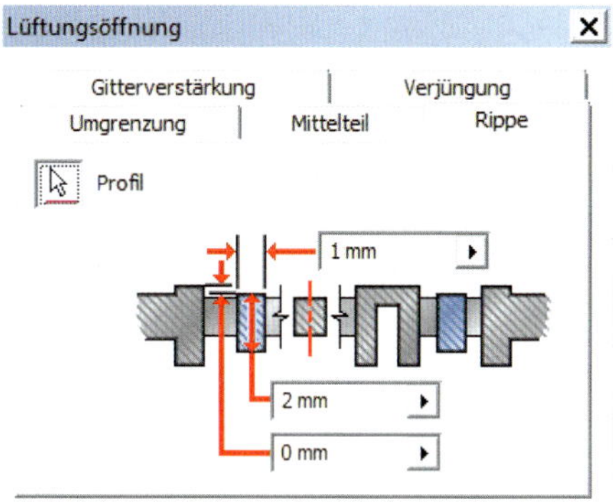

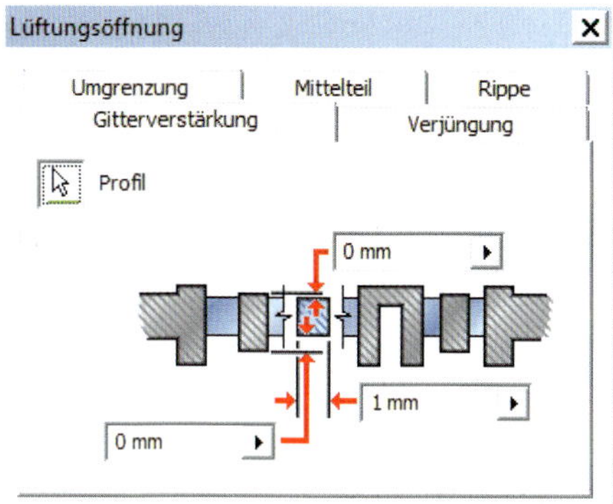

Eine **VERJÜNGUNG** muss bei diesen geringen Abmessungen nicht angegeben werden - kann aber. Während der Eingaben wird das Lüftungsgitter bereits temporär angezeigt.

Mit **OK** wird das Lüftungsgitter erzeugt.

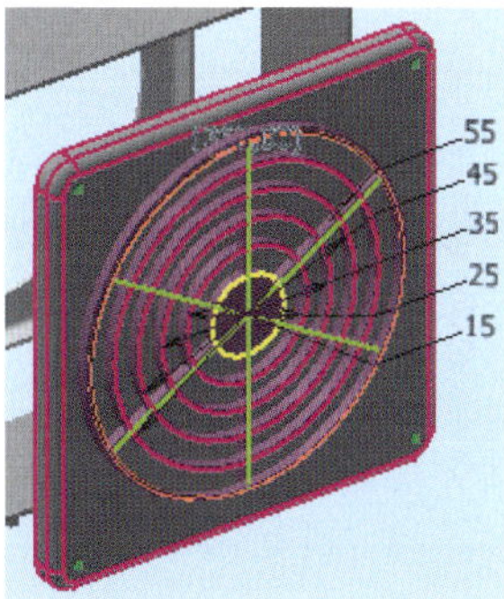

11.8 Montageränder und Dichtungslippen anfügen

Werden Kunststoffteile montiert, so befinden sich zum Zwecke der Positionierung und aus Dichtigkeitsgründen kleine umlaufende Absätze, die Lippen, an den Teilen. Auch die Erzeugung dieser Geometrie ist mit einer einzigen Funktion schnell und leicht zu bewerkstelligen. Der Befehl **LIPPE** erledigt dies.

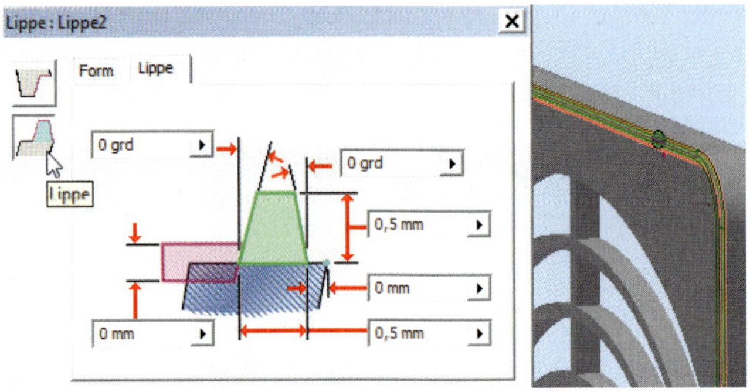

Da die Wandstärke unserer Bauteile nur 1 mm beträgt, müssen die Maße auf der Registerkarte **LIPPE** entsprechend geändert werden, z. B. auf **0,5 MM** Lippenbreite. Der Befehl ist je einmal für die **LIPPE** am Deckel und noch einmal am gegenüberliegenden Teil, dem Mittelteil, für die **NUT** aufzurufen. Die Maßangaben für Lippe und Nut müssen natürlich zusammenpassen.

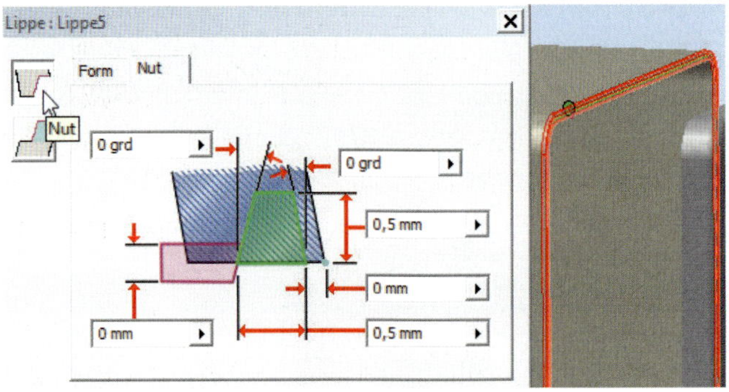

Insgesamt wird die Funktion also **viermal** aufgerufen, und Deckel und Rückwand sind jeweils mit dem Mittelteil mit der umlaufenden **LIPPE/NUT** ausgestattet.

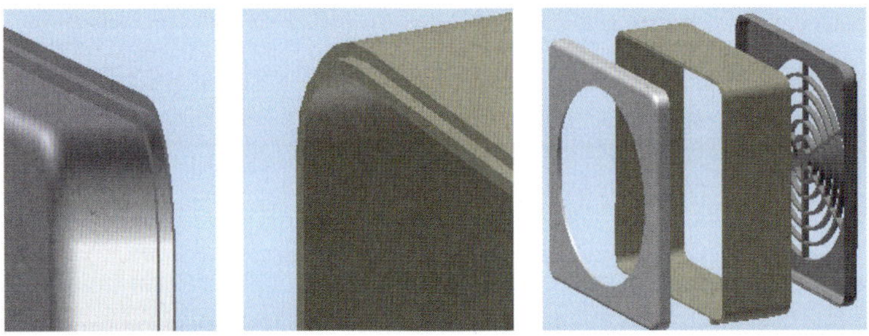

11.9 Verschraubungsnoppen erstellen

HINWEIS: Es ist an dieser Stelle hilfreich, die **SICHTBARKEIT** des Mittelteiles auszuschalten, um besser an den Innenseiten der Außenteile arbeiten zu können.

Die Verschraubungsgeometrie zu erzeugen ist ein klein wenig komplexer als das Lüftungsgitter und die Montagelippen.

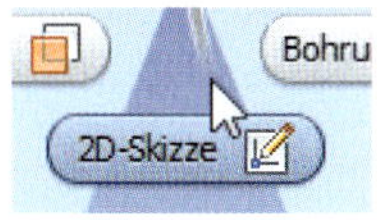

Zunächst ist für die Platzierung des Schraubenkopfteils eine **NEUE SKIZZE** nötig. Auf dieser, auf der Innenfläche der Rückwand, wird im Eckabstand **8 x 8 MM** (Abstand zur Außenkontur) ein **PUNKT** gesetzt.

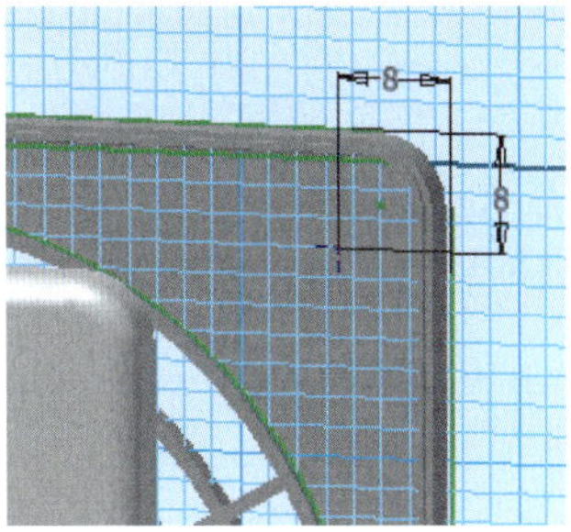

Die Funktion **SCHRAUBLOCH** wird nach dem Beenden der Skizze aufgerufen, und die Schaltfläche **KOPF** auf der ersten Registerkarte wird aktiviert. Die Platzierung **VON SKIZZE** sorgt dafür, dass der Punkt automatisch erkannt wird.

Auf der Registerkarte **KOPF** des Dialogfensters sind die Maße wie abgebildet einzutragen. Maße, die z. B. sich selbst schneidende Konturen erzeugen, führen zu Fehlern.

In der temporären Darstellung kann die Geometrie begrenzt auch mit dem Zeigegerät wie gewünscht verschoben werden.

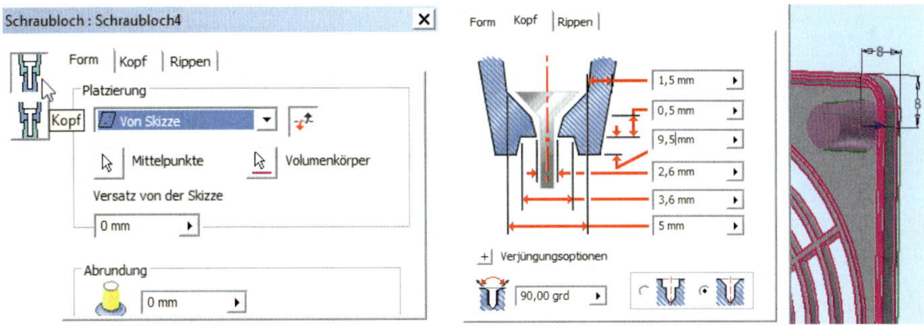

In der Schnittdarstellung des Schraubennoppens ist die Ausführung recht gut zu sehen und auch die Tatsache, dass in einer Wandstärke von 1 mm nur ungenügend ein Senkkopf untergebracht werden kann.

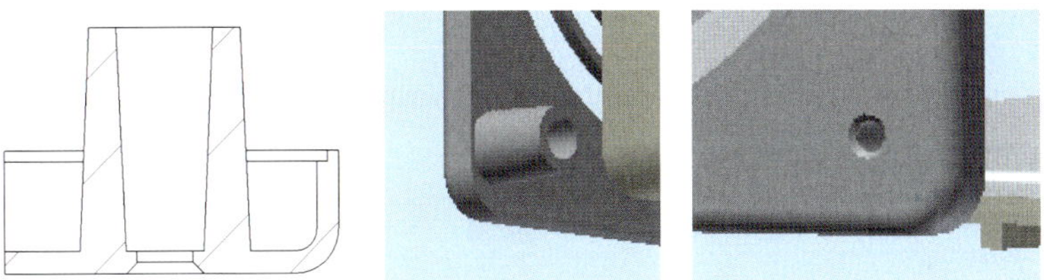

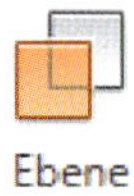

Für die Ausführung des Gegenstücks, des Gewindeteils, ist eine zusätzliche **ARBEITSEBENE** nötig, von der aus das Gewindeteil zum Gehäuse hin extrudiert wird.

Die Arbeitsebene soll **23 MM** von der inneren Vorderteilfläche entfernt entstehen.

Diese **23 MM** ergeben sich aus der gesamten Bauteildicke (35 mm) minus der Wandstärken (2 x 1 mm) minus der Schraubenkopfnoppe (10 mm). Damit ist gewährleistet, dass die Kopfnoppe und das Gewindeteil genau aufeinander sitzen und das Gehäuse beim Verschrauben nicht verspannt wird.

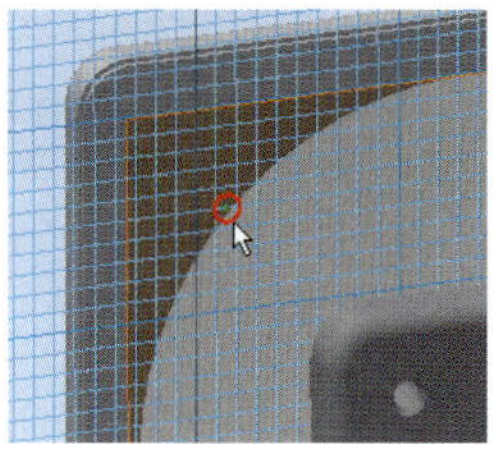

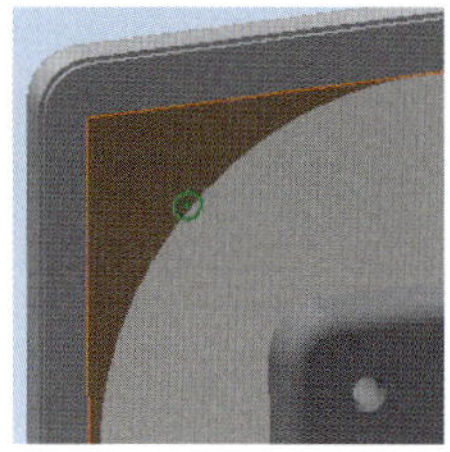

Auf die Arbeitsebene wird in einer **NEUEN SKIZZE** mit der Funktion **GEOMETRIE PROJIZIEREN** das bereits vorhandene Schraubenloch projiziert.

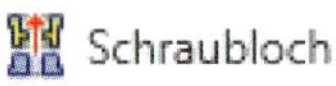

Die Funktion **SCHRAUBLOCH** wird nach dem Beenden der Skizze zum zweiten Mal aufgerufen, jetzt aber mit dem aktivierten Button **GEWINDE**.

Mit der Bohrungsangabe **VOLLE TIEFE** wird die Schraubenbohrung bis zur Deckelebene ausgeführt.

Die weiteren Maße (**6,6 MM** und **3 MM**) sowie die Gradangaben der Randschrägen (innen 1°, außen 2°) lassen das Gewindeteil, so wie in der Schnittdarstellung gezeigt, entstehen.

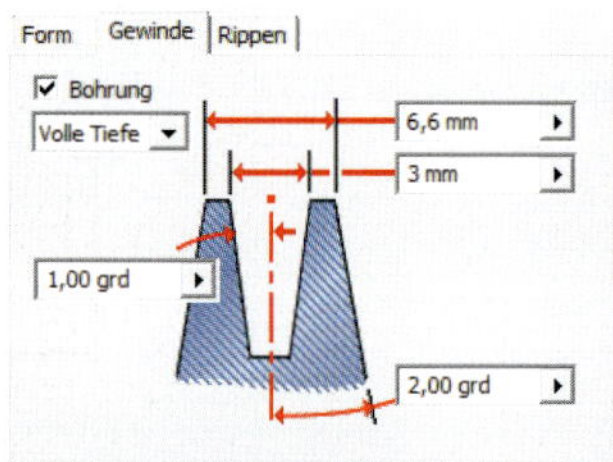

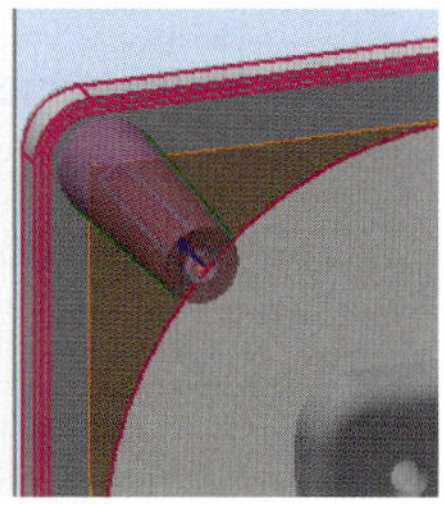

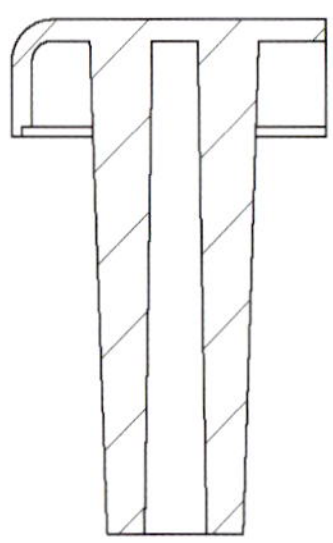

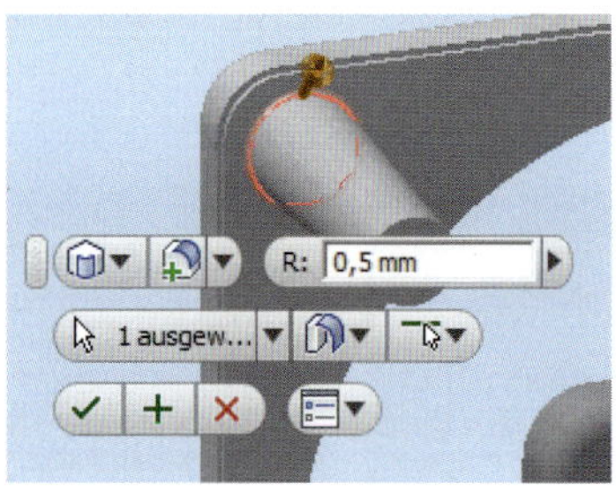

Die beiden Schraublochteile sollten an ihren Übergängen zu den Deckeln hin mit der Funktion **ABRUNDEN** und dem **RADIUS 0,5 MM** entsprechende Übergänge bekommen.

11.10 Aus eins mach vier

Der bekannte Bauteilbefehl **RUNDE ANORDNUNG** macht es leicht, die Verschraubungen in die vier Ecken des quadratischen Gehäuses zu kopieren.

HINWEIS: Die runde Anordnung ist in diesem Fall der rechteckigen vorzuziehen, weil das Zentrum der Anordnung bekannt ist und die quadratische Form des Gehäuses keine weitere Maßangabe benötigt. Bei einer rechteckigen Anordnung müssten die Abstände erst berechnet werden. Zu beachten ist, dass neben den beiden Verschraubungsteilen auch die Radien zu ihren Grundflächen mit in die Auswahl übernommen werden.

TIPP: Die Auswahl von Elementen, die in der Arbeitsumgebung schlecht zu erreichen oder zu sehen sind, kann immer auch im Objektbrowser erfolgen.

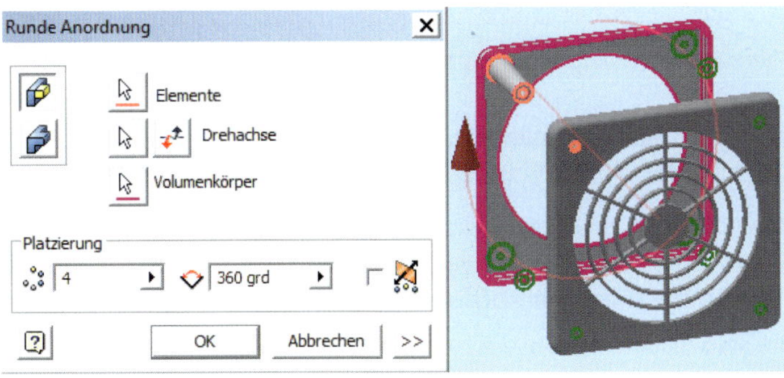

Polar

Die **DREHACHSE** ergibt sich aus der Mittelachse einer Deckelöffnung. Die Funktion muss einmal am Vorder- und noch einmal am Rückteil durchgeführt werden, da die Anordnungen den jeweiligen Volumenkörpern angehören.

Die Sichtbarkeit des Mittelteils kann jetzt wieder eingeschaltet werden. Das Gehäuse als Grundelement ist fertig.

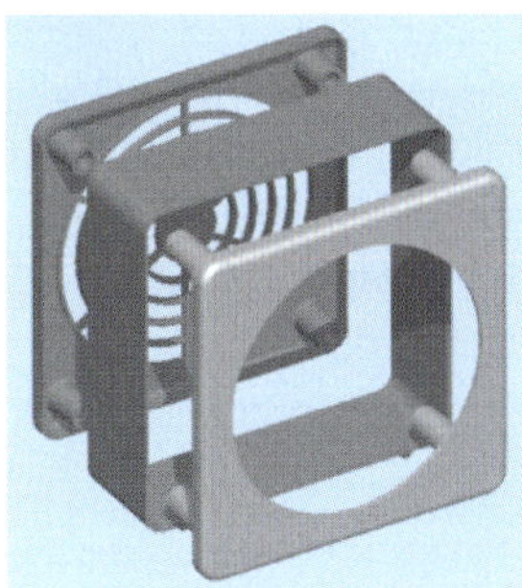

11.11 Glasscheibe herstellen und einfügen

Nehmen wir an, dass das Gehäuse z.B. für einen Reisewecker seine Verwendung finden soll. In diesem Falle sollte sich im vorderen Deckel ein durchsichtiger Einsatz befinden.

Die Scheibe wird als **vierter Volumenkörper** ebenfalls in dieser Bauteildatei erstellt. Für die Erstellung benötigen wir nur das Vorderteil, und es ist sinnvoll, die **SICHTBARKEIT** der beiden anderen Teile auszuschalten.

Wie immer wird eine **Arbeitsebene** für die Aufnahme der Skizze benötigt. Da wir die Gesamtkonstruktion im Ursprung des Koordinatensystems erstellt haben, kommt uns die aus dem Ursprung selektierte **XZ-EBENE** dabei sehr zu Hilfe und wird **SICHTBAR** geschaltet. Auf ihr entsteht eine **NEUE SKIZZE**.

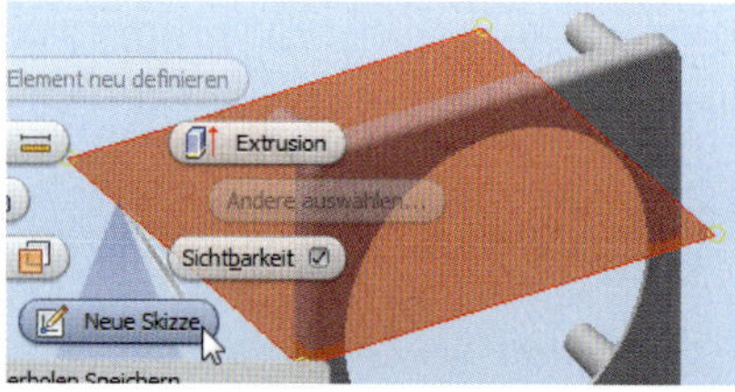

Die neue Skizze geht mitten durch das Vorderteil und würde die zu erstellende Geometrie verdecken. Eine schöne Funktion am unteren Bildschirmrand blendet alle Elemente, die vor einer Skizze liegen, aus.

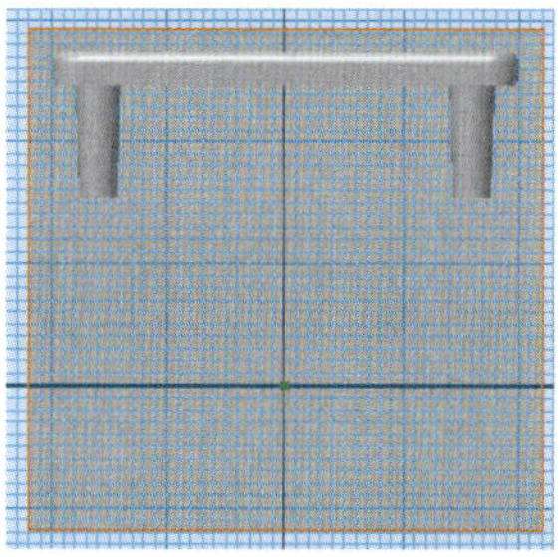

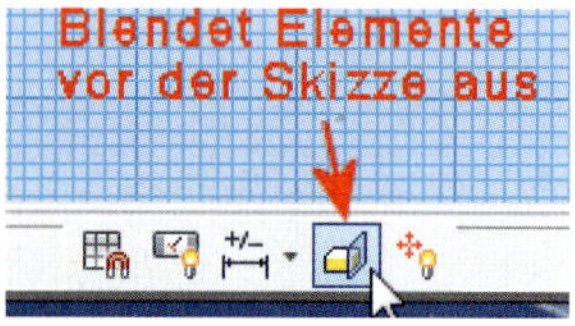

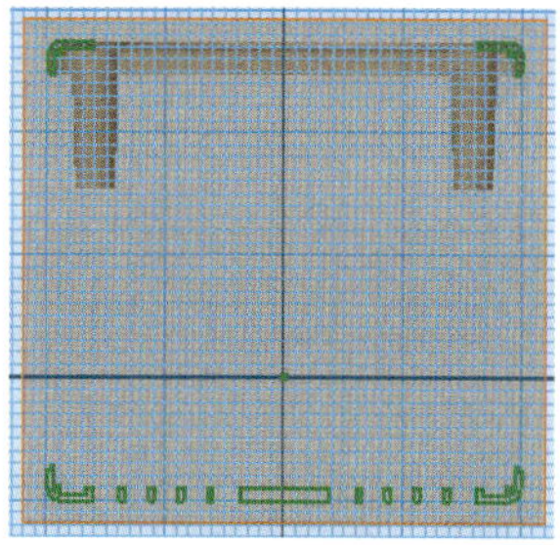

Außerdem werden als Anschlussgeometrie für die Scheibenkontur mit der Funktion **SCHNITTKANTEN PROJIZIEREN** alle Kanten, die die Arbeitsebene durchdringen, in der neuen Skizze abgebildet. Die **SICHTBARKEIT** der XZ-Ebene wird ausgeschaltet; gegebenenfalls auch die **SICHTBARKEIT** des Vorderteils, das wir jetzt nicht mehr benötigen.

Die neue Skizze kann jetzt nach der Vorgabe erstellt werden. Die rundherum geschlossene Kontur der halben Scheibe besteht aus einem Absatz in der Deckelöffnung und einer Wölbung mit dem Radius **85 MM**, die bis zu einer senkrechten **MITTELLINIE** reicht. Das Zentrum des Bogens liegt **KOINZIDENT** auf der Mittellinie.

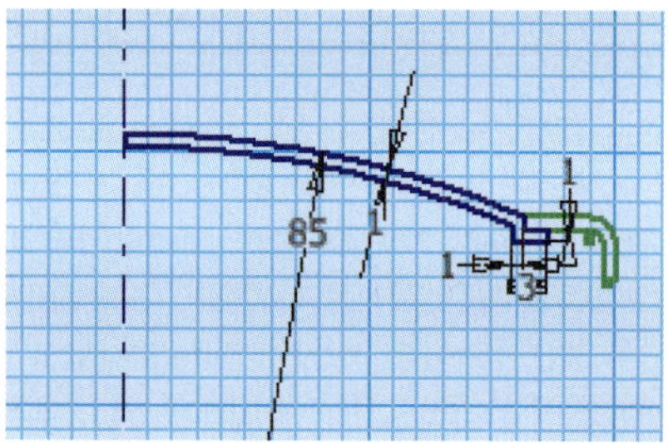

Wichtig ist auch die horizontale **HILFSLINIE**, zu der hin der Wölbungsradius eine **TANGENTIALE** Abhängigkeit bekommt.

Die Wandstärke der Scheibenkontur beträgt **1 MM**.

Die Funktion **DREHUNG** erzeugt aus der Kontur das gewölbte Bauteil. Wichtig bei der Erzeugung der Drehung ist, dass die Schaltfläche **NEUER VOLUMENKÖRPER** selektiert wurde. Nur dadurch entsteht ein weiterer Körper in unserem Gehäuse-Bauteil.

Im Ordner Volumenkörper wurde der vierte Körper dieser Konstruktion in **V4_SCHEIBE** umbenannt.

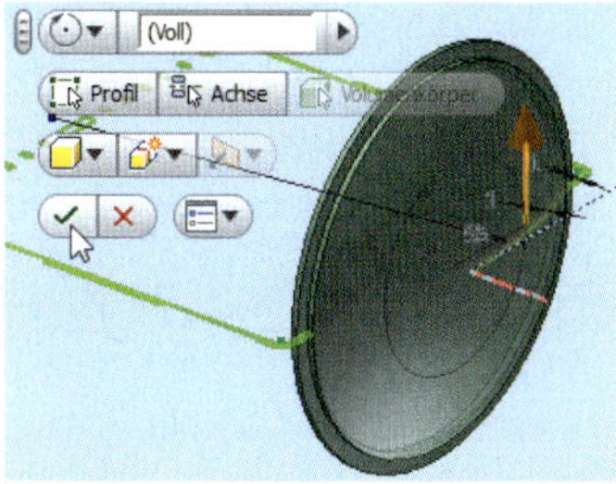

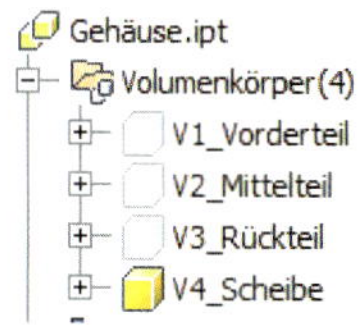

11.12 Scheibe fertigstellen

Die Scheibe soll durchsichtig werden und bekommt deshalb die Eigenschaft »Glas« zugewiesen. Im Vorgabe-Listenfeld wird hierzu die Darstellung **KLAR - GRÜN** ausgewählt.

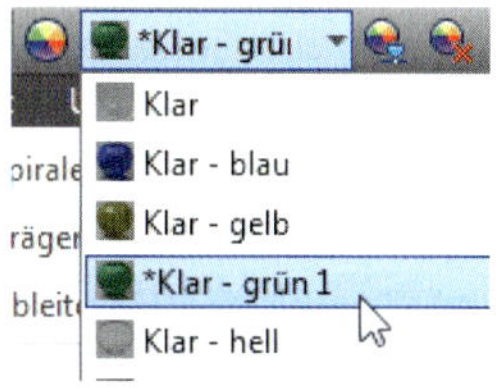

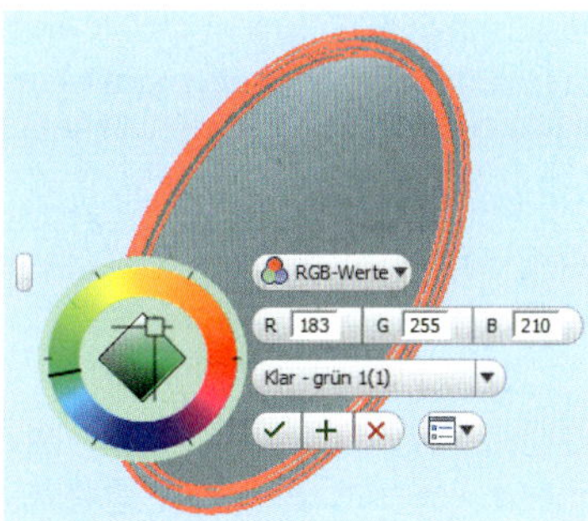

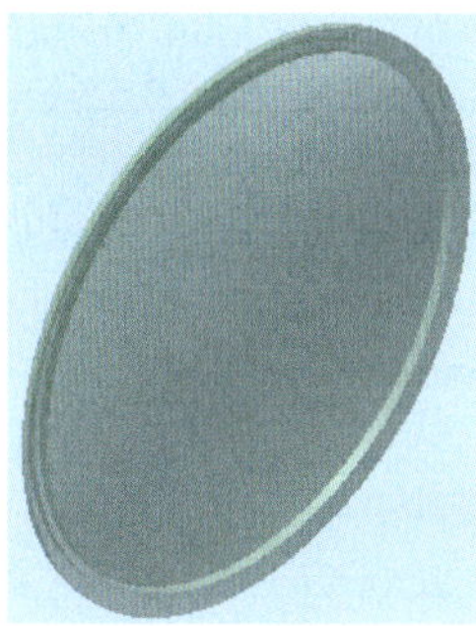

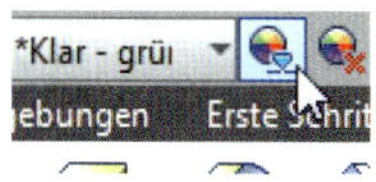

Da die gewählte Farbe sehr dunkel ist, wählen wir den Farbmixer aus und geben allen Elementen der Scheibe eine hellere Tönung.

Die **SICHTBARKEIT** aller Volumenkörper wird jetzt wieder eingeschaltet.

Zum Schluss erfolgt noch einmal die Veränderung der Anordnung des **VORDERTEILS**, das jetzt mit der Funktion **KÖRPER VERSCHIEBEN** um weitere **25 MM** in Z-Richtung nach vorne verschoben wird, damit die Glasscheibe ebenfalls freigestellt zu sehen ist.

11.13 Das fertige Gehäuse

Die Zeichnungsableitung zeigt das Mehrfachbauteil in derselben Anordnung, wie sie im Bauteilbereich eingestellt wurde.

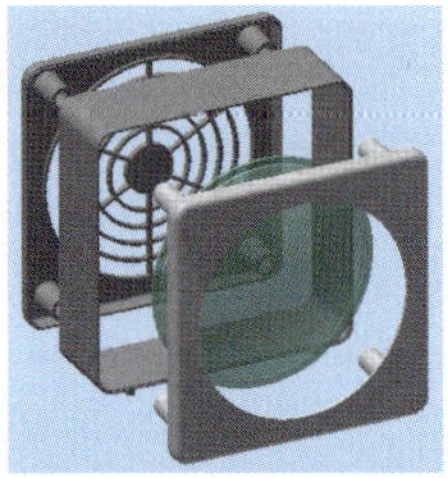

HINWEIS: Es ist in der Bauteil-Arbeitsumgebung leider nicht möglich, die Komponenten eines Mehrfachbauteils in der Zeichnungsableitung einzeln zu handhaben. Auch automatisch erzeugte Stücklisteneinträge und Positionszahlen erkennen nur jeweils ein Bauteil aus vier Teilen, weswegen wir doch noch nicht ganz am Ende angelangt sind.

11.14 Einzelteile separieren

Das im letzten Absatz Gesagte stimmt nur in der Multipart-Umgebung. Die Funktion **ABLEITEN** erlaubt es sehr wohl, einzelne Volumenkörper eines Mehrfach-Bauteils in eine neue Bauteildatei abzuleiten und dadurch einzelne Bauteile zu bekommen. Lediglich der Aufbau eines abgeleiteten Bauteils kann nicht mit übernommen werden, es wird nur ein Volumenkörper eingefügt.

Mit so erstellten Bauteilen können sowohl eine Baugruppe als auch Zeichnungsableitungen erzeugt werden.

Beispiel

Ableiten

Anhand des Rückteils soll dieser Vorgang beispielhaft erklärt werden.

Erzeugen Sie ein **neues Bauteil** und rufen Sie die Funktion **ABLEITEN** auf, mit der nach der Auswahl der Multipart-Datei **GEHÄUSE.IPT** das folgende Dialogfenster aufgerufen wird.

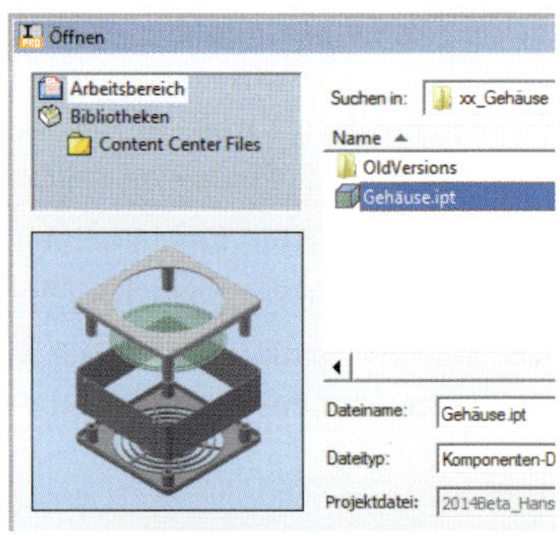

Im Arbeitsbereich wird abgeblendet das Mehrfach-Bauteil-Gehäuse dargestellt, und im Dialogfenster kann jetzt im Ordner Volumenkörper das V1_RÜCKTEIL ausgewählt werden.

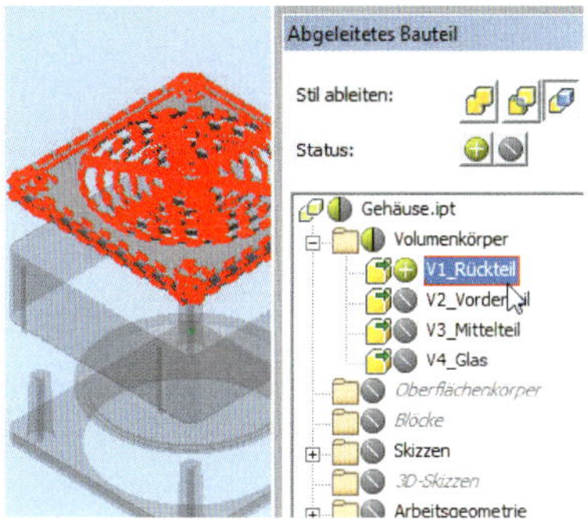

Sobald diese Auswahl mit **OK** quittiert wird, befindet sich dieses Bauteil als einziges in der aktuellen Bauteilumgebung und kann z. B. als RÜCKTEIL_ABGELEITET.IPT gespeichert und weiter bearbeitet werden.

Im Objektbrowser ist für dieses Teil nur ein einziger Eintrag vorhanden, der als Verweis den Zeiger auf die Volumendefinition **V1_Rückteil** der Datei **Gehäuse.ipt** (V1_RÜCKTEIL::GEHÄUSE.IPT) enthält.

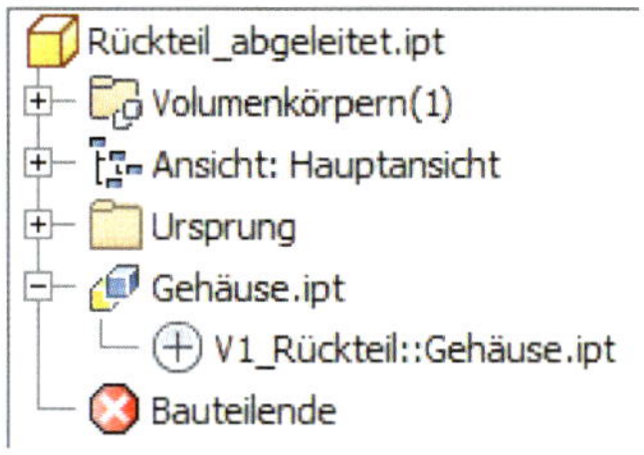

TO DO: Erstellen Sie in derselben Art und Weise von allen Volumenteilen einzelne Bauteil-Dateien, die in einer Baugruppe als separate Teile eingefügt werden können.

11.15 Die Baugruppe

Aus den im vorherigen Abschnitt erstellten »Einzelteilen« kann jetzt eine ganz normale Baugruppe erzeugt werden. Die Teile der Baugruppe verhalten sich exakt so, als wären sie einzeln erzeugt worden.

TO DO: Erzeugen Sie eine neue Baugruppe und platzieren Sie die vier abgeleiteten Einzelteile. Das Mittelteil sollte mit der Option AM URSPRUNG FIXIERT PLATZIEREN, alle anderen beweglich in die Baugruppe eingefügt werden.

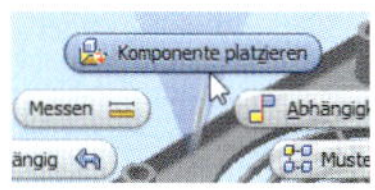

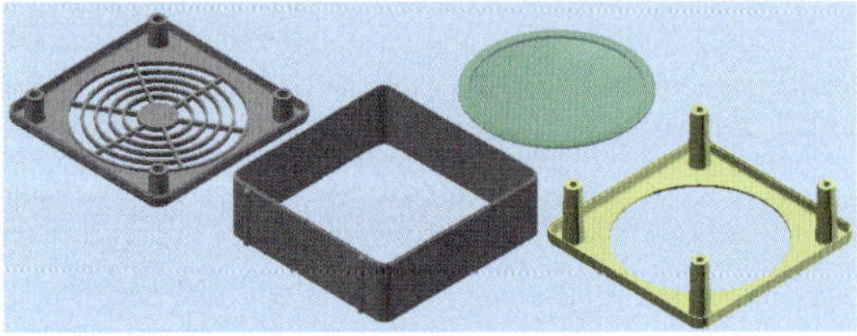
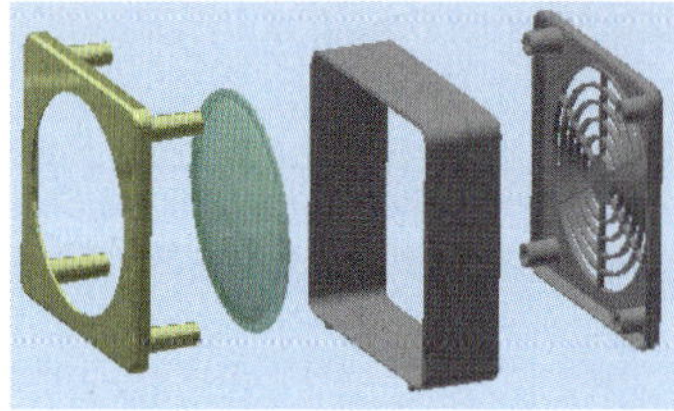

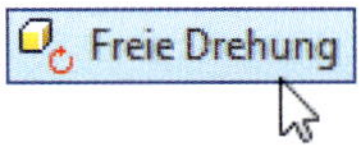

Mit der Funktion **FREIE DREHUNG** sind die Teile nacheinander in ihre ungefähre Einbaulage zu bringen.

Anschließend positionieren Sie die Scheibe im Vorderteil mit der Funktion **VERBINDEN**. Das erste Element der Verbindung ist die innere Kante der Scheibe, mit der sie auf die entsprechende Kante im Vorderteil stoßen soll. Das zweite Element ist eben die entsprechende Kante im Kreisausschnitt des Vorderteils.

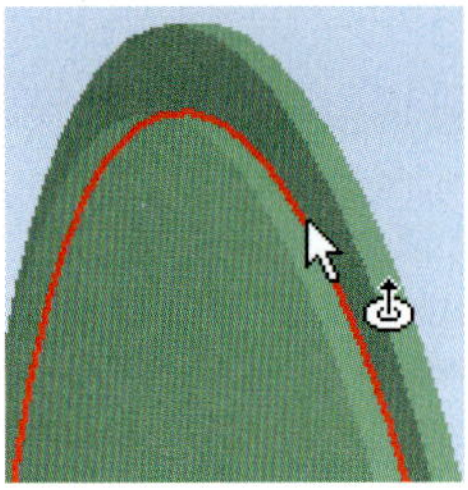
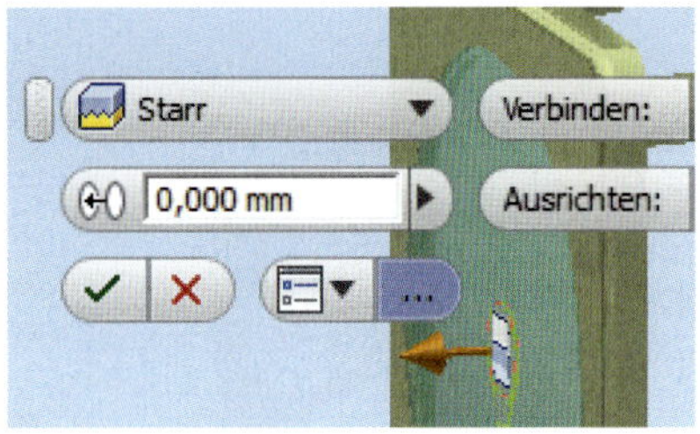

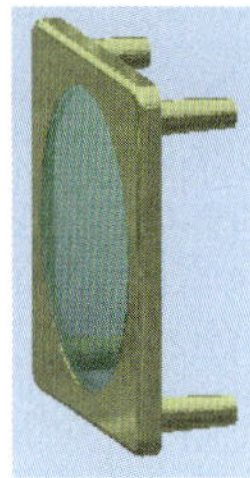

Die automatisch erzeugte Verbindung erkennt, dass sich die Scheibe aufgrund ihrer Freiheitsgrade im Vorderteil drehen könnte, und stellt deswegen vorerst die Verbindungsart **Drehung** ein. Ändern Sie vor dem abschließenden **OK** die Verbindungsart auf **STARR**, da die Scheibe eingeklebt werden soll.

HINWEIS: Anwender, die mit älteren Inventor-Versionen arbeiten, führen diesen Vorgang mit der Funktion **ABHÄNGIG MACHEN** → **EINFÜGEN** durch.

In ähnlicher Art und Weise sind nun Vorder- und Rückteil mit dem Mittelteil zu verbinden, wobei die **umlaufende 0,5 mm breite Fläche**, an der die jeweiligen Teile aneinander liegen sollen, die **Verbindungsflächen** darstellen.

Die Baugruppe ist fertig. Eine Schnittansicht lässt uns ins Innere blicken und feststellen, dass auch die Verschraubungsteile passen.

11.16 Präsentation

In Kapitel 3, »Inventor-Probefahrt – ein Rollenständer«, wurde ausführlich erklärt, wie eine Explosionsdarstellung in der Präsentations-Arbeitsumgebung erzeugt wird, weshalb hier nur noch das Ergebnis für dieses Beispiel abgebildet ist.

Mit den Funktionen ANSICHT ERSTELLEN (**Gehäuse.iam** wird geladen) und KOMPONENTENPOSITION ÄNDERN ist das bei dieser sehr einfachen Baugruppe sehr schnell durchzuführen.

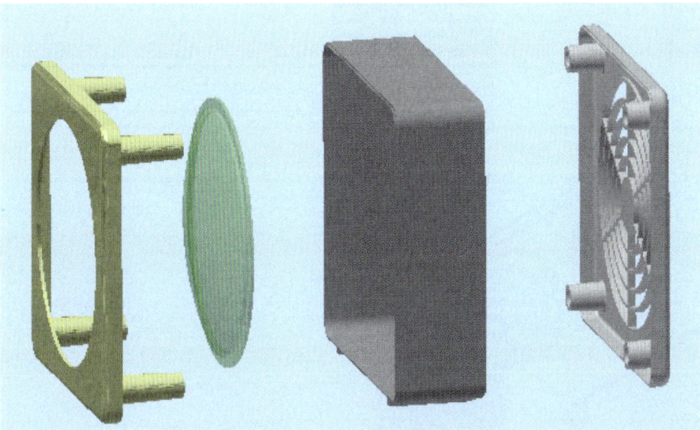

11.17 Zeichnung

Auch die Erstellung einer Zeichnungsableitung wurde in Kapitel 10 ausführlich erklärt. Die nachfolgenden Darstellungen seien deswegen nur vorgestellt und zu Übungszwecken zur Nachahmung empfohlen.

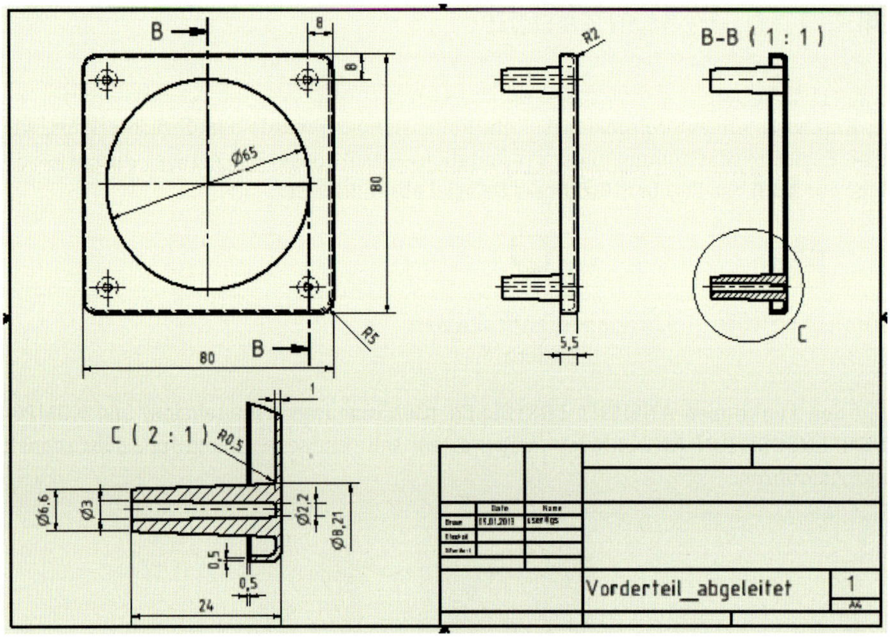
B-B (1 : 1)
C (2 : 1)
Ø65
80
80
8
8
R2
R5
5,5
C
1
R0,5
Ø6,6
Ø3
Ø2,2
Ø8,21
0,5
0,5
24
Vorderteil_abgeleitet
1
A4

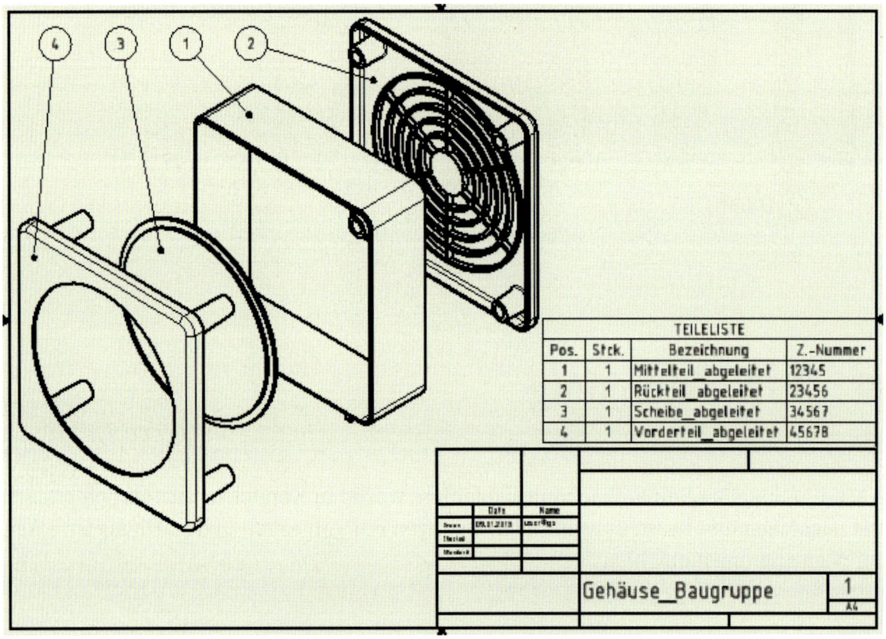
TEILELISTE
Pos. | Stck. | Bezeichnung | Z.-Nummer
1 | 1 | Mittelteil_abgeleitet | 12345
2 | 1 | Rückteil_abgeleitet | 23456
3 | 1 | Scheibe_abgeleitet | 34567
4 | 1 | Vorderteil_abgeleitet | 45678
Gehäuse_Baugruppe
1
A4

TEIL III

12 Übung: Zahnstangenpresse

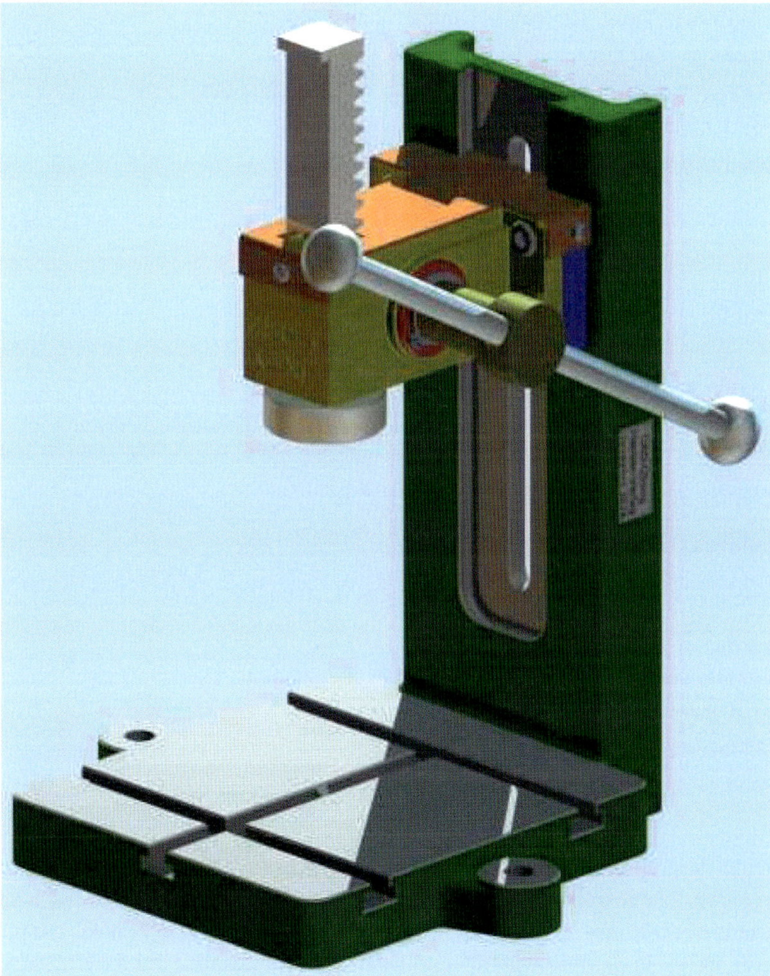

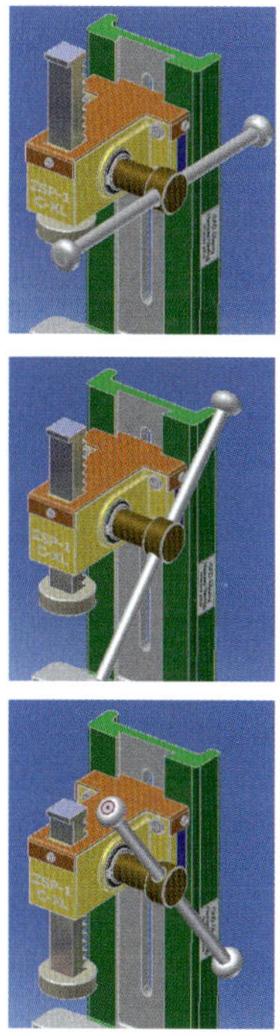

Zahnstangenpresse
mit Funktion

Diese Zahnstangenpresse soll nicht nur so aussehen, sie soll auch funktionieren, d. h., wenn man am Knebel nach unten drückt, dann wird über ein Zahnrad und eine Zahnstange die Presse betätigt.

12.1 Das Konzept

Diese Übung wird, im Gegensatz zur vorherigen, traditionell erstellt, d. h., alle Einzelteile werden als solche konstruiert und am Ende in der Baugruppe miteinander so verbunden, dass sie gemäß ihrer technischen Bestimmung funktionieren. Trotzdem enthält die Übung neue Arbeitstechniken, wie etwa eine Generalskizze für das Grundgestell, aus der fast alle Extrusionen entstehen, oder die klassische Konstruktion von Zahnrädern und -stangen und nicht zuletzt die schon genannte Funktionalität mit definierten Bewegungsabläufen.

Technische Daten:

- Pressentisch 180 mm breit, 200 mm tief, mit T-Nuten
- Freie Presshöhe ca. 150 mm
- Freier Abstand von der Mitte des Stempels nach hinten ca. 100 mm
- Pressenhub ca. 80 mm
- Übersetzung: Pressenhub bei ca. 180° Hebelbewegung

12.2 Ein neues Projekt einrichten

Da diese Übung mit allen Bauteilen, Baugruppen, Zeichnungsableitungen, Präsentationsdarstellungen usw. ca. 35 Bauteile, Normteile u. a. umfasst, ist es sehr zu empfehlen, die Zahnstangenpresse als eigenständiges Projekt zu bearbeiten.

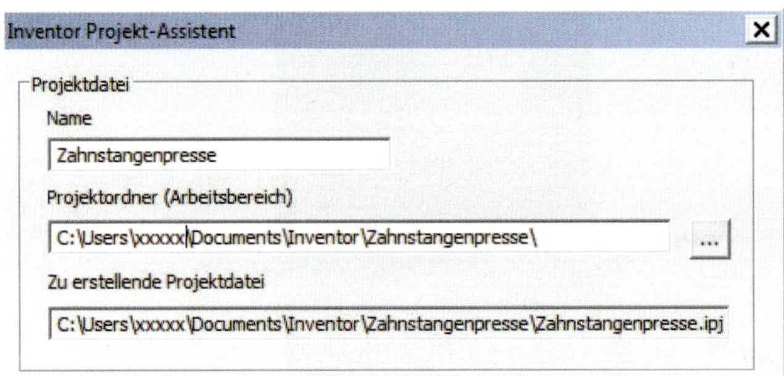

Der erste Schritt besteht also darin, ein neues Projekt mit dem Namen **Zahnstangenpresse** zu erstellen. Das Vorgehen dazu wurde schon mehrfach beschrieben und soll hier nicht wiederholt werden. Am Ende dieses Vorgangs aktivieren Sie das Projekt, indem Sie den Eintrag in der Projektverwaltung anklicken oder die Schaltfläche **ANWENDEN** betätigen.

12.3 Das Gestell – der Grundkörper

12.3.1 Voraussetzung für diese Übung

- Allgemeine Bedienung des Inventors im Skizzier-, Bauteil- und Baugruppenbereich
- Grundkenntnisse in der Skizzen- und Ebenen-, Bauteil- und Baugruppenerstellung

12.3.2 Inventor-Funktionen, die bei diesem Bauteil geübt werden

- Generalskizze für mehrere Extrusionen
- Abhängigkeiten, Skizzenbestimmung, Skizzenbearbeitung und Skizzenbemaßung
- Extrusion
- Skizzieren auf Modellflächen, Geometrie projizieren
- Abrundungen, Fasen
- Aufkleber anbringen
- iProperties, physikalische Eigenschaften

12.3.3 Die erste Skizze

Nachdem Sie eine neue Bauteil-Datei mit der Vorlage STANDARD (DIN).IPT geöffnet haben, erstellen Sie die erste Skizze (NEUE SKIZZE) auf der XY-EBENE.

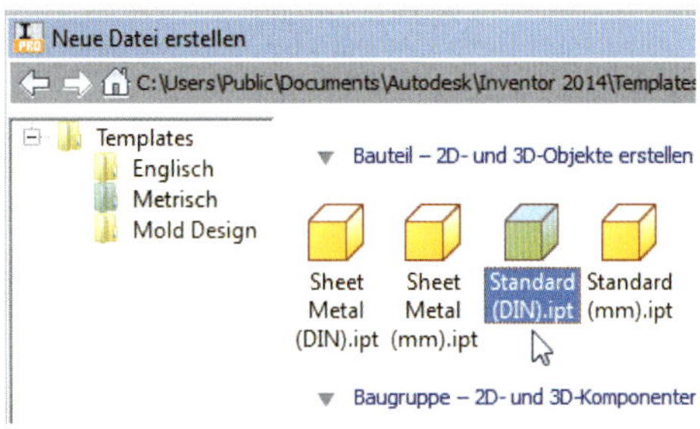

Die erste Skizze für dieses Bauteil ist eine Generalskizze, in der die meisten Geometrieelemente des Gestells bereits enthalten sind.

Beginnen Sie diese Skizze mit den beiden MITTELLINIEN, die sich im Ursprung des Koordinatensystems kreuzen sollen. Beide Mittellinien bekommen die Abhängigkeit KOINZIDENZ zum URSPRUNG des Koordinatensystems.

Diese Mittellinien werden als **Symmetrie-Achsen** für die Ausrichtung und für das **Spiegeln** verschiedener Skizzenelemente benötigt.

Im Anschluss daran bauen Sie die Skizze gemäß der folgenden Darstellung auf. Verwenden Sie dabei auch die Abhängigkeit **SYMMETRIE**, damit möglichst wenig bemaßt werden muss.

Das große, der Skizze zugrunde liegende Rechteck wurde mit der Funktion **RECHTECK, MITTE MIT ZWEI PUNKTEN** ebenfalls im **URSPRUNG** begonnen und ist damit von vornherein vollbestimmt.

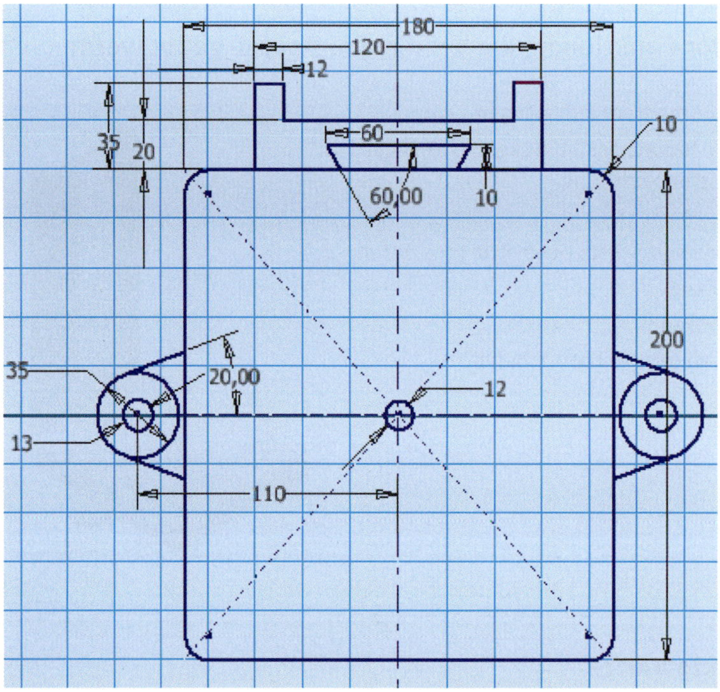

Die fertige Skizze ist aufgrund ihrer Abhängigkeiten und trotz der sparsamen Bemaßung **vollbestimmt**, was an der dunklen Farbe aller Skizzenelemente zu erkennen ist.

TIPP: Eine vollbestimmte Skizze ist in der aktuellen Inventor-Version auch an der Reißzwecke im Skizzen-Symbol zu erkennen.

Beenden Sie die Skizze und **SPEICHERN** Sie das Dokument als **GESTELL.IPT**. Nacheinander erfolgen jetzt die Extrusionen des Ständers, des Tisches, der Mittelbohrung, der seitlichen Laschen und der Laschenrundungen.

12.3.4 Extrusion des Ständers

Die **EXTRUSION** des Ständers erfolgt in einer Höhe von **300 MM**. Nach erfolgter Extrusion ist **SKIZZE WIEDER VERWENDEN** auszuführen, damit die weiteren Extrusionen durchgeführt werden können. Im Objektbrowser ist die Skizze danach als freie und sichtbar geschaltete Skizze wieder verfügbar.

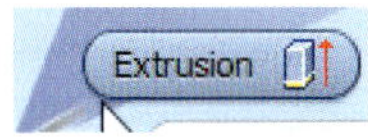

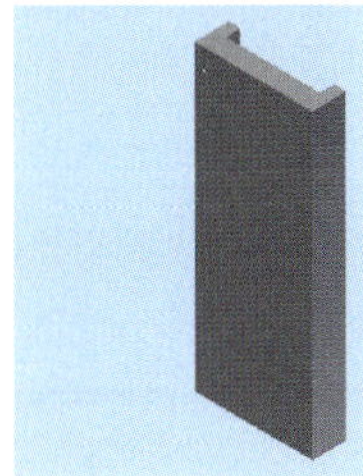

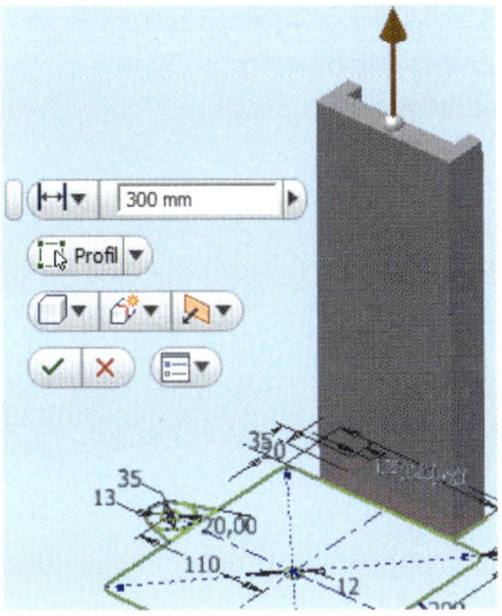

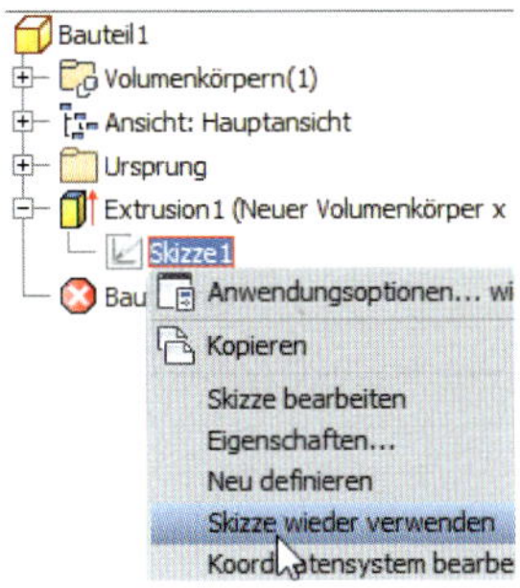

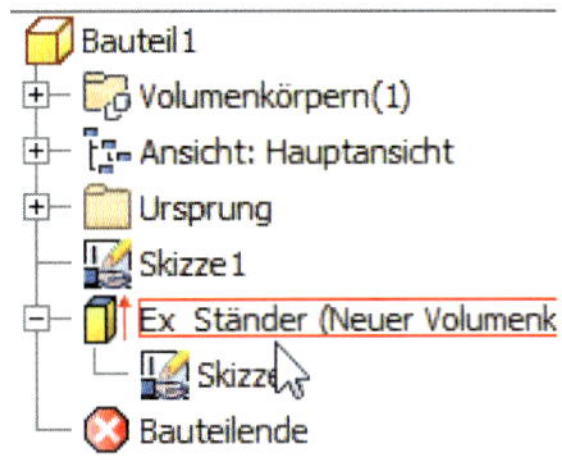

12.3.5 Extrusion des Tisches und der Mittelbohrung

Als nächste zu extrudierende Skizze wird der Tisch ohne die Mittelbohrung gewählt. Der Tisch soll **30 MM** dick werden.

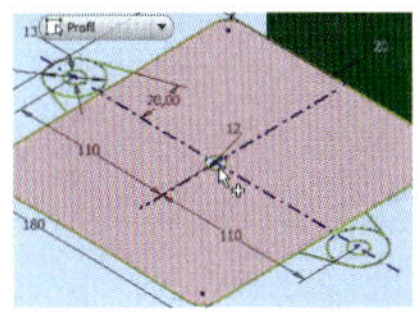

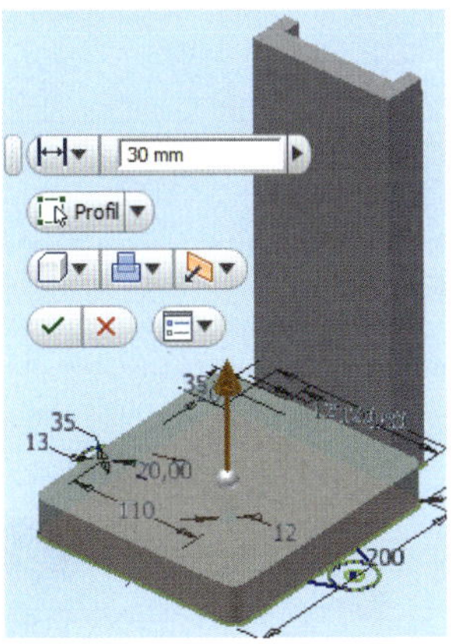

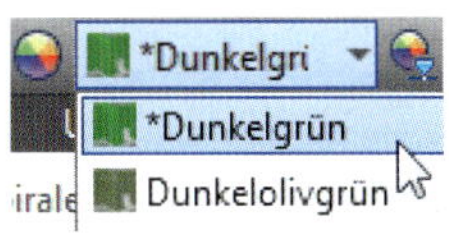

Die Farbe der beiden Extrusionen wurde in **DUNKELGRÜN** geändert. Der Hintergrund dieser Einstellung, die für die folgenden Bearbeitungen beibehalten werden soll, ist, dass der als Gussteil hergestellte Grundkörper die Farbe Grün erhalten soll, die zu bearbeitenden Flächen sich jedoch mit der Farbe Grau davon abheben sollen. Diese Ausführung ist bei den nächsten Arbeitsschritten zu sehen.

Im Objektbrowser sind jetzt beide Extrusionen zu sehen. Zwei beachtenswerte und sinnvolle Ergänzungen sind an den Einträgen zu sehen.

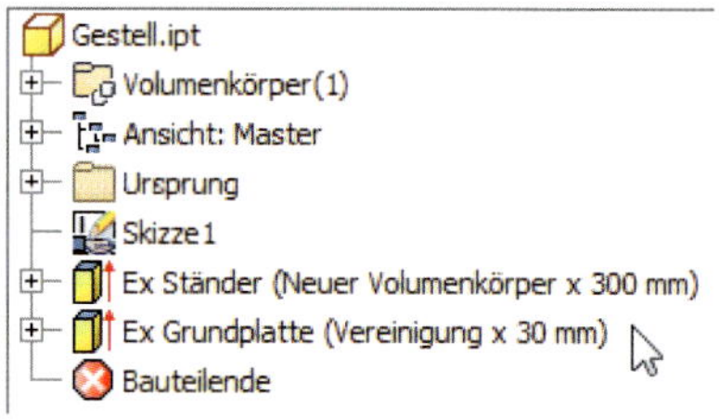

1. Über die Registerkarte **EXTRAS** wurde in den **ANWENDUNGSOPTIONEN** auf der Registerkarte **BAUTEIL** der Eintrag **ERWEITERTE INFORMATIONEN NACH ELEMENTKNOTENNAMEN IM BROWSER ANZEIGEN** aktiviert.
2. Die nichtssagenden Bezeichnungen im Objektbrowser (**Extrusion 1, Extrusion 2**) wurden in aussagekräftige Bezeichnungen (**Ex Ständer, Ex Grundplatte**) geändert.

Diese Art der Browsereinträge zeigt auf den ersten Blick, um was es dabei geht und mit welchen Einstellungen gearbeitet wurde. Bei evtl. später notwendigen Änderungen am Bauteil ist dies sehr hilfreich.

12.3.6 Extrusion der beiden Befestigungslaschen

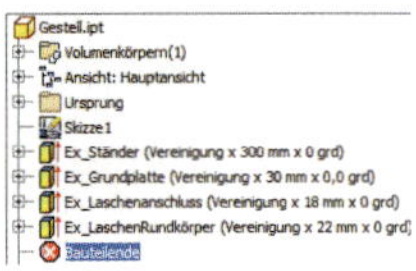

Die Befestigungslaschen werden in zwei Schritten erstellt: zuerst der Verbindungssteg zum Tisch, der **18 MM** hoch werden soll, und anschließend die Befestigungsaugen, die **22 MM** hoch werden. In beiden Schritten werden jeweils die linken und rechten Elemente gleichzeitig ausgewählt.

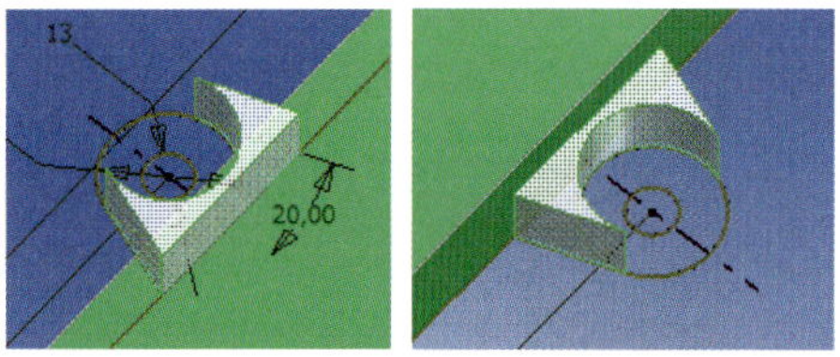

Die Stege werden **18 MM** hoch extrudiert.

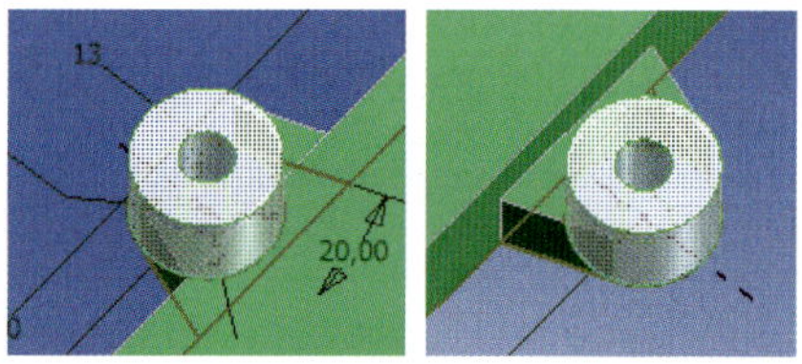

Die Augen werden **22 MM** hoch extrudiert.

Auch hier ist die Farbe **DUNKELGRÜN** für die Grundkörper dieser Elemente eingestellt. Die Oberfläche der Augen soll allerdings als bearbeitet dargestellt werden, da diese Flächen die Auflage für Befestigungsschrauben darstellen.

Markieren Sie die beiden Oberflächen und stellen Sie in der Farbauswahlliste die Farbe **HELLGRAU** ein. Alle bearbeiteten Flächen sollen hellgrau dargestellt werden.

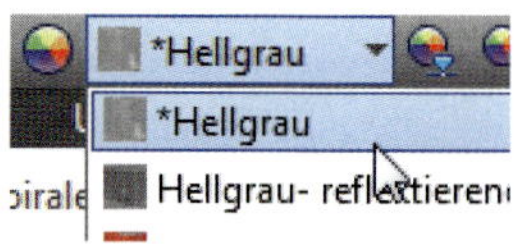

TIPP: Es könnte u. U. sein, dass die Skizzenkontur des Steges der gespiegelten Lasche nicht als geschlossene Profilskizze erkannt wird. Mehrere Manipulationen an der Skizze können dann zielführend sein:

- Setzen Sie Punkte an die Endpunkte der schrägen Linie oder
- zeichnen Sie eine neue Verbindungslinie zwischen den Endpunkten der schrägen Linien über die durchgehende Linie oder
- stutzen Sie die lange Linie und setzen Sie ein neues Linienstück ein.

12.3.7 Schwalbenschwanzführung

Die Schwalbenschwanznut soll im Ständer untergebracht werden, in einer Höhe von 70 mm beginnen, am oberen Ende des Ständers auslaufen und fertigungsgerecht konstruiert werden.

Extrusionen könne zwischen zwei Flächen ausgeführt werden. Die Endfläche in diesem Fall ist die obere Fläche des Ständers, eine **Anfangsfläche in der Höhe 70 mm** muss erstellt werden. Die Anfangsfläche muss jedoch 30° schräg zum Ständer liegen, da der Fräser auch am Grund der Nut eine schräge Fläche herstellt.

Drei Arbeitsschritte sind zum Erzeugen einer schrägen Arbeitsfläche nötig:

- Eine Arbeitsebene parallel zur XY-Ebene in der Höhe 70 mm muss erzeugt werden.
- Eine Arbeitsachse in der derselben Höhe wird als Drehachse benötigt.
- Eine geneigte Arbeitsebene kann mithilfe dieser beiden Arbeitselemente erstellt werden.

Parallele Arbeitsebene

Eine mit der Funktion **VERSATZ VON EBENE** erzeugte **Arbeitsebene**, die parallel zur **XY-EBENE** im Abstand von **70 MM** erzeugt wird, erfüllt diesen Zweck.

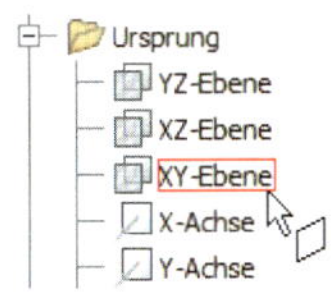

Als Ausgangsebene wird im Objektbrowser die **XY-EBENE** ausgewählt. An einer Ecke kann die so erzeugte Ebene **hochgezogen** und im Textfeld der **ABSTAND 70 MM** eingegeben werden.

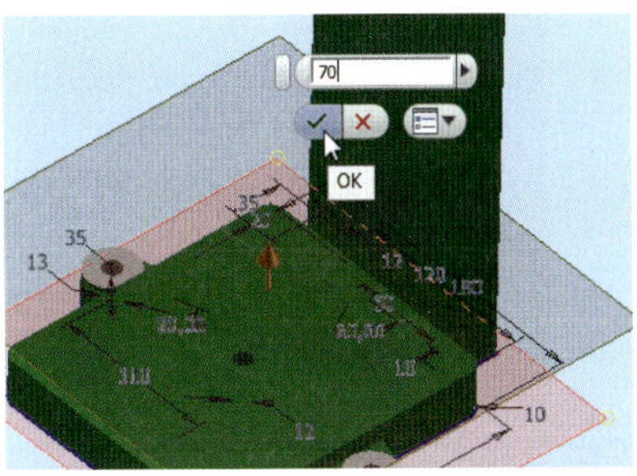

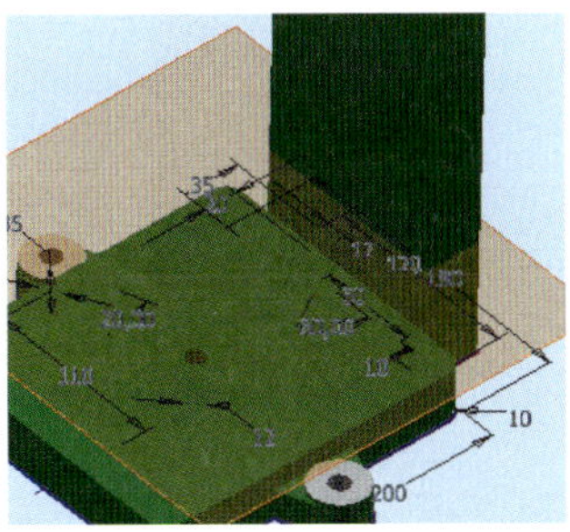

Arbeitsachse

Eine **Arbeitsachse**, die mit der Funktion SCHNITTLINIE ZWEIER EBENEN aufgerufen wird, kann mit der **parallelen Arbeitsebene** und der VORDERSEITE DES STÄNDERS erzeugt werden.

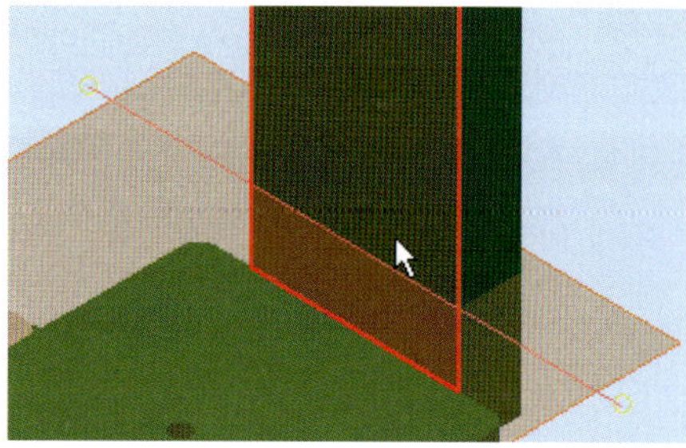

Geneigte Arbeitsebene

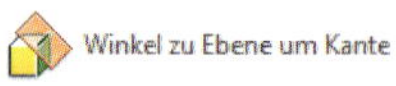

Die Arbeitsebenen-Funktion **WINKEL ZU EBENE UM KANTE** ermöglicht jetzt die Erstellung der benötigten Ebene unter einem Winkel von **30°**, in dem die **parallele Ebene** und die **Arbeitsachse** als Hilfselemente aufgerufen und der **Winkel** eingegeben wird.

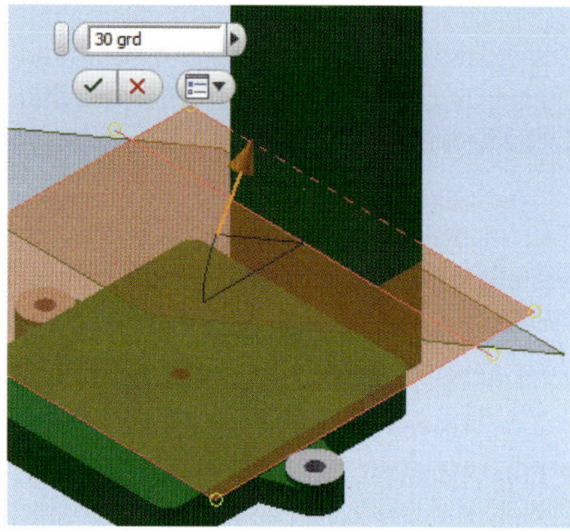

Die Extrusion

Für die Erstellung der Extrusion ist es sinnvoll, die Sichtbarkeit der Hilfselemente auszuschalten.

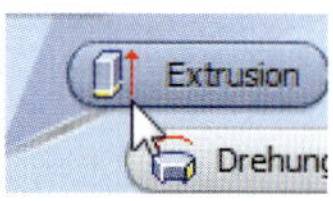

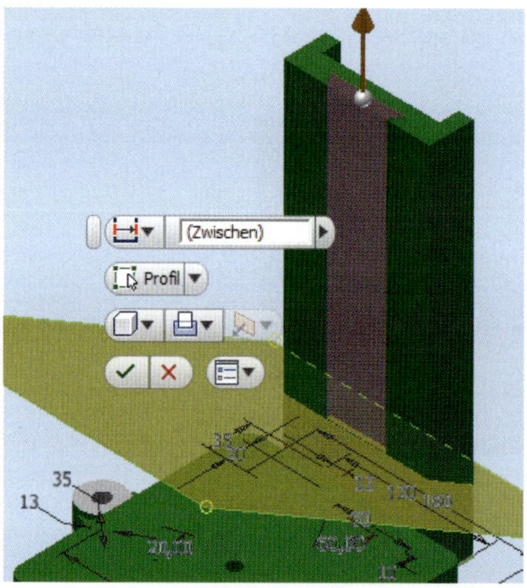

Die **EXTRUSION** erfolgt jetzt als **DIFFERENZ** mit der Einstellung **ZWISCHEN** und der Angabe der beiden Flächen, zwischen denen sich die Nut befinden soll.

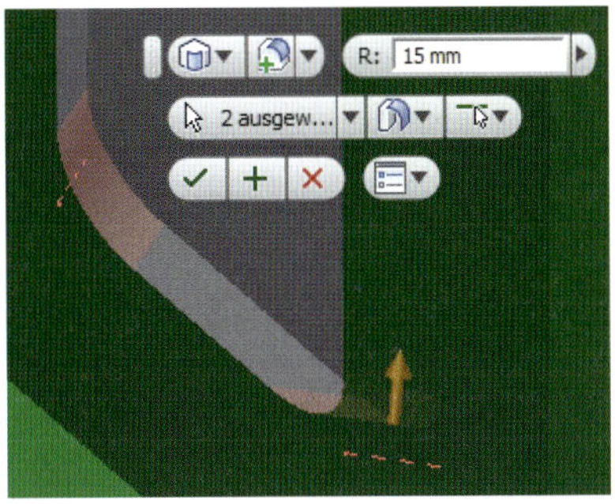

In Abhängigkeit vom Fräser-Durchmesser sind die Ecken der Nut abzurunden. In der Übung wurde dazu der Radius von **15 MM** eingestellt. Die **SICHTBARKEIT** der **Arbeitsebene** und der **Skizze** kann jetzt ausgeschaltet werden.

12.3.8 Langloch

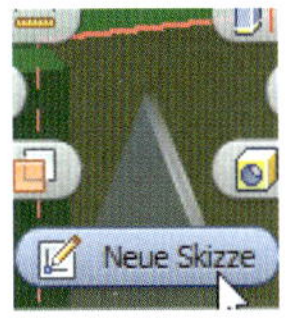

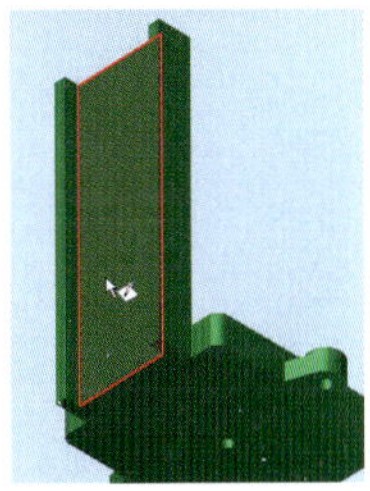

Ein Langloch soll in den Ständer eingebracht werden, damit der Pressenkopf in der Höhe verstellt werden kann. Für diesen Arbeitsschritt benötigen wir eine **NEUE SKIZZE**, die auf der Rückseite des Ständers entstehen soll.

Das Langloch bekommt eine Breite von **11 MM**, und im Abstand **30 MM** von oben soll es **180 MM** lang werden.

Bei der Skizzenerstellung ist es wichtig, dass sie genau in die vertikale Mitte der Ständerfläche gezeichnet wird. Um diese Mitte einfach zu finden, wird die Geometrie der Ständerfläche in die Skizze projiziert. Jetzt kann genau von der Mitte der oberen Kante aus die Mittellinie nach unten gezeichnet werden. Auf diese **MITTELLINIE** werden zwei **KREISE** platziert, **TANGENTIAL** mit **LINIEN** verbunden und so **GESTUTZT**, dass das Langloch übrig bleibt.

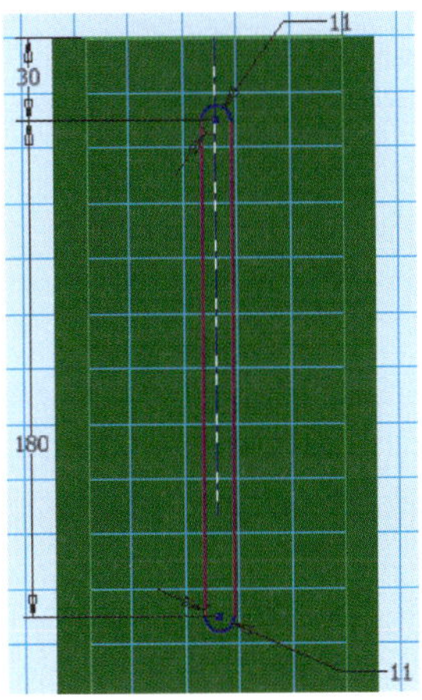

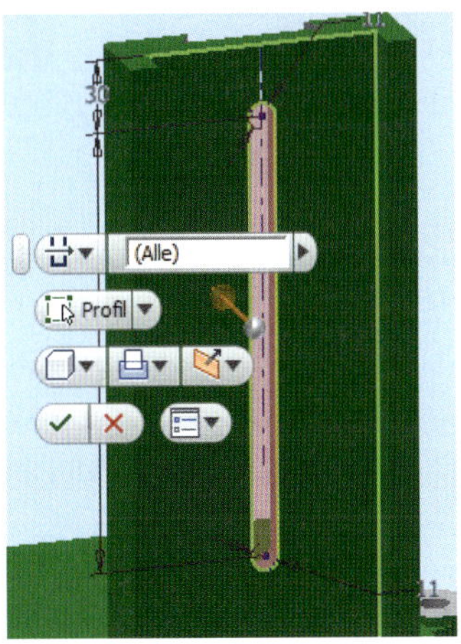

Die Extrusion ist auch hier eine **DIFFERENZ-EXTRUSION**, die entweder **ZUR NÄCHSTEN** oder **DURCH ALLE** Ebenen gehen kann.

12.3.9 Abrundungen

Diverse Kanten am Bauteil müssen abgerundet werden.

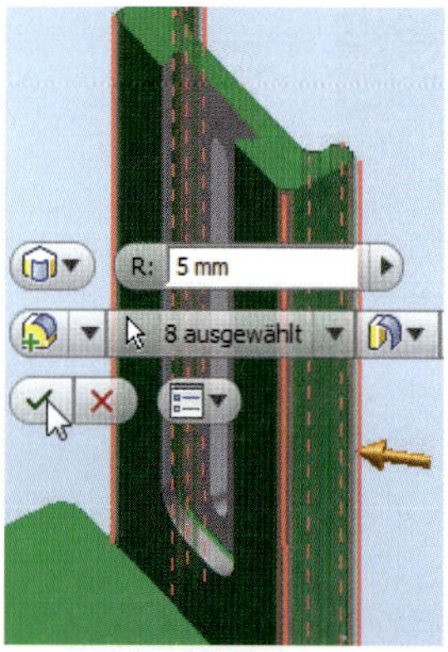

Alle vier senkrechten Außenkanten und die beiden hinteren Innenkanten am Ständer: R = 5 mm

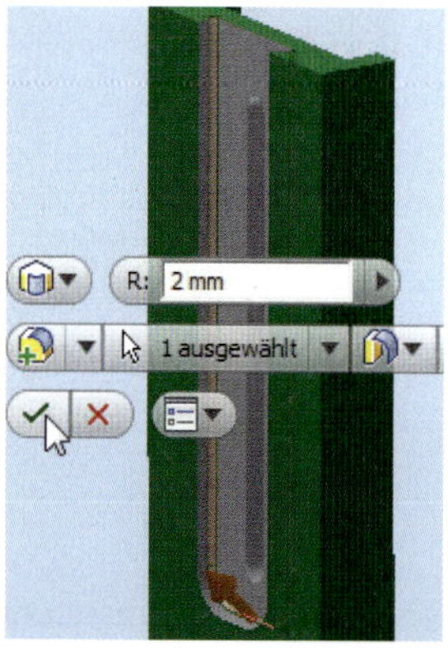

Die Innenkante der Schwalbenschwanzführung: R = 2 mm

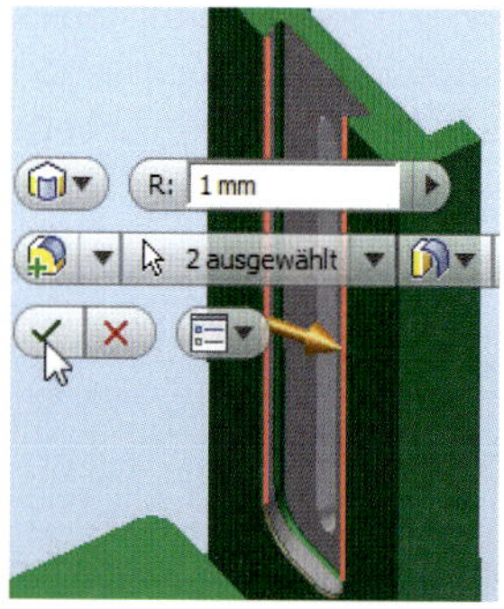

Die Außenkante der Schwalbenschwanzführung: R = 1 mm

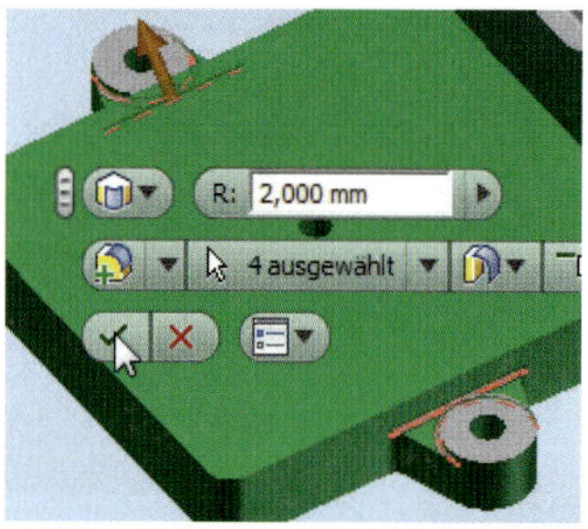

Die Verbindungsstege zwischen den Augen und dem Tisch: R = 2 mm

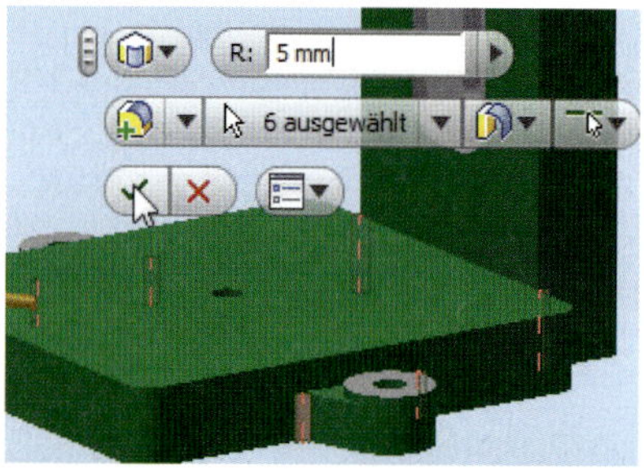

Alle vertikalen Kanten am Tisch (Stege und Ständer): R = 5 mm

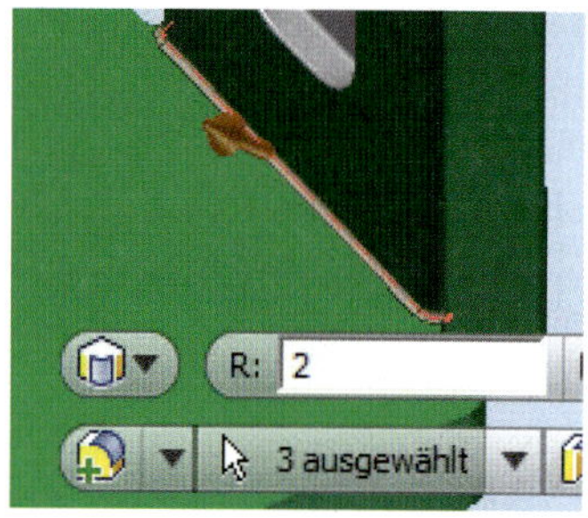

Der Übergang zwischen Ständer und dem Tisch: R = 2 mm

12.3.10 T-Nuten

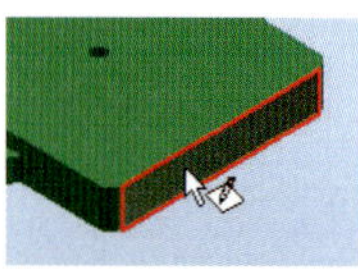

Im nächsten Schritt sollen nun die T-Nuten im Pressentisch erzeugt werden. Der Tisch bekommt eine Nut, die mittig von vorne nach hinten geht, und zwei Nuten, die quer durch den Tisch gehen.

T-Nuten in einem Gussteil können auf zweierlei Art hergestellt werden. Entweder werden sie zusammen mit dem Grundkörper und entsprechenden Kernen in der Gussform (Sandguss) gegossen oder sie müssen gefräst werden.

Für diese Übung darf es ruhig etwas anspruchsvoller sein, weswegen unsere T-Nuten ins volle Material gefräst werden, und das geht so:

Erster Arbeitsgang: Mit einem Fingerfräser (Ø 10) wird der obere schmale Teil der Nut bis zum Grund (12 mm tief) gefräst.

Zweiter Arbeitsgang: Mit einem T-Nuten-Fräser (Ø 19) wird der untere breite Teil gefräst.

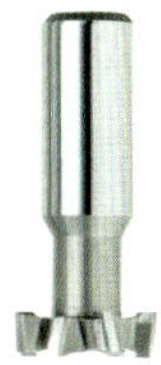

Die Konstruktion der Nuten soll fertigungsgerecht erfolgen, was bei durchgehenden Nuten kein Problem darstellt. Die T-Nut jedoch, die von der vorderen Stirnfläche aus nach hinten läuft, ist eine Sacknut, die einen praxiskonformes Ende entsprechend dem Fertigungsverfahren bekommen muss. Demzufolge bekommt das Ende des oberen schmalen Teiles eine volle Abrundung, das Ende des unteren breiten Teils liegt etwas weiter hinten und bekommt ebenfalls eine volle Abrundung.

Auf der vorderen Stirnfläche des Tisches entsteht also wieder eine **NEUE SKIZZE**, welche die Geometrie der T-Nut aufnimmt. Die Konsequenz aus der obigen Beschreibung ist, dass die Nut in zwei Schritten, d. h. mit zwei Skizzen (zwei Rechtecken) und zwei Extrusionen, konstruiert werden muss.

Wie bei der Schwalbenschwanznut und beim Langloch, so ist es auch hier wichtig, dass die Geometrie der Stirnfläche projiziert (**GEOMETRIE PROJIZIEREN**) und die Abhängigkeit **KOINZIDENT** auf die Mitten der Linien (Tischkante und Nut) aufgebracht wird. Nur so befindet sich die Nut immer genau in der Mitte des Tisches, unabhängig davon, wie breit dieser ist.

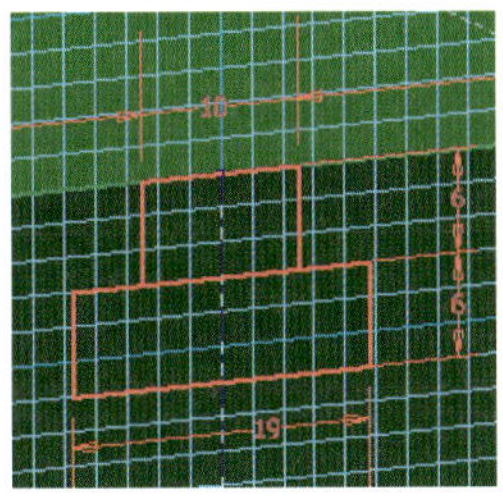

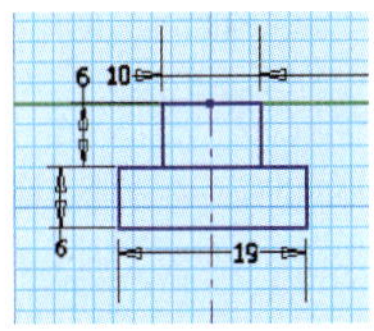

Die Extrusionen werden in zwei unterschiedlichen Längen ausgeführt, wobei bei einer einzigen Skizze nach der ersten Extrusion die Funktion **SKIZZE WIEDER VERWENDEN** aufgerufen werden muss.

Die Länge der ersten Extrusion beträgt **160 MM**, die der zweiten Extrusion muss um den Radius des T-Nuten-Fräsers länger sein, also **169,5 MM**.

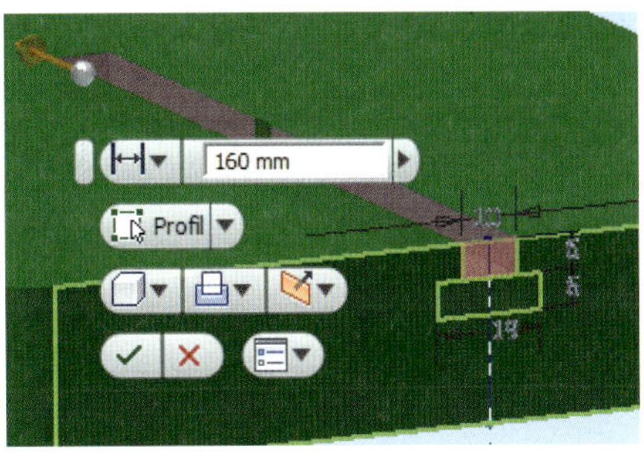

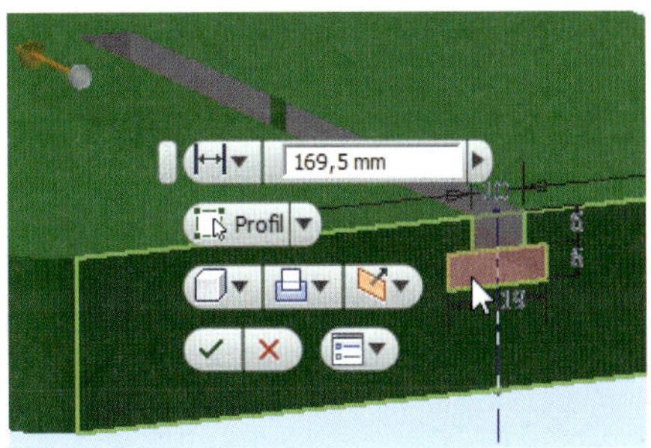

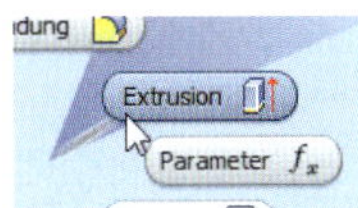

Da die Nut mit einem runden T-Nutenfräser erstellt wird, müssen auch hier die hinteren Enden in zwei Schritten auf die vollen Breiten abgerundet werden.

Die Option **VOLLE ABRUNDUNG** der Funktion **ABRUNDEN** mit der Auswahl der entsprechenden Seiten- und Mittelflächen ist hier zweckdienlich einzusetzen.

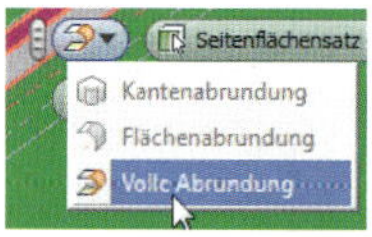

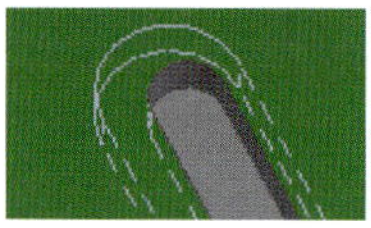

Sehr viel leichter sind die beiden durchgehenden seitlichen Nuten mit einer einzigen Skizze zu erstellen. Die **MITTELLINIE** ist wieder **KOINZIDENT** zur **MITTE DER TISCHKANTE**, und die Skizze der zweiten Nut wird durch **SPIEGELN** der ersten erzeugt.

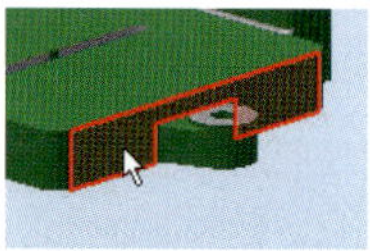

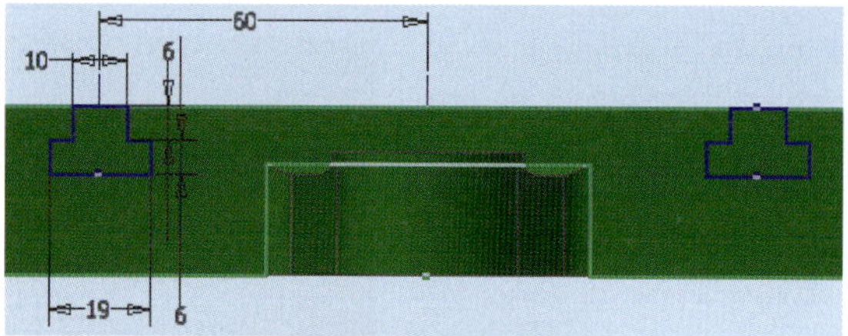

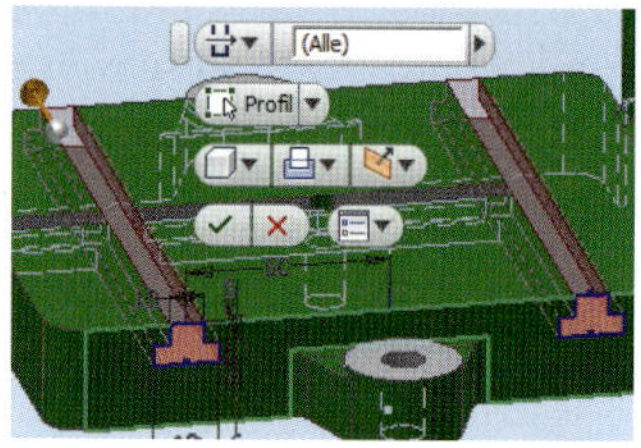

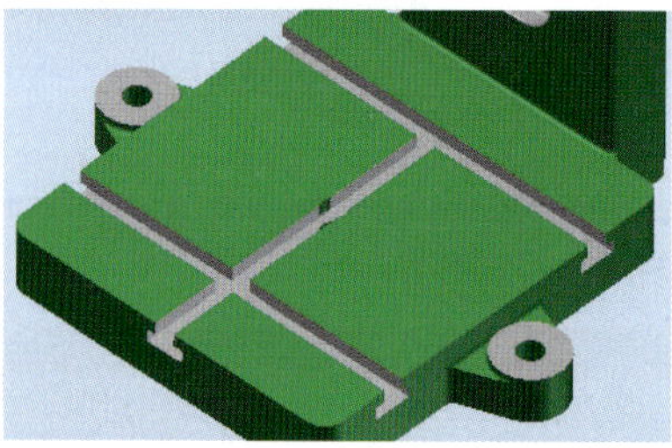

Natürlich werden auch diese Nuten per **DIFFERENZ-EXTRUSION** erzeugt. Da die Tischfläche später noch bearbeitet wird, werden die T-Nuten erst nach dieser Bearbeitung angefast.

Durch die hintere Quernut wurde unser aufwendig erzeugter Fräserauslauf weggefräst. Macht aber nichts – die Übung war's wert.

12.3.11 Tischfläche bearbeiten

Die Tischoberfläche muss bearbeitet werden. Dieser Schritt, da er für die Funktion des Bauteils wichtig ist und auch Bearbeitungsspuren hinterlässt, soll nicht nur »kosmetisch«, wie bei den Augen, sondern tatsächlich durch eine Materialabtragung ausgeführt werden.

Eine NEUE SKIZZE auf der Tischoberfläche ist dazu zu erstellen und eine LINIENKONTUR, welche die Größe der zu bearbeitenden Fläche angibt, ist zu zeichnen. Die Konturgrenzen zum Ständer hin können mit GEOMETRIE oder SCHNITTKANTEN PROJIZIEREN leicht ermittelt werden.

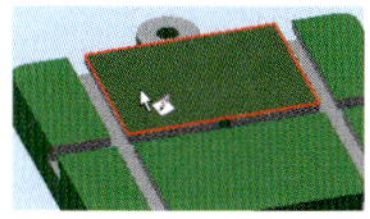

Die DIFFERENZ-EXTRUSION wird 1 MM tief ausgeführt, und die neu entstandene Fläche bekommt den FLÄCHENFARBSTIL HELLGRAU.

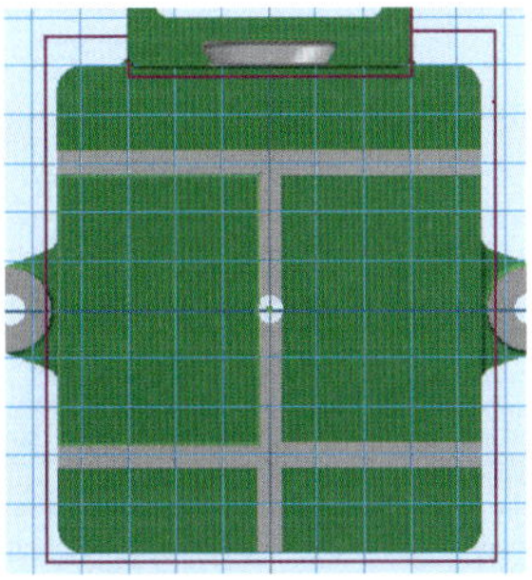

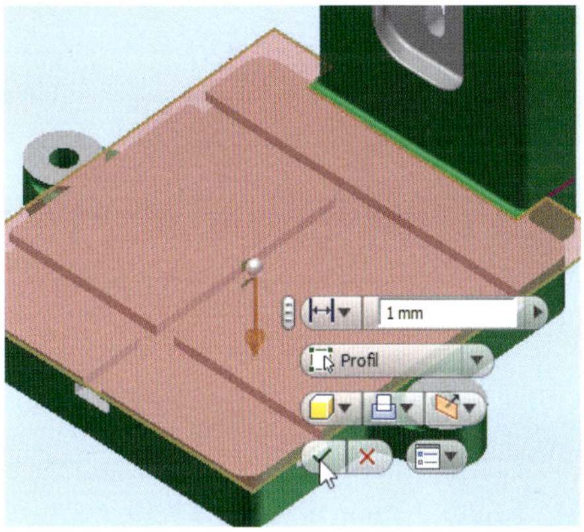

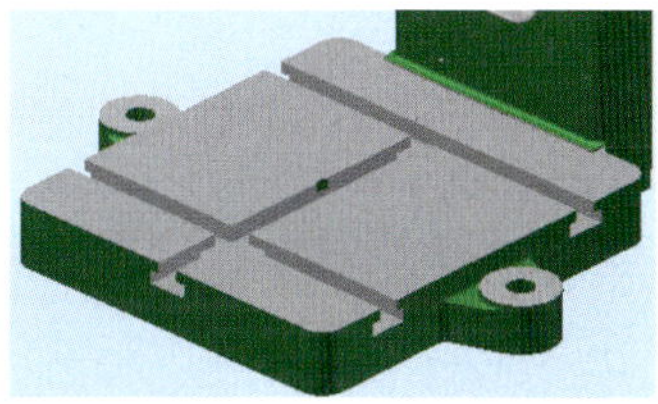

12.3.12 Fasen und Abrundung

Die folgenden Elemente sind mit einer 1-MM-FASE zu versehen:

- Alle Tischkanten an der bearbeiteten Tischfläche
- Alle seitlichen Ausgänge der T-Nuten
- Das Langloch im Ständer beidseitig

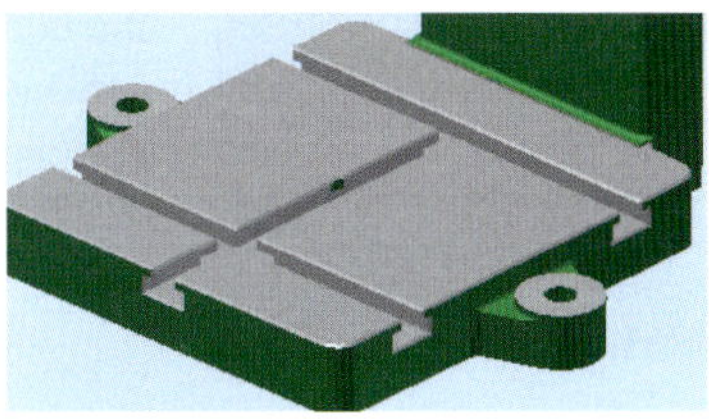

Die Oberseite des Ständers ist mit einer ABRUNDUNG 1 MM zu versehen, wobei die Option KONTUR einzusetzen ist.

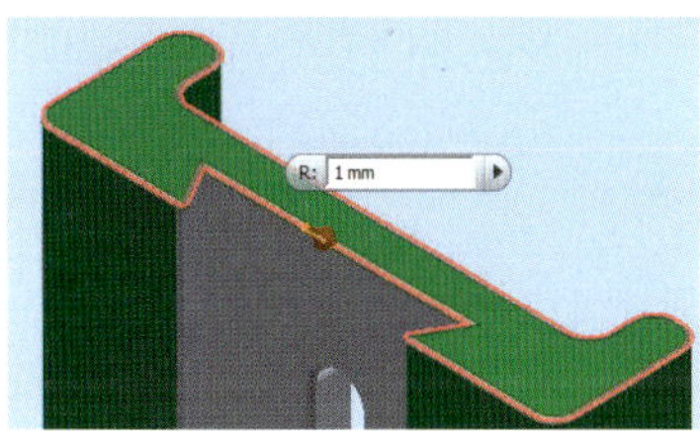

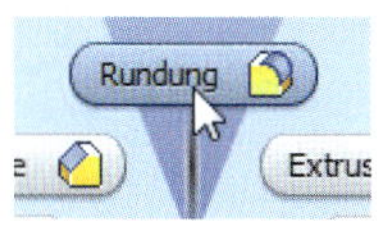

Der Ständer ist fertig, und er ist schön geworden. Die folgenden Teile, die meisten davon sind einfach zu erstellen, werden nur im Schnelldurchgang, mitunter mithilfe von Zeichnungen vorgestellt. Diese Teile können leicht ohne weitere Anleitung erstellt werden. Komplexe Bauteile werden weiterhin detailliert beschrieben.

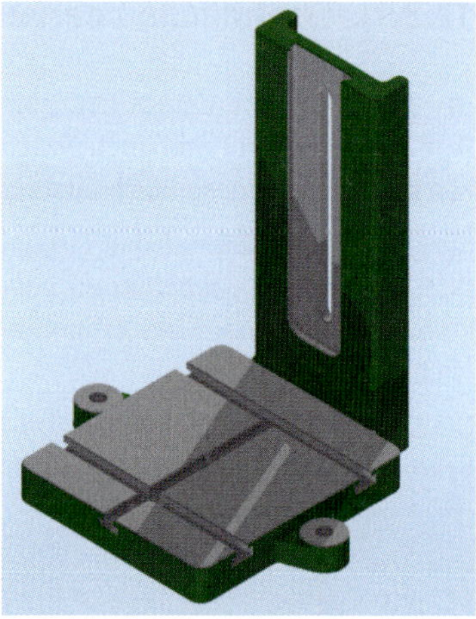

12.4 Die Führungsplatte

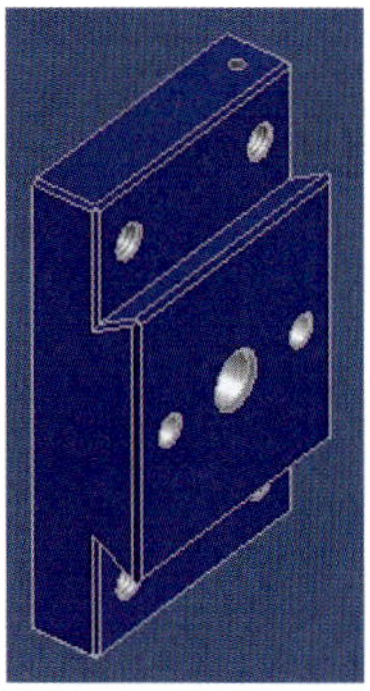

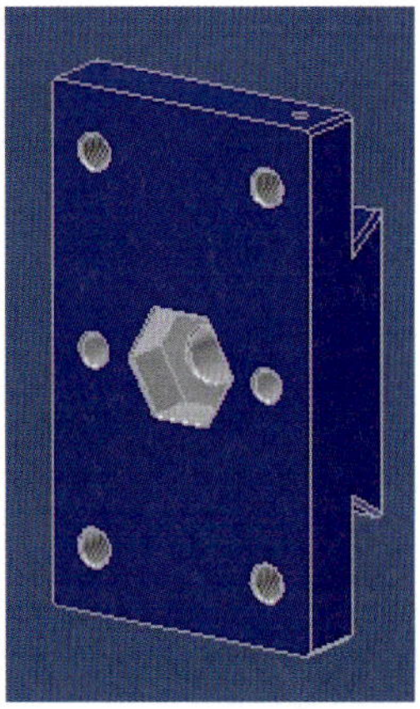

Die Führungsplatte stellt die Verbindung zwischen dem Kopfteil und dem Gestell her. Sie sorgt für die einwandfreie Führung in der Schwalbenschwanznut, und sie beinhaltet die Sechskantschraube für die Höhenverstellung.

Nach dem bisher Geübten sollte es grundsätzlich kein Problem darstellen, dieses Teil aufgrund der vorliegenden Zeichnung eigenständig zu erstellen.

Die Bohrungen werden alle nach Skizze eingebracht, d. h., auf den jeweiligen Flächen werden Skizzen mit den bemaßten Punkten (Bohrungsmittelpunkten) aufgebracht. Die Bohrungen und Gewinde werden mit dem Befehl **BOHRUNG** erstellt.

Die Sechskantaussparung wird als eigene Skizze mit dem Befehl **POLYGON** und einer anschließenden **DIFFERENZ-EXTRUSION** erstellt. Bei der Skizzenerstellung ist darauf zu achten, dass das Sechskant entsprechend ausgerichtet ist.

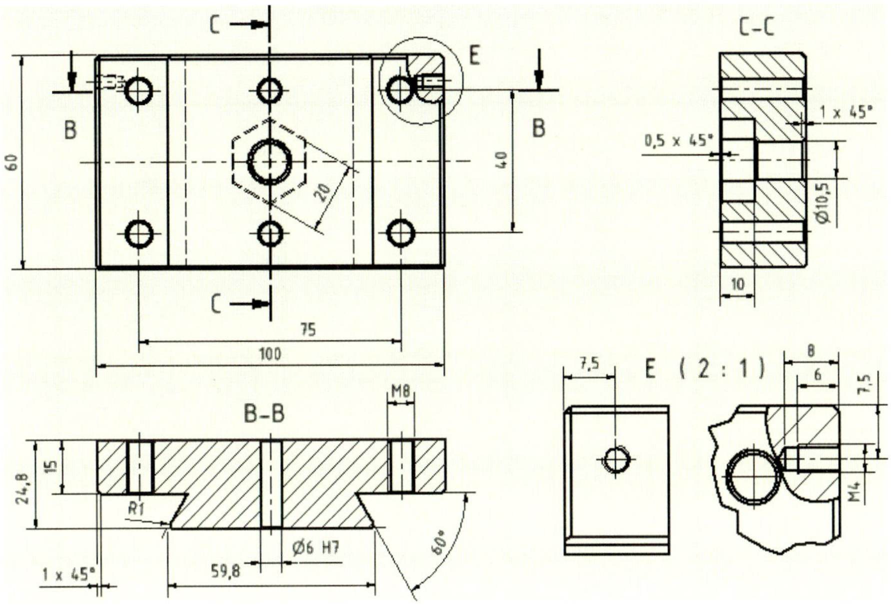

12.5 Das Kopfteil

Auch das Kopfteil, das die Aufnahme für die Welle, das Zahnrad und die Zahnstange darstellt, beinhaltet kaum neue Funktionen und sollte deswegen nach den Angaben in der Zeichnung weitgehend erstellt werden können.

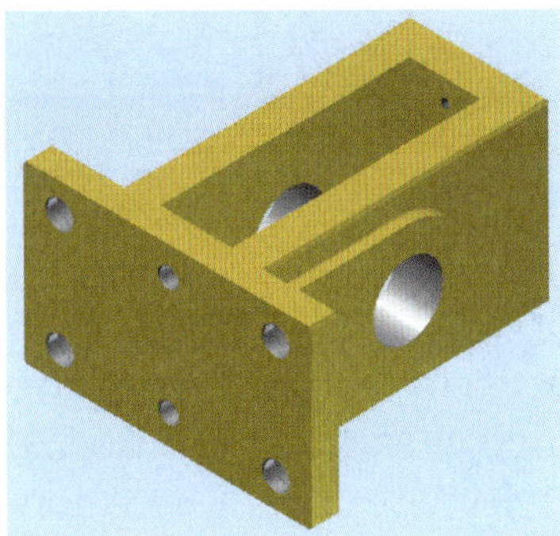

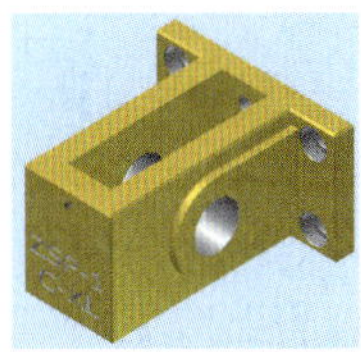

Im ersten Schritt wird die T-Form mit der Aussparung in der Mitte als Skizze erstellt und auf die Höhe **60 MM** extrudiert.

Im zweiten Schritt wird auf einer Seite die Verstärkung in einer neuen Skizze gezeichnet und **4 MM** extrudiert. Anschließend wird auf der anderen Seite, ebenfalls in einer neuen Skizze, diese Skizze projiziert und auch 4 mm extrudiert (alternativ könnte die zweite Verdickung auch als **GESPIEGELTES ELEMENT** erzeugt werden).

Danach werden mithilfe von mehreren Skizzen die Bohrungen, Senkungen und das Gewinde erzeugt. Die vorletzten Aktionen versehen nun alle Kanten mit den entsprechenden Fasen bzw. Radien.

Zum Schluss wird die **PRÄGUNG** mit der Typenbezeichnung der Zahnstangenpresse ausgeführt, die als neue Funktion im Anschluss genauer beschrieben werden soll.

Die folgende Zeichnung zeigt alle wichtigen Maße.

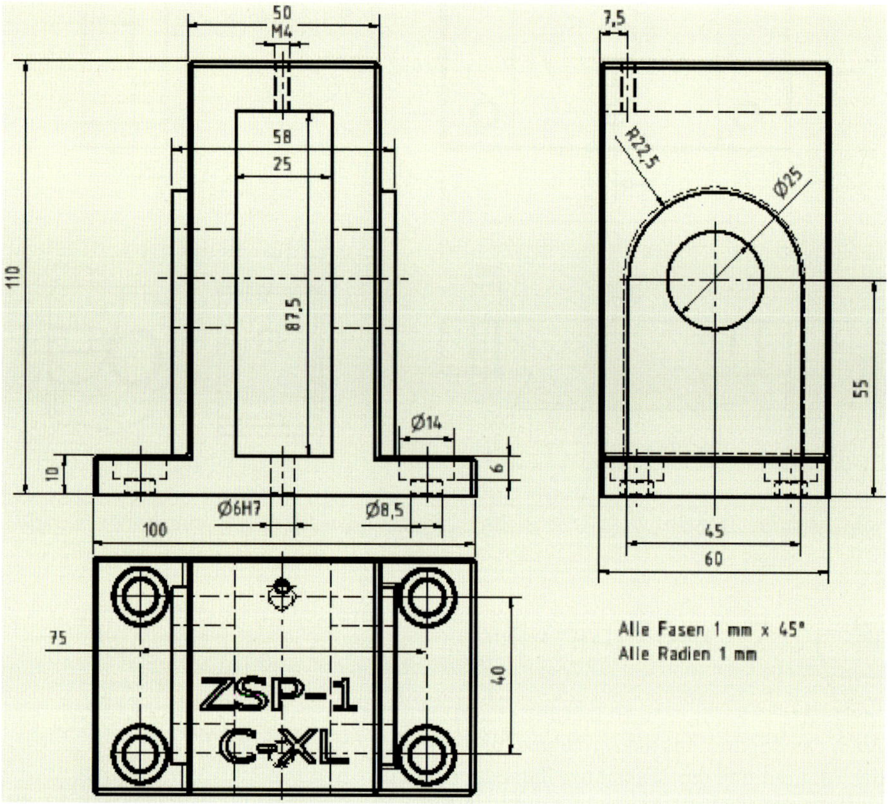

Die Prägung

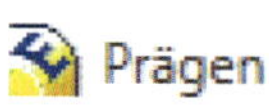

Der letzte Schritt, die Prägung, soll, da diese Funktion bisher nicht besprochen wurde, ausführlich dargestellt werden. Ähnlich wie der Aufkleber, der auf das Gestell aufgebracht wurde, wird auch eine Prägung in vier Schritten erzeugt.

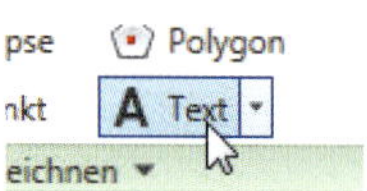

1. **NEUE SKIZZE** auf der Stirnfläche erzeugen
2. Text »ZSP-1 C-XL« in die Skizze einfügen und ausrichten
3. **SKIZZE BEENDEN**
4. Funktion **PRÄGUNG** aufrufen und ausführen

Nachdem die Skizze erzeugt wurde, wird mit der Funktion **TEXT** die Typenbezeichnung geschrieben, formatiert und in der Skizze positioniert.

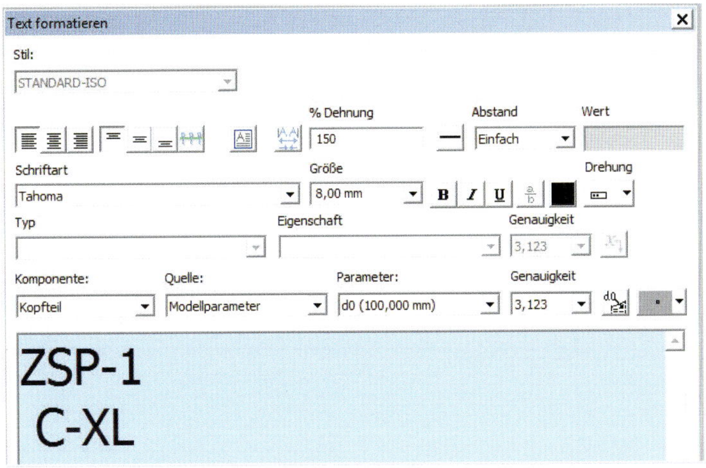

Anschließend wird die Skizze beendet und die Funktion **PRÄGEN** aufgerufen, die Einstellung **GRAVIEREN** und die **TIEFE 1,5 MM** vorgenommen. Als Profil ist der Skizzentext (siehe roter Pfeil) auszuwählen.

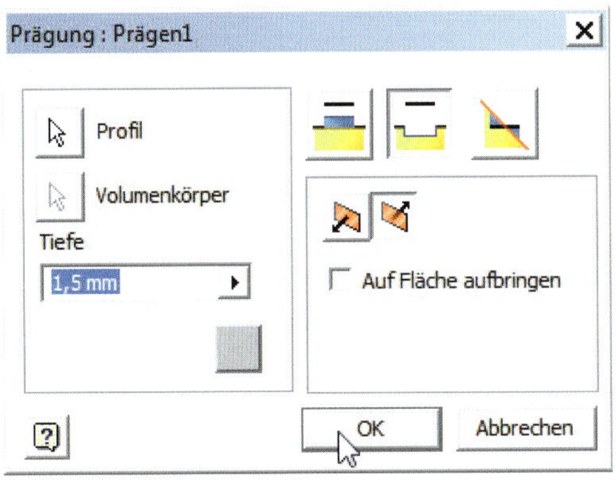

12.6 Das Zahnrad

Zahnräder im Inventor können mittels verschiedener Möglichkeiten erstellt werden:

- Mit dem Inventor-Konstruktionsassistenten
- Mit Fremdprogrammen
- Als Konstruktion von Hand

Der Konstruktionsassistent kann leider keine Zahnrad-Zahnstangen-Kombination erzeugen.

Das hier verwendete Zahnrad wurde zwar mit einem vom Autor selbst programmierten Programm erstellt, das hier aber nicht zugrunde gelegt werden soll. Die Konstruktion »von Hand«, die auch recht flott vonstatten geht, soll hier näher erläutert werden.

Der größte Nachteil der händischen Konstruktion ist, dass die gesamte Zahnradberechnung durchgeführt werden muss, damit die Maße für die Skizzen vorliegen.

12.6.1 Die Zahnradberechnung

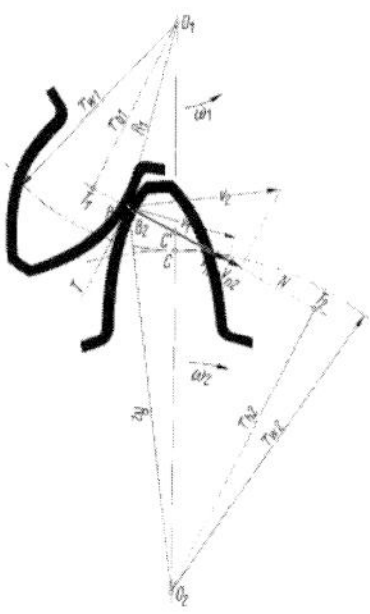

Die technischen Daten für das Zahnrad sind:

Modul m	2,5 mm
Zähnezahl z	20
Eingriffswinkel α	20°
Kopfspiel	0,25 * m
Radbreite	22 mm
Tragende Zahnbreite	20 mm

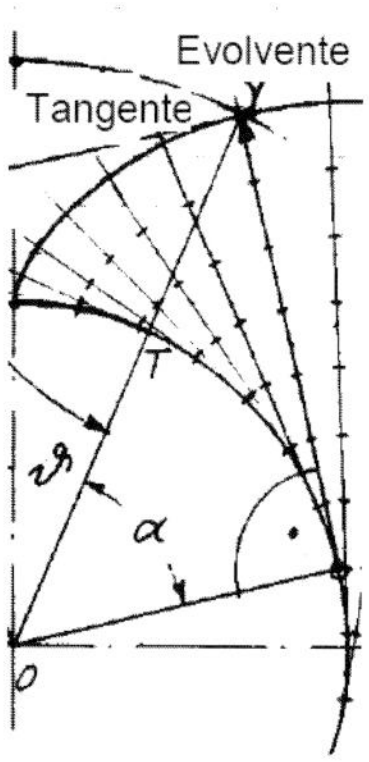

Aus diesen Daten errechnet sich für eine Evolventenverzahnung:

Teilkreis d	z * m = 2,5 * 20	50 mm
Kopfkreis	d + 2 * m	55 mm
Fußkreis	d – 2,5 * m	43,75 mm
Zahnhöhe	h = m + 1,25 * m	5,625 mm
Grundkreis	d * cos(α)	46,985 mm
Teilung	m * PI	7,854
Zahndicke Kopf	aus der Evolventengleichung berechnet	1,737 mm
Zahndicke Teilkreis	aus der Evolventengleichung berechnet	3,927 mm
Zahndicke Grundkreis	aus der Evolventengleichung berechnet	4,39 mm

12.6.2 Skizze eines Evolventenzahnes

Mit diesen Werten wird die Skizze eines Zahnes erstellt.

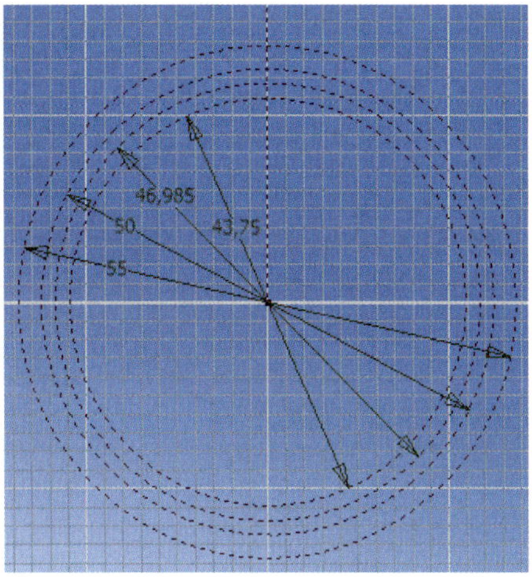

Die errechneten Kreise werden als Hilfslinien gezeichnet (Fußkreis, Grundkreis, Teilkreis, Kopfkreis). Eine senkrechte Hilfslinie wird gezeichnet.

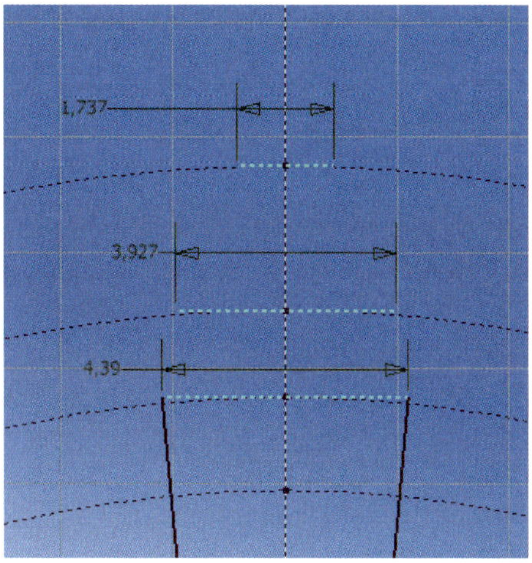

Die errechneten Zahnbreiten (Kopfbreite, Teilkreisbreite, Grundkreisbreite) werden als tangentiale Linien, Mitte auf Hilfslinie, gezeichnet. Vom Mittelpunkt aus werden Linien zu den Grundkreisendpunkten gezeichnet.

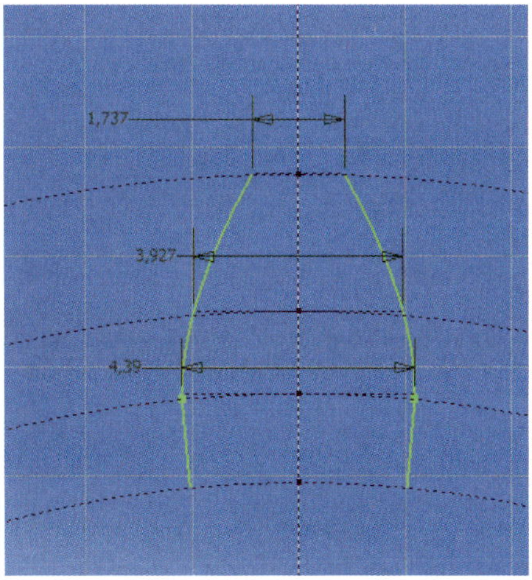

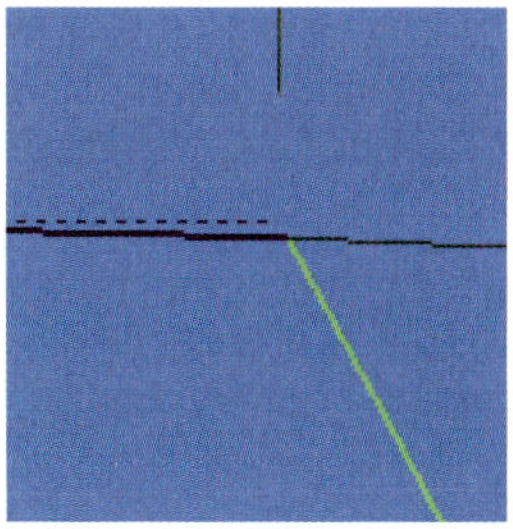

Die Linien zu den Grundkreisendpunkten werden gestutzt, und **SPLINES** ergeben die Evolventenkurve der Zahnflanken.

TEIL II

HINWEIS: Diese Methode der mit der Evolventenfunktion errechneten Zahnbreiten an den markanten Kreisen und der Verbindung dieser Punkte mittels Splines ergibt zwar keine 100 %ige Evolventenkurve, sollte jedoch im Bereich von ± 0,1 mm eine relativ genaue Annäherung bringen. Der Aufwand, längs einer Zahnflanke mit der Evolventenfunktion mehr Punkte zu berechnen und diese zu verbinden, ist unvergleichbar höher und nur unwesentlich genauer.

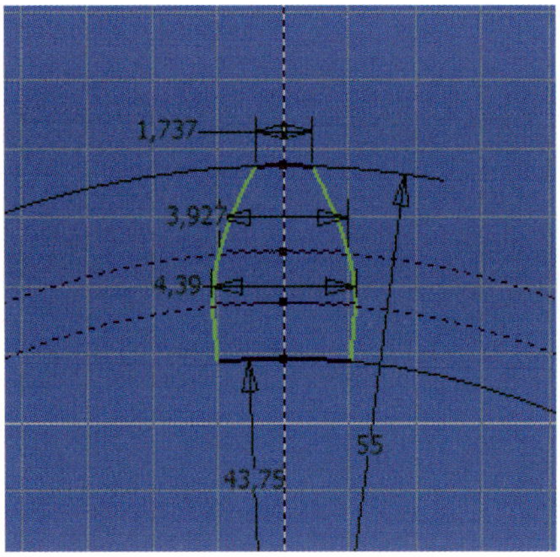

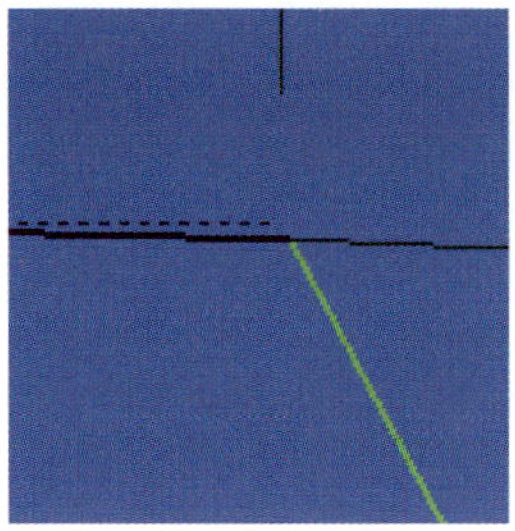

Im nächsten Schritt werden Kopf- und Fußkreis so gestutzt, dass eine geschlossene Zahnkontur entsteht.

Da die Splines bis zu den tangentialen Geraden gezeichnet wurden, müssen auch diese so gestutzt werden, dass die Zahnflanke sauber mit dem Kopfkreis verschnitten ist.

12.6.3 Die Zahnextrusion

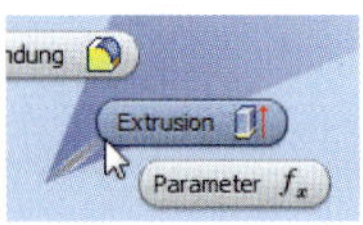

Durch eine einfache **EXTRUSION** kann jetzt ein Zahn mit der Zahnbreite **22 MM** erstellt werden. Die beidseitige **FASE** ist eine mit zwei unterschiedlichen Abständen, oben je **1 MM** und seitlich nach unten je **2 MM**, ausgeführte Abschrägung.

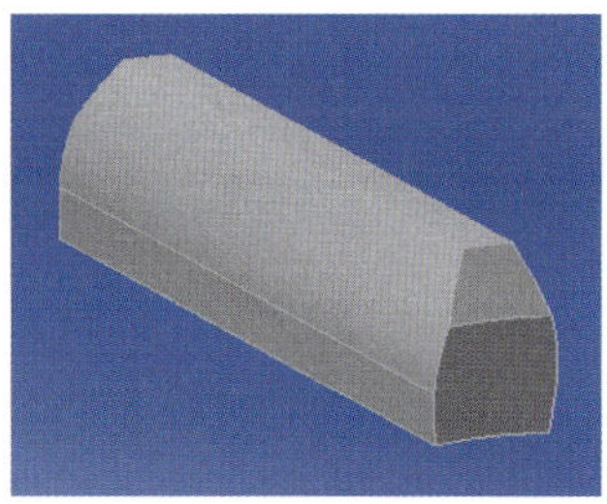

12.6.4 Alle Zähne erzeugen

Relativ einfach ist es jetzt, mit der Funktion **POLAR** den fertigen Zahn einschließlich der Fasen 20-mal um sein Zentrum zu kopieren.

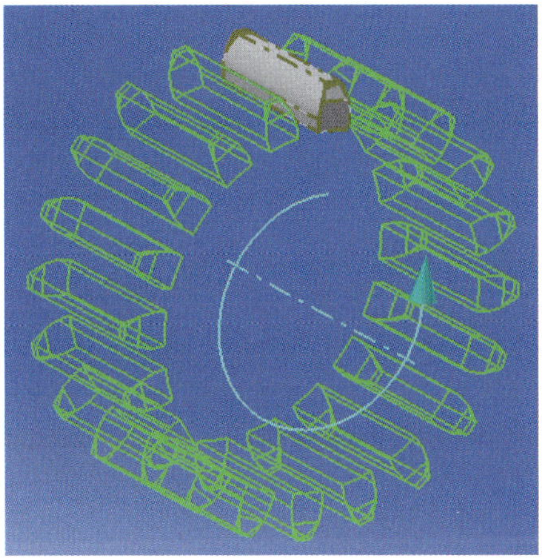

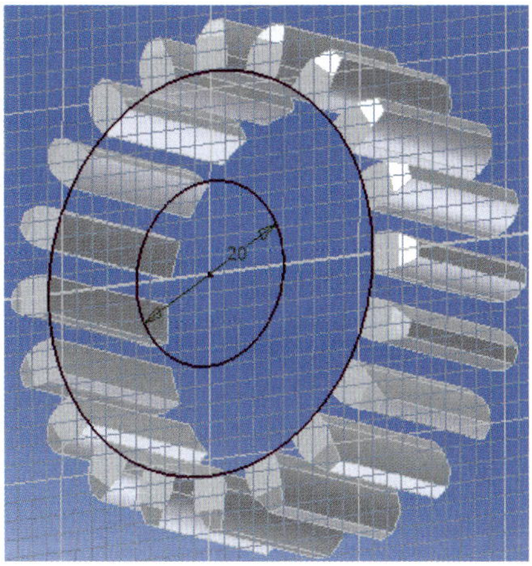

Nach dem kreisförmigen Kopieren wird auf der Ursprungsebene, auf der auch der Zahn skizziert wurde, der Grundkörper des Zahnrades skizziert. Mit **GEOMETRIE PROJIZIEREN** kann der Fußkreis erstellt und mit einem **KREIS** mit **20 MM** Durchmesser die Nabenbohrung gezeichnet werden.

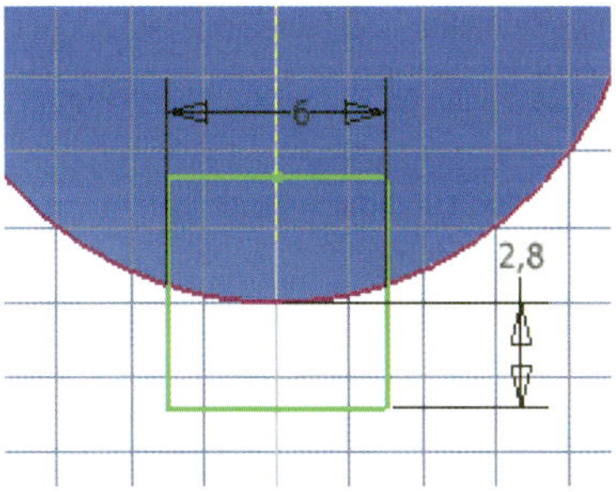

Die Extrusion bringt das fast fertige Zahnrad zum Vorschein, in dem nur noch die Passfedernut fehlt. Eine neue Skizze, ein Rechteck und eine Differenz-Extrusion, und die Passfedernut sind fertig.

Verknüpft man die Parameter einiger wichtiger Größen des Zahnrades und deren Gleichungen für die Berechnung mit einer Excel-Tabelle, so ist es relativ leicht, auch ohne fremde Hilfe (Konstruktionsassistent oder Fremdprogramm) die verschiedensten Zahnräder als Varianten herzustellen.

12.7 Die Zahnstange

12.7.1 Das Zahnstangenprofil

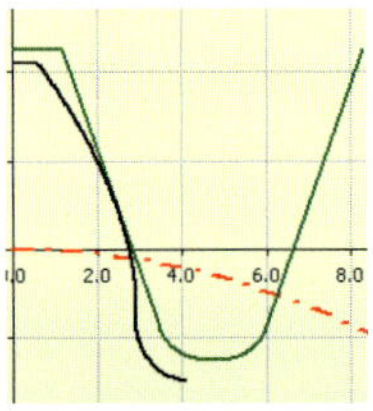

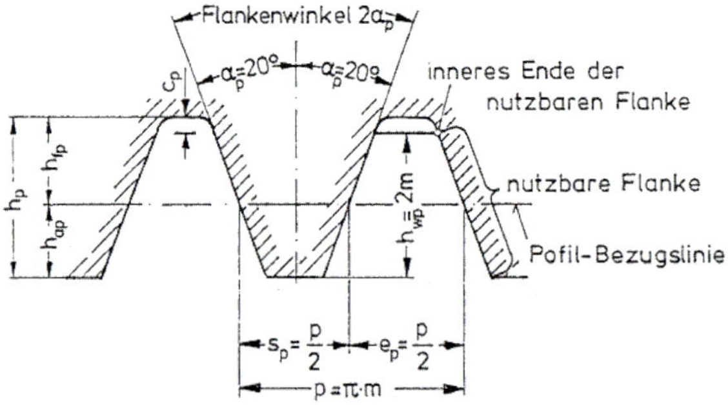

Eine Zahnstange ist zu betrachten wie ein Zahnrad mit unendlich großem Grundkreis. Legt man diese Definition zugrunde, so werden sowohl der Grundkreis als auch die Evolvente zur Geraden. Die Neigung der Zahnflanken ist mit 20° genormt. Das Zahnprofil einer Zahnstange ist somit für eine Evolventenverzahnung ein Trapez, also recht einfach zu erstellen.

Die technischen Daten der Zahnstange sind dieselben, mit denen das Zahnrad konstruiert wurde.

Modul m	2,5 mm
Zahnhöhe	5,625 mm
Kopfspiel	0,25 * m
Teilung	7,854

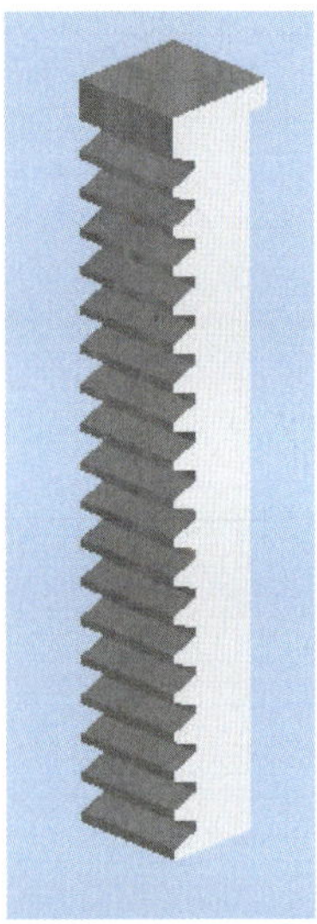

12.7.2 Der Grundkörper

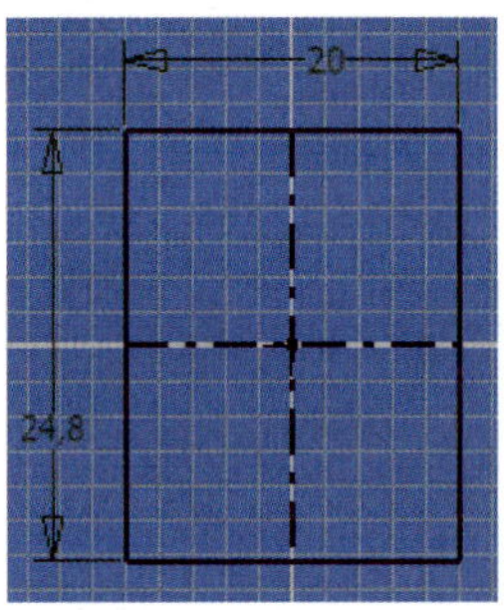

Die Zahnstangenkonstruktion soll mit dem Grundkörper beginnen. Ein **RECHTECK** mit den Maßen **20 x 24,8 MM**, das mit **MITTELLINIEN** gezeichnet und im **URSPRUNG** festgelegt ist, bildet die Ausgangsskizze. Die nachfolgende **EXTRUSION** wird auf eine Länge von **150 MM** ausgeführt.

12.7.3 Gewindebohrung und Nase

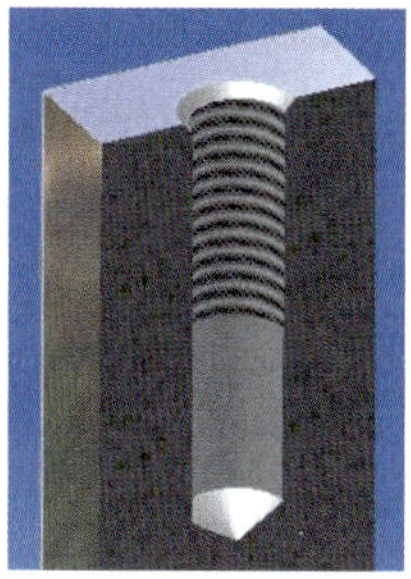

Am unteren Ende der Zahnstange soll später eine Druckplatte angeschraubt werden, weswegen dort ein Gewinde eingebracht werden soll. Das GEWINDE M10, 20 MM TIEF soll mit der BOHRUNG, die 35 MM TIEF ist, und der FASE 1 MM x 45° erzeugt werden.

Die abgebildete Schnittdarstellung erreicht man übrigens dadurch, dass auf der Registerkarte ANSICHT in der Befehlsgruppe DARSTELLUNG die Funktion ANSICHT HALBSCHNITT aufgerufen, als Schnittebene eine Seitenfläche gewählt und diese per Hand in die Mitte des Bauteils verschoben wird.

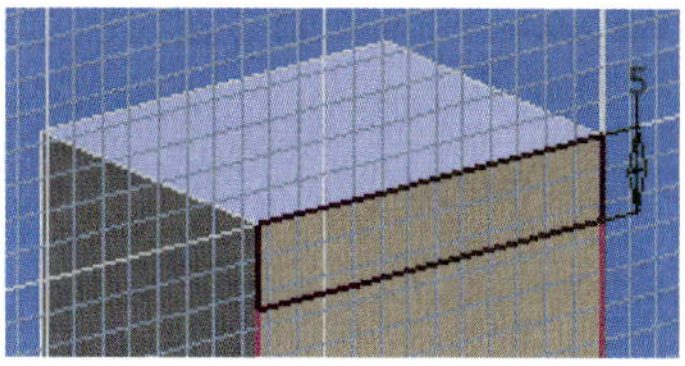

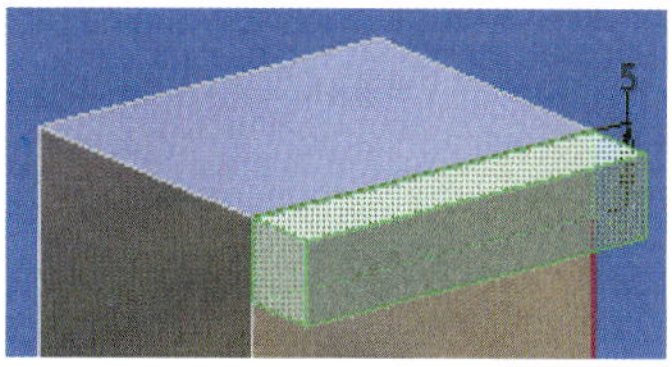

Am oberen Ende der Zahnstange soll sich eine Nase befinden, die verhindert, dass beim Bedienen der Presse die Zahnstange zu weit nach unten gedreht wird. Die Skizze dazu wird einfach auf die seitliche Stangenfläche ans obere Ende mit GEOMETRIE PROJIZIEREN und auf einer Höhe von 5 MM aufgebracht.

Damit ist der Grundkörper der Zahnstange fertig.

12.7.4 Die Verzahnung

Anders als beim Zahnrad wird bei der Zahnstange eine Zahnlücke konstruiert und mit einer Differenz-Extrusion vom Grundkörper abgezogen.

Die abgebildete Geometrie, die am unteren Ende des Grundkörpers auf eine Seitenfläche skizziert wird, zeigt die erste Zahnlücke.

Mit der errechneten Teilung von 7,854 MM und der Funktion RECHTECKIGE ANORDNUNG wird diese eine Lücke 18-MAL nach links kopiert.

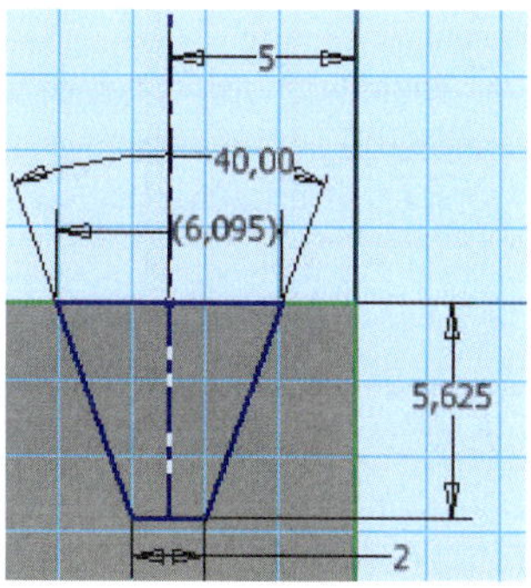

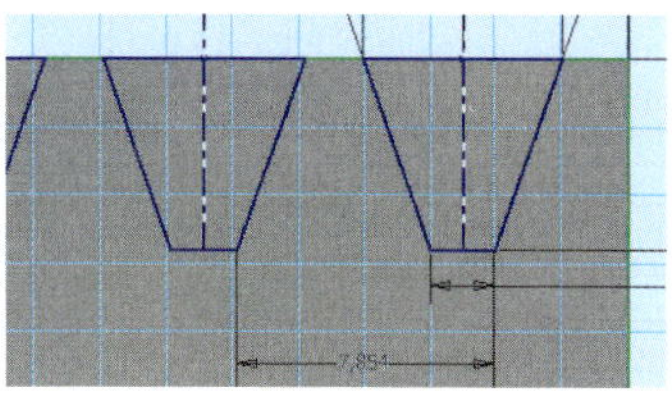

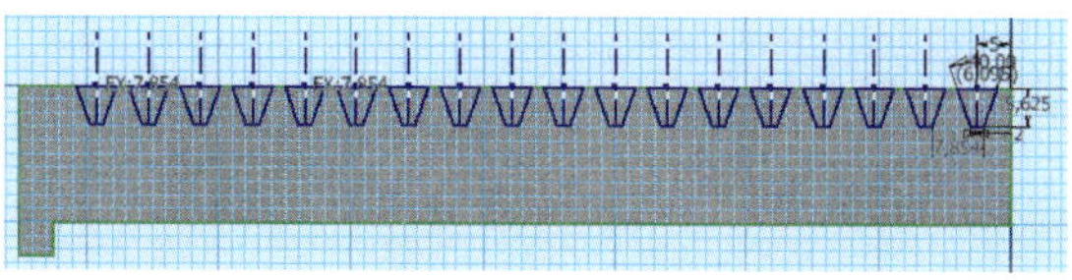

Die anschließende Extrusion aller Lücken als Differenz erzeugt die fertige Zahnstange.

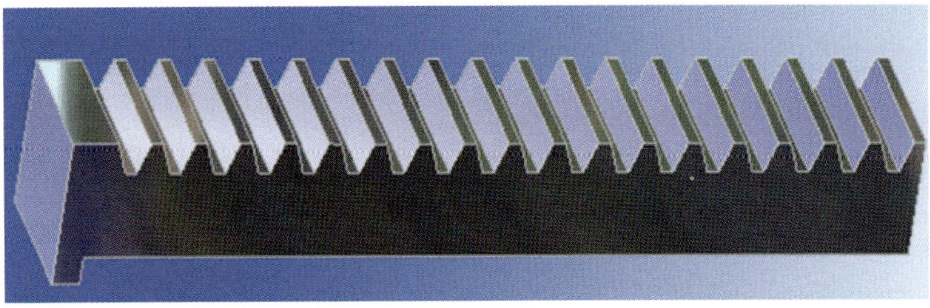

HINWEIS: Natürlich wären auch hier alternative Erstellungsmethoden denkbar; so könnte man etwa den Zahnstangen-Grundkörper ohne Zähne (schlank) konstruieren, einen Zahn aufsetzen und diesen mit der rechteckigen Anordnung von Elementen kopieren. Probieren Sie einfach mal beides, um Ihren präferierten Arbeitsstil zu finden.

Um den Zahneingriff der beiden Teile zu zeigen und dem späteren Zusammenbau der Presse vorzugreifen, zeigt die nebenstehende Abbildung in starker Vergrößerung das perfekte Zusammenspiel von Zahnrad und Zahnstange.

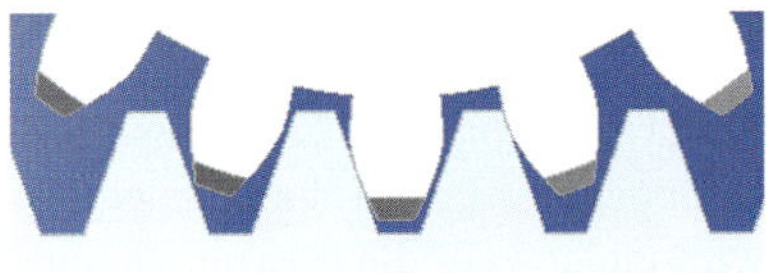

12.8 Die Welle

Drehung

Die Welle zum Antrieb des Zahnrades wird als Rotationsteil mit der Funktion **DREHUNG** erstellt.

Die abgebildete Skizze zeigt das Rotationsprofil bereits mit den Nuten für die Sicherungsringe, deren Abstand (**62 MM**) sich aus der Breite der Kopfteile zuzüglich der Dicke der beiden Scheiben ergibt.

Der Absatz **Ø20/Ø25** dient als axialer Anschlag bei der Montage des Zahnrades.

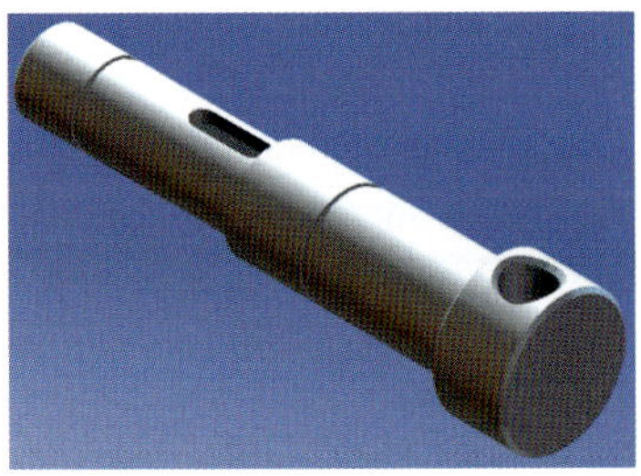

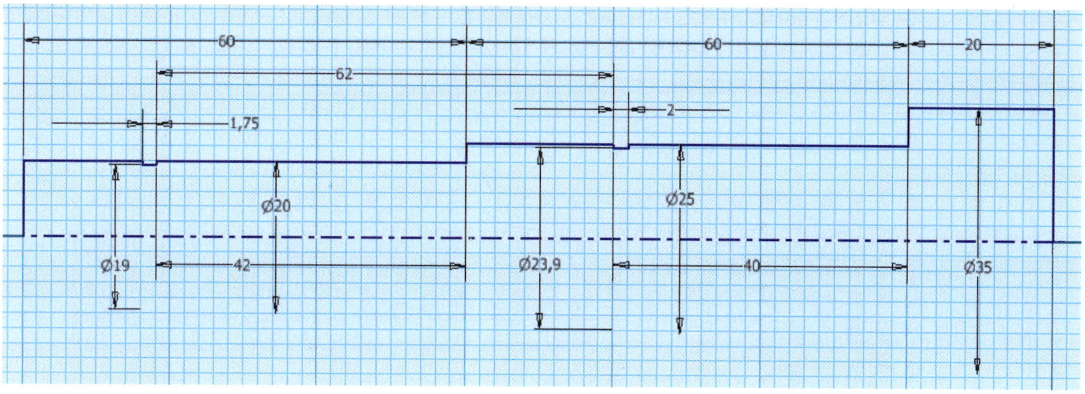

Für die Skizze der Passfeder ist es nötig, eine neue **ARBEITSEBENE**, die **TANGENTIAL** auf dem **DURCHMESSER 20 MM** liegt, zu erzeugen. Die neue Arbeitsebene kann von der **XY-URSPRUNGSEBENE** zusammen mit dem Durchmesser 20 mm abgeleitet werden.

Auf dieser Arbeitsebene ist eine **NEUE SKIZZE** mit der Kontur der Passfeder zu erstellen. Um die Abhängigkeiten platzieren und die Nut in der richtigen Position festlegen zu können, ist es notwendig, mit der Funktion **SCHNITTKANTEN PROJIZIEREN** den Bezug zur Wellengeometrie herzustellen. Die Funktion **SCHLITZ** übernimmt die Konturerstellung.

Schlitz
Mitte zu Mitte

Die Passfedernut hat folgende Maße:

- Breite 6 mm
- Abstand Mittelpunkt 14 mm
- Abstand Mittelpunkt Absatz 4 mm
- Die Tiefe der Differenz-Extrusion beträgt 3,5 mm.

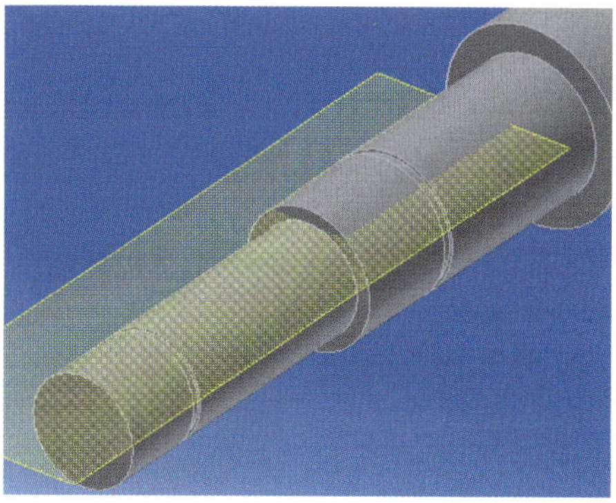

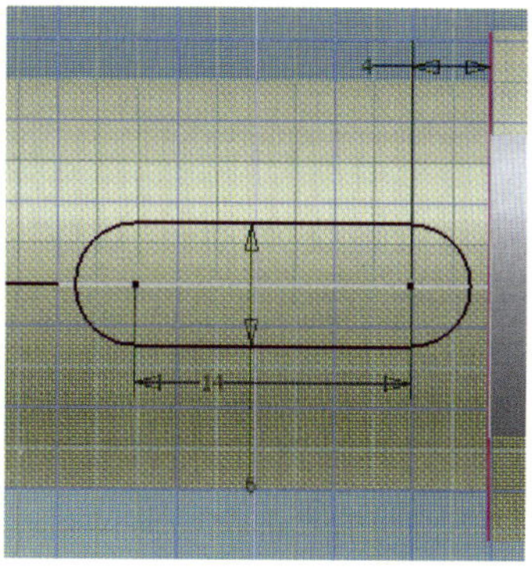

Im Vordergrund des folgenden Bildes ist die extrudierte Passfedernut zu sehen.

Im hinteren Teil, am **DURCHMESSER 35 MM**, wurde nach vorhergehender Manier bereits eine zweite neue **ARBEITSEBENE** erstellt, die der Aufnahme der Skizze für die Knebelbohrung dienen soll. Auch diese Arbeitsebene liegt parallel zur **XY-URSPRUNGSEBENE** und wurde durch einen Klick auf diese und den Zylinder mit dem Durchmesser 35 mm erzeugt.

Die Bohrung wird der Einfachheit halber als Kreis skizziert.

Wichtig für die Festlegung der Bohrungsskizze ist auch hier, dass im ersten Schritt die Funktion **SCHNITTKANTEN PROJIZIEREN** aufgerufen werden muss, damit die Mitte des Zylinders in die Skizze übernommen wird.

Der Kreis mit dem Durchmesser 12,5 mm im Abstand 10 mm von der Stirnfläche stellt dann sicher kein Problem mehr dar.

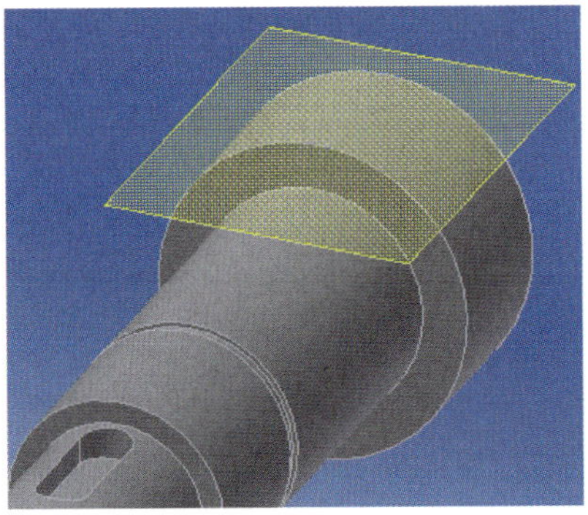

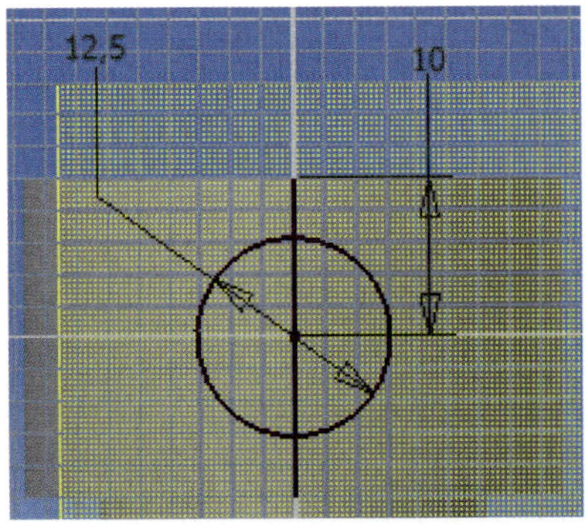

Die **EXTRUSION** erfolgt wieder als **DIFFERENZ**, die Tiefe geht durch den Zylinder (Einstellung: **DURCH ALLE**).

Der Rest der Arbeit besteht aus dem Anbringen von **FASEN**, die alle **1 MM** x **45°** betragen.

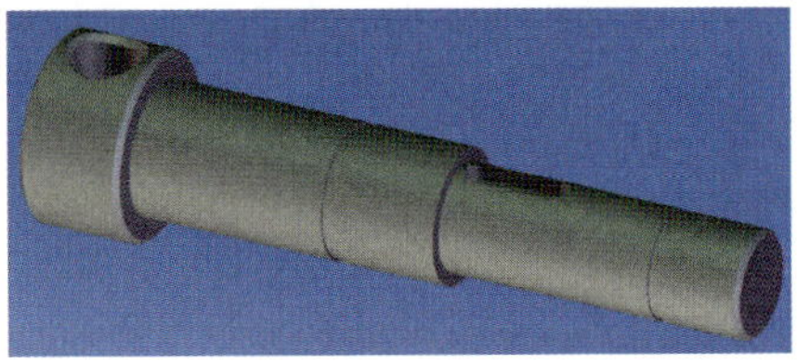

12.9 Knebel und Knebelknopf

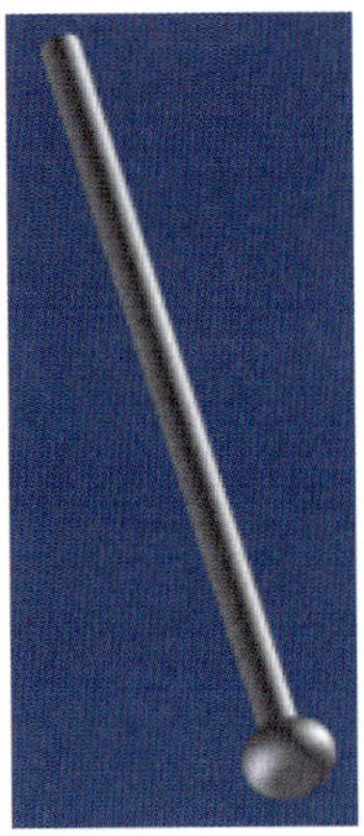

Der Knebel und der Knebelknopf sind einfache Rotationsbauteile, die keiner weiteren Erläuterung bedürfen.

Die Rotationskontur wird skizziert, die Funktion **DREHUNG** ausgeführt und die **BOHRUNG**, jeweils zentrisch, mit dem **GEWINDE** bzw. mit der **SENKUNG** eingebracht.

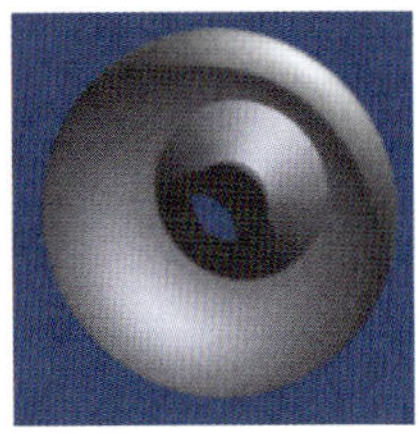

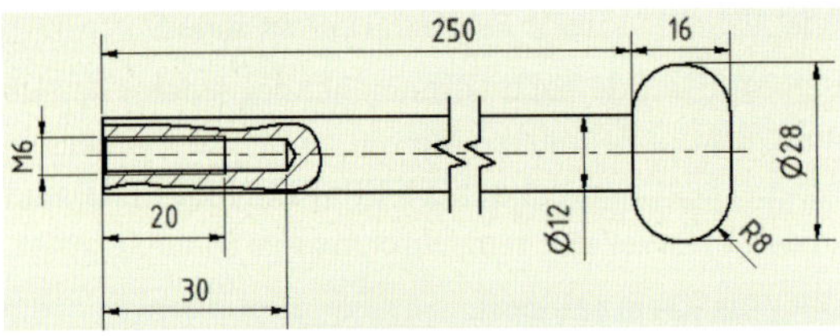

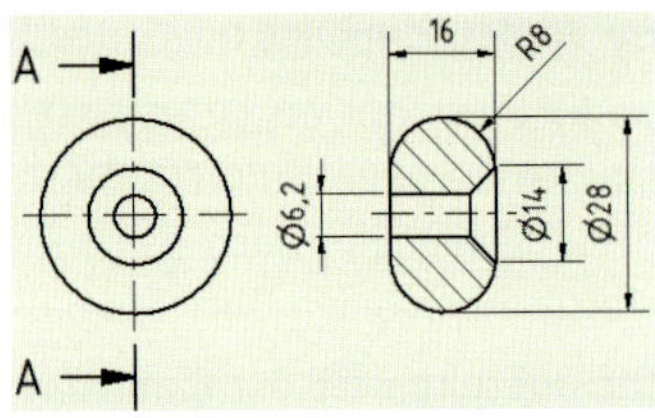

12.10 Die Druckplatte

Auch die Druckplatte ist ein Bauteil, das mit der abgebildeten Zeichnung ausreichend erläutert ist. Die Druckplatte wird am unteren Ende der Zahnstange angeschraubt und stellt eben das Bauteil dar, das im Betrieb der Presse den Druck ausübt.

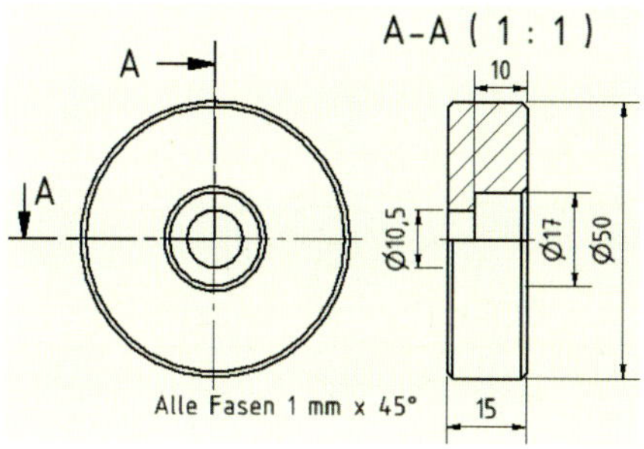

12.11 Die Abdeckung als Blechteil

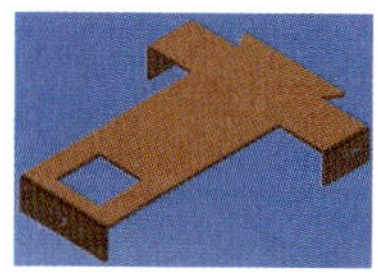

Blechelemente unterscheiden sich in der Arbeitsumgebung des Inventors:

- Sie haben eine eigene Vorlagendatei, die **BLECH(DIN).IPT**,
- sie haben einen eigenen Befehlsbereich, und
- sie bedürfen einer anfänglichen Definition.

Die Blech-Arbeitsumgebung wird bei diesem Bauteil besprochen und wir werden in ihr üben.

Wird mithilfe des Buttons **NEUE DATEI** oder über das Menü **DATEI → NEU...** ein neues Bauteil mit der Vorlage **BLECH (DIN).IPT** gestartet, so erscheint zunächst wie gewohnt der leere Arbeitsbereich, der allerdings schon mit der Menüleiste für die Blechbearbeitung ausgestattet ist.

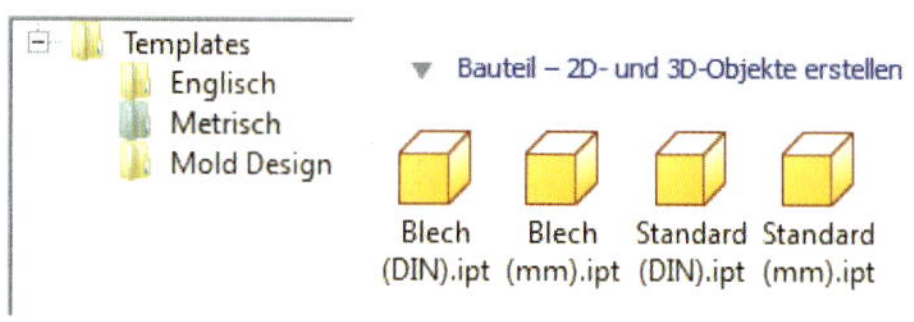

Im Arbeitsablauf wird zunächst ein Blech-Grundkörper erstellt, dem nach und nach weitere Blechteile, z. B. Laschen, hinzugefügt werden.

HINWEIS: Eine Alternative zu dem gesamten hier gezeigten Vorgehen beim Erstellen der Abdeckung wäre die Umkehrung des Ablaufes, d. h., es würde zuerst die Abwicklung konstruiert, und anschließend, z. B. mit dem Befehl **FREIE LASCHE**, der eine wirkliche Biegung durchführt, würde das Blechbauteil gebogen werden.

12.11.1 Der Blech-Grundkörper

Blechstandards

Die Blechumgebung erfordert zunächst einen Grundkörper, der als Blech definiert und anschließend mit den Blechbefehlen bearbeitet werden kann. Das Vorgehen ist beliebig: entweder zuerst die Skizze und den Grundkörper und anschließend die Blechdefinition (**BLECHSTANDARDS**) oder umgekehrt – das ist egal.

Wie halten uns an das standardmäßige Vorgehen des Inventors und erzeugen wunschgemäß die erste **NEUE SKIZZE** auf der **XY-EBENE**, aus der der Blech-Grundkörper entstehen soll.

Die Abbildung zeigt die bemaßte Skizze der Abdeckung, die nun erstellt werden soll.

Interessant ist die Bemaßung 59, welche die gedachten Schnittpunkte der abgerundeten Linien bemaßt. Am einfachsten wird dies erreicht, wenn diese Bemaßung vor dem Abrunden erstellt wurde und die Schnittpunkte damit erhalten bleiben. Alternativ müsste hier mit Hilfslinien gearbeitet werden – das ist etwas umständlicher, aber führt auch zum Ziel.

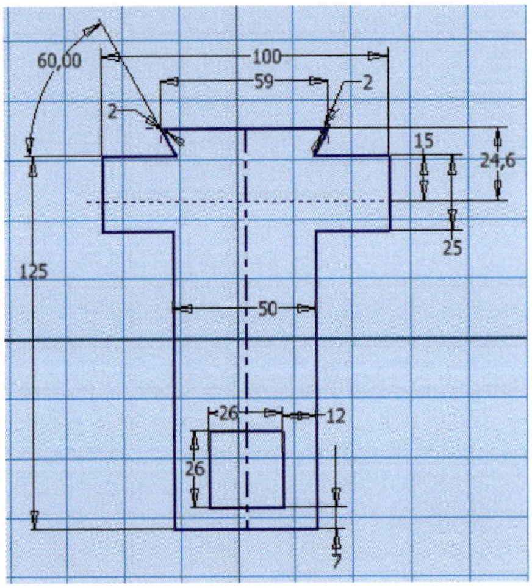

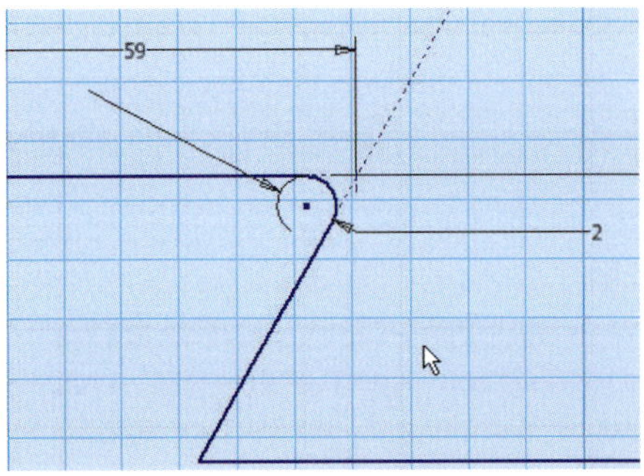

TIPP: Professioneller wäre an dieser Stelle allerdings ein grundlegend anderes Vorgehen, das die Abdeckung als ein adaptives Bauteil in der Baugruppenumgebung erzeugt. Hierzu müsste die Baugruppe, bis auf die Abdeckung, weitgehend fertig erstellt worden sein. Es würde dann innerhalb der Baugruppe mit der Funktion **KOMPONENTE ERSTELLEN** ein neues Bauteil erzeugt werden, das sich auf der obersten Ebene (als Skizzierebene) befindet und als Skizzengeometrie die Abmessungen der Umrisse der entsprechenden Bauteilkonturen mit der Funktion **GEOMETRIE PROJIZIEREN** erhält. Diese Skizze würde entsprechend nachgearbeitet und dann ebenfalls die abgebildete Geometrie ausweisen.

Der Vorteil dieses beschriebenen Vorgehens wäre, dass die Abdeckung in ihrer Größe nicht mit Maßen, sondern mit Abhängigkeiten zu anderen Bauteilen festgelegt ist. Sie ist adaptiv, d. h., werden die anderen Bauteile irgendwann geändert, so ändert sich automatisch auch die Größe der Abdeckung, die sich immer wieder den bestimmenden Bauteilen anpasst. Wer möchte, darf dies gerne probieren.

Wird jetzt die Skizze beendet, befindet man sich bereits in der Blechumgebung, kann allerdings noch nicht viel damit anfangen, denn die meisten Befehle im Befehlsbereich sind noch ausgegraut und somit nicht verfügbar.

HINWEIS: Würde jetzt mit dem Befehl **FLÄCHE**, der in dieser Arbeitsumgebung den Befehl **EXTRUSION** ersetzt und eine ähnliche Funktion hat, die Skizze zu einem Bauteil extrudiert werden, so hätte dieses Blechteil die voreingestellten Definitionen des Inventors, z. B. Blechdicke 0,5 mm, Material Standard usw. Alle Befehle wären dann verfügbar, und das Bauteil könnte weiter bearbeitet werden. Würde dann aber irgendwann die Blechdefinition, insbesondere die Blechdicke, geändert, so könnte das z. B. bei den Biegeradien zu Problemen führen.

Wie bereits vorher erwähnt, erfordert ein Blechteil eine Blechdefinition. Im Markierungsmenü **BLECHVORGABEN** oder in der Funktionsleiste **DIALOGFELD → BLECHSTANDARDS** werden diese Definitionen aufgerufen.

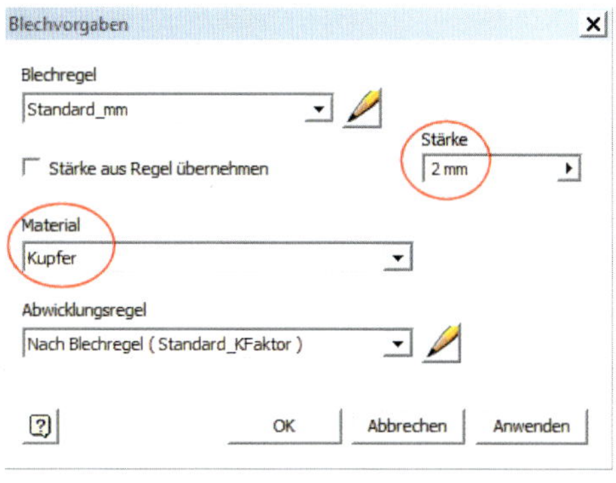

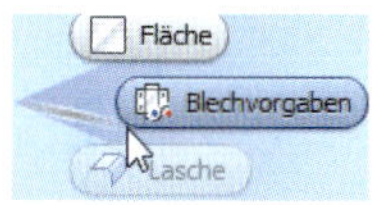

Die wichtigen Einstellungen zu Beginn der Arbeit sind in erster Linie die **BLECHDICKE** (Stärke) und ggf. das **MATERIAL**.

Die hier zu konstruierende Abdeckung soll aus **2 MM** dickem **KUPFERBLECH** entstehen. Die anderen Einstellungsmöglichkeiten bleiben auf ihren Voreinstellungen stehen.

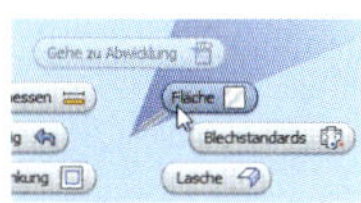

Wurde die Blechdefinition gespeichert bzw. mit **OK** das Dialogfenster geschlossen, kommt im zweiten Schritt der Befehl **FLÄCHE** zum Einsatz, mit dem die Skizze zum Blechteil extrudiert wird.

Das **PROFIL** ist zu wählen, sonst sind keine Einstellungen im Dialogfenster vorzunehmen.

Mit **OK** wird das abgebildete Bauteil aus 2 mm Kupferblech erstellt.

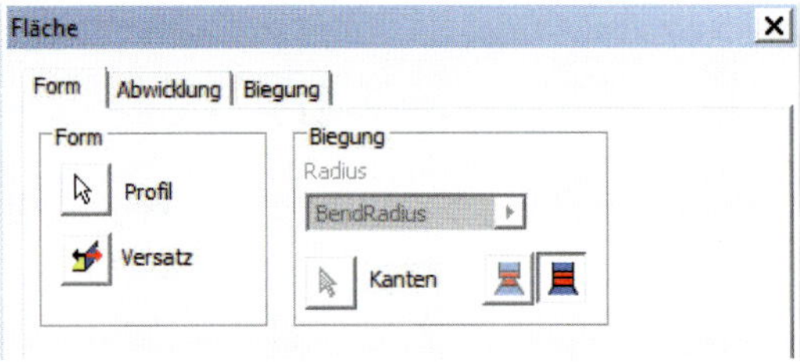

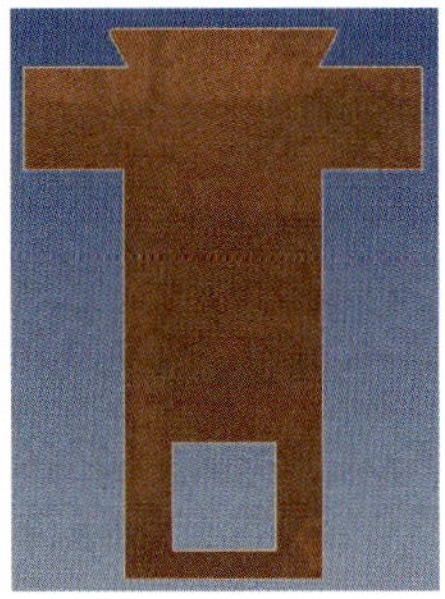

12.11.2 Laschen biegen

Die Möglichkeiten, sprich Befehle, der Blechumgebung sind vielfältig und können an einem einzigen Bauteil kaum alle aufgezeigt werden.

Die zu erstellende Abdeckung bekommt an drei Seiten Laschen. Die Überschrift »Laschen biegen« ist für diesen Vorgang nicht korrekt und müsste eigentlich »Laschen hinzufügen« lauten, denn es wird nicht gebogen, sondern angefügt.

Die Laschenlänge soll **15 MM** sein, der Winkel **90°** und der Biegeradius **0,5 MM**.

Sind diese Einstellungen vorgenommen worden, so muss jeweils eine Kante ausgewählt werden, an welche die Lasche angefügt werden soll.

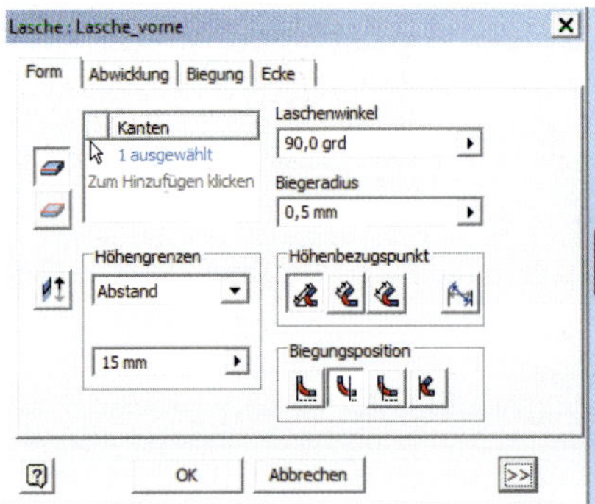

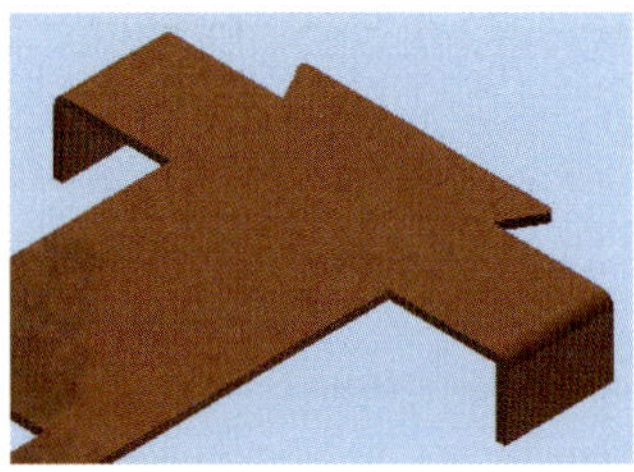

Der Befehl **LASCHE** wird dreimal ausgeführt bzw. dreimal wiederholt, und entsprechend der Abbildung werden alle drei Laschen mit denselben Abmessungen an den Grundkörpern angefügt.

12.11.3 Befestigungslöcher bohren

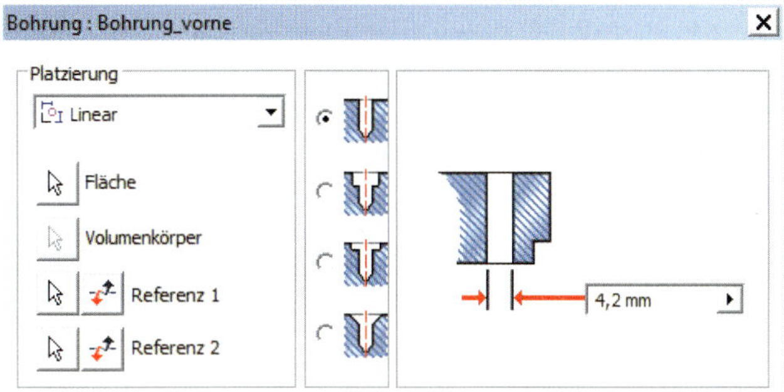

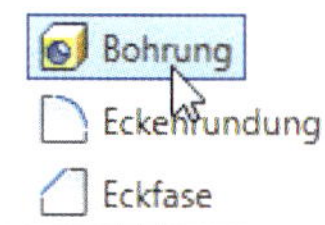

Der Befehl **BOHRUNG** ist auch in dieser Arbeitsumgebung verfügbar und funktioniert genauso wie bei den normalen Bauteilen.

Die drei Laschen sollen Befestigungslöcher erhalten, mit denen die Abdeckung festgeschraubt werden kann. Die Lochdurchmesser betragen jeweils **4,2 MM** für M4-Schräubchen.

Im Dialogfenster **BOHRUNG** wird für die Bohrungen die Platzierung **LINEAR** eingestellt, und die Referenzkanten sowie die Maße werden gemäß den folgenden Abbildungen ausgewählt und eingegeben. Mit dem Button **ANWENDEN** werden die jeweiligen Löcher gebohrt, ohne dass das Fenster geschlossen wird.

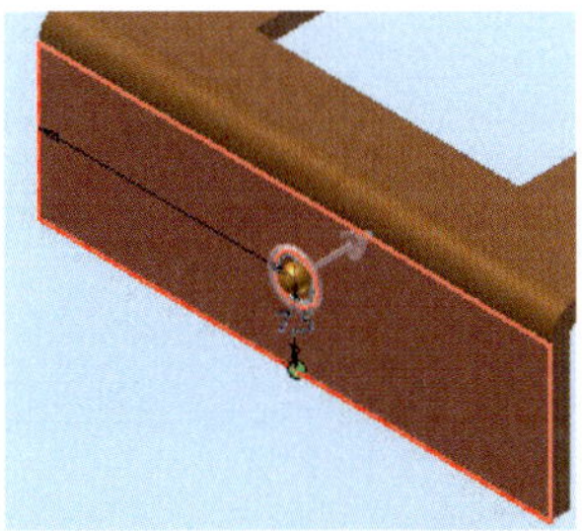

Die stirnseitige Bohrung befindet sich horizontal mittig in 7,5 mm Abstand von der unteren Kante.

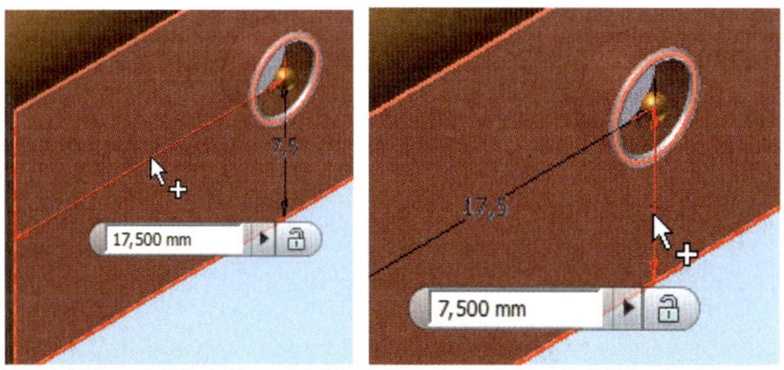

Die seitliche Bohrung befindet sich horizontal 17,5 mm und vertikal ebenfalls 7,5 mm von den jeweiligen Kanten entfernt.

HINWEIS: Eine rationelle Maßnahme bei den beiden Bohrungen in den seitlichen Laschen ist es, nur eine Bohrung und als Ausführungstyp die Auswahl **DURCH ALLE** anzugeben. Mit dieser Aktion wird die zweite seitliche Bohrung ohne weiteres Zutun erzeugt.

12.11.4 Die Blechabwicklung

Abwickeln

Abwicklung erstellen

Im Inventor gibt es zwei verschiedene Möglichkeiten, Abwicklungen zu erstellen:

1. Ein Blechteil kann mit der Funktion **ABWICKELN** entfaltet und wieder gefaltet werden. Diese Vorgänge sind variabel handhabbar und werden im Objektbrowser als Elemente des Blechteils eingetragen.
2. Die Funktion **ABWICKLUNG ERSTELLEN** erzeugt eine vollständige Abwicklung, die mit den Funktionen der eigenständigen Registerkarte **ABWICKLUNG** bearbeitet werden kann. Dieser Vorgang und die Bearbeitungen werden in einer eigenen Browser-Kategorie unterhalb des Blechteils eingetragen.

12.11.4.1 Abwickeln durch Entfalten und Zurückfalten

Abwickeln

Zurückfalten

Das Abwickeln innerhalb der Bauteildefinition erfolgt mit der Funktion **ABWICKELN.** Zwei Angaben sind zu treffen, erstens die **STATIONÄRE REFERENZ**, also die Fläche, die unverändert bleiben soll, und zweitens die abzuwickelnden **BIEGUNGEN** bzw. **ALLE BIEGUNGEN HINZUFÜGEN**.

Die obere Fläche ist die **STATIONÄRE REFERENZ,** dann wird **ALLE BIEGUNGEN HINZUFÜGEN** selektiert und der Vorgang wird mit **OK** beendet.

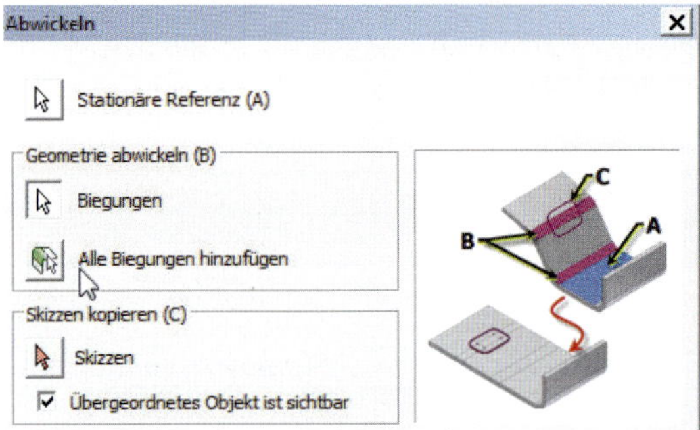

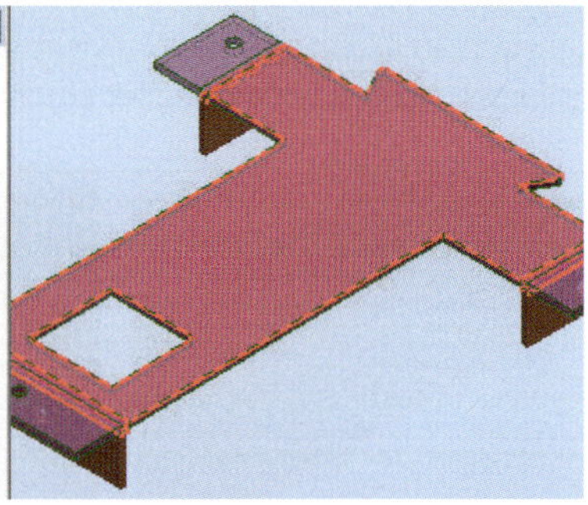

Zurückfalten

Mit der Funktion **ZURÜCKFALTEN** kann ebenso flexibel der ursprüngliche Zustand des Blechteils wiederhergestellt werden.

Das Abwickeln und das Zurückfalten erzeugen entsprechende Vorgänge im Objektbrowser.

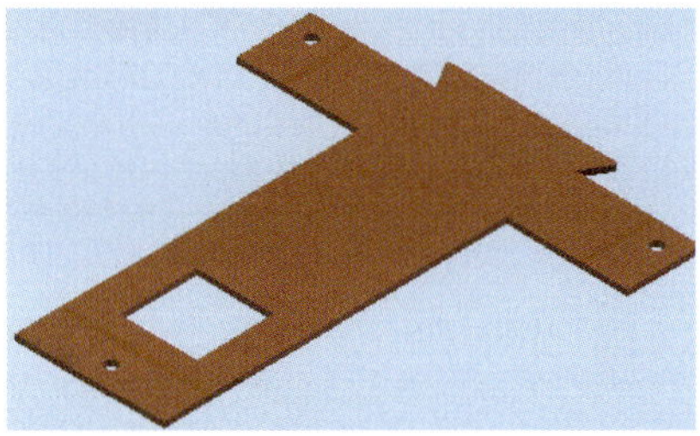

12.11.4.2 Abwickeln mit Abwicklung erstellen

Abwicklung erstellen

Der Aufruf der Funktion **ABWICKLUNG ERSTELLEN** erzeugt sofort und ohne Nachfrage eine vollständige Abwicklung des Blechteils und einen entsprechenden neuen Bereich im Objektbrowser.

Nach dem Aufruf gibt es auf der Funktionsleiste und im Markierungsmenü z. B. die Funktion **BIEGEREIHENFOLGEN-ANMERKUNG**, mit der die Reihenfolge der Biegungen angezeigt und geändert werden kann.

Biegereihenfolgen-Anmerkung

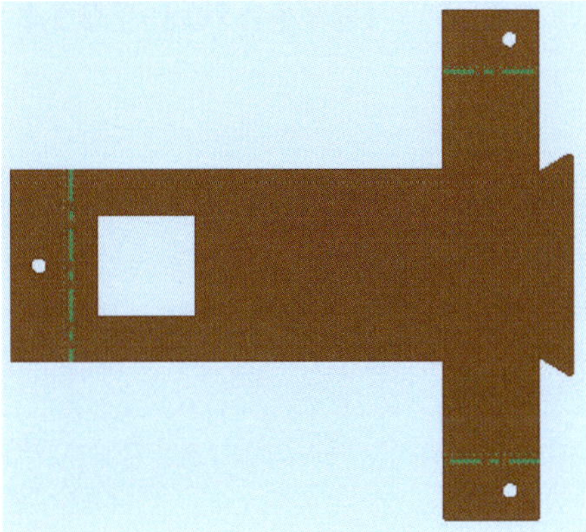

Abwicklung mit der Funktion **ABWICKLUNG ERSTELLEN**

Die Anmerkung **BIEGEREIHENFOLGE** ist eingeschaltet und kann bearbeitet werden.

Wird eine Abwicklung mit dieser Funktion permanent erzeugt, entsteht ein neuer Bereich im Objektbrowser, und im Markierungsmenü stehen die Funktionen **GEHE ZU GEFALTETEM BAUTEIL** und **GEHE ZUR ABWICKLUNG** zur Verfügung.

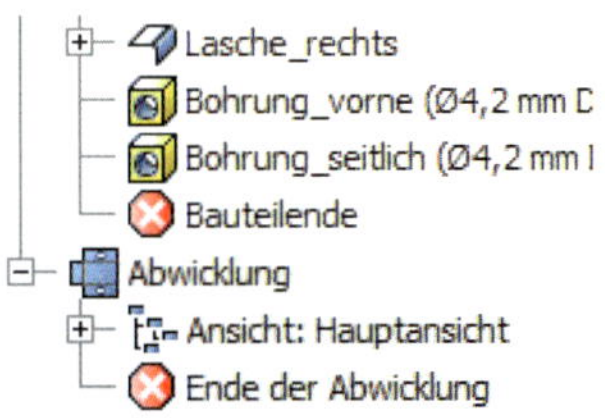

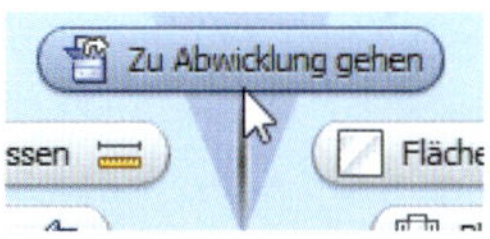

12.12 Aufkleber erstellen

HINWEIS: Aufkleber werden häufig direkt in der Bauteil-Arbeitsumgebung als Bauteil-Komponente erzeugt und auf eine Bauteilfläche aufgebracht. Dies ist zwar möglich, aber nicht richtig. Ein Aufkleber ist grundsätzlich als eigenes Bauteil zu behandeln, er hat ein eigenes Material, eigene Dimensionen und soll nicht zuletzt auch in der Stückliste erscheinen.

Der abgebildete Aufkleber ist 20 mm hoch und 40 mm breit. Die Klebefolie hat eine Dicke von 0,1 mm.

12.12.1 Klebefolie erstellen

Die Klebefolie ist schnell erstellt. Erzeugen Sie ein **neues Bauteil** mit dem Namen AUFKLEBER und auf dessen XY-EBENE eine NEUE SKIZZE mit einem RECHTECK, das 20 x 40 MM groß ist.

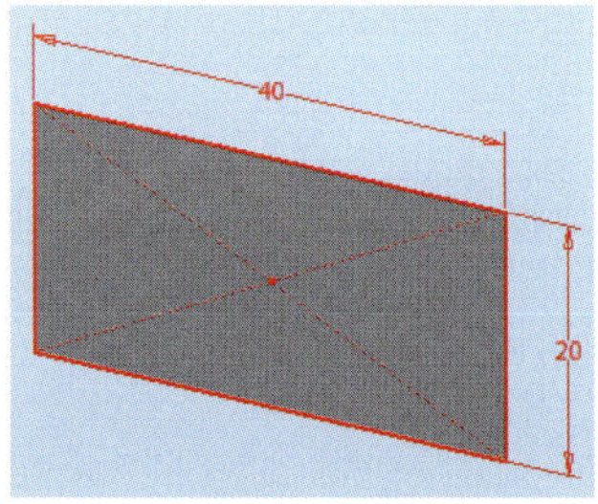

Extrudieren Sie dieses Rechteck auf eine Dicke von 0,1 MM.

12.12.2 Aufkleber

Im nächsten Schritt wird eine Bilddatei auf die Folie »gedruckt«.

Die Bilddatei AUFKLEBER.JPG befindet sich auf der DVD zum Buch, es kann aber auch jedes beliebige andere Bild sein, das die Größenverhältnisse 2:4 hat. Unterstützt werden fast alle Grafik-Dateitypen. Als Besonderheit ist zu erwähnen, dass eben nicht nur **Bilddateien**, sondern z. B. auch **Word-Dokumente** (*.doc, *.docx) oder **Excel-Tabellen** (*.xls, *.xlsx) aufgebracht werden können.

Das Verfahren, Aufkleber auf eine Fläche aufzubringen, besteht grundsätzlich aus den folgenden vier Schritten:

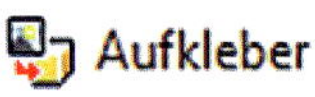

1. Auf der Folienfläche ist eine NEUE SKIZZE in der Größe der Folie zu erstellen (GEOMETRIE PROJIZIEREN oder RECHTECK).
2. Mit der Funktion BILD ist die Bilddatei in diese Skizze einzufügen und größenmäßig so auszurichten, dass es die Folienfläche bzw. das Skizzenrechteck ausfüllt.
3. Die SKIZZE BEENDEN.
4. Der Befehl AUFKLEBER von der erweiterten Funktionsgruppe ERSTELLEN ist aufzurufen und auszuführen.

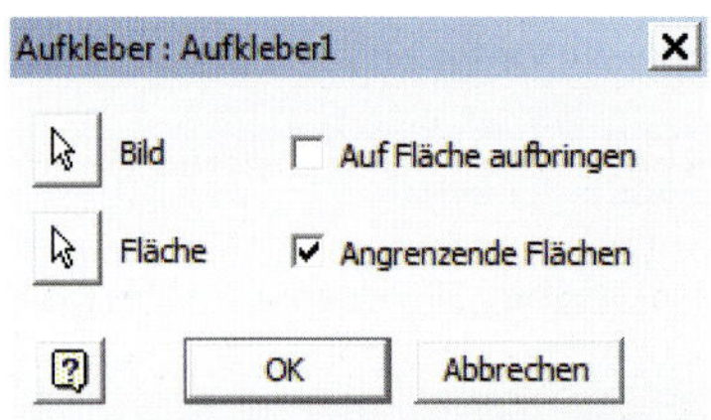

Mit dem Aufkleber wurde auch das letzte Einzelteil der Zahnstangenpresse fertig gestellt. Alle weiteren Teile, die für den Zusammenbau noch benötigt werden, kommen aus dem Inhaltscenter.

12.13 Der Zusammenbau der Zahnstangenpresse

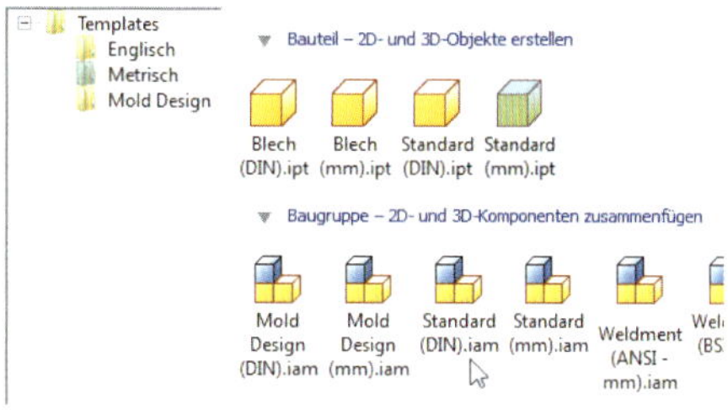

Die Übung nähert sich der Vollendung. Da die Erstellung einer Baugruppe schon bei der ersten Übung, der Probefahrt mit dem Rollenständer, ausführlich erklärt und auch die Vergabe von 3D-Abhängigkeiten bzw. Verbindungen an verschiedenen Beispielen geübt wurde, erfolgen detaillierte Anweisungen zum Zusammenbau der Zahnstangenpresse nur noch dort, wo Besonderheiten zu beachten sind, ansonsten wird die Zahnstangenpresse im Telegrammstil zusammengebaut.

Es wird eine neue Baugruppe im Projekt »Zahnstangenpresse« erzeugt.

Mit **KOMPONENTE PLATZIEREN** wird als erstes Teil das **GESTELL**, und zwar mit der Option **AM URSPRUNG FIXIERT PLATZIEREN**, eingefügt. Durch diese Option wird das Gestell mit seinem Ursprung am Ursprung der Baugruppe **fixiert**.

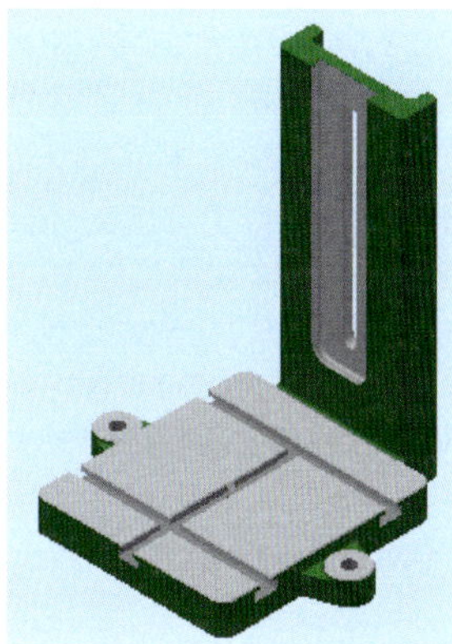

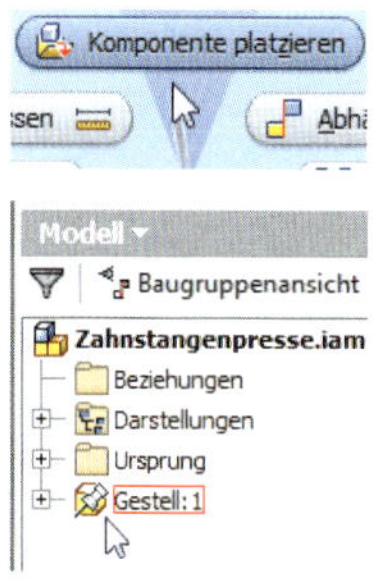

12.13.1 Aufkleber am Gestell anbringen

Der zuletzt erstellte Aufkleber wird als zweite Komponente platziert, er soll auf der rechten Seitenfläche des Gestells aufgebracht werden.

Die Funktion **VERBINDEN** und die Auswahl der beiden Flächen-Mittelpunkte bringt die beiden Teile **STARR** zusammen, mit der Option **AUSRICHTEN** wird eine Längskante des Aufklebers nach der Längskante des Gestells ausgerichtet.

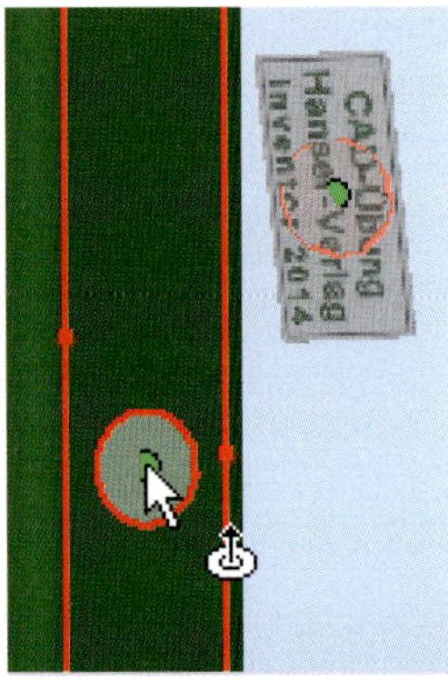

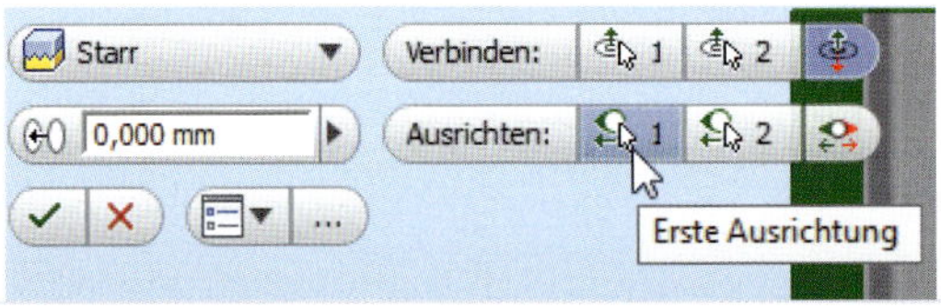

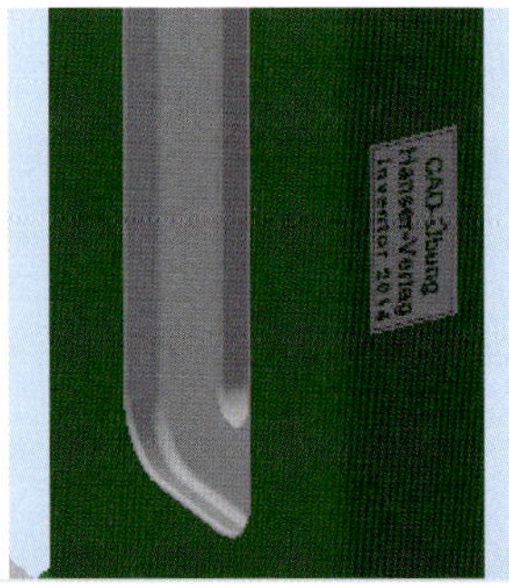

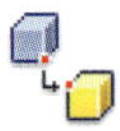
Verbinden

12.13.2 Führung mit Verschraubung

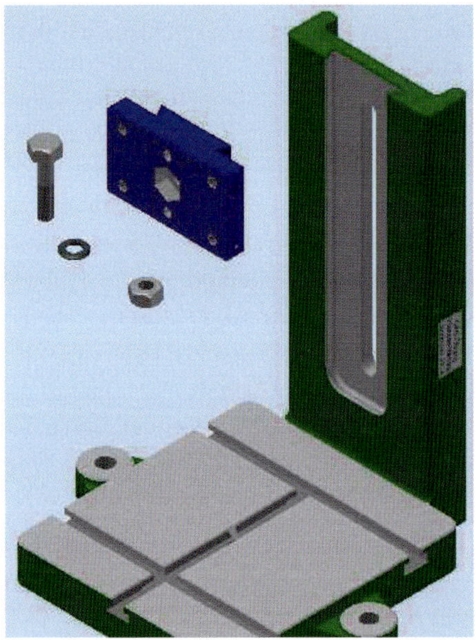

In diese Baugruppe wird, mit der Funktion **KOMPONENTE PLATZIEREN**, als erstes und fixiertes Teil das **GESTELL** eingefügt.

Als zweites Teil wird die **FÜHRUNG** so eingefügt bzw. gedreht und verschoben, dass sie in etwa in ihrer Einbaulage vor dem Gestell platziert ist. **Achtung:** Die seitliche kleine Gewindebohrung muss oben liegen, das ist die Befestigungsbohrung für das Abdeckblech.

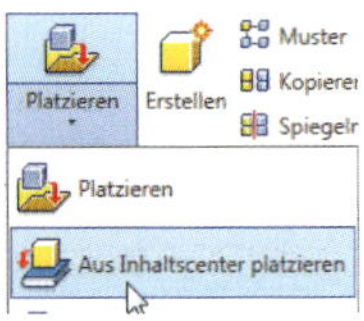

Im dritten Schritt wird das Inhaltscenter, die Normteilbibliothek, mit der Funktion **AUS INHALTSCENTER PLATZIEREN** aktiviert, und die folgenden Normteile werden nacheinander eingefügt:

- 6-kt-Schraube M10x45 (DIN EN 24014, früher DIN 631)
- Scheibe 10 mm (DIN 125)
- 6-kt-Mutter M10 (DIN EN 24032, früher DIN 634)

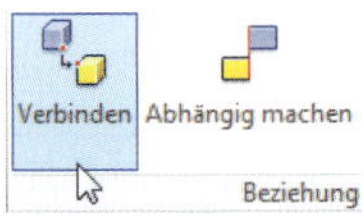

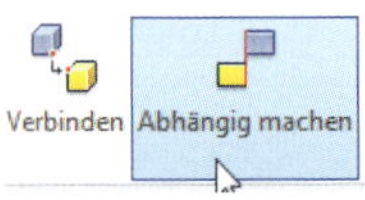

Die nächsten Schritte betreffen natürlich wieder die Verbindungen, mit denen die Bau- und Normteile in ihre richtige Position gebracht werden, womit ihnen gleichzeitig auch die entsprechende Funktion zugewiesen wird.

Die neue Funktion **VERBINDEN** stellt die beiden notwendigen Abhängigkeiten zwischen dem Gestell und der Führung her.

Abhängigkeits-Element an der Führung	Abhängigkeits-Element am Gestell	Abhängigkeits- bzw. Beziehungstyp
Führung, *Rückenfläche der Schwalbenschwanzführung*	Gestell, *Grundfläche der Schwalbenschwanznut*	EBEN Eben
Führung, *Seitenfläche der Schwalbenschwanzführung*	Gestell, *Seitenfläche der Schwalbenschwanznut*	EBEN Eben

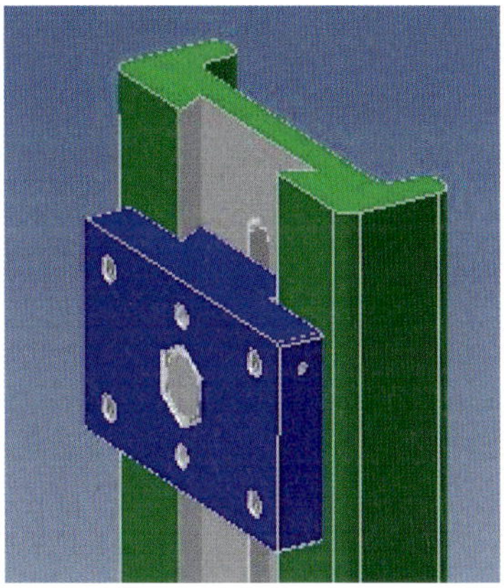

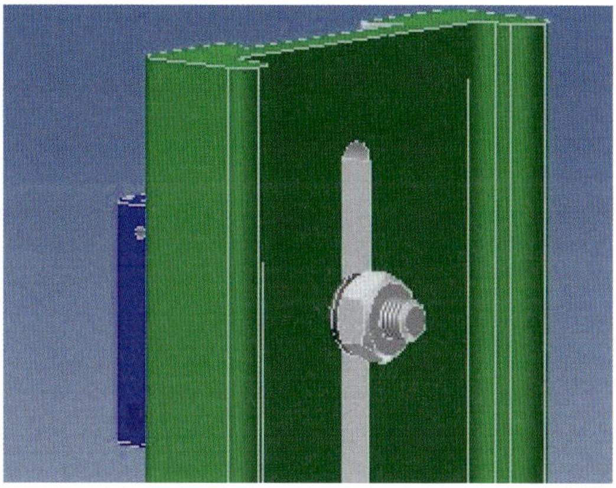

HINWEIS: Mit welcher der beiden Funktionen die Beziehung zwischen der Sechskantschraube und dem Innensechskant der Führung hergestellt wird, ist Geschmacksache. Ich finde die alte Funktion **ABHÄNGIG MACHEN** besser dafür geeignet und werde deswegen beide Varianten beschreiben.

3D-Abhängigkeiten, **ABHÄNGIG MACHEN** zwischen **Führung** und **Sechskantschraube:**

Abhängigkeits-Element am Schraubenkopf	Abhängigkeits-Element am Führungsteil	Abhängigkeitstyp
Unterseite des Schraubenkopfes	Führung, *Bohrungsrand auf der Sechskantseite*	EINFÜGEN
Sechskantseite des Schraubenkopfes	Führung, *Sechskantseite*	WINKEL = 0°

Wird mit der Funktion **VERBINDUNG** gearbeitet, dann wird der Schraubenschaft als Zylinder in der Bohrung untergebracht, die Ausrichtung des Sechskantes erfolgt mit der Option **STARR** und, da das Innensechskant der Führung eine Schlüsselweite von 20 mm hat, der Schraubenkopf aber nur 19 mm, einem Abstand von 0,5 mm.

Abhängigkeits-Element an der Schraube	Abhängigkeits-Element am Führungsteil	Abhängigkeitstyp
Schraubenschaft	Führung, *Bohrung (zylindrische Fläche)*	ZYLINDRISCH
Sechskantseite des Schraubenkopfes	Führung, *Sechskantseite*	**STARR** mit Abstand **0,5 MM**

HINWEIS: Für die Verbindung der Scheibe mit der Schraube und dem Gestell und der Mutter mit der Schraube und der Scheibe ist die Funktion **ABHÄNGIG MACHEN** leichter und sinnvoller anzuwenden als die Verbindung.

3D-Abhängigkeiten, **ABHÄNGIG MACHEN** zwischen **Führung**, **Scheibe** und **Schraube**:

Abhängigkeits-Element an der Scheibe	Abhängigkeits-Elemente an der Schraube und am Gestell	Abhängigkeitstyp
Mittelachse der Scheibe	*Mittelachse der Schraube*	PASSEND - PASSEND
Flache Stirnseite der Scheibe	Gestell, *Scheibenauflagenfläche, Rückwand*	PASSEND - PASSEND

3D-Abhängigkeiten, **ABHÄNGIG MACHEN** zwischen **Mutter**, **Scheibe** und **Schraube:**

Abhängigkeits-Element an der Mutter	Abhängigkeits-Element an der Scheibe und am Gestell	Abhängigkeitstyp
Bohrungsrand der Mutter	*Bohrungsrand der Scheibe*	EINFÜGEN
Sechskantseite der Mutter	*Vertikale Seite des Gestells oder des Langloches*	GERICHTETER WINKEL = 0°

HINWEIS: Beim Einfügen von Sechskantschrauben bzw. -muttern ist in der Regel darauf zu achten, dass eine Seitenfläche des Sechskantes zu einer vertikalen oder horizontalen Seite des zu verschraubenden Teils ausgerichtet ist. Diese Ausrichtung ist natürlich nicht funktionell bedingt, sie hat lediglich einen optischen Charakter, der sich jedoch spätestens bei ggf. folgenden Zeichnungsableitungen vehement bemerkbar macht. In Zeichnungen sind Sechskante immer ausgerichtet.

12.13.3 Kopfteil mit Schrauben und Zylinderstiften

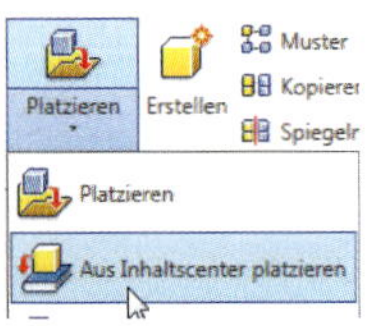

In derselben Art und Weise wird nun das **KOPFTEIL** platziert, ausgerichtet, mit 3D-Abhängigkeiten versehen und an der Führung montiert.

Aus dem Inhaltscenter sind dazu die folgenden Teile einzufügen:

- 4 x Zylinderkopfschraube mit Innensechskant M8 x 16 (DIN EN ISO 4762)
- 2 x Zylinderstift Ø 6 m 6 x 30 (DIN EN ISO 2338)

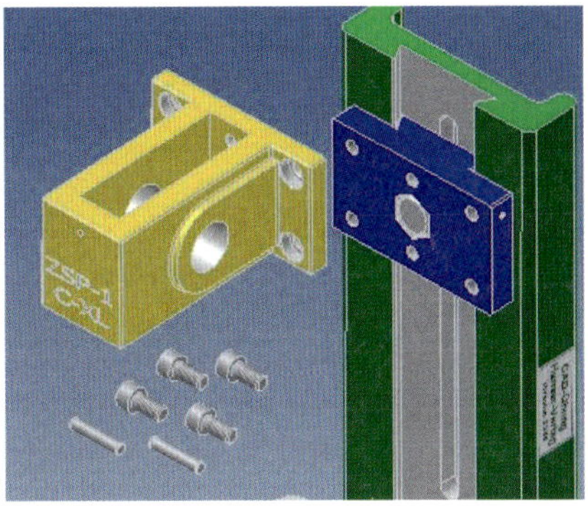

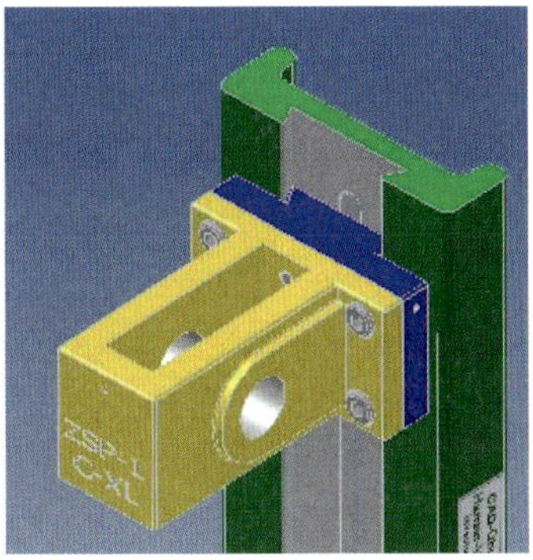

HINWEIS: Ob Sie im Weiteren die Funktion **Verbinden** oder **Abhängig machen** verwenden, hängt von Ihren Vorlieben ab. Ich finde die Funktion ABHÄNGIG MACHEN in den Fällen, in denen mehrere Abhängigkeiten an Teilen zugleich vergeben werden müssen, deutlich leichter handhabbar und bleibe deswegen bei dieser Beschreibung.

Das Kopfteil wird dreimal mit der Abhängigkeit PASSEND montiert, wobei einmal der Modus PASSEND und zweimal (an den Seitenflächen) der Modus FLUCHTEND eingestellt wird.

Die Schrauben und Stifte können jeweils mit der Abhängigkeit EINFÜGEN an ihre Stellen gebracht werden, wobei die Schrauben im Modus ENTGEGENGESETZT und die Stifte im Modus AUSGERICHTET einzufügen sind.

HINWEIS: Auch hier sollte zusätzlich die Abhängigkeit WINKEL dafür sorgen, dass die Kanten der Innensechskante der Schrauben alle schön vertikal (oder horizontal) ausgerichtet sind, damit die Darstellungen in der Zeichnungsableitung entsprechend gut aussehen.

12.13.4 Zahnstange mit Druckstück

Die ZAHNSTANGE und das DRUCKSTÜCK werden platziert, und für die Montage der beiden wird aus dem INHALTSCENTER die

- Schraube M10 x 20 (DIN 6912)

benötigt.

Das Hinzufügen von 3D-Abhängigkeiten erfolgt wie vorher.

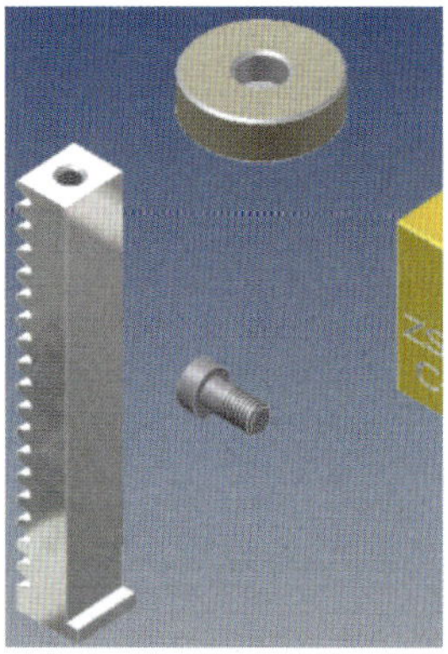

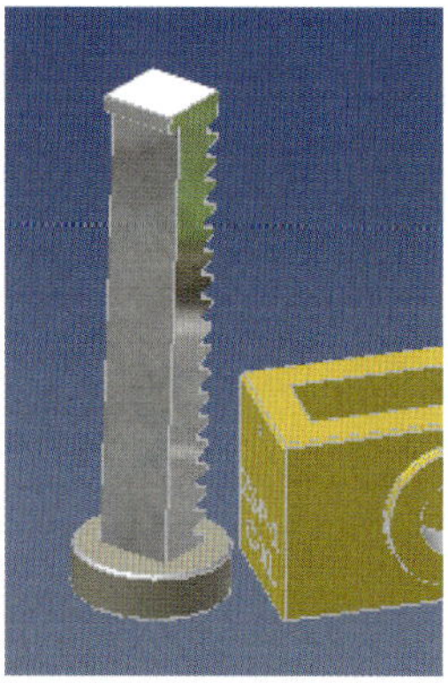

TIPP: Es ist relativ aufwendig, eine vormontierte Gruppe zu drehen.

Daher ist es sinnvoll, Bauteile, die vormontiert werden (hier Zahnstange, Druckplatte und Schraube), bereits vor der Vormontage in ihre ungefähre endgültige Einbaulage zu bringen und ggf. das Hauptteil vorübergehend zu fixieren.

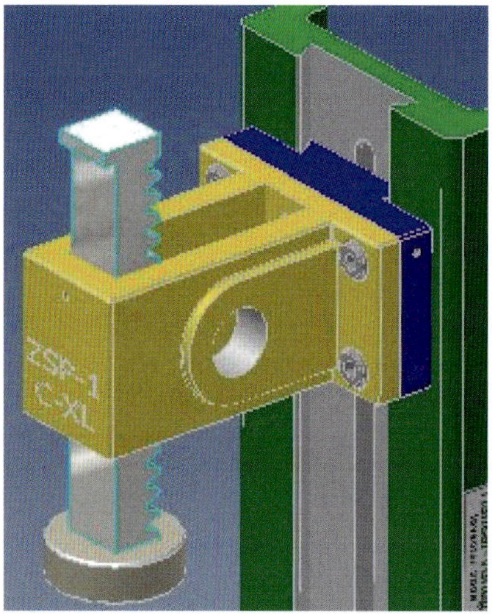

Die vormontierte Zahnstange wird nun im Kopfteil untergebracht. Die 3D-Abhängigkeit **PASSEND – PASSEND** bringt die Rückenfläche der Zahnstange an die innere Stirnfläche des Kopfteils. Darüber hinaus richtet die 3D-Abhängigkeit **PASSEND – PASSEND** die Seitenflächen zueinander aus.

HINWEIS: Da die Breite der Zahnstange um 0,2 mm kleiner ist als die Breite der Aussparung im Kopfteil, muss, damit sich die Zahnstange in der Mitte befindet, bei der Abhängigkeit der Seitenflächen ein Abstand (**VERSATZ**) von **0,1 MM** (Spiel) eingegeben werden.

TIPP: Die Bauteile Zahnstange, Druckplatte und Kopfteil sind, wie auch schon die Führung und das Gestell, in den Kontaktsatz aufzunehmen, damit der mögliche Verschiebeweg der Zahnstange im Kopfteil nach oben und unten durch das Kopfteil begrenzt wird.

12.13.5 Welle mit Stirnrad und Distanzbuchse

Für die Vormontage der Welle mit dem Stirnrad sind neben den Bauteilen die folgenden Normteile nötig:

- Passfeder 6 x 6 x 20 (DIN 6885-A)
- Scheibe 20 mm (DIN 125)
- Scheibe 25 mm (DIN 125)
- Wellen-Sicherungsring Ø 20 x 1,75:1 (DIN 471)
- Wellen-Sicherungsring Ø 25 x 2:1 (DIN 471)

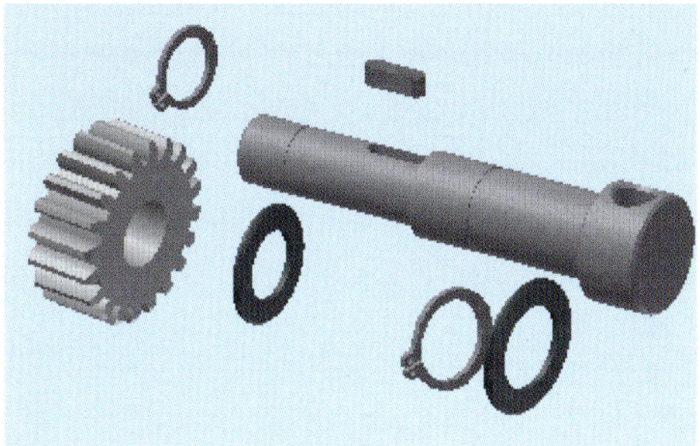

Die Passfeder wird mit zweimal **PASSEND – PASSEND** (Rücken und Radius) montiert.

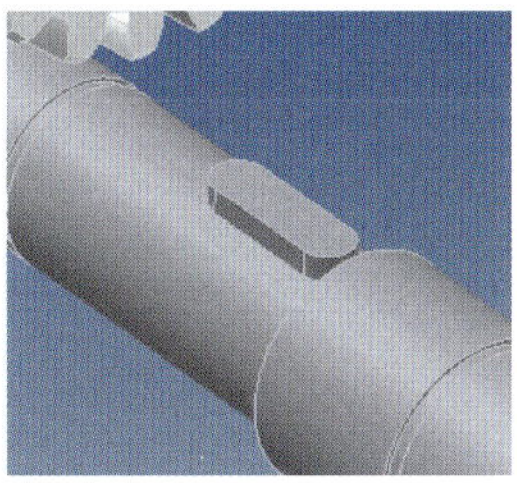

Das Stirnrad kann mit zwei Abhängigkeiten positioniert werden:

- **PASSEND – PASSEND** (Nut-Seitenfläche – Passfeder-Seitenfläche)
- **EINFÜGEN – ENTGEGENGESETZT** (Zahnrad auf Welle zum Absatz)

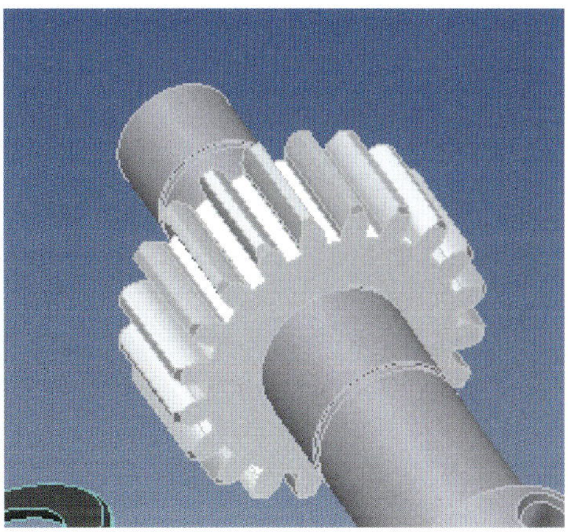

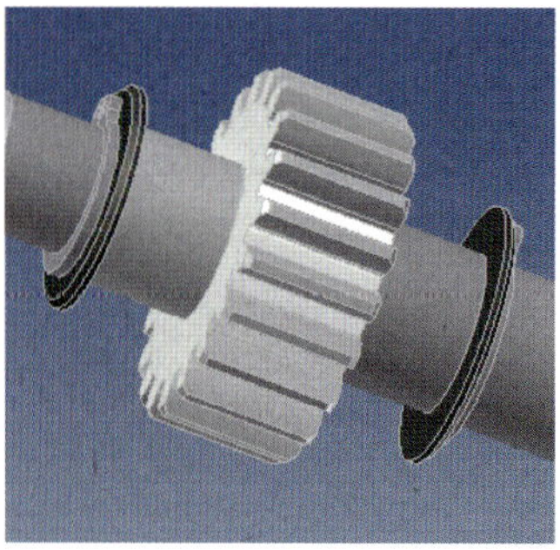

Im nächsten Schritt erfolgt die Montage der Scheibe und des Sicherungsringes mit dem Durchmesser 25 mm auf der einen Seite des Stirnrades.

Auf der anderen Seite wird zuerst die Montage der Distanzbuchse vorgenommen und anschließend die der Scheibe und des Sicherungsringes mit dem Durchmesser 20 mm.

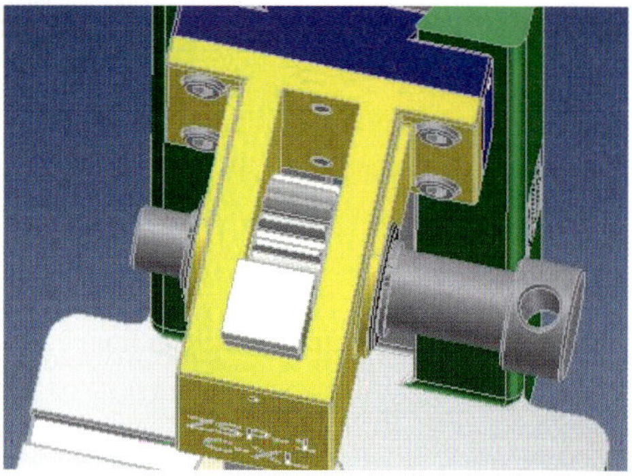

Der Einbau der kompletten Welle mit dem Stirnrad, der Distanzbuchse und den Normteilen in das Kopfteil geschieht im ersten Schritt über die 3D-Abhängigkeit **PASSEND** zwischen der Mittelachse der Welle und der Mittelachse der Bohrung im Kopfteil.

Im zweiten Schritt wird ebenfalls mit der Abhängigkeit **PASSEND** die Außenseite der Scheibe 20 mm an die Außenseite des Kopfteils angelegt.

TEIL III

12.13.6 Die Übersetzungsfunktion

Die Funktion der Zahnstangenpresse soll nicht nur theoretisch provisorisch, sondern so gut wie möglich wiedergegeben werden. Dazu ist es notwendig, dass die Zahnstange und das Zahnrad so zueinander ausgerichtet werden, dass ein tatsächlicher Zahneingriff abgebildet wird.

Außerdem soll die Übersetzung zwischen Zahnrad und Zahnstange natürlich wirklichkeitsgetreu funktionieren, und das Drehen des Stirnrades soll die Zahnstange entsprechend bewegen.

Diese beiden Schritte, Zahneingriff und Übersetzung, werden jetzt realisiert.

Um den Zahneingriff einstellen zu können, kann das Kopfteil ausgeblendet werden. Dies geschieht im Objektbrowser mit der Kontextmenü-Auswahl **SICHTBARKEIT** des Kopfteiles.

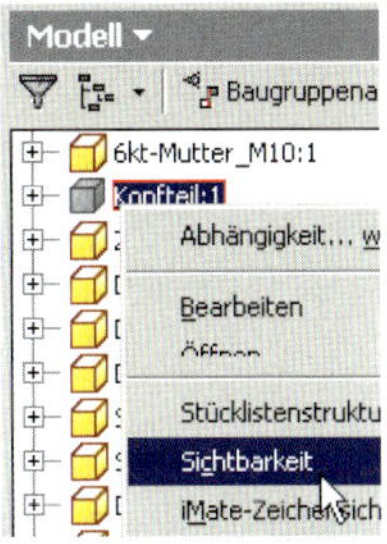

Halbschnitt

TIPP: Alternativ könnte mit der Funktion **HALBSCHNITT** auf der Registerkarte **ANSICHT** eine Seitenfläche des Kopfteils so verschoben werden, dass eine ähnliche Sichtbarkeit der Zahnübersetzung dargestellt wird.

Nun kann, wie abgebildet, der Zahneingriff gezoomt und durch Verschieben der Zahnstange oder/und Verdrehen des Stirnrades so eingestellt werden, dass sich ein Zahn sehr genau in einer Zahnlücke befindet.

HINWEIS: Eine tangentiale Abhängigkeit kann hier nicht vergeben werden, da diese nur die jeweiligen Zahnflanken aneinanderbinden und eine vollständige Drehung damit nicht mehr möglich sein würde.

Für den zweiten Schritt, die Übersetzung und Bewegung, muss eine kurze Überlegung stattfinden.

Bei einer Umdrehung des Zahnrades wird sich die Zahnstange um den Umfang des Teilkreises des Stirnrades nach oben oder unten bewegen. Bei einem Teilkreis von 50 mm ergibt das 50 * Pi = 157,0796 = **157,08 mm**.

Das heißt, die Übersetzung zwischen Zahnrad und Zahnstange beträgt **1:157,08**.

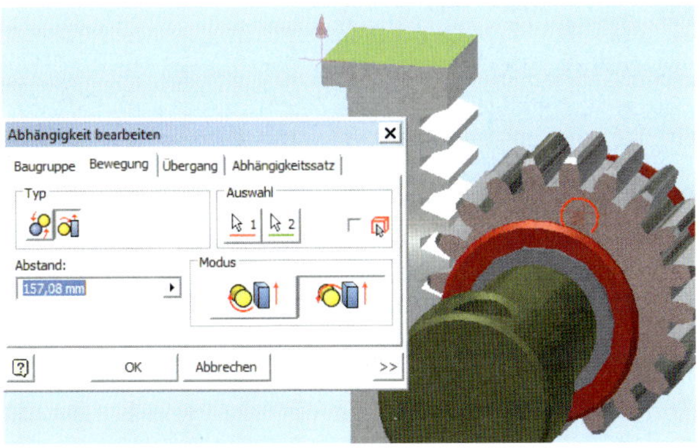

TEIL III

Vor diesem Hintergrund wird nun eine Abhängigkeit **BEWEGUNG** zwischen **Zahnrad** und **Zahnstange** definiert, die (eigenartigerweise mit Abstand bezeichnet) das Übersetzungsverhältnis der beiden Bauteile bestimmt. Die Bewegung zwischen den beiden Bauteilen wird gemäß obiger Berechnung mit der Übersetzung 1:157,08 definiert.

12.13.7 Die letzten Schritte des Zusammenbaus

Zur Vervollständigung der Zahnstangenpresse werden nun noch die letzten Teile montiert:

- Das Abdeckblech mit drei Kreuzschlitzschrauben M4 x 6 - 4.8 (DIN EN ISO 7045 H) zur Befestigung.
- Der Knebel mit dem Knebelkopf und einer Senkkopfschraube M6 x 20 (DIN EN ISO 10642).

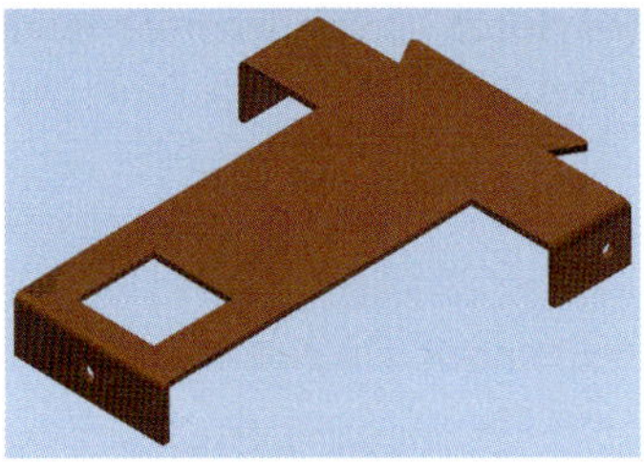

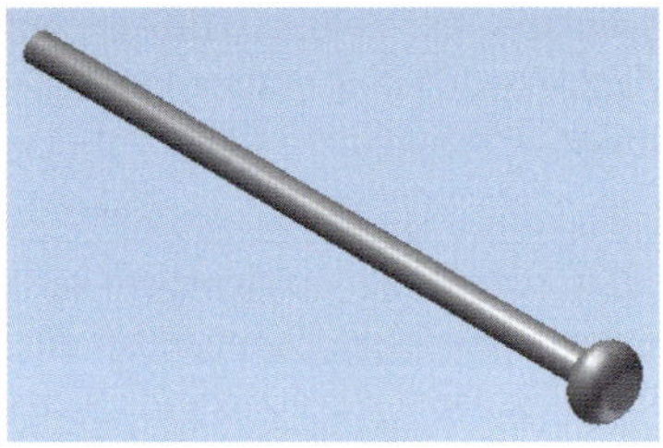

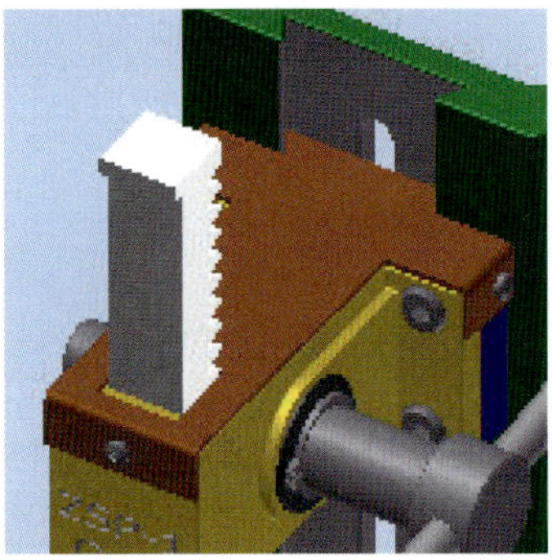

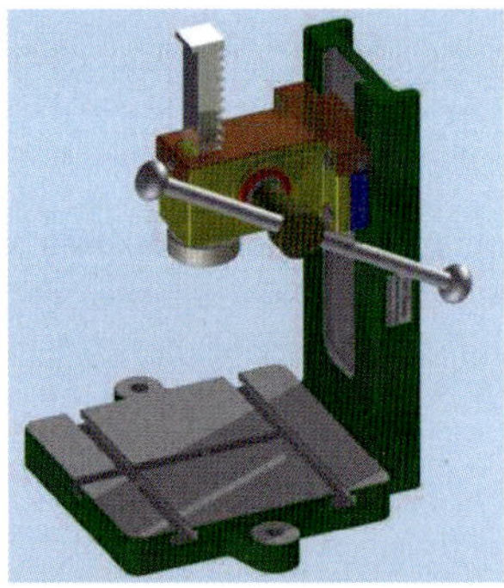

Ist alles montiert, dann sollte noch eine letzte Kontrolle der Schrauben, Muttern und Sicherungsringe auf ihre Ausrichtung hin erfolgen, damit die Zeichnungsableitungen korrekt dargestellt werden.

Im Prinzip ist die Zahnstangenpresse nun fertig.

12.13.8 Bewegung, Kontaktsatz, Kontaktlöser

Zu Beginn dieser Übung haben wir davon gesprochen, dass sich die Presse auch entsprechend ihrer Funktion bedienen lassen soll, d. h., bei der Betätigung des Knebels soll die Zahnstange mit dem Druckstück nach unten bzw. oben bewegt werden können.

An dieser Stelle befinden wir uns jetzt. Die Zahnstangenpresse ist nicht nur fertig montiert, sie ist auch funktionell (fast) vollständig. Fassen wir mit der Maus den Knebel an und bewegen ihn, dann wird über die Welle → das Zahnrad → die Zahnstange nach unten oder oben gefahren.

Allerdings, wie im dritten Bild und in der Animation zu sehen, hat die Nase an der Zahnstange, die eigentlich die Bewegung nach unten begrenzen soll, keine Funktion. Sie wird vom Inventor einfach durch das Material des Kopfteils gefahren. Ebenso verhält sich die Druckplatte bei einer Bewegung nach oben.

HINWEIS: Der Inventor erkennt in Baugruppen von sich aus keine angrenzenden bzw. bewegungsbegrenzende Bauteile. Um diesen Umstand zu korrigieren, gibt es die Funktion Kontaktlöser, die die Elemente eines Kontaktsatzes so miteinander in Verbindung bringt, dass sie sich gegenseitig erkennen.

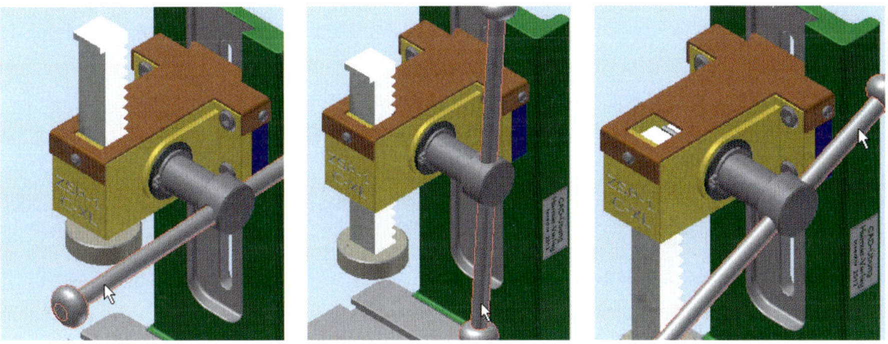

Zahnstangenpresse Bewegung von Hand: *.avi auf der DVD

Abhilfe schaffen die Funktion **KONTAKTSATZ** und der **KONTAKTLÖSER**.

HINWEIS: Ein Kontaktsatz umfasst mehrere Komponenten einer Baugruppe, zwischen denen mithilfe der Funktion **KONTAKTLÖSER** Kontakte zwischen diesen Komponenten erkannt werden. Die Komponenten werden über das Kontextmenü des Objektbrowsers einem Kontaktsatz hinzugefügt.

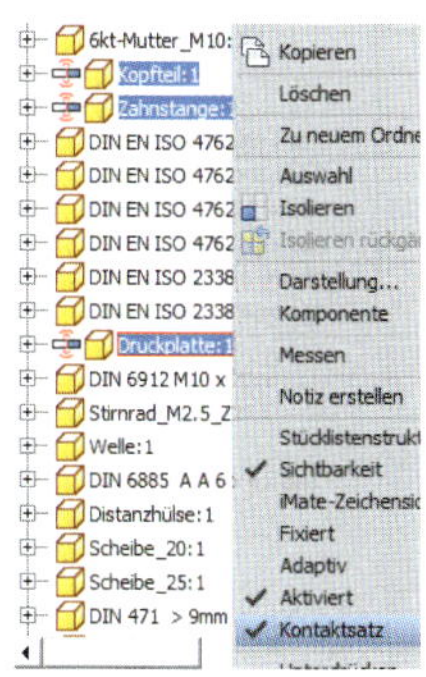

In unserer Zahnstangenpresse sind es drei Bauteile, die in den Kontaktsatz übernommen werden müssen, das Kopfteil, die Zahnstange und die Druckplatte.

Im Objektbrowser wird diesen Komponenten ein besonderes Icon vorangestellt, das die Kontaktfunktion anzeigt.

Auf der Registerkarte **PRÜFEN** befindet sich in der Befehlsgruppe **KOLLISION** die Schaltfläche **KONTAKTLÖSER AKTIVIEREN**, die im aktiven Zustand eine Funktion aktiviert, die Kollisionen zwischen den Bauteilen im Kontaktsatz feststellt und Bewegungen entsprechend blockiert.

Die Abbildungen zeigen jetzt, dass die Bewegung gestoppt wird, sobald die Zahnstangennase oder die Druckplatte mit dem Kopfteil kollidieren.

Zahnstangenpresse Bewegung von Hand mit Kontaktlöser: *.avi auf der DVD

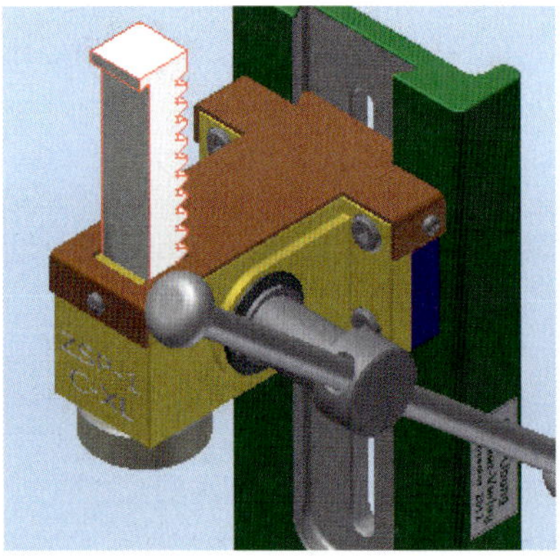

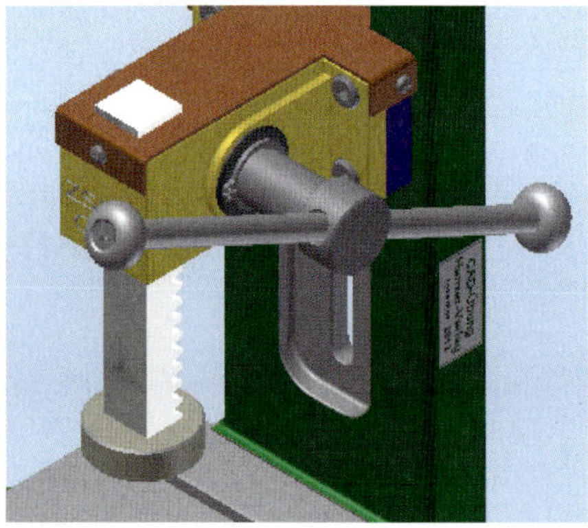

Wie Sie beim Ausprobieren vielleicht gemerkt haben, verhält sich der Inventor beim Bewegen des Knebels von Hand etwas zitterig. Schöner wäre es, wenn ein automatischer Bewegungsablauf stattfinden könnte, der die Funktion der Presse kontinuierlich zeigt. Diese Funktion soll unserer Baugruppe im nächsten und letzten Schritt mitgegeben werden.

12.13.9 Die Bewegungsfunktion der Presse definieren

Grundsätzlich gibt es im Inventor vier Bereiche, in denen sich automatisierte Bewegungen abspielen können:

- die Präsentationsumgebung,
- die Simulationsumgebung,
- Inventor Studio und
- die Baugruppenumgebung.

Die Präsentationsumgebung wird eher für Explosionsdarstellungen und Montage- bzw. Demontagedarstellungen genutzt. Die Bewegungsdefinitionsmöglichkeiten in diesem Bereich sind sehr vielfältig, jedoch auch komplexer als in der Baugruppenumgebung, weswegen wir die Pressenbewegung in der Baugruppe definieren.

Es ist nicht viel dazu erforderlich, lediglich eine einzige Abhängigkeit muss hinzugefügt werden: die Abhängigkeit **WINKEL**.

Das Bedienteil, der Knebel, wird während der Bedienung um die Wellenachse geschwenkt. Genau diese Stellung und Bewegung des Knebels gilt es herzustellen. Alle anderen Funktionen, wie die Drehung der Welle, die Mitnahme des Stirnrades über die Passfeder und die Übersetzung zur Zahnstange hin, haben wir bereits durch die entsprechenden 3D-Abhängigkeiten festgelegt.

Es ist also im letzten Schritt eine Abhängigkeit **WINKEL** einzufügen, die die Stellung des Knebels z. B. zu einer horizontalen Kante (Kopfteil oder Abdeckblech oder ...) mit 0 Grad bestimmt.

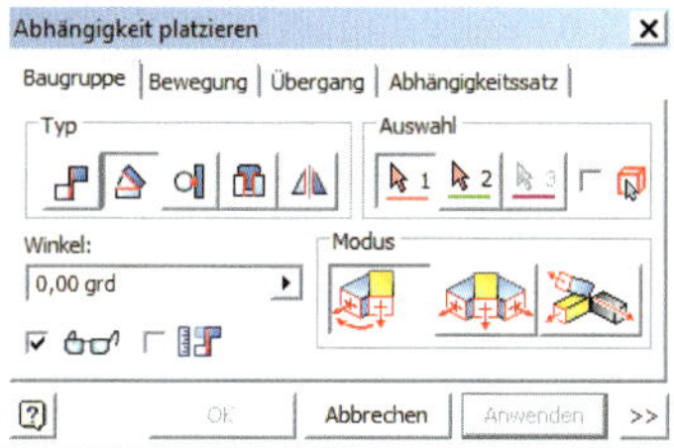

Ist dies geschehen, dann gibt es im Objektbrowser, im Kontextmenü dieser Abhängigkeit, den Eintrag **BEWEGEN** (in älteren Programmversionen »Bauteil nach Abhängigkeit bewegen«). Wird dieser Eintrag ausgewählt, dann erscheint das Dialogfenster zur Bewegungssimulation, in dem nun der **START- UND ENDWINKEL** eingegeben werden können. Mit der Erweiterung des Fensters (Button links unten) können weitere Einstellungen vorgenommen werden. Mit dem Record-Button kann die Bewegung auch als Filmdatei gespeichert werden.

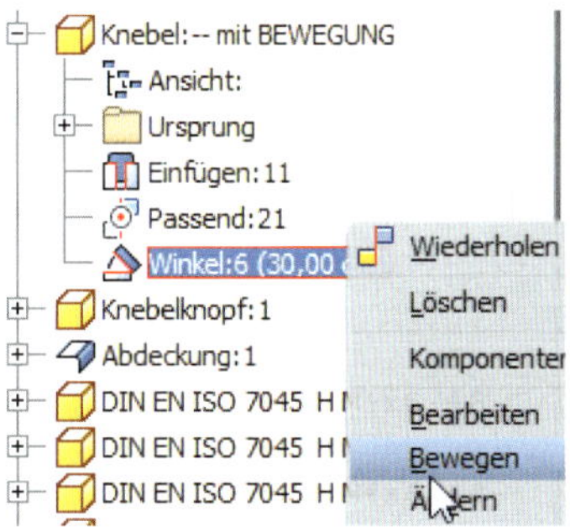

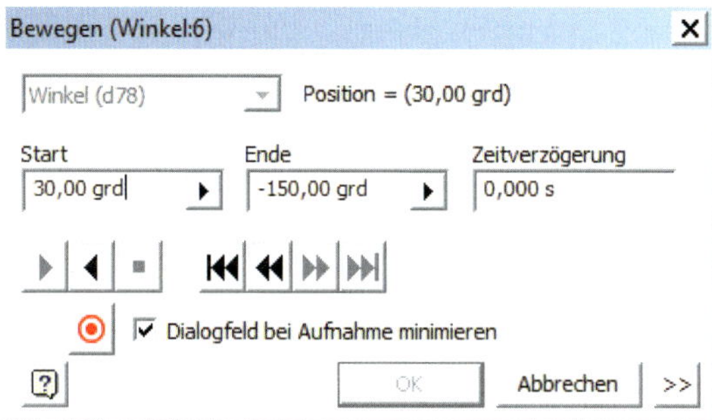

Je nach Stellung der Zahnstange beim Zusammenbau mit dem Zahnrad müssen Start- und Endwinkel so definiert werden, dass der maximale Pressenhub durchlaufen wird.

Mit den Schaltflächen zum Starten, Stoppen und Zurückspielen kann jetzt die Bewegung der Zahnstangenpresse erfolgen.

Zahnstangenpresse Bewegung nach Abhängigkeit: *.avi auf der DVD

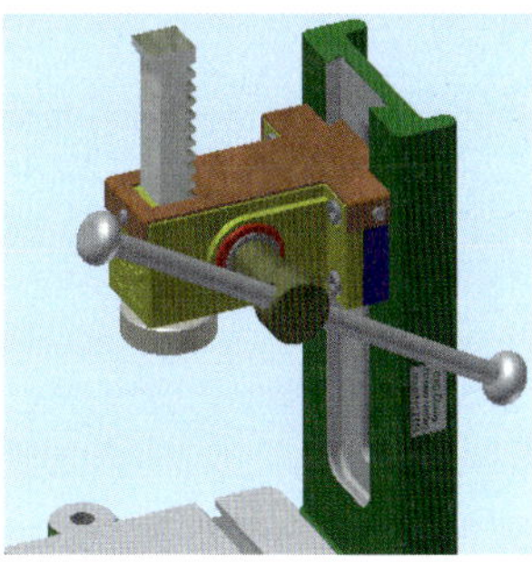

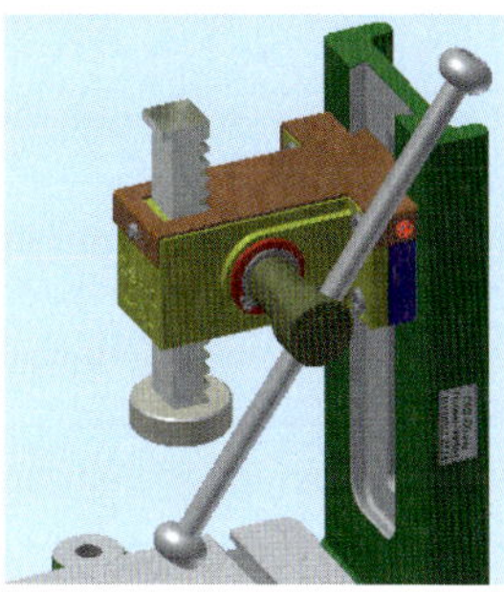

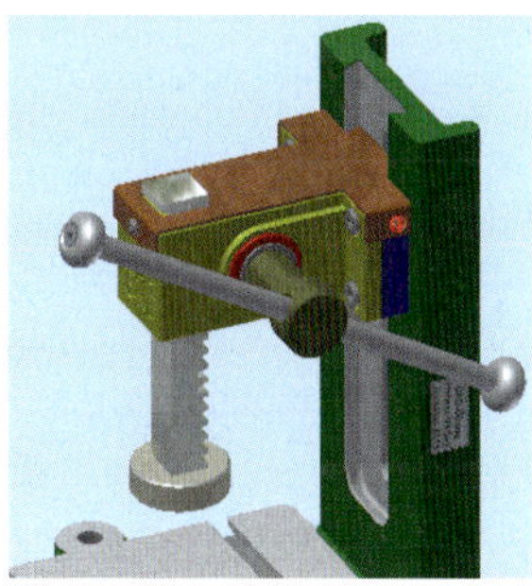

13 Übung: Elektroinstallation im Maschinenbau – die Kabelverlegung

Häufig unterschätzt und meist vernachlässigt ist die Thematik der Elektroinstallation in Maschinenbaukonstruktionen. Es gibt kaum Maschinen, in bzw. an denen sich keine elektrischen Bauteile, Anschlüsse, Stecker usw. bis hin zu kompletten Steuerungen oder Computern befinden. Insofern ist es konsequent, dass sich ein Kapitel dieses Buches wenigstens kurz mit dieser Thematik befasst. Es ist außerdem in nur wenigen 3D-CAD-Systemen möglich, Verkabelungen, Elektro- und Elektronikbauteile in einer relativ einfachen Art und Weise in die Gesamtkonstruktion einzubinden – der Inventor ist eines von ihnen.

Da es in diesem Beispiel weder vom Zusammenhang her Sinn macht noch optisch gut aussieht, ein Kabel mit seinen Anschlüssen einfach in die Luft zu hängen, ist es notwendig, einige Bauteile zur Verfügung zu haben, mit denen dann eine einfache Verkabelung erstellt werden kann.

13.1 Die Bauteile der Kabelbaugruppe

Wer das Buch bis zu diesem Kapitel durchgearbeitet hat, der dürfte bei der Erstellung der folgenden Komponenten kein Problem haben. Insofern sollte es genügen, die Bauteile und die bemaßten Zeichnungsableitungen dazu abzubilden.

13.1.1 Die Grundplatte

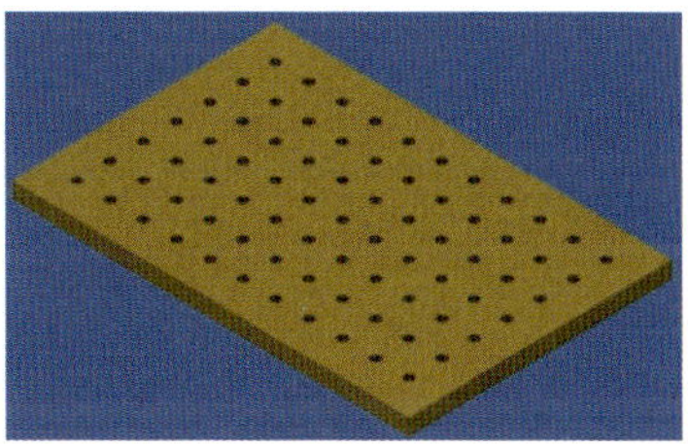

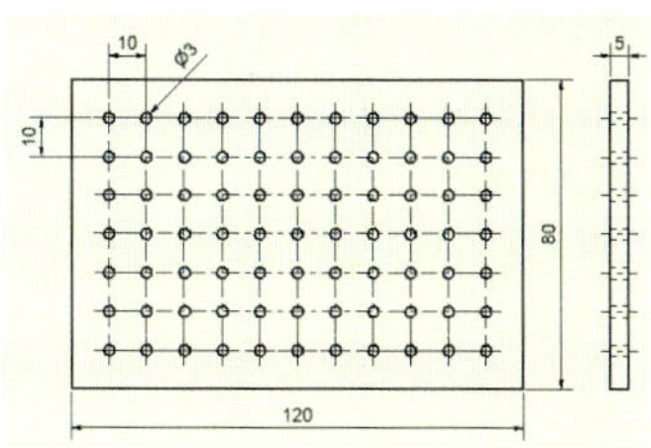

Das erste Bauteil ist eine Grundplatte, die, wie es in der Entwicklung von elektrischen Komponenten üblich ist, eine Steckplatte darstellt, auf der eine kleine Schaltung aufgebaut werden kann.

Die Platte ist **120 x 80 MM** groß und **5 MM** dick. Sie hat **7 LOCHREIHEN** in Längsrichtung mit jeweils **11 LÖCHERN**. Der Lochdurchmesser beträgt **3 MM**, der Lochabstand **10 MM**.

13.1.2 Ein Kabelstützpunkt

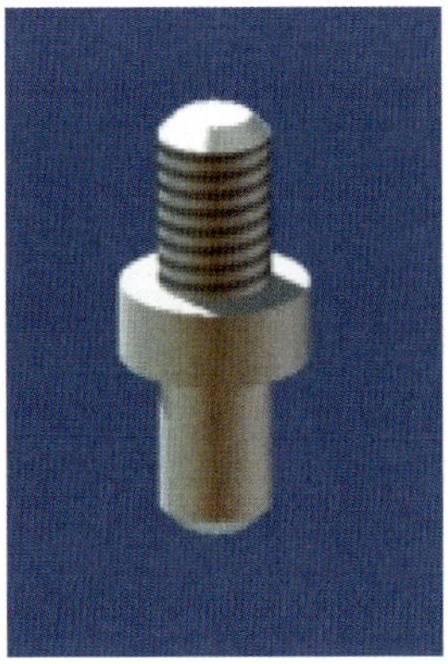

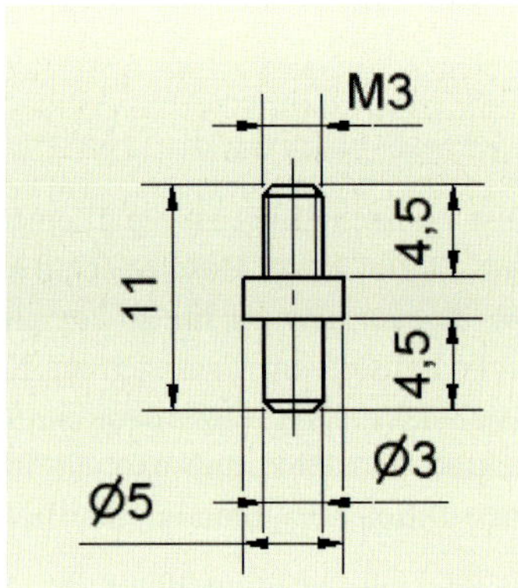

Das zweite Bauteil ist ein Kabelstützpunkt mit Gewinde, an dem Kabelklemmen befestigt werden können. Diese Bauteile werden in die Löcher der Steckplatte gesteckt, die Kabelklemmen werden mit Muttern angeschraubt.

13.1.3 Kabelschellen für die Kabelführung

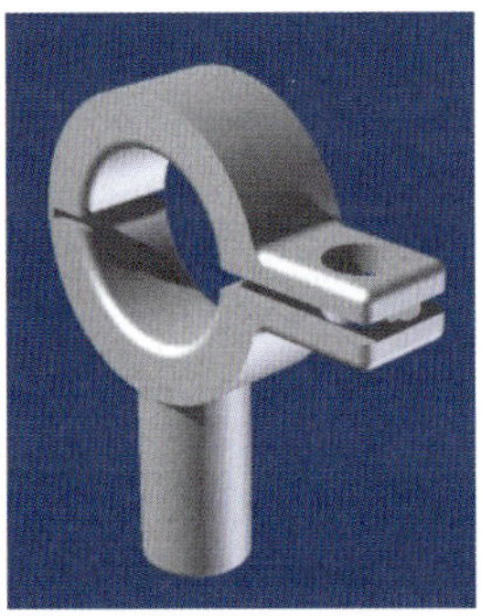

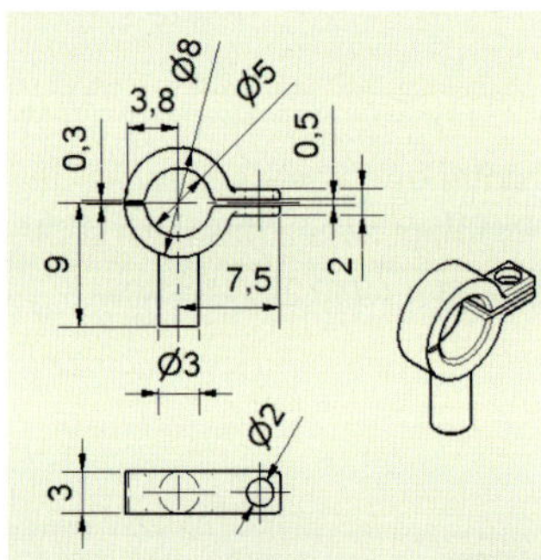

Ein Kabelbaum, der in oder an einem Maschinenbauteil verlegt wird, wird üblicherweise mit Kabelschellen befestigt.

13.2 Die Kabelbaugruppe

Eine Kabelbaugruppe ist zu Beginn eine Baugruppe wie jede andere auch. Insofern beginnt diese Übung damit, eine neue Baugruppe zu erstellen und die Bauteile, wie nachfolgend abgebildet, in die Baugruppe einzufügen.

Zuerst werden neun Kabelstützpunkte mit der Abhängigkeit **EINFÜGEN** in den entsprechenden Bohrungen platziert. Die drei Kabelschellen werden ebenfalls mit der Abhängigkeit **EINFÜGEN** auf der Platte so ähnlich wie abgebildet verteilt.

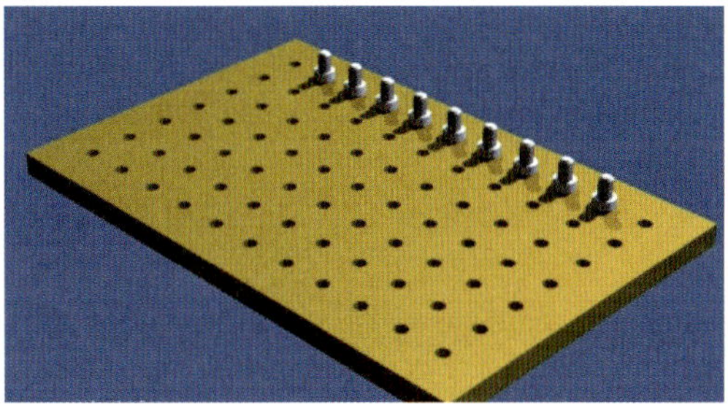

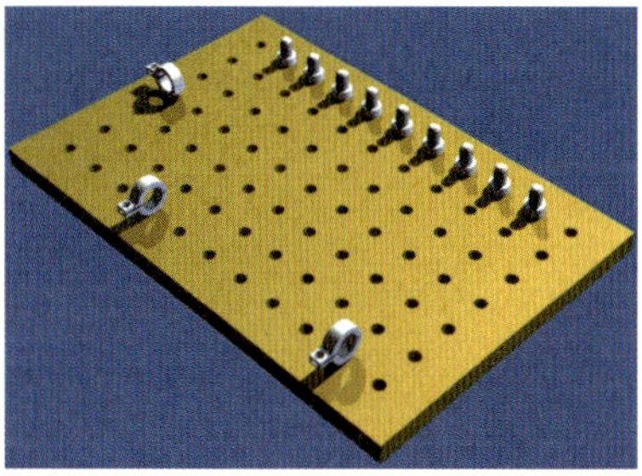

13.2.1 Kabelklemmen aus dem Inhaltscenter

Im **INHALTSCENTER** werden in der Kategorie **KABEL UND KABELBAUM** → **STECKVERBINDER** → **EINZELDRAHT** die dort sogenannten **KLEMMRINGE** gefunden.

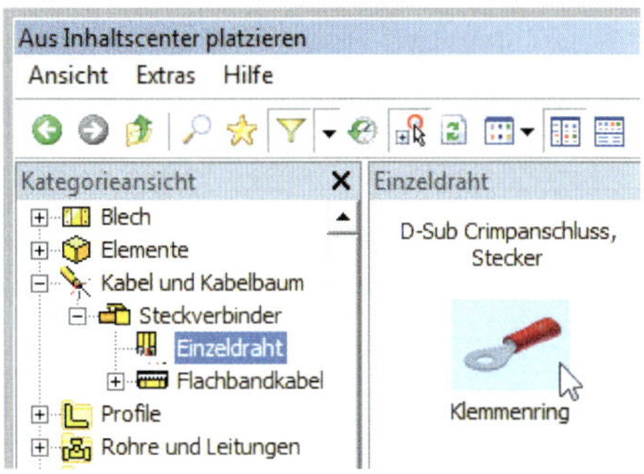

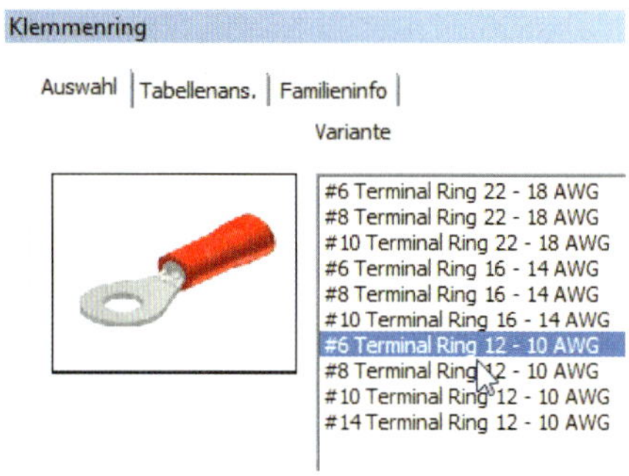

NEUN Klemmringe der Sorte **#6 TERMINALRING 12–10 AWG** sind in der Baugruppe mit der Abhängigkeit **EINFÜGEN** auf den Kabelstützpunkten zu platzieren und nach Möglichkeit auszurichten. Im abgebildeten Beispiel sind alle Kabelklemmen mit der Abhängigkeit **WINKEL** und einem **WINKEL** von **115°** zur Plattenkante ausgerichtet.

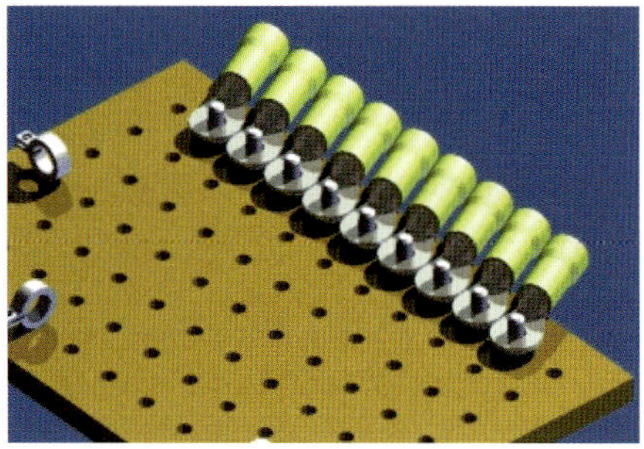

13.2.2 Eine Sub-D9-Buchse aus dem Inhaltscenter

In derselben Art und Weise und in der gleichen Kategorie findet man die Komponentengruppe **D-SUB CRIMPANSCHLUSS, BUCHSE** aus der das Bauteil **D-SUB FEMALE CRIMP 9CKT** auszuwählen und einzufügen ist.

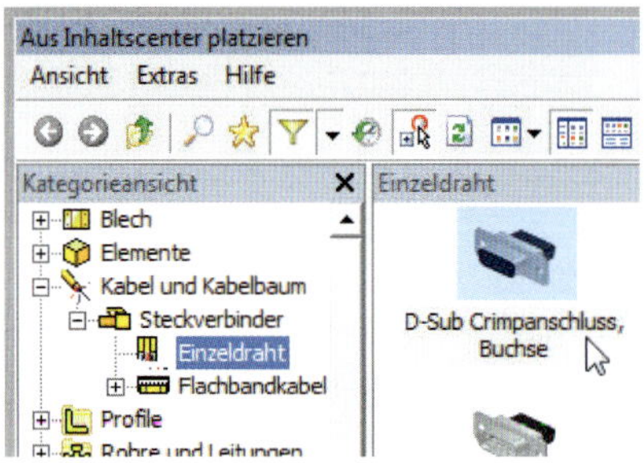

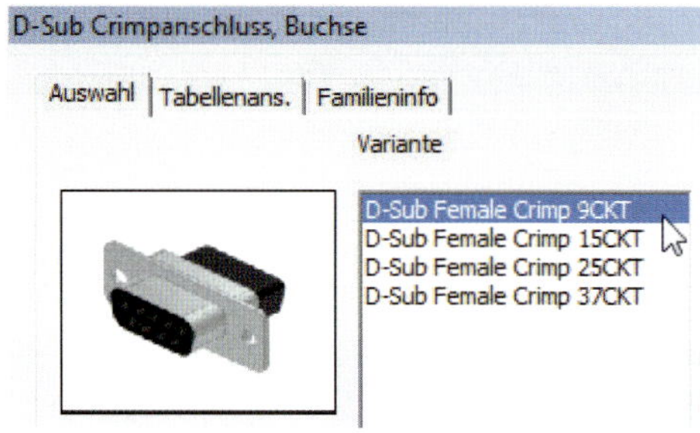

Die Sub-D9-Buchse ist mit den entsprechenden Abhängigkeiten auf die Platte, genau an den stirnseitigen Rand, anzubauen. Auf die Befestigungswinkel für die Buchse und die Muttern für die Kabelklemmen soll der Einfachheit halber verzichtet werden.

Nachdem alle Vorarbeiten erledigt sind, geht es nun mit der Verkabelung los.

13.3 Die Verkabelung erstellen

Auf der Registerkarte **UMGEBUNG** befindet sich in der Befehlsgruppe **BEGINNEN** die Schaltfläche **KABEL UND KABELBAUM**, die jetzt betätigt wird.

Kabel und Kabelbaum

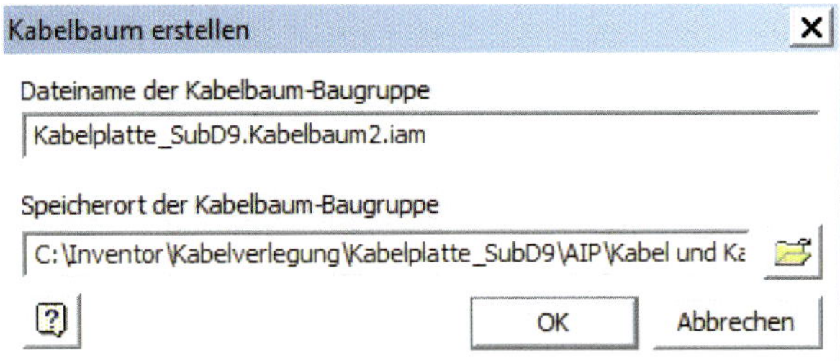

Es erscheint das Dialogfenster zum Anlegen eines neuen Kabelbaums, dessen Dokumente in einem eigenen Verzeichnis angelegt werden. Der erste Kabelbaum erhält vorgabemäßig den Namen **KABELBAUM1**.

Außerdem wird die Multifunktionsleiste **ZUSAMMENFÜGEN** gegen die mit den Kabelbefehlen ausgetauscht.

13.3.1 Die Befehle der Kabelumgebung

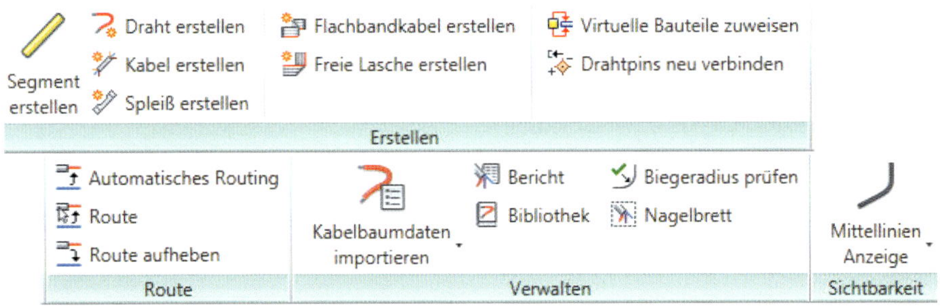

Die wichtigsten Befehle in diesem Arbeitsfeld sind:

- **SEGMENT ERSTELLEN:** Diese Funktion legt den Kabelverlauf fest.
- **KABEL ERSTELLEN:** Mit dieser Funktion wird erstens die Art des Kabels und die Anzahl der zu verbindenden Drähte bestimmt und zweitens die Verbindung zwischen den Anschlussstellen, den Pins, hergestellt.
- **ROUTING:** Das Routing bestimmt, welche Drähte zu welchem Segment gehören, legt also letztendlich die Definition eines Kabelbaumes fest.

Dass man Kabelbaumdaten importieren und exportieren kann, dass über die enthaltenen Drahtdefinitionen auch eigene Drähte erstellt, das Kabel gespleißt und virtuelle Bauteile (z. B. Schrumpfschlauch, Spiralschlauch, Kabelbinder etc.) hinzugefügt werden können, das sind Funktionen, die beim fortgeschrittenen Arbeiten in diesem Bereich sicher eine Bedeutung haben. Jetzt, beim ersten Kontakt mit dieser Arbeitsweise, soll davon nicht die Rede sein.

13.3.2 Die grundsätzliche Arbeitsweise in der Kabelumgebung

Wie vorhin bereits beschrieben, sind die Arbeitsschritte genau die, die durch die wichtigen Funktionen repräsentiert werden:

1. Kabel erstellen und Pins verbinden,
2. Segment erstellen und Verlauf festlegen,
3. Routing durchführen und Kabelbaum erstellen.

13.3.3 Kabel erstellen und Pins verbinden

Wir beginnen die Kabelübung also mit dem Befehl **KABEL ERSTELLEN**, der das entsprechende Dialogfenster aufruft, in dem an erster Stelle ein geeignetes Kabel auszuwählen ist. Für unsere Übung ist ein 9-adriges Kabel zweckmäßig, da neun Anschlüsse vorhanden sind und alles mit einem einzigen Kabel verbunden werden soll.

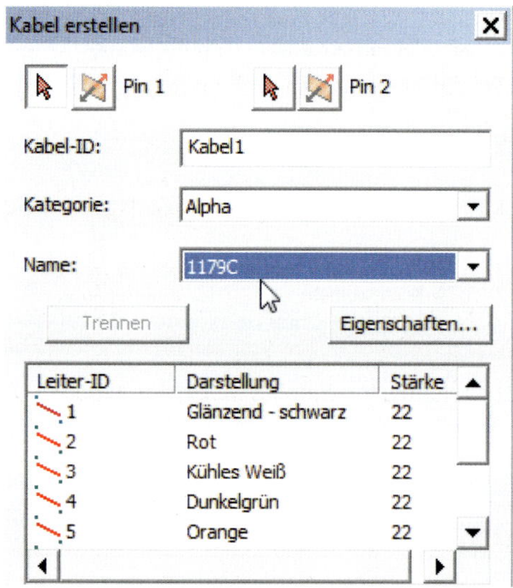

Im Listenfeld **NAME:** befindet sich eine große Menge verschiedenster Kabel mit unterschiedlichen Drähten. Das Kabel **1179C** z. B. ist ein 9-adriges Kabel, bei dem die Einzeldrähte in unterschiedlichen Farben definiert sind und das für unser Steckbrett gut geeignet erscheint.

Wurde ein passendes Kabel gefunden, so sind ebenfalls, noch während dieser Befehl aktiv ist, die einzelnen Pins zu verbinden. Bei einem 9-adrigen Kabel sind das, nachdem jeder Draht zwei Enden hat, 18 Pins.

Im Dialogfenster sind diese Pins mit den Bezeichnungen Pin 1 und Pin 2 benannt, die für jeden einzelnen Draht bestimmt werden müssen. Dazu wählt man im Dialogfenster einen Draht, z. B. den Draht mit der Leiter-ID 1, aus und bewegt die Maus zur ersten Kabelklemme, an der sich am hinteren Ende ein Pin befindet. Ein Klick markiert diesen Pin als Pin 1 für den Draht 1. Im Dialogfenster ist nun die Schaltfläche für den Pin 2 aktiv. Jetzt bewegt man die Maus zur Sub-D-Buchse, an der sich an der Rückseite neun Pins befinden. Man wählt Pin 1 und hat damit die Verbindung für den ersten Draht hergestellt. Diesen Vorgang wiederholt man achtmal, sodass schlussendlich alle neun Drähte mit ihren beiden Enden an den jeweiligen Pins hängen.

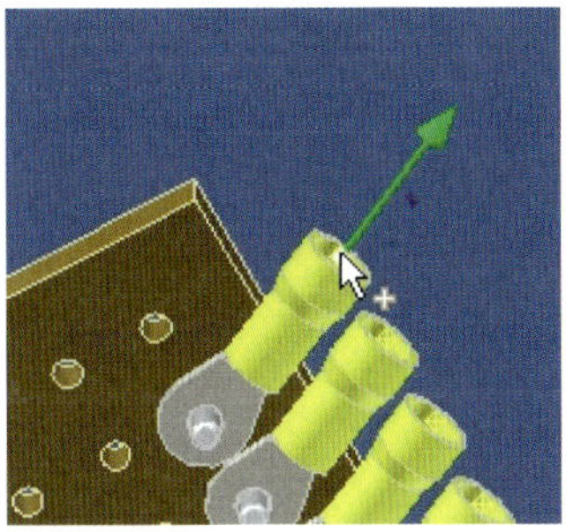

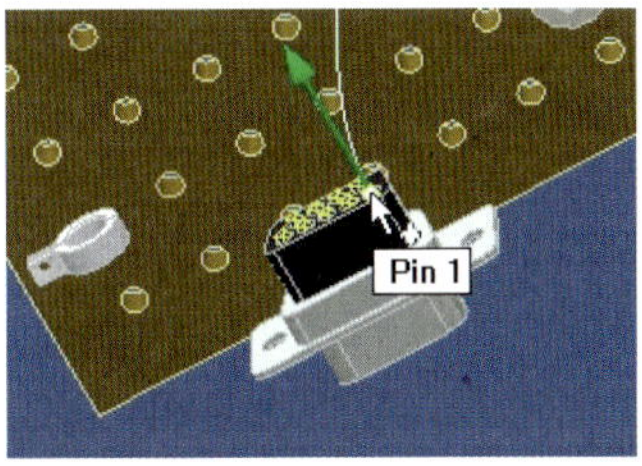

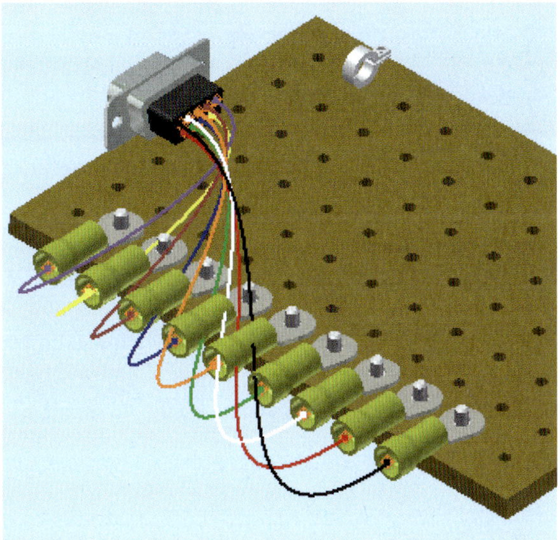

Nach Klick auf **ANWENDEN** zeigt der Inventor die Farben der Drähte, die im Moment noch fliegend verdrahtet sind, richtig an, sodass gut kontrolliert werden kann, ob die Verbindung richtig erstellt wurde.

13.3.4 Segment erstellen und Kabelverlauf festlegen

Segment erstellen

Kabelbaum-Segmente stellen die Pfade dar, welche die Drähte bzw. Drahtbündel in der Kabelbaum-Baugruppe nehmen sollen. Die einzelnen Segmente eines Verlaufs werden dabei durch Stützpunkte (Segmentpunke), ähnlich der Zeichenfunktion *Spline*, festgelegt.

Nach Aufruf des Befehls **SEGMENT ERSTELLEN** passiert erst mal nichts, außer dass der Cursor mit einem Pluszeichen erweitert wird und auf alle möglichen Punkte z. B. der Grundplatte reagiert. Mit diesem Cursor sind die Segment-Stützpunkte einzugeben, wobei der Inventor sich wie in der folgenden Abbildung zu sehen verhält.

Wird mit der Maus ein markanter Punkt überfahren, zeigt Inventor diesen Punkt an und würde bei einem Klick den Segmentpunkt genau dorthin setzen. Markante Punkte in diesem Zusammenhang können sein: Arbeitspunkte, Mittelpunkte von Kreisen und Bögen, Skizzenpunkte und Modellscheitelpunkte.

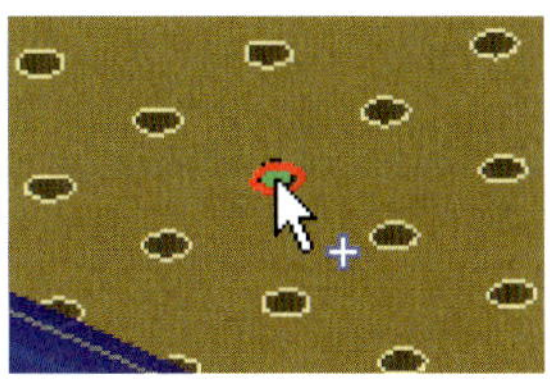

Wird mit der Maus eine Fläche überfahren, zeigt Inventor einen kleinen gelben Kreis in einem lotrechten Abstand (2,540 mm) zur Fläche an und würde bei einem Klick den Segmentpunkt in diesem Abstand (**VERSATZ**) über der Fläche anordnen.

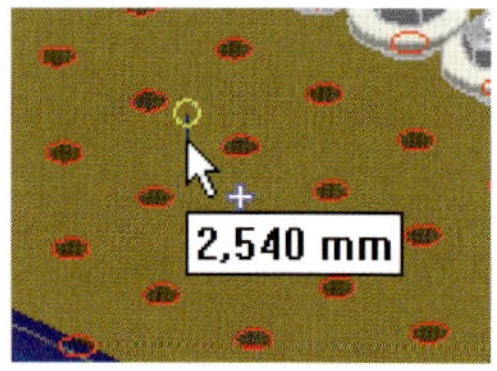

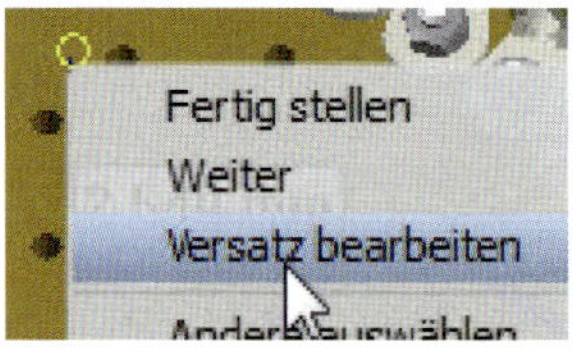

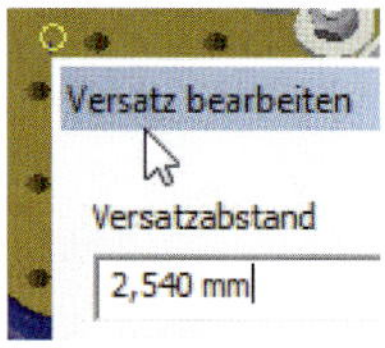

Das Kontextmenü bei der Platzierung eines Punktes mit Versatz erlaubt die Einstellung desselben (**VERSATZ BEARBEITEN**).

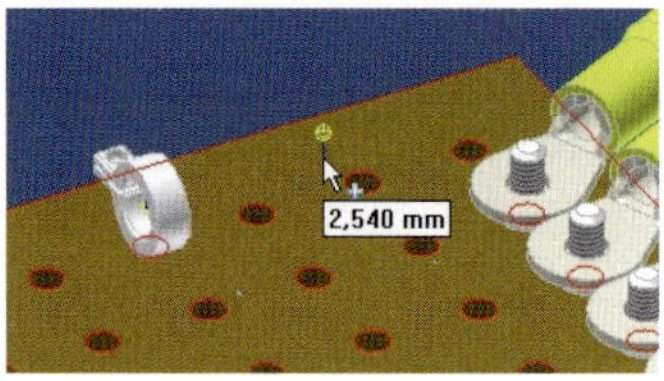

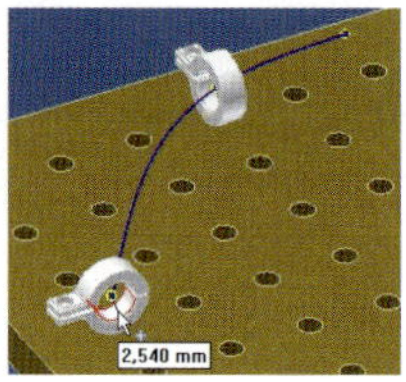

Der Versatzabstand bezieht sich auf die Mitte des kleinen Kreises, der gleichzeitig die Mitte des Kabelbaumes bezeichnet.

So wird in unserer Übung der folgende Verlauf konstruiert:

Der Anfangspunkt wird frei gesetzt, die Folgepunkte werden durch die runden Flächen der Kabelschellen bestimmt oder können auch durch die Mittelpunkte der Kreiskonturen der Kabelschellen definiert werden. Der Endpunkt wird wieder frei gesetzt, und das Beenden des Befehls zeigt den gerenderten Segmentverlauf an.

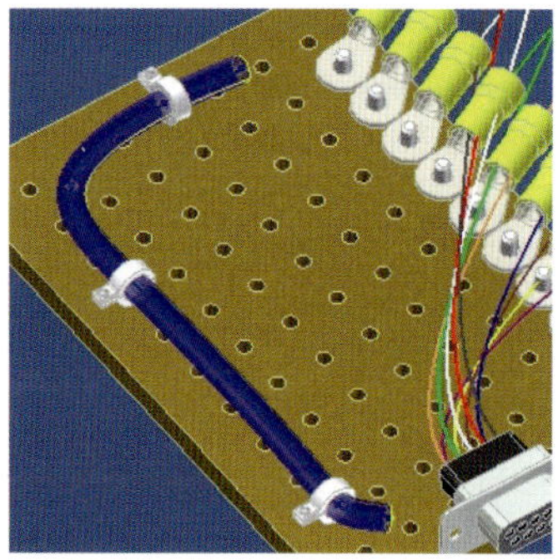

Im Objektbrowser ist nun unterhalb des Eintrages »Segmente« die Definition **SEGMENT1** zu sehen, die wir eben konstruiert haben. Das Kontextmenü dieses Eintrages oder ein Doppelklick darauf erlaubt nun auf vielfältige Art und Weise, die **KABELBAUMEIGENSCHAFTEN** zu beeinflussen. Die Bezeichnung, der Biegeradius, der Durchmesser und, nach der Fertigstellung des Kabelbaumes, die Drahtzuordnung usw. werden hier bestimmt.

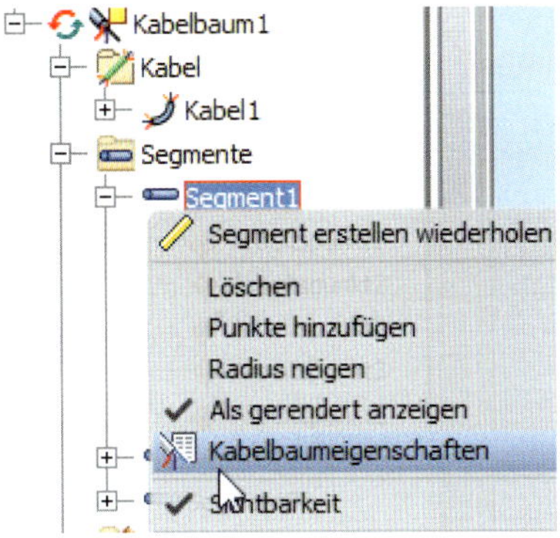

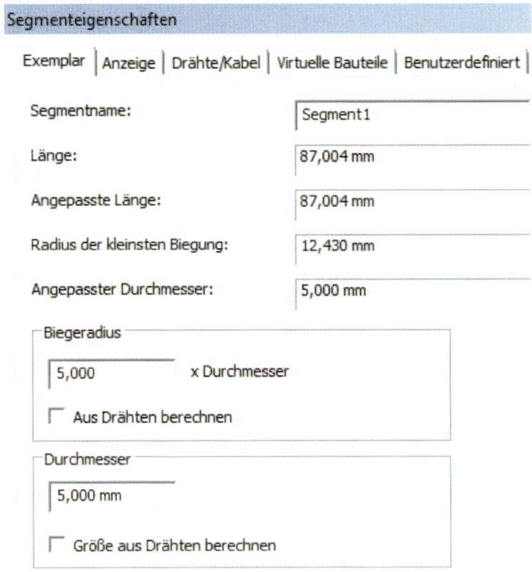

13.3.5 Den Kabelbaum erstellen – das Routing

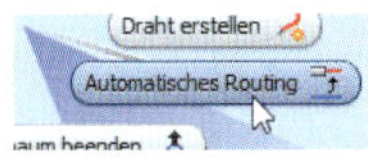

Automatisches Routing

Beim Routen werden letztendlich die Drähte zu einem Kabelbaum zusammengefasst, wobei die Segmente den Verlauf der zusammengefassten Drähte bestimmen und die Hülle des Kabelbaumes darstellen.

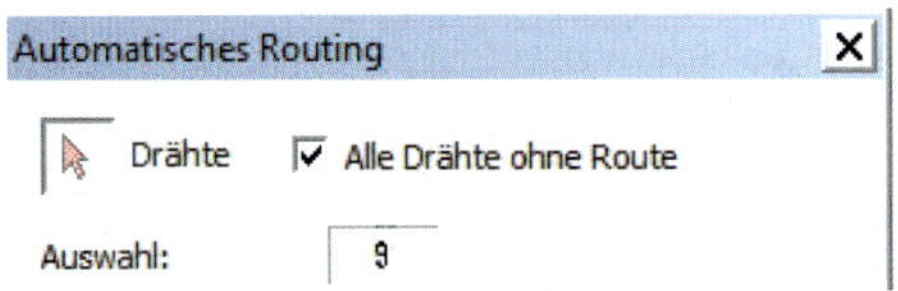

Das **AUTOMATISCHE ROUTING** führt diesen Vorgang ohne viel Aufhebens einfach durch. Allerdings müssen natürlich noch Drähte ohne Route vorhanden sein, die einem Segment zugeordnet werden können. Im Beispiel werden alle neun Drähte automatisch erkannt.

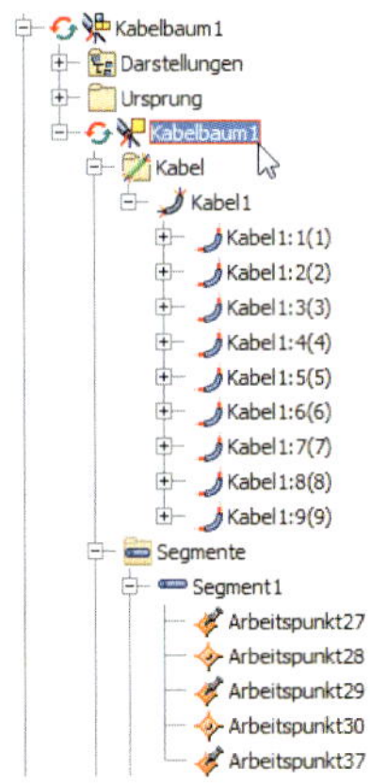

Wenn Ihnen das Anklicken der Einzeldrähte zu umständlich ist, und wenn ohnehin nur ein Kabelbaum mit allen Drähten erstellt werden soll, kann das Häkchen bei **ALLE DRÄHTE OHNE ROUTE** gesetzt werden und es muss dann nur noch auf **OK** geklickt werden.

Beim Befehl **ROUTE** muss dagegen fast alles von Hand eingegeben werden, d. h., die Drähte und die Segmente, möglicherweise sogar einzelne Segmentteile, was z. B. bei sich verzweigenden Kabelbäumen auch zwingend notwendig sein kann.

Nachdem unsere Übung nur ein Segment hat und alle Drähte diesem Segment zugeordnet werden sollen, ist die Funktion des automatischen Routings natürlich die Funktion unserer Wahl. Wir rufen den Befehl **AUTOMATISCHES ROUTING** auf, setzen das Häkchen bei **ALLE DRÄHTE OHNE ROUTE** und klicken **OK** – das war's. Die Drähte werden zu einem Kabelbaum zusammengefasst.

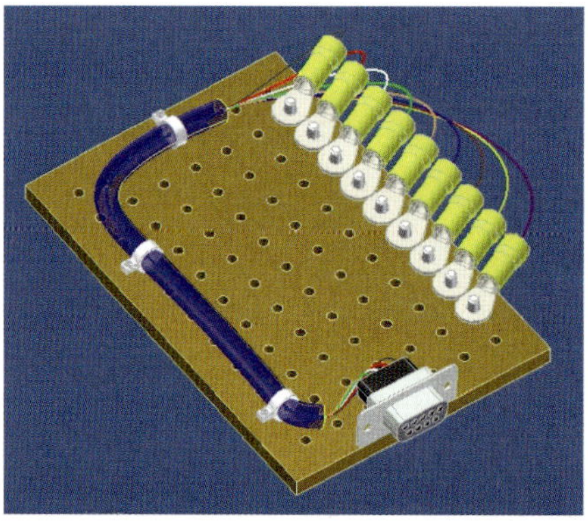

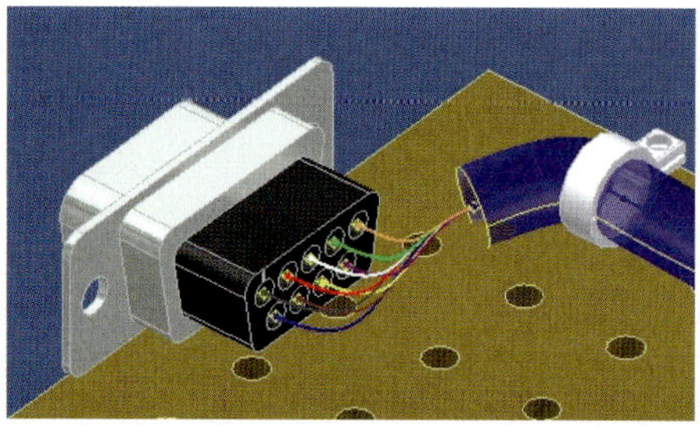

13.4 Kabelbaum auftrennen und zweites Kabel einziehen

Diese Übung soll nun noch ein wenig erweitert werden. Der Kabelbaum soll sich verzweigen und zwei weitere Drähte sollen eingezogen werden, die wir dann aber durch einen anderen Abzweig des Kabelbaums führen wollen.

13.4.1 Kabelbaum verzweigen

Um einen Kabelbaum verzweigen zu können, muss an der Stelle der Verzweigung ein neuer Kabelbaum beginnen. Dieser Beginn kann nur an einem definierten Punkt des vorhandenen Kabelbaums realisiert werden, weswegen im ersten Schritt in den vorhandenen Kabelbaum ein weiterer Stützpunkt eingefügt wird.

Der vorhandene Kabelbaum muss dazu im Objektbrowser aktiviert werden. Im Kontextmenü ist die Funktion **PUNKTE HINZUFÜGEN** zu wählen, und an der Abzweigstelle ist ein Punkt einzufügen.

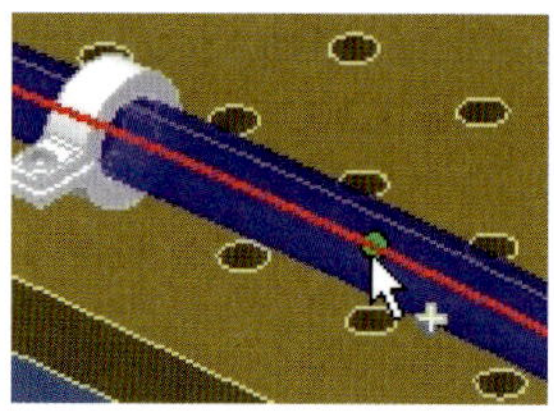

13.4.2 Neues Segment erstellen

Im nächsten Schritt ist nun ein neues Segment zu erstellen. Das Vorgehen ist dasselbe wie beim ersten Kabelbaum. Der Anfangspunkt ist der eben eingefügte neue Stützpunkt, die weiteren Punkte sind ähnlich der Abbildung einzufügen.

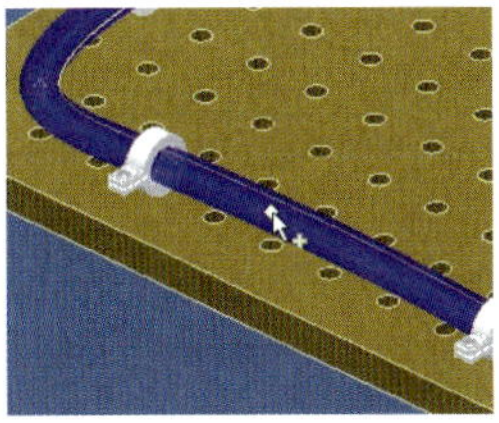

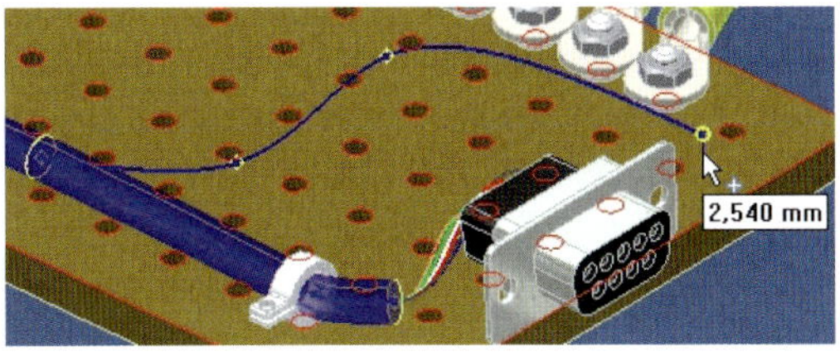

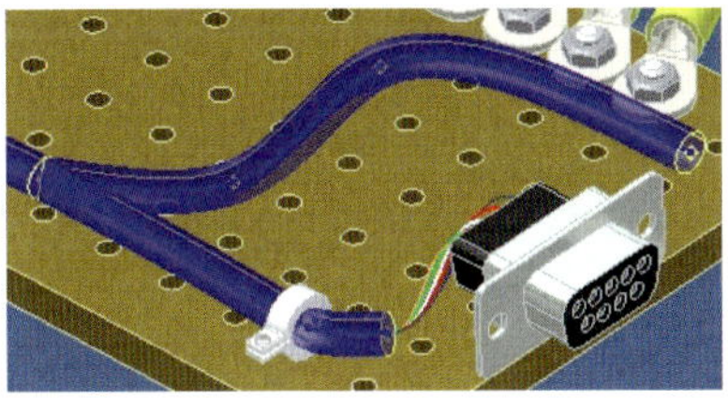

Der fertige neue Kabelbaum wird wie der vorhandene gerendert dargestellt.

Die Position der Segment-Stützpunkte kann mit der Kontextmenü-Funktion 3D-VERSCHIEBEN/-DREHEN jederzeit grafisch und komfortabel modifiziert werden.

13.4.3 Ein Spleiß als Lötstützpunkt

Um Drähte durch diese neue Kabelbaumhülle ziehen zu können, greifen wir zu einem Trick. Die Inventor-Bibliothek für elektrische Bauteile ist vom Umfang her recht bescheiden; so befinden sich beispielsweise keine Lötstützpunkte (Lötstifte) in dieser Datenbank.

Ein Spleiß ist aber so etwas Ähnliches wie ein Lötstützpunkt, er verzweigt einen einzelnen Draht in mehrere Litzen. Wir verwenden den Spleiß deswegen als einen Lötstützpunkt, weil er Pins besitzt, an denen Drähte befestigt werden können, schließen aber nur jeweils einen einzigen Draht an.

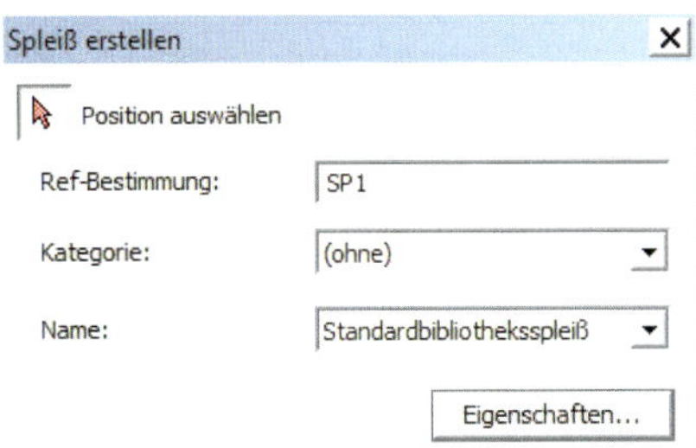

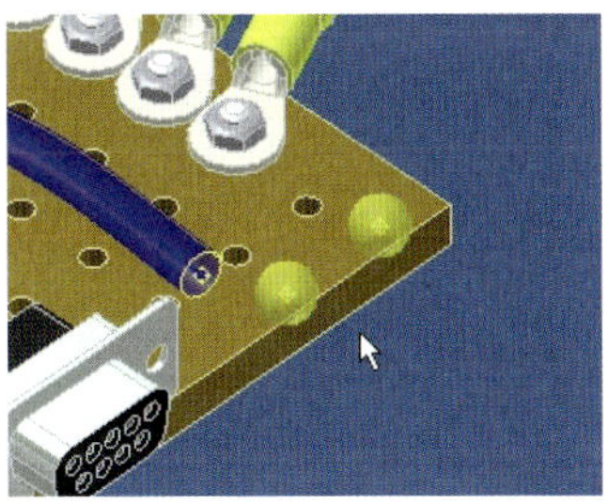

Zwei Spleiße für ein 2-adriges Kabel werden in der Nähe des Kabelbaumendes angebracht.

13.4.4 Einzelne Drähte definieren

Draht erstellen

Von den ersten beiden der bereits vorhanden Kabelklemmen, an denen der schwarze und der rote Draht angeschlossen sind, sollen nun jeweils noch ein schwarzer und ein roter Draht durch unseren Kabelbaum, und zwar über die Abzweigung zu den Lötstützpunkten, verlegt werden.

Nach Aufruf der Funktion **DRAHT ERSTELLEN** wählen wir im Dialogfenster zuerst den Draht der Kategorie **ALPHA** mit dem Namen **3047-BLK**, einen schwarzen Draht. Pin 1 ist an der gelben Kabelklemme 1, und Pin 2 ist einer der beiden Spleiße.

Wenn der erste Draht verlegt ist, wählen wir im zweiten Schritt den Draht mit dem Namen **3047-RED**, einen roten Draht. Pin 1 ist an der gelben Kabelklemme 2, und Pin 2 ist der andere der beiden Spleiße.

Für den ersten Draht ist der **3047-BLK** (schwarz) ausgewählt. Dieser wird mit **PIN 1** (Kabelklemme 1) und **PIN 2** (Spleiß 1) verbunden.

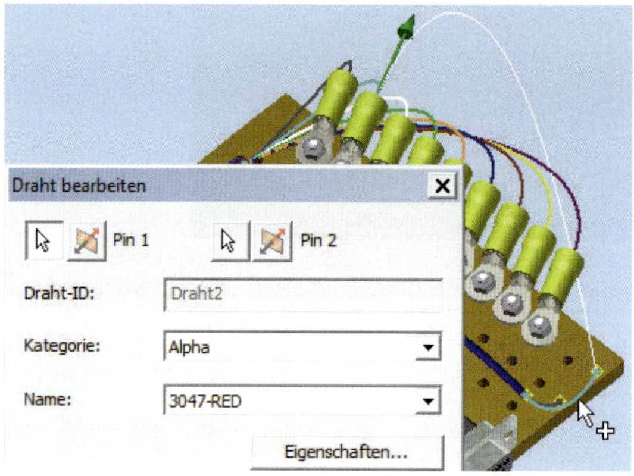

Der zweite Draht **3047-RED** wird mit Kabelklemme 2 an Spleiß 2 verlegt.
Nicht vergessen: Nach jeder Aktion **ANWENDEN** klicken!

13.4.5 Routing von Hand durchführen

Route

Im letzten Schritt werden die beiden Drähte durch den neuen Kabelbaum geführt. Die zu belegenden Segmente müssen nun von Hand gewählt werden, weswegen die Funktion **ROUTE ERSTELLEN** die richtige Wahl dafür darstellt.

Das Dialogfenster startet mit der Drahtauswahl, mit der die beiden neuen Drähte zu übernehmen sind. Sobald dies geschehen ist, ist mit dem Button **ERSTES SEGMENT** der erste Teil des Kabelbaumes und anschließend mit dem Button **LETZTES SEGMENT** das neue Stück des Kabelbaumes zu selektieren.

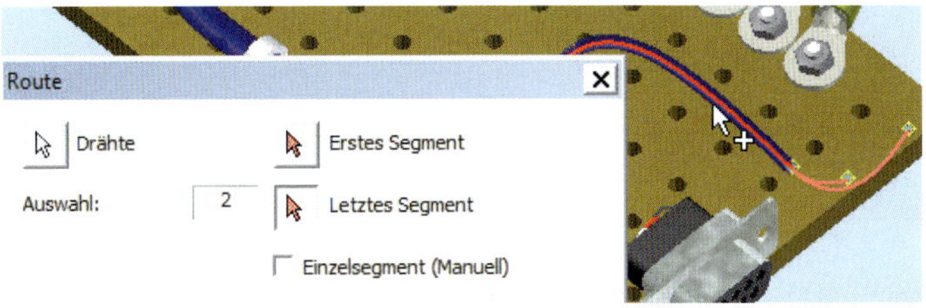

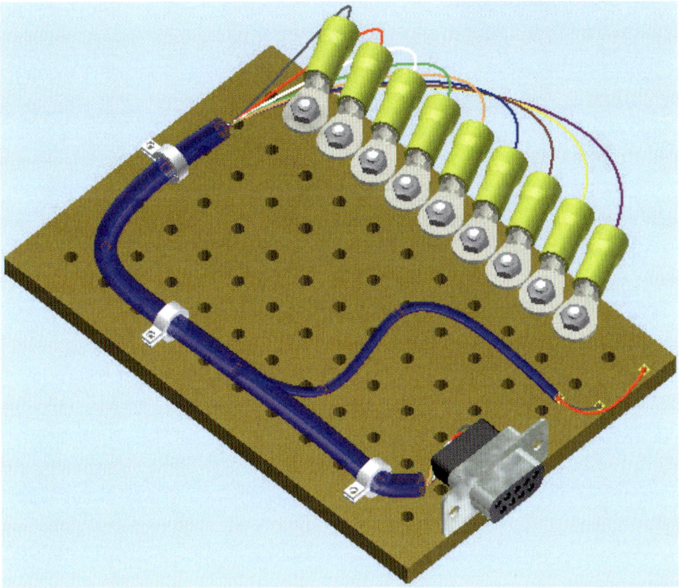

Im Ergebnis werden erstens die beiden Drähte sauber verlegt, und zweitens wird, wenn in den Kabelbaumeigenschaften nichts anderes eingestellt ist, der Durchmesser des Kabelbaumes an die Drahtdurchmesser angepasst.

14 Übung: Bügelflasche

Eine schöne Übung, die auf den ersten Blick nicht so viel mit maschinenbaulicher Konstruktion zu tun hat, bei genauerem Hinsehen aber doch eine Menge sehr interessanter Details beinhaltet, ist die nun folgende zur Bügelflasche.

Neben dem Spaßfaktor stecken die Besonderheiten bei dieser Übung einerseits im Bügelverschluss, einem etwas komplizierten Drahtgebiege, andererseits im auf den ersten Blick unkompliziert erscheinenden Etikett. Und auch die Animation in der Präsentationsumgebung hat es in sich.

In den Abbildungen sind die Unterschiede bei der Darstellung in den verschiedenen Inventor-Arbeitsbereichen zu sehen, mit denen man so auch nicht unbedingt gerechnet hätte.

Normale Darstellung im Inventor, schattiert mit transparentem Glas

Darstellung im Inventor-Studio, leider ohne Transparenz

Darstellung im Inventor mit Raytracing, leider ohne die Braunfärbung des Glases

Bügelflasche: *.avi auf DVD

Die abgebildete Sequenz, das Öffnen und Schließen des Bügelverschlusses, befindet sich als Film (*Bügelflasche_VerschlussAnimation.avi*) auf der beiliegenden DVD.

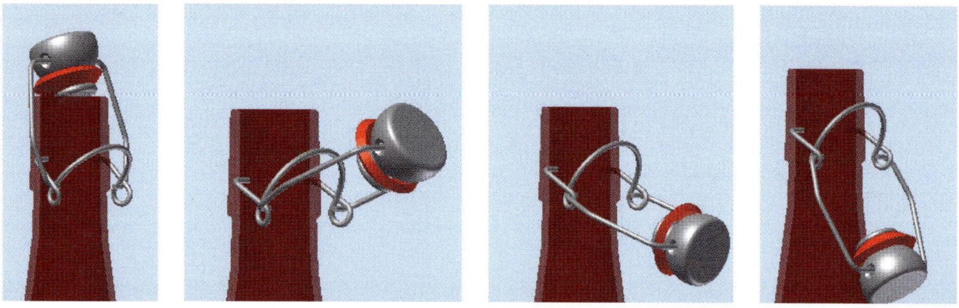

14.1 Der Flaschenkörper

Die Erstellung des Flaschenkörpers ist relativ unkompliziert – mal abgesehen von der aufwendig bemaßten Skizze.

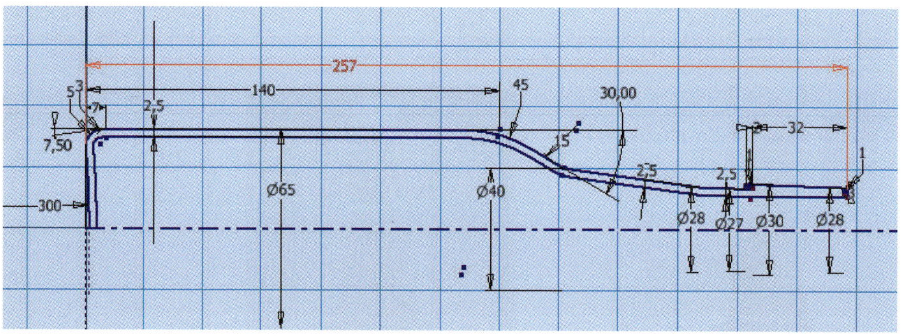

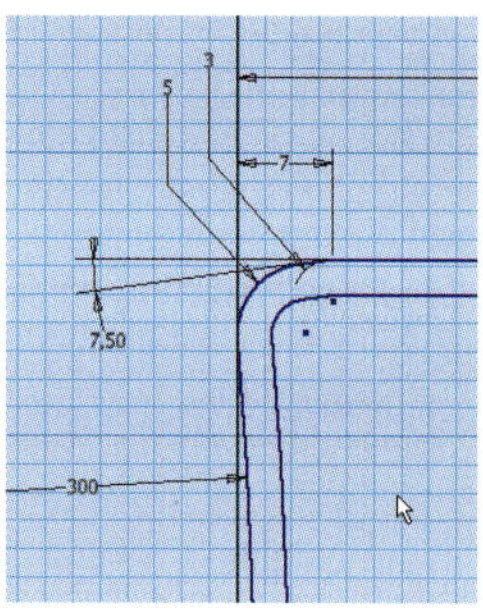

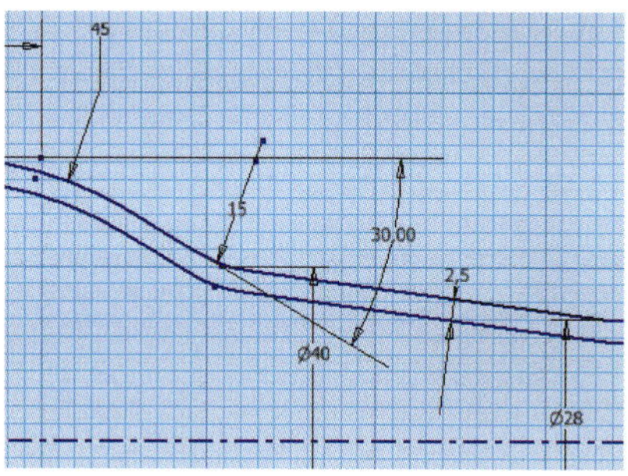

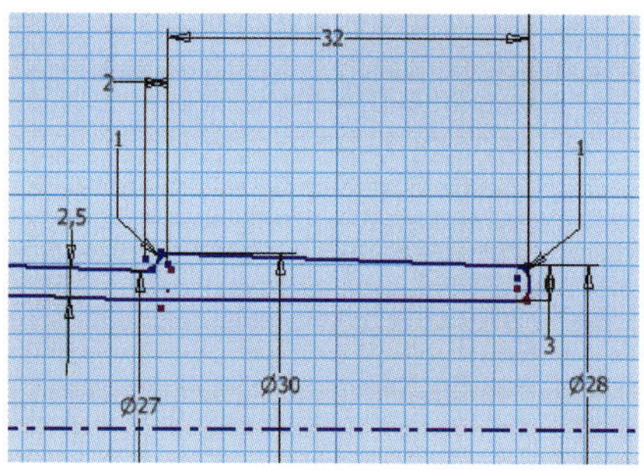

Die Erstellung der Skizze und die nachfolgende **DREHUNG** sollten an dieser Stelle des Buches jedoch keinerlei Probleme mehr verursachen.

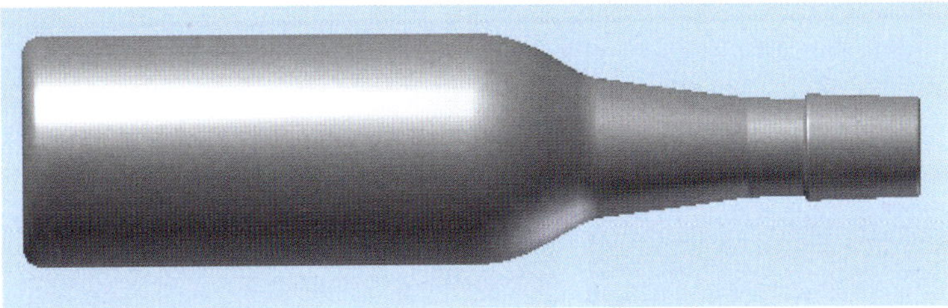

14.1.1 Prägung am unteren Flaschenrand

Eine Prägung kam bisher zwar noch nicht vor, sie ist dem Aufkleber jedoch ganz ähnlich und bedarf ebenfalls keiner großen Erläuterung. Die Schritte zur Erzeugung sind:

TANGENTIALE ARBEITSEBENE parallel zur XY-Ebene erzeugen

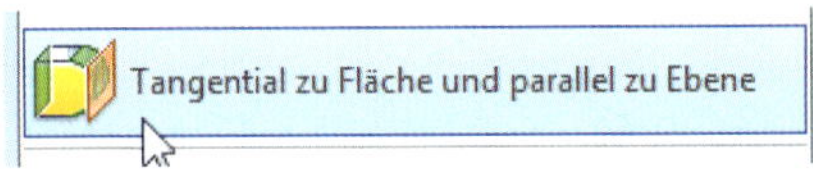

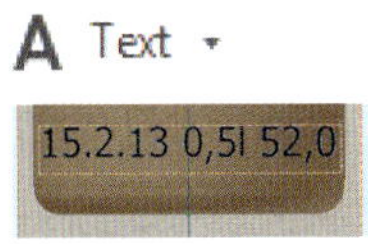

1. **SKIZZE** auf dieser Ebene mit dem angeordneten und formatierten **TEXT** der Prägung
2. Die Funktion **PRÄGUNG** aufrufen, Einstellungen vornehmen und ausführen

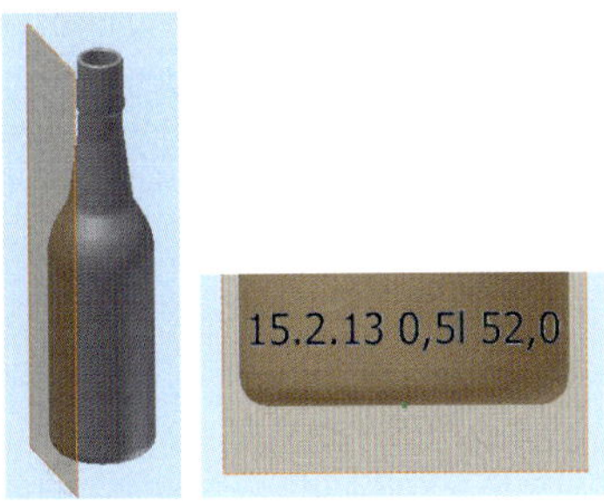

Arbeitsebene und Skizze mit Prägungstext

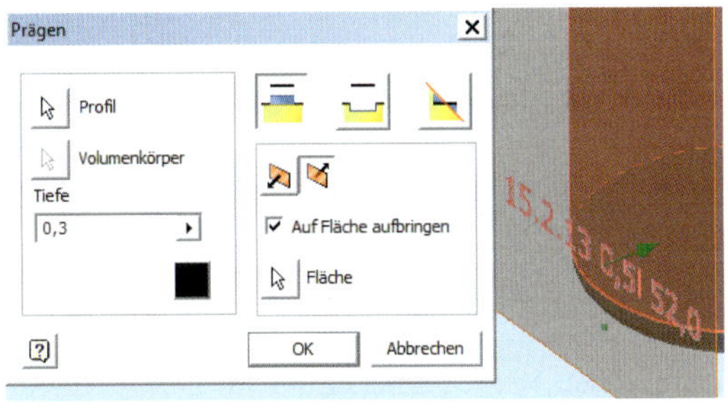

Die **PRÄGUNG** wird mit **0,3 MM** erhaben auf die Fläche aufgebracht.

14.1.2 Vertiefungen für den Bügelverschluss

In den Flaschenhals müssen Vertiefungen zum späteren Einhaken des Bügelverschlusses eingebracht werden.

Auf einer neu zu erzeugenden **ARBEITSEBENE**, die sich **22 MM** vom oberen Flaschenrand entfernt befindet, wird eine **NEUE SKIZZE** erzeugt.

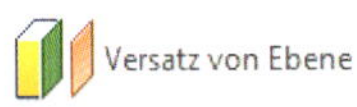

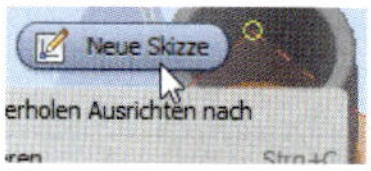

Damit die Skizzierebene gut zu sehen ist, werden mit der **FUNKTIONSTASTE F7** oder mit der Funktion **GRAFIKEN AUFSCHNEIDEN** am unteren Bildschirmrand, die vor der Skizzierebene liegenden Elemente ausgeblendet.

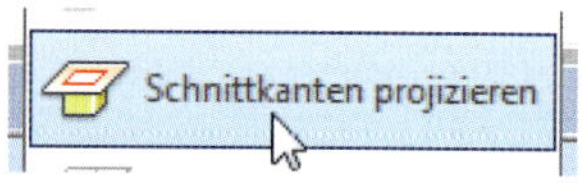

In der Skizze werden die Schnittkanten projiziert, dann werden eine Hilfslinie (**MITTELLINIE**) und ein an dieser Hilfslinie ausgerichtetes **RECHTECK** gezeichnet und gemäß der Abbildung bemaßt.

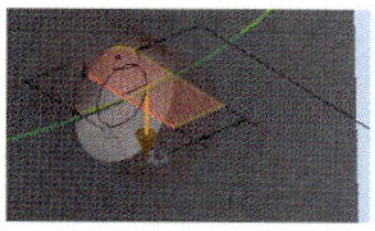

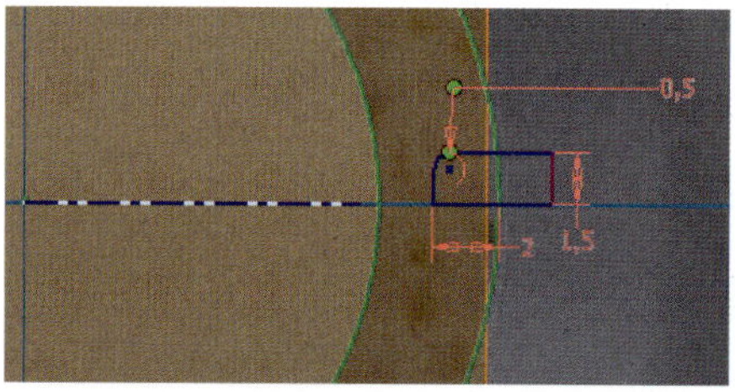

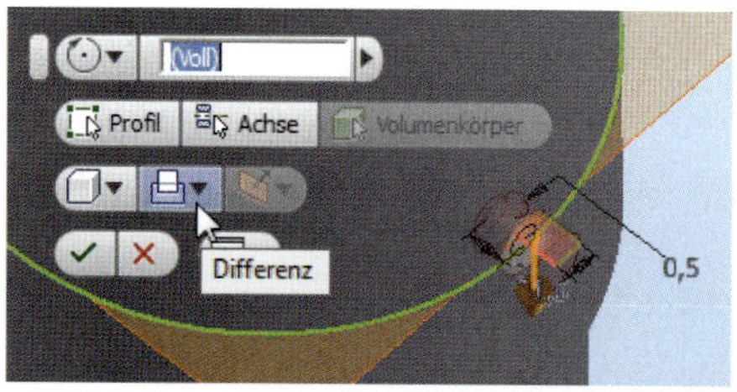

Eine **DREHUNG** mit den Einstellungen **DIFFERENZ** um eine Rechteckkante als **ACHSE** erzeugt die gewünschte Vertiefung im Flaschenhals.

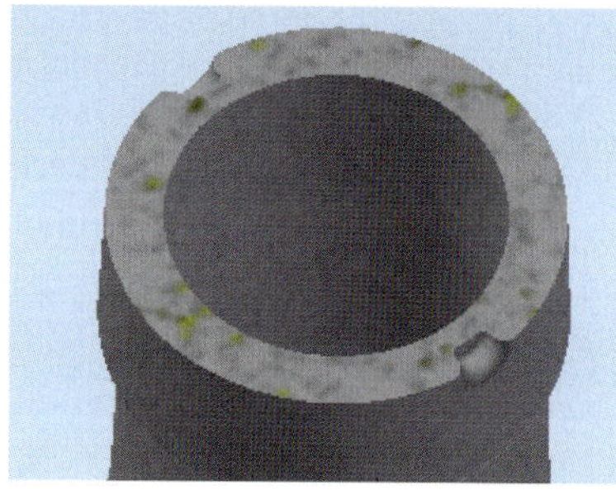

Die Außenkante der Vertiefung bekommt mit **ABRUNDEN** eine Abrundung von **1 MM**.

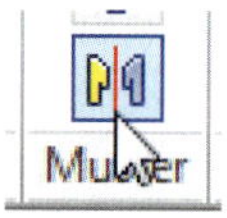

Im letzten Schritt ist die Vertiefung, zusammen mit der Abrundung, über die **YZ-EBENE** zu **SPIEGELN**.

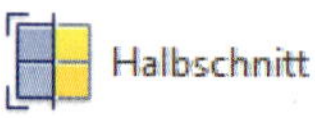

Ein **HALBSCHNITT**, der über die Registerkarte **DARSTELLUNG** in einer Tiefe von **22 MM** ausgeführt wird, zeigt die beiden fertigen Vertiefungen.

14.1.3 Braunes Glas erzeugen

Der Inventor kennt als Material zwar normales und dunkel getöntes Glas, allerdings kein Braunglas.

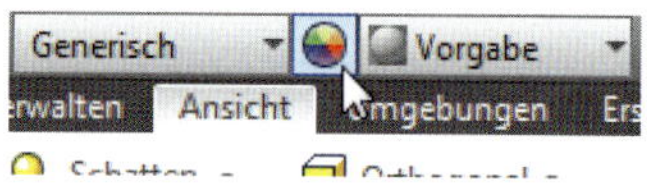

Über das Icon **DARSTELLUNG** am oberen Bildschirmrand wird der Darstellungsbrowser aufgerufen.

In der **INVENTOR-MATERIALBIBLIOTHEK** wird der Werkstoff **GLAS** ausgewählt und die Darstellung **KLAR - HELL** mit einem Klick auf den Pfeil in die Dokumenteinstellungen kopiert.

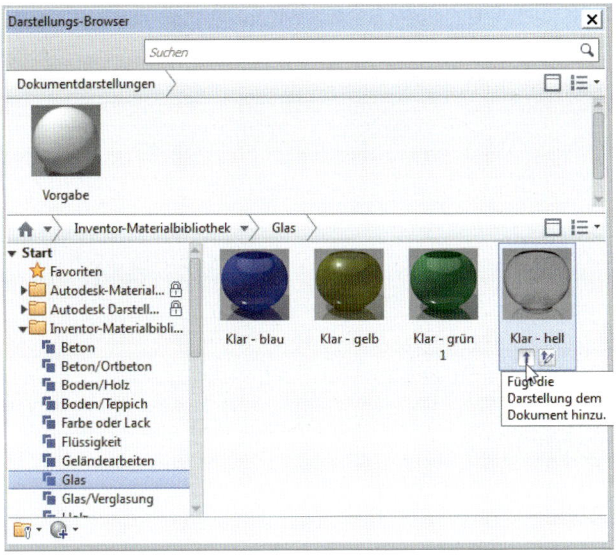

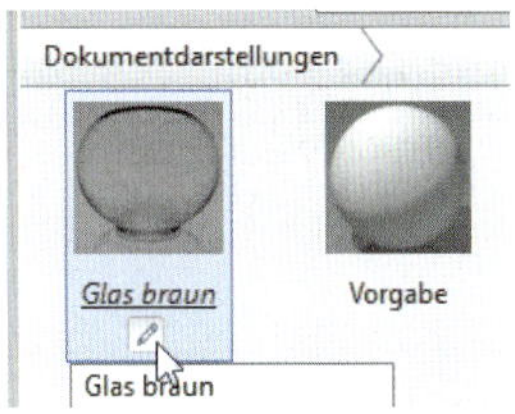

Per rechte Maustaste wird dieses Material in **GLAS BRAUN** umbenannt und mit einem Klick auf den Bleistift im Editor geöffnet.

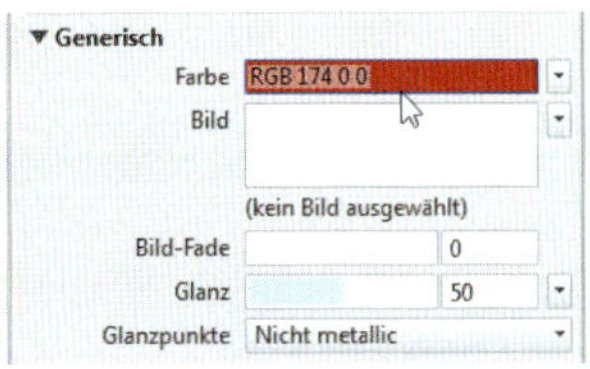

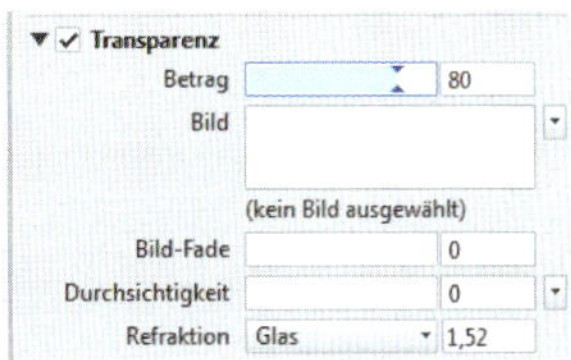

In den Grundeinstellungen kann mit **FARBE BEARBEITEN** ein brauner Farbton ausgewählt und in den Einstellungen zur **TRANSPARENZ** die Durchsichtigkeit etwas zurückgenommen werden. Abschließend wird auf **ANWENDEN** geklickt und die Fenster werden geschlossen.

Im Abrollmenü Vorgabe befindet sich jetzt die Darstellung **GLAS BRAUN**, die der Flasche zugewiesen werden kann.

Damit die Darstellung **GLAS BRAUN** auch in anderen Dokumenten verwendet werden kann, ist der Darstellungs-Browser noch einmal zu öffnen und in Kontextmenü der Darstellung **HINZUFÜGEN ZU → INVENTOR-MATERIALBIBLIOTHEK → GLAS** auszuwählen.

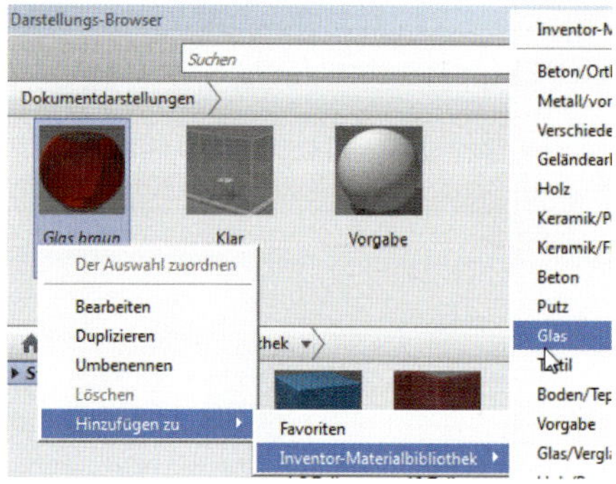

14.2 Der Verschluss

Der Flaschenverschlusskörper gehört ebenfalls zu den einfach zu erstellenden Bauteilen, der mit einer **SKIZZE** und der nachfolgenden **DREHUNG** fast fertig zu erstellen ist.

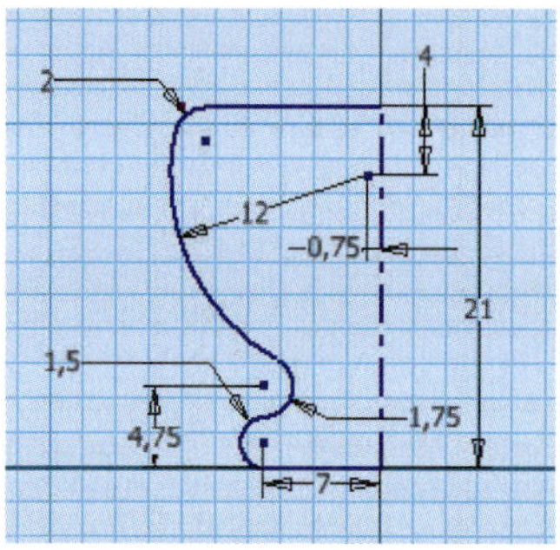

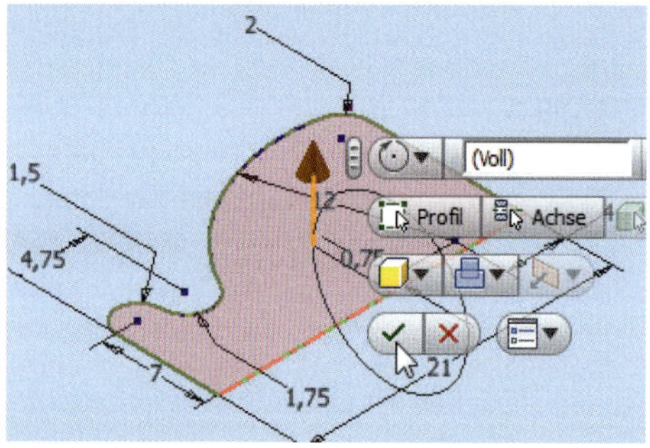

Die Bohrung wird hier nicht mit der gleichnamigen Funktion ausgeführt, sondern schneller und einfacher mit einer **SKIZZE**, die diesmal direkt auf einer **URSPRUNGSEBENE** (XY- oder YZ-Ebene) liegt, und einem **3-MM-KREIS** mit einem Abstand von **7 MM** vom oberen Rand. Die Ansichtseinstellung **DRAHTMODELL** erleichtert das Skizzieren.

Die **EXTRUSION** der Bohrung mit der Einstellung **DIFFERENZ** erfolgt **SYMMETRISCH** mit der Tiefenangabe **DURCH ALLE**.

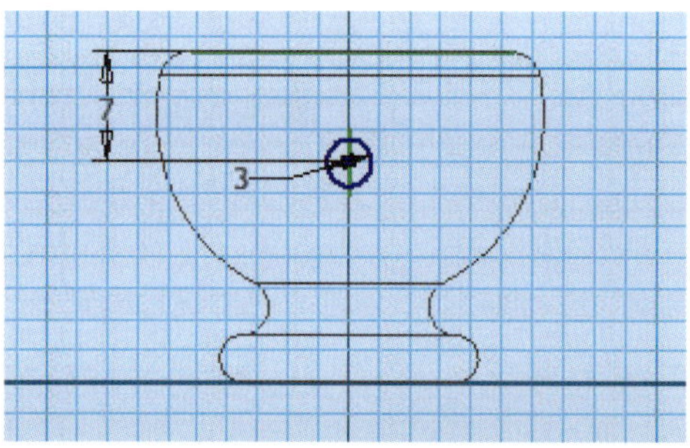

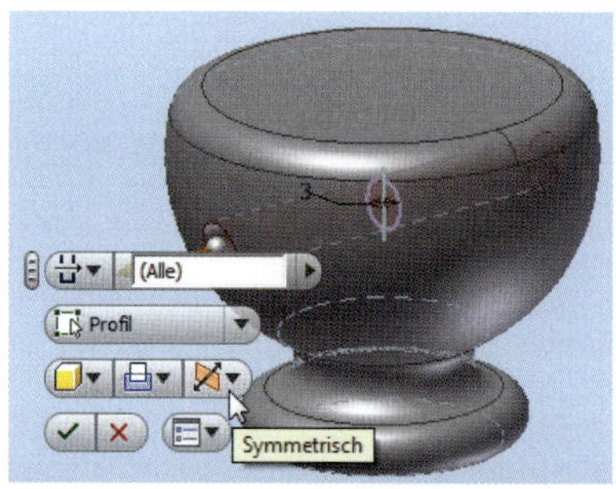

Im letzten Schritt ist beidseitig eine **FASE** vom **1 MM** an den Bohrungsrändern anzubringen.

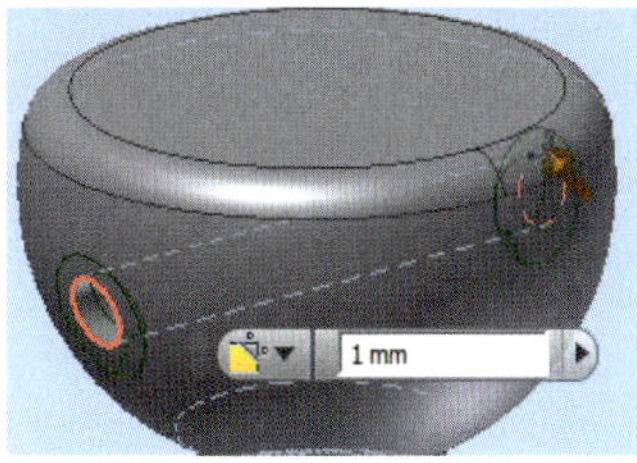

14.3 Der Verschlussbügel

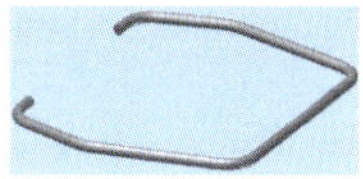

Der Verschlussbügel erfordert zu seiner Erstellung zwei Skizzen, eine Profil- und eine Pfadskizze. Die Maße wurden einem echten Bügel entnommen. In der Pfadskizze wird nur der halbe Bügel gezeichnet, da die andere Hälfte nach der Pfadextrusion (Sweeping) gespiegelt wird. Während sich die Pfadskizze auf der Standard-Skizzierebene XY befindet, wird die Profilskizze, ein **KREIS** mit dem Durchmesser **2 MM**, auf der **YZ-EBENE** angeordnet.

HINWEIS: Wichtig ist, dass der Mittelpunkt des Kreises koinzident mit dem Anfangs- oder Endpunkt der Pfadskizze ist und die Pfadskizze lotrecht vom Kreismittelpunkt wegläuft, was bei der Verwendung der Ursprungsebenen und einer Anfangsrichtung des Pfadverlaufes in X-Richtung gegeben ist.

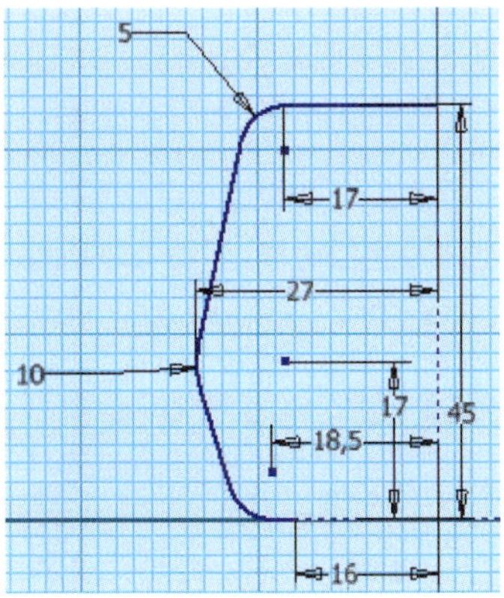

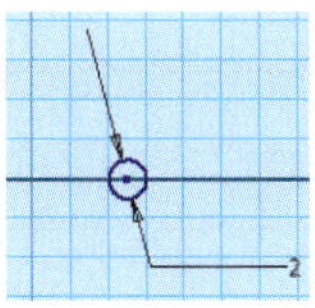

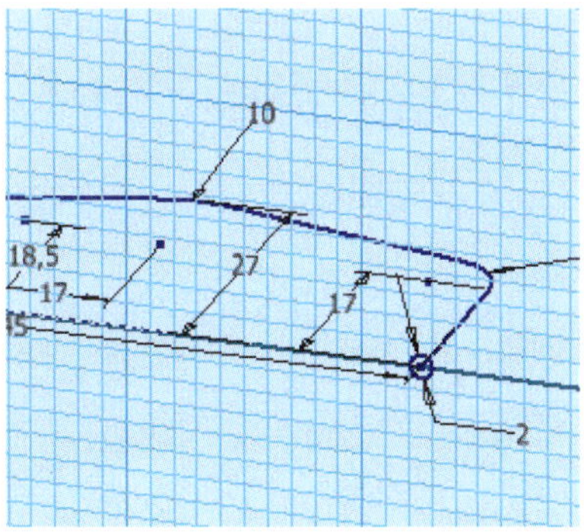

Sind die Skizzen genau und vollbestimmt erstellt, ist das nachfolgende **SWEEPING** und das **SPIEGELN** nur noch reine Formsache.

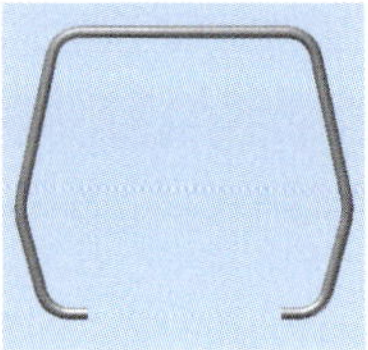

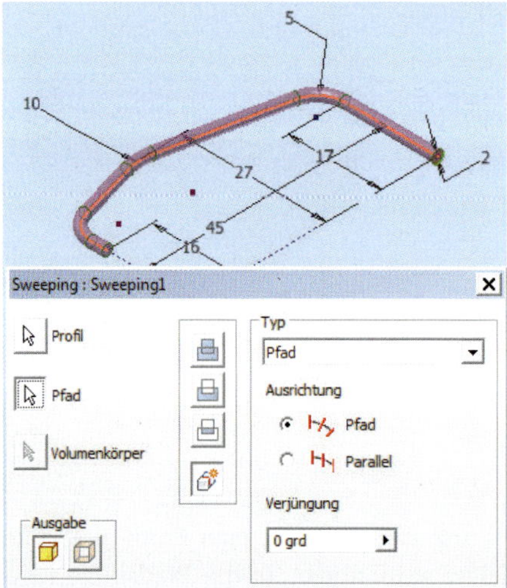

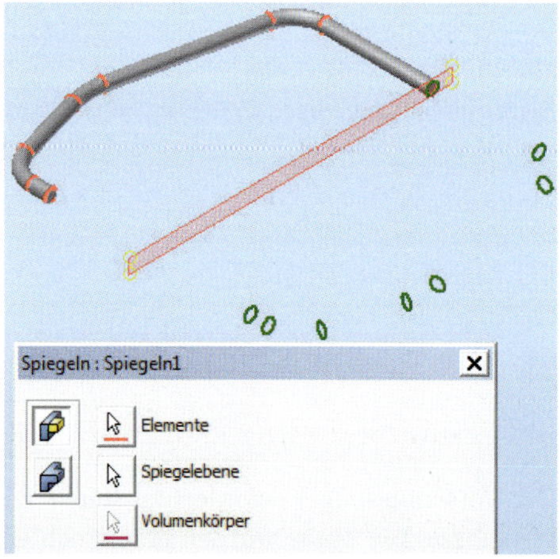

14.4 Der Bügel

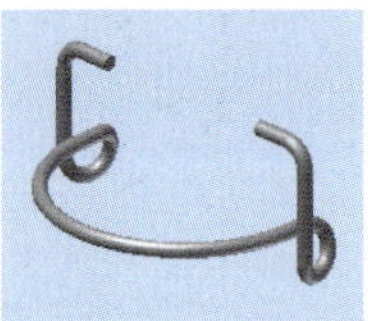

Etwas komplizierter zu erstellen ist der Bügel, mit dem der Verschluss betätigt wird. Das grundsätzliche Verfahren, die Konstruktion eines halben Bügels und die Vervollständigung durch Spiegeln, soll auch hier angewendet werden. Aber auch der halbe Bügel hat es in sich.

14.4.1 Erstes Teilstück

Der Anfang ist mit der Profilskizze **KREIS** mit **2 MM** Durchmesser auf der **XY-EBENE** und der Pfadskizze auf der **YZ-EBENE** schnell gemacht. Mit **SWEEPING** wird das erste Bügelteil erstellt.

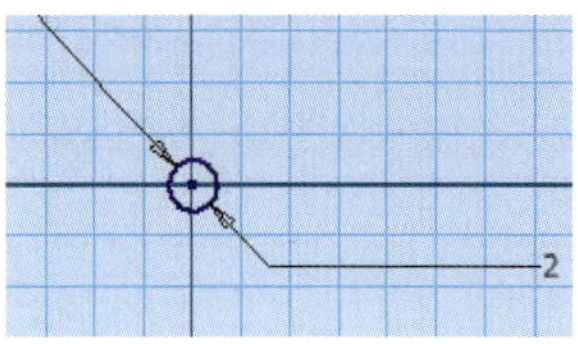

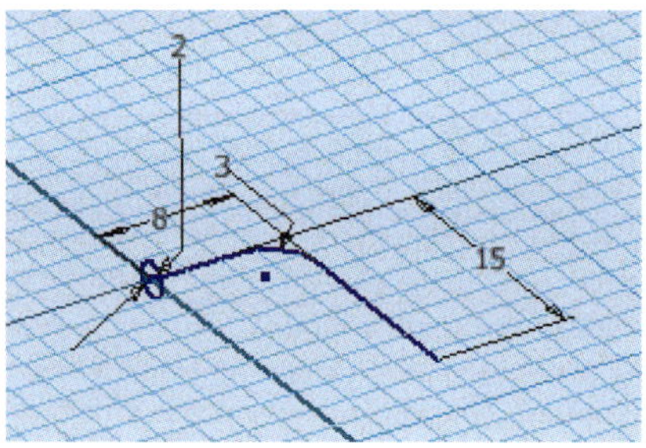

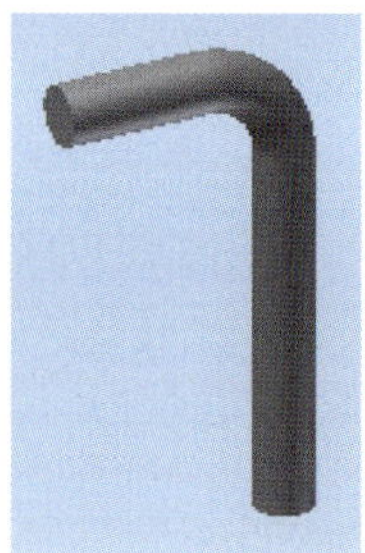

14.4.2 Zweites Teilstück: eine Spirale

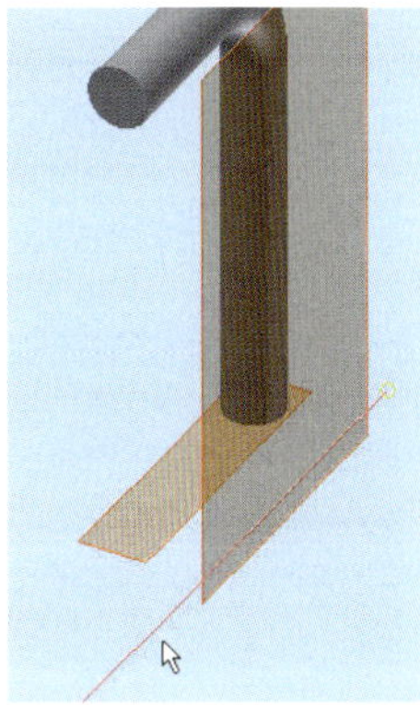

Die Weiterführung der Drahtkonstruktion erfordert jetzt eine Spirale, die mit einer 3/4-Windung um 3 mm nach innen läuft. Neben den Profil-, Windungs- und Steigungsangaben erfordert eine Spirale vor allem eine Drehachse, die nachfolgend mithilfe von zwei ebenfalls zu erstellenden Arbeitsebenen definiert wird.

Die untere horizontale Ebene kann mit der gesweepten Endfläche des Teilstückes bestimmt werden. Die vertikale Ebene ist mithilfe der **YZ-EBENE** und einem Abstand (**VERSATZ**) von **3 MM** zu erzeugen. Die **ARBEITSACHSE**, die gleichzeitig die Drehachse der Spirale ist, ergibt sich aus dem Schnitt der beiden Arbeitsebenen.

Die Funktion **SPIRALE** kann jetzt aufgerufen werden, wobei als Profil die Endfläche des bereits erzeugten Teilstückes angegeben wird.

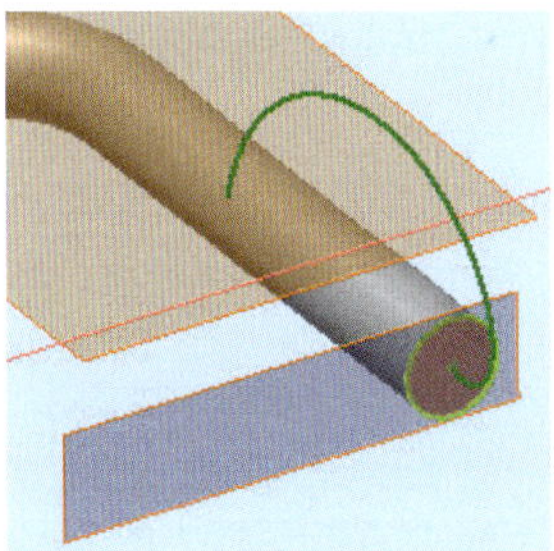

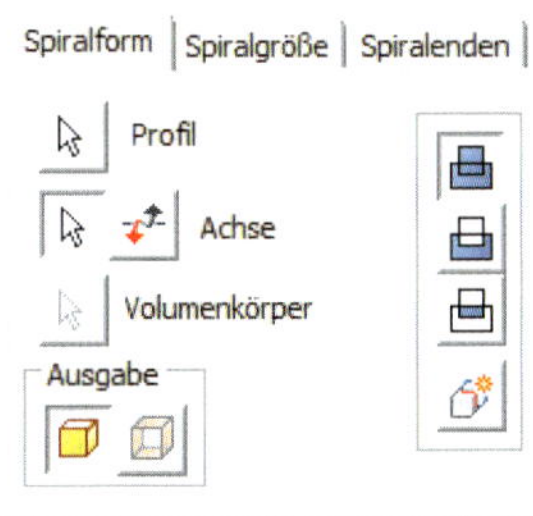

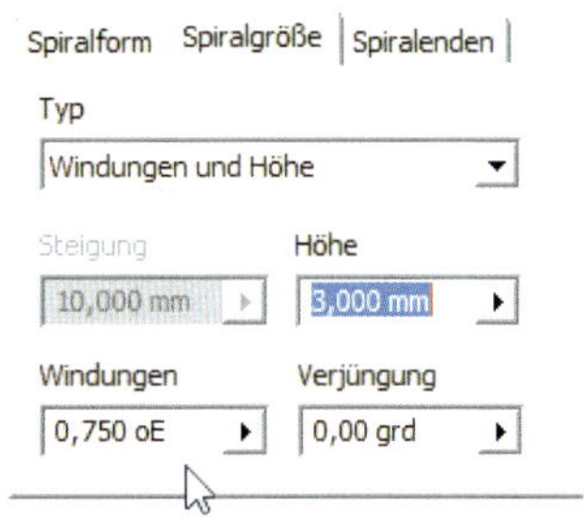

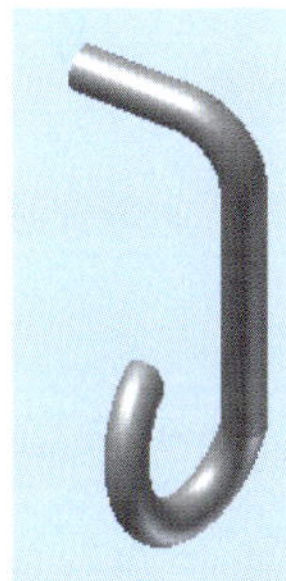

14.4.3 Drittes Teilstück: der Bügel

Auch für das dritte Teilstück sind wieder zwei Arbeitseben und zusätzlich eine Skizze erforderlich.

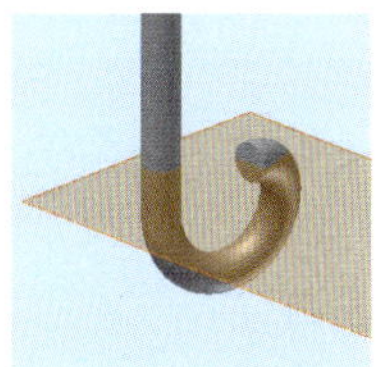

Die erste dieser beiden Ebenen soll die Pfadskizze des Bügels aufnehmen und liegt parallel zur **XZ-EBENE**. Da der Bügel wieder mit der Funktion **SWEEPING** als Fortsetzung des zweiten Teilstückes entstehen soll, schneidet diese Ebene die Endfläche der Spirale genau in ihrem **KREISMITTELPUNKT**, der zur Erzeugung der Arbeitsebene verwendet werden kann.

Die **SKIZZE** muss nicht gezeichnet werden, sie befindet sich auf der Endfläche der Spirale und wird mit der Funktion **GEOMETRIE PROJIZIEREN** als neue Profilskizze erstellt.

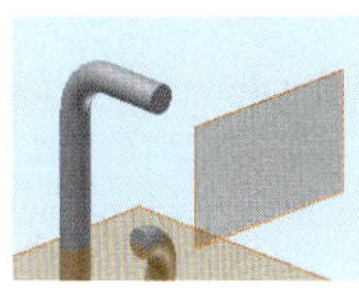

Die zweite zu kreierende Arbeitsebene erfüllt zwei Funktionen. Für das folgende Sweeping stellt sie die Endfläche dar, bis zu der hin der Bügel gesweept wird. Die zweite Funktion dieser Ebene kommt im Anschluss daran zur Geltung: wenn der Bügel über diese gespiegelt und damit vervollständigt wird.

Die Ebene entsteht also parallel zur **XY-EBENE** im Abstand (**VERSATZ**) **13 MM** von der Anfangsfläche des ersten Teilstückes.

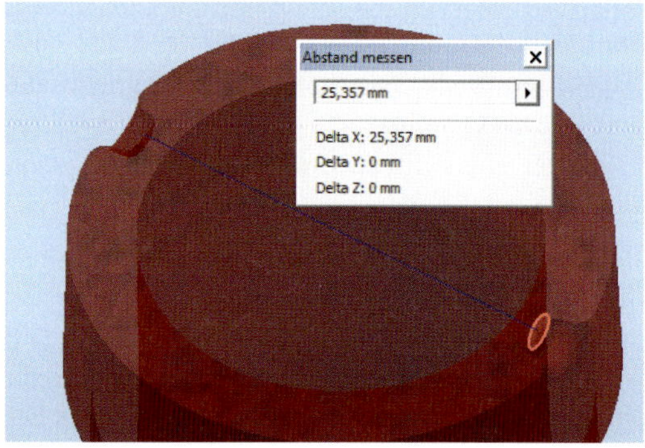

Die Innenweite des Bügels beträgt damit 26 mm und passt gut zum Abstand der Grundflächen der Vertiefungen am Flaschenhals, die mit 25,4 mm gemessen werden können.

Die Pfadskizze entsteht auf der ersten der beiden Arbeitsebenen mit einer **3 MM** langen, geraden Linie, die genau im **MITTELPUNKT** der Endfläche (**GEOMETRIE PROJIZIEREN**) beginnt.

Zwei Hilfslinien werden noch benötigt. Eine ergibt sich aus der Projektion der vertikalen Mittenebene in die Skizze (**GEOMETRIE PROJIZIEREN**), die andere wird vom Mittelpunkt aus rechtwinkelig nach rechts gezogen.

Der zu zeichnende Bogen beginnt im projizierten **MITTELPUNKT** der Endfläche und endet auf der projizierten Hilfslinie, sein **ZENTRUM** liegt ebenfalls auf der projizierten Hilfslinie. Der Bogenanschluss ist **TANGENTIAL** zum Linienstück und **LOTRECHT** zur projizierten Hilfslinie auszuführen. Ist das alles so geschehen, ist die Skizze auch ohne Bogenbemaßung vollbestimmt.

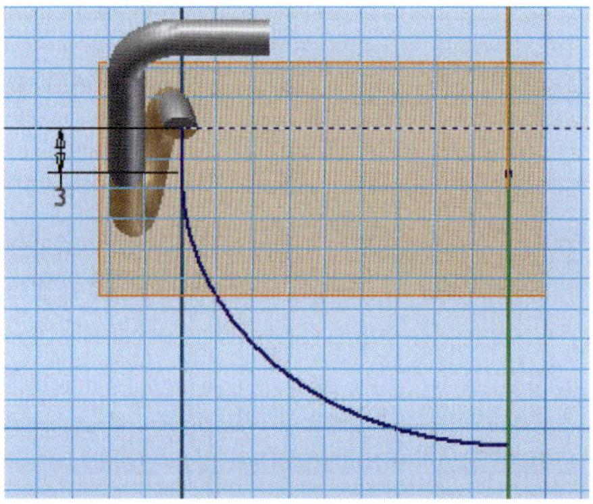

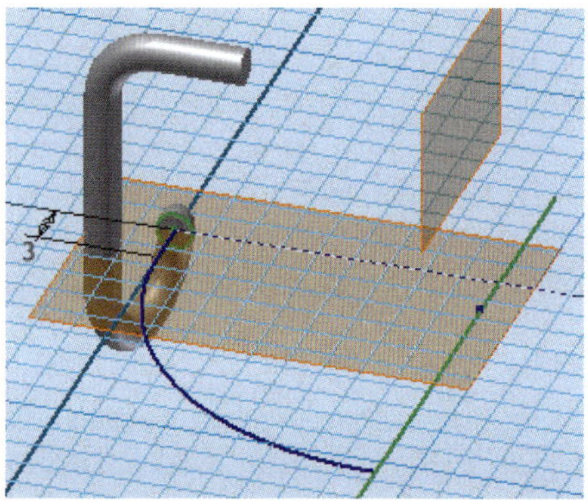

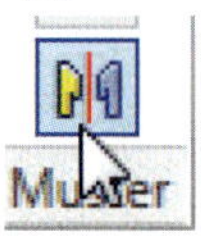

Da zwischenzeitlich auch die zum Sweeping benötigte Profilskizze (projizierter Kreis) erstellt wurde, kann sowohl das Sweeping als auch das anschließende Spiegeln sofort ausgeführt werden.

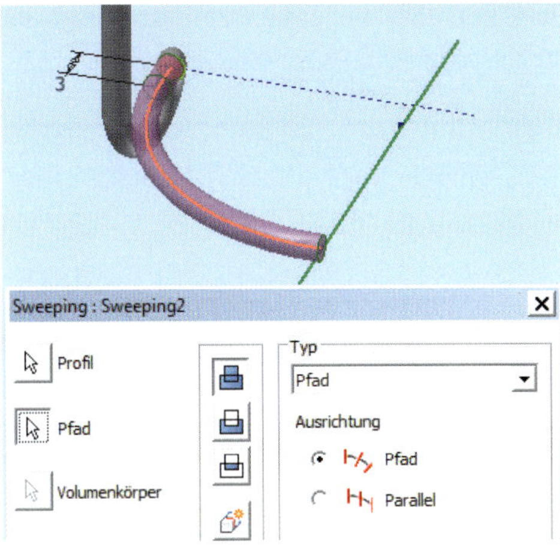

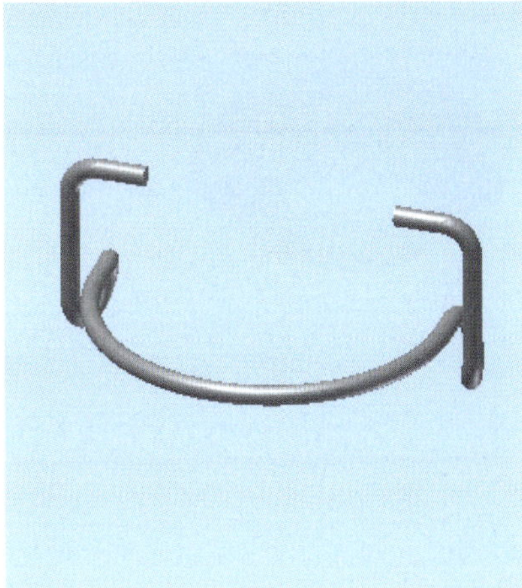

14.5 Die Gummidichtung

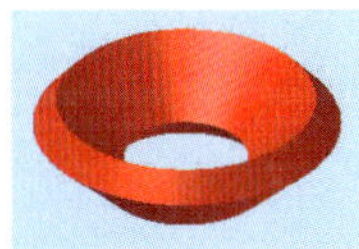

Die Gummidichtung ist am leichtesten mithilfe der Skizze des Verschlusses herzustellen. Öffnet man das Bauteil »Verschluss« und markiert im Objektbrowser die erste Skizze, so kann im Kontextmenü **KOPIEREN** aufgerufen werden.

Fügt man als erste Aktion diese Kopie per **EINFÜGEN** in die Skizze der Gummidichtung ein, wird sie als **adaptive Referenz** zum Verschluss im Objektbrowser eingetragen.

Das danach zu zeichnende schräge **RECHTECK MIT DREI PUNKTEN** wird **8 MM** lang und liegt **KOINZIDENT** und **TANGENTIAL** an der Verschlusskontur an.

Die Skizze des Verschlusses wird kopiert.

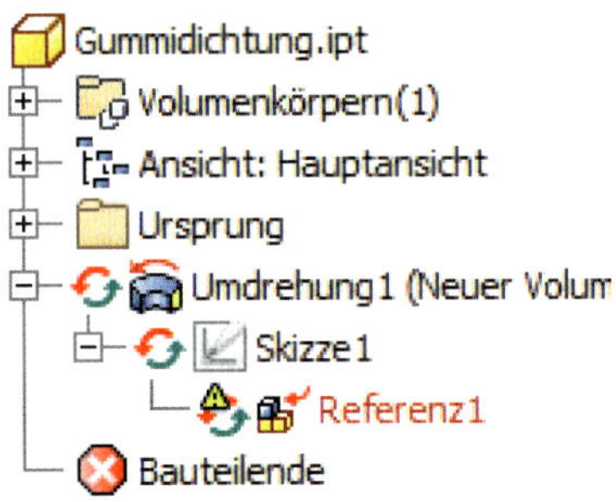

Die eingefügte Referenz

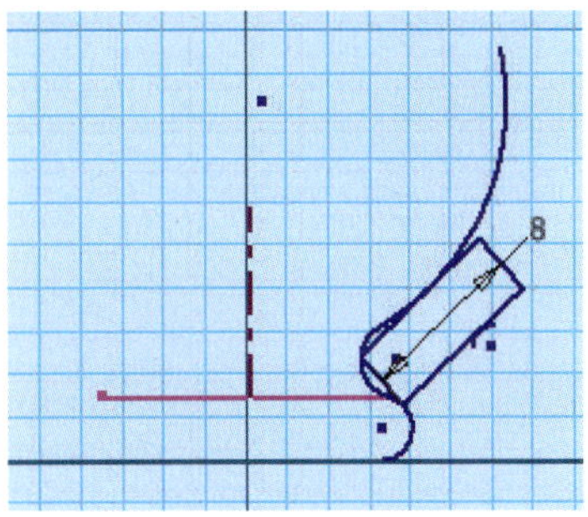

Die Skizze der Gummidichtung

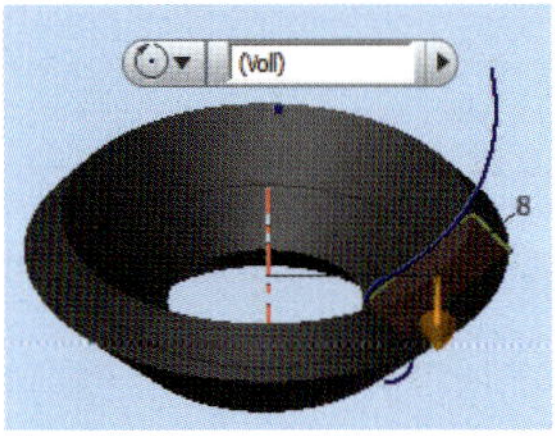

Die Funktion **DREHUNG** stellt die Dichtung fertig, der anschließend die Farbe **ROT** zugeordnet wird.

14.6 Die Etiketten als eigene Bauteile

HINWEIS: An dieser Stelle mag sich mancher wundern. Wieso sollte man die Etiketten als eigene Bauteile erstellen? Man hätte sie doch als zusätzliche Elemente mit der Funktion **AUFKLEBER** auch direkt auf den Flaschenkörper aufbringen können. Im Prinzip ja – es gibt aber zwei Gründe, nicht so zu verfahren:

1. Der Inventor würde uns bei diesem Vorgehen einen Streich spielen, denn wenn Aufkleber als Elemente eines transparenten Körpers erzeugt werden, dann werden diese ebenfalls transparent. Das mag in seltenen Fällen akzeptabel sein, in diesem Beispiel jedoch sicher nicht.
2. Etiketten sind eigene Bauteile mit einem eigenen, wenn auch dünnen Volumen und sollen als solche z. B. auch in der Stückliste erscheinen. Das tun sie aber nur, wenn sie eben eigene Bauteile sind.

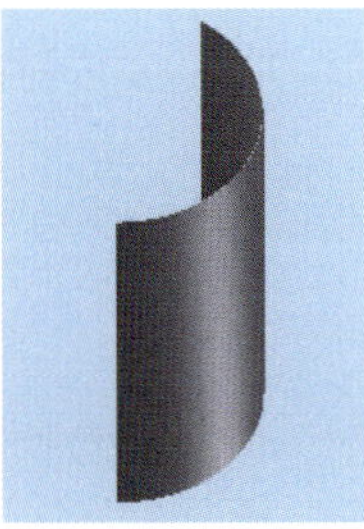
Grundkörper für Etikett

Die Erstellung der Etiketten ist eigentlich nicht schwer. Wir erzeugen einen runden Grundkörper mit dem Innendurchmesser 65 mm, der dem Außendurchmesser der Flasche entspricht. Die Höhe des Grundkörpers entspricht der Höhe des Etiketts. Mit der Funktion **AUFKLEBER** bringen wir das Bild des Etiketts auf diesen Grundkörper auf.

So weit, so gut, doch ein Problem bleibt uns. Inventor kann in Skizzen erst ab Version 2014 Bogenlängen bemaßen. Wie breit das Etikett im gewölbten Zustand ist, das könnten wir zwar berechnen, wissen es aber derzeit nicht. Wir gehen deshalb wie folgt vor:

Wir erzeugen auf der **XY-EBENE** eine **SKIZZE** mit einem vertikalen dünnen **RECHTECK**, das **90,3 MM** hoch (Etikettenhöhe) und **0,2 MM** breit ist. Der innere Abstand von der vertikalen Mittellinie beträgt **65 MM**. Mit der Funktion **DREHEN** erstellen wir daraus den Grundkörper mit der Einstellung **SYMMETRISCH** und dem Drehwinkel **145°**.

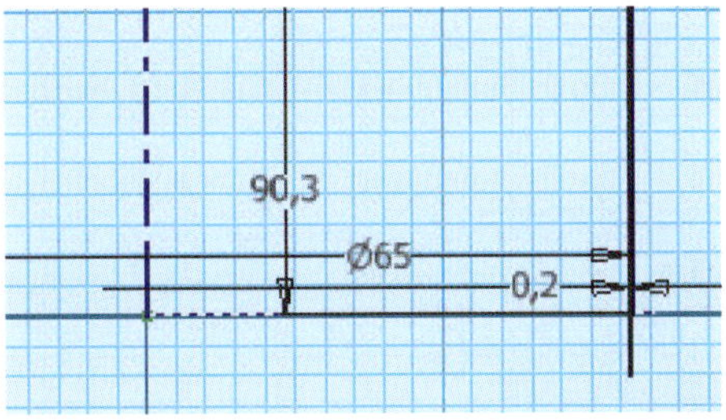

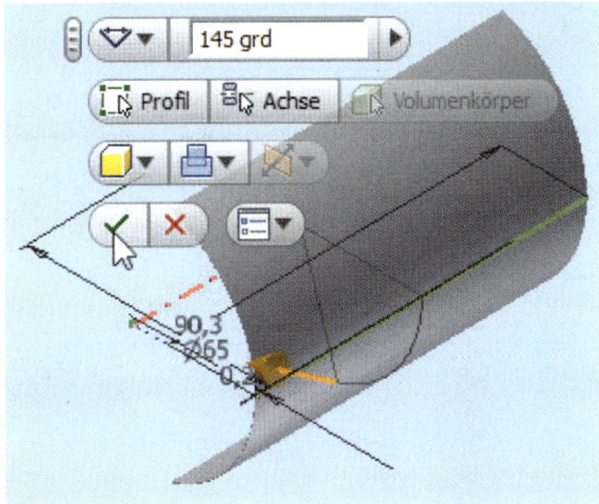

Für die Skizze, die das Bild des Etiketts aufnehmen soll, benötigen wir eine **TANGENTIALE ARBEITSEBENE**, die parallel zur **XZ-EBENE** liegt.

Auf dieser Ebene entsteht die neue **SKIZZE**, die über die Funktion **BILD** das Etikett aufnimmt. Die Höhe des Bildes beträgt **90,3 MM**, entsprechend der Höhe des Grundkörpers. Die Position wird über Mittellinien des Grundkörpers (**GEOMETRIE PROJIZIEREN**) und des Etiketts vertikal und mittig ausgerichtet.

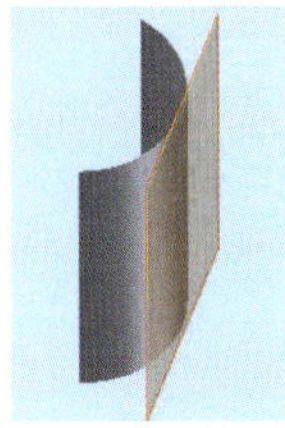

Nach dem Beenden der Skizze kommt die Funktion **AUFKLEBER** zum Zug, mit der das Bild auf den Grundkörper aufgebracht wird. Zufälligerweise passt die Etikettenbreite genau zur Breite des Grundkörpers. Sollte das jedoch nicht der Fall sein, so könnte jetzt der **DREHWINKEL** der ersten **DREHUNG** so lange modifiziert werden, bis es passt.

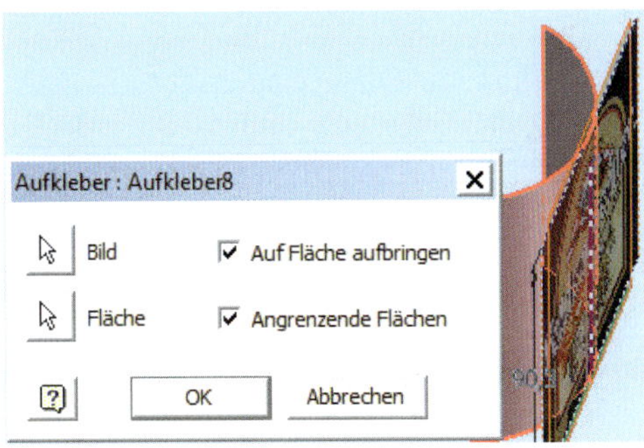

Das zweite Etikett wird ebenso produziert.

14.7 Die Baugruppe

Über 3D-Abhängigkeiten wurde in diesem Buch schon so oft gesprochen, dass es keine größeren Probleme verursachen sollte, wenn Sie dies ohne weitere Anleitung durchführen.

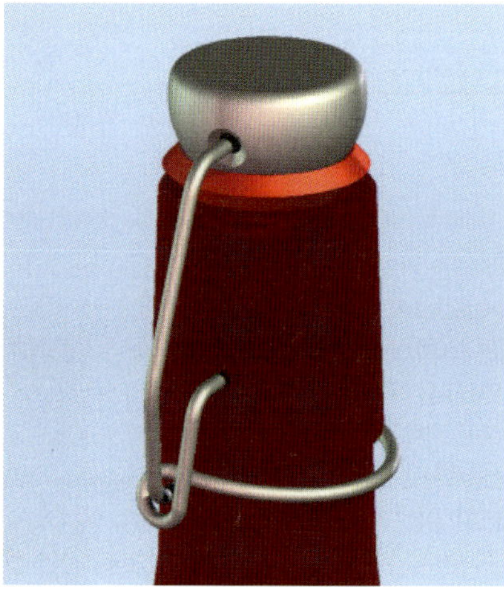

15 Belastungsanalyse mit FEM

Die Finite-Elemente-Methode (FEM) ist ein mathematisches Näherungsverfahren, das die inneren Auswirkungen von äußeren Einflüssen bei Bauteilen berechnet. Sie wird in der Technik in den unterschiedlichsten Bereichen, wie in der Mechanik (Statik, Dynamik), der Thermodynamik (Wärmeübergang, -durchgang und -ausbreitung), der Fluidtechnik (Fließverhalten, Strömungssimulation) usw., eingesetzt.

Im Inventor stehen die **rein mechanischen Aufgabenstellungen** im Vordergrund, und die in diesem Programm installierten FEM-Module sind vor allem zum Lösen von Problemen der Statik, der Kinematik, der Dynamik und der Eigenfrequenzermittlung ausgelegt.

Das Thema der Belastungsanalyse (FEM) und der dynamischen Simulation ist so umfangreich, dass in diesem Kapitel nur die Belastungsanalyse anhand eines Beispiels kurz angerissen wird.

Ich habe zu diesem Thema ein eigenes Buch verfasst, das 2012 im Carl Hanser Verlag erschienen ist: »Simulationen mit Inventor. FEM und dynamische Simulation«, 372 Seiten (ISBN 978-3-446-43333-5).

HINWEIS: Die vielfältigen Möglichkeiten und vor allem die vermeintlich eindeutigen Ergebnisse der verschiedenen Simulations- und Berechnungsraten verführen dazu, die Resultate als absolute und richtige Folgen der Beanspruchungen zu interpretieren. Man sollte jedoch bei aller Begeisterung über die Einfachheit, mit der man zu diesen Ergebnissen kommt, nicht vergessen, dass es sich um Näherungsverfahren handelt, die immer mehr oder weniger fehlerbehaftet sind.

Die meisten Fehler in Zusammenhang mit dem Einsatz von FEM werden sicher von den Anwendern, die unbedarft und ohne Vorkenntnisse diese vermeintlich leicht zu bedienende und automatisch ablaufende Simulation durchführen, selbst gemacht. So genügt bereits eine kleine Ungenauigkeit beim Kraftangriff oder an der Einspannstelle, und auch das beste FEM-System kann keine richtigen Ergebnisse mehr liefern.

15.1 Beispiel einer FE-Analyse

15.1.1 Das Bauteil

Für das folgende Beispiel soll zuerst ein einfaches Bauteil konstruiert werden, an dem verschiedene Belastungsarten ausprobiert und daraus resultierende Beanspruchungen ermittelt werden können.

Das Bauteil wird aus der abgebildeten Skizze erzeugt und auf eine Dicke von **10 MM** extrudiert.

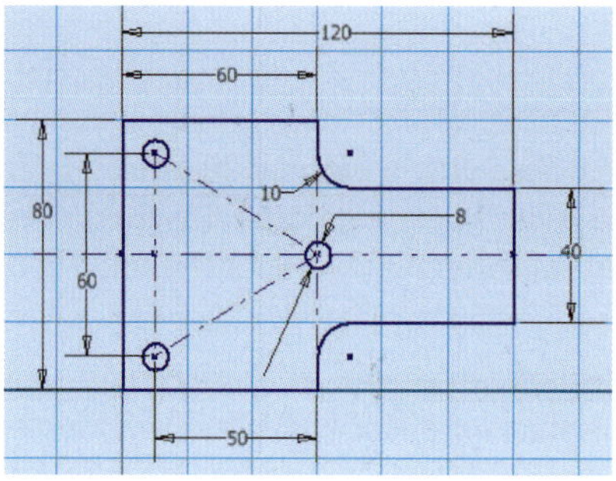

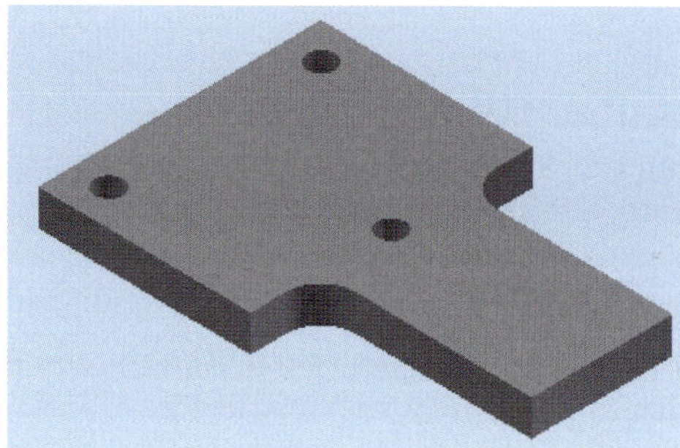

15.1.2 Material zuweisen

Einer der wichtigsten Schritte, bevor eine FE-Untersuchung stattfinden kann, ist die Zuweisung eines Werkstoffes, der technologische Kennwerte aufweist.

HINWEIS: Das vom Inventor vorgegebene Material »Standard« besitzt weder einen E-Modul noch irgendwelche zulässigen Spannungswerte und kann deshalb für eine Festigkeitsuntersuchung nicht eingesetzt werden.

Über das Abrollmenü **MATERIAL** am oberen Bildschirmrand können hier die verschiedensten Werkstoffe ausgewählt werden. Für unser Beispiel soll ein einfacher **STAHL** zur Anwendung kommen.

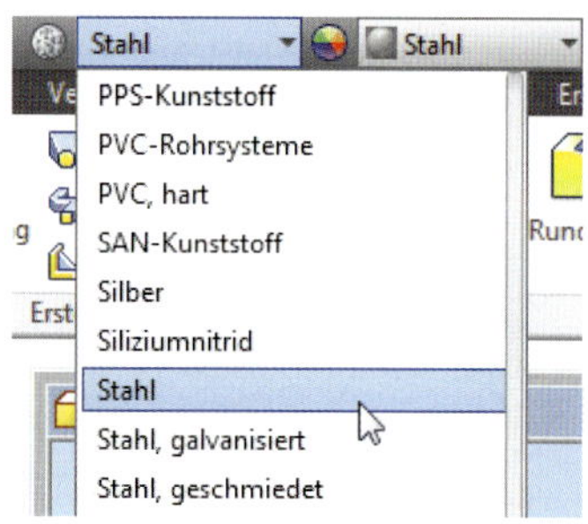

Wird über das Icon **MATERIAL** am oberen Bildschirmrand der **MATERIALIEN-BROWSER** aufgerufen und in ihm mit dem Icon **BLEISTIFT** der **MATERIAL-EDITOR**, können auf der Registerkarte **PHYSISCH** alle physikalischen Eigenschaften, wie z. B. der E-Modul, die Zugfestigkeit usw., kontrolliert und ggf. geändert werden.

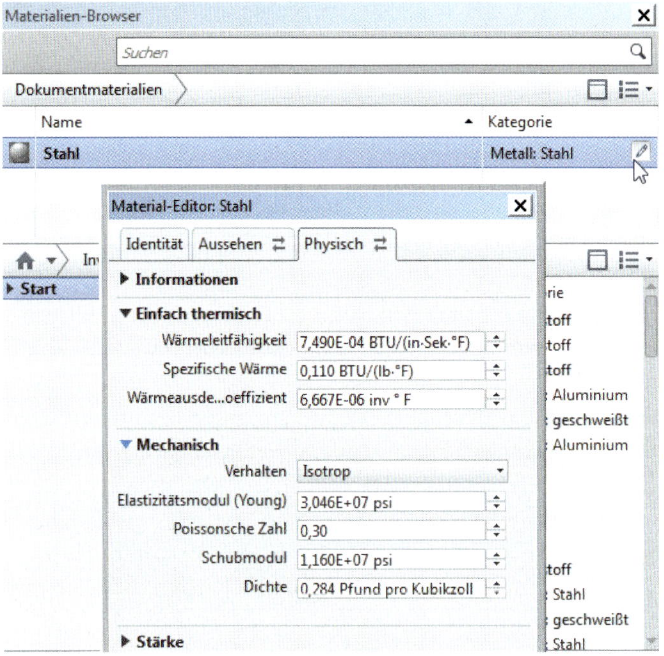

15.1.3 Einspann- und Belastungsbereiche festlegen

Das Bauteil soll im hinteren Bereich wie in einem Schraubstock eingespannt und nacheinander sowohl auf Zug als auch auf Biegung beansprucht werden. Die Zugkraft soll an der vorderen schmalen Stirnfläche angreifen, die Biegekraft soll nur im vorderen Bereich der Oberfläche des Bauteils wirken – nicht auf der ganzen Oberfläche und erst recht nicht an der vorderen Kante.

HINWEIS: Kraftangriffe, die auf Flächen positioniert werden, sind Flächenlasten, die über die ganze Fläche verteilt wirksam sind.

Am Anfang dieses Kapitels wurde schon darauf hingewiesen, dass unbedarftes Handeln zu falschen Ergebnissen führen kann. Der Fall der Bestimmung des Kraftangriffes ist ein solch kritischer Punkt.

HINWEIS: Kraftangriffe, die als Zug- oder Druckkräfte auf Kanten oder Punkten platziert werden, erzeugen unbrauchbare Ergebnisse. Aus der Formel Sigma = Kraft/Fläche ($\sigma = F/A$) ergibt sich eine theoretisch »unendlich« hohe Spannungsspitze, da die Größe der Fläche einer Kante gleich null ist und eine Division durch null gegen unendlich tendiert.

Kraftangriffsflächen müssen also sorgsam bestimmt und eingegrenzt werden, damit die Ergebnisse einer FEM-Analyse einigermaßen realistisch werden. Um dies zu erreichen, muss sich in diesem Bereich also eine eigene abgegrenzte Fläche befinden. Wie ist dies zu erreichen, ohne das Bauteil zu verändern?

Relativ einfach kommen Sie zu einem Ergebnis, und zwar mithilfe einer Skizze und der Funktion **TRENNEN**. Auf der Oberfläche des Bauteils ist dazu eine neue **SKIZZE** zu erstellen und im vorderen Bereich, in dem die Biegekraft angreifen soll, ein **RECHTECK**, das mit den Bauteilkanten übereinstimmt (**GEOMETRIE PROJIZIEREN**) und **10 MM** tief ist, zu zeichnen.

Nachdem wir nicht für den Kraftangriff, sondern auch für die Einspannstelle eine Geometrie benötigen, zeichnen wir im hinteren Bereich ein ähnliches **RECHTECK**, das **20 MM** tief ist.

Da die Einspannung schraubstockähnlich erfolgen soll, benötigen wir das hintere Rechteck auf der Rückseite des Bauteils noch einmal, und zwar wieder auf einer eigenen Skizze.

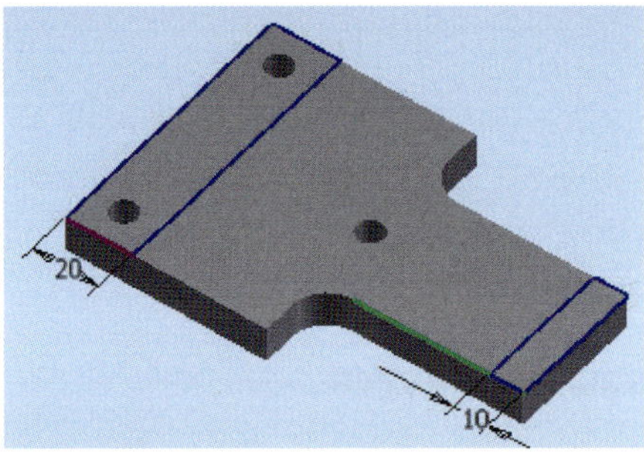

Bauteil-Oberseite mit den Skizzen für den Kraftangriff und die Einspannung

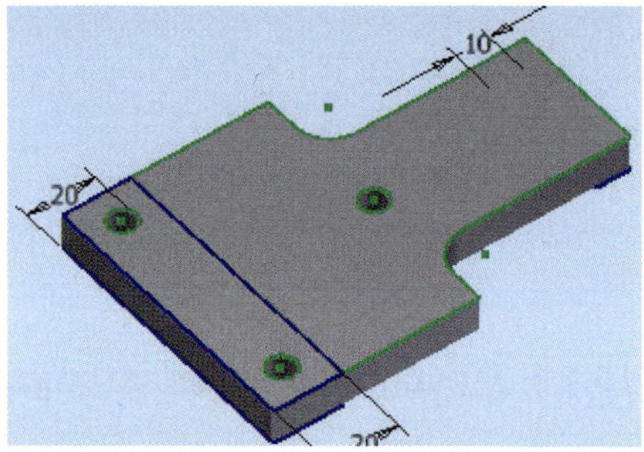

Bauteil-Rückseite mit der Skizze für die zweite Seite der Einspannung

Trennen

Mit der Funktion **TRENNEN** und der Einstellung **FLÄCHE TRENNEN** werden nun in drei separaten Schritten die drei Rechteckflächen von der Ober- bzw. der Rückseite des Bauteils abgetrennt.

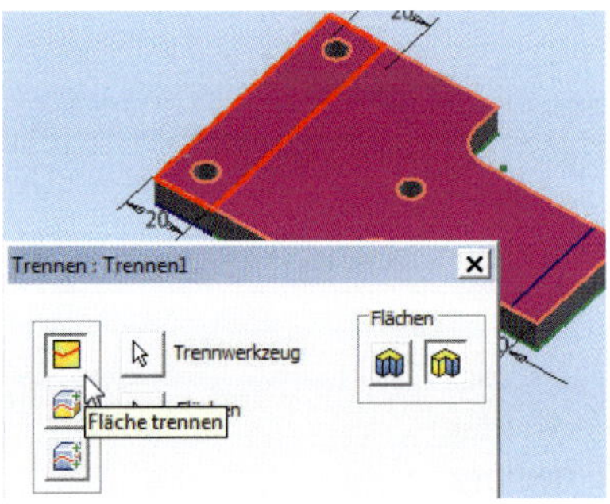

Oberseite, Einspannbereich trennen

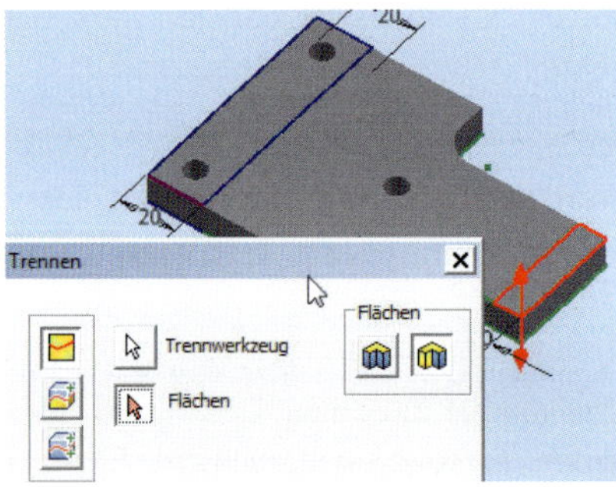

Oberseite, Kraftangriffsfläche trennen

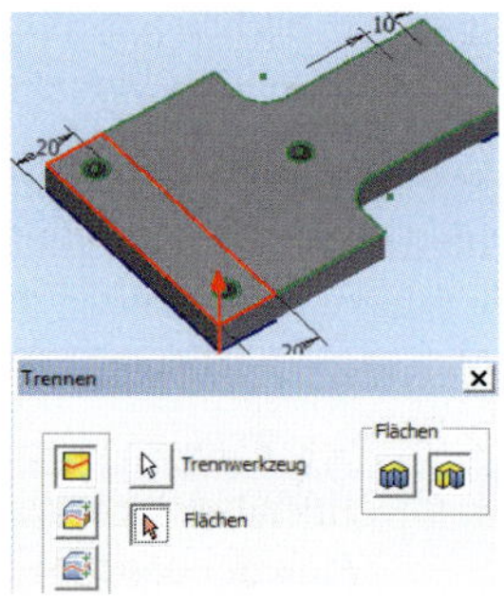

Rückseite, Einspannbereich trennen

Am Werkstück selbst sind keinerlei Veränderungen wahrnehmbar, nur beim Überfahren der Oberfläche mit der Maus wird sichtbar, dass die Oberfläche jetzt dreigeteilt ist.

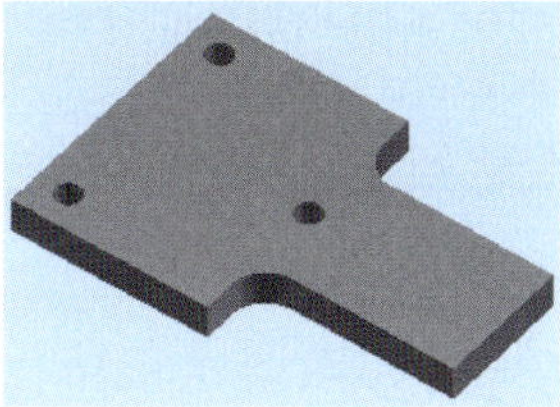

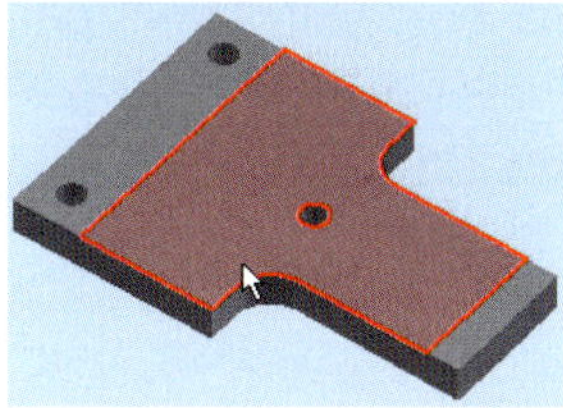

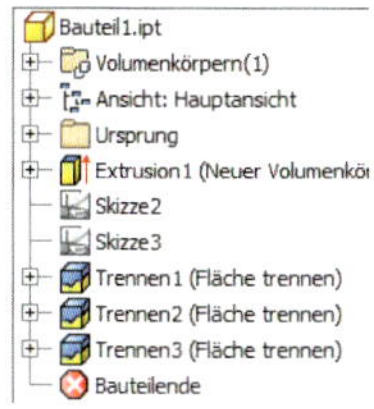

15.2 Die Simulation vorbereiten

Um eine FEM-Analyse durchführen zu können, muss die entsprechende MFL-Registerkarte aktiviert werden.

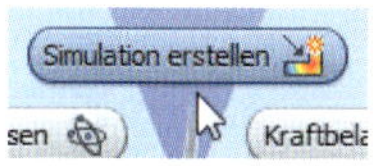

Über die Registerkarte **UMGEBUNG** erscheint im linken Bereich die Befehlsgruppe **BEGINNEN** mit der Schaltfläche **BELASTUNGSANALYSE**. Erst die Aktivierung dieser Schaltfläche bringt die Multifunktionsleiste für die Belastungsanalyse auf den Bildschirm.

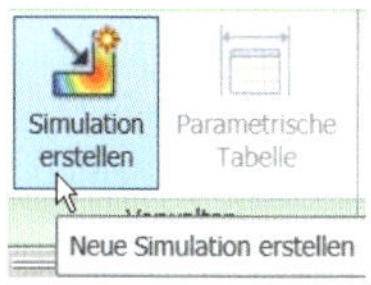

Im nächsten Schritt muss eine **NEUE SIMULATION** erstellt werden.

15.2.1 Neue Simulation erstellen

Die folgenden Buchabschnitte, eine Simulation vorbereiten, durchführen und auswerten, befinden sich als Film (**FEM_Simulation_Zugkraft.avi**) auf der beiliegenden DVD.

Vorbereitung und Simulation: *.avi auf DVD

Sobald über das Markierungsmenü oder die Schaltfläche **SIMULATION ERSTELLEN** der FEM-Bereich aktiviert wurde, erscheint das Dialogfenster **NEUE SIMULATION ERSTELLEN**, in dem grundsätzliche Einstellungen vorgenommen werden müssen.

Die Simulation kann im Eingabefeld **NAME** mit einer Bezeichnung, unter der sie gespeichert werden kann, versehen werden. Die Benennung einer Simulation ist dann sinnvoll, wenn mehrere Simulationen durchgeführt werden sollen.

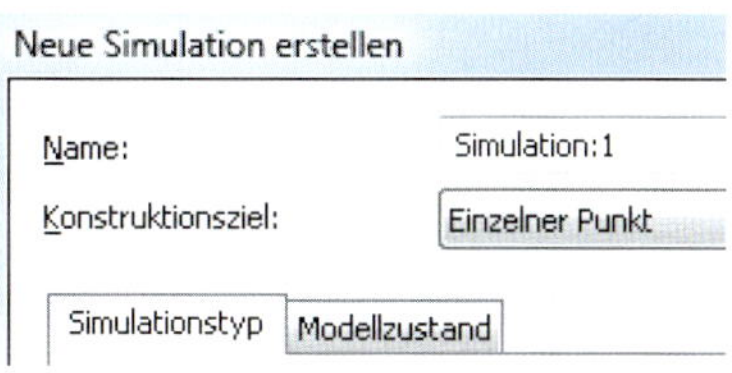

HINWEIS: An einem Bauteil können in dieser Arbeitsumgebung viele Simulationen mit unterschiedlichen Werten (Kräfte, Einspannungen, Werkstoffe etc.) durchgeführt und gespeichert werden. So ist es möglich, z. B. die Spannungswerte, Sicherheitsfaktoren oder Verformungen, die mit unterschiedlichen Parametern erreicht werden, miteinander zu vergleichen und so ein Bauteil zu optimieren.

Als **KONSTRUKTIONSZIEL** ist **EINZELNER PUNKT** voreingestellt. Diese Einstellung ist bei der ersten Simulation obligatorisch.

Die Alternative, **PARAMETRISCHE BEMASSUNG**, ermöglicht per Änderungen am Bauteil, dieses zu optimieren.

HINWEIS: Die Simulationsart **PARAMETRISCHE BEMASSUNG** gestattet es, einzelne Maße am Bauteil so zu verändern, dass z. B. die Spannungswerte, Sicherheitsfaktoren oder Verformungen innerhalb eines zulässigen Bereiches liegen. Mit dieser Methode können Modelle auch geometrisch optimiert werden.

Als Simulationstyp ist die **STATISCHE ANALYSE** ausgewählt, die für unser kleines Beispiel auch maßgebend sein soll. Die Alternative, die **MODALANALYSE**, würde das Frequenzverhalten (Eigenfrequenz) des Bauteils untersuchen.

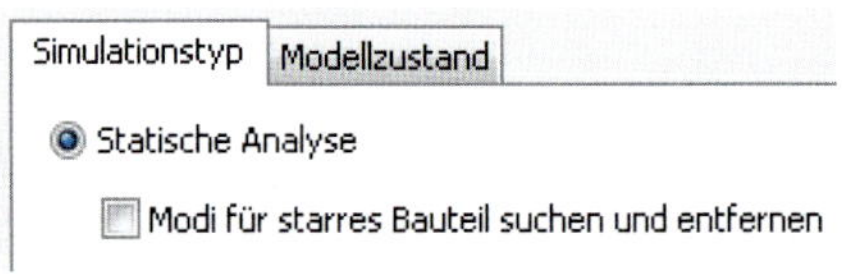

Die Checkbox **MODI FÜR STARRES BAUTEIL SUCHEN UND ENTFERNEN** bleibt leer. Diese Option würde fehlerhafte Bedingungen, die durch eine ungenügende Festlegung (Bestimmung) eines Bauteils entstehen, aufspüren, kommt bei der Erstellung einer neuen Analyse jedoch nicht in Betracht.

Auch die Eingabemöglichkeiten im Bereich **KONTAKTE** bleiben unberücksichtigt, da diese Einstellungen nur für Baugruppen relevant sind. Die eingetragene Toleranz von 0,1 mm bewirkt beispielsweise, dass zwei Bauteile, zwischen denen sich ein Spalt kleiner 0,1 mm befindet, als miteinander verbunden betrachtet werden.

Nachdem das Dialogfenster mit **OK** verlassen wurde, befindet man sich in der FEM- und Simulationsumgebung, und es erscheinen alle anderen Schaltflächen als aktiv, von denen die wichtigsten auch über das Markierungsmenü erreicht werden können.

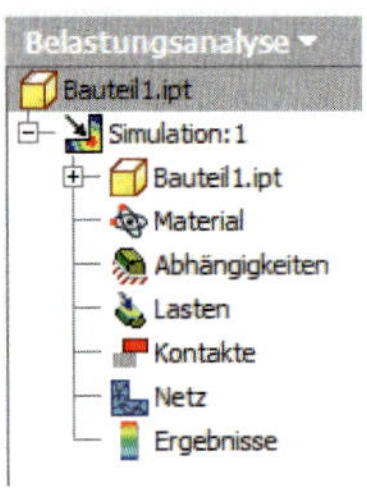

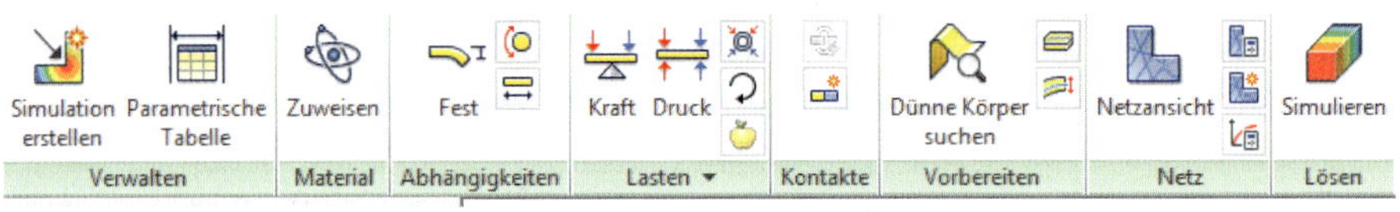

Im Objektbrowser werden unter der Bauteil-Definition die für die Simulation maßgebenden Bereiche, wie Material, Abhängigkeiten, Lasten etc., angezeigt.

Soll zum Verändern der Einstellungen auf die eben besprochenen Registerkarten zurückgegriffen werden, um z.B. die grundlegenden Einstellungen zu verändern, dann ist dies über das Kontextmenü des obersten Objektbrowsereintrags (hier Simulation:1) möglich.

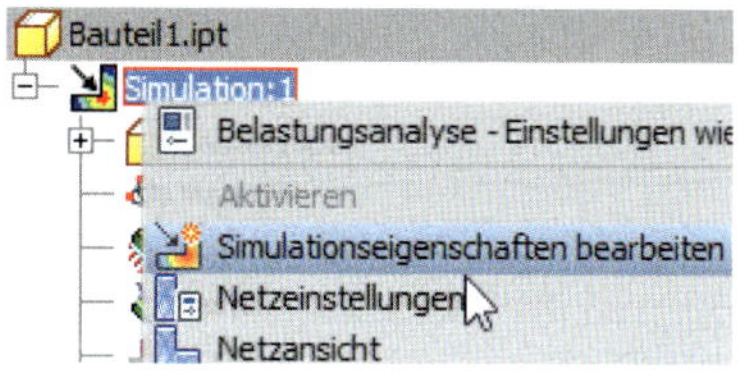

Der Eintrag **SIMULATIONSEIGENSCHAFTEN BEARBEITEN** ruft dieses Dialogfenster wieder auf den Bildschirm.

15.2.2 Die Netzanalyse

Bevor nun weiter mit Kräften, Drücken oder Momenten gearbeitet wird, sollte zunächst das FEM-Netz untersucht und ggf. eingestellt werden. In der Befehlsgruppe **NETZ** befindet sich die Schaltfläche **NETZEINSTELLUNGEN**, deren Funktion auch im Objektbrowser im Kontextmenü des Eintrages **NETZ** aufgerufen werden kann.

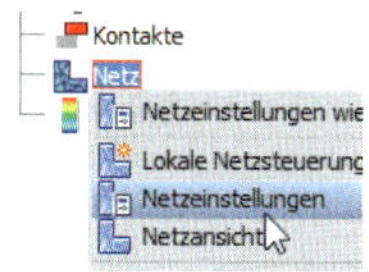

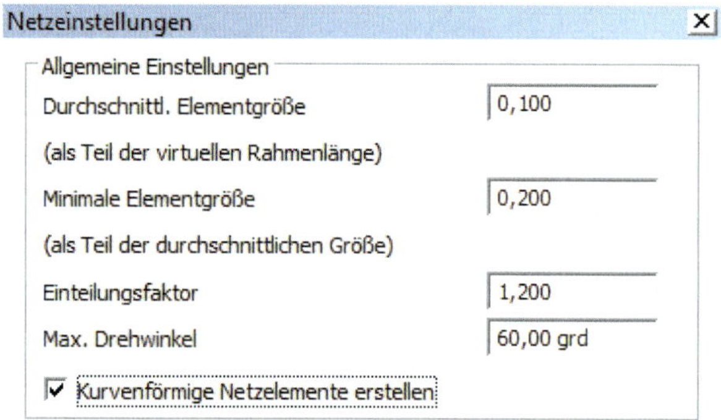

Alle Einstellungen können übernommen werden, der **EINTEILUNGSFAKTOR** kann auch wie im Beispiel auf die Größe **1,200** geändert werden. Das Netz wird dann etwas feiner generiert und berechnet, es werden fast doppelt so viele Knoten und Elemente für die Berechnung definiert.

Die Angaben in den Feldern **DURCHSCHNITTL. ELEMENTGRÖSSE** oder **MINIMALE ELEMENTGRÖSSE** sind Faktoren, die sich auf die Bauteilabmessungen beziehen. Der Wert 0,100 sagt beispielsweise aus, dass die durchschnittliche Elementgröße ca. 10% der größten Bauteilabmessung beträgt.

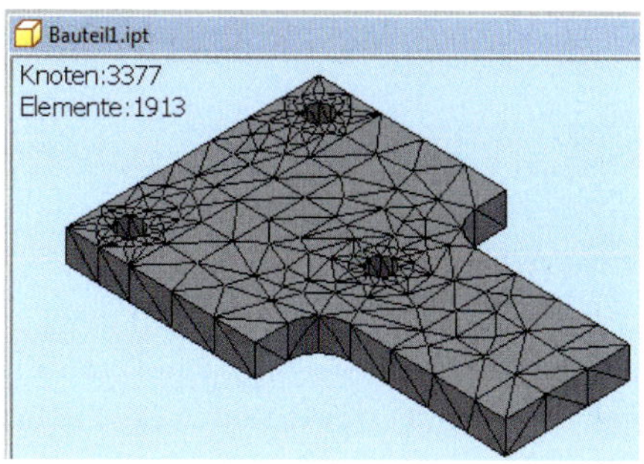

Um Fehler bei der Netzerstellung ausschließen zu können, ist die Funktion **NETZANSICHT** aufzurufen. Nach einiger Berechnungszeit erhält man die abgebildete Anzeige und die Angabe, dass ein FE-Netz mit 3377 Knoten und 1933 Elementen erstellt wurde.

HINWEIS: Deutlich wird in dieser Ansicht auch, dass der Inventor das FE-Netz automatisch in den Bereichen verfeinert, in denen die Maschengröße aus der Einstellung für die durchschnittliche Elementgröße zu groß wäre. Dies ist insbesondere im Bereich der Bohrungsränder zu erkennen.

15.2.3 Lokale Netzsteuerung

Im Bereich FE-Netz gibt es viele Möglichkeiten, mit denen die Netzgenerierung beeinflusst werden kann. Zum Teil sind für deren Verständnis jedoch weitergehende Erklärungen erforderlich, auf die hier verzichtet werden soll. Die einfachste Art und Weise, die Netzerstellung zu beeinflussen, bietet die Funktion **LOKALE NETZSTEUERUNG**.

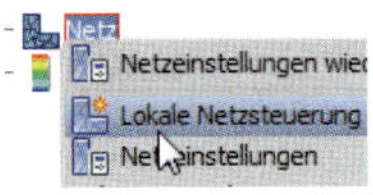

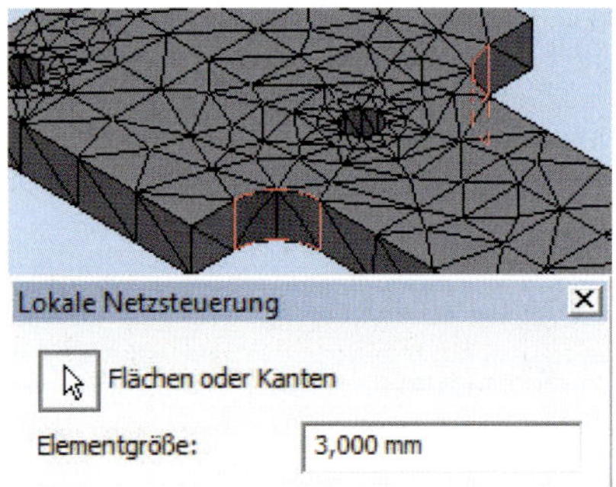

Ist man beispielsweise der Meinung, dass die beiden generierten Maschen im Bereich der Radien zu groß sind, dann kann mit dem Aufruf dieser Funktion die Maschengröße (Elementgröße) lokal verfeinert werden. Der einzugebende Wert, im Beispiel **3 MM**, ist dann auch nicht mehr relativ, sondern gibt in etwa die absolute Größe an, mit der die Maschen in diesem Bereich erzeugt werden sollen.

Nachdem diese Änderung mit **OK** bestätigt wurde, passiert erst mal nichts, außer dass im Objektbrowser neben dem Eintrag »Netz« ein roter Blitz erscheint.

HINWEIS: Immer wenn im Objektbrowser neben einem Eintrag ein roter Blitz erscheint, dann muss dieser Bereich aktualisiert, d. h. neu berechnet werden.

Im Kontextmenü des Netzeintrages ist die jetzt verfügbare Funktion **NETZ AKTUALISIEREN** aufzurufen und damit oder mit dem Button **NETZANSICHT** die Netzberechnung neu zu starten.

Die aktualisierte Netzansicht zeigt deutlich die Veränderung im Bereich der Radien. Da das Bauteil 10 mm dick ist, konnte die Maschengröße 3 mm nicht exakt umgesetzt werden. Der Inventor macht daraus automatisch eine Maschengröße von 3,33 mm, die mit der Bauteilhöhe von 10 mm exakt drei Maschenreihen ergibt.

Ebenfalls gut zu sehen ist, dass sich im Übergangsbereich von den Radien zu den angrenzenden Flächen die Maschengröße nicht abrupt ändert, sondern ein stetiger Größenübergang berechnet wird.

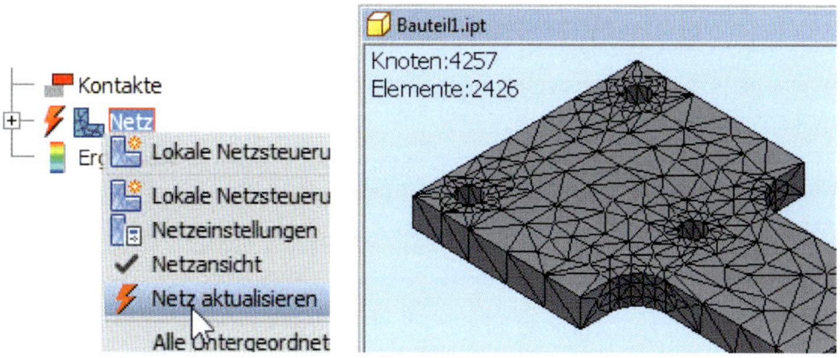

Insgesamt bestätigt die Netzansicht, dass einer weiteren Analyse bzw. weiteren Einstellungen nichts mehr im Wege steht.

15.2.4 Das Bauteil einspannen

Um ein Bauteil belasten zu können, muss es irgendwo festgehalten werden, da es sonst bei einer Belastung einfach wegflutscht. Diesen Vorgang nennt man »das Bauteil mit Abhängigkeiten versehen«.

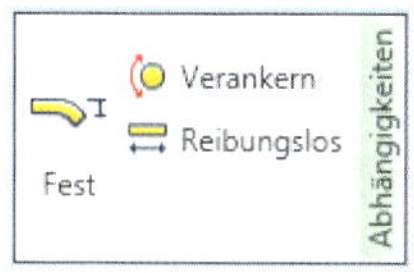

HINWEIS: Diese dritte Art der zu vergebenden Abhängigkeiten hat nichts mit den bereits bekannten anderen (in Skizzen: 2D-Abhängigkeiten, in Baugruppen: 3D-Abhängigkeiten) zu tun, sie ist einzig in diesem Bereich verfügbar und hat auch keinerlei Einfluss auf die anderen Arbeitsbereiche im Inventor.

Über die Befehlsgruppe **ABHÄNGIGKEITEN** sind die folgenden Funktionen aufrufbar:

Abhängigkeit	Erklärung
Fest	Die Abhängigkeit **FEST** entfernt alle Freiheitsgrade der ausgewählten Flächen, Kanten oder Scheitelpunkte. Die entsprechende ist festgelegt, so, als wäre sie absolut starr verschweißt.
Verankern	Das sogenannte **VERANKERN** oder auch die Pin-Abhängigkeit wird bei zylindrischen Flächen, die einen Freiheitsgrad der Rotation behalten sollen, angewendet. Die Rotation um eine Zylinderachse simuliert z. B. eine Welle.
Reibungslos	Die Abhängigkeit **REIBUNGSLOS** kann nur auf Flächen angewendet werden und verhindert alle Bewegungen, die nicht in der Flächenebene selbst oder tangential dazu liegen, also alle Bewegungen lotrecht zur ausgewählten Fläche. Gleitverbindungen oder Führungen können damit simuliert werden, etwa eine Passfeder in einer Nut.

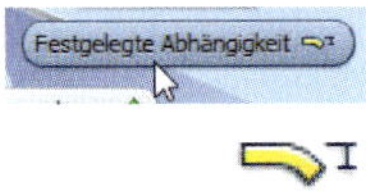

Fest

Eine einfache Möglichkeit besteht darin, eine Bauteilfläche mit der Funktion **FEST** zu fixieren. Diese Fläche verhält sich jetzt so, als wenn sie mit einer überdimensionalen Schweißnaht an einem unendlich festen Körper festgeschweißt wäre – sie ist starr.

HINWEIS: Es können für ein Bauteil mehrere Einspannstellen gleichzeitig mit unterschiedlichen Funktionen angegeben werden.

Das Bauteil, an dem wir die beiden hinteren Flächenstreifen extra für diese Funktion mit **FLÄCHE TRENNEN** separiert haben, soll jetzt an diesen Flächen festgehalten werden.

HINWEIS: Diese Art der Festlegung entspricht in etwa der Einspannung in einen Schraubstock. »In etwa« deshalb, weil es nicht ganz richtig ist. Ein Schraubstock würde eine Druckbelastung auf die Flächen ausüben, die einen Einfluss auf die weitere Bauteilbelastung hätte. Die Abhängigkeit **FEST** macht dagegen nur diese Flächen starr und unbeweglich, belegt sie aber mit keiner Kraft.

Die Vergabe der Abhängigkeit erfolgt in einem Zug an beiden Flächen, weitere Eingaben sind nicht erforderlich. Nach erfolgter Abhängigkeitsvergabe wird im Objektbrowser die **FESTGELEGTE ABHÄNGIGKEIT** angezeigt, und dieselbe kann ggf. dort auch geändert werden.

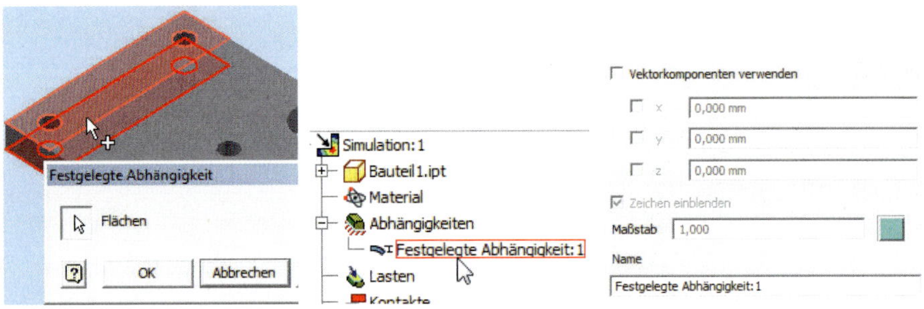

Die Erweiterung des Dialogfensters **FESTGELEGTE ABHÄNGIGKEIT** ermöglicht die Definition von Vektorkomponenten für die jeweilige Festlegung, d. h., die Einspannstelle kann genauer bestimmt werden. Am Bauteil würde dann der Einspannvektor angezeigt werden. Im Beispiel bleibt diese Option jedoch ausgeschaltet.

15.2.5 Die Belastung

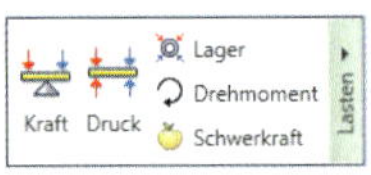

In der Befehlsgruppe **LASTEN** befinden sich die Funktionen, mit denen Belastungen auf ein Bauteil aufgebracht werden können.

Die folgenden Belastungsarten stehen zur Verfügung:

Lastart	Erklärung
Kraft	Eine **KRAFT** kann auf Flächen, Kanten und Scheitelpunkte einwirken. Sie wird über das ausgewählte Element verteilt und bei Flächen zentrisch und lotrecht, bei Kanten parallel angeordnet. Bei Scheitelpunkten müssen, ansonsten können Vektorkomponenten zur Richtungsangabe verwendet werden.
Druck	Ein **DRUCK** kann nur auf Flächen angewendet werden und wirkt immer gleichmäßig und lotrecht auf die Fläche bzw. bei gewölbten Flächen lotrecht nach allen Richtungen. Druckbelastungen können auch auf Behälter oder Rohre wirken.
Lager	Die **LAGERBELASTUNG** kann nur auf zylindrische Flächen einwirken. Mit der Angabe von Vektorkomponenten kann die Richtung der Lagerbelastung angegeben werden.
Drehmoment	Ein **DREHMOMENT** kann nur auf eine Fläche angewendet werden. Mit der Angabe von Vektorkomponenten wird die Richtung des Momentes angegeben.
Schwerkraft	Für die Definition der Richtung einer **SCHWERKRAFT** können eine Fläche oder eine Kante ausgewählt werden. Die Schwerkraft wirkt unabhängig davon immer im Schwerpunkt. Mit der Angabe von Vektorkomponenten wird die Richtung der Schwerkraft angegeben.

In unserem Beispiel soll zunächst eine Zugbeanspruchung durch eine Einzelkraft erfolgen, die an der vorderen Stirnseite mit einer Größe von 10 kN angreifen soll.

Kraft

Für die Bestimmung einer Einzelkraft ist die entsprechende Schaltfläche **KRAFT** anzuklicken.

Die Kraft soll zentrisch an der Stirnfläche angreifen und senkrecht auf ihr stehen. Im Bild zeigt der Pfeil die Kraft und den Angriffspunkt an, wobei die Kraftwirkung über die Fläche verteilt ist.

HINWEIS: Soll eine Kraftwirkung nicht über eine ganze Fläche verteilt werden, so ist, wie im Beispiel bei den Einspannungen, die Fläche mit Skizzen zu ergänzen und mit der Funktion **TRENNEN** sind die Kraftangriffsflächen zu erzeugen.

Sollte die Kraftrichtung geändert werden, so können über den **DOPPELPFEIL-BUTTON** die einzelnen Kraftkomponenten eingestellt werden.

Im Objektbrowser wird die Kraft eingetragen und kann über diesen Eintrag auch geändert werden.

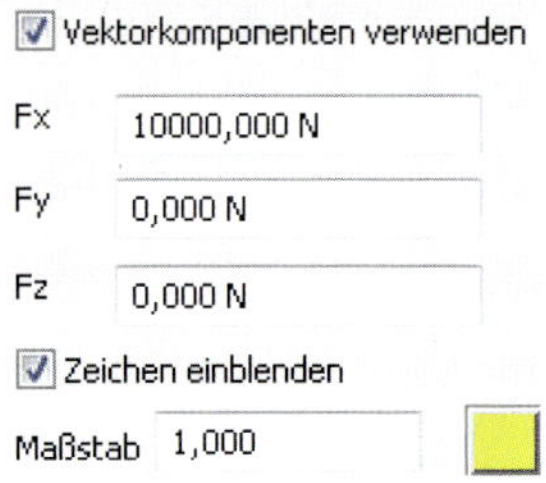

15.3 Die erste Simulation mit einer Zugkraft

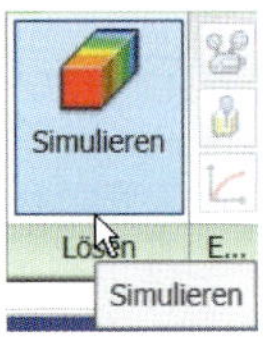

Die Vorbereitung der FE-Analyse ist jetzt so weit abgeschlossen. Zur Durchführung der Festigkeitsberechnung ist nur noch die Funktion **SIMULIEREN** im Markierungsmenü oder die entsprechende Schaltfläche anzuklicken.

Das dazugehörende Dialogfenster zeigt den, bei komplexeren Teilen durchaus langwierigeren, Berechnungsprozess mit dem grünen Balken an. Sobald dieser durchgelaufen ist und weder Fehler noch Warnungen angezeigt werden, verschwindet das Fenster von selbst.

15.3.1 Von-Mises-Spannung, Hauptspannungen

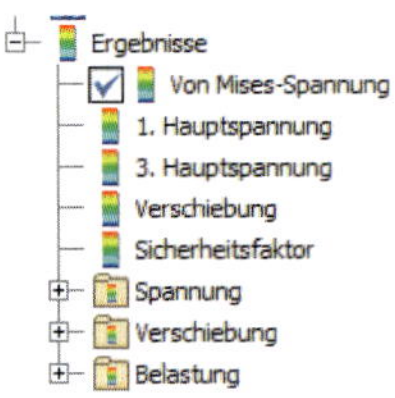

Das Ergebnis wird als eine **Vergleichsspannung**, die sogenannte **Von-Mises-Spannung,** angezeigt.

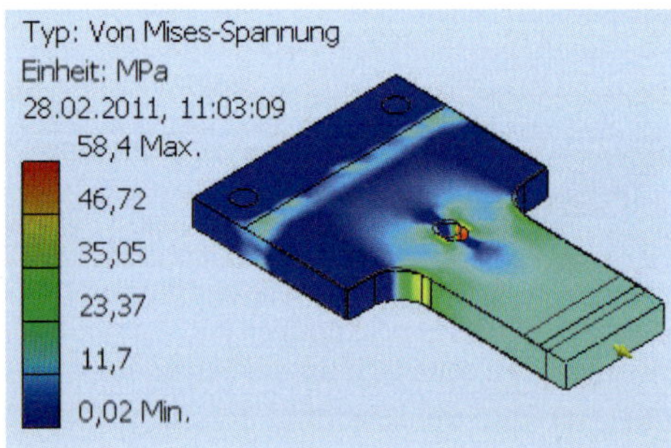

Die Von-Mises-Spannung ist eine Vergleichsspannung, welche die gleiche Gestaltänderungsenergie hervorruft wie eine eindimensionale Spannung. Sie ist ein Skalar und hat keine Richtung, kann aber in Bezug zur Streckgrenze des Werkstoffes gesetzt und gut zur Ermittlung des Sicherheitsfaktors bei zähen Werkstoffen herangezogen werden.

Die unter der Von-Mises-Spannung angezeigten **Hauptspannungen** stehen senkrecht aufeinander und haben die Richtung, in denen die Schubspannungen null sind. Damit sind es die Richtungen der maximalen Normalspannungen, die allerdings mit dem geometrischen Koordinatensystem des Inventors nichts zu tun haben. Die Richtungen der Hauptspannungen ergeben sich aus den Größen der einzelnen Normal- und Schubspannungen. Die drei Hauptspannungen werden ihrer Größe nach geordnet.

Die **1. Hauptspannung** ist die maximale Normalspannung, die **3. Hauptspannung** ist die kleinste Normalspannung, die häufig auch negative Werte annimmt.

Im Ordner »Spannung« werden die SPANNUNGEN nach dem Inventor-Koordinatensystem geordnet angezeigt.

Die drei auftretenden Normalspannungen, SPANNUNG XX, SPANNUNG YY und SPANNUNG ZZ, und die drei Schubspannungen, SPANNUNG XY, SPANNUNG YZ und SPANNUNG XZ, definieren die Spannungszustände. Zug-Normalspannungen sind positiv, auftretende normale Druckbeanspruchungen sind negativ. Schubspannungen sind positiv, wenn sich ihre beiden definierenden positiven Achsen gegeneinander drehen (nach der Rechte-Hand-Regel).

Die Einheit für die angezeigte Spannung ist **MPa** (MegaPascal), die in ihrer Größenordnung der üblicheren Einheit **N/mm²** entspricht.

15.3.2 Verschiebung, Verformung

Im Objektbrowser erscheinen die berechneten Ergebnisse, die einzeln abgerufen und betrachtet werden können. Betrachtet man beispielsweise die VERSCHIEBUNG, die im Fachjargon eher **Verformung** heißt, dann zeigt das Ergebnis die Formänderungen kontinuierlich und farbig schattiert an. An der Stirnfläche ist die Streckung durch die Zugkraft natürlich am größten und kann mit 0,0106 mm direkt abgelesen werden.

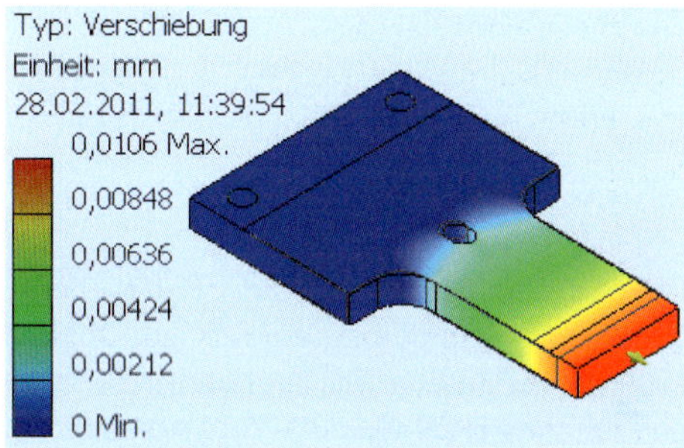

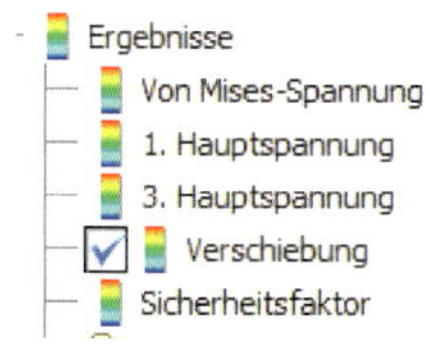

Für eine praktische Anwendung interessant wäre hier u. U. der Versatz der mittleren Bohrung, der durchaus für Funktionsstörungen an einem Bauteil verantwortlich sein könnte. Mit dem Icon PRÜFUNGSBESCHRIFTUNGEN lassen sich die jeweiligen Werte gezielt an zu selektierenden Stellen anzeigen. Mit 0,005 mm fällt der Versatz jedoch so gering aus, dass kein negativer Einfluss zu erwarten ist.

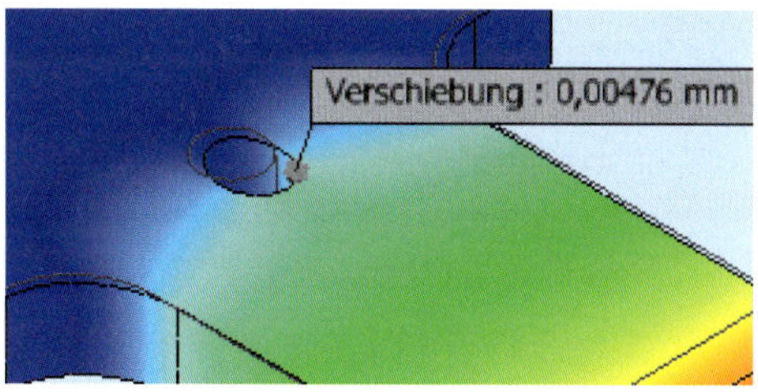

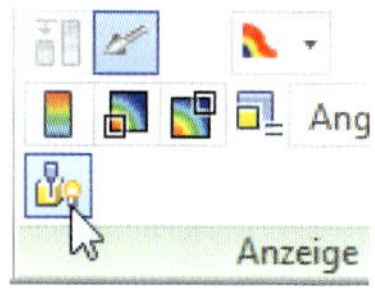

15.3.3 Sicherheitsfaktor und Materialzuweisung

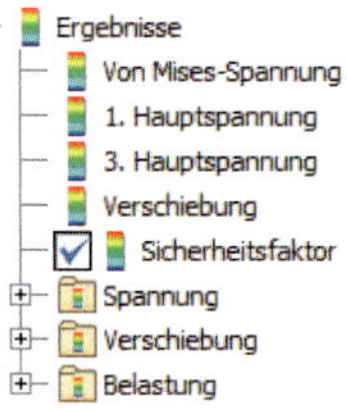

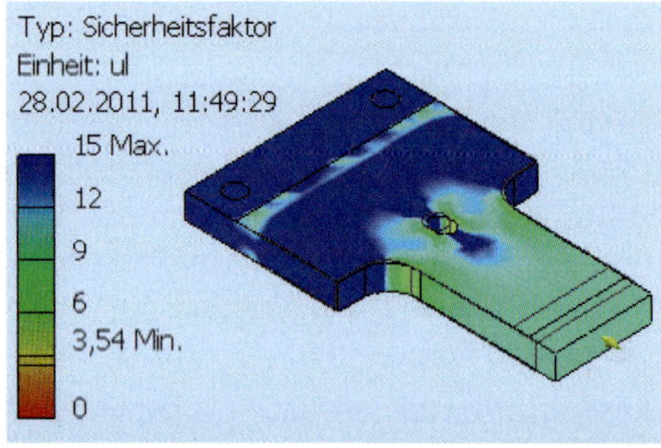

Auch der SICHERHEITSFAKTOR in unserem Beispiel ist bestimmt nicht als kritisch anzusehen, im Gegenteil, ein minimaler Faktor von 3,54 zeugt eher von einer Überdimensionierung des Bauteils. Werte zwischen 1,2 und 2 sind in der Technik für Standardbauteile als normal anzusehen.

Bei Bauteilen wird der **Sicherheitsfaktor** entweder im Verhältnis zur **Streckgrenze** oder zur **Bruchspannung** (Zug- oder Zerreißfestigkeit) des Werkstoffs angegeben. Im Dialogfenster der MATERIALZUWEISUNG, das mit der Schaltfläche MATERIAL aufgerufen wird, ist eingestellt, zu welchem Wert der Sicherheitsfaktor in Relation gesetzt wird.

Material

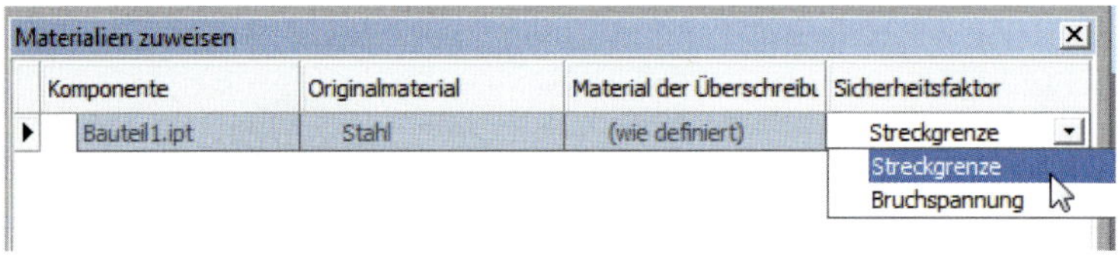

In der Spalte MATERIAL DER ÜBERSCHREIBUNG können alternative Werkstoffe ausgewählt werden, mit denen eine erneute Simulation zu anderen Ergebnissen kommen kann. Das Originalmaterial des Bauteils bleibt dabei unverändert, die Überschreibung ist nur in der Simulation gültig.

HINWEIS: Selbstverständlich können auch selbst definierte Materialien, die in der Materialbibliothek hinterlegt sind, ausgewählt werden. Ein gelbes Ausrufezeichen neben dem Materialnamen bedeutet, dass dieser Werkstoff nicht für eine Simulation verwendet werden kann, da wichtige Fertigkeitswerte (E-Modul, Spannungswerte) in der Materialbibliothek nicht eingetragen sind.

In der nachfolgenden Simulation wurde als Material der Überschreibung ein Kunststoff ausgewählt.

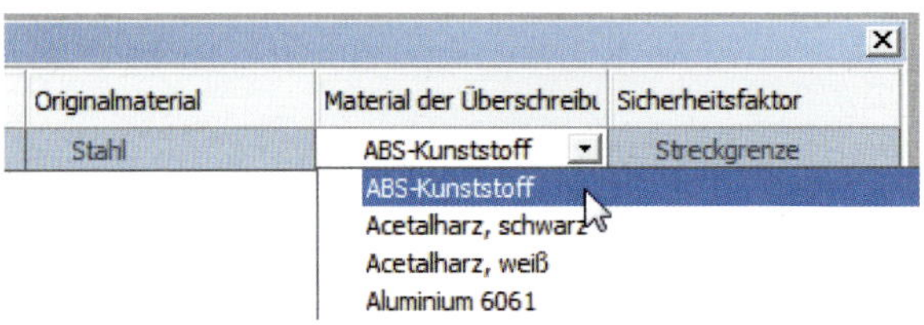

Die Simulation mit diesem Werkstoff zeigt im Bereich der Spannungen natürlich keine Unterschiede, denn in die Formel Sigma = Kraft/Fläche gehen Werkstoffkennwerte nicht ein. Völlig anders sieht es dagegen bei der Verformung und dem Sicherheitsfaktor aus.

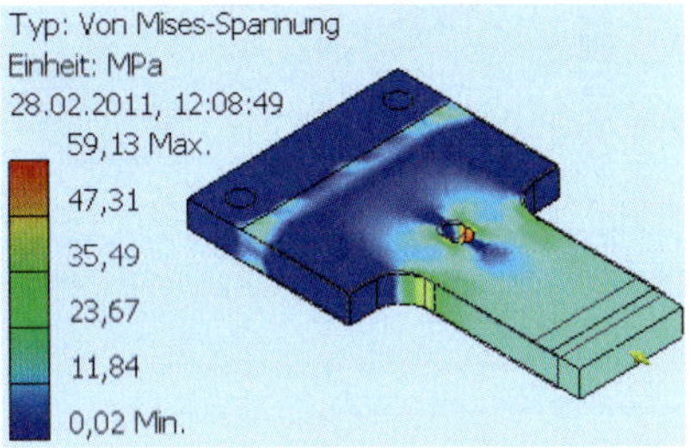

Die Spannungen sind unverändert.

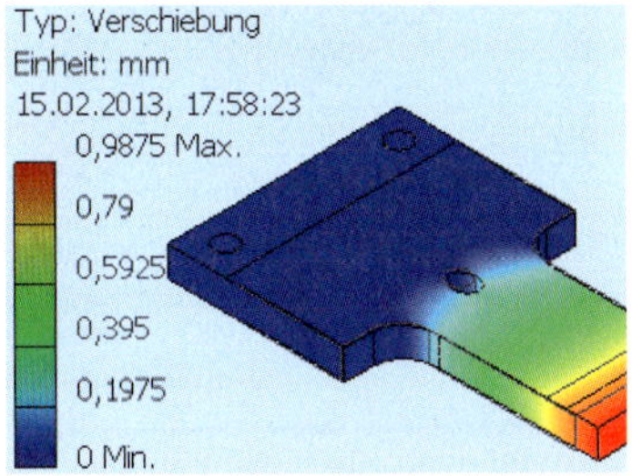

Die **Verformung** wächst auf über **0,9 mm** an.

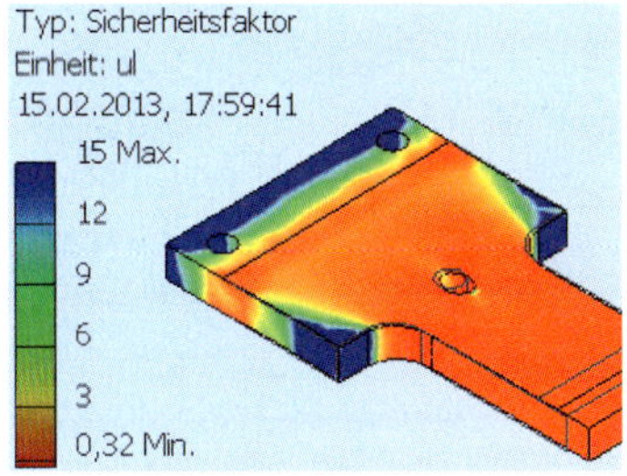

Ein **Sicherheitsfaktor** < 1 (hier **0,32**) bedeutet mindestens eine plastische Verformung oder Bruch des Bauteils.

15.4 Die zweite Simulation mit einer Biegebeanspruchung

Für die zweite Simulation, die Biegebeanspruchung, wurde eine **NEUE SIMULATION** erstellt und die Einspannung **FEST** wie vorher vergeben.

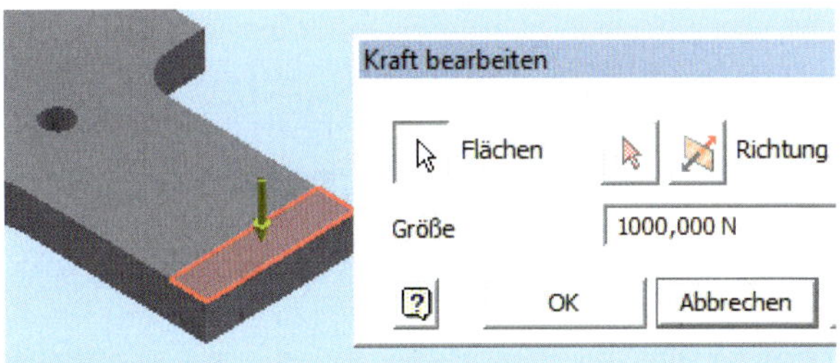

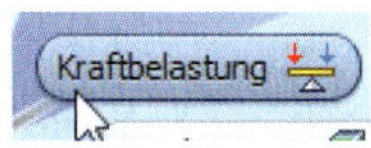

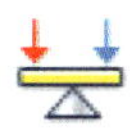

Kraft

Als Biegekraft wird jetzt eine **KRAFT** von nur **1 KN** auf die vordere abgeteilte Fläche aufgebracht.

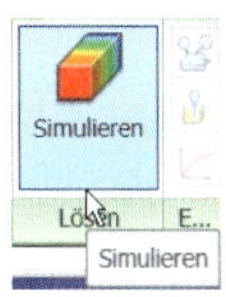

Das Ergebnis der Simulation zeigt hier Spannungen im hochbeanspruchten Bereich an. Auch die Verformung nimmt eine nennenswerte Größe an, und der Sicherheitsfaktor liegt in einer wahrscheinlich noch tolerierbaren Größenordnung. Interessant ist, dass sowohl bei der Spannung als auch beim Sicherheitsfaktor die kritischen Werte an den Rändern der Bohrung erreicht werden.

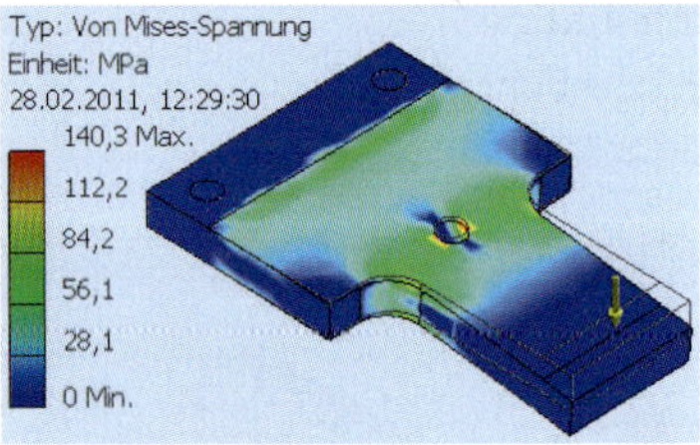

Die **maximale Spannung** von **140,3 N/mm²** tritt an den Bohrungsrändern auf.

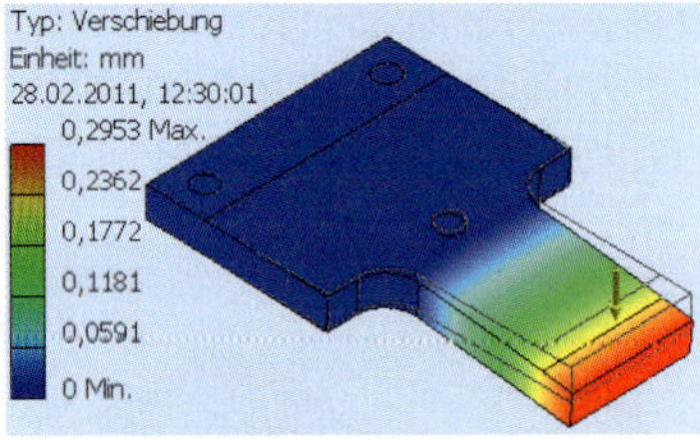

Die **Verformung** im vorderen Bereich erreicht Werte von fast **0,3 mm**.

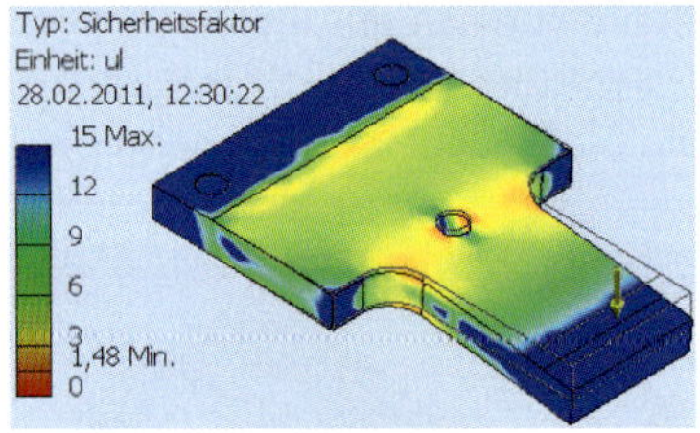

Der **Sicherheitsfaktor** ist mit **1,48** wahrscheinlich akzeptabel.

15.4.1 Maxima und Minima ermitteln

Maximum, Minimum

Nicht immer ist die Anzeige so deutlich, dass die tatsächlich kritischen Bauteilbereiche, in denen maximale Spannungen oder minimale Sicherheitsfaktoren auftreten, sofort ersichtlich sind. In der Befehlsgruppe **ANZEIGE** gibt es hierfür zwei Schaltflächen, mit denen eine genaue Bestimmung des Ortes dieser extremen Werte erfolgen kann.

So zeigen nach dem Betätigen des Buttons **MAXIMUM** eine Führungslinie und ein Textfeld im Beispiel den unteren Bohrungsrand als die Stelle an, an der die maximale Spannung von **140,3 MPA** auftritt.

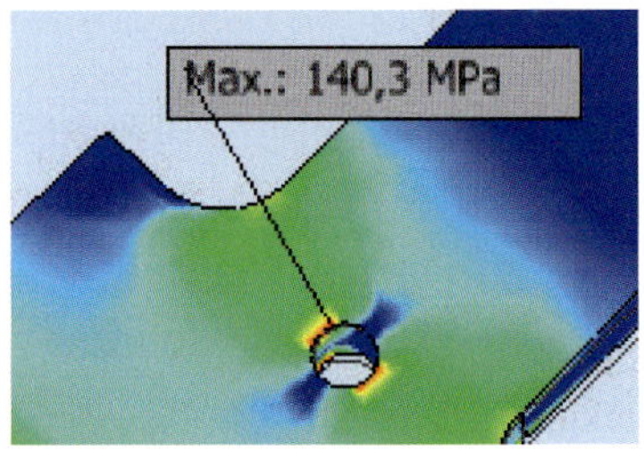

TEIL III

15.4.2 Werteverlauf prüfen

Zwei weitere Schaltflächen lassen ebenfalls eine interessante Untersuchung zu, die Schaltfläche **PRÜFEN** in der Befehlsgruppe **ERGEBNIS** und die Schaltfläche **PRÜFUNGSBESCHRIFTUNG** in der Befehlsgruppe **ANZEIGE**.

Ist die Funktion **PRÜFUNGSBESCHRIFTUNG** aktiviert, können mit dem Befehl **PRÜFEN** die Ergebniswerte an beliebigen Stellen am Bauteil zur Anzeige gebracht werden.

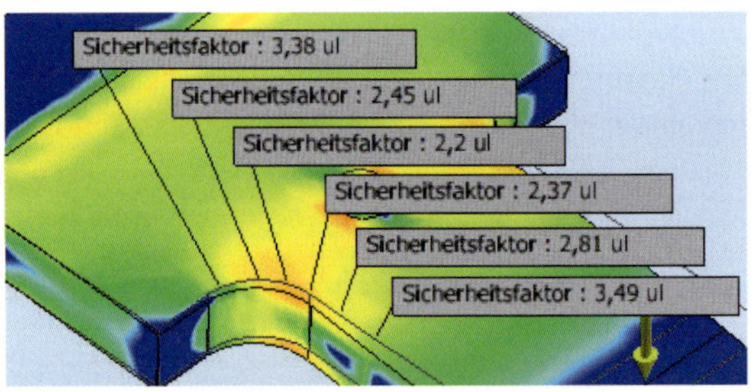

Bei der durchgeführten Biegung wurde beispielsweise der Verlauf des Sicherheitsfaktors entlang der Abrundung untersucht und festgestellt, dass in diesem Bereich das Minimum mitten im Radius liegt, also weder am Anfang noch am Ende.

Solche Analysen können sehr gut für eine Bauteiloptimierung herangezogen werden.

15.5 Eine Torsionsbeanspruchung durch ein Drehmoment

Die letzte Simulation in diesem Kapitel soll mit einem Drehmoment, das eine Torsionsspannung erzeugt, durchgeführt werden. Eine weitere neue Simulation wird zu diesem Zweck erstellt und die Einspannung wie vorher ausgeführt.

Das Moment wird mit einer Größe von 50 Nm auf die vordere Stirnfläche aufgebracht.

Das Ergebnis zeigt auch hier sehr schön sowohl die Spannungsverteilung, bei der die maximalen Werte jetzt im vorderen Bereich liegen, als auch die Verformung des Bauteils und den Sicherheitsfaktor.

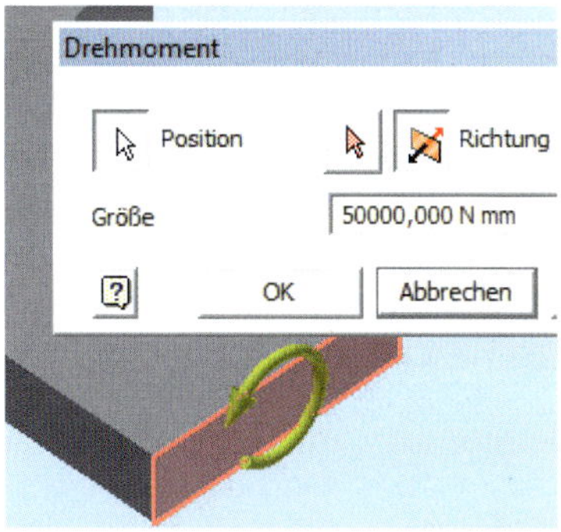

Drehmoment

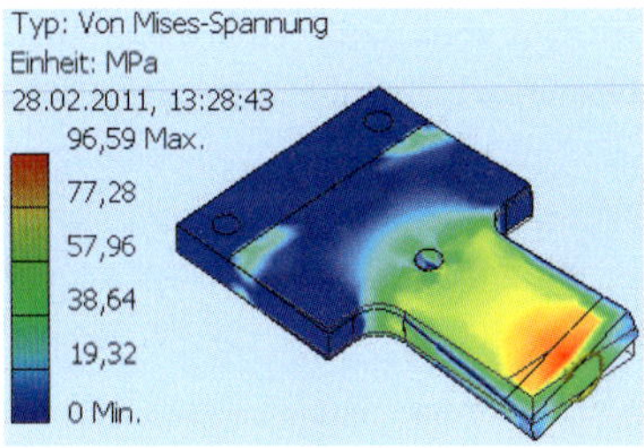

Die Vergleichsspannung

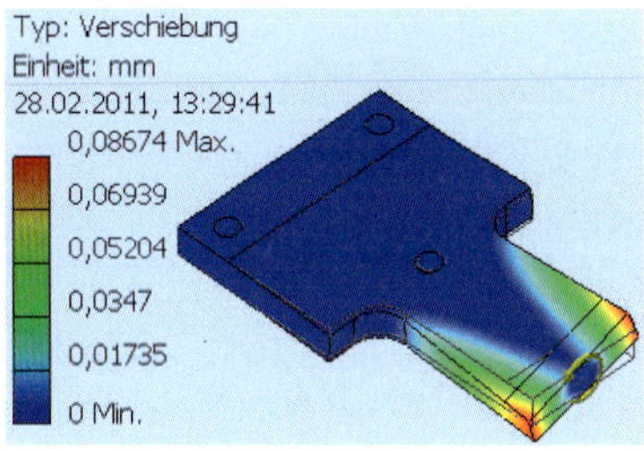

Die Verformung

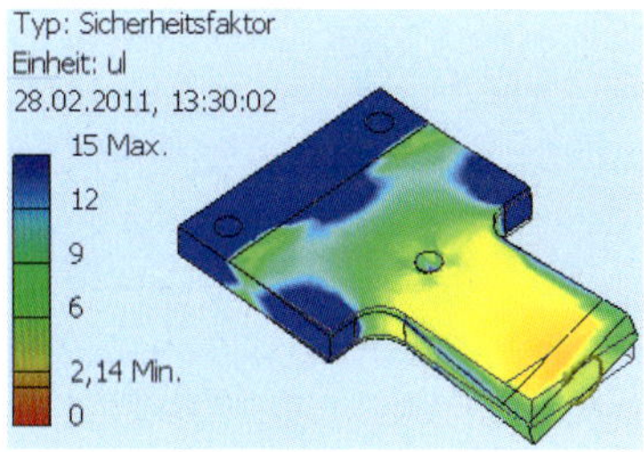

Der Sicherheitsfaktor

15.6 Bericht einer Analyse

Bericht

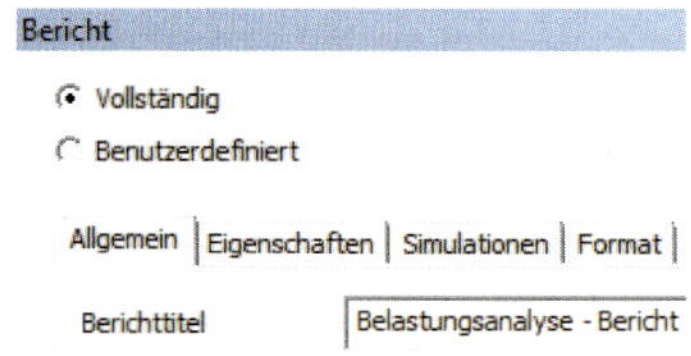

Über den Button **BERICHT** wird eine Analyse detailliert dokumentiert. Es wird hier nur ein kleiner Ausschnitt aus dem recht umfassenden Bericht angezeigt, in dem alle Material- und Konstruktionsdaten sowie alle Simulationsergebnisse wiedergegeben werden.

Im recht umfangreichen Dialogfenster können mannigfaltige Einstellungen zum Umfang und zur Gestaltung des Berichts vorgenommen werden. Berichte können als Website im HTML- oder MHTML-Format oder als Textdokument im RTF-Format gespeichert werden.

Auf eine Abbildung des Berichtes der vorangegangenen drei Simulationen wird verzichtet, der Bericht befindet sich auf der DVD im FEM-Verzeichnis sowohl als *.html- als auch als *.rtf-Datei und ist, in Word als RTF geöffnet, 155 Seiten lang.

15.7 Grenzen der Inventor-FEM

Vertrauen ist gut, Nachdenken ist besser! Es ist wie im täglichen Leben: Es gibt Alleskönner und Spezialisten. Die Alleskönner können zwar viel, kommen aber meist über kurz oder lang an ihre Grenzen, an denen es nicht mehr weiter geht. Die Spezialisten dagegen können in der Regel nicht so viel. Das, was sie können, geht aber in die Tiefe. So ähnlich verhält es sich im Bereich der FEM zwischen dem Alleskönner Inventor und den Spezialisten wie Autodesk Multiphysics.

Die im Folgenden aufgezählten Begrenzungen im Inventor sind leider nicht dokumentiert, und insofern obliegt es dem Anwender selbst, deren Einflüsse auf die Festigkeit von Bauteilen und Baugruppen zu erkennen und in der praktischen Auslegung zu berücksichtigen.

15.7.1 Beulen und Knicken

Die Beul- und Knickgefahr wird weder erkannt noch behandelt. Diese Stabilitätsproblematik wurde im vorherigen Abschnitt dargelegt.

Es ist bekannt, dass die Belastungen »Knicken« und »Beulen« nicht zu den festigkeitsmäßigen Beanspruchungen, sondern zu den Stabilitätsproblemen gehören. Das in den Inventor eingebundene FEM-Modul beinhaltet die Berechnung dieser Bauteilanstrengungen nicht und berücksichtigt diese Gefahren somit auch nicht bei der Analyse.

Das folgende Beispiel, bei dem allgemein bekannt ist, dass entsprechende Bauteile knicken, soll dies verdeutlichen. Das Beispiel zeigt eine irrige Belastung eines knickgefährdeten Bauteils.

Ein Rundstahlstab mit dem Durchmesser **2 mm** und einer Länge von **200 mm** ist an der unteren Kreisfläche (Stirnfläche) festgelegt und wird mit einer Kraft von **10 kN**, die auf die obere Kreisfläche (Stirnfläche) wirkt, auf Druck belastet.

Die Von-Mises-Spannung wird mit fast **400 N/mm²** und die Verschiebung mit über **3 mm** (Stauchung) angegeben, eine Knickung findet angeblich nicht statt. Diese Ergebnisse sind völlig irrelevant.

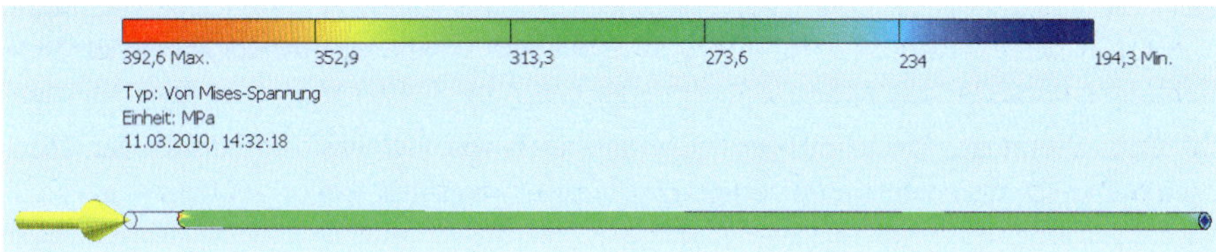

15.7.2 Temperatureinflüsse

Die Auswirkung von Wärme wird gleich mehrfach nicht berücksichtigt. Wärmewirkungen treten in mehreren Zusammenhängen auf:

- Betriebstemperatur, Umgebungstemperatur
- Erwärmung durch Schwingungen
- Wärmeausdehnungen

Die folgenden Einflüsse von Temperaturen auf Bauteile sind ggf. von Hand zu berücksichtigen:

- Die Wärme verändert das Werkstoffgefüge und damit die zulässigen Spannungen.
- Bauteile verändern ihre Geometrie infolge von Erwärmungen.
- Die Wärme verändert in bewegten Baugruppen das Zusammenspiel der Teile und z. B. auch die Reibungskennwerte.

15.7.3 Grenzen der GEH

Die **Gestaltänderungsenergiehypothese (GEH)**, nach welcher der Inventor die Von-Mises-Spannung berechnet, geht davon aus, dass Werkstoffe einen einheitlichen E-Modul haben, d. h., die Querkontraktion von Werkstoffen muss in alle Richtungen gleich sein.

Sie ist somit nicht dafür geeignet, Faser- und bestimmte Verbundwerkstoffe (Glasfaser, Kohlefaser etc.) richtig zu berechnen. Des Weiteren ist die GEH grundsätzlich nicht anwendbar, wenn gleich große Spannungen in allen drei Raumrichtungen vorhanden sind, da die Von-Mises-Vergleichsspannung dann gegen null geht.

15.7.4 FEM-Genauigkeit

Neben der systematischen Ungenauigkeit, die allen FEM-Systemen innewohnt und die an der endlichen Netzmaschenanzahl liegt, gibt es noch eine Reihe anderer Ursachen, die zum Teil vermeidbar sind, jedoch immer wieder auch zu fehlerhaften Berechnungen führen.

Sollte mit der FEM ein genaues Ergebnis erzielt werden, so müssten die Netzmaschen unendlich klein und die Knotenanzahl unendlich hoch sein. Die Rechenzeit dafür wäre unendlich lang. Dieses Problem ist zum Teil mit Korrekturfaktoren über Interpolation in den Griff zu bekommen.

Im Inventor können in begrenztem Maße Abhilfemaßnahmen ergriffen werden, indem Netze dort lokal verfeinert werden, wo es notwendig erscheint, und die Konvergenzeinstellungen optimiert werden.

Die Genauigkeit der Berechnungen ist jedoch auch von anderen, beeinflussbaren Ursachen abhängig, die unter Randbedingungen zusammengefasst werden können:

- Lastangriffsbedingungen bzw. -übergänge,
- Lagerbedingungen, Einspannungen,
- Kontaktbedingungen,
- Materialdaten
- usw.

Dieses Kapitel sollte nur einen kleinen Einblick und Einstieg in die sehr umfangreiche Thematik bieten. Die Handhabung dieses Programmteils ist jedoch relativ leicht interaktiv zu erlernen, und an Beispielen aus der Praxis sollte es auch nicht fehlen.

Index

Symbole

A

B

C